INSTRUMENT PROCEDURE MANUAL

계기절차 지침서

이 강 희 옮김

비행연구원

여러분의 참여를 기대합니다!

내용에 의문이 있거나 혼동을 일으킬 수 있는 용어에 대한 의견이 있다면 보내주십시오. 여러분의 의견을 적극적으로 반영하도록 하겠습니다. 여러분의 소중한 참여가 항공인의 지식 향상에 크게 기여할 것입니다.

- 홈페이지: www.flightin.com
- e-메일: flight-in@hanmail.net

이 강 희

- 청주대학교 영문학과 졸업
- 장교영어반 및 미항공고등군사반 수료
- 육군항공 조종사 및 육군항공학교 헬리콥터 비행이론 및 비행교관 역임
- 미연방항공국(FAA) 비행기 지상학 및 비행교관 역임
- 주요 저서
  『운항학개론』『항공우주용어사전』『항법개론』『항공상식』『제트엔진』『비행기조종학』『계기비행』『항공무선통신』『경량항공기』『항공기 I』『전자조종실』『헬리콥터 역학과 비행』『항공정보지침서』『조종사의 책무』 기타 문제집 시리즈.

계기절차 지침서

펴낸 곳/펴낸 날 비행연구원/2019.4.5

등 록 제17-174호(1996.6.12)

인터넷/e-mail www.flightin.com / flight-in@hanmail.net

정 가 28,000원

계기절차 지침서 2019.4.5. 1판 1쇄

Printed in KOREA by Flight Institute ISBN 978-89-87015-53-8 93550

머 리 말

항공전자와 디스플레이의 혁신적 발달로 항공환경은 극적으로 변하고 있다. 오토파일럿과 GPS가 결합한 FMS는 항공기를 게이트에서 게이트까지 유도해 주는 자율비행환경을 조성해 가고 있다. 새로 개발되는 항법 시스템은 원활한 항공교통과 시스템 성능 증대, 그리고 항공안전을 더욱 향상시킬 수 있는 새로운 기술 개발로 실행될 것이다. 이들 중 일부 변화는 조종사가 보지 못할 수도 있지만, 다른 것들은 전혀 새로운 성능과 모든 비행운용의 안전을 극적으로 높여줄 수 있는 새로운 절차, 항공기 장비, 그리고 시스템 등을 학습해야 할 필요가 있다.

"계기비행"이 항공기의 자세계기비행과 계기의 활용에 중점을 두고 소개하고 있다면 "계기절차 지침서"는 출발, 순항항로, 도착, 그리고 접근과 같이 단계별로 적용해야 하는 절차에 대해서 중점적으로 다루고 있다. 이 책은 FAA에서 발행한 "Instrument Procedure Manual"을 번역하였고, 이해를 돕기 위해서 일부 내용과 그림을 추가하였다.

전문 조종사가 되기 위한 과제 중 "계기비행"과 "계기절차 지침서"를 학습하고 실제 이를 적용하는 것이 조종사의 도전 과제 중 가장 어려운 항공지식 중 하나일 것이다. 실제 이 절차에 익숙해 있지 않으면 아무리 조종 능력이 뛰어나다 할지라도 계기비행을 할 수 없기 때문이다. 서두에서 언급한 것과 같이 이를 완전히 숙달하는 것은 결코 쉬운 과제가 아니다. 우리말로 확실하게 이해할 수 있도록 전문용어와 함께 평범한 용어를 사용해서 이해를 돕고자 노력했다. 또한, 전문용어와 혼동될 수 있는 용어에 대해서는 원어로 표기하였다.

기본적으로 계기비행 절차를 이해하는 데 항공기상, 계기비행, 그리고 VFR/IFR 항공도를 함께 학습할 것을 권장한다. 계기비행의 기본 목적이 기상이 좋은 않은 상황에서 원하는 목적지 공항까지 안전하게 항행하는 것이기 때문에 항공기상에 대한 이해가 뒷받침되어야 한다. 이외에도 국제공항과 같은 복잡한 공항에서는 지상이동 중 혹은 이륙하기 위해서 이동하거나 대기하고 있는 항공기와 착륙하고 있는 항공기 사이에 부실한 의사소통 또는 공항표지와 등화시설의 의미를 잘못 이해함으로써 발생하는 사고가 적지 않기 때문에 VFR/IFR 항공도의 중요성이 강조되고 있는 이유이다.

항공발전 추세를 보거나 항공안전 면에서 계기비행은 필수적이다. 계기비행의 기본은 항법과 비행계기에 절대적으로 의존하는 것이지만 기술 개발로 조종사의 조종 행위가 최소화되도록 설계되면서 절차의 준수가 계기비행의 핵심으로 등장하고 있다.

국내 현실이 아직 따라가지 못하는 측면이 없지 않지만, 세계적인 전문 조종사로 성장하기 위해서는 앞선 항공지식을 갖출 수 있도록 노력할 것을 권장한다.

이 강 희

차 례

제1장 출발절차 DEPARTURE PROCEDURE

1.1 개 요 ······ 7
1.2 지상이동 안전 ······ 8
1.3 기상과 출발 환경 ······ 17
1.4 출발절차 ······ 30
1.5 출발절차의 범주 ······ 38
1.6 절차적 주석 ······ 65

제2장 순항항로절차 EN ROUTE PROCEDURE

2.1 개 요 ······ 69
2.2 순항항로 항법 ······ 69
2.3 항공로와 항로 시스템 ······ 83

제3장 도착절차 ARRIVAL PROCEDURE

3.1 개 요 ······ 131
3.2 도착 환경에서 항법 ······ 131
3.3 표준터미널도착항로 ······ 145
3.4 도착 준비 ······ 152
3.5 특별공항조건 ······ 167

제4장 접근절차 APPROACH PROCEDURE

4.1 개 요 ······ 169
4.2 접근 계획수립 ······ 169
4.3 기상 고려사항 ······ 170
4.4 항공기 성능 고려사항 ······ 179
4.5 계기접근차트 ······ 182
4.6 무선통신 ······ 187
4.7 항법보조시설(NAVAID) ······ 192
4.8 장비 필수요건 ······ 194
4.9 비행 코스 ······ 195
4.10 고 도 ······ 197

4.11 증강비행시각시스템과 계기접근 ······ 201
4.12 수직항법 ······ 205
4.13 계기접근절차 브리핑 ······ 224
4.14 강 하 ······ 229
4.15 계기접근절차 구간 ······ 243
4.16 접근 종류 ······ 253

제5장 헬리콥터 계기접근절차 HELICOPTER IAP PROCEDURE
5.1 개 요 ······ 293
5.2 헬리콥터 IFR 인증 ······ 293

제6장 탑재항법 데이터베이스 AIRBORNE NAVIGATION DATABASE
6.1 개 요 ······ 317
6.2 탑재항법 데이터베이스 표준화 ······ 318
6.3 경로와 터미네이터 개념 ······ 321
6.4 데이터베이스 제공자의 역할 ······ 330
6.5 탑재항법 데이터베이스의 운용상의 제한 ······ 332

【컬러 그림】 ······ 337

비행연구원
F I
FLIGHT INSTITUTE

Departure Procedure

제1장 출발절차

1.1 개 요

항공기의 발달과 함께 매일 수많은 계기비행 항공기의 이륙과 착륙(takeoff and landing)이 수행되고 있다. 이들 IFR 항공기를 수용하기 위해서 ATC는 물론이고 조종사 역시 표준계기출발(standard instrument departure; SID) 그리고 장애물출발절차(obstacle departure procedure; ODP)와 함께 공항약도와 도형(airport sketch and diagram)을 포함한 각종 차트에 도식된 정보에 따라 항행하고 관제가 이루어져야 한다. 이들 대부분의 도식(*사물의 구조 혹은 변화 상태 따위를 일정한 양식으로 나타낸 그림이나 양식*) 차트는 레이더 유도(radar vector)를 바탕으로 제작되었지만, 아직도 적지 않는 IFR 출발(departure)이 조종사 스스로 터미널 환경에서 벗어나 순항항로 단계(en route phase)까지 항행하도록 요구하고 있다.

IFR 이륙과 출발은 조종실(flight deck)에서 짧은 시간에 많은 과업이 동시에 이루어지는 비행단계(fast-faced phase of flight)이기 때문에 일부 조종사는 중요한 비행정보와 함께 상당한 조종실 업무 부담을 느낄 수 있다. 조종사는 이륙을 준비하는 동안 인가(clearance)를 요청하고 이에 대한 적절한 인가를 관제사로부터 받아야 한다. 또한, 항공기의 출발을 위한 준비와 함께 사용 활주로(active runway)까지 활주(taxiing)해야 하는 등의 업무가 짧은 시간에 연속적으로 수행되어야 한다.

관제탑이 없는 공항(non-towered airport)에서 IFR 이륙과 출발이 이루어져야 한다면 조종사는 최저 시정(minimum visibility) 조건에서 무선통신(radio communication) 없이 수행될 수 있다. 전통적으로 상업 운용을 위한 이륙 최저치(takeoff minimum)는 신호방식이라든지 활주로 표지와 등화시설(markings and lightings)의 개선 그리고 조종사 집중 훈련과 적절한 자격을 부여하는 방식으로 점차 낮추어 왔다.

최근 주요 터미널(major terminal)에서 적절한 장비, 조종사 자격(pilot qualification), 그리고 운항기준(operation specification; OpSpecs)을 갖춘 일부 상업 운용자는 RVR 300피트(약 91m)의 낮은 시정(low visibility)에서 이륙할 수 있을 정도로 능력이 향상되었다. 이처럼 낮아진 시정 조건으로 인해서 나타나는 잘못된 결과 중 하나는 조종사가 상황인식(situational awareness)이 향상된 것으로 과신하면서 무리하게 지상활주를 시도하는 경향이 나타나면서 지상이동 중 사고가 빈번하게 발생하고 있다.

1.2 지상이동 안전

항공기 운용에서 안전에 관한 가장 큰 관심 중 하나는 지상이동사고(surface movement accident)이다. 이를 위해서 항공당국에서는 유도로와 활주로 정보 외에 특히 IFR 터미널 절차 간행물(terminal procedure publication; TPP)과 차트 보충간행물(Chart Supplement) 등 조종사에게 가용한 정보들을 제공하고 있고, 조종사 역시 안전을 위해서 가용한 모든 정보에 익숙해 있어야 한다. 이외에도 조종사, 관제사, 그리고 지상 근무자(ground operator)를 위한 새로운 절차와 교육 및 인식 프로그램(educational and awareness programs)을 개발하여 보급하고 있다. 이들 프로그램의 주목적은 지상이동사고의 원인이 될 수 있는 문제점을 조기에 발견하여 사고를 미리 방지하는 데 있다.

1.2.1 공항약도와 도형

공항약도와 도형(sketch and diagram; *간략하게 대충 그린 도면이나 지도이지만 도형이 더 크고 세부적으로 그려짐*)은 모든 조종사와 관제사에게 그래픽 형식(graphic format)으로 공항구획(airport layout; *토지 따위를 경계를 갈라 정함 또는 그 구역*)을 제공한다. 이전에 항공 제작물(aeronautical product)로 알려진 항공정보체계(aeronautical information system; AIS)는 [그림1-1]과 같이 모든 계기접근차트의 오른쪽 혹은 왼쪽에 공항약도가 그려진다. 이 약도는 활주로, 활주로 길이, 활주로 폭과 경사, 착지대 표고, 활주로 종단에 설치된 등화시설, 그리고 유로도 등에 관한 정보를 제공한다. 또한, NOTAM의 그래픽 묘사(graphical depiction; *어떤 대상이나 사물·현상 따위를 언어로 서술하거나 그림을 그려서 나타냄*)는 일부 공항에서 방공 인터넷 NOTAM 서비스(defense internet NOTAM service; DINS) 웹사이트에 있는 임시비행제한(temperory flight restriction; TFR) 구역에 관한 정보가 제공된다.

AIS는 많은 항공 교통량 혹은 복잡한 활주로 구획(layout)을 갖추고 있는 공항에서 공항도형(airport diagram)을 프린트해서 받아 볼 수 있다. 특정 공항을 위한 공항도형은 계기접근차트의 IFR TPP 소책자에도 수록되어 있다. 공항도형은 한 페이지(full page)에 수록되고 공항약도에 있는 데이터 외에 유도로 식별부호, 공항 위도와 경도 좌표, 그리고 지원시설 빌딩 식별과 같은 부가 정보들이 포함된다. 또한, 공항약도와 도형은 [그림1-2]와 같이 Chart Supplement과 AIS 웹사이트에서도 제공된다.

1.2.2 차트 보충간행물

차트 보충간행물(Chart Supplement)은 VFR과 IFR 비행에 관한 모든 공항에 대해서 문자형식 정보(textural information)를 제공하는 소책자이다. 차트 보충간행물에는 [그림1-3]과 같이 활주로 길이와 폭, 활주로 표면, 지지하중(load bearing capacity), 활주로 경사, 활주로공시거리(runway declared distance), 공항업무, 그리고 조류와 시정 감소와 같은 위험 요소들이 서술되어 있다. 또한, VFR 조종사의 지상이동활동(surface movement activity)을 보조하기 위한 공항

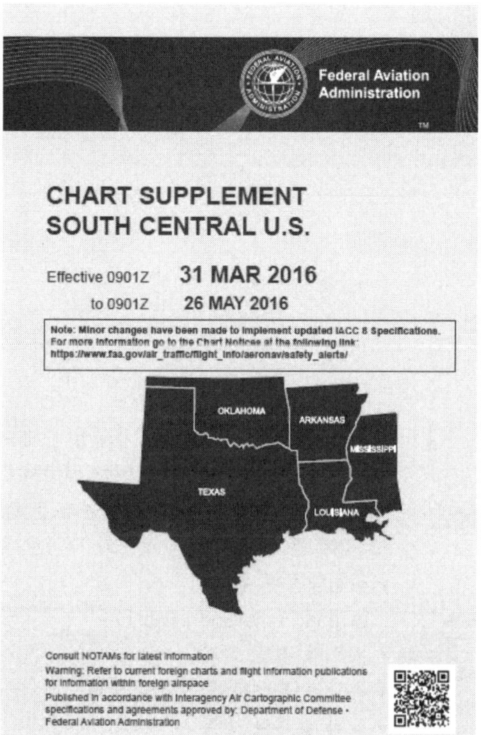

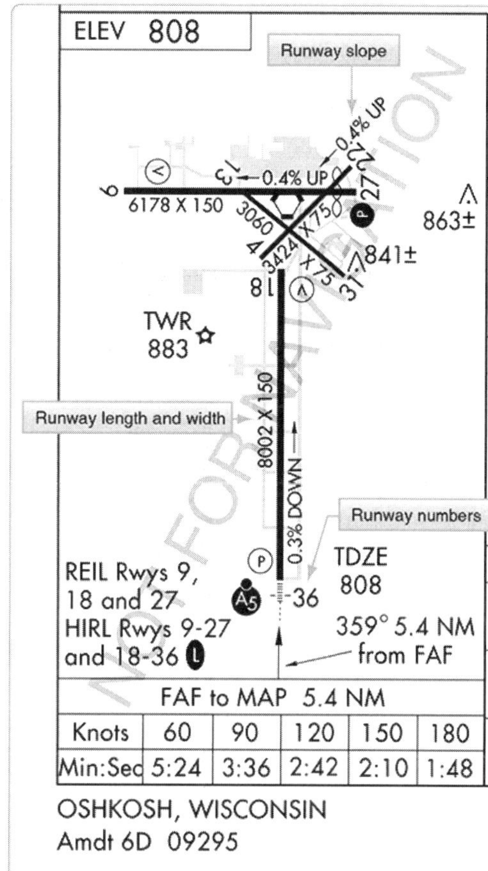

【그림1-1】 왼쪽은 전형적인 Chart Supplement이다. 오른쪽은 IFR TPP의 접근치트에 수록된 공항약도의 한 사례이다. 이 공항약도에는 활주로와 유도로에 대한 대략적인 배열을 관찰할 수 있다. Chart Supplement에도 유사한 공항약도가 그려질 수 있다.

- 공항 표고(808)
- 착지대 표고(TDZE 808)
- 활주로 경사(0.4% UP/0.3% DOWN)
- 활주로 길이와 폭(8002×150)
- 활주로 번호(RWY 36, 11)
- 관제탑 위치(TWR; 별표)
- VORTAC 위치
- 주변 지형의 표고
- 등화시설(REIL, HIRL)
- FAF에서 MAP까지 방위각(359°), 거리(5.4 NM) 그리고 대지속도에 따른 시간(분/초) (FAF to MAP 5.4 NM)
- 시각접근경사지시기(VASI), 정밀접근경사지시기(PAPI)

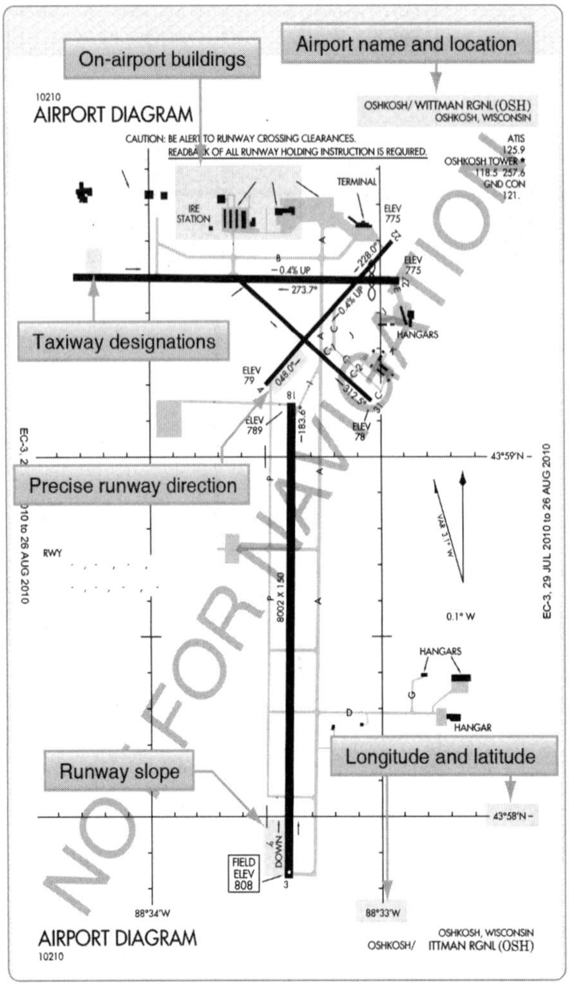

【그림1-2】 공항도형의 한 사례이다. IFR TPP의 한 페이지 혹은 그 이상 페이지로 구성된다. 공항약도에서 제공되는 모든 정보 외에 좀 더 세부적인 정보가 제공된다.

- 공항명칭과 위치 (airport name and location)
- 위도와 경도 좌표
- 유도로 지정자와 계류장 구획
- 정밀 활주로 방향
- 활주로 경사(runway slope)
- 지원 및 정비시설의 위치 (on airport building)

약도가 추가될 수 있다. 이외에도 Chart Supplement에는 활주로 침범 프로그램(runway incursion program)을 보조하기 위해서 전체 페이지 공항도형과 "Hot Spot" 부호가 포함된다. 이들 차트는 IFR TPP에 발행된 것과 동일하고 복잡한 활주로 또는 유도로 구획을 확인하기 위해서 인쇄해서 확인해 볼 수 있다.

1.2.3 지상이동유도관제시스템

지상이동유도관제시스템(surface movement guidance control system; SMGCS)은 정기운항 항공사(scheduled air carrier)가 취항하는 공항에서 항공기와 차량의 안전하고 신속한 이동을 보조하기 위해서 개발되었다. 저시정운용(low-visibility operation; LVO) 공항 그리고 지상이동유도관제시스템을 위한 절차를 제공하기 위해서 회보가 발행되었다. 이 회보에는 각 활주로를 위한 RVR 1,200피트 미만에서 활용하고 있는 14 CFR Part 139 공항 운용을 위한 서비스, 역할, 책임, 그리고 활동들을 규정하고 있다.

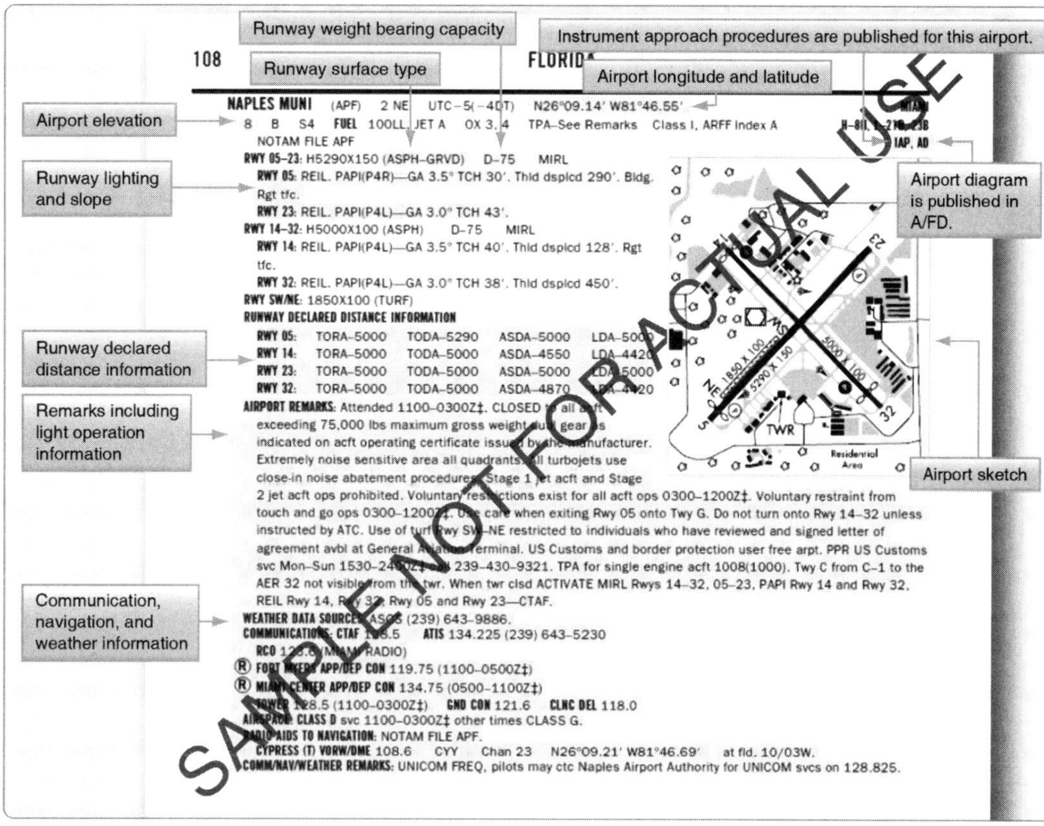

【그림1-3】 Chart Supplement에는 해당 공항에 관한 세부 정보들이 문자형식으로 서술되고 필요에 따라 공항약도가 함께 그려진다. 주요 내용은 공항표고(airport elevation), 공항 위도와 경도 좌표(airport longitude and latitude), 활주로 표면의 종류(runway surface type), 가용한 연료의 종류, 활주로 표면의 종류, 활주로 지지하중(runway weight bearing capacity), 활주로 등화시설과 경사도, 활주로 공시거리 정보(runway declared distance information), 등화시설 작동 정보를 포함한 비고, 통신, 항법, 그리고 기상정보 등이 수록되어 있다. 오른쪽 위에 있는 “IAP” 문자는 이 공항을 위한 계기접근절차(instrument approach procedure; IAP)가 발행되었음을 나타낸다.

Order는 공식적으로 목록에 수록된 모든 수준에서 전체 시스템의 사용자에게 적용되고, 새로운 모든 Category III ILS 지원을 받는 활주로를 위한 “FAA-approved LVO/SMGCS operation”의 실행을 요구하고 있다. 14 CFR Part 91 운용을 위한 규정적 이륙 최저치(regulatory takeoff minimum)가 없으므로 일반항공 조종사는 이 AC와 Order에서 제공하는 정보를 이해해야 주간 또는 야간 중 LVO와 SMGCS를 이해할 수 있을 것이다.

SMGCS 저시정 활주계획(taxi plan)은 [그림1-4, 컬러]와 같이 SMGCS 시각보조 프로그램의 개발과 함께 유도로와 활주로 표지 및 표지판, 그리고 등화시설의 개선(enhancement)을 포함한다. 또한, 이 계획은 활주경로(taxi route)와 이들을 지원하는 시설과 장비들을 확실하게 식별하도록 한다. SMGCS 프로그램의 한 부분으로 다음과 같은 공항개선(airport enhancement)이 포함되지만, 이들만으로 한정되는 것은 아니다.

① 제어가능 정지선 등화(controllable stop bar lights); 이 등화는 ATC가 제어할 수 있는 단방향 적색등(one-way red light)이 일렬로 설치된 노면포장(in-pavement) 등화시설이다. 이 시설은 이륙 중 활주로 침범(incursion)을 방지하기 위해서 항공기의 기동에 따라서 상호작동(interaction)하도록 설계되어 있다. 이 시설은 500 RVR 미만에서 운용될 때 요구된다.

② 비제어 정지선 등화(non-controllable stop bar lights); 이 등화는 이동을 제한할 필요가 있는 교차로(intersection)에 설치되고, RVR 500피트 미만에서 연속작동(continuous operation)되어야 한다.

③ 유도로 중앙선 진입등(taxiway centerline lead-on lights); 이 등화는 저시정과 야간에 지상교통을 유도하는 데 사용된다. 이들 등화는 유도로 중앙선을 따라서 녹색과 황색 등화가 교대로 설치되어 있다.

④ 활주로 경계등화(runway guard lights); 이 등화는 신호등과 같이 유도로 옆에 세워지거나 노면에 그려진다. 이 등화는 사용 활주로까지 접근을 제공하는 모든 유도로에 설치된다. 이 등화는 황색등(yellow lights)이 교대로 점멸된다. 이 등화는 사용 활주로(active runway)가 있음을 나타내고 동시에 활주로 대기지점표지(runway holding position marking)의 위치를 보여주는 데 사용된다.

⑤ 지리위치표지(geographic location markings); ATC는 지리위치표지를 이용해서 항공기와 차량의 위치를 확인할 수 있다. 이 표지는 대기지점이나 위치보고(position reporting) 수단으로 사용될 수 있다. 이들 확인점 또는 "pink spots"은 검은색 원으로 외곽이 그려지고 그 안에 숫자 혹은 숫자와 문자가 그려진다.

⑥ 크리어런스 바 등화(clearance bar lights); 이 등화시설은 항공기와 차량에 대기지점이 있음을 알려주기 위해서 사용된다. 이 등화는 3개의 노란색 등화가 일렬(가로방향)로 설치되어 있다. 대기지점을 위해서 사용될 때 지리위치표지와 동일한 위치에 설치된다.

Part 121과 135하에서 운용하는 모든 조종사와 지상 근무자는 이들 특정 공항에서 운용하는 동안 SMGCS 계획에 따라야 한다. 공항 임차인(airport tenants)은 모든 종사자에게 관련 정보를 제공하고 저시정 운용절차에 대한 교육과 훈련을 수행할 책임이 있다. SMGCS 계획에 따라 운용하는 모든 사람은 해당 공항에 대한 저시정 운용에 관련된 세부 정보가 포함된 저시정 활주경로 차트(low visibility taxi route) 사본을 갖추고 있어야 한다. 이들 차트는 개별적으로 여러 출처에서 얻을 수 있지만, 앞으로는 정부 차원의 SMGCS를 위한 출처가 가용할 것이다. Part 91 운용자는 AC 120-57에 수록된 가이드라인에 따라야 하고, 때로는 저시정 운용절차가 적용되고 있을 때 "Fellow me" 서비스를 예상해야 한다. 공항 운용에 악영향을 줄 수 있는 SMGCS 중지(outage)는 NOTAM으로 발행된다.

※ *Part 91: General operating and flight rules (general aviation)*

※ *Part 121: Scheduled airlines (Any domestic, flag or supplemental operation)*

※ *Part 125: Airlines with 20 or more passengers*

(Any operation where common carriage is not involved)

※ *Part 135: On demand(Commuter, on demand and air-taxi, corporate & government & all helicopter operations)*

※ *Part 139 Airport: Serve scheduled and unscheduled air carrier aircraft with more than 30 seats & Serve scheduled air carrier operations in aircraft with more than 9 seats but less than 31 seats*

1.2.4 첨단 지상이동유도관제시스템

전 세계적으로 항공기가 급증하면서 일부 대규모 공항에서는 더 많은 항공기의 이동을 효율적으로 관제해야 하는 필요성이 높아졌지만, 기존 시설로는 전천후 기상에서 이들 항공교통을 안전하게 처리하는 것이 사실상 어렵다. 이를 위해서 최근에 개발된 것이 공항지상탐지장비(airport surface detection equipment; Model-X(ASDE-X) 그리고 첨단지상이동유도와 관제시스템(advanced surface movement guidance and control system; A-SMGCS)과 같은 활주로 안전 시스템이다. 이들 시스템을 작동시키는데 필요한 데이터는 지상이동레이더(surface movement radar)와 항공기 트랜스폰더로부터 획득된다. 이들 데이터 출처의 결합은 공항이동구역(airport movement area)에서 항공기 식별과 위치를 식별할 수 있도록 하여 공항 활주로와 유도로에서 잠재적 항공기 충돌 가능성을 감소시킨다.

조종사는 공항 이동구역에서 상황인식을 유지하는 데 도움이 될 수 있도록 공항표지 및 표지판(airport marking and sign), 등화시설에 익숙해 있어야 한다. 이들 시각보조시설은 공항에서 항공기의 위치, 사용하고 있는 유도로, 사용하고자 하는 활주로 진입에 관한 정보를 제공한다. 이들 표지 및 표지판 그리고 등화시설에 대해서 정확하게 이해하지 못했거나 무시했을 때 예방할 수 있는 지상이동사고가 발생할 수 있다. 만약 익숙하지 않은 표지 혹은 등화시설을 발견했을 때 ATC에 확인을 요청해야 하고 필요하다면 점진활주지시(progressive taxi instruction; *ATC의 지시를 받아 구간별로 진행하는 과정*)를 요청해야 한다. 조종사는 공항에서 운용 중 사고로 이어질 수 있는 잘못 표시된 표지 또는 오해의 소지가 있는 표지와 등화시설을 발견했을 때 즉시 관련 시설에 통보해 주어야 한다.

1.2.5 활주로 침범

미국의 경우 하루에 약 200,000건의 이륙과 착륙이 수행되고 있는 것으로 보고되었다. 공항당국은 공항 환경의 복잡성 그리고 이를 효율적으로 운용해야 하는 사람들의 복잡한 네트워크로 인해서 높은 수준의 안전표준을 유지하기 위해서 노력하고 있다. 활주로 안전은 주요 우선순위(top priority) 중 하나이다. FAA에서는 활주로 침범(runway incursion)을 다음과 같이 정의하고 있다.

"항공기의 이륙과 착륙을 위해서 지정된 지표면의 보호구역에 항공기, 차량, 혹은 사람이 부주의하게 진입하는 것과 관련되어 발생하는 사고이다"

활주로 침범은 다음과 같이 4개의 범주로 분류한다.

① Category A; 실제 충돌이 발생했거나 충돌을 가까스로 피할 수 있었던 심각한 준사고
② Category B; 거리가 점점 가까워지고 충돌 회피를 위한 수정/회피 반응을 위한 시간이 충분하지 않은 잠재적 충돌이 있을 수 있는 준사고
③ Category C; 충돌을 피하기 위한 충분한 시간 또는 거리가 있는 준사고
④ Category D; 활주로 침범의 정의에 해당하지만, 안전에 즉각적으로 영향을 주지 않는 준사고

항공당국에서는 SMGCS 프로그램 외에도 활주로 사고주의구역(runway hot spots), 활주경로의 표준화 작업, 그리고 활주로 안전 프로그램과 같은 활주로 침범 사고와 다른 지상이동사고를 방지하기 위한 다양한 프로그램을 실행하고 있다. 다음은 활주로 침범 가능성을 낮추기 위한 여러 방법을 조언하고 있다.

① 모든 NOTAM을 확인하고 이해하라. 특히 공사라든지 등화시설의 변경에 관한 내용에 주의하라.
② 대기지시, 라인업 과 대기(line up and wait), 그리고 활주로 횡단(crossing)에 관한 인가를 포함하여 모든 인가를 복창(readback)하라. 이는 인가의 정확한 전달과 이해 여부를 확인하기 위함이다.
③ 조종실 집중규칙을 준수하라. (sterile cockpit rule)
④ 활주 중 주의산만을 최소화할 수 있는 운용상의 절차를 개발하라.
⑤ 공항에서 당신의 위치에 대한 의심이 있거나 확실하지 않다면 ATC에게 도움을 요청하라.
⑥ 적시 적절한 방법으로 이륙과 활주로 횡단 인가(runway crossing clearance)를 준수하라.
⑦ 착륙하는 항공기를 볼 수 있도록 항공기를 위치시켜라.
⑧ 다른 항공기의 상황인식을 유지하기 위해서 무선통신을 청취하라.
⑨ 관제사가 주파수 변경을 지시할 때까지 주파수를 변경하지 마라.
⑩ 활주로 길이가 감소했는지 확인하고 짧아진 활주로를 위한 착륙과 LAHSO 또는 인가를 수용하기 전에 따를 수 있는지를 결정하라.
⑪ 혼동되는 공항표지 혹은 등화시설을 발견했다면 ATC 또는 공항 당국에 통보하라.
⑫ 항공기 유도등(taxi light)과 착륙등(landing light)을 적극적으로 사용하라.

1.2.6 활주로 사고주의구역

ICAO에서는 활주로 사고주의구역(hot spots)을 공항이동구역(aerodrome movement area)에서 충돌 또는 활주로 침범 사고가 발생했던 장소, 사고 가능성이 높은 장소, 그리고 조종사나 차량 운전자의 주의가 필요한 장소라고 정의하고 있다. 사고주의구역은 지상이동에 어려움을 줄 수 있는 복잡하거나 잠재적으로 혼동할 수 있는 기하학적 구획을 조종사에게 경고하기 위함이다. 조종사는 어떠한 이유에서든 이들 위험 교차로(dangerous intersection)가 있을 때 주의해야 하고, 이들 교차로에 접근하거나 활주하는 동안 각별히 주의해서 이동해야 한다. 이들 사고주의구역은 [그림1-5]와 같이 공항도형에 원으로 그려진 구역으로 그려진다.

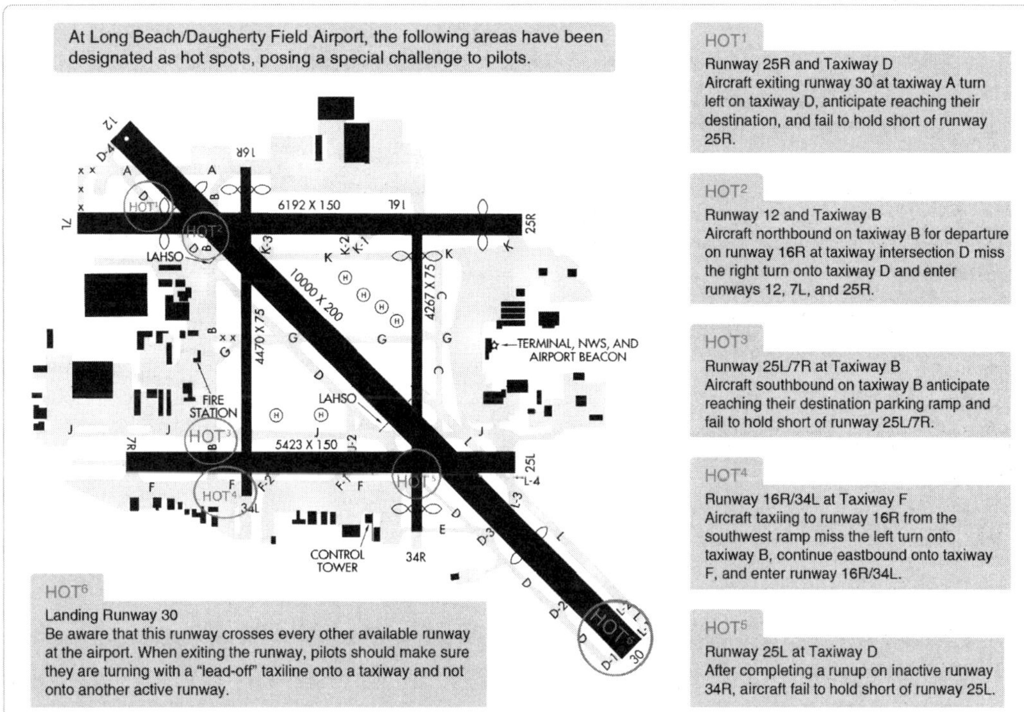

【그림1-5】 이 공항은 5개의 활주로가 있어 매우 복잡하다. 사고주의구역(HOT)이 여섯 군데가 지정되어 있다. 조종사는 이들 구역에 접근하거나 지나갈 때 각별히 주의해야 한다. 예를 들어 "HOT1"(RWY 25R and Taxiway D) RWY 30에서 벗어나 Taxiway A로 나온 항공기가 좌선회하여 Taxiway D로 진행할 때 목적지에 도착하는 것으로 예상하여 RWY 25R 앞에서 잠시대기지시를 무시하거나 실수로 지키지 못할 수 있다.

1.2.7 표준 유도로 경로

표준 유도로 경로(standardized taxi route)는 대형 항공기들이 많이 운용되고 있는 공항에서 지상관리(ground management)를 안전하고 원활하게 이루어지도록 한다. 이들 공항에서 게이트와 활주로(gate and runway) 사이를 오가는 항공기들이 사용할 수 있는 전형적인 유도로 이동경로가 지정되고 이를 코드화(coded)한다. ATC는 관제사와 조종사가 모두 잘 알고 있는 특정 명칭이 부여된 경로(named route)를 사용함으로써 무선통신(radio communication)을 간소화하고 활주 지시를 잘못 이해하는(misunderstanding) 것을 방지할 수 있다. 예를 들어 [그림1-6]의 "Los Angeles International Airport(KLAX)"에서 "North Route"라는 코드 활주 지시는 RWY 24L까지 이동하는데 사용되는 활주경로이다.

지상관제사는 이들 활주경로를 발령하고, 조종사가 이에 따를 수 없다면 최초교신(initial contact)할 때 지상관제사(ground controller)에게 이를 통보해야 한다. 만약 어떠한 이유로 조종사가 활주경로를 확실하게 이해하지 못했다면 점진활주지시(progressive taxi instruction)를 요청해야 한다. 이외에도 관제사의 판단에 다른 교통(traffics), 폐쇄 활주로(closed runway), 공항작업(airport construction) 등으로 인해서 필요하다면 스텝-바이-스텝 경로 방향(step-by-step

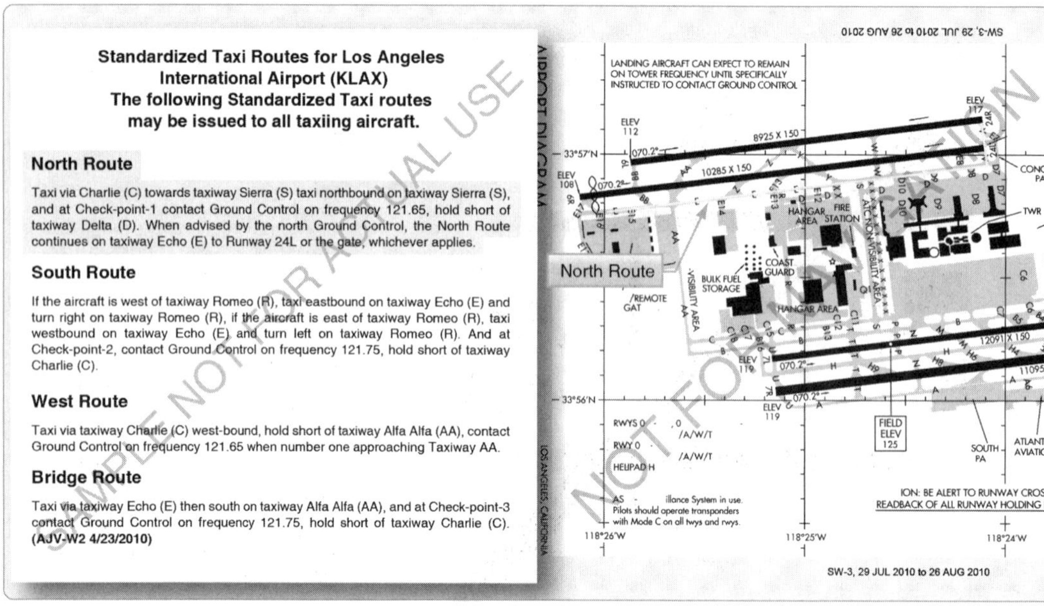

【그림1-6】 Los Angeles International Airport(KLAX)의 공항도형의 사례이다. 이 공항에서 활주하는 모든 항공기에 표준활주경로가 지시될 것임을 고지하고 있다(왼쪽). 이 공항에는 4개의 표준활주경로가 설정되어 있다. 예를 들어 "North Route"의 경우 활주해야 하는 경로와 Checkpoint, 지상관제사 주파수, 그리고 잠시대기해야 하는 지점이 지정되어 있다. 공항에 익숙하지 않은 조종사는 표준활주경로를 지시받았을 때 공항도형과 설명서의 내용을 분석하여 이동경로를 판단해야 한다. 만약 이동 중 어떠한 의심이 있다면 관제사에게 문의하라. 이외에도 공항표지와 표지판 그리고 등화시설에 완전히 익숙해 있어야 함은 물론이다.

route direction)이 지시될 수 있다. 조종사는 특정 공항에 설정된 기계획 활주경로(preplanned taxi route)가 있을 때 이들 시설에 익숙해 있어야 함은 물론이고, 활주 설명서(taxi description)를 갖추고 있어야 하는 것은 조종사의 책임이다. 코드화 유도로 경로(coded taxiway route)를 사용하고 있는 공항에 대한 정보는 NOTAM 간행물(publication; NTAP)에 수록되어 있다.

관제사는 2010년 6월 30일부터 활주경로가 교차하는 각 활주로를 통과하거나 잠시대기(hold short)시키기 위해서 명백한 지시(explicit instruction)를 발령할 것을 요구하고 있다. 다음은 이들 절차적 변경(procedural change)을 요약한 것이다.

① 이륙 활주로까지 활주지시를 발령할 때 "Taxi to"는 더 이상 사용되지 않는다.

② 활주로를 횡단(crossing)하라는 지시는 하나씩 차례로 발령되고, 여러 활주로를 횡단하라는 활주지시는 발령되지 않는다. 따라서 항공기 또는 차량은 다른 활주로를 횡단하기 전 이전에 지시된 활주로만 통과해야 한다는 것을 의미한다. 이 지시는 폐쇄 활주로 혹은 사용되고 있지 않은 활주로 모두 해당한다.

③ 명확한 ATC 지시 없이 결코 활주로 대기지점표지를 횡단해서는 안 되고 의심이 있다면 ATC에게 문의하라.

조종사는 다음과 같이 지시되지 않는 한 활주로에 진입해서는 안 된다.
① ATC로부터 지정된 활주로 위로 통과 혹은 활주가 지시되었을 때
② ATC가 활주로로부터 이륙을 인가했을 때
③ ATC로부터 지정된 라인-업과 웨이트(line-up and wait)가 지시되었을 때

1.3 기상과 출발 환경

1.3.1 이륙 최저치

전체 비행과정에서 기계적 고장(mechanical failure) 발생 가능성은 점차 낮아지고 있지만, 계기비행상태에서 이륙 중 기계적 고장은 치명적이다. 출발절차를 수행 중 비상상황이 발생했을 때 출발공항으로 회항하거나 아니면 이륙대체공항(takeoff alternate)까지 비행할 것인지를 결심해야 한다. 만약 출발 당시 기상이 출발공항의 착륙 최저치(landing minimum)보다 낮다면 이륙 후 출발공항으로 회항할 수 없고, 선택의 여지가 더욱 제한되어 이륙대체공항에 도착하기 위한 가용한 시간이 얼마 남아 있지 않을 수 있다.

초창기 항공운송에서 상업 운용자(commercial operator)를 위한 착륙 최저치는 이륙 최저치(takeoff minimum)보다 낮았다. 따라서 조종사는 비상상황이 발생했을 때 그 최저치 조건에서 출발공항에 착륙할 수 있었다. 이외에도 모든 이륙 최저치는 시정 필수요건과 함께 실링이 포함되었다. 그러나 오늘날 이륙 최저치는 통상 발행된 착륙 최저치보다 낮고, 출발 구역에 있는 장애물을 보고-회피(see and avoid)하는 데 필요한 경우에만 실링 필수요건(ceiling requirement)이 포함된다. FAA는 표준계기접근절차(IAP)가 발행된 모든 공항을 위한 이륙 최저치를 규정하고 있다. 이들 최저치는 Part 121과 Part 135하에서 운용되는 항공기에 적용된다. 최저치가 규정되어 있지 않은 공항에서 이들 동일 항공기는 다음과 같은 표준 최저치를 적용할 것을 요구하고 있다.

- 단발엔진과 쌍발엔진 항공기; 시정 1 SM
- 헬리콥터와 쌍발엔진 이상 항공기; 시정 1/2 SM

CFR 14 Part 91하에서 운용하는 항공기는 설정된 이륙 최저치에 따르지 않아도 된다. 규정에 따라 제로/제로 출발(zero/zero departure; *수평 및 수직 시정이 제로인 상태*)이 수행될 수 있지만 권장하고 있지 않다. 만약 승객을 운송하는 사업용 조종사(commercial pilot)라면 이륙 최저치를 준수해야 하고, 모든 계기 조종사 역시 설정된 최저치를 따르는 것이 현명한 판단(good judgment)과 상식(common sense)에 따르는 것이다.

AIS 차트에는 표준이륙 최저치(standard takeoff minimum) 외의 다른 최저치를 갖는 공항의 이륙 최저치가 표기되어 있다. 이들 이륙 최저치는 TPP의 소책자 앞 페이지에 공항 알파벳 순서로 표기된다. 만약 어느 공항이 비표준 이륙 최저치(nonstandard takeoff minimum)가 있다면 계기접근차트(IAP)의 주석란(note section)에 "▼"와 같이 표기된다. 이를 "Triangle T or Trouble T"라고도 한다. 이륙 최저치는 TPP 소책자(booklet)의 앞 페이지에 있는 장애물 출발(obstacle departure) 페이지 앞에 수록된다. 일부 출발절차(departure procedure)는 [그림1-7]과 같이 특정 항공기 성능 요건에 맞게 제공되는 표준 최저치에서 출발을 허용한다.

1.3.2 상업 운용자를 위한 이륙 최저치

Part 121 그리고 Part 135 운용자가 이륙 최저치를 적용하는 주요 사용자이지만 이들은 회사 자체의 운항기준(OpSpecs)에 따른 대체이륙최저치(alternative takeoff minimum)를 활용할 수 있다. 이들 운용자는 운항기준을 통해서 승무원 훈련과 필수 장비를 갖추고 있다면 표준 최저치보다 낮은 조건에서 출발이 승인될 수 있다.

1.3.3 운항기준

Part 121 그리고 Part 135 운용자는 항공운송사업 범위 안에서 수많은 가변성(variables)을 수용할 수 있도록 안전표준(safety standard)을 규정하고 관리할 필요가 있다. 이들 가변성에는 다양한 항공기 범주, 항공운송을 수행해야 하는 다양한 상황, 그리고 끊임없이 변하는 항공기 기술 등이 포함되어야 한다. 이들 각각의 운용 그리고 모든 종류의 항공운송(air transportation)과 다양한 운용자의 능력에 관한 안전규정(safety regulation)을 공포(promulgation)하여 이들 가변성을 처리하는 것은 비현실적(impractical)이다. 또한, 이들 모든 것을 규정적 과정을 통해서 빠르게 변화하고 있는 항공기술과 환경을 처리하는 것 역시 비현실적이다. 만약 모든 가능한 변수와 상황을 규정으로 다루어야 한다면 안전규정(safety regulation)은 매우 복잡하고 다루기 어려울 수 있다. 대신 규정에 따른 안전표준은 다양한 수용가능 실행방법(varying acceptable method of compliance)을 허용하면서 광범위하게 적용할 수 있다. 운항기준(OpSpecs)은 안전표준을 확립하기 위한 광범위한 가변요소들을 다룰 수 있는 효과적인 방법을 제공한다. 이외에도 운항기준은 특정 운송업자 또는 운용자의 등급과 항공기의 크기 그리고 운용의 종류에 따라 적용할 수 있다. 운항기준은 각각의 운송업자(certificate holder) 또는 운용자의 필요(operator's)에 맞게 수정될 수 있다.

Part 121 그리고 Part 135 운송업자(certificate holder)는 승인된 운항기준을 활용해서 표준이륙 최저치보다 더 낮은 조건에서 이륙할 수 있다. 이들 운용자는 항공기에 장착된 장비, 승무원 훈련, 그리고 특정 공항에 설치된 시설의 종류에 따라 적절한 장비를 갖춘 활주로에서 RVR 300피트(91m)와 같이 낮은 조건에서도 출발할 수 있다. 이외에도 운항기준에는 접근 최저치, 대체공항, 그리고 기상업무를 위한 규정이 간략하게 서술되어 있어야 한다.

※ Operational Specification(OpSpecs)은 항공사와 같은 운용자가 항공당국(FAA)으로부터 승인을 받기 위해서 갖추어야 하는 일련의 규정집이다. OpSpecs은 적용가능 FAA 규정(regulation)보다 더 제한적이다. 일반적으로 운항기준은 다음 사항들을 포함하지만, 이들로 한정되는 것은 아니다.

① 장비의 종류(항공기 종류)

② 운용 지역

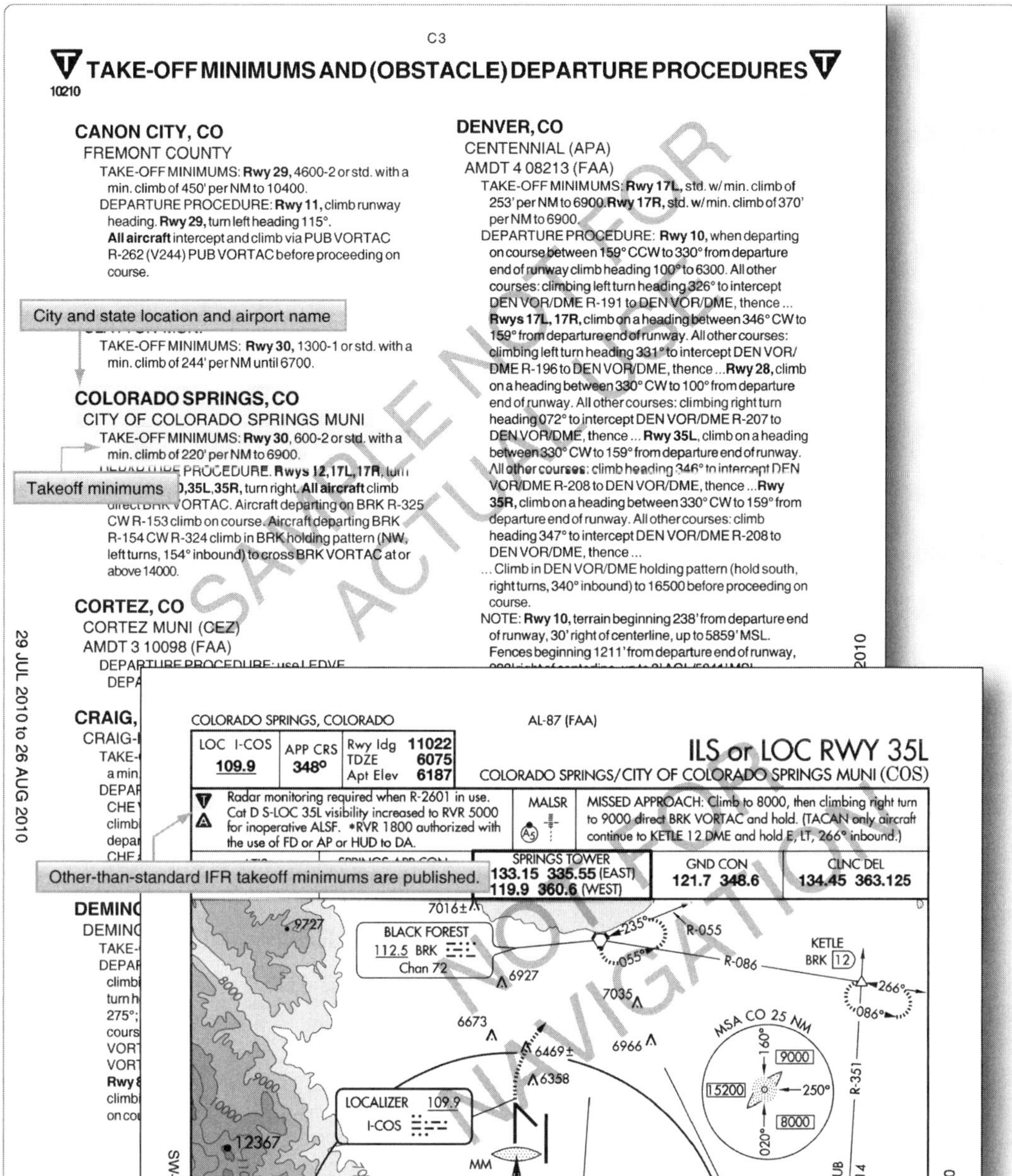

【그림1-7】 비표준 이륙 최저치가 발행되었을 때 TPP 앞 페이지의 표제와 계기접근차트에 ▼ 부호와 함께 관련 내용이 요약되어 있다. 따라서 조종사는 해당 공항을 이륙하기 전 비표준 이륙 최저치가 어떻게 발행되었는지 확인해야 한다.

- ▼ ; 표준 IFR 최저치 외의 이륙 최저치가 발행되었음
- 도시, 지방(주) 명칭 그리고 공항명칭
- 이륙 최저치(Takeoff minimums);
  "TAKE-OFF MINIMUMS: RWY 30, 600 or std. with a min. climb of 220 ′ per NM until 6700."

③ VFR 운용의 확장
④ 항법장비의 종류
⑤ 항공 서비스 제공 대상자
⑥ 의무와 비행시간 제한
⑦ 회사규칙 원본
⑧ 비행계획, 운항관리, 비행추적 필수요건
⑨ 회사조직과 편성
이외에도 더 많은 범위를 포함하지만, 기본적으로 항공기를 어떻게 운용할 것인지를 세부적으로 다루고 있는 규정집이다.

1.3.4 실링과 시정 필수요건

모든 이륙과 출발은 수행하는 절차에 따른 시정 최저치(visibility minimum; *일부는 최저 실링 요건*)가 지정되어 있다. 시정(visibility)은 자동기상관측을 포함해서 이를 필요로 하는 항공사 혹은 유관단체 그리고 최종적으로 조종사까지 전달하기 위해서 다양한 매체와 형식으로 제공되고 있다. 비행승무원(flight crew)은 출발하기 전 실링과 시정 정보를 포함해서 기상을 반드시 확인해야 한다. 출발하기 직전 최신(current) 시정 정보를 확인하지 않고 IFR 비행을 시도해서는 안 된다. 이외에도 특정 공항 조건에서는 IFR 출발을 위한 시정과 실링 요건(visibility and ceiling requirement) 모두를 필요로 한다. 여러 주(states) 혹은 지방을 횡단해야 하는 특정 공항을 위한 기상보고 관측소(weather report station)에 관한 정보는 차트 보충간행물(Chart Supplement)에서 찾아볼 수 있고, 이들 공항에는 기상정보를 얻을 수 있는 전화번호와 주파수가 수록되어 있다. [그림1-8]과 같이 비행정보간행물(flight information publication; FLIP)에서 자동터미널정보서비스(ATIS), D-ATIS(digital), 자동기상관측시설(AWOS), 자동지표면관측시설(ASOS) 그리고 AFSS (automated flight service station)와 같은 기상정보를 얻을 수 있는 기관의 주파수가 표기되어 있다.

(1) 시 정

시정(visibility)은 대기 상태를 결정하는 것과 같이 주간에는 현저한 비등화 물체(unlighted object) 그리고 야간에는 현저한(prominent) 등화 물체(lighted object)를 보고 식별할 수 있는 능력이다. 시정은 육상 마일(SM; statute mile), 피트(feet), 또는 미터(meter)로 표기된다.

(2) 우시정

우시정(prevailing visibility)은 최소한 수평 반원과 동등하거나 그 이상에서 가장 멀리 볼 수 있는 수평 시정(horizontal visibility)이다. 이때 반원은 반드시 연속될 필요는 없다. 우시정은 육상 마일 또는 분수형식 마일(3/4 mi)로 보고된다.

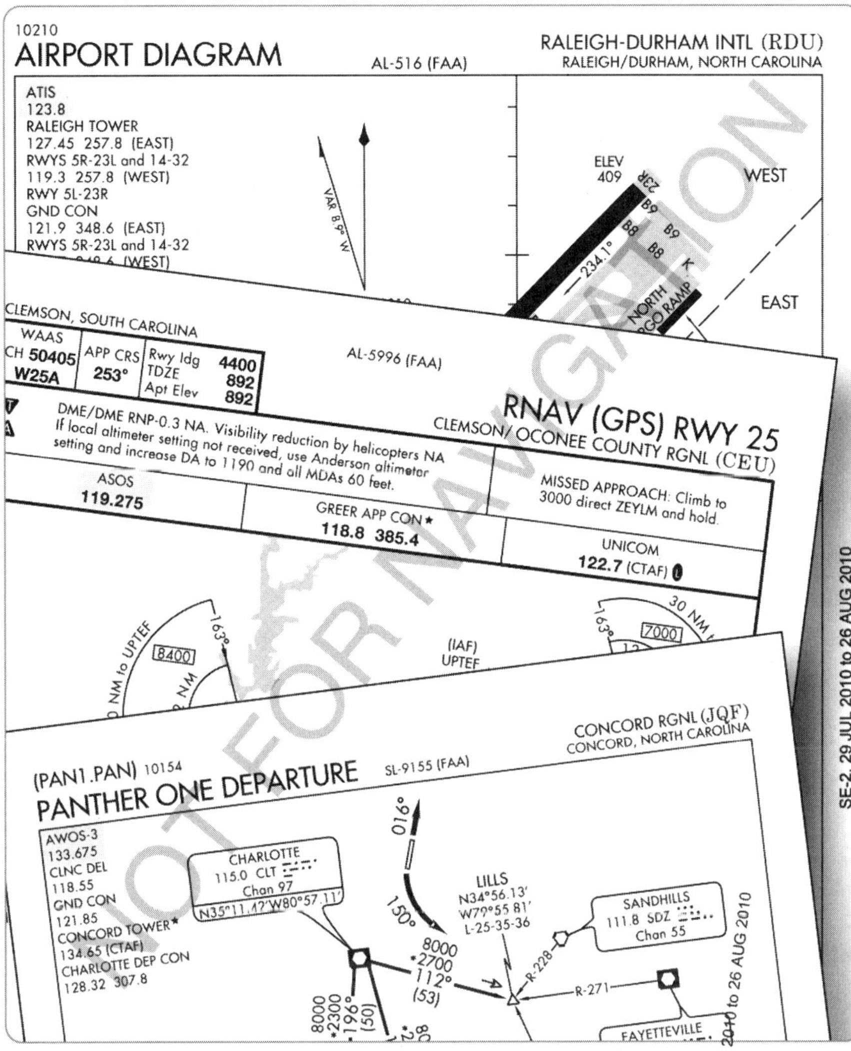

【그림1-8】 각종 비행정보간행물(FLIP)에서 기상정보를 얻을 수 있는 주파수가 제공되고 있다. 공항도형에서 ATIS, 그리고 접근차트에 표기된 ASOS와 AWOS-3에서 기상정보를 확인할 수 있다.

(3) 활주로 시정치

활주로 시정치(runway visibility value; RVV)는 특정 활주로에서 시정측정계를 이용해 측정된 시정이다. 이 시정측정계(transmissometer)는 연속적으로 시정(SM 또는 분수형식 마일 값)을 지시한다. RVV는 특정 활주로를 위한 최저치를 결정할 때 우시정 대신에 사용될 수 있다.

(4) 관제탑 시정

관제탑 시정(tower visibility)은 지표면 시정(surface visibility)을 보고하는 장소에 있는 항공교통 관제탑에서 측정된 우시정이다.

(5) 활주로가시범위

활주로가시범위(runway visual range; RVR)는 표준 보정(standard calibration)을 기반으로 조종사가 접근 종단(end of approach)에서 활주로를 내려다볼 수 있는 수평거리를 제공할 수 있도록 시정측정계로 측정된 시정이다. RVR은 고광도 활주로등(high intensity runway light) 혹은 다른 물체의 시각적 대비(visual contrast) 중 하나에서 어느 것이든 더 멀리 볼 수 있는 시각범위(visual range)를 기초로 한다. 우시정과 RVV와 달리 RVR은 움직이고 있는 항공기에서 조종사가 활주로를 내려다볼 수 있는 시정을 기초로 한다. RVR은 경사거리(slant range)가 아닌 수평거리이다. RVR은 백 피트 단위로 보고되기 때문에 시정이 육상 마일(SM) 값으로 보고되지 않았다면 [그림1-9]와 같이 육상 마일(SM)로 환산해야 한다. RVR은 계기 활주로의 착지점(touchdown) 근처에 설치된 시정측정계에서 측정된 시정을 백 피트 단위로 보고된다. RVR은 특정 활주로를 위한 최저치를 결정할 때 RVV 또는 우시정 대신 사용된다. RVR은 다음과 같은 종류가 사용된다. [그림1-10]

① Touchdown RVR(착지대); 활주로 착지대에 설치된 RVR 장비에서 측정한 RVR 값이다.

② Mid-point RVR(활주로 중간); 활주로의 중간 지점에 설치된 RVR 장비에서 측정한 값이다.

③ Rollout RVR(롤아웃); 활주로에 가장 가까운 롤아웃 근처에 설치된 RVR 장비에서 측정한 값이다.

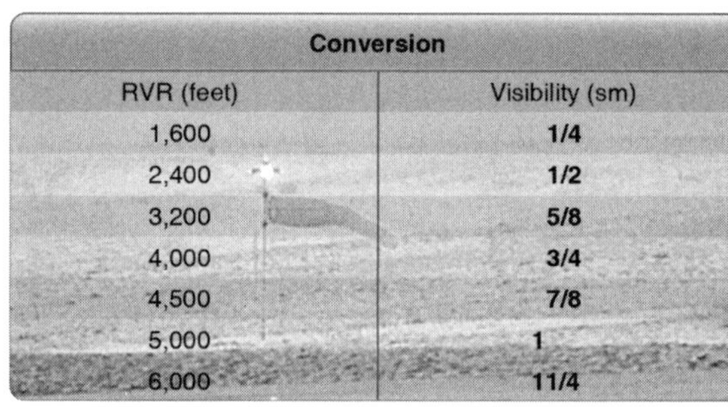

Conversion	
RVR (feet)	Visibility (sm)
1,600	1/4
2,400	1/2
3,200	5/8
4,000	3/4
4,500	7/8
5,000	1
6,000	11/4

【그림1-9】 RVR과 육상 마일

④ Far end RVR(활주로 반대종단); 4개의 RVR 시정 감지기(visibility sensor; VS)가 설치될 때 활주로 Far end RVR은 반대편 활주로에 있는 착지점 RVR VS이다. 반대편 감지기는 부가 정보로써 사용된다. RVR은 Part 121 그리고 Part 135 운용자가 운항기준에 규정되어 있는 특정 시정보고와 지배적인 값(controlling value)과 함께 사용되는 주요 시정 측정값이다. 이들의 운항기준 협의(OpSpecs agreement)에 가용하다면, 운용자는 계기출발과 함께 진행하기 위한 특정 그리고 최신 RVR 보고를 갖추고 있어야 한다. 또한, 운항기준은 다양한 출발 시나리오에 맞는 지배적 시정보고(controlling visibility report)가 서술되어 있어야 한다.

(6) 적절한 시정 참조물

Part 121 그리고 Part 135 운용을 위한 운항기준 문서에 표준 이륙 최저치보다 낮거나 다른 세트가 수록될 수 있다. 특정 종류의 시정보고가 가용하지 않거나 특정 장비가 고장 났을 때 조종사가 적절한 시정 참조물(adequate visibility reference)을 유지할 수 있다면 공항을 출발할 수 있다. 이때 이륙 지표면을 지속해서 식별할 수 있도록 적절한 시각보조시설(appropriate visual aids)이 가용해야 하고, 이륙활주하는 동안 방향조종(directional control)이 유지되어야

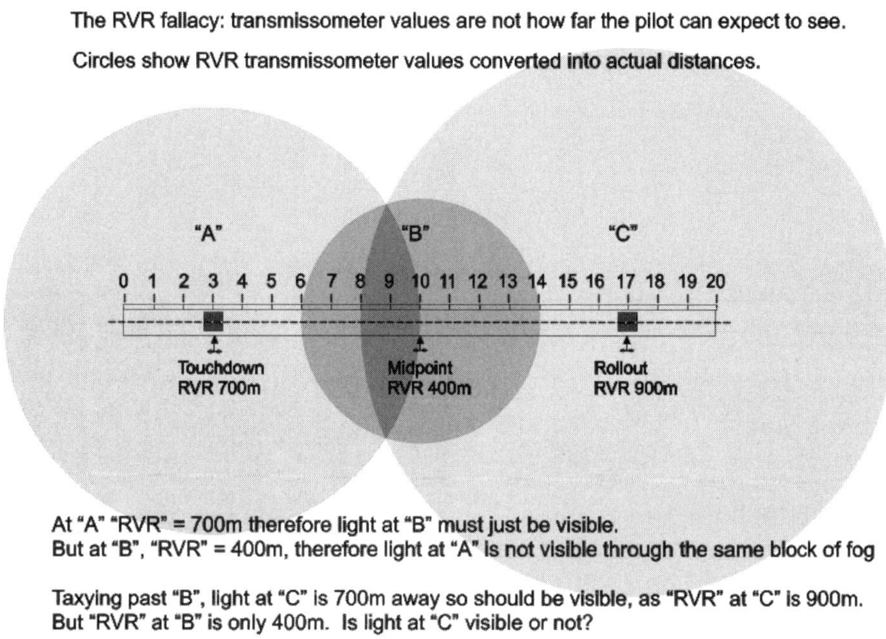

【그림1-10】 RVR 값은 조종사가 얼마나 멀리 볼 수 있는지를 나타내는 것만은 아니다. 이 활주로의 사례와 같이 3지점의 RVR이 보고되었고 각각 다르다는 것을 알 수 있다. 각 지점의 RVR 값에 따라 동일한 안개 조건에서 볼 수 있는 거리가 다르다는 것에 유의해야 한다. 예를 들어 "A" 지점에서 "B" 지점을 볼 수 있지만 "B" 지점에서는 "A" 지점을 볼 수 없다. 또한 "A" 지점 RVR과 "C" 지점 RVR이 중간에서 중첩되고 있음을 알 수 있다.

한다. 여기서 적절한 시각보조시설이란 고광도 활주로등, 활주로 중앙선등, 활주로 중앙선 표지, 또는 다른 활주로 등화(lightings)와 표지(markings)가 포함될 수 있다. 상업 운용자는 적절한 시각 참조물과 함께 운항기준에 따라 1600 RVR 또는 1/4 SM의 시정에서도 이륙할 수 있다.

(7) 실 링

실링(ceiling)은 브로큰(broken), 오버캐스트(overcast)로 보고된 지표면 위의 가장 낮은 구름층이고, 엷은 혹은 부분으로(thin or partial) 보고되지 않은 차폐 현상(obscuring phenomena)이다.

1.3.5 자동기상시스템

자동기상시스템(automated weather system)은 공항에서 기상 데이터(weather data)를 수집하고 기상정보를 무선 혹은 유선(radio or landline)으로 전송하는 자동기상감지기(automated weather sensor)로 구성된다. 이들 시스템을 구성하는 주요 시스템은 ASOS/AWSS 그리고 AWOS이다. 이들 시스템은 정부(FAA 또는 NWS)에서 혹은 사설 독립체(private entities)로서 전국에 있는 주요 공항에 설치되고 운용된다. 이들 시설은 [그림1-11]과 같이 기상 관측자(weather observer)를 필요로 하지 않기 때문에 저렴한 비용으로 운용할 수 있고, 관제탑이 없는

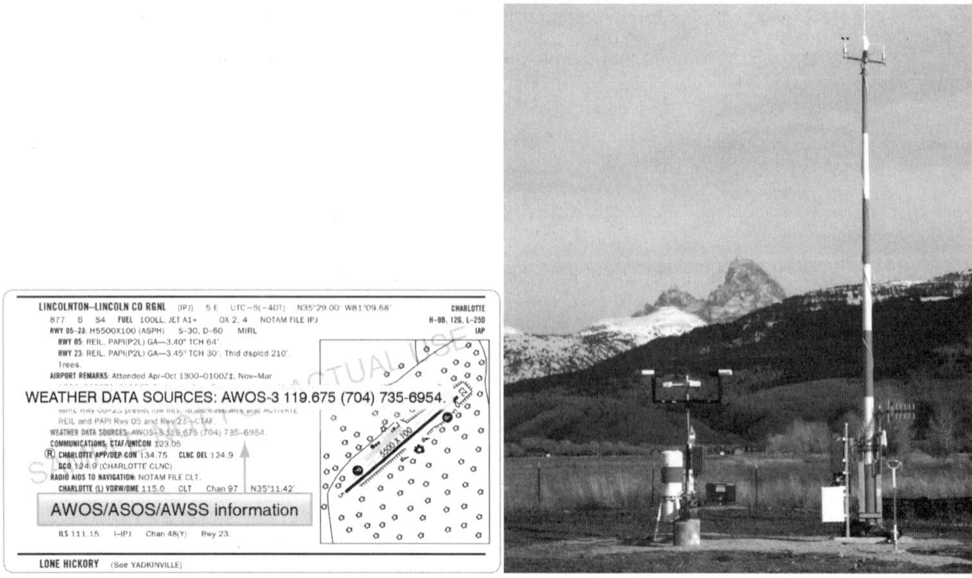

【그림1-11】 공항 근처에 설치된 AWSS(오른쪽) 시설이다. 왼쪽 Chart Supplement에는 기상 데이터 출처(AWOS/ASOS/AWSS)에 대한 정보(주파수와 전화번호)가 표기되어 있다.

공항에서도 유용한 기상정보를 제공한다.

- ASOS(automated surface observing system); 자동지표면관측시스템
- AWSS(automated weather sensor system); 자동기상센서시스템
- AWOS(automated weather observing system); 자동기상관측시스템

AWOS, ASOS/AWSS는 성능이 다양하고 점차 더 많은 기상보고를 실시간으로 제공하게 될 것이다. 전형적인 자동기상시스템은 매 1분~2분 사이의 기상현상을 전송하기 때문에 가장 최신 정보를 지속해서 전송한다. 기본 AWOS는 오직 고도계 수정치(altimeter setting), 풍향풍속, 기온, 그리고 이슬점(dewpoint) 정보만을 포함한다. 그러나 ASOS/AWSS 그리고 AWOS-I 시스템[그림1-12]에서는 풍향풍속, 돌풍(gust wind), 가변풍(variable wind), 기온, 이슬점, 고도계 세팅(altimeter setting), 그리고 밀도고도(density altitude)와 같이 더 많은 기상 데이터를 제공한다. 서비스 Level A 또는 Level B를 제공하고 있는 ASOS/AWSS 관측소 역시 RVR을 보고한다. 해당 시설에 가용한 특정 장비의 종류는 [그림1-11]과 같이 Chart Supplement에 수록된다.

위에서 소개한 시정보고와 기상업무의 활용이 Part 91 운용자에게 제한되는 것은 아니다. Part 121, Part 135 운용자는 회사의 운항기준에 따라야 하고 NWS 또는 다른 기상 출처에서 얻어진 기상보고를 사용해야 한다. 운항기준이 운용자 요건에 맞게 다듬어지지만, 대부분 운용자는 ATIS, RVR 보고, 그리고 자동기상관측소에서 보고된 정보를 활용할 것을 요구하고 있다. AWOS-III 관측소에서 전송된 모든 보고는 Part 121과 Part 135 운용자가 사용할 수 있다. 관측소의 수준은 각 관측소 운용기준에 서술된 것과 같이 서로 다를 수 있다. 출발 정보와 함께 관제탑에서 제공되는 실링과 시정보고는 항상 공식 기상(formal weather)으로 고려되어야 하고,

AWOS A	Barometric pressure and altimeter setting (in inches of Mercury).
AWOS I	Wind speed and wind gusts (in knots), wind direction (from which the wind is blowing) and variable wind direction (in degrees of the compass), temperature and dew point (in degrees Celsius), altimeter setting and density altitude.
AWOS II	All AWOS I parameters, plus visibility and variable visibility (in miles).
AWOS III	All AWOS II parameters, plus sky condition (in oktas), cloud ceiling height (in feet), and liquid precipitation accumulation (in inches).
AWOS III P	All AWOS III parameters, plus precipitation type (rain, snow and sometimes drizzle) identification.
AWOS III T	All AWOS III parameters, plus thunderstorm detection (via a cloud-to-ground lightning detector).
AWOS III P/T	All AWOS III parameters, plus precipitation type identification and thunderstorm detection.
AWOS IV Z	All AWOS III P/T parameters, plus freezing rain detection via a freezing rain sensor (Note: this configuration used to be called AWOS III PTZ).
AWOS IV R	All AWOS III P/T parameters, plus runway surface condition.
AWOS IV Z/R	All AWOS III P/T parameters, plus freezing rain detection and runway surface condition.

【그림1-12】 AWOS의 새로운 분류 방식

RVR 보고는 지배적인 시정참고(controlling visibility reference) 요소이다.

(1) 자동터미널정보업무

자동터미널정보업무(automated terminal information service; ATIS)는 기상정보를 얻을 수 있는 또 다른 유용한 수단이다. ATIS는 관제탑이 운용되는 대부분 공항에서 가용하고, 관제탑 운용 시간에만 ATIS 전용 주파수를 이용해서 방송된다. 시간제(part-time)로 운용되고 있는 일부 공항에서 AWOS/AWSS 정보는 관제탑이 업무를 종료(closed)했을 때 ATIS 주파수로 방송된다. 이 서비스는 공항에 ASOS/AWSS가 있어야 하고 관제탑에 ATIS-ASOS/AWSS 인터페이스(interface; *메인 시스템과 단말 장치와의 연결 부분을 이루는 회로*)가 설치된 공항에서만 가용하다. ATIS는 현재 사용 중인 활주로와 계기접근, 특정 정전(specific outages), 그리고 시정을 포함한 최신 기상상태에 관한 중요한 정보(crucial information)들이 포함된다. 시정은 육상 마일(SM)로 보고되고 시정이 5마일 이상일 때 생략된다. ATIS 기상정보는 특정 공항 그리고 해당 공항에 설치된 장비에 따른 다양한 기상 관측시설로부터 얻어진다. 이들 관측시설에서 보고된 기상은 기상관측자(weather observer), 관제탑에 있는 기상 관측기, 또는 자동기상관측소로부터 수집된 정보들이다. 이들이 어느 관측소에서 보고되었든 ATIS 방송에 사용할 수 있는 NWS로부터 승인된 기상 출처가 되어야 한다.

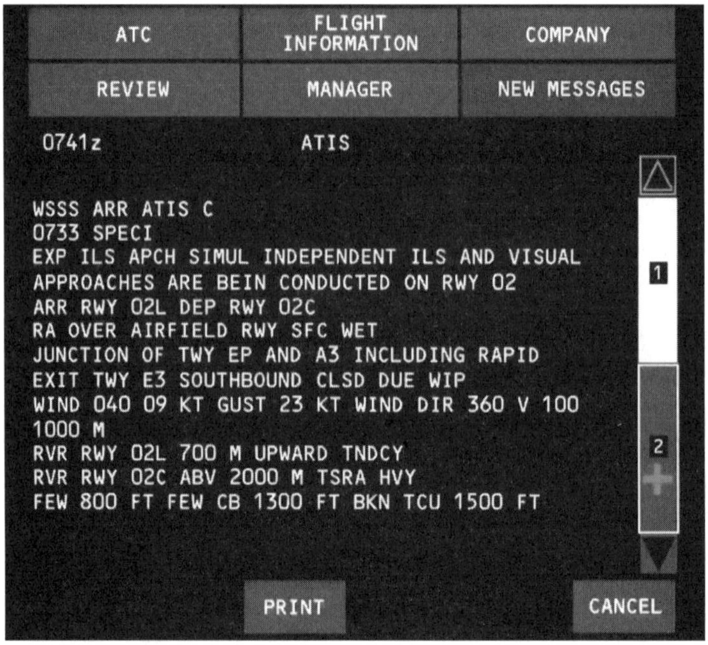

【그림1-13】 D-ATIS의 메시지의 한 사례

(2) 디지털 ATIS(D-ATIS)

D-ATIS(digital)는 ATIS 보고를 받아볼 수 있는 또 다른 수단이다. 이 서비스는 항공기, 항공사, 그리고 재래식 ATIS의 표준 수신 범위(standard reception range)에서 벗어나 있는 다른 사용자에게 유선과 데이터링크 통신(data link communication)을 경유해서 조종실까지 문자 메시지(text message) 형태로 전송된다. 데이터링크 시스템을 갖춘 항공기는 [그림1-13]과 같이 ACARS 장비를 통해서 ATIS 정보를 받아 볼 수 있다. 이것은 조종사가 조종실 내에서 ATIS 보고를 인쇄해서 읽을 수 있도록 하기 때문에 보고의 정확성과 함께 조종사의 조종실 업무(workload)를 감소시킨다. 또한, 이 서비스는 발신기(transmitter) 범위 내에 있는 모든 항공기에 전송되는 컴퓨터-합성 음성 메시지(computer-synthesized voice message)를 제공한다. 터미널 데이터링크 시스템(TDLS) D-ATIS 적용(application)은 사용자에게 표준 정보를 제공하기 위해서 지역에 있는 자동기상 관측소로부터 기상 입력(weather inputs)을 사용하거나 기존 프로그램화된 메뉴와 함께 수동으로 입력된 기상 데이터를 사용한다. D-ATIS를 갖추고 있는 공항은 차트 보충간행물에 수록되어 있다.

ATIS 정보는 매시간(hourly) 그리고 중요한 기상 변화가 있을 때 업데이트된다는 사실을 기억하라. 따라서 당신이 받아 본 ATIS는 가장 최신의 정보가 아닐 수 있으므로 출발하기 전 관제탑으로부터 가장 최신 정보를 받아야 한다. ASOS/AWSS 그리고 AWOS 역시 최신 기상정보를 제공하지만, 이들 정보가 관제탑에서 제공되는 기상보고를 대신할 수 없다.

※ Aircraft Communication Addressing and Reporting System(ACARS); 항공기와 지상시설 사이에 항공정보와 기상정보 등을 무선 혹은 위성을 통해서 음성통신이 아닌 프린터 형식으로

받아 볼 수 있는 시스템이다.

※ Terminal data link system(TDLS); 특정 무선 주파수와 가입자 모두에게 데이터링크를 경유해서 조종실 혹은 게이트 프린터까지 문자 메시지 형식으로 D-ATIS를 제공하는 시스템이다. 또한, TDLS는 지정된 공항에서 데이터링크를 경유해서 조종실 혹은 게이트 프린터까지 문자 메시지 형식으로 출발 전 비행인가(pre-departure clearance; PDC)를 제공한다.

(3) IFR 대체 필수요건

AIS 차트에는 표준 대체 최저치(standard alternate minimum)가 발행되지 않는다. 만약 공항이 표준 대체 최저치 외의 최저치가 있다면 이들은 접근차트 소책자(approach chart booklet)의 앞 페이지에 수록된다. 접근차트에 있는 "Ⓐ"와 같은 부호는 조종사가 고려해야 하는 대체 최저치 목록을 나타낸다. 대체공항(alternate airport)으로써 활용하기에 적합하지 않은 공항은 [그림 1-14]와 같이 "Ⓐ N/A"와 같이 표기된다.

IFR 대체 최저치를 위한 필수요건은 항공기 범주(category), 탑재장비(airborne equipment), 접근 항법보조시설, 그리고 예보기상(forecast weather)에 달려 있다. 예를 들어 GPS 접근절차만 갖추고 있는 공항은 비록 "N/A"가 접근차트에서 삭제되었을지라도 특정 장비 필수요건을 충족하지 않는 한 TSO-C129 또는 C196 사용자를 위한 대체공항으로 활용할 수 없다.

RNAV(Area NAVigation) GPS와 GPS 접근절차를 선택하기 위해서 "N/A"가 삭제되었기 때문에 이들은 특정 요건에 충족하는 (TSO-C145 or C146) 또는 TSO-C129 or C196에 따른 접근이 승인된 WAAS(Wide Area Augmentation System) 수신기를 갖추고 있는 항공기만이 대체공항으로 활용할 수 있다.

대체공항에서 재래식 접근을 수행할 때 GPS는 대체항법유도수단으로 승인되지 않았기 때문에 접근절차가 DME 혹은 ADF 중 하나가 있어야 한다면 접근을 위한 대체수단으로 사용할 수 있도록 항공기는 적절한 DME 혹은 ADF 항법장비를 갖추어야 한다. 14 CFR Part 91하에서 운용하는 항공기의 경우 목적지 공항의 예보기상이 도착예정시간(estimated time of arrival; ETA) 최소한 1시간 전후 실링이 공항표고 위로 2,000피트 미만, 그리고 시정이 3 SM 미만이라면 IFR 비행계획서에 대체공항을 반드시 기록해야 한다. 이를 암기할 수 있는 단순한 방법을 "1, 2, 3 규칙"이라 한다. 14 CFR part 91하에서 운용되는 헬리콥터 역시 유사한 규칙이 적용된다. 만약 ETA 그리고 ETA 1시간 후 실링이 공항표고 상공 최저 1,000피트 미만, 또는 가장 낮은 적용가능 접근 최저치(lowest applicable approach minima) 위로 최저 400피트 중(어느 것이든 높은 최저치), 그리고 시정이 최소 2 SM 미만이라면 IFR 비행계획서에 대체공항을 기입해야 한다.

모든 공항을 대체공항으로 활용할 수 없다. 만약 공항 NAVAID가 모니터되지 않거나 기상보고시설을 갖추고 있지 않다면 이들 공항은 대체공항으로 활용할 수 없다. 대체공항으로 활용하기 위해서는 그 공항에서 예보기상(forecast weather)이 도착예정시간(ETA)에 맞추어 특정조건(certain qualification)을 충족해야 한다. 정밀접근(precision approach)을 위한 표준 비행기 대체 최저치(alternate minimum)는 실링 600피트 그리고 시정 2 SM이다. 비정밀접근(non-precision approach)을 위한 표준 비행기 대체 최저치(alternate minimum)는 실링 800피트 그리

【그림1-14】 AIP 차트에 수록된 IFR 대체공항 최저치의 사례(삽입 그림)이다.

- Ⓐ ; IFR 표준 대체 최저치 외의 최저치가 발행되었음을 나타내고 이를 IAP 차트에서 확인할 것을 고지하고 있다.
- IFR ALTERNATE AIRPORT MINIMUMS(IFR 대체공항 최저치)
- 도시와 지방(주) 위치
- 공항명칭과 적용되는 접근
- 표준 IFR 대체 최저치 외의 최저치는 다음과 같이 지정되어 있다.
  -Category D, 900-3.
  -Category A, B, 1300-2
  -Category C, D, 1300-3

고 시정 2 SM이다. 이들 표준 대체 최저치는 그 공항을 위해서 더 높은 대체 최저치가 지정되어 있지 않는 한 적용된다. 헬리콥터의 경우 대체 기상 최저치는 비행하고자 하는 접근에 지정된 최저치보다 200피트 더 높은 실링, 그리고 시정은 최소 1 SM이지만 비행하고자 하는 접근을 위한 최저 시정보다 결코 낮아서는 안 된다.

(4) 상업 운용자를 위한 대체 최저치

Part 121, Part 135 운용자를 위한 IFR 대체 최저치는 Part 91 운용자를 위한 필수요건보다 더욱 세부적이고 엄격하다. Part 121 운용자는 출발공항(departure airport)에서 기상이 그 공항을 위한 운송업자의 운항기준(OpSpecs)에 있는 착륙 최저치(landing minimum) 미만이라면 운항기준 그리고 14 CFR Part 121에 지정된 규정에 따라 착륙하고자 하는 공항 외에 출발공항을 위한 이륙대체공항(takeoff alternate airport)을 계획하여야 한다. 대체공항은 3발 엔진 또는 그 이상 엔진을 장착한 항공기의 경우 한 엔진이 고장 났을 때 양호한 기류(still air) 속에서 정상 순항속도(normal cruise)로 2시간을 비행(flying time)할 수 있는 거리 내에 있어야 한다. 쌍발엔진(twin engine) 항공기의 이륙대체공항은 1시간 이내에 있어야 한다. 착륙하고자 하는 공항(intended landing)이 모든 필수요건을 충족한다면 그 공항은 대체공항 대신에 사용될 수 있다.

국내선 Part 121 운송업자는 목적지 공항에서 ETA 1시간 전후 기상이 실링 2,000피트 미만 또는 시정 3마일 미만이 될 것으로 예보되었다면 비행계획서에 대체공항을 제출해야 한다. 비정밀 접근이 제공되고 최소 1개의 항법시설(one operational navigational facility)이 운용되고 있는 공항의 경우 계기접근차트를 이용해시 직진접근(straight-in approach), 아니면 서클링 접근(circling approach)을 할 것인지 실링과 시정을 결정해야 한다.

- 실링은 CAT I HAA/HAT에 400피트를 더하라.
- 시정은 CAT I 시정에 1마일을 더하라.

이것은 최저치를 계산할 때 Part 121 운용자에게 필요한 기준(criteria)의 사례이다. Part 135 운용자도 Part 121 운용자의 경우와 같이 그들의 운항기준과 관련 규정에 따라 대체 최저치의 선택과 활용에 관한 그들 자체의 세부 규칙(specific rules)에 따라야 한다. 통상 이들 운용자를 위해서 비행을 계획하는 운항관리사(dispatcher)가 대체공항을 선정하는 책임을 갖는다.

운항관리사는 항공기 성능, 항공기 탑재장비와 작동상태, 대체공항을 선정했을 때 비행경로(route of flight) 등을 고려해야 한다. 비행 중 기상악화로 인해서 순항항로 비행계획을 변경해야 할 상황이 발생했다면 운항관리사는 비행승무원과 교신을 유지(radio contact)하면서 필요한 비행경로를 재배정(reroutes)해야 한다. 따라서 운항관리사가 계획한 것과 같이 비행을 실행하는 것은 조종사의 책임이다. 특히 Part 121 조종사에게 이것을 확실하게 적용할 것을 요구하고 있다.

운항관리사는 대체공항을 선택하는 데 도움이 되도록 대체공항을 즉각 지정할 수 있는 공항목록(list of airport)을 갖추고 있어야 특정 비행을 위한 적절한 대체공항을 신속하게 결정할 수 있다. 또한, 운항관리사는 특정 비행을 위한 대체공항이 포함된 비행경로를 계획할 수 있는 비행계획수립 소프트웨어(flight planning software)를 사용할 수 있다. 이 종류의 소프트웨어는 각각의 운용자에 맞게 수정(tailored)될 수 있고 정상적인 비행경로와 승인된 공항들이 포함된다. 비행 계획수립 소프트웨어와 서비스는 개별 출처를 통해서 제공된다.

조종사는 비행을 위한 최종 권한(final authority)을 갖고 완전한 책임(full responsibility)을 갖지만, 운항관리사는 규정에 따라 정확하게 비행계획을 수립할 책임을 갖는다. 대체 최저치 기준은 기장(PIC)과 운항관리사가 비행의 접근단계까지 함께 생각해야 하는 유일한 비행 계획수립 수단으로 활용된다. 비행이 대체공항으로 긴급전환(divert)해야 하는 상황이 발생했을 때 발행된 접근 최저치(published approach minimum) 또는 표준보다 더 낮은 최저치는 운항기준 문서에 규정되어 있는 기준에 따라 적용되어야 한다.

1.4 출발절차

계기출발절차(instrument departure procedure)는 터미널 구역(terminal area)으로부터 원하는 순항항로 구조(en route structure)까지 장애물 통과높이(obstacle clearance)를 제공하는 기계획된(preplanned) IFR 절차이다. 이들 절차는 주로 출발공항을 위한 장애물 보호(obstacle protection)를 제공하기 위해서 계획된다. 출발절차(departure procedure; DP)는 다음과 같은 2종류가 있다.

- 장애물 출발절차(obstacle departure procedure; ODP)
- 표준계기출발(standard instrument departure; SID)

공항을 위한 계기접근을 설계할 때 먼저 ODP의 필요성을 평가(assessed)한다. 만약 항공기가 평가 구역의 한계 내에 있는 활주로로부터 어느 방향으로나 선회할 수 있고 활주로가 다면출발평가(diverse departure assessment)에 적합하다고 판정되어 장애물에서 벗어나 있을 수 있다면(clear of obstacle) ODP는 발행되지 않는다. 다면출발평가는 초기상승(climb-out) 중 항공기가 평지에서 최저 1,000피트 ROC 또는 산악지역에서 최저 2,000피트 ROC를 얻을 때까지 필수장애물통과높이(required obstacle clearance; ROC)의 확장된 크기를 달성할 수 있어야 한다. 다면출발평가를 포함한 모든 출발을 위한 필수장애물통과높이(ROC)는 다르게 지시되지 않는 한 항공기가 활주로출발종단(Departure End of Runway; DER) 표고 상공 최저 35피트에서 DER을 통과하고, 첫 선회(initial turn)를 시작하기 전 DER 표고 상공 400피트까지 상승한 후, 최저 IFR 고도에 도달할 때까지 통과제한(crossing restriction)으로 수평전환이 필요하지 않는 한 NM 당 200피트(FPNM; feet per NM) 최저상승경도(minimum climb gradient)를 유지하는 것을 기초로 한다. ODP 평가에 따름으로써 SID는 ATC 교통흐름 관리, 시스템 향상, 그리고 소음저감(noise abatement) 목적을 달성할 수 있다.

※ A diverse departure is a default departure procedure, named "omnidirectional" by ICAO.

※ diverse(주로 다른 방면이란 뜻이지만 여기서는 여러 방향을 의미한다)

※ default departure procedure(기정출발절차; 자동 선택되는 값 혹은 이미 정해져 있는 출발절차이다)

1.4.1 설계 기준

출발절차의 설계(design)는 주기적으로 업데이트되는 현용문서(living document; *현재 사용중인 문서*)인 터미널계기절차(terminal instrument procedure; TERPS)를 기반으로 한다. 출발

설계기준(departure design criterion)은 [그림1-15, 컬러, 위]와 같이 최저 35노트 높이로 DER을 통과한 후 200 FPNM로 초기상승을 하는 것으로 가정한다. 항공기 상승경로 가정(climb path assumption)은 정압원(static sources)으로부터 착륙장치까지 다양한 거리 변화 범위를 수용하고, 최저 200 FPNM 상승경도를 확립하는 데 있을 수 있는 차이를 고려하여 DER 외측으로부터 필수장애물통과높이(required obstacle clearance; ROC) 상공에서 최저 35피트의 추가 장애물 통과높이를 제공한다. ROC 값은 DER 표고에서 제로이고 순항항로에 적절한 ROC 값에 도달할 때까지 출발경로를 따라서 증가한다. 순항항로 비행에 적절한 ROC 값은 통상 평지에서는 1,000피트 ROC에서 약 25 NM, 그리고 산악지역에서 ROC 2,000피트에서 46 NM에 도달할 수 있어야 한다. 만약 다면출발(diverse departure; a runway without a published ODP)을 활용한 활주로로부터 이륙은 [그림1-15, 컬러 아래]와 같이 이들 거리를 넘어서부터 발행된 비행경로를 따라 비행하지 않거나 발행된 비행로의 MEA 또는 MOCA의 아래 혹은 ATC가 부여한 고도 아래에 있다면 조종사는 장애물통과높이에 대한 책임을 갖는다.

TERPS에서 최근 변경은 [그림1-16, 컬러]과 같이 OCS가 더 낮아졌고 더욱 엄격해졌다. 그러나 [그림1-15, 컬러, 위]와 같이 기존 기준(old criteria) 아래에 DER에서 35피트 높이가 되어야 하는 것과 동일하게 평가된 약간의 장애물 표면(obstacle surface)을 더 허용하는 여러 출발이 있다. 조종사가 이전 기준 또는 최신 기준에 따라 평가되었는지를 결정할 방법은 없다. 따라서 모든 출발이 최근 기준에 따라 평가될 때까지 특히 35피트 미만에서 DER을 통과해야 한다면 조종사는 출발 환경 그리고 관련 장애물에 확실하게 익숙해 있어야 한다.

초기 모든 출발절차는 장애물통과높이표면(OCS) 40:1을 기준으로 장애물통과높이가 평가되었다. 만약 장애물이 40:1 OCS를 통과할 수 없다면 표준 200 FPNM 상승경도는 장애물 위로 경사(slope)를 관통하지 않는 최저 48 FPNM 통과높이를 제공해야 한다. 또한, 출발설계는 직진출발(straight departure)을 위해서 통상 DER의 5~10 NM 이내에 포지티브 코스 가이던스(positive course guidance; PCG; *레이더 벡터, RNAV, 지상기반 NAVAID과 같이 특정 코스 라인을 따라서 비행하고 있는 항공기가 지속적으로 항행 데이터를 수신하는 것*)가 확립되어야 한다. 비록 항공기 성능이 최초 상승경도를 크게 상회할지라도 조종사는 항상 발행된 출발경로를 따라서 비행하도록 노력해야 한다. 공항의 차트 보충간행물에 활주로 공시거리(declared distance)가 발행되어 있고, 이륙가용활주로, 이륙가용거리, 가속정지가용거리, 그리고 착륙가용거리가 포함된다.

- takeoff runway available (TORA)
- takeoff distance available (TODA)
- accelerate-stop distance available (ASDA)
- landing distance available (LDA)

이들 거리는 [그림1-16, 컬러]과 같이 포장 활주로(paved runway) 최대길이에 적용가능 클리어웨이 또는 정지로(clearway or stopway)를 더한 총거리에서 이륙활주(takeoff roll), 이륙, 가속/정지, 또는 착륙거리(landing roll)에 부적합한 부분을 빼고 계산된 거리이다.

모든 출발설계에 최적 40:1 경사(slope; 2.5%, 1.4°)가 적용되지만 때로는 지형과 인공 장애물로 인해서 안전하게 장애물을 벗어날 수 있도록 출발설계의 목적을 달성하기 위해서 대체 필수요건(alternative requirement)을 적용해야 할 필요가 있다. 이 경우 출발설계는 200 FPNM 이상의 상승경도, 항공기가 장애물을 보고-회피(see and avoid)할 수 있도록 표준이륙최저치의 증가, 200 FPNM의 표준상승을 위한 이륙거리 감소, 또는 이들 옵션과 특정 출발경로의 결합이 함께 계획될 수 있다.

만약 출발 비행로가 지정된다면 다른 옵션과 함께 비행해야 한다.

장애물 환경은 200 FPNM 이상의 상승경도를 필요로 할 수 있다. 이 경우 장애물 위로 제공되고 있는 ROC는 발행된 상승경도의 24%와 등가이다. ODP와 SID에서 장애물 통과높이 목적을 위한 필수상승경도(climb gradient; CG)는 다음과 같은 공식을 적용해서 구할 수 있다.

[표준공식] $CG = \dfrac{O - E}{0.76\,D}$

여기서,

O = obstacle mean sea level (MSL) elevation(장애물 표고-MSL)

E = climb gradient starting MSL elevation(표고-MSL에서 시작되는 상승경도)

D = distance (NM) from DER to the obstacle(DER에서 장애물까지 거리)

[사례] $CG = \dfrac{2049 - 1221}{0.76 \times 3.1} = 351.44$, 올림(round to)하여 352 FPNM이 된다.

군용 항공기는 다른 공식을 적용해서 구할 수 있다.

[군용 항공기] $CG = \dfrac{(48D + O) - E}{D}$

[사례] $\dfrac{(48 \times 3.1 + 2049) - 1221}{3.1} = 315.10$, 올림하여 316 FPNM이 된다.

이 공식은 장애물을 통과하기 위한 필수상승경도를 계산하는 데 사용된다. 다음 공식은 장애물(ATC 필수요건과 같은) 외에 SID 상승경도를 계산하는 데 사용된다.

[표준공식] $CG = \dfrac{A - E}{D}$

[사례] $\dfrac{3000 - 1221}{5} = 355.8$, 올림하여 356 FPNM이다.

여기서,

A = “climb to” altitude

E = climb gradient starting MSL elevation

D = distance (NM) from the beginning of the climb

차트에 발행된 상승경도(climb gradient)는 지정 고도 또는 순항항로 환경(예를 들어 MEA, MOCA 위)에 도달할 때까지 장애물 또는 다른 것들을 관통해서는 안 되는 평면(plane)이다. 상승경도를 포함한 출발설계는 항공기 성능을 고려하지 않았다. 이것은 오직 모든 항공기를 위한 장애물로부터 보호(obstacle protection)만을 고려한 것이다. TERPS에서 적용하고 있는 기준 항공기는 모든 엔진과 시스템이 정상적으로 작동하고 있는 것으로 가정한다. 그러나 부양 후 발생할 수 있는 엔진고장이나 다른 비상상황이 발생했을 때 처리할 수 있는 엔진고장절차(engine out procedures; EOP), 우발절차(contingency procedure)의 개발은 운용자의 책임이다.

조종사는 특정 출발을 위한 상승경도가 필요할 때 항공기의 성능을 확실하게 숙지해야 하고, 필수 상승성능에 따를 수 있는지 결정해야 한다. 대부분 항공기를 위한 200 FPNM 표준상승은 문제가 되지 않는다. 그러나 장애물로 인해서 상승경도를 증가시켰을 때 항공기 성능을 정확하게 계산할 수 있어야 하고, 특히 무더운 날(warm day), 높은 표고의 공항에서 이륙할 때 항공기 성능의 계산은 매우 중요한 요소가 된다. 이들 계산을 돕기 위해서 모든 TPP 소책자의 앞 페이지에 [그림1-17]과 같이 특정 상승경도(climb gradient)에 따른 대지속도(ground speed)와 관련된 상승률/강하율 표(rate of climb rate)가 수록되어 있다.

1.4.2 저고도 근접 장애물

장애물이 [그림1-18, 삽입 그림]과 같이 DER의 1 NM 이내에 있으면서 40:1 OCS로 통과할 수 있는 장애물을 저고도 근접 장애물(low, close-in obstacle)이라 하고, TPP에도 포함된다. 이들 장애물은 DER 표고로부터 200피트 미만, 활주로 종단(end of runway)으로부터 1 NM 이내에 있으며 이륙 최저치를 높이지 않아도 된다. 이들 장애물을 통과하기 위한 표준 ROC는 항공기가 매우 짧은 거리에서 DER 상공 200피트가 될 때까지만 200 FPNM 이상 상승경도를 필요로 한다. 이를 위한 더 높은 상승경도를 발행하지 않으려면 TPP 소책자의 "Takeoff Minimums and (Obstacle) Departure Procedure" 섹션에 DER에 상대적인 위치와 장애물의 높이(AGL/MSL)에 관한 주석을 표기해야 한다. 이 주석의 목적은 조종사가 피할 수 있는 장애물의 위치와 높이를 식별할 수 있도록 하는 데 있고, 일반적으로 다음과 같은 다양한 방법을 적용하여 이들 장애물을 통과할 수 있다.

- 조종사가 장애물을 확인할 수 있어야 하고, 필요하다면 장애물을 우회해서 기동해야 한다.
- 항공기의 조기 부양/상승성능은 장애물을 충분한 높이에서 통과할 수 있어야 한다.
- 조종사가 출발 중 장애물을 볼 수 없다면 비행 전 계획수립은 이륙 직후 즉시 선회 혹은 다른 기동이 필요한지 판단해야 한다.

특히 [그림1-18]과 같이 DER에 가까이 있는 장애물에 다가갈 때까지 부양하지 않았거나 최저 상승률로 상승할 때 항공기에 치명적일 수 있다.

CLIMB/DESCENT TABLE 10042

INSTRUMENT TAKEOFF OR APPROACH PROCEDURE CHARTS
RATE OF CLIMB/DESCENT TABLE
(ft. per min)

A rate of climb/descent table is provided for use in planning and executing climbs or descents under known or approximate ground speed conditions. It will be especially useful for approaches when the localizer only is used for course guidance. A best speed, power, altitude combination can be programmed which will result in a stable glide rate and altitude favorable for executing a landing if minimums exist upon breakout. Care should always be exercised so that minimum descent altitude and missed [illegible]h point are not exceeded.

Ground speed is 180 knots.

Required climb gradient of 297 FPNM

ANGLE (degrees and [illegible])	ft/NM	GROUND SPEED (knots)										
		60	90	120	150	180	210	240	270	300	330	360
[illegible]	[illegible]	[illegible]	320	425	530	635	743	850	955	1060	1165	1275
2.5	265	265	400	530	665	795	930	1060	1195	1325	1460	1590
VERTICAL PATH ANGLE 2.7	287	287	430	574	717	860	1003	1147	1290	1433	1576	1720
2.8	297	297	446	595	743	892	1041	1189	1338	1486	1635	1783
2.9	308	308	462	616	770	924	1078	1232	1386	1539	1693	1847
3.0	318	318	478	637	797	956	1115	1274	1433	1593	1752	1911
3.1	[illegible]	[illegible]	[illegible]	[illegible]	[illegible]	[illegible]	[illegible]	[illegible]	[illegible]	[illegible]	[illegible]	1975
3.2	[illegible]	[illegible]	[illegible]	[illegible]	[illegible]	[illegible]	[illegible]	[illegible]	[illegible]	[illegible]	[illegible]	2039
3.3	[illegible]	[illegible]	[illegible]	[illegible]	[illegible]	[illegible]	[illegible]	[illegible]	[illegible]	[illegible]	[illegible]	2103
3.4	361	361	542	722	903	1083	1264	1444	1625	1805	1986	2166
3.5	370	370	555	745	930	1115	1300	1485	1670	1860	2045	2230
4.0	425	425	640	850	1065	1275	1490	1700	1915	2125	2340	2550
4.5	480	480	715	955	1195	1435	1675	1915	2150	2390	2630	2870
5.0	530	530	795	1065	1330	1595	1860	2125	2390	2660	2925	3190
5.5	585	585	880	1170	1465	1755	2050	2340	2635	2925	3220	3510
6.0	640	640	960	1275	1595	1915	2235	2555	2875	3195	3510	3830
6.5	690	690	1040	1385	1730	2075	2425	2770	3115	3460	3805	4155
7.0	745	745	1120	1490	1865	2240	2610	2985	3355	3730	4105	4475
7.5	800	800	1200	1600	2000	2400	2800	3200	3600	4000	4400	4800
8.0	855	855	1280	1710	2135	2560	2990	3415	3845	4270	4695	5125
8.5	910	910	1360	1815	2270	2725	3180	3630	4085	4540	4995	5450
9.0	960	960	1445	1925	2405	2885	3370	3850	4330	4810	5295	5775
9.5	1015	1015	1525	2035	2540	3050	3560	4065	4575	5085	5590	6100
10.0	1070	1070	1605	2145	2680	3215	3750	4285	4820	5355	5890	6430

Given the parameters, you would need to climb at a rate of 892 feet per minute to maintain the required climb gradient.

23 SEP 2010 to 21 OCT 2010

23 SEP 2010 to 21 OCT 2010

CLIMB/DESCENT TABLE 10042

【그림1-17】 상승/강하율 표이다. 예를 들어 대지속도(ground speed)가 180노트이고, 필수상승경도가 297 FPNM이라면 조종사는 필수상승경도를 유지하기 위해서 분당 892피트의 상승률로 상승해야 한다.

1.4.3 한 엔진 불작동 이륙 장애물통과높이 요건

Part 121, Part 135하에서 운용되고 있는 대형 터빈동력(turbine powered), 다발엔진 운송범주(transport category) 비행기와 커뮤터 범주(commuter category) 비행기는 TERPS에서 다룬 IFR 출발절차 요건 외에 부가적으로 이륙 장애물통과높이 요건(takeoff obstacle clearance requirement)이 지정된다. Part 25 운송용 범주와 Part 23 커뮤터 범주 비행기 인증 규정은 한-엔진 불작동(one-engine inoperative; OEI) 이륙비행경로를 규정하고 있다. 일반적으로 OEI는 이륙거리종단의 활주로 상공 35피트에서 시작해서 활주로 표고 상공 최저 1,500피트에서 끝

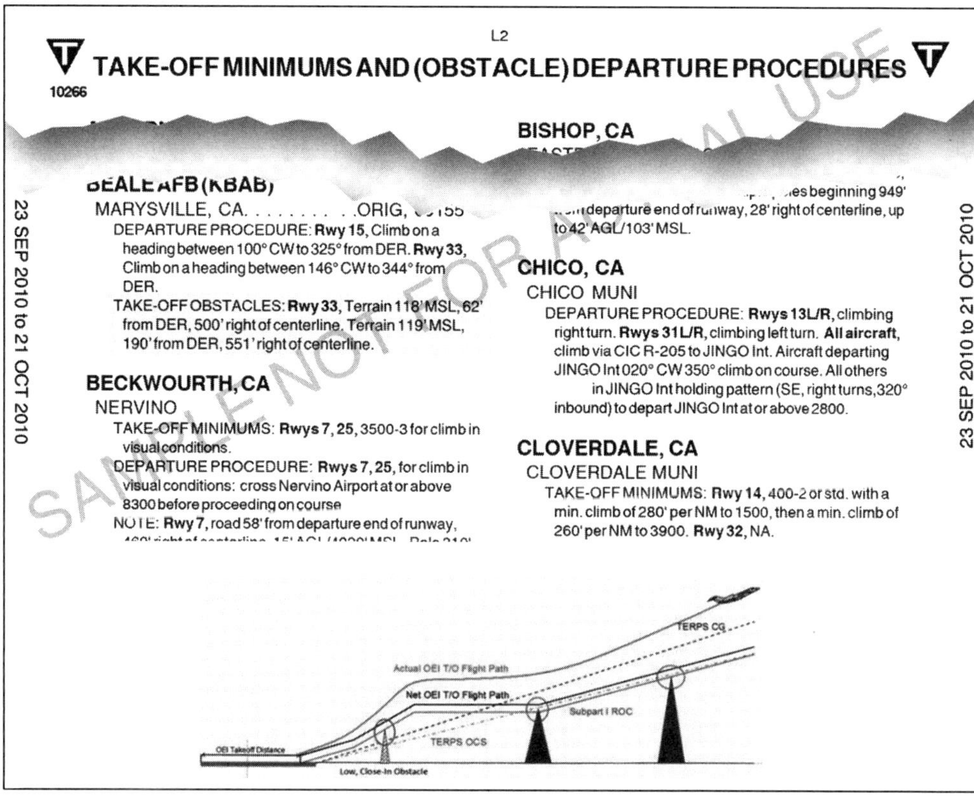

【그림1-18】 이륙 최저치와 (장애물) 출발절차; Rwy 33, DER로부터 62피트/중앙선 오른쪽 500피트에 지형 118피트(MSL), DER로부터 190피트/중앙선 오른쪽 551피트에 지형 119피트

나는 일련의 연속 구간(series of segment)으로 이루어져 있다. 그러나 OEI 순이륙비행경로 평가(net takeoff flight path assessment)에 따라 장애물 통과높이를 보장해야 할 필요가 있다면 1,500피트 위까지 확장될 수 있다.

OEI 실비행경로는 비행기의 이륙 시점에서 중량, 형상(configuration), 그리고 대기 환경을 기초로 한 라인 운용(line operation)을 위해서 개발된 이륙 절차를 이용해서 달성할 수 있는 능력이 입증된 수직 OEI 상승 프로파일(climb profile)을 나타낸다. OEI 순이륙비행경로(net takeoff flight path)는 운용상 조건(operational condition)에서 예상할 수 있는 변수를 위한 안전마진(safety margin)을 제공하도록 인증 규정(certification rules)에서 지정한 만큼의 양을 낮춘(degraded) OEI 실이륙비행경로(actual takeoff flight path)이다. Part 121 그리고 Part 135의 Subpart I에서 지정한 OEI 순이륙비행경로는 비행경로 양쪽으로 지정된 가로거리(prescribed lateral distance) 내에 있는 장애물 위로 최소 35피트를 요구하고 있다. 이륙 중 엔진고장이 발생한 후 최적 조건(optimum conditions)에서 실제 장애물 통과높이 능력은 [그림1-19, 컬러]와 같이 실비행경로(gross=actual)와 순비행경로 사이의 차이에 추가로 35피트를 더한 것과 동등해야 한다.

AC 120-91, Airport Obstacle Analysis는 이륙과 초기상승을 개발할 때 이들 규정적 요건(regulatory requirements)을 준수하기 위한 공항 장애물 분석과 엔진고장 장애물 회피절차

(engine-out obstacle avoidance procedure)를 위한 장애물로부터 안전한 가로 통과높이(lateral clearance)를 결정하는 데 사용할 수 있는 가이던스(guidance)와 수용가능 기준을 제공한다. IFR에서 출발하거나 Part 121 또는 135하에서 운용 중인 조종사는 이들 규정의 장애물 통과높이 요건을 준수함으로써 한-엔진 이륙 장애물 통과높이, 또는 회피절차(avoidance procedure)를 보장받을 수 있다. OEI 이륙 장애물 통과높이의 평가는 IFR 절차 그리고 관련 전체 엔진 작동 상승경도 요건과 분리되고 독립(separate and independent)되어야 한다. OEI 이륙 장애물 통과높이 또는 회피절차의 활용이 대형 그리고 터빈동력 비행기와 커뮤터 범주 비행기에 적용되는 것과 달리 Part 91하에서 요구하고 있지 않지만, 이들 비행기 역시 이 절차를 활용할 것을 권장하고 있다.

DER에서 시작되는 장애물 통과높이를 평가하는 TERPS와 달리 OEI 순이륙비행경로 장애물 평가는 항공기가 OEI 이륙거리의 종단으로부터 활주로 상공 35피트에 도달하는 지점에서 시작된다. 따라서 OEI 순이륙비행경로 평가는 OEI 상승을 위한 활주로 부분의 활용을 허용할 수 있도록 DER 전에서 시작될 수 있다. 또한, OEI 순이륙비행경로 장애물 평가는 IFR 출발절차에 주석(noted)으로 표기된 "low, close-in obstacle(저고도 근접 장애물)"의 통과높이를 반드시 고려해야 하지만, TERPS-기반(based) IFR 상승경도에 따라야 할 때 반드시 벗어나 있음을 보장하는 것은 아니다. OEI 순이륙비행경로는 각 기종에 따라 오직 하나만(unique) 존재하고 OEI 비행경로 아래 그리고 비행경로 중앙선으로부터 규정된 가로거리(lateral distance) 내에 있는 장애물에 대한 필수 장애물 통과높이를 위해서 이륙마다 평가되어야 한다.

반면 TERPS는 항공기의 전체 엔진 작동을 위한 상승 프로파일(climb profile)이 항공기가 순항항로 구조에 도달할 때까지 전체 IFR 상승 위에 남아 있어야 하는 표면을 나타내는 필수 상승경도(required climb gradient)를 제공한다. 이들 두 장애물 통과높이를 평가하는 방법은 큰 차이가 있다. TERPS에서 절차 설계자(procedure designer)는 다양한 기종의 항공기가 활용할 수 있는 가로경로(lateral path)를 결정하도록 하고, 항공기가 절차를 따라 비행하기 위해서 위에 머물러 있어야 하는 통과높이 평면(clearance plane)을 설정한다. Part 25 운송용 범주와 Part 23 커뮤터 범주 비행기의 OEI 이륙비행경로는 특정 기종을 위한 운용자 혹은 대신해서 설정하고, 다음 그 비행경로(비행경로 중앙선으로부터 규정된 가로거리 내에) 아래에 있는 어느 장애물이라도 통과높이를 보장하는 중량 제한(weight limits)이 결정된다.

항공기 성능 엔지니어 또는 공항/활주로 분석 서비스 제공자(airport/runway analysis service provider)는 이들 범주의 비행기 조종사 또는 운용자가 [그림1-20]과 같이 OEI 순이륙비행경로 장애물 통과높이와 이륙필드길이 요건(takeoff field length requirement)에 관한 Part 121 subpart I, 또는 Part 135 subpart I의 요건을 준수하는 데 필요한 조언을 받는 수단이다.

공항/활주로 분석은 광범위한(extensive) 공항/장애물 데이터베이스와 지형 정보를 활용하여 복잡하고 컴퓨터화된 항공기 성능 계산이 포함된다. 이것은 특정 공항, 활주로, 그리고 기온 범위에서 특정 항공기/엔진 형상을 위한 최대 허용가능(allowable) 이륙과 착륙중량을 얻을 수 있다. 이외에도 성능계산은 플랩 세팅(flap setting), 항공기 특성, 활주로 상태, 장애물 통과높이, 그리고 기상상태 등도 함께 고려해야 한다. 또한, 장애물 데이터는 제작자 또는 다른 서비스 제공자

Runway Conditions: Dry				Sample Aircraft Engine Type Flaps 0					KAPA/APA Denver - Centennial	
Elevation = 5883 ft				Max Structural Takeoff Weight Limit = 28000						
				Runways - lbs						SEC. SEG. CLIMB
OAT F	C	N1	A/1 ON	10	17L	17R	28	35L	35R	
50	10	98.91	97.11	21880 R	29380 C	25250 R	21210 R	26690 R	29460 C	29000
52	11	98.73		21750 R	29340 C	25070 R	21090 R	26500 R	29460 C	29000
54	12	98.56		21620 R	29190 C	24900 R	20950 R	26310 R	29460 C	29000
55	13	98.47		21550 R	29100 C	24820 R	20890 R	26210 R	29460 C	29000
57	14	98.29		21420 R	28950 O	24650 R	20750 R	26020 R	29460 C	29000
59	15	98.11		21290 R	28790 O	24490 R	20620 R	25830 R	29460 C	29000
61	16	97.95		21160 R	28620 O	24320 R	20490 R	25650 R	29360 C	29000
63	17	97.80		21020 R	28450 O	24160 R	20360 R	25460 R	29210 C	29000
64	18	97.72		20960 R	28360 O	24080 R	20300 R	25370 R	29120 C	29000
66	19	97.56		20820 R	28170 O	23930 R	20170 R	25180 R	28870 R	29000
68	20	97.40		20670 R	27980 O	23770 R	20030 R	25000 R	28630 R	28930
70	21	97.20		20530 R	27720 O	23610 R	19880 R	24810 R	28380 R	28630
72	22	97.00		20380 R	27460 O	23420 O	19740 R	24630 R	28110 R	28330
73	23	96.90		20310 R	27370 R	23340 O	19670 R	24530 R	27970 R	28180
75	24	96.70		20170 R	27110 R	23170 O	19530 R	24350 R	27690 R	27870
77	25	96.50		20020 R	26860 R	22990 O	19390 R	24150 R	27390 R	27570
79	26	96.24		19880 R	26590 R	22810 O	19240 R	23960 R	27100 R	27230
81	27	95.97		19710 R	26330 R	22630 O	19070 R	23760 R	26800 R	26890
82	28	95.84		19630 R	26190 R	22540 O	18990 R	23660 R	26650 R	26720
84	29	95.58		19460 R	25920 R	22320 O	18820 R	23460 R	26350 R	26380
86	30	95.31		19290 R	25610 R	22120 O	18650 R	23260 R	26050 C	26040
88	31	95.04		19130 R	25300 R	21930 O	18490 R	23070 R	25740 C	25690
90	32	94.77		18980 R	24990 R	21730 O	0 R	22870 R	25440 C	25350
91	33	94.64		18900 R	24840 R	21630 O	0 R	22770 R	25290 C	25180
93	34	94.37		18740 R	24530 R	21440 O	0 R	22570 R	24990 C	24830
95	35	94.10		18590 R	24220 R	21240 O	0 R	22380 R	24690 C	24490
RUNWAY DIM			Length = ft	4800	10002	7000	4800	7000	10002	---
			Slope = %	–0.62	0.9	0.93	0.62	–0.93	–0.9	---
LVLOFF ALT			ft	7383	7383	7383	7383	7383	7383	---
WIND CORR			lbs/kt hw	67	5	31	62	42	4	---
			lbs/kt tw	N/A	–254	–227	N/A	–223	–131	---
QNH			lbs/.1"Hg > 29.92	75	10	85	0	88	5	0
			lbs/.1"Hg < 29.92	–87	–127	–99	–86	–113	–114	–123
ANTI-ICE			lbs	–1210	–1400	–1480	–1180	–1690	–830	–70
LIMIT CODES				R = RUNWAY LIMIT	O = OBSTACLE LIMIT		B = BRAKE LIMIT		C = CLIMB LIMIT	
DATE: 07/01/2011				**FOR SAMPLE USE ONLY**						

【그림1-20】 Airport/runway analysis example

(service provider)가 제공하는 항공기 전자성능 프로그램(aircraft electronic performance program)을 이용하거나 AFM에서 제공하는 OEI 상승성능과 비행경로 데이터를 이용해서 스스로 분석하고자 하는 운용자를 위해서도 가용하다.

공항/활주로 분석은 이륙 중 엔진고장이 발생했을 때 직진으로 출발하는 것을 가정한다. 그러나 직진출발(straight-in departure)이 가용하지 않거나 권장되지 않을 때 각 적용가능 활주로를 위해서 특별 OEI 선회절차(turn procedure)가 개발될 수 있다. 이 OEI는 선회절차가 발행된 IFR 출발절차의 한 부분에 따르거나 아니면 부담이 되는 장애물(onerous obstacles)들을 회피할 수 있도록 설계된 독립 비행경로(independent flight path)를 따라 비행함으로써 허용가능 이륙중량과 유상하중(allowable takeoff weight and payload)을 최대로 유지할 수 있다. 일부 공항에서는 조종사에게 특별 OEI 절차를 그림형식(pictorial representation)으로 보여주기 위해서 OEI 절차의 그래픽 묘사(graphic depiction)를 사용하기도 한다. 이륙 중 엔진고장은 비정상 상황(abnormal condition)이기 때문에 조종사는 OEI 선회절차의 사용을 포함해서 취할 수 있는 조치는 소음저감(noise abatement), 항공교통, SIDs, DPs 그리고 다른 정상적인 운용 고려사항보다 우선한다.

공항/활주로 분석은 AFM 그리고 선정된 가로 장애물 평가 구역에서 제공하는 OEI 순이륙 비행경로 데이터를 이용해서 장애물 통과높이를 평가한다는 것을 이해해야 한다. 비록 OEI 특별 절차 그리고 IFR 출발절차의 항적(track)이 동일하다 할지라도 분석에서 제공되는 이륙중량 한계는 IFR 출발절차(departure procedure)에 발행된 전체 엔진 작동 상승경도에 따르는 것을 보장하지 못한다.

※ *Part 23: 감항표준(Airworthiness Standards-Normal, Utility, Acrobatic and Commuter Airplanes)*

※ *Part 25: 감항표준(Airworthiness Standards-Transport Category Airplanes)*

※ *Commuter Air Carriage: 비행 스케줄에 따라 두 지점 또는 그 이상 지점 사이를 최소한 한 항로에서 주당 5회 왕복 운항하는 항공운송사업 혹은 항공기*

1.5 출발절차의 범주

출발절차(departure procedure; DP)에는 다음과 같은 2종류가 있다.

① ODP; 조종사가 장애물 회피를 보조하기 위해서 개발된 것으로 문자 혹은 그래픽으로 인쇄된다.

② SID; ATC 인가를 단순화하기 위해서 개발된 것으로 항상 그래픽으로 인쇄된다.

1.5.1 장애물 출발절차

장애물 출발절차(obstacle departure procedure; ODP)는 단순하게 장애물 통과높이(obstacle clearance)를 제공하기 위한 절차를 제공하기 위해서 설계되었다. ODP는 오직 장애물 통과높이를 위해서만 사용되고 ATC와 관련된 상승 필수요건은 포함되지 않는다. 실제 ODP 설계의 중요성은 전형적인 출발항로(departure route)를 수용(to accommodate)하면서 순항항로 구조까지 최소한으로 제한된 비행경로를 사용하도록 하거나 랜덤(random) IFR 비행을 허용하는 고도까지 어렵지 않게 상승할 수 있도록 한다. ODP는 Order 8260.3에 기술된 장애물이 40:1 출발 OCS를 관통할 때 개발된다. 특정 활주로를 위해서 오직 하나의 ODP만 설정된다. 이것은 해당 활주로를 위한 디폴트(default; *자동으로 선택되는 기정 값*) IFR 출발절차로 고려되고 조종사 인식

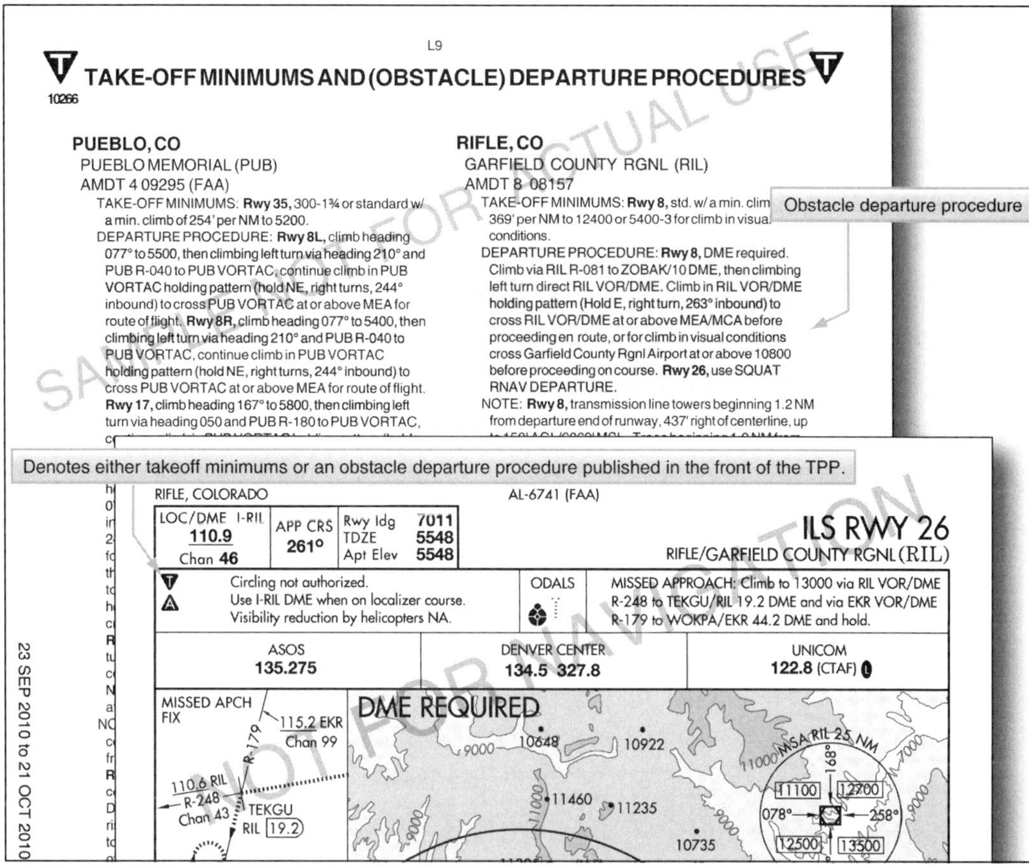

【그림1-21】 아래 그림은 그래픽 ODP의 한 사례이다. 조종사 브리핑 섹션에 있는 "▼"부호는 TPP의 앞 페이지에 이륙 최저치 또는 장애물 출발절차가 발행되어 있음을 나타낸다. TAKE-OFF MINIMUMS AND (OBSTACLE) DEPARTURE PROCEDURES에서 "RIFLE/GARFIELD COUNTY RGNL(RIL)"의 Rwy 8 DEPARTURE PROCEDURE가 설정되어 있다.

(pilot awareness)을 위한 것으로 ATC 레이더 벡터 또는 SID 할당이 없을 때 적용된다. ODP에 서술된 문자는 SID 또는 ATC가 부여한 대체 기동(alternate maneuvers)을 활용하기 위한 옵션을 허용하기 위해서 발행되는 것이 아니다.

Ex) climb heading 330 to 1200 before turning or use Manchester Departure... or Turn right, climb direct ABC VOR or as assigned by ATC...)

기본적으로 ODP는 문자형식(textual)이다. 그러나 일부 절차는 복잡하므로 절차를 이해하기 위해서 시각적 표현(visual presentation)이 필수적이다. 만약 ODP가 그래픽으로 도식된다면 차트의 제목에 "(Obstacle)"와 같은 단어가 포함되어야 한다. 이외에도 새로 개발된 모든 RNAV ODP는 그래픽 형식으로 발행될 것이다. 모든 ODP는 AIS 접근차트 소책자의 앞 페이지에 "Takeoff Minimums and Obstacle Departure Procedures"와 같이 표기된다. 각 절차는 도시와 주/지방 명칭의 알파벳 순서로 수록된다. 만약 하나만 존재한다면(if one exists) [그림1-21]과 같이 소책자의 앞 페이지에 수록된 ODP는 소책자의 본문(main body)에 있는 그래픽 차트에 대한 참고가 포함된다.

(1) ODP 비행계획 수립할 때 고려사항

ODP는 항공기 분리(aircraft separation)가 절대적으로 필요하지 않는 한 ATC가 부여하지 않는다. 따라서 해당 공항에 ODP가 발행되었는지를 결정하는 것은 조종사의 책임이다. 만약 Part 91 조종사가 ODP, SID, 또는 레이더 벡터(radar vector)가 포함된 인가를 받지 못했고 1개의 ODP가 존재한다면 이 절차에 따르는 것은 조종사의 재량이다. 또한, 그래픽 ODP는 절차 제목(procedure title)에 포함된 컴퓨터 코드(computer code)를 이용해서 계기비행계획서를 제출할 수 있다. 예를 들어 조종사가 비행계획서의 비고란(remark section)에 "will depart (airport) (runway) via textual ODP"와 같이 입력하는 것은 관제사에게 이 정보를 제공함으로써 조종사의 의도를 명확하게 하고 조종사/관제사 사이에 잘못 이해하는 것을 방지하는 데 도움이 된다. 만약 조종사의 인가에 ODP가 포함되지 않았고, 출발을 위해서 활주로로부터 ODP를 적용해야 할 때 조종사는 반드시 ATC에게 알려야 ATC로부터 적절한 교통 분리(traffic separation)를 보장받을 수 있다.

조종사는 비행계획을 수립할 때 출발공항이 ODP가 설정되어 있는지를 확인해야 할 책임이 있다. ODP는 오직 계기접근절차(IAP)가 있는 공항에 설정되어 있다는 것을 기억하라. 초기 비행계획수립의 한 부분에서 ODP 여부는 책임 소재에 관한 변화가 있을 수 있다. 조종사는 정상 상승률(normal climb rate)보다 더 높게 출발할 수 있거나 의도된 기수방위(intended heading)의 반대 방향으로 출발할 수 있으며, 때로는 일정 시간 동안(period of time) 비행계획과 초기 기수방위(initial heading)를 변경하고 유지할 수 있어야 한다. 예보기상, 출발 활주로, 그리고 현재 사용되고 있는 ODP를 고려하여 비행로(flight route)와 상승성능을 계획하고, 출발절차에 따라 적절한 연료 소모(fuel burn) 역시 고려해야 한다.

이외에도 "Takeoff Minimums and (Obstacle) Departure Procedure" 섹션에 근접 장애물(close in, obstacle) 주석이 표기되어 있을 때 조종사는 이들 장애물을 회피하기 위한 계획이 필요하다. 한 엔진 불작동(OEI) 상태에서 감소한 상승성능 또는 이륙에 사용되는 활주로의 길이에 대해서 반드시 고려해야 한다. 긴 활주로에서 짧은 이륙활주를 하는 항공기는 큰 문제가 되지 않는다. 그러나 이륙을 위해서 가용한 활주로 거의 모두를 사용하는 항공기는 200 FPNM에서 정상 상승할 때 표준 ROC를 준수하지 못할 수 있다.

또 다른 고려 요소는 이륙과 출발 중 엔진 고장의 가능성이다. 비행 전 계획을 수립할 때 항공기가 충분한 필수상승성능(required climb performance)을 유지할 수 있는지를 결정하기 위해서 항공기 성능 차트를 참고하라. 고성능 항공기(high performance aircraft)의 경우 이륙 중 엔진 고장은 이들 상승경도(prescribed climb gradient)를 유지할 수 있는 능력에 영향을 주지 않을 것이다. 그러나 성능이 제한되는 항공기는 성능이 떨어질 수 있고, 원하는 고도까지 상승하지 못할 뿐만 아니라 고도를 유지하지 못할 수 있다. 항공기를 위한 성능예측(performance expectations)을 기반으로 비상 점검표(emergency checklist)와 이 상황에서 안전을 보장할 수 있는 행동을 포함한 비상행동계획(emergency plan of action)을 수립해야 한다.

(2) 표준계기출발

표준계기출발(standard instrument departure; SID)은 항공 교통량이 많은 터미널 지역에서 ATC를 위해서 개발된 출발 비행로(ATC-requested and developed departure route)이다. SID는 최소한의 무선통신으로 효율적인 교통흐름(flow of traffic)의 관제, 그리고 소음저감절차(noise abatement procedure)를 통한 환경적 영향을 최소화하고 터미널 공역의 수용능력을 증가시키기 위해서 ATC를 지원하기 위한 목적으로 설계되었다. SID 비행로 선정에 항상 장애물 보호(obstacle protection)가 고려되지만, 주목적은 항공기를 순항항로 구조까지 연속 전이(seamless transition)를 제공하는 동안 ATC와 조종사의 업무를 감소시키는 데 있다. ATC 인가는 SID 비행 전에 받아야 한다. 또한, SID는 무선혼잡(radio congestion)을 줄이고 효율적 공역의 사용, 그리고 출발 인가를 단순화함으로써 공역 수용능력(airspace capacity)과 공역 사용자 모두에 부가적인 이점을 제공한다. 이 같은 이점은 효과적이고 효율적인 터미널 관제를 제공하기 때문에 국가공역체계의 전반적인 능력을 향상시킨다.

만약 SID에 따를 수 없고, 도식(charted) SID 절차를 소지하고 있지 않았거나 혹은 단순히 SID 활용을 원하지 않는다면 비행계획서의 비고란에 "No SID"를 명확하게 기입해야 한다. 이처럼 통보함으로써 ATC는 SID가 포함된 인가를 발령하지 않고 대신 가능한 한 조종사가 제출한 비행로를 경유하도록 인가하거나 우선출발비행로(Preferential Departure Route; PDR)를 경유하도록 인가하게 될 것이다. SID의 활용은 인가전달시간(clearance delivery time)을 감소시킬 뿐만 아니라 당신의 출발을 단순화하여 조종사의 비행관리(flight management)를 감소시키고 원하는 장소에서 어렵지 않게 IFR 구조로 진행할 수 있다. SID가 적용되고 있는 주공항에서 출발할 때 SID를 이용하지 않고 출발하고자 한다면 "...As filed..." 인가를 받는 데 더 어려움이 있을 수 있음을 기억하라. SID는 항상 그래픽으로 도식되고 공항을 위한 최신 접근차트 다음 TPP에 수록되어 있다. SID는 그래픽의 크기와 출발 묘사(departure description)를 위한 공간의 크기에 따라 한 페이지 혹은 그 이상 페이지로 구성될 수 있다. 각 차트는 [그림1-22]와 같이 출발항로(departure route), 항법픽스(navigation fix), 전이항로(transition routes), 그리고 필수 고도(required altitude)가 묘사된다. 출발묘사(departure description)는 각 활주로를 위한 특정 절차에 대해서 대략 설명하고 있다.

(3) 전이항로

SID 차트에 있는 도식 전이항로(transition routes)는 출발 항공기를 기본 SID의 종료 구간에서 순항항로 구조에 있는 한 위치까지 전이(transition; *자리나 위치 따위를 다른 곳으로 옮김*)시키는 데 있다. 전형적인 전이항로는 기본 SID의 종료 지점에서 여러 방향으로 확장되어 조종사는 원하는 출발 방향에 있는 전이항로를 선택할 수 있다. 전이항로는 [그림1-23]과 같이 코스(course), 최저고도(minimum altitude), 그리고 비행로에 있는 픽스들 사이의 거리(distance)가 포함되어 있다.

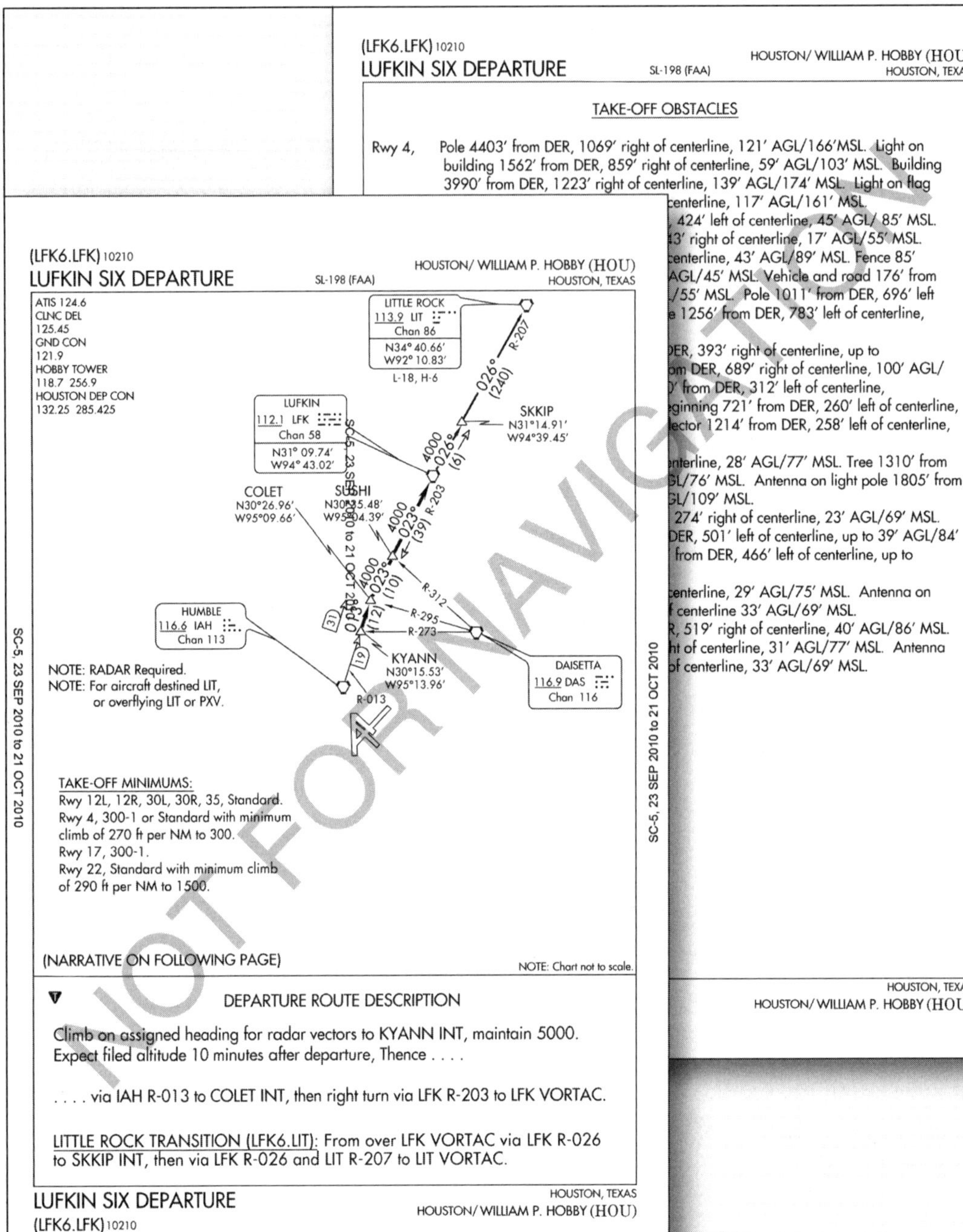

【그림1-22】 전형적인 SID chart이다. 이 SID 명칭은 LUFKIN SIX DEPARTURE(LFK6.LFK)이다. 출발 경로를 그래픽으로 묘사하고 있고 해당 출발항로에 대한 설명이 포함되어 있다. 또 다른 페이지에는 출발 중 주의해야 하는 장애물에 대해서 세부적으로 설명되어 있다.

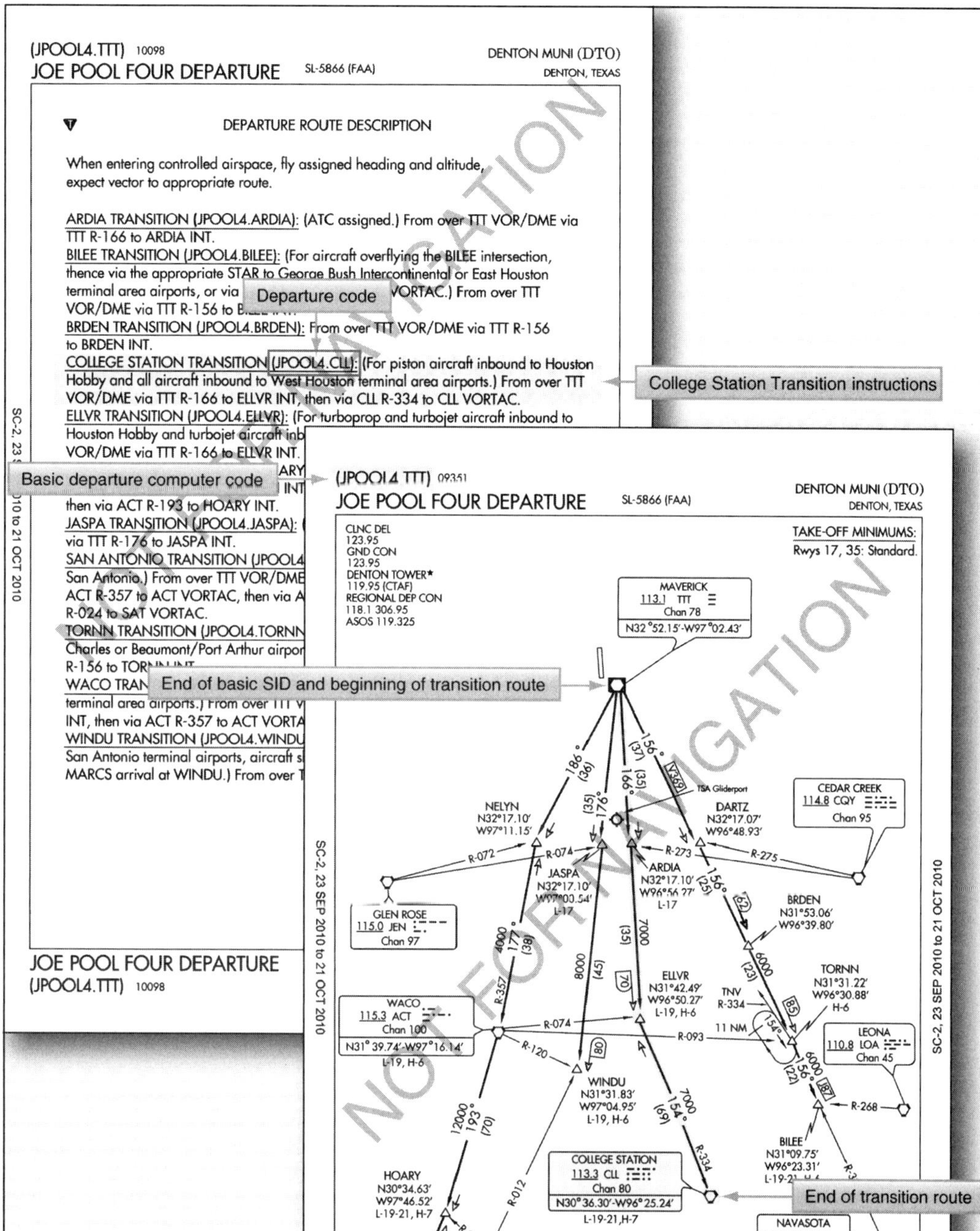

【그림1-23】 JOE POOL FOUR DEPARTURE(JPOOL4.TTT) SID의 사례이다. 이 출발에서 여러 개의 전이항로가 개설되어 있고 출발항로에 관해서 설명되어 있다. 이 중 COLLEGE STATION TRANSITION (JPOOL4.CLL)은 TTT VOR/DME 상공에서 TTT R-166을 경유해서 ELLVR INT까지 비행한 후 CLL R-334를 경유해서 CLL VORTAC까지 비행할 것을 서술하고 있다. 이 지점이 전이항로의 종점(End of transition route)이 된다.

특정 전이항로를 위한 SID를 제출할 때 정확한 출발과 전이 코드(departure and transition code)를 이용해서 원하는 전이항로를 포함해야 한다. 또한, ATC는 목적지를 향한 코스에 항공기를 진입시킬 수 있는 수단으로 전이항로를 할당하게 될 것이다. 어느 경우라도 조종사는 출발 그리고 관련된 전이를 위한 ATC 인가를 받아야 하고, ATC로부터 인가는 출발 명칭과 전이(departure name and transition) 모두가 포함되어야 한다.

Ex) "Joe Pool Nine Departure, College Station Transition"

SID는 조종사에게 최소한의 무선통신으로 자체항법(own navigation)을 수행할 수 있도록 설계된다. 이 종류의 절차는 통상 1개 혹은 그 이상의 전이항로 다음 한 세트의 출발 지시가 포함된다. SID는 [그림1-24]와 같이 항공기를 절차에 진입시킬 수 있도록 레이더 벡터가 수행되는 초기 구간이 있을 수 있지만, 대부분의 항법은 조종사의 책임으로 진행된다.

레이더 SID는 [그림1-25]와 같이 이륙 직후부터 부여된 항로(assigned route) 또는 SID 차트에 도식된 픽스에 도착할 때까지 레이더 벡터를 제공하기 위해서 ATC 조력이 필요하다. (ROC는 초기 선회를 하기 전 DER 표고 위의 400피트까지 상승을 기초로 한다) 레이더 SID는 독립 조종사 항법이 포함되어 있지 않기 때문에 출발항로 또는 전이항로가 포함되지 않는다. 절차는 통상 첫 기수방위와 고도(initial heading and altitude)가 포함된 첫 세트의 출발 지시로 시작된다.

ATC는 벡터를 제공하기 위해서 항공기와 레이더 교신(radar contact)이 이루어져야 한다. ATC는 조종사가 즉시 레이더 벡터에 따를 수 있을 것으로 예상하고, 만약 레이더 벡터에 따를 수 없다면 이를 즉시 ATC에 통보할 것으로 예상한다. 또한, ATC는 자신의 지시가 장애물 혹은 다른 항공교통으로 인해서 안전에 문제가 있을 수 있다면 이를 즉시 통보해 줄 것으로 예상한다. 이 종류의 절차는 비표준 무선통신두절절차(non-standard lost communication procedure)가 포함되기 때문에 사용하기 전 레이더 SID 차트를 신중하게 검토해야 한다. 만약 레이더 벡터를 받던 중 교신이 끊어졌다면 [그림1-25]와 같이 AIM에 요약된 일반 무선통신두절절차가 아닌 SID 차트에 묘사된 무선통신두절절차(two-way lost communication procedure)에 따라야 한다.

(4) SID 비행계획 수립할 때 고려사항

SID에 포함된 출발경로를 고려해서 표준화된 출발절차를 사용할 수 있는지 결정하라. 조종사는 비행계획에 가장 적합한 SID를 선정할 수 있다. 비행계획을 수립하는 단계(flight panning phase)에서 각 출발을 검토하고 어느 절차가 당신이 원하는 비행 방향에서 공항을 출발하는데 가정 적합한지 결정한다. 또한, 지정된 고도까지 상승경도가 비행계획의 상승 시간과 연료 소모에 어떠한 영향을 줄 수 있는지 고려해야 한다. [그림1-26]과 같이 절차적 필수요건에 주어진 주석(notes)이 출발절차의 그래픽 부분에 표기되어 있고, 이들은 의무적으로 준수해야 하는 사항이다. 일반적으로 의무적 절차 주석(mandatory procedural procedure)은 다음과 같다.

- 항공기 장비 필수요건(DME, ADF...)
- ATC 장비의 작동 상태(레이더)

- 최저상승요건(minimum climb requirement)
- 특정 기종을 위한 제한(예, 터보제트만 해당)
- 특정 목적지까지 제한적 사용(limited use to certain destination)

또한, 조종사의 특정 활동을 알리기 위해서 절차의 한 부분에 주의사항(cautionary statement)이 포함될 수 있지만 [그림1-26]과 같이 이들은 조언(advisory)에 해당한다. 만약 특정 필수요건에 따를 수 없다면 비행계획의 한 부분으로 이 절차를 제출해서는 안 된다. 만약 ATC가 당신에게 SID를 부여했다면, 조종사는 신속하게 전체 엔진 작동 성능 수치(all-engines-operating performance number)를 계산해야 한다. 만약 SID에 있는 상승경도에 따를 수 없다면 조종사는 그 SID를 위한 인가를 받아서는 안 되고, ATC가 SID 인가를 부여했다면 절차를 받아들이면 안 된다. 고도제한이 발행(published altitude restriction)된 SID를 위한 인가는 "...climb via..." 구절을 사용해서 발령될 수 있다. 이 구절은 절차의 가로경로(lateral path), 인가된 비행로 또는 절차와 관련된 속도와 고도제한에 따를 것을 요구하는 약식인가(abbreviated clearance)이다. "...climb via..."를 위한 세부 절차는 AIM에 서술되어 있다.

ATC는 교통관리와 편의를 위해서 SID 또는 레이더 벡터를 부여할 수 있다. 조종사는 SID를 비행하기 위해서 인가에 서술된 것과 같은 승인을 받아야 하고, SID가 포함된 인가를 받기 위해서 출발시각에 당신의 소지품(your possession)에 도식(charted) SID 절차를 소지하고 있어야 한다. ATC가 발령한 SID를 받아들이거나 거부하는 것은 PIC의 책임이다. 조종사는 다음과 같은 사항을 바탕으로 인가를 받거나 거부(accept or reject)해야 한다.

- 항공기 필수 성능에 따를 수 있는 능력
- 절차에서 필요로 하는 정밀도에 맞게 항행할 수 있는 능력
- 도식 SID 절차의 소지 여부
- SID를 완전하게 이해할 수 있는 조종사 개인의 능력

만약 SID 또는 레이더 벡터를 이용해서 출발하기 위한 인가를 받았을 때 ATC는 교통분리(traffic separation)에 대한 책임을 갖는다. SID 인가를 받아 출발할 때 ATC는 절차설계가 장애물 통과높이를 제공하고 있으므로 조종사는 도식 절차(charted procedure)에 따라 비행할 것으로 예상한다. 또한, 조종사는 시계비행상태에서 출발할 때 육안으로 다른 항공기의 움직임을 경계하고 있을 것으로 예상한다. 이외에도 인가가 조종사 혹은 다른 항공기에 위험을 초래할 수 있다면 이를 ATC에 통보하는 것 역시 조종사의 책임이다. 또한, 출발절차(DP)는 다음과 같은 장비 필수요건(equipment requirements)에 따라 범주를 정하고 있다.

① Non-RNAV DP; 지상기반 NAVAIDs를 이용하고 있는 재래식 항공전자를 장착하고 있는 항공기를 위해서 설정되었다. 이들 DP는 추측항법(dead reckoning navigation)을 활용해서 설계될 수 있다. 일부 FMS는 FMS 장비가 재래식 항공전자 시설(DME, VOR, 그리고 LOC)로부터 입력이 가능하다면 non-RNAV DP로 비행하기 위해서 승인된다. 이들 입력은 무선동조(radio tuning)가 포함되고 하나씩 차례로 혹은 상호 결합해서 항법 솔루션에 적용할 수

있다. 일부 FMS는 결함 항법 정보의 탐지와 격리(detection and isolation)를 위한 능력을 제공한다.

② RNAV DP; RNAV 항공전자(GPS, VOR/DME, DME/DME)를 갖춘 항공기를 위해서 설정되었다. 자동수직항법(automated vertical navigation)이 요구되지 않고, GPS를 필요로 하는 모든 RNAV 절차는 "RADAR REQUIRED"라고 하는 주석이 함께 표기되어야 한다. RNAV 출발을 위한 TSO-C129 GPS 장비를 사용하기 전 접근을 위한 수신기자체보전성(receiver autonomous integrity monitoring; RAIM)의 가용성(availability)은 그 장소를 위해서 확인되어야 한다.

③ Radar DP; SID 설계를 위한 항법 유도에 사용되는 레이더 절차이다. 레이더 SID는 ATC가 특정 ATC 비행로 NAVAID까지, 또는 픽스까지 항공기를 레이더로 유도해야 할 필요가 있을 때 설정된다. 픽스(fix)는 지상기반(ground-based) NAVAID, 웨이포인트, 또는, 한 개 혹은 그 이상의 무선 NAVAID를 참고해서 지정될 수 있다. 픽스는 VOR, 또는 VOR/DME가 될 수 있으므로 모든 픽스가 웨이포인트는 아니다. 또한, 레이더 벡터는 재래식 또는 RNAV 항법 SID와 연결하기 위해서 사용될 수 있다. 레이더 유도를 필요로 하는 SID는 "RADAR REQUIRED"라고 표기되어야 한다.

(5) RNAV 출발

역사적으로 출발절차(departure procedure; DP)는 현존하는 지상기반(ground-based) 기술을 바탕으로 개설되었고 비교적 낮은 수준의 교통량을 수용할 수 있도록 설계되었다. 때로는 동일한 NAVAID를 사용함으로써 수용할 수 있는 출발과 도착 비행로가 감소하기도 한다. RNAV는 지상기반 혹은 우주기반(space-based) NAVAID의 범위 내에서 또는 독립보조시설(self-contained aids) 혹은 이들의 결합으로 성능 한계에서 원하는 비행경로를 따라 항공기 운항을 허용하는 항법의 한 방법이다. 앞으로 지상기반 NAVAID에서 지정한 비행로 대신 RNAV의 활용에 의존한 항법이 증가할 것이다. FAA는 점차 발전해가는 RNAV 구조의 한 부분으로 동일한 종류의 RNAV 기술을 갖춘 항공기가 비행할 수 있는 출발절차를 개발하였다. RNAV는 기존 픽스와 NAVAID에 독립된 새로운 출발 비행로를 생성한다.

RNAV 항로배정(routing)은 국가공역개정(National Airspace Redesign; NAR)의 한 부분으로 터미널 지역(terminal area)에서 복잡성을 감소시키고 효율성을 높여줄 것이다. 새로운 RNAV 출발절차가 설계될 때 조종사와 ATC 사이에 최소한의 벡터링과 무선통신(minimal vectoring and communication)으로 이루어질 것이다. 일반적으로 각 출발절차는 조종사가 실제 행해야 하는 것을 예측할 수 있는 능력을 향상시키는 위치, 시간, 그리고 고도가 포함된다. RNAV 출발절차는 정시출발(on-time departure), 공역 활용, 그리고 예측 가능성(predictability)을 높여줌으로써 터미널 공역의 수용능력을 증가시킬 수 있다.

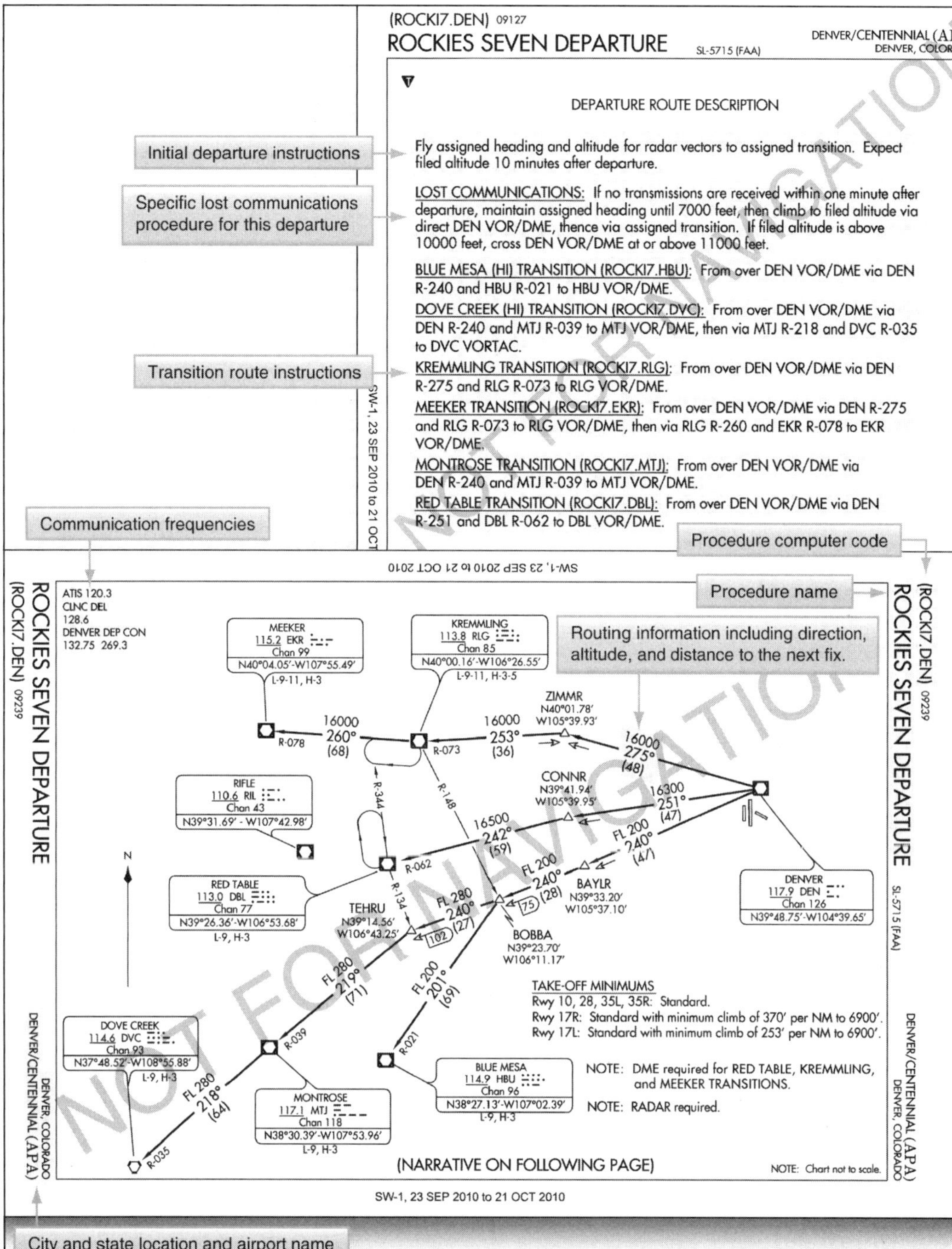

【그림1-24】 일반 SID의 사례이다. 이 차트의 첫머리에 최초출발지시가 설명되어 있다. 다음 줄에는 이 출발을 위한 무선통신두절절차에 대한 설명, 그리고 다음 줄에는 6개의 전이항로가 서술되어 있다. 아래의 도식 차트에는 각 전이항로에 따른 비행경로, 고도, 방위각, 그리고 거리가 표기되어 있다. 사각박스 상단과 하단에 절차 컴퓨터 코드(procedure computer code)와 절차명칭(procedure name)이 표기된다. 오른쪽 아래에 TAKE-OFF MINIMUMS과 NOTE를 주의해서 확인해야 한다.

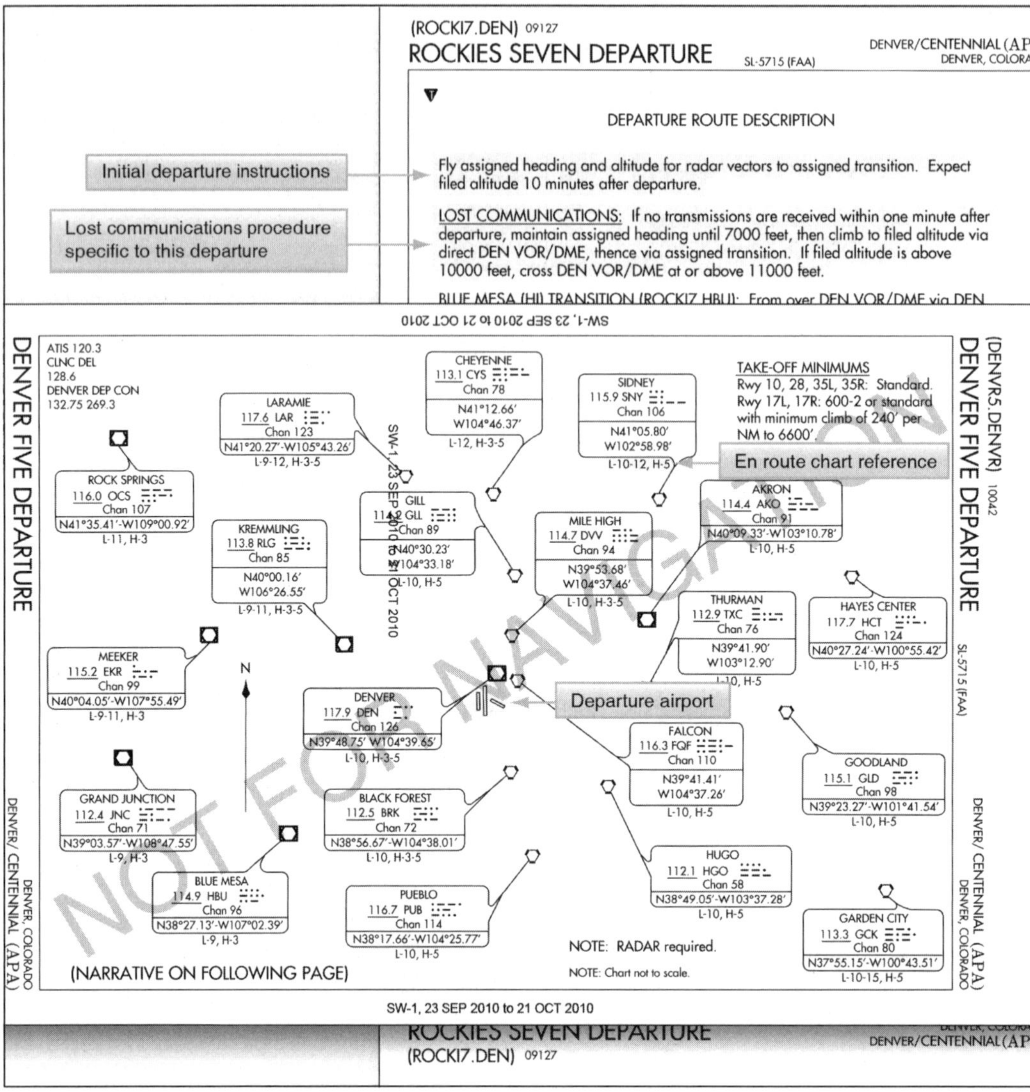

【그림1-25】 RADAR SID의 사례이다. 이 차트의 첫머리에 최초출발지시가 서술되어 있다. 다음 줄에는 이 출발을 위한 무선통신두절절차에 대한 설명, 그리고 전이항로가 서술되어 있다. 출발공항은 비행로가 그려지지 않고 주변 NAVAID의 위치만 표기되어 있어 일반 SID와 다르다는 것을 알 수 있다. 이 절차를 수행하기 위한 필수요건은 "RADAR Required"이다.

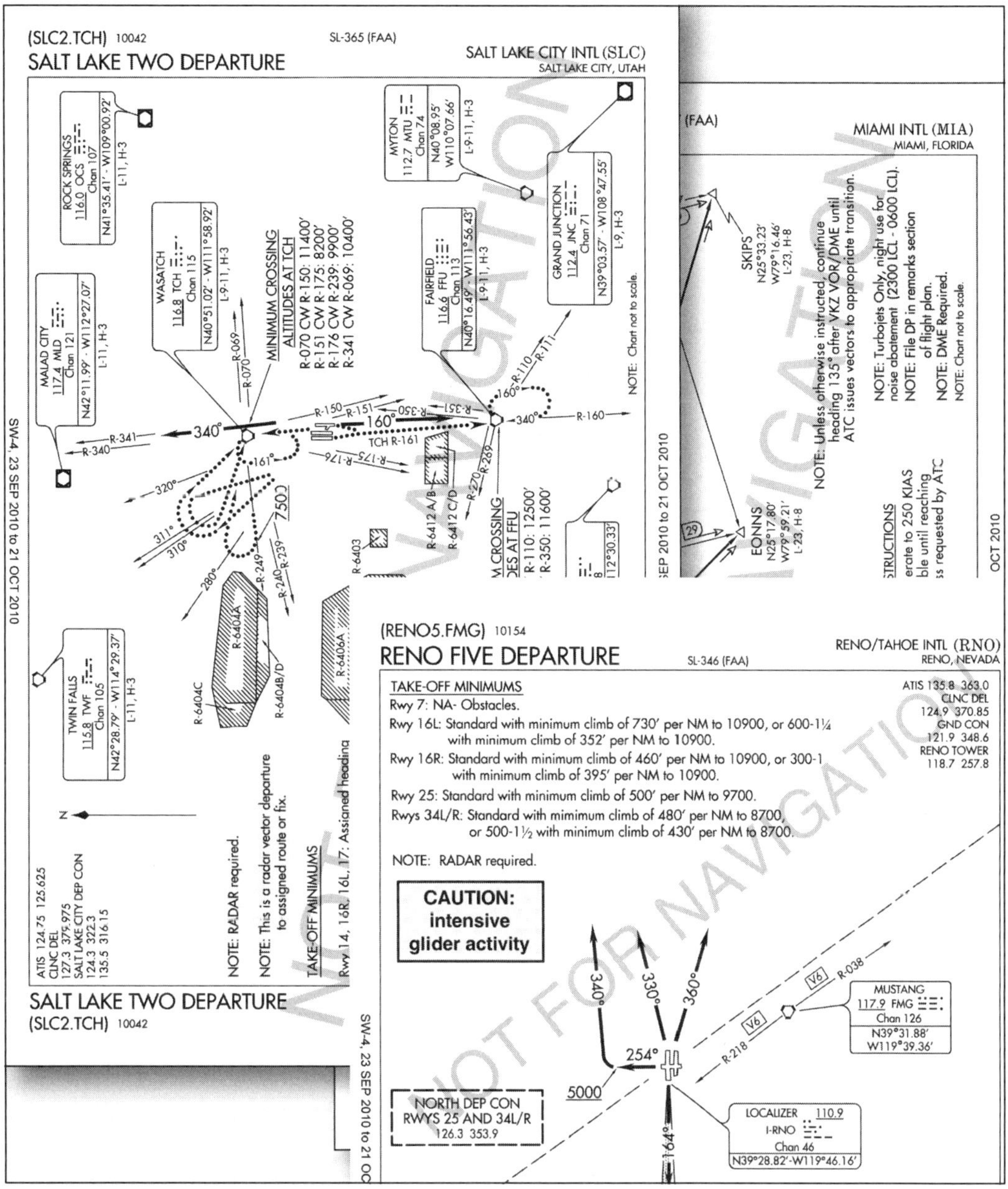

【그림1-26】 출발절차 주석과 주의 서술(Departure procedure notes and cautionary statements)이다. 여기서 [NOTE]는 의무사항(예, RADAR required or Turbojet Only)이고, [CAUTION]은 “intensive glider activity(글라이더 활동이 많음)” 조언 사항이다.

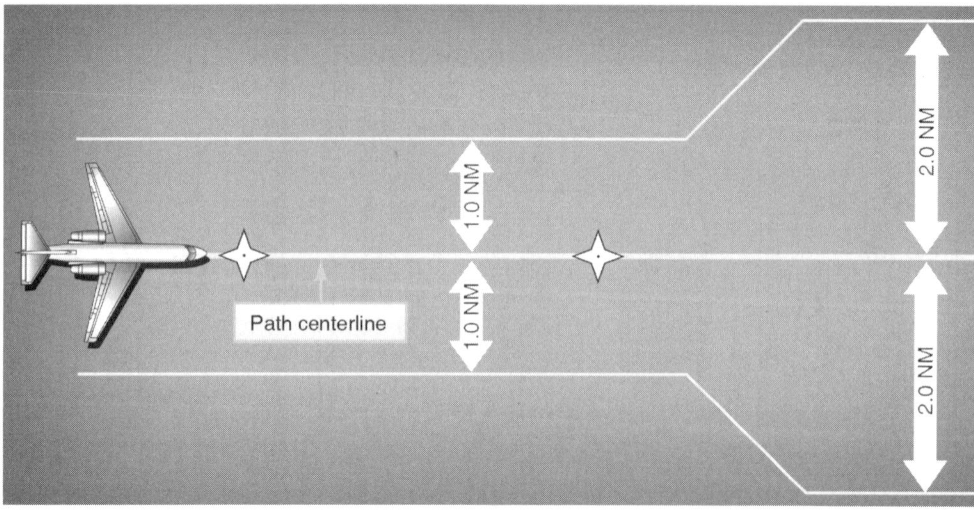

【그림1-27】 RNAV 1은 비행경로 중앙선으로부터 양쪽으로 1.0 NM 공역의 봉쇄를 의미하고, RNAV 2의 경우는 비행경로 중앙선으로부터 양쪽으로 2.0 NM의 공역이 확보되었음을 의미한다.

모든 공공(public) RNAV SID와 그래픽 ODP는 RNAV 1이다. 이들 절차는 출발 종단 활주로 가까이 있는 초기 RNAV 또는 기수방위 구간(heading leg)과 함께 시작될 것이다. 이외에도 이들 절차는 U.S. Terminal and En Route Area Navigation (RNAV) Operations에 만족하는 최근 GPS DME/DME/IRU RNAV 시스템에 충족하는 시스템 성능을 필요로 한다. RNAV 절차는 출발 제목(departure title)에 있는 "RNAV" 용어가 포함된 것으로 식별할 수 있다. 필수항법성능(required navigation performance; RNP) 관점에서 RNAV 출발항로는 다음과 같이 1 NM 또는 2 NM 성능 표준과 함께 설계된다. 이것은 [그림1-27]과 같이 조종사와 항공기 장비는 항로 중앙선(route centerline)의 양쪽으로 1 NM 또는 2 NM 내에서 항공기를 유지(봉쇄)할 수 있어야 한다는 것을 의미한다.

① RNAV 1 절차는 항공기의 총 시스템 오차(total system error; TSE)가 총 비행시간의 95% 동안 ±1 NM 이상이 되어서는 안 된다.
② RNAV 2 절차는 항공기의 총 시스템 오차(total system error; TSE)가 총 비행시간의 95% 동안 ±2 NM 이상이 되어서는 안 된다.

RNP는 탑재(on-board) 모니터링과 경고 시스템(monitoring and warning system)을 갖춘 RNAV이다. 또한, RNP는 지정된 공역(defined airspace) 안에서 운용에 필수적인 항법 성능을 서술하고 있다. RNP 1(RNAV 1 대신)은 DP에 일정한 반경픽스(radius to fix; RF) 구간이 있거나 혹은 DME/DME/IRU를 사용하기 위해서 감시 레이더 모니터링(surveillance radar monitoring)을 원하지 않을 때 사용된다. 이들 절차는 "RNP 1"과 같은 표준 주석(standard notes)으로 표기된다. RNAV 또는 RNP 절차의 필수요건에 따를 수 없다면 조종사는 가능한 한 빨리 ATC에 통보해야 한다.

[예문] "N1234, failure of GPS system, unable RNAV, request amended clearance."

조종사는 항법 데이터베이스(navigation database)에서 절차명칭(procedure name)으로 검색(retrievable)할 수 있고 도식 절차에 확인되지 않는 한 발행된 RNAV 또는 RNP 절차로 비행하는 것이 승인되지 않는다. 발행된 RNAV 또는 RNP 절차에 있는 데이터베이스 웨이포인트의 다른 변경(other modification) 또는 사용자-지정 웨이포인트(user-defined waypoint)의 생성(creation)은 허용되지 않는다. ATC 인가/지시에 따르기 위해서 고도 또는 속도 웨이포인트 제한(constraints)을 제외하고, ATC 지시에 따르는 것을 보조하기 위해서 발행된 비행로(published route)를 따라 웨이포인트를 추가하는 경우는 예외이다.

[For example]
"Climb via the WILIT departure except cross 30 north of CHUCK at/or above FL 210."

이것은 항적 웨이포인트 구조(track waypoint construction)를 따라서 허용되는 시스템만으로 제한된다. 주요 항법 업데이팅(primary navigation updating)을 위해서 DME/DME를 활용하고 있는 항공기의 조종사는 NOTAM, ATIS, 또는 ATC 조언에서 확인된 것과 같이 어느 필수 DME 송신소가 운용되고 있는지 확인해야 한다. DME/DME 항법 시스템 업데이팅은 성능 표준에 적합한 특정 DME 시설을 필요로 한다. [그림1-28]과 같이 DME 가용성 평가를 기반으로 발행 시기에 최신 DME 범위는 IRU(관성참조장치) 보강(augmentation) 또는 GPS의 사용이 없는 곳에서 DME/DME RNAV 운용을 지원하기에 충분하지 않다. 또한, DP 차트 주석(chart notes)은 RNAV 출발절차의 종류 외에 특정 종류의 장비, 시스템, 그리고 성능 필수요건을 위한 운용상의 정보를 포함한다.

조종사는 RNAV 구간에서 운용하는 동안 가로항법 모드(lateral navigation mode)에서 플라이트 디렉터(flight director; FD)를 활용할 것을 권장한다. RNAV 터미널 절차는 ATC가 발령하는 레이더 벡터 또는 웨이포인트까지 직접 인가를 부여함으로써 수정될(amended) 수 있다. 조종사는 절차에 다시 합류(rejoin procedure)할 수 있게 이들 액티브 "legs" 페이지로부터 웨이포인트가 조기 수동 삭제(premature manual deletion)되지 않도록 주의해야 한다.

RNAV 구간에서 운용하는 동안 장비 접미사 "/R" 항공기를 운용하고 있는 조종사는 절차에 지정된 RNP 값(value)을 유지하는데 필요한 어떠한 수동 제한(manual limitation) 또는 운용절차(operating procedure)를 준수해야 한다. 2008년 FAA는 미국 국내 공역에서 요구되는 RNAV SID, STAR, RNAV 비행로 할당의 요청을 위해서 순항항로 호스트 자동화(en route host automation) ICAO 비행계획(flight plan; FP) 처리의 활용을 실행하였다. 이것은 2008년 10월 순항항로 자동 현대화(En Route Automation Modernization; ERAM) 시스템을 도입하기 위한 위험감소전략(risk reduction strategy)의 하나이다. 또한, ERAM은 ICAO FP 프로세싱(processing)을 사용하는 것이고, 이로 인해서 조종사는 FAA가 ERAM에 업데이트하는 것은 FAA 비행계획서 장비 접미사 코드(equipment suffix code)를 ICAO 비행계획서 장비 접미사 코드로 변경되었다는 것을 인식하게 될 것이다.

FAA Flight Plan Aircraft Suffixes	
Suffix	Equipment Capability
	NO DME
/X	No transponder
/T	Transponder with no Mode C
/U	Transponder with Mode C
	DME
/D	No transponder
/B	Transponder with no Mode C
/A	Transponder with Mode C
	TACAN ONLY
/M	No transponder
/N	Transponder with no Mode C
/P	Transponder with Mode C
	AREA NAVIGATION (RNAV)
/Y	LORAN, VOR/DME, or INS with no transponder
/C	LORAN, VOR/DME, or INS, transponder with no Mode C
/I	LORAN, VOR/DME, or INS, transponder with Mode C
	ADVANCED RNAV WITH TRANSPONDER AND MODE C (If an aircraft is unable to operate with a transponder and/or Mode C, it will revert to the appropriate code listed above under Area Navigation.)
/E	Flight Management System (FMS) with DME/DME and IRU position updating
/F	Flight Management System (FMS) with DME/DME position updating
/G	Global Navigation Satellite System (GNSS), including GPS or WAAS, with en route and terminal capability.
/R	Required Navigational Performance (RNP). The aircraft meets the RNP type prescribed for the route segment(s), route(s), and/or area concerned.
	Reduced Vertical Separation Minimum (RVSM). Prior to conducting RVSM operations within the U.S., the operator must obtain authorization from the FAA or from the responsible authority, as appropriate.
/J	/E with RVSM
/K	/F with RVSM
/L	/G with RVSM
/Q	/R with RVSM
/W	RVSM

ICAO Flight Plan Equipment Codes	
Radio communication, navigation and approach aid equipment and capabilities	
"N" if no COM/NAV/approach aid equipment for the route to be flown is carried, or the equipment is unserviceable, OR "S" if standard COM/NAV/ approach aid equipment for the route to be flown is carried and serviceable (see Note 1), AND/OR INSERT one or more of the following letters to indicate the serviceable COM/NAV/approach aid equipment and capabilities available:	
A	GBAS landing system
B	LPV (APV with SBAS)
C	LORAN C
D	DME
E1	FMC WPR ACARS
E2	D-FIS ACARS
E3	PDC ACARS
F	ADF
G	GNSS (See Note 2)
H	HF RTF
I	Intertial Navigation
J1	CPDLC ATN VDL Mode 2 (See Note 3)
J2	CPDLC FANS 1/A HFDL
J3	CPDLC FANS 1/A VDL Mode 4
J4	CPDLC FANS 1/A VDL Mode 2
J5	CPDLC FANS 1/A SATCOM (INMARSAT)
J6	CPDLC FANS 1/A SATCOM (MTSAT)
J7	CPDLC FANS 1/A SATCOM (Iridium)
K	MLS
L	ILS
M1	OmegaATC RTF SATCOM
M2	ATC RTF (MTSAT)
M3	ATC RTF (Iridium)
O	VOR
P1 - P9	Reserved for RCP
R	PBN approved (see Note 4)
T	TACAN
U	UHF RTF
V	VHF RTF
W	RVSM approved
X	MNPS approved
Y	VHF with 8.33 kHz channel spacing capability
Z	Other equipment carried or other capabilities (see Note 5)

Any alphanumeric characters not indicated above are reserved.
Effective September 1, 2005

【그림1-28】 비행계획서의 장비 접미사 코드

ICAO Flight Plan Equipment Codes	
Surveillance equipment and capabilities	
INSERT N if no surveillance equipment for the route to be flown is carried, or the equipment is unserviceable, OR INSERT one or more of the following descriptors, to a maximum of 20 characters, to describe the serviceable surveillance equipment carriedand/or capabilities on board:	
	SSR Modes A and C
A	Transponder - Mode A (4 digits - 4,096 codes)
C	Transponder - Mode A (4 digits - 4,096 codes) and Mode C
	SSR Modes S
E	Transponder—Mode S, including aircraft identification, pressure-altitude and extended squitter (ADS-B) capability
H	Transponder—Mode S, including aircraft identification, pressure-altitude and enhanced surveillance capability
I	Transponder—Mode S, including aircraft identification, but no pressure-altitude capability
L	Transponder—Mode S, including aircraft identification, pressure-altitude, extended squitter (ADS-B) and enhanced surveillance capability
P	Transponder—Mode S, including pressure-altitude, but no aircraft identification capability
S	Transponder—Mode S, including both pressure altitude and aircraft identification capability
X	Transponder — Mode S with neither aircraft identification nor pressure-altitude capability
Note: Enhanced surveillance capability is the ability of the aircraft to down-link aircraft derived data via a Mode S transponder.	
	ADS-B
B1	ADS-B with dedicated 1090 MHz ADS-B "out" capability
B2	ADS-B with dedicated 1090 MHz ADS-B "out" and "in" capability
U1	ADS-B "out" capability using UAT
U2	ADS-B "out" and "in" capability using UAT
V1	ADS-B "out" capability using VDL Mode 4
V2	ADS-B "out" and "in" capability using VDL Mode 4
D1	D1 ADS-C with FANS 1/A capabilities
G1	G1 ADS-C with ATN capabilities
Alphanumeric characters not indicated above are reserved. Example: ADE3RV/HB2U2V2G1 Note: Additional surveillance application should be listed in Item 18 following the indicator SUR/.	

NOTE	
Note 1	If the letter S is used, standard equipment is considered to be VHF RTF, VOR and ILS, unless another combination is prescribed by the appropriate ATS authority.
Note 2	If the letter G is used, the types of external GNSS augmentation, if any, are specified in Item 18 following the indicator NAV/ and separated by a space.
Note 3	See RTCA/EUROCAE Interoperability Requirements Standard For ATN Baseline 1 (ATN B1 INTEROP Standard DO-280B/ED-110B) for data link services air traffic control clearance and information/air traffic control communications management/air traffic control microphone check.
Note 4	Information on navigation capability is provided to ATC for clearance and routing purposes.
Note 5	If the letter Z is used, specify in Item 18 the other equipment carried or other capabilities, preceded by COM/, NAV/ and/or DAT, as appropriate.
Note 6	If the letter R is used, the performance based navigation levels that can be met are specified in Item 18 following the indicator PBN/. Guidance material on the application of performance based navigation to a specific route segment, route or area is contained in the Performance-Based Navigation Manual (Doc 9613).
Note 7	RNAV equipped aircraft capable of flying RNAV SIDs, putting "NO SID" in the remarks section will not always result in a clearance via a Preferential Departure Route (PDR). The Pilot/Dispatcher must amend Field 18 NAV from D1 to D0 and remove PBRN RNAV1 Code (D1-D4).
Note 8	If a RNAV DP is filed, an ICAO flight plan must be used. In Field 18, Pilots/Dispatchers must file a D1 or D2 depending on the RNAV DP. Additionally, Field 18 should include PBN/D1-D4 depending on the navigation update source. See AIM/PANS ATM 4444 for ICAO filing procedures.
Note 9	RNAV Q-routes require en route RNAV 2, corresponding NAV/E2 code and PBN/C1-C4 based on navigation system update source.
Note 10	If an aircraft does not meet the requirements for RVSM, then the W filed in ICAO flight plan Field 10A must be removed and STS/NONRVSM must be annotated in Field 18.
Note 11	Filing requirements for RNAV STARS. Field 18 of the ICAO flight plan must have a NAV/A1 or A2 assigned to the RNAV STAR. Additionally, PBN/D1-D4 for RNAV1 or C1-C4 for RNAV2 should be filed. If unable to accept the RNAV STAR, the flight plan must be amended to change the NAV/A1 or A2 to A0.

【그림1-28】 Flight plan equipment codes(계속)

만약 항법 시스템이 GPS의 상실을 조종사에게 자동으로 경고할 수 없다면 GPS가 필수인 절차 혹은 GPS를 필요로 하는 항공기 승인을 위해서 항공기 운용자는 정확한 GPS 운용을 확인할 수 있는 절차를 개발해야 한다. 만약 GPS를 장착하고 있지 않거나 GPS 상실을 경고할 수 없는 GPS를 갖춘 멀티-센서(multi-sensors) 시스템을 위해서 항공기 운용자는 Type 1 그리고 Type 2 절차를 위한 DME/DME, 또는 DME/DME/IRU를 이용해서 시스템을 업데이트할 수 있어야 한다. AC 90-100은 RNAV ODP를 위한 운용상의 가이던스로 활용될 수 있다. RNAV DP 절차를 부여받고 이어서 활주로, 전이항로, 또는 절차의 변경을 지시받은 FMS를 탑재하고 있는 항공기의 조종사는 [그림1-29, 30]과 같이 적절한 변경(appropriate change)이 업로드(upload)되었는지 그리고 항법에 가용한 지를 반드시 확인해야 한다. 이외에도 새로운 웨이포인트 부호는 RNAV 차트와 관련해서 사용된다. 최근에 사용되고 있는 두 종류의 웨이포인트는 다음과 같다.

- 플라이-바이(fly-by; FB)
- 플라이-오버(fly-over; FO)

일반적으로 FB 웨이포인트는 절차의 코스 변경이 예상되는 위치에서 지정된다. 차트에는 이들이 별표로 표시된다. 이 종류의 웨이포인트는 [그림1-31]과 같이 조종사가 웨이포인트에 도착하기 전에 선회를 예상할 수 있는 위치에 지정되기 때문에 좀 더 유연한 전이(smoother transition)를 제공한다. 반대로 RNAV 차트는 원 안에 있는 별표와 같이 FO 웨이포인트로 그려진다. 이 종류의 웨이포인트는 실패접근지점(missed approach point), 실패접근체공지점(missed approach holding point), 또는 상공을 통과해야 하는 다른 특정 지점을 나타내기 위해서 사용된다. 조종사는 FB에서 FO로 혹은 서로 반대로 데이터베이스 웨이포인트 종류를 임의로 변경해서는 안 되고, RNAV 절차를 사용하기 전에 충족해야 하는 특정 필수요건(specific requirement)이 있을 수 있다. 모든 RNAV 출발 차트는 일반 주석(general notes)이 수록되고 차트의 평면도(plan view)에는 RNAV 출발절차의 종류와 같은 특정 장비와 성능 필수요건을 포함할 수 있다. [그림1-32]와 같은 새로운 장비 접미사 코드(equipment suffix code)는 비행계획서를 제출하고자 하는 목적(flight plan filing purpose)으로 첨단 RNAV 항법을 위한 능력을 나타내기 위해서 사용된다.

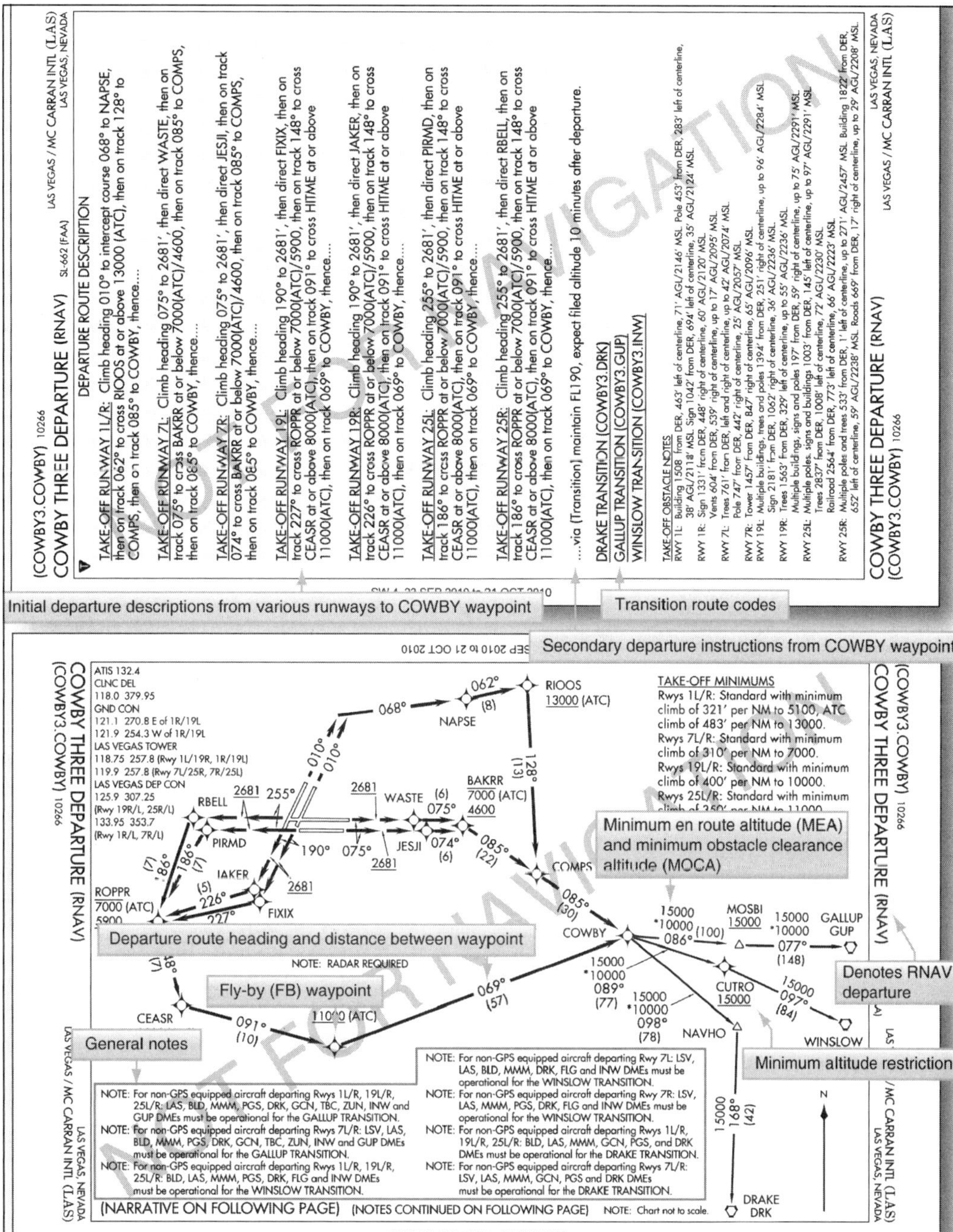

【그림1-29】 RNAV SID의 한 사례이다. 위의 출발항로 설명서에는 여러 활주로에서 COWBY WP까지 7개의 초기 출발에 대한 설명이 있고, 다음에 COWBY WP로부터 두 번째 출발 지시가 있다. 다음 줄에는 3개의 전이항로가 설정되어 있다. 아래 그래픽 차트에는 COWBY WP까지 향하는 항로, 웨이포인트, 방위각, 그리고 거리가 표기되어 있다. 일반 주석(general notes)과 함께 고도제한(MEA, MOCA) 그리고 난외주기에 출발 명칭이 "COWBY THREE DEPARTURE (RNAV)"와 같이 표기되어 있다.

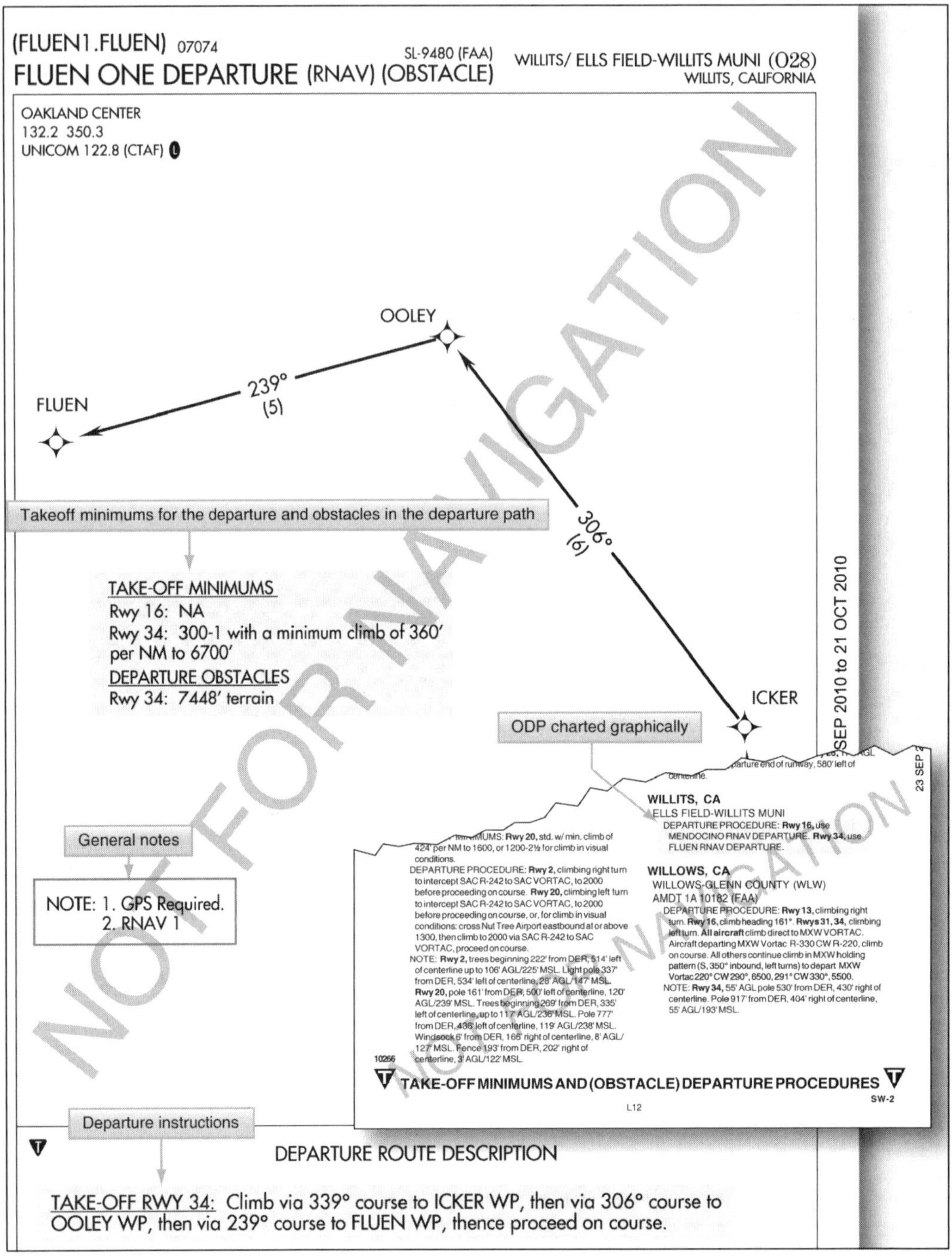

【그림1-30】 RNAV ODP의 사례이다. 절차 제목에 반드시 "(RNAV) (OBSTACLE)"와 같이 표기된다. 출발을 위한 이륙 최저치(TAKEOFF MINIMUMS)와 출발 장애물(DEPARTURE OBSTACLE)이 표기되어 있다. 일반 주석과 하단에 출발항로에 대한 설명이 있다. (TAKEOFF RWY 34)

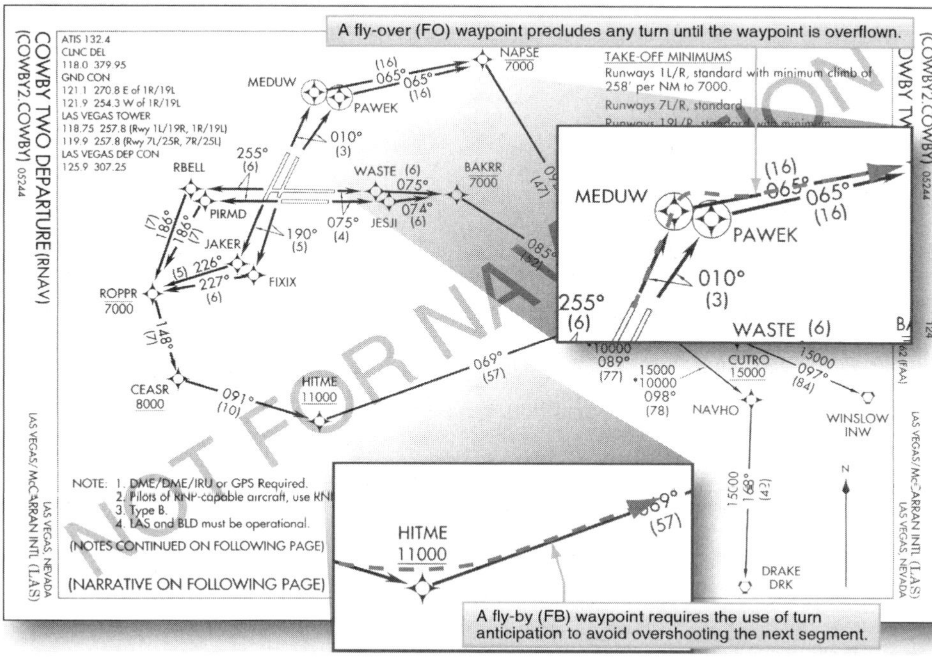

【그림1-31】 Fly-over(FO) and Fly-by(FB) waypoint

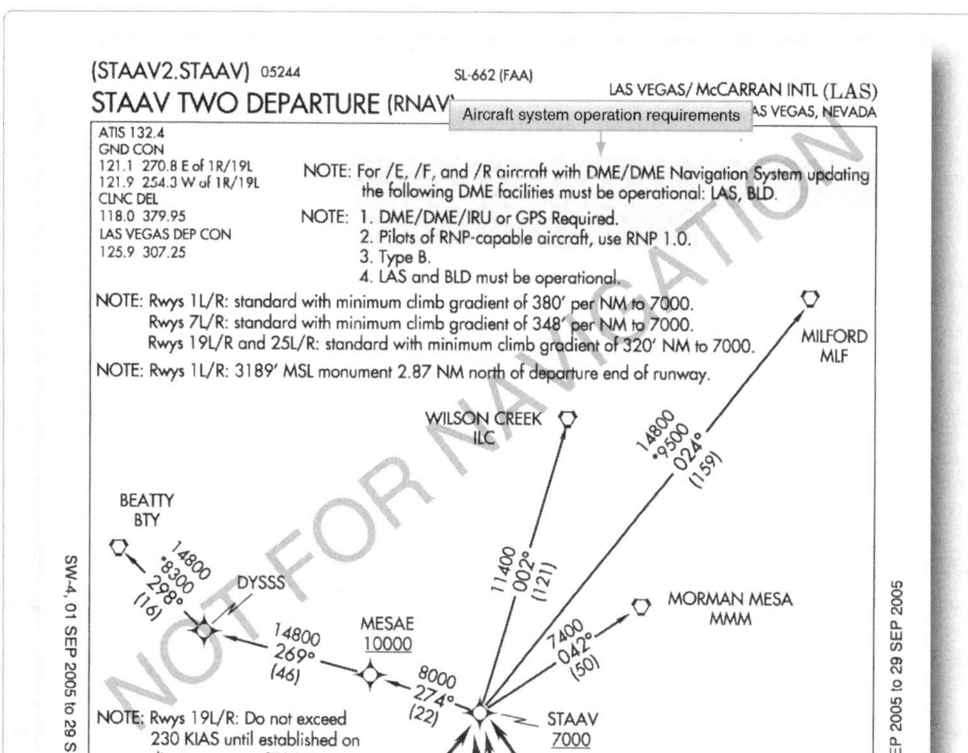

【그림1-32】 RNAV를 위한 항공기 시스템 작동 필수요건이 [NOTE]에 표기되어 있다.

(6) SID 고도

SID 고도는 다음과 같이 4종류로 도식된다.

- 의무고도(mandatory altitude)
- 최저고도(minimum altitude)
- 최대고도(maximum altitude)
- 권장고도 혹은 블록고도(block altitude)

일부 SID는 [그림1-33]과 같이 ATC 필수요건을 지원하기 위한 통과고도라는 것을 나타내기 위해서 통과고도(crossing altitude) 옆에 "(ATC)"가 표기될 수 있다. 새로운 도식 표준(charting standard)은 일정 기간 ATC 주석(annotation)을 삭제하기 위한 과정에서 시작되었다. [그림1-34]에 있는 Cowby Four Departure (RNAV)는 ATC 주석 없이 새로운 도식 표준으로 묘사된 것이다. ATC는 필요하다면 SID 통과고도제한(crossing altitude restriction)을 수정 혹은 삭제(amend or delete)할 수 있고 이때 ATC는 항공기가 발행된 SID 항로에서 가로 그리고 수직으로 다시 확립될 때까지 장애물 통과높이에 대한 책임을 갖는다.

(7) RNAV 출발의 사용에 대한 조종사 책임

RNAV 활용(usage)은 이를 실행함에 따라 다양한 복잡성이 초래될 수 있다. 이것은 전환하는데 필요한 관련 정보를 전파하고, 최근 그리고 잠재적 사용자(potential user)를 교육하기 위한 시간이 필요하다. NAS를 사용하고 있는 최근 조종사와 같이 주어진 RNP 환경에서 운용하기 위한 항공기 장비의 필수요건을 완전하게 이해해야 할 필요가 있다. 조종사는 항공기에 탑재된 항법 시스템의 종류를 확실하게 이해해야 하고, 모든 RNAV 필수요건을 준수하는 것을 보장하기 위해서 이들 시스템이 어떻게 작동하는지 확실하게 알아야 한다. 또한, AFM 또는 보충 간행물에 운용적 정보가 반드시 포함되어야 한다. 항공기 장비 성능을 완전하게 활용하기 위한 부가 정보는 훈련하는 방법을 포함해서 관련 장비의 항공전자 제작자가 제공하는 매뉴얼을 참고해야 한다. 만약 항공장비 시스템의 운용에 관해서 혹은 RNAV 필수요건에 따르기 위한 능력에 어떠한 의심이 있다면 Flight Standards District Office(FSDO)를 통해서 직접 FAA에 문의하라.

RNAV 출발절차는 모든 공항에서 RNAV 성능을 제공하기 위해서 빠르게 발달해 가고 있다. 매 차트 개정 주기(every chart revision cycle)와 함께 새로운 RNAV 출발은 대규모 공항뿐만 아니라 소규모 공항에도 추가되고 있다. 이들 출발은 전통적인 항법기반 출발(navigation-based departure)과 같이 동일한 방법으로 비행한다. 조종사에게 기수방위, 항법 웨이포인트, 그리고 출발 설명서(departure description)가 제공된다. RNAV SID는 전통적인 출발절차와 함께 TPP에 수록된다.

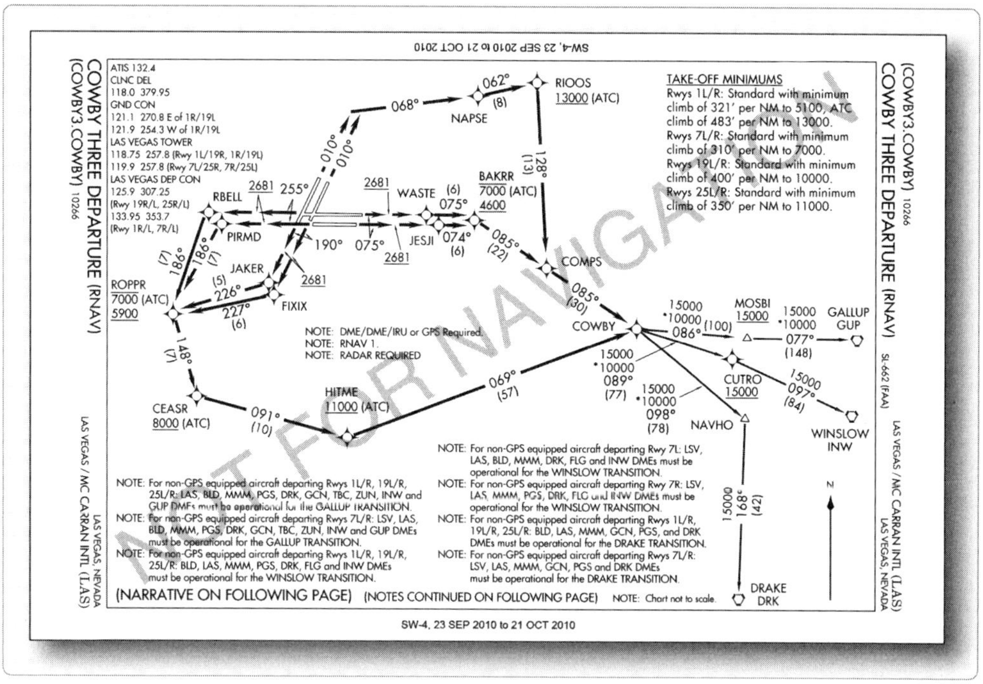

【그림1-33】 ATC 필수요건을 지원하기 위해서 지정된 통과고도는 옆에 (ATC)와 같이 주석이 표기된다.

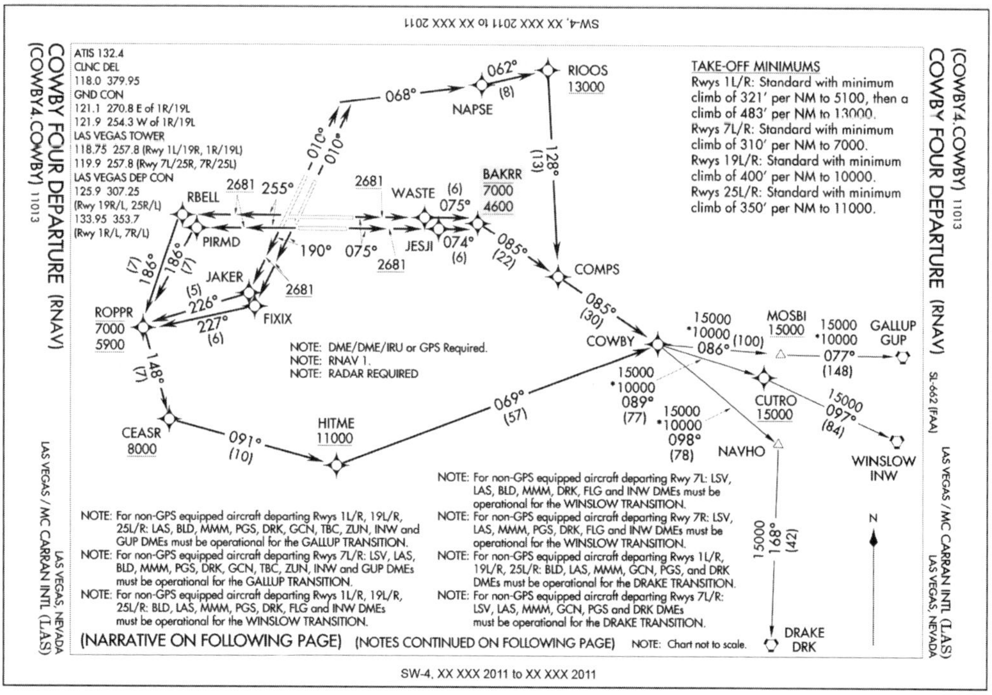

【그림1-34】 ATC 주석이 없는 새로운 도식 표준

1.5.2 레이더 출발

레이더 출발(radar departure)은 IFR 비행으로 공항을 출발하기 위한 또 다른 옵션(another option)이다. 조종사는 다음과 같은 상황에서 레이더 출발 서비스를 받아야 한다.

① 출발공항에 설정된 출발절차(established departure procedure)가 없을 때

② 출발절차에 따를 수 없을 때

③ 비행계획서의 비고란에 "No SID"를 요청했을 때

만약 당신이 이륙 후 레이더 벡터(radar vector)를 받고 있다면 ATC는 초기 출발 기수방위(initial departure heading)를 발령하게 될 것임을 예상하라. 그러나 특정 벡터 기수방위를 위한 목적으로 제공되는 것으로 예상하지 마라. 관제사는 비행경로를 알고 있고 조종사가 원하는 위치로 유도하게 되리라는 것을 확신하라. 본질적으로 레이더 출발은 일단 인가가 발령되었다면 비행에 관한 협조 책임은 관제탑 관제사(tower controller)로부터 인계 후 원하는 코스에 도달하고 "resume own navigation"을 허용할 때까지 조종사와 함께하게 될 출발 관제사(departure controller)를 포함한 ATC에게 있다.

레이더 출발은 모든 실무적 목적에서 활용하기 가장 쉬운 종류의 출발이다. 특히 가용한 출발절차가 없고 비행에 도움이 될 때 발행된 출발절차를 대체할 수 있는 양호한 수단이다. 그러나 레이더 유도를 받는 동안 조종사의 위치에 대한 정확한 인식을 유지해야 할 필요가 있다. 만약 어떠한 이유로 레이더 교신을 상실했다면 당신의 비행과정을 모니터하기 위해서 ATC에게 위치 보고를 제공해야 하는지 문의해야 한다. 또한, ATC는 기상 혹은 다른 항공교통으로 인해서 잠깐 코스에서 벗어나도록 유도한 후 "resume own navigation"을 지시하게 될 것이다.

조종사는 최초교신(initial contact)이 이루어진 후 항공기 명칭 혹은 편명(flight number), 현재 상승 중인 고도, 그리고 상승하고자 하는 고도를 서술해 주어야 한다. 관제사는 조종사가 보고한 고도와 트랜스폰더에서 전송된 것이 일치하는지 확인할 것이다. 만약 조종사가 보고한 고도와 일치하지 않거나(not match), 또는 항공기 트랜스폰더가 Mode C 성능이 없다면 조종사는 ATC를 위해서 당신의 위치와 고도를 계속해서 보고해 주어야 한다. ATC는 항공기가 단지 레이더에 포착되었을 뿐이기 때문에 관제사는 지형과 장애물 통과높이를 제공하지 않는다. 이것은 관제사가 레이더 벡터의 형식에서 항행유도(navigational guidance)를 제공하기 시작할 때까지 조종사의 책임이다. 일단 레이더 벡터가 제공되었다면 조종사는 부여된 기수방위와 고도에 즉각 따라야 한다는 것을 예상해야 한다. 만약 ATC가 부여한 기수방위와 고도가 당신의 생각에 부정확하거나 규정을 위반할 것으로 판단된다면 이를 즉시 ATC에 조언하고 수정 인가(revised clearance)를 받아야 한다.

(1) 다면벡터 구역

ATC는 특정 공항 주변에 최저벡터링고도(minimum vectoring altitude; MVA)를 설정할 수 있다. 지형과 장애물 통과높이를 기초로 한 이 고도(MVA)는 관제사에게 특정 위치와 주변에서(in and around a particular location) 항공기를 유도하기 위한 최저고도를 제공한다. 그러나 때

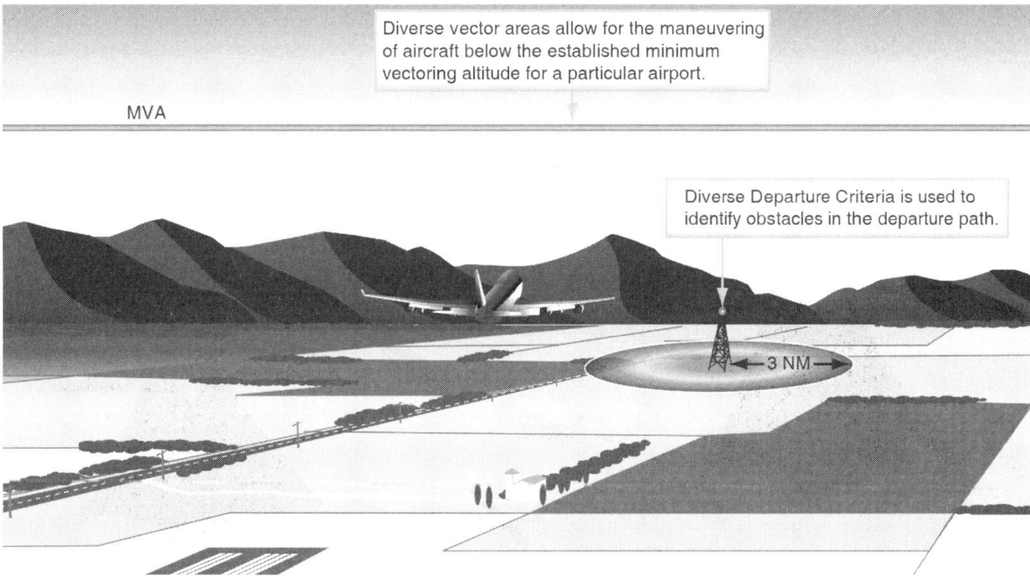

【그림1-35】 다면출발기준은 출발경로 선상에 있는 장애물을 식별하기 위해서 사용된다. DVA는 특정 공항에 설정된 최저벡터링고도(MVA) 아래에서 항공기의 기동을 허용한다.

로는 출발 항공기의 원활한 흐름을 보조하기 위해서 항공기를 이 고도 아래로 유도해야 할 필요가 있을 수 있다. 이를 위해서 공항은 다면벡터구역(diverse vector area; DVA)이 설정(*새로 만들어 정해 둠*)될 수 있다. DVA는 항공교통관제가 요구되는 레이더 환경에서 MVA 또는 최저 IFR 고도(MIA) 아래에 설정될 수 있다. 이 종류의 DP는 MVA/MIA 아래 랜덤 레이더 벡터(random radar vector)로 출발 중인 항공기에 발령될 수 있는 다면출발(diverse departure), 장애물과 지형 회피를 위한 TERPS 기준을 충족해야 한다.

DVA의 적용은 TPP의 “Takeoff Minimum and Obstacle Departure Procedures”에 표기되어 있다. 이륙 출발절차가 먼저 수록되고 다음에 적용할 수 있는 DVA가 표기된다. 조종사는 ATC가 DVA 안에서 표준 200 FPNM 이상의 상승경도를 활용하게 될 것을 알아야 한다. 이 정보는 항공기 성능에 대한 조종사 평가(pilot evaluation)를 위한 DVA 문자(text)에서 식별할 수 있다. 조종사는 DVA가 지정된 지상항적(specified ground track)을 따라가지 않는 출발을 위해서 평가되었지만 [그림1-35]와 같이 지정된 구역 안에 남아 있다는 것임을 확실하게 알아야 한다. 또한, ATC는 항공기를 이전에 부여된 DP에서 벗어나도록 유도할 수 있다. 이 모든 경우 출발이 더 높게 지정되지 않고, ATC가 장애물 통과높이를 제공하지 않는 한 관제사가 항행유도(navigational guidance; vectors)를 제공하기 시작할 때까지 최저 200 FPNM 상승경도를 가정해야 한다. 끝으로 조종사는 ATC 지시가 ODP에 우선한다는 것을 확실하게 이해해야 한다.

1.5.3 공항상공시각상승

공항상공시각상승(visual climb over airport; VCOA)은 [그림1-36]과 같이 계기출발 구간으로 진행하기 위해서 발행된 “Climb-to” 고도까지 공항 상공을 시계비행으로 상승선회할 수 있도

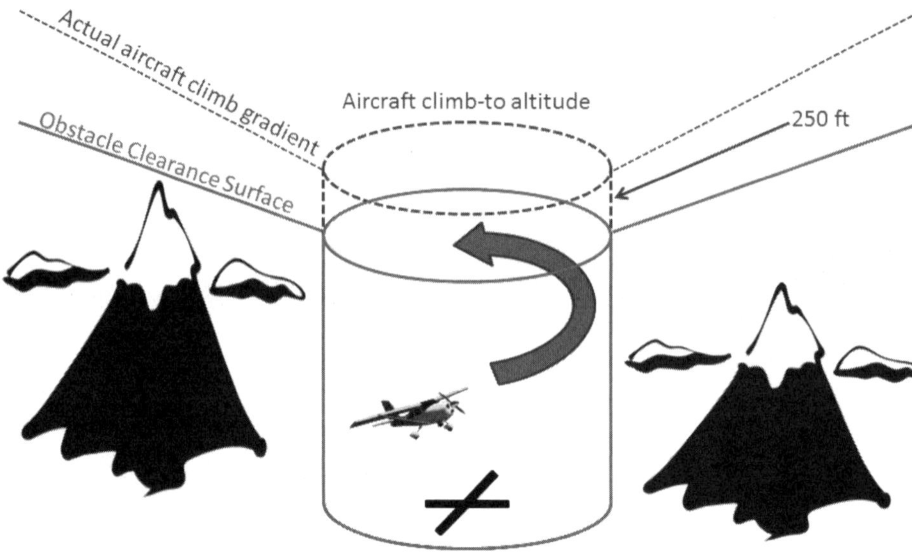

【그림1-36】 공항상공시각상승(VCOA)

록 지정된 시정과 실링(visibility and ceiling)이 VMC와 동등하거나 그 이상에서 운용하는 IFR 항공기를 위한 출발 옵션(departure option)이다. VCOA는 공항으로부터 3 SM 이상 멀리 있는 장애물이 200 FPNM 이상의 상승경도를 필요로 할 때 적용할 수 있는 출발 옵션이다. 이들 절차는 [그림1-37]과 같이 TPP의 "Take-Off Minimums and (Obstacle) Departure Procedures" 섹션에 발행된다. 출발 전 조종사는 VCOA를 실행하고 있을 때 ATC에게 통보해야 한다.

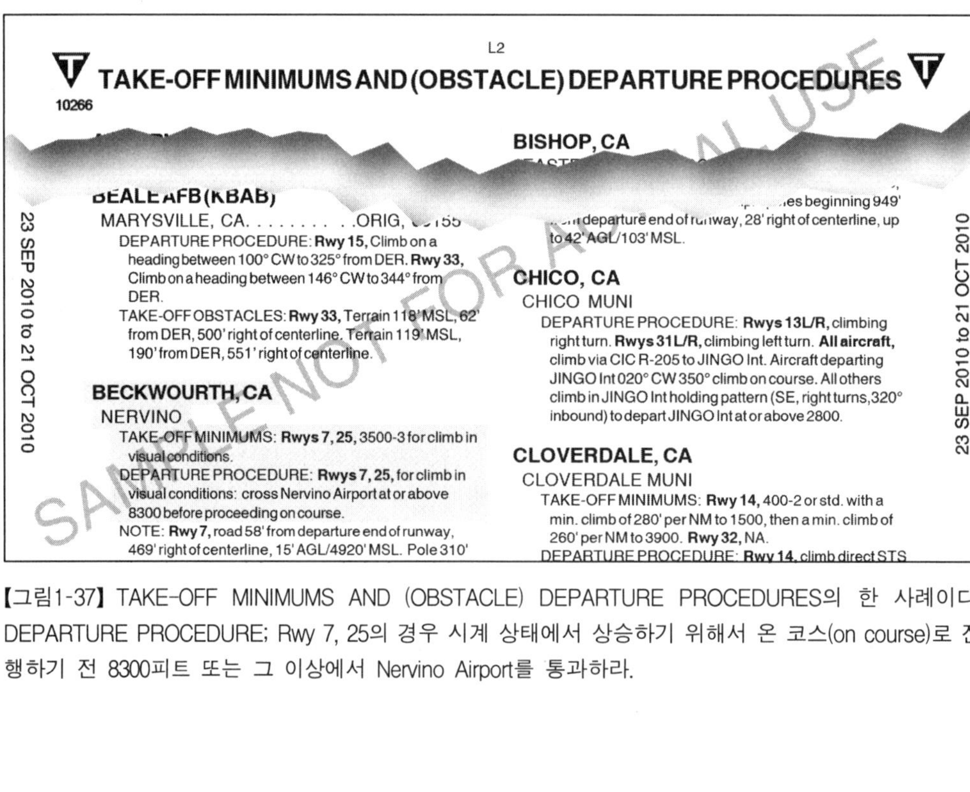
L2

TAKE-OFF MINIMUMS AND (OBSTACLE) DEPARTURE PROCEDURES

10266

23 SEP 2010 to 21 OCT 2010

BEALE AFB (KBAB)
MARYSVILLE, CA. . . . . .ORIG,
DEPARTURE PROCEDURE: **Rwy 15,** Climb on a heading between 100° CW to 325° from DER. **Rwy 33,** Climb on a heading between 146° CW to 344° from DER.
TAKE-OFF OBSTACLES: **Rwy 33,** Terrain 118' MSL, 62' from DER, 500' right of centerline. Terrain 119' MSL, 190' from DER, 551' right of centerline.

BECKWOURTH, CA
NERVINO
TAKE-OFF MINIMUMS: **Rwys 7, 25,** 3500-3 for climb in visual conditions.
DEPARTURE PROCEDURE: **Rwys 7, 25,** for climb in visual conditions: cross Nervino Airport at or above 8300 before proceeding on course.
NOTE: **Rwy 7,** road 58' from departure end of runway, 469' right of centerline, 15' AGL/4920' MSL. Pole 310'

BISHOP, CA
...es beginning 949' ...departure end of runway, 28' right of centerline, up to 42' AGL/103' MSL.

CHICO, CA
CHICO MUNI
DEPARTURE PROCEDURE: **Rwys 13L/R,** climbing right turn. **Rwys 31L/R,** climbing left turn. **All aircraft,** climb via CIC R-205 to JINGO Int. Aircraft departing JINGO Int 020° CW 350° climb on course. All others climb in JINGO Int holding pattern (SE, right turns, 320° inbound) to depart JINGO Int at or above 2800.

CLOVERDALE, CA
CLOVERDALE MUNI
TAKE-OFF MINIMUMS: **Rwy 14,** 400-2 or std. with a min. climb of 280' per NM to 1500, then a min. climb of 260' per NM to 3900. **Rwy 32,** NA.
DEPARTURE PROCEDURE: **Rwy 14,** climb direct STS

23 SEP 2010 to 21 OCT 2010

【그림1-37】 TAKE-OFF MINIMUMS AND (OBSTACLE) DEPARTURE PROCEDURES의 한 사례이다. DEPARTURE PROCEDURE; Rwy 7, 25의 경우 시계 상태에서 상승하기 위해서 온 코스(on course)로 진행하기 전 8300피트 또는 그 이상에서 Nervino Airport를 통과하라.

1.5.4 소음저감절차

항공산업이 꾸준히 성장하고 항공교통이 증가함에 따라 공항 주변 인구의 증가와 함께 산업 활동이 증가하고 있다. 대부분 국가에서 소음저감절차(noise abatement procedure)는 공통과제가 되었다. 14 CFR Part 150은 소음 적합성 프로그램(noise compatibility program)에서 공항 운용자의 권고를 조사하고 소음저감제안(noise abatement suggestion)을 승인 혹은 불승인할 수 있는 FAA의 책임을 규정하고 있다. 이것은 공항이 소음저감요건으로 인해서 과도하게(unduly inhibited) 규제되지 않도록 하고 항공교통 업무량과 효율성에 큰 영향을 주지 않도록 보장하는 중대한 단계(crucial step)이다.

지역사회(community)에서는 소음문제 전반을 고려해서 다루고 있지만, 대부분의 DP는 장애물 통과높이와 업무량 감소를 위해서 설계되고, 일부 SID는 오직 소음저감요건을 준수할 수 있도록 설계된다. [그림1-38]은 Portland International Jetport에서 SID는 DP에 주석이 있는 것과 같이 소음저감 목적을 위해서 엄격하게 설계된 공항의 사례이다. 전형적으로 소음제한(noise restriction)은 SID의 본문(main body)에 통합되어 발행된다. 이 종류의 제한은 더 높은 출발 고도, 더 큰 상승경도, 더 낮은 대기속도, 그리고 특정 구역을 회피하기 위한 선회가 필요하다. 또한, 레이더 출발 중 소음 제한은 더 확실해질 수 있다. ATC는 항공기를 당신이 원하는 코스(intended course)에서 멀어지게 선회하게 하거나 특정 구역을 피해서 비행할 수 있도록 유도할 수 있다. 이들 제한이 번거롭지(burdensome)만 ATC로부터 서면과 구두요청(written and spoken request)에 따르는 것이 당신의 의무라는 것을 기억하라.

이외에도 필요에 따라 출발 지시는 [그림1-38]의 경우와 같이 이륙 후 비행하게 될 실제 기수방위를 지정한다. 일부 현재 사용되고 있는 출발 비행로 설명서에 "...Climb via heading 112 degrees..."는 "Climb runway heading"으로 시시되었나. 이들 출발 지시 모두는 점차 "...Climb heading 112 degrees...로 읽을 수 있도록 수정될 것이다.

활주로 기수방위(runway heading)는 활주로 위에 그려져 있는 숫자가 아닌 활주로 연장 중앙선(공항도형에 도식된)과 일치하는 자방위(magnetic direction)이다. 예를 들어 "...fly or maintain runway heading..."을 지시받은 조종사는 출발 활주로의 중앙선과 일치하도록 발행된 기수방위로 비행하거나 유지해야 한다는 것(ATC가 다르게 지시할 때까지)을 예상해야 하고, 편류 수정(drift correction)을 적용해서는 안 된다. 예를 들어 RWY 11에서 활주로 중앙선의 실제 자기수방위는 112.2°이고 "fly heading 112 degrees"가 된다. 평행 출발(parallel departure)의 경우 어느 한 항공기가 바람 편류(wind drift)를 수정함으로써 발생할 수 있는 항공기 간 분리를 상실(loss of separation)하는 것을 방지한다.

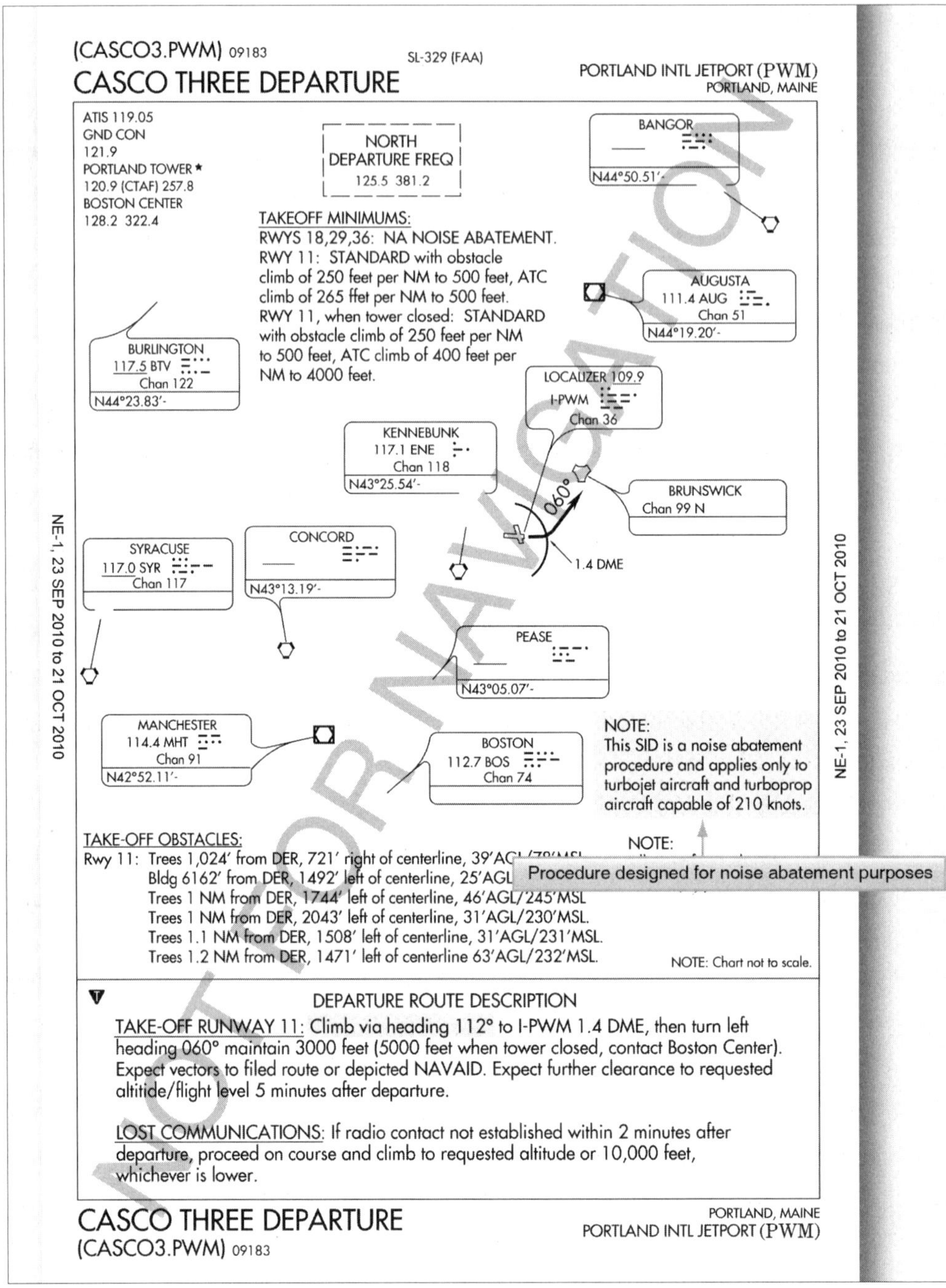

【그림1-38】 소음저감 SID(Noise abatement SID)의 사례이다. [NOTE]에는 이 SID는 소음저감 절차이고 터보제트(turbojet) 항공기와 210노트의 터보프롭(turboprop) 항공기에만 적용된다.

1.6 절차적 주석

비행계획을 수립하는 동안 중요한 고려사항은 각종 차트에 도식된 것과 같이 선택된 출발절차를 따라 비행할 수 있는지를 결정하는 것이다.

1.6.1 DP 책임

출발절차(DP)의 안전한 실행을 위한 책임은 ATC와 조종사 모두에 있다. ATC와 조종사 모두의 관심과 주의 없이 IFR 시스템은 적절한 조화를 이룰 수 없고 안전을 달성하는 것도 쉽지 않다. ATC는 모든 형식에서 수행하고자 하는 운용에 적절한 인가의 발령, 관제공역(controlled area)의 특정 구역을 위한 최저 IFR 고도(MIA) 이상의 IFR 비행을 위한 고도를 부여하고, 조종사가 인가 혹은 지시를 정확하게 이해했는지 확인하면서 지시를 정확하게 복창(read back)하는지 확인해야 할 책임이 있다. 특히 출발과 관련해서 ATC는 이륙 또는 초기 기수방위를 지정할 책임이 있고 필요하다면 절차가 국지 장주패턴(local traffic pattern), 지형, 장애물 통과높이, 그리고 조종사 동의(pilot compliance)를 받아야 한다면 ATC 인가의 부분으로 DP를 포함해서 조종사 협력(pilot concurrence)을 받아야 한다. 조종사는 ATC와 관련해서 단순하게 운용할 때 혹은 IFR 인가 하에서 출발절차(DP)를 이용할 때 다음과 같은 책임을 갖는다.

- ATC 인가를 수신했고 이해했음을 통보하라.
- "hold short" 지시가 포함된 인가의 부분은 복창하라.
- 인가를 명확하게 요청하라.
- 안전 측면에서 인가를 받아들일 수 없다면 수정 인가를 요청하라.
- ATC 요청에 즉각 실행하라. 인가에 따를 수 없다면 ATC에게 즉시 통보하라.
- 전체 엔진 작동 상승경도와 상승률에 따를 수 없다면 ATC와 교신해야 한다. 또한, 표준 혹은 비표준 DP 중 어느 하나에 표기된 상승경도를 유지할 수 있을 것으로 예상해야 한다. 만약 표준 상승경도 또는 ODP에 지정된 상승경도를 유지할 수 없다면 VMC로 출발할 수 있을 때까지 대기해야 한다.

출발을 계획할 때 조종사는

- 공항 주변에 있는 지형과 장애물의 종류를 고려하라.
- 장애물 통과높이를 시각적으로 유지할 수 있는지, 또는 이들이 DP의 활용에 필요한지 결정하라.
- ODP 또는 SID가 출발공항을 위해서 가용하는지 결정하라.
- 어떠한 종류의 DP도 없는 공항을 안전하게 출발하기 위해서 어떤 행동이 필요한지 결정하라.

절차에 발행된 것과 같은 전체 DP를 단순하게 따르는 것만으로도 장애물 통과높이를 보장받을 수 있다. 조종사가 적용하는 출발 종류에 따라 지형 통과높이와 교통 분리의 책임은 조종사와 관제사가 공유할 수 있다.

1.6.2 관제탑 관제공항으로부터 출발

관제탑-관제공항으로부터 출발(departures from tower-controlled airport)은 관제탑이 없는 공항으로부터 출발하는 것과 비교해서 상대적으로 단순하다. 일반적으로 조종사는 지상관제소(ground control) 또는 인가전달소(clearance delivery)를 통해서 IFR 인가를 요청할 수 있다. 이들 관제사의 주파수는 Chart Supplement를 포함해서 출발, 접근, 그리고 공항 차트에 수록되어 있다. 일부 공항에서는 활주 전 인가(pre-taxi clearance)를 받을 수 있다. 이 프로그램은 활주를 시작하기 전 10분 이내에 지상관제소 또는 인간전달소를 호출하여 IFR 인가를 받을 수 있도록 허용하고 있다. 조종사가 운항관리사(dispatcher) 또는 데이터링크 통신 서비스 제공자(data link communications service provider; 예, ARINC)로부터 데이터링크(data link)를 경유해서 인가를 받을 수 있도록 허용하는 출발 전 인가(pre-departure clearance; PDC)는 Part 121과 Part 135 운송업자에게 가용하다. 인가는 운항관리사에게 제공되고, 이것은 인가전달소를 거치지 않고 승무원에게 중계함으로써 주파수 혼잡(frequency congestion)을 감소시킨다. 일단 인가를 받았다면 인가에 주어진 것과 같이 따라야 하고, 만약 인가에 따를 수 없다면 이를 ATC에게 통보하는 것은 조종사의 책임이다. 만약 인가를 이해하지 못했거나, 또는 인가의 부분이 빠졌다고 생각된다면 이를 확인하기 위해서 즉시 ATC에게 문의해야 한다.

1.6.3 관제탑이 없는 공항에서 출발

미국 내에서는 관제탑의 도움 없이 안전하게 운용되고 있는 수많은 관제탑이 없는 공항들이 있다. IFR 출발에서 관제탑은 확실한 도움이 되지만 대부분의 다른 출발은 약간의 어려움이 있을 수 있다. 어느 경우라도 최소한 30분 전에 비행계획서를 제출해야 한다. 조종사는 비행계획을 수립하는 단계에서 출발공항으로부터 계기비행 인가를 어떻게 받아야 하는지를 확인해야 한다. 조종사는 지상에서 전화를 이용해서 AFSS와 교신할 수 있고, 때로는 ATC로부터 당신의 인가를 요청할 수 있다. 이 방식으로 인가가 제공될 때 인가에는 무효시간(void time)이 포함된다. 조종사는 인가무효시간(clearance void time) 전에 공항을 출발해야 한다. 만약 출발하지 못했다면 최초 무효시간의 30분 이내에 ATC와 교신해야 한다. 인가무효시간 후 IFR 시스템 내에서 당신의 예약된 공간(your reserved space)은 다른 항공기에 부여된다.

관제탑이 없는 공항(uncontrolled airport)에서 인가를 받을 수 있는 여러 방법이 있다. 만약 AFSS 또는 ATC와 무선(by radio)으로 교신할 수 있다면 조종사는 출발 인가를 요청할 수 있다. 그러나 이들 주파수는 통상 혼잡(congested)하므로 무선을 통해서 인가를 제공하지 못할 수 있다. 또한, 주변에 원격무선송신소(remote communication outlet; RCO)가 있다면 AFSS와 교신하기 위해서 RCO를 활용할 수 있다. 일부 공항은 ATC를 대신해서 ATC로부터 당신의 인가를 대행할 수 있는 권한을 갖는(licensed) UNICOM 운용자가 있다. 또한, 만약 조건이 허용된다면 VFR로 공항을 출발하고 공중에서 당신의 인가를 요청하기 위해서 관제기관과 교신할 수 있다. 이외에도 기술이 향상됨에 따라 관제탑이 없는 공항에서 인가를 전달하는 새로운 방법들이 개발되고 있다.

1.6.4 지상통신소

지상통신소(ground communication outlet; GCO)는 초단파(VHF) 무선을 경유해서 ATC 또는 AFSS와 교신할 수 있는 능력을 갖춘 관제탑이 없는 공항에 출입하는 조종사에게 전화 연결을 제공하기 위해서 개발되었다. 조종사는 GCO를 경유해서 계기비행 인가를 얻거나 VFR/IFR 비행계획서를 종결(closed)시킬 수 있다. 조종사는 가장 가까운 ATC 시설과 교신하기 위해서 VHF 무선 키를 4회 클릭하고, 지역 AFSS와 교신하기 위해서 무선 키를 6회 클릭하면 된다. 그러나 이것은 오직 지상 운용 도구로써만 사용하려는 의도로 개발되었다는 점에 유의하라. GCO는 설치비용이 저렴하고 운용이 단순하여 운용자가 없는(unstaffed) 지상-지상 원격 통신시설(ground-ground remote communication facility)이다. 이 종류의 통신은 계기 공항을 위해서 계획된다.

GCO는 ARINC와 AVTECH을 포함한 여러 사업자가 참여하기 때문에 운용 특성이 다를 수 있지만, 기본적으로 동일한 목적을 달성할 수 있는 능력을 갖추고 있다. 이 중 최신 기술은 관제탑이 없는 공항으로부터 IFR 출발할 때 관련 기관(appropriate authorities)과 통신에서 매우 신뢰할 수 있는 유용한 도구(incredibly useful tool)임이 입증되었다. GCO는 ATC를 호출하기 위한 전화사용의 필요성 그리고 무선교신을 달성하기 위해서 한계적 상태(marginal conditions) 속으로 출발해야 하는 필요성을 완화하는 데 도움이 된다. GCO 정보는 다른 통신 주파수와 함께 공항 차트와 계기접근차트에 수록되어 있다. 또한, 주파수와 해당 페이지를 알려주기 위해서 공항에 부호가 사용될 수 있다.

1.6.5 보고-회피 기술

조종사는 기상상태가 허락한다면 다른 항공기, 지형, 그리고 다른 장애물을 회피하기 위해서 "보고-회피" 기술(see and avoid)을 적용해야 한다. 출발 중 장애물을 회피하기 위해서 이륙 최저치는 비표준 실링과 시정 최저치를 포함할 수 있다. 이것이 조종사에게 부여되었을 때 설정된 상승경도에 충족함이 없이 공항을 출발할 수 있지만, 출발경로에서 장애물을 보고-회피할 수 있어야 한다. 이 상황에서 ATC는 업무량이 허용하는 범위에서 관제공역 외부에 있는 레이더 식별 항공기(radar-identified aircraft)를 위한 레이더 교통정보를 제공하고, 장애물 또는 다른 항공기에 불안전하게 근접(unsafe proximity)하고 있는 조종사에게 안전 경고(safety alert)를 제공한다.

1.6.6 VFR 출발

비행 후반에 조우하게 될 기상으로 인해서 또는 단순하게 IFR 비행의 이점을 활용하기 위해서 IFR 비행계획으로 비행해야 할 필요가 있을 수 있지만, 외부 기상이 명백하게 VFR 상황이 될 수 있다. 이때 조종사는 VFR로 출발할 수 있고 공항을 출발한 후 얼마 가지 않아(shortly) IFR 인가를 얻어야 할 필요가 있을 수 있다. VFR 출발은 IFR 시스템에서 타임 슬롯(time slot; *비행일정표*)을 기다릴 필요 없이 당신을 지상에서 이륙하도록 허용하는 수단으로 사용할 수 있지만,

공중에서 IFR 인가를 받으려는 의도로 VFR로 출발하는 것은 위험한 대가를 치를 수 있다.

VFR 출발은 조종사와 ATC의 이륙 책임을 극적으로 바꾸어 놓는다. VFR 출발을 위해서 인가를 받자마자 조종사에게 출발이 인가되지만, 이 경우 조종사는 자신과 다른 항공기 사이에 분리를 유지해야 하는 책임을 갖는다. 또한, 조종사는 VFR 기상상태에 남아 있어야 함은 물론이고 지형과 장애물 통과높이를 유지해야 하는 책임을 갖는다. 조종사는 처음부터 IFR 인가를 받지 않고 IMC에서 비행할 수 없다. 이와 같은 VFR 출발은 ATC의 의무를 완화(relieves)하고 이들은 기본적으로 오직 자신들의 업무가 허용하는 범위 내에서 안전경고만 제공한다. 조종사는 IFR 인가를 얻고 당신의 인가에 관해서 코스에 진입하기 위한 ATC 승인을 받을 때까지 VFR을 유지해야 한다. 만약 이 인가를 받았고 이 공역에서 운용을 위한 최저 IFR 고도(MIA) 아래에 있다면 조종사는 그 고도에 도달할 때까지 지형 혹은 장애물 통과높이(obstruction clearance)를 유지해야 하는 책임을 갖는다.

제2장 순항항로절차

2.1 개 요

순항항로 비행단계(en route phase of flight)는 출발절차의 종료 시점에서 도착절차(arrival procedure)의 시작 지점까지 비행구간(segment of flight)이다. 이 비행단계에 적용되는 절차는 TERPS, 그리고 관련 간행물과 같은 특정 세트의 비행 표준에서 다루고 있다. 이들 표준은 비행하고자 하는 코스, 장애물 통과높이 기준, 최저고도, 항법 성능, 그리고 통신 필수요건 등을 규정하고 있다.

2.2 순항항로 항법

순항항로(en route) IFR 항법은 지상기반 NAVAID 항공로 시스템(away system)으로부터 대부분의 비행에서 필요로 하는 요건에 적합한 코스를 생성할 수 있는 정밀한 위성과 컴퓨터 기반 시스템(sophisticated satellite and computer-based system)으로 발전하고 있다. GNSS(Global Navigation Satellite System)는 순항항로 항법을 포함하여 전체 비행단계에서 성능기반운용(performance-based operation)을 할 수 있는 위성기반(satellite-based) 위치결정(positioning), 항법(navigation), 그리고 시간(timing) 정보를 제공한다. ATC가 다르게 승인하지 않는 한 관제공역 안에서 IFR로 운항하는 조종사는 항공로(airway)에 있을 때 중앙선을 따라서 비행하거나, 또는 항공로 외의 비행로에서는 NAVAIDs 사이 또는 항로로 지정된 픽스(fixes)들 사이 직선코스(direct course)를 따라 비행해야 한다. 만약 VMC라면 규정에 따라 다른 항공기로부터 충분히 떨어져 비행하거나 상승 또는 강하 전 그리고 모든 기동 중 장애물이 없는 비행경로에서 기동해야 한다.

2.2.1 항공로

항공로 배정(airway routing)은 [그림2-1, 컬러]과 같이 항공로(airway)라고 하는 기결정된 비행경로를 따라 설정된다. 항공로는 항공기를 위한 3차원 고속도로(three-dimensional highway)라고 할 수 있다. 대부분 항공기는 출발과 목적지 공항(destination airport) 사이에 개설된 항공로를 따라 비행한다. 항공로 배정을 관리하고 운용하는 규칙으로 SID와 STAR는 항공로에 진입하고 이탈하기(entering and leaving) 위한 고도, 대기속도, 그리고 필수요건 등을 다루는 비행절차를 발행한다. 대부분 항공로의 폭은 8 NM(14 km)이고, 비행고도(airway FL)는 VFR에서 운항 중일 때 항공기로부터 위와 아래로 최소한 500피트 수직분리(vertical separation)가 유지되어야 한다. IFR에서 운항 중일 때 지표면과 FL 290 사이에 수직으로 1,000피트 이내에 항공기가 없어야 한다. FL 290 이상 고도에서는 수직분리가 1,000피트로 감소하는 수직분리축소최저치(Reduced Vertical Separation Minimum; RVSM)가 적용되고 있는 공역을 제외하고 수직으로 2,000피트 이내에 항공기가 없어야 한다.

- VFR; 500피트 수직분리
- IFR; 1,000피트 수직분리(지표면~FL 290 또는 RVSM)
  2,000피트 수직분리(FL 290)

일반적으로 항공로는 한 항공로에서 다른 항공로로 변경되는 지점으로 통상 NAVAID의 교차점(intersection)을 활용한다. 항공로 명칭은 1개 혹은 그 이상의 문자와 1개 혹은 그 이상의 숫자(예, V123, UA456)로 조합된다. 국가공역체계(national airspace system; NAS)의 순항항로 공역 구조는 3개의 층으로 구성된다.

첫 번째 층은 저고도 항공로(first stratum low altitude airways)라 하고 NAVAID를 이용해서 항행한다. 이를 [그림2-1, 컬러]과 같이 Vector Airway라 하고 V123과 같이 표기한다. 이들은 대략 지표면 상공 1,200피트(AGL)부터 18,000피트(MSL; 포함하지 않음)까지 고도를 포함한다. 두 번째 층은 [그림2-1, 컬러]과 같이 고고도 항공로(high altitude airways)는 모두 J-문자(J123)로 시작되고 제트항로(Jet Routes)라 한다. J-Routes는 18,000피트부터 45,000피트 고도를 포함한다. 세 번째 층은 FL 450 이상 고도에서는 랜덤운용(random operation)을 허용한다. 저고도와 고고도 항공로 구조를 분리하고 있는 고도는 국가마다 다를 수 있다. 예를 들어 스위스의 경우 19,500피트이고, 이집트에서는 25,000피트를 적용하고 있다.

2.2.2 항로교통관제소

항로교통관제소(air route traffic control center; ARTCC)는 관제공역 내에서 순항항로 비행단계 중 IFR 비행계획으로 운항하는 조종사에게 항공교통관제(ATC)를 제공하기 위해서 설립된 시설이다. 이를 통상 센터(Center)라 한다. 또한 센터(Center)는 장비 성능과 관제사의 업무량이 허용하는 범위에서 VFR 항공기에 특정 조언 혹은 조력(advisory and assistance) 업무가 제공될 수 있다. 일반적으로 ARTCCs는 관제공역 내에서 주로 순항항로 비행단계에 있는 항공기에 항공교통관제 업무를 제공한다. 미국 내에서 [그림2-2]와 같이 21개소의 ARTCC가 있다.

ARTCC가 관장하고 있는 공역에서 IFR로 운항하는 모든 항공기는 센터 관제사의 관제를 받는다. 이것은 자가용 단발 항공기, 커뮤터 항공기, 군 제트 항공기, 운송용 항공기 등 모든 종류의 항공기가 포함된다. NAS의 가장 큰 구성 기관은 ARTCC이다. 각 ARTCC는 수천 제곱마일을 담당한다. ARTCC는 안전하고 신속한(safe an expeditious) 항공교통을 보장하기 위해서 설

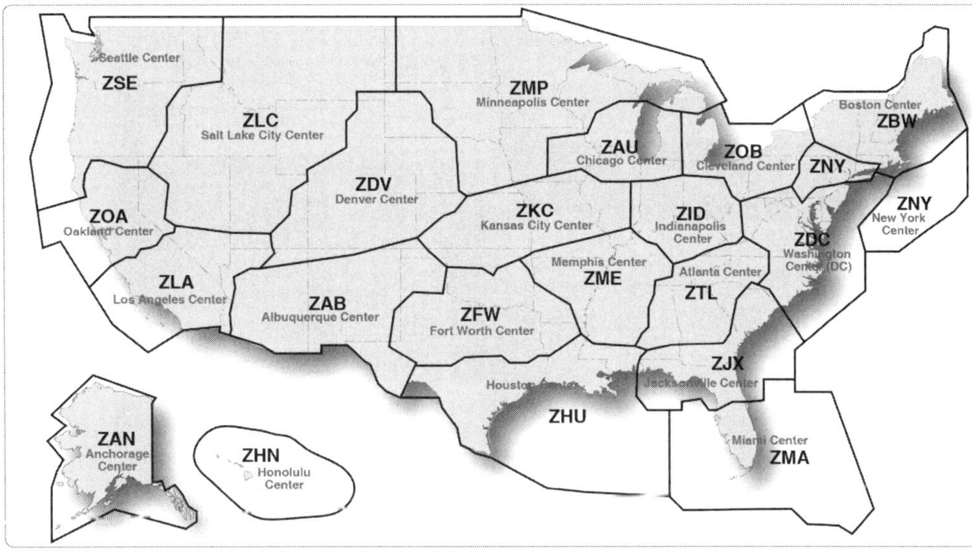

【그림2-2】 ARTCC or Center의 관장구역

립되었다. 모든 센터는 일주일 7일, 하루 24시간 ATC 전문가, 전자 기술자, 컴퓨터 시스템 전문가, 환경 지원 전문가, 그리고 행정 요원(administrative staff) 등 수백 명이 근무한다.

2.2.3 안전 분리 표준

항공기를 관제하고 있는 주요 수단은 정교하게 컴퓨터화된(sophisticated computerized) 레이더 시스템을 이용해서 이루어진다. 이외에도 관제사는 관장구역(*일을 맡아서 주관하는 구역*) 내에서 항공기와 쌍방향통신(two-way communication)을 유지한다. 관제사는 이 방법으로 항공기를 다음과 같은 기준(criteria)에 따라 분리되도록 한다.

- 가로; 5마일
- 수직; 1,000피트(FL 290 아래, 또는 FL 290~FL 410 사이 고도에서 RVSM이 적용될 때)
  2,000피트(FL 290 이상)

관제사는 관제하고 있는 항공기의 조종사에게 지시하여 이 분리를 달성하도록 한다. 고도할당(assignments), 속도조절(speed adjustments), 그리고 레이더 벡터(radar vector)는 이 같은 목적으로 항공기에 지시되는 사례이다.

순항항로 관제는 [그림2-3]과 같은 비행진행기록지(flight progress strips)를 사용해서 항공기 위치를 정확하게 추적하고 처리하고 있다. 이들 기록지(*어떠한 사실을 적어 놓은 종이*)는 조종사의 비행계획서에서 발췌한 것으로 해당 항공기의 비행에 관한 정보가 기록되어 있는 인쇄용지(printed paper)이다. 이들 기록지는 항공기가 각 센터의 섹터에 도착하기 20분 전에 인쇄되어 준비된다. 비행진행기록지는 해당 항공기를 관제하는데 필요한 모든 정보를 관제사에게 제공한다. 만약 섹터로 접근 중인 각 항공기의 비행진행기록지가 정확하게 정렬되어 있다면 항공기가

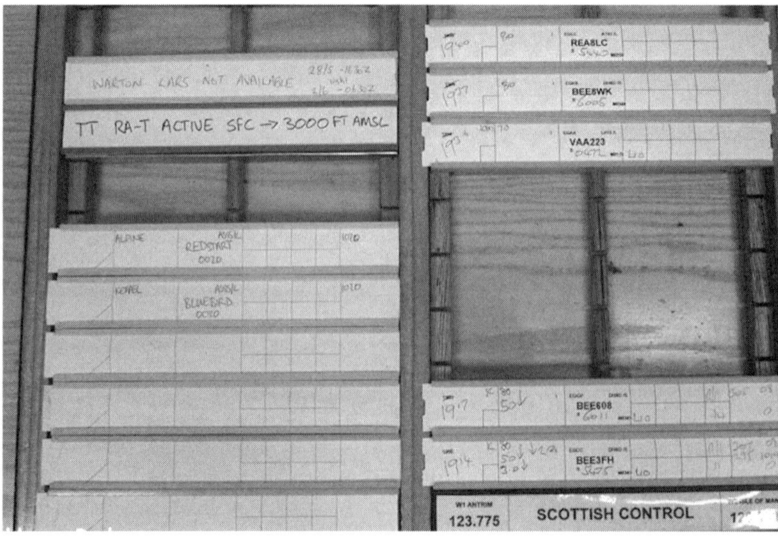

【그림2-3】 비행진행기록지

센터 관제사의 디스플레이에 확실하게 보이기 전 멀리에서부터 잠재적 충돌(potential conflicts) 가능성을 판단할 수 있다. 이 방식은 레이더 포착범위를 벗어난 지역에서 항공기를 분리하기 위한 유일한 수단(sole means)이다.

조종사가 자신의 위치를 보고한 지점부터 각 순항항로 지점을 위한 기록지는 항공교통관제사의 앞에 있는 슬롯티드 보드(slotted board)에 붙여 놓는다. 관제사는 이를 이용해서 기종, 조종사 식별(에어라인, 비즈니스, 자가용, 또는 군 조종사), 항공기 등록번호와 편명, 비행로(route of flight), 대기속도, 고도, 항공로 명칭(airway designation), 그리고 목적지 도착예정시간(ETA)과 같은 중요한 데이터(vital data)를 한눈에 볼 수 있다. 조종사가 기결정된 지점에서 항공기의 위치와 시간을 보고함에 따라 기록지는 이들 슬롯(slots)에서 빼내 보관함에 철(filed)해진다. 최초 비행계획으로부터 변경이 불가피할 때 수정인가에 따라 비행이 계속됨에 따라 기록지에 계속 기록된다. 따라서 관제사는 비행진행기록지의 신속한 검토를 통해서 전체 비행상황을 판단할 수 있고 충돌 가능성을 피할 수 있다. 센터에는 대략 350명의 관제사가 근무한다. 이들 대부분은 유자격자 전문가이고 일부는 현장직무교육(on-the job training; OJT) 관제사들로 구성되어 있다.

(1) 섹 터

센터(Center)가 관제하는 공역을 쉽게 관리할 수 있도록 더 작은 행정구역으로 세분된 공역을 섹터(sectors)라 한다. 일부 섹터는 지상으로부터 확장되지만, 대부분의 섹터는 다양한 종류의 항공기를 수용할 수 있도록 여러 층으로 이루어진다. 각 섹터는 관련 관제사 그룹이 배당되고 조종사와 교신하기 위해서 사용할 수 있는 독립 주파수(discrete frequency)가 할당된다. 관제사는 항공기가 한 섹터에서 다른 섹터로 이동함에 따라 다음 섹터에서 사용하게 될 주파수로 변경할 것을 지시한다. 또한, 각 섹터는 인접 섹터, 접근관제소, ARTCC, FSS, 그리고 군 항공관제기관과 확실한 유선통신망(secure landline communication)을 갖추고 있다. 예를 들어 Fort

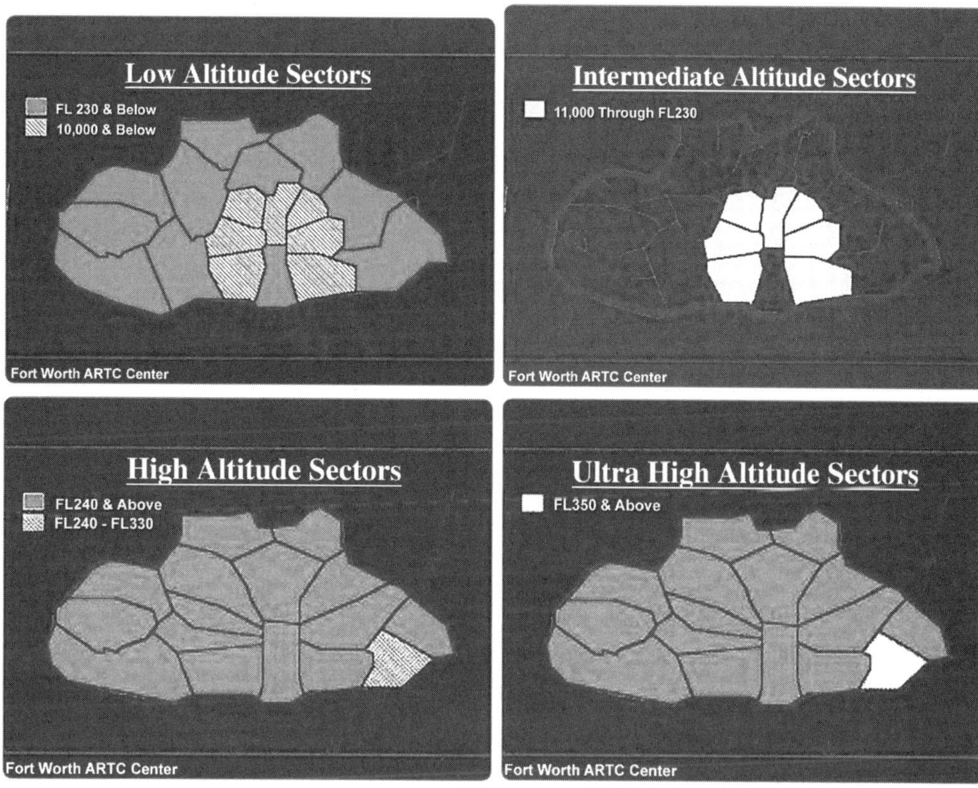

【그림2-4】 Low Altitude Sector, Intermediate Sector, High Altitude Sector, Ultra High altitude Sector

Worth, Texas에 있는 ARTCC는 [그림2-4]와 같이 범주화된 섹터로 세분된다.

- 18개의 저고도(low altitude) 섹터
- 7개의 중간고도(intermediate altitude) 섹터
- 16개의 고고도(high altitude) 섹터
- 1개의 초고고도(ultra high altitude) 섹터

항공 교통량에 따라 한 섹터에 통상 1명에서부터 3명의 관제사가 근무한다. 각 관제사는 전문화된 구역 내의 위치에서 근무하도록 할당된다. 관제사는 자신의 담당하에 있는 관제탑과 FSS를 포함해서 주변 섹터 그리고 센터(sounding sectors and Centers)와 함께 조종사와 직접 교신(direct communication)할 수 있다. 각 관제 위치(control position)는 항공기 비행계획 데이터(flight plan data)를 위한 컴퓨터 입력과 리드아웃(computer input and readout; *입력 파일로부터 하나의 기록을 읽어 들이는 것 혹은 기억 장치 또는 기억 소자로부터 기억된 정보를 읽어 내는 것*) 장비를 갖추고 있다.

센터 관제사(Center controllers)는 그들의 섹터를 통과 비행하고 있는 모든 항공기의 안전분리거리(safety separation distance)를 유지하는데 관제사에게 도움이 될 수 있는 중요한 정보를 제공하는 컴퓨터 소프트웨어 프로그램과 같은 결심지원도구(decision support tool)를 갖

추고 있다. 예를 들어 관제사에게 가용한 도구로서 [그림2-5, 컬러]와 같이 벡터 라인(vector line)이라고 하는 도구는 레이더 스크린에 어느 한 항공기의 확장된 비행로(extended route)를 볼 수 있도록 허용하고 있다. 이 라인은 해당 항공기가 코스를 변경하지 않았을 때 수 분 이내에 있을 수 있는 항공기 위치를 투사해서 보여준다. 이것은 항공기가 분리 표준(separation standard) 안에서 안전하게 교차하고 있는 비행로를 통과하고 있는지, 또는 이들이 서로 충돌할 수 있는 코스에 있지 않은지를 판단할 수 있는 유용한 도구이다. 관제사는 벡터 라인 외에도 자신의 레이더 스크린에 있는 항공기를 위한 항로 라인(route line)을 보여 줄 수 있다. 이것은 관제사에게 특정 항공기가 수 분 이내에 비행하게 될 경로, 그리고 항공기가 도착하기 위해서 비행하게 될 경로를 보여준다. 이 같은 결심지원도구는 각 관제사가 비행경로를 미리 볼 수 있으므로 충돌을 피하는 데 도움이 된다.

(2) 비행 중 필수요건과 지시

관제공역에서 IFR로 운항 중인 모든 항공기 기장(PIC)은 적절한 센터 혹은 관제소 주파수를 계속 청취해야 한다. 이륙 후 상승 중일 때 IFR 비행은 레이더를 갖추고 있는 지역 출발관제소(radar-equipped local departure control), 또는 일부 지역에서는 ARTCC 시설과 교신해야 한다. 조종사는 비행이 순항항로 단계로 진입함에 따라 통상 출발관제소(departure control)에서 센터 주파수로 인계(hand-off)를 예상해야 한다.

항공정보시스템(AIS)은 [그림2-6, 컬러]과 같이 센터와 섹터 주파수가 표기된 순항항로 차트를 발행한다. 한 센터에서 다른 센터로 인계 중 이전 관제사는 새로운 주파수를 부여한다. 항공기가 통달범위를 벗어났을 때 차트 전면(face of the chart)에 있는 센터 주파수는 큰 도움이 된다. [그림2-6]과 같이 해당 ARTCC와 교신하기 위한 Memphis, Tennessee, 그리고 Atlanta, Georgia Centers와 독립 VHF와 UHF의 원격통신소(RCO) 사이의 경계를 나타내고 있다. 이들 센터 주파수 박스(Center frequency box)는 항공기의 통달범위 내에서 가장 가까이 있는 주파수를 찾는데 사용할 수 있다. 또한, 이들은 인가를 위한 센터와 최초교신(initial contact)을 하는데 사용할 수 있다. 비록 주파수 박스가 잘 알고 있는 위치에 가까이 있을지라도 센터 송신소를 위한 정확한 장소는 표기되지 않는다. 순항항로 비행단계 중 비행이 한 센터 시설에서 다음 센터로 이동함에 따라 관제권 역시 다음 섹터 관제사에게 넘어간다. 인계 절차(hand-off procedure)는 출발 혹은 접근관제소와 같이 다른 레이더 시설들 사이에서 인계하는 절차와 유사하다. 관제권 인계는 현재 항공기를 관제하고 있는 공역 관제사가 인계하고자 하는 다음 시설의 명칭, 주파수, 그리고 기타 적절한 관련 사항을 포함해서 지시한다.

관제사로부터 레이더 벡터를 받는 것(accepting radar vectors)이 비행안전을 위한 조종사의 책임을 완화하는 것은 아니다. 조종사는 안전 고도와 함께 지정된 항적을 유지해야 하고, 어떠한 의심이 있을 때 관제사에게 문의하는 것 그리고 수정인가(amended clearance)를 요청하는 것, 그리고 비상상황에서 비행안전(safety of flight)에 문제가 있다고 판단될 때 관제사 지시를 위반(deviate from)하는 것 등은 모두 조종사의 책임(obligation)이다.

상승 중 그리고 모든 다른 비행단계 중 정확한 고도와 위치 항적(track)을 유지하는 것은 상황인식(situational awareness; SA)의 기본 요소이다. 개량지상근접경고장치(enhanced ground proximity warning system; EGPWS), 지형인식과 경고장치(terrain awareness and warning system; TAWS), 또는 교통경고와 충돌회피장치(traffic alert and collision avoidance system; TCAS)는 조종사가 다른 항공기 혹은 지형에 잠재적 불안전 근접(unsafe proximities)을 조기에 탐지하고 경고하는 데 도움이 될 뿐만 아니라 조종사의 상황인식을 향상시킨다. 조종사는 장비의 종류와 관계없이 주변에 있는 지형 위치와 다른 항공기 위치에 관해서 전 시간 상황인식을 유지하고 있어야 한다.

2.2.4 고고도 지역항법 비행로

특별 고고도 항로는 조종사에게 초기 고고도 항로배정(high altitude routing; HAR) Phase I 확장 공역(expansion airspace) 안에서 비행하도록 하기 위한 항로배정의 옵션을 허용한다. 조종사는 HAR 공역에서 피치(pitch; entry into)와 캐치(catch; exit out of) 픽스로 기술된 특정 픽스들 사이에 비제한적 항로배정(non-restrictive routing; NRR)이라고 하는 사용자-우선 항로(user-preferred route)로 비행할 수 있다. 피치 포인트(pitch point)는 출발절차, 우선 IFR 항로배정(preferred IFR routing), 또는 비행이 NRR 구간에서 시작될 수 있는 다른 설정된 항로배정 프로그램의 종점을 나타낸다. 캐치 포인트(catch point)는 비행이 NRR 구간에서 종료되고 설정된 도착절차, 우선 IFR 항로배정, 또는 다른 확립된 항로배정 프로그램으로 연결되는 지점을 나타낸다.

HAR Phase I 확장 공역은 서부와 남부 14개 ARTCCs에 있는 FL 350 그리고 그 이상 공역으로 지정된다. 이 공역은 Minneapolis (ZMP), Chicago (ZAU), Kansas City (ZKC), Denver (ZDV), Salt Lake City (ZLC), Oakland (ZOA), Seattle Centers (ZSE), Los Angeles (ZLA), Albuquerque (ZAB), Fort Worth (ZFW), Memphis (ZME), and Houston (ZHU)이 포함된다. Jacksonville (ZJX) and Miami (ZMA)는 동-서 항로에만 포함된다.

비행계획을 수립할 때 당신이 원하는 항로를 기초로 Chart Supplement에서 찾을 수 있는 HAR Phase I 공역을 가로지르는 피치와 캐치 포인트를 선정한다. 비행계획에 피치 포인트와 캐치 포인트를 제출하기 위한 필수요건(filing requirement)은 최근 절차와 변함이 없다. 또한, 피치와 캐치 포인트 사이 비행로 구간을 선정하는 데 NRR이 허용된다. 특정 공항을 위한 피치 포인트가 식별되지 않았을 때 항공기는 적절한 출발절차(DP), 또는 그들 항로배정의 NRR 구간 전 다른 사용자 우선(preferred) 항로배정을 제출해야 한다. 특정 공항을 위한 캐치 포인트가 식별되지 않았을 때 항공기는 그들 항로배정의 NRR 구간 후 목적지까지 적절한 도착절차 또는 다른 사용자 우선 항로배정을 제출(file)해야 한다.

이외에도 특별사용공역과 항공교통관제할당공역(Air Traffic Control Assigned Airspace; ATCAA)의 위치와 스케줄에 관한 정보를 해당 사이트에서 찾아볼 수 있다. ATCAA는 군과 다른 특별 운용을 지원하기 위한 고고도 구조(hight altitude structure)에 있는 공역이다. 조종사는 이

PREFERRED IFR ROUTES

Terminals	Route	Effective Times (UTC)
	(60–170 incl 210 kts plus, non-turbojet) V14 CEDOR DNY051 DNY V449 LHY V93 LVZ V613 FJC PTW..	1100–0300
	or	
	(70–170 turbojets only) V14 CEDOR DNY051 DNY SLATT-STAR..	
Trenton (TTN)	(90–170, non-turbojet) V14 CEDOR DNY051 DNY LHY LVZ V613 FJC V149 MAZIE ARD	1100–0300
	or	
	(90–170, turbojet) V14 CEDOR DNY051 DNY LHY LVZ V29 ETX V30 V149 MAZIE ARD	1100–0300
BALTIMORE (BWI)—See Washington/Baltimore Metro		
BOSTON METRO AREA (BOS)		
Cleveland (CLE)	(60–170) MHT V490 UCA V2 SYR V84 GEE V464 V115 TDT V72 V232 CXR	1000–0300
Kennedy (JFK)	(110–170, jets) LUCOS SEY067 SEY PARCH CCC ROBER	1100–0300
	or	
	(110–170, Props) LUCOS SEY067 SEY HTO V46 DPK	
	or	
	(AOB 100) BOSOX V419 V14 ORW V16 DPK	

【그림2-7】 Preferred IFR routes에는 터미널, 항로, 그리고 유효시간(UTC)이 지정되어 있다.

들 공역이 활용되고 있을 때 이들 구역을 피해서 비행할 수 있도록 항로를 배정함으로써 이들 구역을 피하기 위한 항로를 다시 계획해야 하는 불편함을 예방할 수 있다. HAR 프로그램과 관련된 RNAV 항로는 특정 구간에서의 순항항로 비행 환경에서 체계적인 항공교통 흐름(systematic flow)을 제공하기 위해서 개설되었다. 이들 RNAV 항로를 위한 지정자(designator)는 Q-문자(예, Q-501)로 시작된다. 이들 항로는 효율적이고 질서 있게 항공교통을 관리하는 데 도움이 되고, 이들은 우선 IFR 항로(preferred IFR routes)와 같이 발행된다.

2.2.5 우선 IFR 항로

우선 IFR 항로(preferred IFR route)는 시스템 효율성과 수용능력(capacity)을 증가시키기 위해서 주요 공항들 사이에 개설된다. 이들은 통상 한 개 혹은 그 이상의 ARTCC 지역을 통해서 확장되고 교통량이 많은 터미널 사이에서 균형된 교통흐름(balanced traffic flow)을 달성하기 위해서 설정된다. IFR 인가는 악기상 회피절차 또는 다르게 지시되는 요소들이 있을 때를 제외하고 이들 항로를 기초로 발령된다. 우선 IFR 항로는 Chart Supplement에 수록되고, 출발공항 지정자, 목적지, 항로 종류, 지역, 기종, 고도, 항로연결(route string), 방향, 출발 ARTCC, 그리고 도착 ARTCC 등을 입력해야 한다.

만약 비행이 이 같은 항로로 구성된 지역으로 향하거나 나오도록(to or from) 계획되었지만, 출발 또는 도착 지점이 Chart Supplement에 수록되어 있지 않다면 조종사는 출발 또는 도착 지점에 적절한 우선 IFR 항로의 그 부분을 활용할 수 있다. 우선 IFR 항로는 [그림2-7]과 같이 출발절차(DP) 그리고 STAR와 함께 설정될 수 있고, 항공로(airway), 제트항로(jet routes), NAVAIDs 사이의 직항로(direct route), 웨이포인트, NAVAID radial/DME, 또는 이들을 적절하게 결합하여 지정될 수 있다.

우선 IFR 항로는 저고도와 고고도 층을 위한 차트 보충간행물에 발행된다. 만약 이들이 항공로 번호(airway number)와 함께 종결 혹은 시작된다면 항공로는 필연적으로 공항 위에 놓여 있고(overlies) 통상 비행은 항공로에 직접 인가된다는 것을 나타낸다. 픽스와 함께 시작되고 종료되는 우선 IFR 항로는 SID 항로, 레이더 벡터, 또는 STAR를 경유해서 이들 픽스를 향하거나 나오도록 항로를 배정할 수 있다는 것을 나타낸다. 주요 터미널을 위한 항로는 출발공항의 명칭 아래에 알파벳 순서로 수록된다. 여러 공항이 인접해 있는 곳에서는 주공항(principal airport) 아래에 대도시 지역(metropolitan area)과 같은 범주(예, New York Metro Area)로 지정하여 수록된다.

일방(one way) 우선 IFR 항로는 순서에 따라 구간 픽스와 방향 그리고 유효시간(direction and times effective)이 수록된다. 한 항로 이상이 수록되는 곳에서 항로는 동등한 사용 우선권(equal priority)을 갖는다. 공식 위치 식별자는 VHF VOR/VORTAC을 위한 항로 설명서(route description)에 사용될 수 있고, 교차점 명칭이 표기된다. 항로는 2개의 NAVAIDs, 교차점과 NAVAID, NAVAID와 NAVAID 레디얼과 거리 지점, 또는 이들 항로를 적절하게 결합해서 연속으로 이어지는 항로이다.

우선 IFR 항로 시스템은 비행승무원(flight crews), 그리고 운항관리사(dispatcher)에게 비행 경로를 계획하는 데 도움이 되고, 항로 변경을 최소화할 뿐만 아니라 항공로를 이용하고 있는 항공교통의 효율적이고 질서 있는 관리(orderly management of air traffic)에 도움이 된다. 우선 IFR 항로는 공역 사용자의 편의를 추구하는 데 도움을 주고 주요 터미널과 순항항로 비행 환경에서 체계적인 교통흐름(air traffic flow)을 제공한다. 우선 IFR 항로를 이용하여 비행계획서를 제출하는 모든 조종사의 협력(cooperation)은 항공교통지연(air traffic delay)을 최소화하고 더욱 효율적인 출발, 순항항로, 그리고 도착 항공교통업무를 기대할 수 있다.

2.2.6 대체 항공로와 순항항로 구조 및 절차

ARTCC는 정기 혹은 비정기적 VOR/VORTAC 운용중지(shutdown) 동안에 사용하기 위한 필수 대체 항공로 또는 항로(substitute airway or route; sub-routes) 구간을 지정할 책임을 갖는다. 정기 항법시설의 운용중지는 항공교통의 흐름에 방해가 되지 않도록 계획하고 협조가 이루어져야 한다. ARTCC와 협력에서 AIS(or AJV-5)는 대체 항공로의 발행이 필요한 정전 시간 또는 다른 요소들을 결정하고, 비행검사업무(Flight Inspection Service; AJW-3)는 비행검사, 장애물 통과높이 확인, 자격증명, 그리고 대체 항공로의 최종 승인(final approval)을 제공한다.

영역 내에서 정기적으로 운용중지가 예정된 시설은 대체항로/항공로를 발행할 수 있도록 가능한 한 빨리 진행시켜야 한다. 일반적으로 대체항로(substitute routes)는 적절한 고도 층(altitude strata)에서 사용할 수 있도록 기존에 설정된 VOR/VORTAC 시설을 기반으로 한다. 상층 공역 층(upper airspace stratum)에서 대체항로의 경우 저고도 항로 시스템에서 사용되고 있는 VOR/VORTAC 시설을 참고로 항로를 개설해야 한다. NDB 시설은 VOR/VORTAC 통달범위

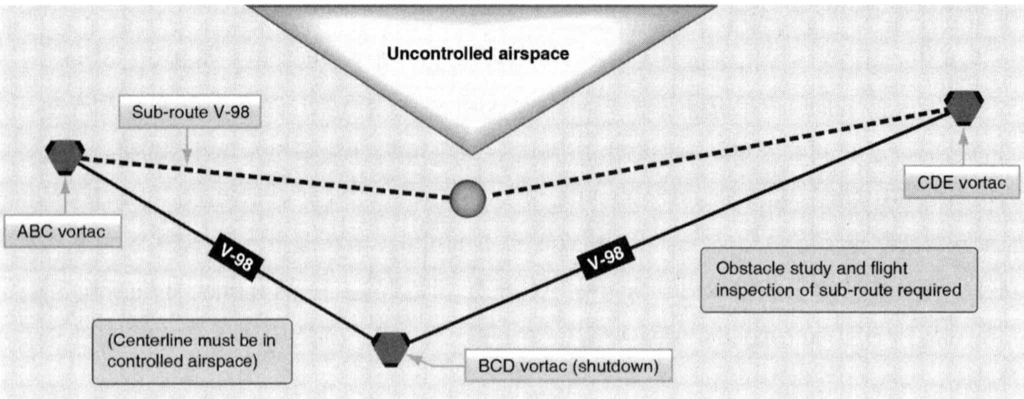

【그림2-8】 규정에 따른 대체항로이다. 대체항로 중앙선은 반드시 관제공역에 있어야 한다. 어느 경우라도 대체항로는 장애물에 대한 철저한 검토와 비행검사를 받아야 한다.

에서 벗어나 있거나 ATC 필수요건이 NDB의 사용이 필수적일 때만 사용되어야 한다. 만약 항로가 적절한 주파수 보호가 제공되고 있는 랜덤/비발행 항로 항법(random/unpublished route navigation)을 위해서 사용할 수 있는 NAVAID라면 NAVAID의 수신 한계까지 제한 없이 지정되는 이들 시설의 표준운용범위(SSV) 한계를 넘어서까지 사용될 수 있다.

비록 비항공로(off-airway)를 위한 대체항로가 [그림2-9]와 같이 관제공역에 있지 않을지라도 대체항로의 중앙선은 [그림2-8]과 같이 관제공역 내에 있어야 한다. 대체항로(substitute routes)는 가장 높은 장애물의 통과높이에 있는지 그리고 시설 성능에 만족하는지 확인하기 위해서 비행검사(flight inspection)를 받아야 한다. 만약 대체항로가 기존 항로 위에 놓여 있지 않거나, 또는 기존 항로(existing routes)에 비해 넓다면 [그림2-10]과 같이 가장 높은 장애물(controlling obstacle)을 식별하기 위해서 지도/장애물 연구(obstacle study)가 필요하다. 대체항로를 묘사하기 위한 형식은 항행 픽스(navigational fix)로부터 항행 픽스까지이다.

각 항로 구간에는 최저순항항로고도(minimum en route altitude; MEA) 그리고 최대승인고도(maximum authorized altitude; MAA)가 제공된다. 임시보고지점은 고장 시설(out of service

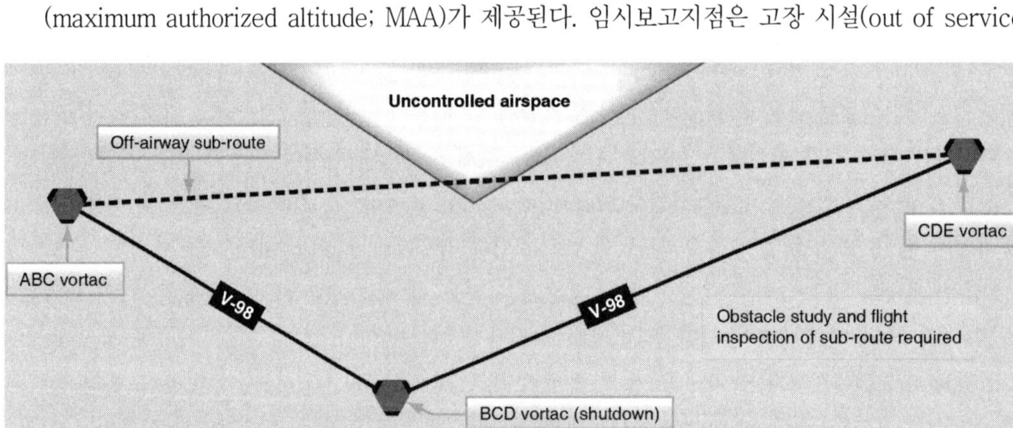

【그림2-9】 규정에 따르지 않고 설정된 대체항로이다. 어느 경우라도 대체항로는 장애물에 대한 철저한 검토와 비행검사를 받아야 한다.

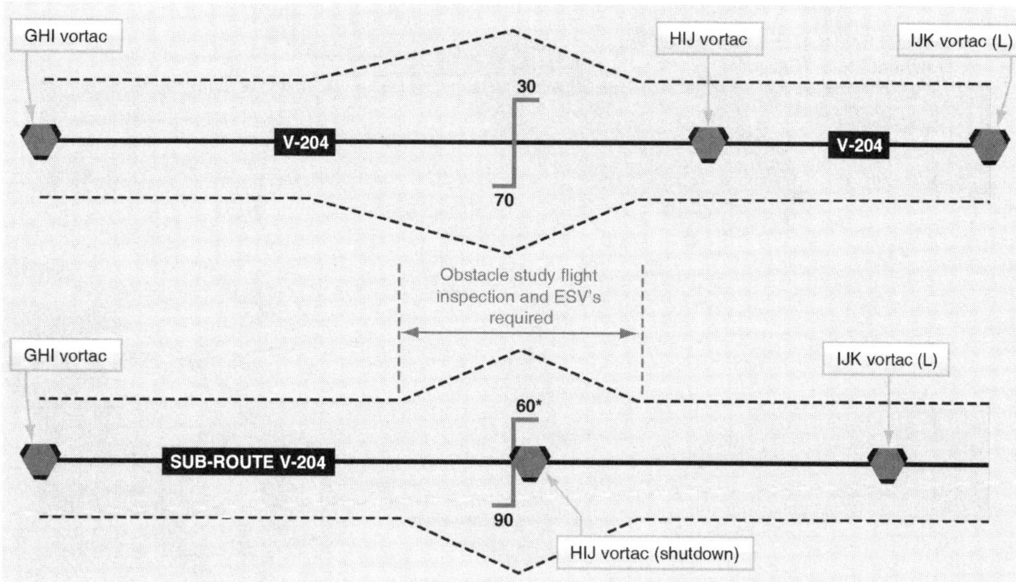

【그림2-10】 기존 항로보다 더 넓은 대체항로가 지정된다. 어느 경우라도 대체항로는 장애물에 대한 철저한 검토와 비행검사를 받아야 한다.

facility)과 ATC를 위해서 필수적으로 요구되는 보고지점을 대신해서 사용될 수 있다. 일반적으로 교차점 상공의 임시보고지점은 센터 레이더 통달범위 내에 있을 때 꼭 필요한 것은 아니다. 최저수신고도(minimum reception altitude; MRA)는 각 임시보고지점(temporary reporting points)을 위해서 설정된다.

※ Controlling obstacle; IFR 접근과 착륙에서 가장 높은 최저강하고도, 결심높이, 또는 최대 필수상승률 또는 실링/시정 등을 초래하는 장애물을 의미한다. 일부 Chart Supplement에서 "Trees or Tower" 등은 전형적인 "Controlling obstacle"이다. IFR 출발절차는 출발시단으로부터 거리, 지표면으로부터 높이, 그리고 활주로로부터 거리 등 더욱 세부적인 정보를 제공하기 때문에 반드시 이들을 참고해야 한다.

2.2.7 관제탑 순항항로 관제

관제탑 순항항로 관제(tower en route control; TEC)는 대도시 구역(metropolitan area)으로 향하거나 나오는(to and from) 항공기에 서비스를 제공하는 ATC 프로그램이다. TEC는 [그림2-11]과 같이 항공기가 접근관제공역을 이탈하지 않고 IFR 비행이 가능하도록 NAS의 기존 항공로 구조(existing airway structure)에 설정된 항로의 네트워크로 지정된 접근관제지역과 연결되어 있다. TEC는 신속한 항공교통 흐름을 촉진하고 조종사와 관제사 사이의 통신요건을 감소시키는 데 기여한다. 일반적으로 이 서비스는 고도 10,000피트 미만에서 운항하는 비-터빈 엔진(non-turbine engine) 항공기를 위한 프로그램이지만 Milwaukee and Chicago와 같은 일부 시설에서는 대도시 사이를 연결하기 위한 터보제트 항공기에 허용되기도 한다. TEC는 관제

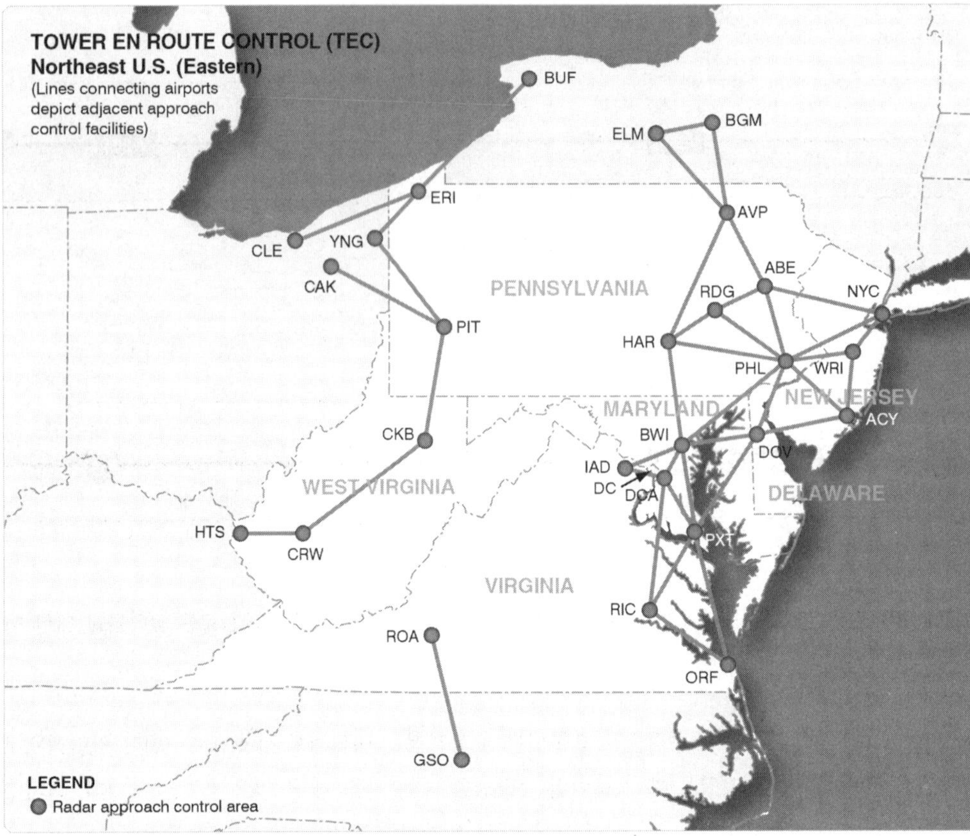

【그림2-11】 TEC의 한 사례이다. 각 점은 레이더 접근 관제지역이고 TEC는 두 지점을 연결하거나 여러 지점을 연결해서 TEC(굵은 선)를 구성하고 있다.

탑 순항항로(tower en route), 또는 관제탑-관제탑으로 고려되고 순항항로 구조 아래에서 비행을 허용한다. TEC는 접근관제공역에 남아 있으면서 대도시들 사이에서 비행계획을 수립할 수 있도록 수직 그리고 지리적으로 재할당된다. TEC 사용자는 비행계획서를 제출할 때 [그림2-12]와 같은 차트 보충간행물에 있는 TEC 항로 설명서(route description)를 활용할 것을 권장한다. 모든 발행된 TEC 항로는 순항항로 공역을 피할 수 있도록 설계되고 대부분은 레이더 포착범위 내에 있다.

(1) 관제탑 순항항로 설명서

Chart Supplement에 있는 TEC 항로의 그래픽 묘사(graphic depiction)는 모든 도시가 한 쌍(city pairs)으로 묘사되지 않았기 때문에 항법 또는 세부 비행계획을 수립하는데 사용할 수 없다. 이 정보는 [그림2-11]과 같이 TEC로 연결된 지리적 지역을 보여주기 위함이다. 조종사는 특정 비행계획을 수립하기 위해서 항로 설명서(route description)를 반드시 참고해야 한다. [그림2-12]에서 보는 것과 같이 항로 설명서는 4칸으로 구성되어 있다. 첫 번째 칸은 출발공항이 있는 접근관제구역이고 알파벳 순서로 수록되어 있다. 두 번째 칸은 사용하고자 하는 특정 항로(routes), 항공로(airways), 또는 레디얼(radial)이 수록되어 있다. 세 번째 칸은 항로를 위해서

TOWER EN ROUTE CONTROL

Approach Control Area (Including Satellites)	Route	Highest Altitude	Destination
Baltimore	V93 LRP V39 ETX	7000	Allentown
	V268 LEEAH V229	7000	Atlantic City
	V268 ENO V16 JFK V229 HFD CLOWW (Single engine and /E, /F, /G only)	7000	Bangor
	V268 ENO V16 JFK V229 HFD CLOWW (Single engine and /E, /F, /G only)	7000	Bar Harbor
	V93 LRP V499	7000	Binghamton
	V268 ENO V16 JFK V229 HFD HFDO53 DREEM (Single engine only)	7000	Boston (North)
	V268 ENO V16 JFK V229 HFD V3 WOONS (Single engine only)	7000	Boston
	V268 ENO V16 JFK V229 BDR BDR014 JUDDS (Single engine only)	7000	Boston
	V268 ENO V16 JFK V229 BDR (Single engine only)	7000	Bradley
	V268 ENO V16 JFK V229 BDR (Single engine only)	7000	Bridgeport
	V31 HAR	7000	Capital City
	V268 ENO	7000	Dover AFB
	V44 MRB	6000	Dulles
	V268 ENO V16 JFK V229 BRD MAD MAD126 MONDI (Single engine only)	7000	Groton

【그림2-12】 Chart Supplement(Baltimore/Allentown)에서 발췌한 TEC 설명서

허용된 가장 높은 고도가 표기된다. 네 번째 칸은 목적지 공항이 알파벳 순서로 수록된다. 비행을 계획할 때 출발과 목적지 공항에 대한 정보가 최근에 발행된 것인지 확인하는 것이 중요하다. 항로는 각 터미널 시설의 정규운용시간(normal operating hours) 동안에만 유효(effective)하다. 해당 터미널 시설이 계획된 시간(planned time)에 운용되고 있는지 확인하기 위해서 항상 NOTAM을 확인하라. 고도는 항상 천 피트 단위로 표기된다. ATC는 조종사가 접근관제공역 내에서 비행을 유지하기 위해서 고도를 변경할 것을 요청할 수 있다. 만약 부여된 가장 높은 고도가 MEA보다 낮다면 ATC는 필요에 따라 레이더 모니터링과 코스 유도(radar monitoring and course guidance)를 제공할 수 있다.

[그림2-13]에 있는 단어 "Direct"는 레이더 벡터가 사용되지 않았거나 항공로가 존재하지 않을 때 항로를 나타낸다. 또한, ATC는 SID 또는 STAR를 부여하게 되리라는 것을 나타낸다. NAVAID 또는 교차점 식별부호(intersection identifier)가 부호 바로 앞 혹은 뒤에 항공로 없이 표기될 때 항로배정은 ATC가 다르게 지시하지 않는 한 그 지점을 향해서 혹은 그 지점으로부터 직행한다는 것으로 이해해야 한다. 항공로와 함께 시작되고 종료되고 있는 항로(routes)는 [그림2-13]과 같이 필연적으로 항공로는 공항 위에 놓여(overlay) 있거나, 또는 레이더 벡터가 제공될 수 있음을 나타낸다. 한 개의 항로 이상이 동일 목적지에 수록된 곳은 [그림2-14]와 같이 항공기 범주를 위한 정확한 항로가 제출되도록 확인해야 한다. 이들은 고도가 표시된 세로줄 다음에 아래와 같이 표기된다.

- J(jet powered)
- M(turbo props/special, cruise speed 190 knots or greater)
- P(non-jet, cruise speed 190 knots or greater)
- Q(non-jet, cruise speed 189 knots or less)

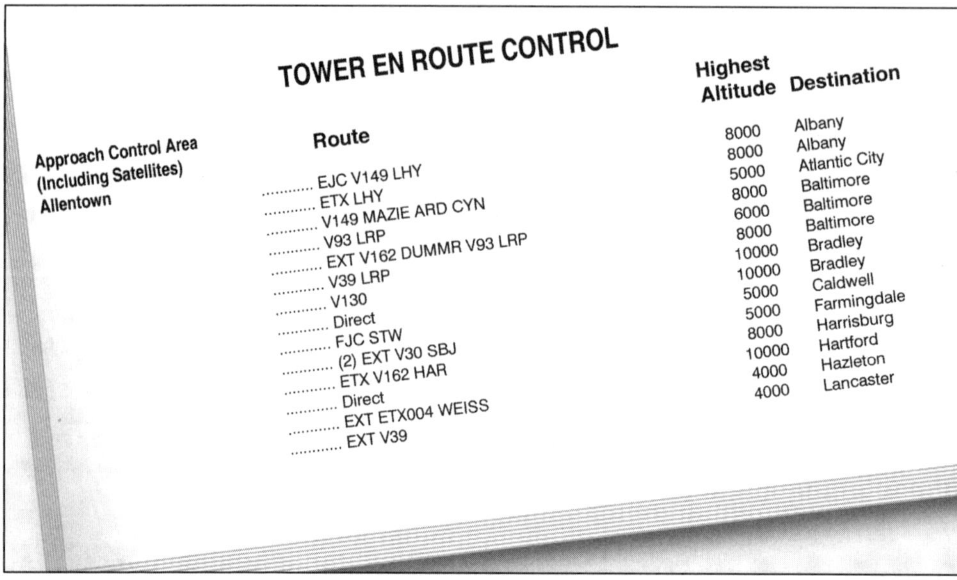

TOWER EN ROUTE CONTROL

Approach Control Area (Including Satellites)
Allentown

Route	Highest Altitude	Destination
EJC V149 LHY	8000	Albany
ETX LHY	8000	Albany
V149 MAZIE ARD CYN	5000	Atlantic City
V93 LRP	8000	Baltimore
EXT V162 DUMMR V93 LRP	6000	Baltimore
V39 LRP	8000	Baltimore
V130	10000	Bradley
Direct	10000	Bradley
FJC STW	5000	Caldwell
(2) EXT V30 SBJ	5000	Farmingdale
ETX V162 HAR	8000	Harrisburg
Direct	10000	Hartford
EXT ETX004 WEISS	4000	Hazleton
EXT V39	4000	Lancaster

【그림2-13】 Chart Supplement(Baltimore/Allentown)에서 발췌한 TEC 설명서

비록 모든 공항이 목적지 세로줄 아래 수록되지 않을지라도 IFR 비행은 동일한 항로배정을 경유해서 주공항(primary airport) 근처에 있는 위성공항(satellite airport)까지 계획할 수 있다. 비행계획서를 제출할 때 항로는 코드화된 항로 식별부호(coded route identifier)를 대신 사용할 수 있다. (예, BURL 1, VTUL4 or POML3)

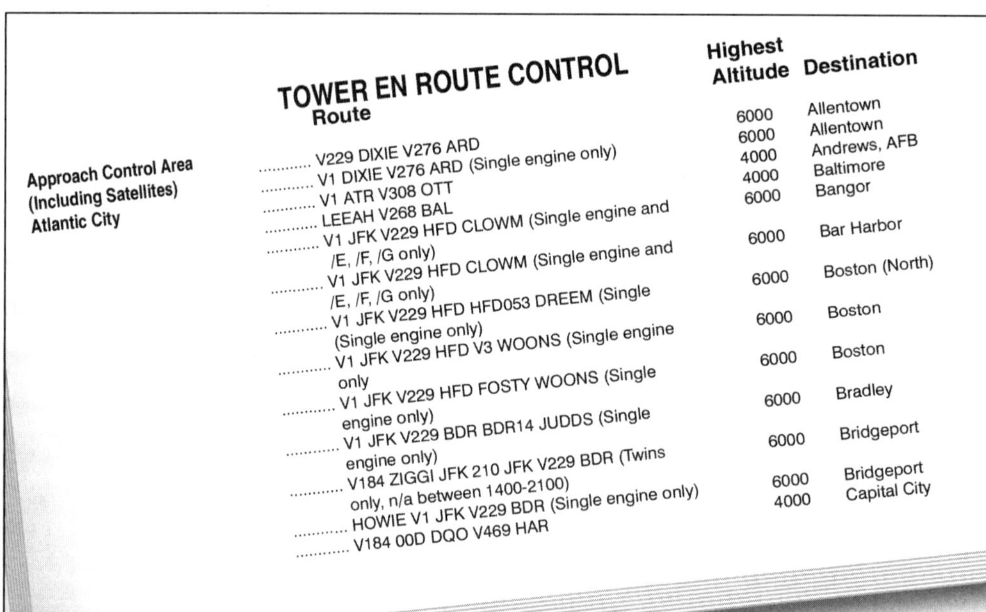

TOWER EN ROUTE CONTROL

Approach Control Area (Including Satellites)
Atlantic City

Route	Highest Altitude	Destination
V229 DIXIE V276 ARD	6000	Allentown
V1 DIXIE V276 ARD (Single engine only)	6000	Allentown
V1 ATR V308 OTT	4000	Andrews, AFB
LEEAH V268 BAL	4000	Baltimore
V1 JFK V229 HFD CLOWM (Single engine and /E, /F, /G only)	6000	Bangor
V1 JFK V229 HFD CLOWM (Single engine and /E, /F, /G only)	6000	Bar Harbor
V1 JFK V229 HFD HFD053 DREEM (Single (Single engine only)	6000	Boston (North)
V1 JFK V229 HFD V3 WOONS (Single engine only	6000	Boston
V1 JFK V229 HFD FOSTY WOONS (Single engine only)	6000	Boston
V1 JFK V229 BDR BDR14 JUDDS (Single engine only)	6000	Bradley
V184 ZIGGI JFK 210 JFK V229 BDR (Twins only, n/a between 1400-2100)	6000	Bridgeport
HOWIE V1 JFK V229 BDR (Single engine only)	6000	Bridgeport
V184 00D DQO V469 HAR	4000	Capital City

【그림2-14】 Chart Supplement에서 발췌한 TEC 설명서(Atlantic City Airport)

2.3 항공로와 항로 시스템

공중항법의 목적을 달성하기 위해서 설정된 3개의 고정(fixed) 항로 시스템이 있다.
- VOR (low victor airways, high jet routes)
- NDB (low or medium frequency)
- RNAV route system

이들 항로 시스템은 상호 전이(transition)가 쉽도록 가능한 범위까지 중복되게 정렬되어 있다. 대부분의 항공로(airways)는 [그림2-15, 컬러]와 같이 V-airway, 제트항로(j-routes), 그리고 RNAV routes로 구성되지만, 일부 저중 주파수(L/MF) 항공로와 항로가 알래스카 그리고 North Carolina의 해안에서 여전히 사용되고 있고 이를 Green 13(G13)이라고 한다.

2.3.1 항공로와 항로 묘사

IFR 순항항로 차트는 비행검사를 통해서 확인한 후 운용되고 있는 모든 IFR 무선 NAVAIDs가 그려져 있다. AIS는 항공 관련 차트와 항공정보 간행물을 발행하고 배포한다. IFR 순항항로 항법 정보는 다음과 같은 3종류가 있다.
- IFR en route low altitude chart
- IFR en route high altitude chart
- Terminal Area Chart(TAC)

(1) IFR 순항항로 저고도 차트

순항항로 저고도 차트(en route low altitude chart)는 고도 18,000피트(MSL) 미만 IFR 상태에서 항법을 위한 항공정보(aeronautical information)를 제공한다. 이 차트에는 다음과 같은 항공정보가 포함된다. [그림2-16, 컬러]
- Airways (A)
- RNAV routes (B)
- Limits of controlled airspace (C)
- VHF radio aids to navigation
  (frequency, identification, channel, geographic coordinates) (D)
- Airports that have an instrument approach procedure or a minimum 3,000 foot hard surface runway (E)
- Off-route obstruction clearance altitudes (OROCA) (F)
- Reporting points (G)
- Special use airspace areas (H)
- Military training routes (I)

IFR 순항항로 저고도 차트에서 VOR-airway는 V-자 다음에 항로 번호를 부여하여 V123과 같은 방법으로 표기된다. LF/MF 항공로는 컬러 명칭과 번호로 식별되기 때문에 컬러 항공로(colored airway)라고도 한다. (예, Amber One은 A1과 같이 도식됨) 녹색과 적색 항공로(green and red airway)는 동-서 방향 항로를 지정하는 데 사용되고, 황갈색-청색 항공로(amber-blue airway)는 남-북 항공로를 지정하는 데 사용된다. 이들의 컬러 식별과 관계없이 LF/MF 항공로는 갈색(brown)으로 그려진다.

항공로 식별자, 베어링 또는 레디얼, 거리, 고도(MEA, MOCA, MAA)와 같은 항공로/항로 데이터는 항공로와 함께 정렬되고 항공로와 동일 색으로 표기된다. VOR, VORTAC NAVAIDs를 기반으로 한 모든 항공로/항로는 NAVAIDs로부터 아웃바운드 레디얼(outbound radial)로 지정된다. LF/MF NAVAIDs를 기반으로 한 모든 항공기/항로는 인바운드 베어링(inbound bearing)으로 지정된다. 이외에도 새로운 저고도 RNAV 항로를 지정하고 있다. RNAV 항로는 IFR 항공기에 직행 항로배정(direct routing)을 제공하여 항공안전과 NAS의 효율성을 향상시켰다. 항공기는 이들 항로를 이용하기 위해서 IFR-approved GNSS를 갖추어야 한다.

저고도 RNAV 항로는 [그림2-17, 컬러]과 같이 접두사 T-자와 3자리 숫자(예, T-200, T-300)로 식별된다. RNAV 항로는 청색으로 그려지고 다음과 같은 데이터가 포함된다.

- Route line(항로선)
- Identification boxes(식별 박스)
- Mileages(마일리지; 거리)
- Waypoints(웨이포인트)
- Waypoint names(웨이포인트 명칭)
- Magnetic reference bearings(자기참조방위)
- MEAs(최저순항항로고도)

자기참조방위(magnetic reference bearing)는 웨이포인트, 픽스/보고지점(fix/reporting point), 또는 NAVAID로부터 시작되는 것을 보여준다. 각 구간을 위한 GNSS MEA는 장애물 통과높이와 무선통신 수신을 보장하기 위해서 설정된다. 모든 MEAs는 [그림2-18, 컬러]과 같이 접미사 "G"와 함께 식별된다. Victor/RNAV 항로의 결합(joint Victor/RNAV routes)은 벡터 항공로는 검은색 그리고 RNAV 항로는 청색으로 그려지고, 각각을 위한 식별 박스(identification box)는 서로 인접해서 표기된다. 자기참조방위는 표기되지 않는다. MEA는 한 쌍으로 위아래로 표기되거나 혹은 "GNSS and Victor"와 같이 2줄로 분리해서 표기된다. [그림2-19, 컬러]와 같이 결합 항로(joint routes)에서 특정 RNAV 항공정보는 청색으로 표기된다.

(2) IFR 순항항로 고고도 차트

IFR 순항항로 고고도 차트는 [그림2-20, 컬러]과 같이 FL 180 그리고 그 이상의 IFR 상태에서 항법을 위한 항공정보를 제공한다. 고고도 차트는 다음과 같은 정보를 포함한다.

- Jet route structure

- RNAV Q-routes
- VHF radio aids to navigation (frequency, ID, channel, geographic coordinates)
- Selected airports
- Reporting points
- Navigation reference system (NRS) waypoints [그림2-21, 컬러]

제트항로(jet routes)는 [그림2-22, 컬러]와 같이 “J”-자와 함께 항로번호(J24)가 부여되고 VOR 또는 VORTAC NAVAIDs를 기반으로 설정된다. RNAV “Q-route” MEA는 [그림2-23, 컬러]과 같이 18,000피트 이상일 때 적용된다. GNSS RNAV 항공기를 위한 MEA는 접미사 “G”를 붙여 식별한다. DME/DME/IRU RNAV 항공기를 위한 MEA는 접미사 “G”를 붙이지 않는다. 모든 RNAV 항로와 관련 데이터는 청색으로 그려지고 자기참조방위는 웨이포인트, 픽스/보고지점, 또는 NAVAID로부터 시작되는 것을 표기된다. 결합 Jet/RNAV 항로가 그려질 때 항로 식별 박스는 [그림2-24, 컬러]와 같이 검은색으로 도식된 항로와 서로 인접해서 그려진다. Gulf of Mexico에 있는 “Q” 항로의 예외와 함께 GNSS or DME/DME/IRU RNAV 장비는 레이더 모니터링 성능이 함께 요구된다. DME/DME/IRU 장비를 갖추고 있는 항공기를 위한 특정 DME 정보는 Chart Supplement를 참고하라.

2.3.2 VHF 항공로

벡터 항공로(Victor airway)는 한 VOR 송신소(station)에서 다른 VOR 송신소까지 지정된 VOR 레디얼을 연결해서 설정된 항로 시스템이다. 이들 항공로의 지정은 조종사에게 비행계획 수립을 쉽게 하고 항공교통흐름을 체계적으로 관리하기 위함이다. 대부분의 상업 항공기는 이들 항공로를 활용하지만 정확한 고도를 적용할 수 있는 조종사라면 누구라도 활용할 수 있다.

(1) 벡터 항공로 항법 절차

벡터 항공로에 설정된 절차를 이용하기 위해서는 원하는 VOR을 향해서 직접 비행하거나 항로에 지정된 항공로 레디얼(airway radial)을 인터셉트(intercept)하는 것이다. 조종사가 일단 항공로에 진입했다면 항공로에서 항공교통 분리와 최적 안전(optimal safety)을 보장하기 위해서 규정되어 있는 절차와 가이드라인(procedure and guidelines)에 따르는 것이 중요하다. 절차는 항법을 위한 벡터 항공로를 활용할 때 조종사가 한 VOR에서 다른 VOR로 건너뛰는 것을 허용하지 않고 서로 연결된 VORs의 아웃바운드와 인바운드를 차례로 활용해서 한 VOR에서 다음 VOR로 항행해야 한다. 예를 들어 [그림2-25, 컬러]와 같이 V-214 선상의 Zanesville VOR에서 출발하고 있을 때 조종사는 CDI와 함께 TO/FROM 지시기의 FROM을 지시한 상태에서 090° 레디얼을 선택하고, CDI가 중앙을 지시하도록 계속 수정하면서 비행해야 한다. 조종사는 Bellaire VOR까지 인바운드 코스로 변경될 때까지 이 상태에서 코스를 계속 유지해야 한다.

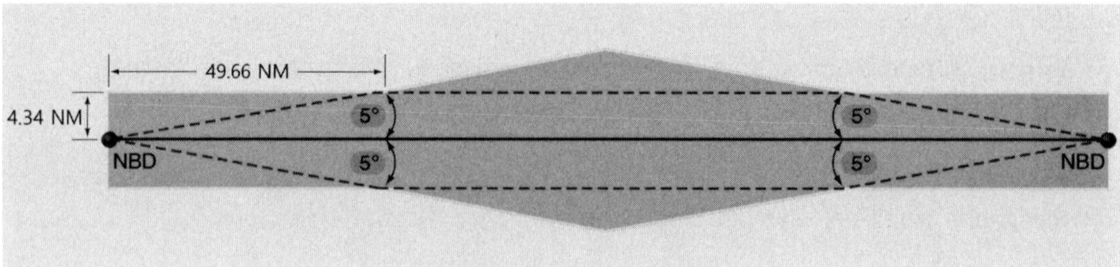

【그림2-26】 LF/MF 항공로 폭

2.3.3 LF/MF 항공로

기본 LF/MF(low/medium frequency) 항공로 폭(airway width)은 중앙선 양쪽으로 4.34 NM이다. 코스 가이던스(course guidance)가 제공되고 있는 시설로부터 거리가 49.66 NM 이상일 때 폭은 [그림2-26]과 같이 5°까지 확장된다.

2.3.4 순항항로 장애물 통과높이 지역

국가공역체계(NAS)에서 발행되는 모든 항로/항공로는 특정 장애물 통과높이를 기준(obstacle clearance criteria)으로 한 순항항로 장애물 통과높이 지역(en route obstacle clearance area)이라는 것을 이해하는 것은 상황인식에 도움이 되고 관제상태지형충돌(controlled flight into terrain; CFIT)을 피하는 데 매우 유용하다. 순항항로 비행단계를 위한 장애물 통과높이 지역은 1차, 2차 그리고 선회지역(primary, secondary, and turning areas)과 같이 구별된다.

1차와 2차 지역 장애물 통과높이 기준, 항공로와 항로 폭, 그리고 순항항로 구간을 위한 ATC 분리 절차는 비행절차에서 안전과 실제 상황의 상관관계이다. 이들 비행절차는 관련된 확률 요소(probability factor)와 마찬가지로 총 VOR 시스템 정밀도 요소(accuracy factor)가 되는 조종사, 항공기, 그리고 사용되고 있는 항법 시스템에 달려 있다. 이들 기준에 따른 조종사/항공기 데이터 구성요소에는 바람이 불고 있는 상태의 다양한 속도와 고도에서 선회로부터 초래될 수 있는 원하는 레디얼과 비행 항적(radial and flight track)을 유지할 수 있는 조종사 능력도 포함된다.

항법 시스템 정보(navigation system information)는 항법 시설 레디얼 정렬 변위(navigation facility radial alignment displacement), 발신기 모니터 허용오차(transmitter monitor tolerance), 그리고 수신기 정밀도를 포함한다. 이 모든 요소는 순항항로 기준을 정할 때 고려되어야 한다. 이 분석을 바탕으로 한 계산에서 총 시스템 오차(total system error; TSE)는 비행시간의 95%에서 ±4.5° 그리고 비행시간의 99%에서 ±6.7°가 되어야 한다. 여기서 4.5° 값은 1차 지역(primary area) 장애물 통과높이 기준, 항공로와 항로 폭, 그리고 ATC 분리 절차의 기준이 된다. 다음 6.7° 값은 2차 장애물 통과높이 지역 크기(dimensions)의 기준이다.

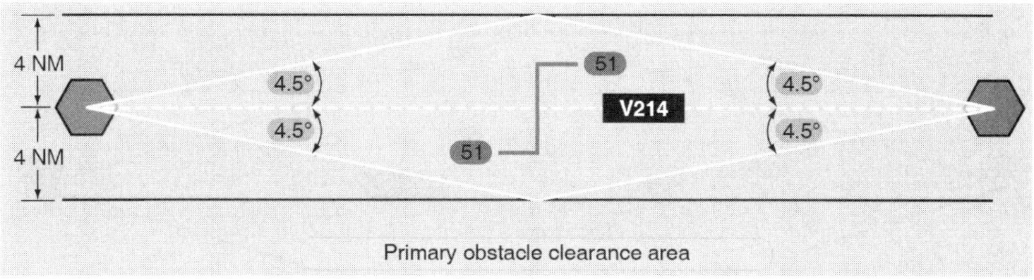

【그림2-27】 1차 장애물 통과높이 지역의 크기

2.3.5 1차와 2차 순항항로 장애물 통과높이 지역

1차 장애물 통과높이 지역은 항공로/항로 중앙선의 양쪽으로 4 NM씩 총 8 NM 폭이 보호된다. 1차 지역은 NAVAID로부터 ±4.5° 각도의 시스템 정밀도를 기반으로 한 항로 보호 폭이다. 이들 4.5° 선은 NAVAID로부터 확장되어 NAVAID로부터 대략 51 NM 지점에서 1차 지역의 경계선과 교차한다. 이상적 조건이라면 51 NM 지점은 [그림2-27]과 같이 현재 NAVAID 시설로부터 아웃바운드하여 다음 시설로 인바운드하기 위한 주파수 변경 지점이 된다.

NAVAID로부터 주파수변경지점(change-over point; COP)까지 거리가 51 NM 이상이라면 1차 지역의 외측 경계는 COP가 중간에 있을 때 4.5° 라인을 따라서 4 NM 폭을 넘어서까지 확장된다. 이것은 1차 지역의 장애물 통과높이 기준이 2차 지역으로 지정된 지점까지 확장될 수 있다는 것을 의미한다. 장애물 통과높이 지역에서 또 다른 차이는 오프셋(offset) COP 또는 도그렉 구간(dogleg segment) 효과의 경우이다. 산악지역 외에서 보호되고 있는 순항항로 지역을 위한 1차 지역에 있는 최저장애물통과높이는 [그림2-28]과 같이 가장 높은 장애물로부터 1,000 피트이다.

2차 장애물 통과높이 지역은 1차 지역의 양쪽으로 2 NM 선을 따라 확장된다. 2차 지역에서 항법 시스템 정밀도는 NAVAID로부터 ±6.7°의 항로 보호의 폭을 갖는다. 이들 6.7° 선은 NAVAID로부터 51 NM의 1차 지역 선과 동일한 지점에서 2차 지역의 외측 경계와 교차한다. 만약 NAVAID로부터 COP까지 거리가 51 NM 이상이라면 2차 지역은 [그림2-29]와 같이 COP가 중간에 있을 때 6.7° 라인을 따라서 확장된다. 산악지역과 평지를 포함한 모

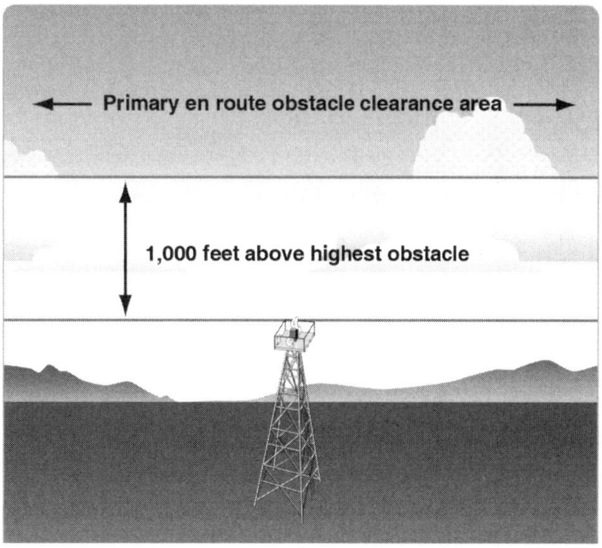

【그림2-28】 1차 지역의 평지에서 장애물 통과높이(왼쪽)

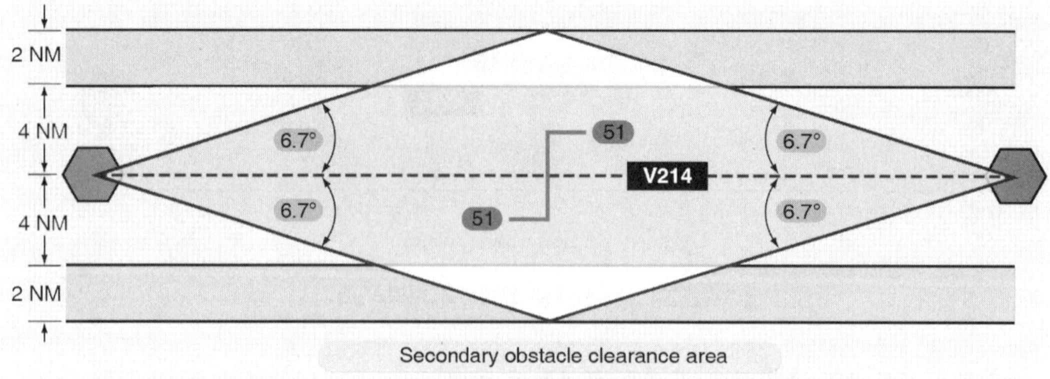

【그림2-29】 1차와 2차 장애물 통과높이 지역의 크기

든 지역에서 2차 지역에 있는 장애물은 이들이 2차 장애물 통과높이 평면 위로 확장된다면 공중항법에 관한 장애물로 고려된다. 이 평면은 [그림2-30]과 같이 1차 장애물 통과높이 지역의 기저(based)가 되고, 500피트 더 높은 지점에서 2차 지역의 외부 테두리와 교차하는 각도에서 위로 경사진 장애물(자연 및 인공장애물) 위 500피트 지점에서 시작된다.

2.3.6 주파수 변경지점

조종사는 항공로를 따라 비행 중일 때 항공로 중간지점에서 주파수를 변경하는 것이 실용적이지 못한 시기라 할지라도 통상 NAVAID 사이의 중간에서 주파수를 변경한다. 만약 항공로의 중간지점에서 다음 VOR로부터 항법 신호를 수신할 수 없다면 [그림2-31]과 같이 COP가 표기되고 각 NAVAID까지 거리가 함께 표기된다. COP는 현재 VOR 시설에서 다음 VOR 시설로부터 항법유도(navigation guidance)를 수신하기 위해서 주파수 변경이 필수적인 지점을 나타낸다. 이들 COP는 항공로 또는 항로 구간으로 나누어지고 최저순항항로(MEA) IFR 고도에서 지속적인 항법 신호의 수신을 보장한다. 또한, 이들은 항공로 또는 항로의 동일 구간 안에서 운용하고 있는 다른 항공기가 비행 방향과 관계없이 동일 항법 시설로부터 일정한 방위 신호(consistent azimuth signal)를 수신하도록 보장한다.

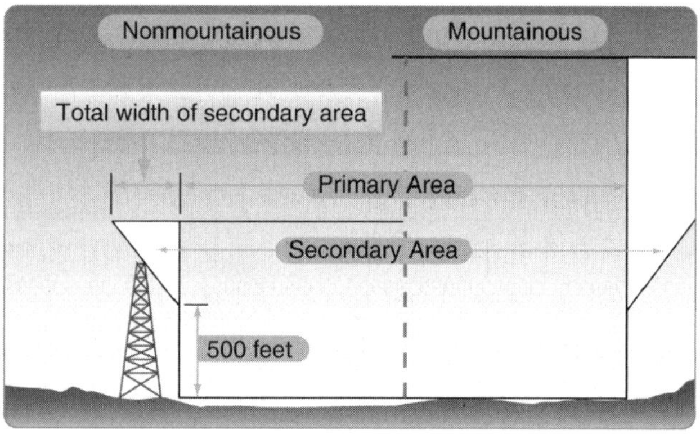

【그림2-30】 1차와 2차 장애물 통과높이 측면 비교

2개의 VOR로부터 신호 통달범위가 MEA에서 중첩(overlap)되는 곳의 COP는 통상 중간지점으로 지정된다. 무선 주파수 간섭(radio frequency interference) 또는 다른 항법 신호 수신에 문제가 존재하는 곳에서 COP는 신호 강도, 정렬 오차(alignment error), 또는 신호 수신

【그림2-31】 COP

(reception)에 영향을 주는 다른 알려진 상태를 고려해서 최적 위치에 지정된다. COP는 1차와 2차 장애물 통과높이 지역에서 유효하다. 장거리 항공로 또는 항로 구간에서 두 시설 사이의 거리가 102 NM 이상이고 COP가 중간지점에 지정되었다면 시스템 정밀도 라인(accuracy lines)은 8 NM과 12 NM의 최저 폭을 초과해서 확장되고 COP에서 [그림2-32]와 같이 플레어(flare; *외측으로 벌어지는 모양*) 모양이 될 수 있다. 항공로 또는 항로에 있는 오프셋 COP와 도그렉 구간(dogleg segment) 역시 COP에서 플레어(flare)가 될 수 있다.

2.3.7 직항로 비행

직항로 비행(direct route flights)은 설정된 항공로 또는 항로의 레디얼 혹은 코스를 따라서 비행하지 않고 원하는 NAVAID, Fix, 교차점 또는 공항까지 직행으로 항행하는 방식이다. 직항로 비행은 항공기가 통과하게 될 상공의 무선 픽스(radio fix)를 결정하는 방법으로 지정된다. 항로를 지정하기 위해서 선택된 픽스는 항공기의 위치가 정확하게 결정될 수 있는 픽스 상공이 되어야 한다. 이들 픽스는 ATC가 다르게 지시하지 않는 한 비행을 위해서 자동으로 필수보고지점

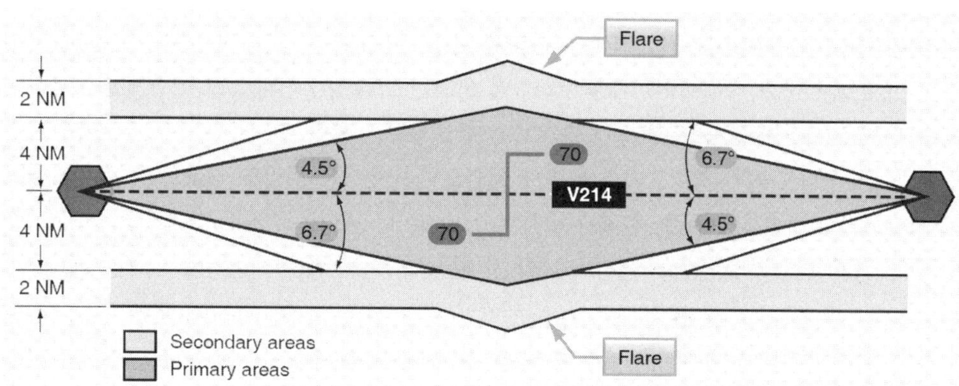

【그림2-32】 긴 항공로 또는 항로에서 유효 COP

(compulsory reporting point)이 된다. 특정 순항항로 구조에 설정된 이들 NAVAID만이 그 고도 구조 내에서 직항로 비행의 순항항로 단계를 지정하기 위해서 사용될 수 있다.

[그림2-33, 컬러]는 SCRAN 교차점(intersection)으로부터 R-2401A, B 그리고 R-2402 제한구역(restricted area) 바로 북쪽을 통과하는 Arkansas에 있는 Fort Smith Regional Airport까지 마그네틱 코스(magnetic course) 270° 직선 레디얼을 보여주고 있다. 공항과 제한구역은 정확하게 도식되어야 하므로 조종사는 제한구역 북쪽에서 비행하는 것을 보장한다. 이것은 실용적 관점에서(from the practical standpoint) Wizer NDB까지 직선으로 비행하는 것이 더 나을 수 있다. 이 항로가 제한구역으로부터 더 북쪽에 있을지라도 Fort Smith에서 RWY 25까지 항공기를 최종접근픽스(final approach fix; FAF) 위에 위치하도록 한다.

VOR 시설의 방위 그리고 VORTAC 그리고 TACAN 시설의 방위와 거리(DME) 특징은 설정된 항공로와 항로에 적용하고자 하는 특정 주파수 보호공역(frequency protected airspace)을 할당하고, 설정된 항공로 또는 항로를 벗어나 비행을 계획하기 위한 가이던스를 제공하기 위해서 할당된다. 이들 공역 구역은 등급 한계 또는 범주(category)라고 하는 지정된 크기(specified dimensions)의 원통형 서비스 크기(cylindrical service volume; SSV)의 용어로 표기된다. 운용서비스 크기는 각 VOR 등급을 위해서 해당 신호 통달범위(signal coverage)와 주파수 보호가 보장되도록 설정되어 있다. 조종사는 VOR, VORTAC, 또는 TACAN 시설을 쉽게 활용할 수 있도록 SSV와 일치하는 관제공역에서 직항로 비행을 지정하기 위한 것과 같이 이들 항법보조시설을 적용하는 데 있어서 다음 기준을 초과해서는 안 된다.

① FL 450 이상; 200 NM 이내에 있는 NAVAID를 활용하라. 이들 항법보조시설은 고고도 순항항로 차트에 그려져 있다.

② 18,000피트(MSL)~FL 450 비항로; 260 NM 이내의 NAVAID를 활용하라. 이들 항법보조시설은 고고도 순항항로 차트에 그려져 있다.

③ 18,000피트(MSL) 아래 비항로; 80 NM 이내에 있는 NAVAID를 활용하라. 이들 항법보조시설은 저고도 순항항로 차트에 그려져 있다.

④ 14,500피트(MSL)~17,999피트(MSL)까지 비항공로(off-airway); 200 NM 이내(H) 시설을 사용할 수 있다.

VOR/VORTAC/TACAN 시스템에 의존하지 않는 독립 탑재항법 시스템(self-contained airborne navigational system)의 사용이 증가하는 것은 NAVAID 서비스 크기 한계를 초과하는 직항로 비행을 위한 조종사 요청(pilot request)이 증가하고 있는 결과이다. 이들 직항로 요청(direct route request)은 직항로에서 조종사 책임으로 수행되는 항법을 기초로 승인되고 레이더 환경에서만 승인된다. ATC는 항공관제 목적으로 레이더 비행추적(radar flight following)을 제공한다. 이때 ATC는 NAVAID 서비스 크기 한계를 초과하는 레이더 환경에서 직항로를 개시한다. 이 경우에 ATC는 레이더 모니터링과 필요에 따라 항행조력(navigational assistance)을 제공한다. 직항로 비행을 위한 비행계획을 제출할 때 운항하고자 하는 층(stratum; 고도)에 적절한 항공로 또는 제트항로 번호(airway or jet route numbers)는 비행하게 될 항로 구간을 서술하기 위해서 포함될 수 있다. 다음은 직항로 비행에 대한 항로 구간을 서술한 사례이다.

MDW V262 BDF V10 BRL STJ SLN GCK

[From Chicago Midway Airport via Victor 262 to Bradford, Victor 10 to Burlington, Iowa, direct St. Joseph, Missouri, direct Salina, Kansas, direct Garden City, Kansas.]

[NOTE] 조종사는 무선 픽스를 이용해서 항로를 서술할 때 명칭이 있는 지점들 사이를 직선 코스로 비행한다는 것을 예상해야 한다.

조종사는 관제공역을 벗어난 이들 직항로 구간에서 장애물 통과높이 요건을 준수할 책임이 있다. 저고도 IFR 순항항로 차트에 있는 MEAs 그리고 다른 고도들은 관제공역 안에서 이들 항로 구간과 관련이 있고, 이들 고도는 비항로(off-route) 운항 중일 때 장애물 통과높이 기준에 충족하지 못할 수 있다.

※ Flight following(비행추적); 순항항로 진행 또는 비행종료 여부를 결정하기 위한 목적으로 특정 항공기를 지속적으로 레이더 혹은 무선교신으로 접촉을 유지하는 업무이다.

2.3.8 RNAV 항로

RNAV 항로(routes)는 RNAV 성능을 갖춘 항공기의 비행을 계획할 수 있는 고정된 영구 항로(fixed, permanent routes)이다. 전 세계에서 새로운 RNAV 항로의 사용이 증가하는 추세이고, 기존 도식된 재래식 항로는 RNAV 사용을 위해서 재지정되고 있다. 따라서 조종사는 재래식 순항항로 항공로에 RNAV 기술이 빠르게 변화되고 있는 것에 주의해야 한다. 현재까지 발행된 RNAV 항로는 장차 모든 순항항로 차트에서 적용될 것이다. RNAV 항로 지정(designation)은 명확하지만, 재래식 항공로와 함께 공통비행항적(common flight track)을 공유하고 있는 RNAV 항로 지정은 명확하지 않을 수 있다.

[NOTE] RNAV의 사용은 동적이고 빠르게 변화 중이기 때문에 순항항로 차트는 정보 변화를 위해 계속해서 업데이트되고 있어 차트 사이에서 일부 다른 점이 발견될 수 있다.

ATS(air traffic service) 항로를 위한 기본 지정자와 음성통신(voice communication)이 ATS의 사용을 위해서 설정되었었다. 항로 지정자 시스템(route designator system)의 주목적은 조종사와 관제사 모두 RNAV 항공로와 항로에 대해서 확실하게 참고할 수 있도록 하기 위함이다. ATS 항로는 지상과 공중탑재 자동화 시스템 모두에서 사용할 수 있도록 최대 5개의 알파벳/수문자(alpha/numeric characters)로 조합된다. 항로 지정자(route designator)는 고고도/저고도, RNAV와 같은 특정 공중탑재 항법 장비 필수요건에 따른 항로의 종류, 그리고 우선적이고 배타적(primarily and exclusively)으로 항로를 사용하고 있는 항공기 종류에 따라 지정된다. 기본 항로 지정자는 숫자 1에서 999까지 1개 혹은 2개의 문자로 조합된다.

(1) 항로 지정자의 구성

RNAV 항로 지정(route designation)에 특별히 포함되는 접두사 문자(prefix letters)는 다음과 같은 항목에 포함된다.

① 기본 항로 지정자는 숫자 1개 혹은 2개의 알파벳 문자 다음 1에서 999까지 구성된다.

ⓐ A, B, G, R; ATS 항로(routes)의 지역적 네트워크(regional networks)의 부분을 형성하지만, RNAV 항로가 아닌 항로이다.

ⓑ L, M, N, P; ATS 항로의 지역적 네트워크 부분을 형성하는 RNAV 항로이다.

ⓒ H, J, V, W; ATS 항로의 지역적 네트워크를 형성하지 않고 RNAV 항로가 아닌 항로이다.

ⓓ Q, T, Y, Z; ATS 항로의 지역적 네트워크를 형성하지 않는 RNAV 항로이다.

② (적용되는 경우) 기본 지정자에 1개의 보충 문자가 접두사로 추가될 수 있다.

ⓐ K; 주로 헬리콥터의 활용을 위해서 설정된 저고도 항로를 지시한다.

ⓑ U; 상층/고고도 공역(upper airspace)에 설정된 항로 또는 부분을 지시한다.

ⓒ S; 가속/감속 중, 그리고 초음속비행하는 동안 초음속 비행기가 사용할 수 있도록 특별히 설정된 항로를 지시한다.

③ (적용되는 경우) ATS 항로의 기본 지정자 다음에 보충 문자 접미사가 추가될 수 있다.

ⓐ F; 항로 또는 부분이 조언 서비스만 제공되는 것을 지시한다.

ⓑ G; 항로 또는 부분이 비행 정보 서비스만 제공되는 것을 지시한다.

ⓒ Y; 30°와 90° 사이의 항로에서 모든 선회가 직선 구간 사이에 22.5 NM의 반경으로 지정된 접선 원호(tangential arc)의 허용오차 내에서 이루어져야 하는 것을 나타내기 위한 FL 200 그리고 그 이상에서 RNP 1 항로이다.

ⓓ Z; 30°와 90° 사이의 항로에서 모든 선회가 직선 구간(straight leg segments) 사이에 15 NM의 반경으로 지정된 접선 원호(tangential arc)의 허용오차 내에서 이루어져야 하는 것을 나타내기 위한 FL 190 그리고 그 아래에서 RNP 1 항로이다.

[NOTE] RNAV Q-항로는 항법 시스템 업데이트 소스(update source)를 기반으로 NAV/E2 코드와 PBN/C1-C4에 상응하는 순항항로 RNAV 2를 필요로 한다.

(2) 통신에서 지정자의 사용

음성통신(voice communication)에서 지정자의 기본 문자(basic letter of designator)는 ICAO 알파벳 발음법에 따라 말해야 한다. 앞서 언급한 것과 같이 접두사 K, U, 또는 S는 음성통신에서 사용할 때 다음과 같이 발음되어야 한다.

- K-Kopter
- U-Upper, as in the English language
- S-Supersonic

앞에서 다른 접미사 F, G, Y or Z가 사용될 때 비행승무원은 음성통신에서 이들의 사용을 필요로 하지 않는다. 다음은 문자와 숫자를 어떻게 발음해야(spoken) 하는지에 관한 사례이다.

- A11-Alpha Eleven
- UR5-Upper Romeo Five
- KB34-Kopter Bravo Thirty Four
- UW456-Upper Whiskey Four Fifty Six

[그림2-34, 컬러]의 순항항로 차트에서 발췌한 것에는 J804R, J888R, 그리고 J996R과 같은 3개가 발행된 RNAV 제트항로를 묘사하고 있다. 접미사 R은 RNAV 항로임을 나타내고 있는 보충 항로 지정자(supplementary route designator)이다. AMOTT 교차점과 웨이포인트를 위한 중첩 부호(overlapping symbols)는 AMOTT 재래식 항법 또는 위도와 경도 좌표를 이용해서 식별할 수 있음을 나타낸다. 비록 좌표가 원래 INS(inertial navigation system)를 갖춘 항공기를 위해서 포함될지라도 이들은 당신이 원하는 순항항로 코스를 유지하고 있는지 차트에 있는 좌표와 FMS(flight management system) 또는 GPS 데이터베이스에 있는 좌표를 비교할 수 있는 양호한 수단이다. AMOTT RNAV 웨이포인트는 Anchorage VORTAC으로부터 베어링과 거리를 포함된다.

2.3.9 랜덤 RNAV 항로

랜덤(random) RNAV 항로는 위도와 경도 좌표, 도-거리 픽스(degree-distance fixes)로 지정된 웨이포인트들 사이 또는 지정된 거리와 방향에서 설정된 항공로 또는 항로로부터 RNAV 성능을 기반으로 한 직항로(direct routes)이다. 모든 랜덤 RNAV 항로는 ATC가 제공하는 레이더 모니터링을 필요로 한다. 따라서 랜덤 RNAV 항로는 레이더 환경에서만 승인된다. 랜덤 RNAV 항로를 승인할 때 ATC가 고려해야 하는 요소들은 교통량의 흐름과 함께 레이더 모니터링과 적합성(monitoring and compatibility)을 제공할 수 있는 능력을 고려해야 한다. ATC 레이더는 각 비행을 모니터하지만, 랜덤 RNAV 항로에서 항법은 조종사의 책임이다.

RNAV 장비를 갖춘 항공기 조종사는 NAS를 통해서 RNAV 항로를 위한 비행계획서를 다음과 같은 절차에 따라 제출할 수 있다.

① 공항-공항 비행계획서를 제출하라.
② 비행계획서에 적절한 RNAV 성능 인증 접미사를 기입하라.
③ 비행 범위 내에서 적절한 고도 층에서 도착과 출발 전이 픽스 또는 NAVAIDs에서 시작과 종료할 수 있도록 비행계획서의 랜덤 항로(random routes) 부분을 계획하라. 우선(preferred) DPs 그리고 STAR가 설정되어 있다면 이들을 사용할 것을 권장한다.
④ 비행의 랜덤 항로 부분으로 향하거나 나오기(to and from) 위한 전이 항로 구조를 계획(제출)하라.
⑤ 웨이포인트로 랜덤 항로를 지정하라. 고도 층에 적절한 NAVAID를 기반으로 도-거리 픽스를 이용한 항로묘사웨이포인트(route description waypoint)를 계획하라.

⑥ 랜덤 항로로 비행하게 될 지역에 있는 각 ARTCC를 위한 최소한 1개의 항로묘사웨이포인트를 계획하라. 이들 웨이포인트는 이전 센터의 경계로부터 200 NM 이내에 있어야 한다.
⑦ 항로에서 각 선회지점(turn points)을 위한 추가 항로묘사웨이포인트를 계획하라.
⑧ 비행계획에 제출된 항로를 경유한 정밀한 항법을 보장하는데 필요한 추가 항로묘사웨이포인트를 계획하라. 항법은 ATC 조력을 요청하지 않는 한 조종사의 책임이다.
⑨ 금지구역과 제한구역을 통과하기 위한 승인을 받고 적절한 ATC 시설의 도움을 받지 않는 한 이들 공역은 3 NM 이상 회피할 수 있도록 항로를 계획하라.

[NOTE] NAS에서 활용을 승인받기 위해서 RNAV 장비는 적절한 시스템 성능, 정밀도, 그리고 감항성 표준에 충족해야 한다. 장비 필수요건에 관한 추가 설명은 AC 20-138C를 참고하라. 공중탑재 항법 데이터베이스에 관해서는 AC 90-105를 참고하라.
※ AC 20-138C; Airworthiness Approval of Positioning and Navigation Systems
※ AC 90-105; Approval Guidance for RNP Operations and Barometric Vertical Navigation in the U.S. National Airspace System.

VOR/TACAN 시설을 참고하지 않고 위도와 경도를 이용한 좌표 항법 성능을 갖춘 항공기를 비행하는 조종사는 다음과 같은 절차에 따라 FL 390 그리고 그 이상에서 랜덤 RNAV 항로를 위한 비행계획을 제출할 수 있다.
① 출발 전 공항-공항 비행계획서를 제출하라.
② 비행계획서에 적절한 RNAV 성능 인증 접미사를 기입하라.
③ 발행된 전이 절차가 없는 공항을 위한 적절한 NAVAIDs 또는 발행된 도착과 출발 전이 픽스 상공에서 시작과 종료할 수 있도록 비행계획서의 랜덤 항로 부분을 계획하라. 우선 DPs 그리고 STAR가 설정되어 있다면 이들을 사용할 것을 권장한다.
④ 금지구역과 제한구역을 통과하기 위한 승인을 받고 적절한 ATC 시설의 도움을 받지 않는 한 이들 공역은 3 NM 이상 회피할 수 있도록 항로를 계획하라.
⑤ 출발 픽스(departure fix) 후 항법참조시스템(Navigation Reference System; NRS) 웨이포인트 형식 또는 근사치 분(nearest minute)으로 도식된(plotted) 위도/경도 좌표 형식으로 목적지 공항을 위한 중간 픽스(선회지점)와 도착 픽스를 포함하여 항로를 지정하라. 위도/경도 좌표로 제출하기 위해서 도착 픽스(arrival fix)는 아래 사례와 같이 위도와 경도 좌표 그리고 픽스 식별자(fix identifier) 모두로 식별되어야 한다.

MIA[1] SRQ[2] 3407/10615[3] 3407/11546 TNP[4] LAX[5]

1. Departure airport(출발공항)
2. Departure fix(출발 픽스)
3. Intermediate fix (turning point; 중간 픽스-선회지점)
4. Arrival fix(도착 픽스)
5. Destination airport(목적지 공항)

또는

ORD[1] IOW[2] KP49G[3] KD34U[4] KL16O[5] OAL[6] MOD2[7] SFO[8]

1. Departure airport(출발공항)
2. Transition fix(pitch point; 전이 픽스-피치 포인트)
3. Minneapolis ARTCC waypoint(ARTCC 웨이포인트)
4. Denver ARTCC waypoint(ARTCC 웨이포인트)
5. Los Angeles ARTCC waypoint(catch point) (ARTCC 웨이포인트-캐치 포인트)
6. Transition fix(전이 픽스)
7. Arrival(도착)
8. Destination airport(목적지 공항)

⑥ 위도/경도 좌표를 기록하라. 위도는 도와 분(degree and minute)으로 4-숫자를 기입하고, 경도는 도와 분으로 5-숫자로 기입한다.
⑦ FL 390 이상에서 랜덤 RNAV 항로를 위한 비행계획서를 제출하라.
⑧ 모든 항로/항공로 구간에서 대권항로(great circle track)로 비행하라.
⑨ 랜덤 RNAV 인가 혹은 항로 수정을 위해서 비행 중 순항항로 ATC 시설에 요청하라.

2.3.10 비항공로

규정에는 항공로, 제트항로, RNAV 저고도와 고고도 항로, 그리고 MEA가 지정된 다른 직항로(direct route)에서 IFR 항공기 운용에 관한 고도를 규정하고 있다. 이외에도 산악지형과 COP에 관해서도 규정하고 있다. 비항공로(Off-airway)는 항공로 또는 제트항로와 동일 방식과 동일 기준으로 설정된다. 만약 조종사가 운임을 받거나 고용되어 정기 항공사(scheduled air carrier) 혹은 운송업자로서 비행계획서를 제출한다면 off-airway 항로를 설정하기 위한 요청은 항공사와 직접 업무를 수행하고 FAA-승인을 담당하는 주임운용담당관(principal operations inspector; POI)을 통해서 항공사에서 개시되어야 한다. 항공사 승인 항로(air carrier authorized routes)는 [그림2-35]와 같이 항공사 운항 인증의 후원하에 항공사 운항기준(OpSpecs)에 반드시 포함되어야 한다. 공공 항법 시설에 기술되어 있고(predicated) 전체가 관제공역 안에 포함된 Off-airway 항로는 Direct Part 95 항로와 같이 발행된다. 사설 항법 시설(privately owned navigation facilities)에 기술되어 있고 전체가 관제공역 안에 포함되어 있지 않은 Off-airway 항로는 off-airway non-Part 95 항로와 같이 발행된다. Off-airway 항로의 적절성을 평가하는 데 있어서 다음 사항들을 고려해야 한다.

- 항공기 기종과 사용되는 항법 시스템
- 군 기지에 근접성
- 훈련구역
- 저고도 군 항로
- 항로 선상의 적절한 무선통신 가능성

Authorized areas of en route operation	Limitations, provisions, and reference paragraphs
The 48 contiguous United States and the District of Columbia	Note 1
Canada, excluding Canadian MNPS airspace and the areas of magnetic unreliability as established in the Canadian AIP	Note 3
SPECIAL REQUIREMENTS: Note 1 - B-737 Class II navigation operations with a single long-range system is authorized only within this area of en route operation. Note 3 - Only B-747 and DC-10 operations authorized in these areas.	

【그림2-35】 순항항로 운용이 승인된 지역

Off-airway 항로로 비행하고자 계획하고 있는 상업 운용자(commercial operator)는 NAS에서 GPS와 다른 RNAV 시스템을 활용하기 위한 순항항로 승인에 관한 제한과 규정(limitations and provisions)을 다루고 있는 항공사 운항기준에 특별한 지시(specific instructions)를 갖추고 있어야 한다. 항공사 매뉴얼과 점검표는 장거리 항법(long-range navigation)을 위한 연습과 절차 그리고 장거리 항법 장비의 사용에 관한 훈련이 포함되어야 한다. 최소장비목록(minimum equipment list; MEL)과 정비 프로그램은 장거리 항법 장비를 다루어야 한다.

※ Principal Operations Inspector(주임운용담당관); 상업 정기 항공사와 운용자는 회사 업무를 직접 담당하면서 FAA와 운항 승인을 협조하는 업무를 수행한다.

(1) 비항로 장애물 통과높이 고도

비항로 장애물 통과높이 고도(off-route obstruction clearance altitude; OROCA)는 평지에서 1,000피트 그리고 산악지역에서 2,000피트의 장애물 통과높이 완충고도(buffer altitude)를 제공하는 비항로 고도(off-route altitude)이다. OROCA는 지상기반 NAVAID, ATC 레이더, 또는 통신 등의 신호 통달범위(signal coverage)를 제공하지 못한다. OROCA는 주로 비상상황과 상황인식(SA)을 위한 조종사의 수단으로써 사용하고자 함이다. 따라서 순항항로 차트에 도식된 OROCA는 관제공역 혹은 비관제공역에서 비항로(off-route), 랜덤 RNAV 직항로 비행(direct route flight) 목적으로 조종사에게 지형과 장애물 통과높이를 활용할 수 있는 고도를 제공하지 않는다. OROCA는 MEA, MVA, MOCA, 그리고 다른 IFR 최저고도와 같은 수준의 정밀한 검사(same scrutiny)를 받지 않는다. OROCA는 [그림2-36, 컬러]과 같이 동일한 장애물 평가, 공항 공역분석 절차, 또는 비행검사가 수행되지 않기 때문에 이들은 다른 IFR 고도와 같은 동일한 수준의 신뢰성을 제공할 수 없다. 공항을 출발할 때 VFR로 비행하고자 하거나 IFR 순항항로 인가를 얻을 필요가 있는 조종사는 지형과 장애물에 대한 항공기의 상대적 위치에 주의해야 한다. 조종사는 MEA, MIA, MVA, 또는 OROCA 아래에서 인가를 받았을 때 MEA, MIA, 또는 MVA에 도착할 때까지 지형/장애물 회피에 대한 책임을 갖는다. 만약 시각적으로 지형과 장애물을 회피할 수 없다면 조종사는 ATC에 통보하고 조종사의 의도를 통보해 주어야 한다.

모든 랜덤 RNAV 비행을 위해서 조종사가 통과 비행하고자 하는 각 ARTCC에 최소한 1개의 웨이포인트를 지정할 필요가 있다. RNAV 직항로에서 발생할 수 있는 가장 큰 문제 중 하나는 항로가 특별사용공역(special use airspace; SUA)을 통과하는지를 결정하는 것이다. 대부분의 직항로에서 금지구역, 제한구역, 또는 특별사용공역을 통과하게 될 확률이 높다. 모든 직항로는 금지구역 또는 제한구역을 최소한 3 NM 이상 피할 수 있도록 계획되어야 한다. 만약 직항로에서 특별사용공역을 피하려고 굽어져야(bend) 한다면 선회지점이 비행계획의 한 부분이 되어야 한다.

오늘날 가장 많이 사용되는 2종류의 장거리 항법 시스템은 GPS와 통합된 FMS 그리고 단독(stand-alone) GPS이다. 다음 사례는 RNAV 시스템이 랜덤 RNAV 항로를 비행하기 위해서 어떻게 사용되는지 간단하게 보여주고 있다. [그림2-37, 컬러]과 같이 항공기는 Lindbergh Regional Airport in Winslow까지 남서쪽 기수방위에서 RNAV(showing both GPS and FMS) 직항로(direct route)를 이용하면서 Tuba city VORTAC의 북동쪽 FL 200에 있다. 조종사가 고고도 순항항로 차트에 대한 항공전자에서 항공기의 위치를 모니터링하고 교차점검하는 동안 항공사로부터 도식 차트와 같이 원래 비행계획을 변경해야 하는 Las Vegas로 긴급전환(divert)을 지시하는 메시지를 받았다.

조종실에서 고고도와 저고도 순항항로 차트를 검토하는 동안 최선의 방책(best course of action)은 045° 레디얼에서 Las Vegas VORTAC의 28 DME 북동 위치에 있는 MIRAJ 웨이포인트까지 직행으로 비행하는 것으로 결정했다. 이것은 원래보다 더 멀리 그리고 Las Vegas로 향하는 중간 픽스로 진행하도록 우회를 허용하면서 항공기를 259° 마그네틱 코스 인바운드에 있는 193 NM에 위치하게 하고, 북쪽으로 긴급전환(divert)하는 것을 피하는 데 도움이 될 수 있다. 조종사는 MIRAJ까지 신속한 직행비행을 위해서 RNAV 랜덤 항로 인가를 요청해야 한다. Denver Center는 Las Vegas로 다음과 같은 수정 비행계획과 함께 최초인가(initial clearance)로 되돌아 간다.

“Marathon five sixty four, turn right heading two six zero, descend and maintain one six thousand, cleared present position direct MIRAJ.”

고고도 차트에서 항공기 현재 위치의 위도와 경도 좌표는 코스가 변경됨에 따라 N36 19.10, W110 40.24가 되었다. 비행이 Las Vegas로 항로를 변경함에 따라 GPS 이동지도(상부 왼쪽), FMS 제어디스플레이장치(control display unit; below the GPS), 그리고 지도 모드 항법 디스플레이(map mode navigation display)를 주의해서 관찰해야 한다. 조종사는 상황인식을 위해서 비행이 Las Vegas 지역에 도착함에 따라 직항로에 있는 저고도 차트에서 OROCA로부터 충분한 고도에 있는지 주의해야 한다.

2.3.11 항법 시설의 모니터링

대부분의 NDB와 마커비컨(marker beacons)과 마찬가지로 VOR, VORTAC, 그리고 ILS 시설은 내부 모니터링 기능(internal monitoring feature)이 있다. 내부 모니터링은 성능이 설정된 허용오차(tolerance) 아래로 떨어졌다면 시설의 운용이 중단(shutdown)되도록 하는 장비의 특성이다. 원격 상태 지시기(remote status indicator) 역시 신호 샘플링 수신기(signal sampling receiver), 마이크로웨이브 링크(microwave link), 또는 전화 회선(telephone circuit) 등을 사용해서 제공될 수 있다. 구형 NDB와 일부 non-FAA NDB는 내부 모니터링 특징이 없을 수 있고, 이들 시설의 모니터링은 매시 최소한 한 번씩(at least once each hour) 수동으로 운용 상태를 점검하고 있다. AFSS 그리고 ARTCC/Sector와 같은 시설은 통상 NAVAID 시설 상태를 위한 측량기준점(control point)이 있다. 조종사는 NAVAID 상태에 관한 비행 중 의문이 있다면 해당 항공시설에 문의할 수 있고, NAVAID와 관련 모니터링 장비는 계속해서 변경될 수 있으므로 비행 전 NOTAM을 확인해야 한다.

2.3.12 항행 코스 갭

MEA 항행 코스 갭(navigational course gap)은 항법 신호 통달범위에 갭(gap; *간격, 틈새*)이 존재하는 항공로 또는 항로 구간에 있는 거리이다. 항행 갭은 항공로 또는 항로 구간을 위한 공역 구조에서 1개 이상의 갭이 존재하지 않고 해수면 0 NM부터 45,000피트(MSL) 65 NM까지 고도에 비례해서 변하는 특정 거리를 초과하지 않아야 한다. 이외에도 갭은 항공로 또는 항로 선회지점에서는 존재하지 않는다. 비행 중에 가용한 최대 연속 코스 유도의 양을 확인하는 데 도움이 되도록 직선과 선회 구간 모두를 위한 순항항로 기준이 설정되어 있다. 고도의 변화가 요구되는 큰 갭이 존재하는 곳에서 MEA "steps"은 전체 구간의 총 갭(total gap)이 공역 구조 안에서 18,000피트(MSL) 미만이라면 2,000피트 이상(not less than), 또는 18,000피트(MSL) 또는 그 이상에서는 4,000피트 이상 간격이 존재하지 않게 설정되어야 한다.

MEA 스텝(steps)은 문제 구역에서 연속 또는 반복된 고도 변화의 가능성을 제거하기 위해서 어느 두 시설 사이에 한 개의 스텝으로 제한된다. 조종사가 볼 것으로 예상할 수 있는 허용가능 항행 갭(allowable navigational gap)은 부분적으로 [그림2-38]에 묘사된 그래프를 참고해서 결정된다. MEA는 V134에서 Carbon VOR/DME의 북서쪽 항법 신호 통달범위에 갭이 설정된 순항항로 차트에서 발췌한 것을 참고하라. MEA 13,000에서 허용가능 항행코스유도 갭은 [그림2-38]에 도식된 것과 같이 대략 18.5 NM이다. 차트에서 항행 갭 구역은 항법 시설로부터 거리로 식별되지 않는다. 따라서 비행계획을 수립할 때 갭 구역을 항행하는데 필요한 추측항법(dead reckon)을 위해서 적절한 항공도를 준비함으로써 MEA 갭 구간을 항행하는 데 도움이 될 것이다. 갭 전후 지상항적(ground track)을 계산하는 것 역시 항행코스유도(navigational course guidance)가 가용하지 않을 때 온 코스(on course)를 유지하는 데 도움이 될 수 있다.

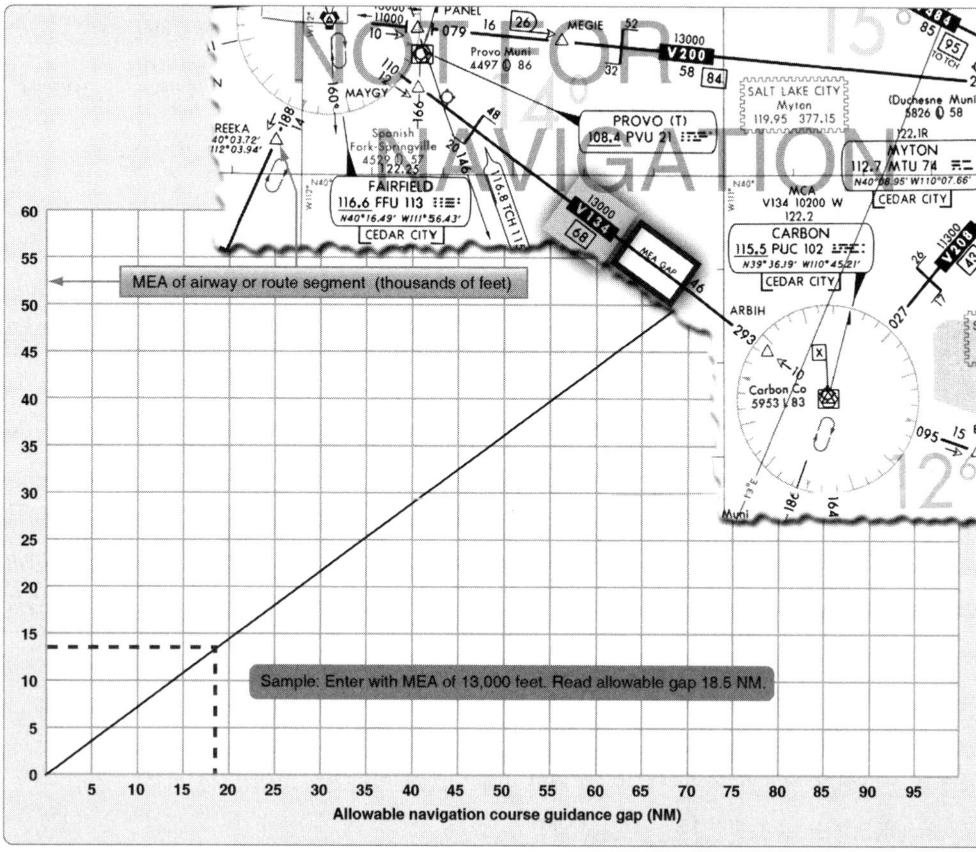

【그림2-38】 Off-route obstacle clearance altitude

2.3.13 NAVAID 정밀도 점검

IFR로 운항하는 항공기의 장비는 이륙하기 전에 규정된 허용오차(specified tolerance) 내에 있는지 점검할 것을 요구하고 있다. 이를 위해서 승인된 절차가 있을 때 이들은 모든 장비 점검을 위해서 사용되어야 한다.

(1) VOR 정밀도

VOR 정밀도(accuracy)는 다음과 같은 방법을 적용해서 점검할 수 있다.

- VOR 테스트 시설 신호(VOR test facility signal; VOT)
- VOR 체크포인트 신호(checkpoint signal)
- 복식(dual) VOR 점검
- 공중(airborne) VOR 점검

(2) VOT

VOT는 승인된 테스트 신호(approved test signal)이고 공항에 설치되어 있다. 조종사는 이륙 전에 조종실에서 VOT를 이용해서 VOR 정밀도를 점검할 수 있다. VOT는 다음과 같은 방법으로 점검한다.

① VOR 수신기에 VOT 주파수를 맞춘다. VOT 주파수는 Chart Supplement에 수록되어 있다. 이들 주파수는 모스 코드 도트(Morse code dots) 또는 지속 1020-사이클 톤(cycle tone)으로 코드화된다. [그림2-39]

VOR test facilities (VOT)

Facility Name (Airport Name)	Frequency	Type VOT Facility	Remarks
Bradlay Intl	111.40	G	
Bridgeport	109.25	G	
Groton	110.25	G	
Hartford	108.20	G	

【그림2-39】 VOR 테스트 시설(VOT) 주파수

② VOR에서 OBS를 0°에 맞추고 CDI는 중앙을 지시해야 한다. TO/FROM 지시기는 FROM을 지시해야 한다.

③ VOR에서 OBS를 180°에 맞추고 CDI는 중앙을 지시해야 한다. TO/FROM 지시기는 TO를 지시해야 한다.

[NOTE] 수신기에서 정확한 오차를 결정하는 것은 CDI가 중앙이 될 때까지 OBS를 돌리면서 180° 또는 0° 사이 차이 값을 점검한다. VOT 시스템 점검을 위한 최대 방위 오차(maximum bearing error)는 ±4°이다. 오차가 4° 이상이라면 VOR 수신기는 허용오차 범위를 초과한 것이다.

(3) VOR 체크포인트 신호

대부분 공항은 유도로 측면에 [그림2-40]과 같이 VOR 체크포인트 신호를 갖추고 있다. 이들 신호는 공항에서 신호가 지정하고 있는 레디얼에 대해서 항공기의 VOR 수신기를 점검할 수 있도록 VOR로부터 충분한 신호 강도를 제공하는 정확한 지점(exact point)을 나타낸다. VOR 체크포인트를 다음과 같은 방법으로 점검한다.

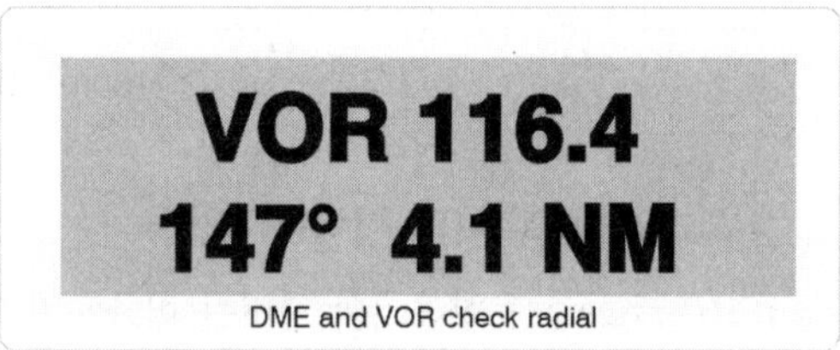

【그림2-40】 VOR 체크포인트 표지판

① VOR 수신기에 정확한 VOR 주파수에 맞추어라.

② VOR 주파수를 식별하라.

③ OBS를 돌려 발행된 레디얼을 맞추어라.

④ CDI가 중앙이 되도록 조정하라.

⑤ 각 방향으로 OBS를 10° 돌려 지시침 민감도를 확인하라.

⑥ 반대 레디얼에 맞추고 TO/FROM 지시가 바뀌는지 확인하라.

⑦ 항공기 장비와 지정 레디얼 사이의 최대 오차는 4° 그리고 공시된 거리는 0.5 NM이다.

(4) 복식 VOR 점검

만약 VOT 또는 VOR 체크포인트가 가용하지 않고 항공기가 복식 VOR을 갖추고 있다면 2개의 VOR을 동시에 VOR 시설에 맞추고 그 송신소를 행해서 지시하고 있는 베어링을 관찰해서 하나씩 차례로 점검한다. 2개의 VOR 사이의 차이가 4° 이상일 때 수신기의 하나는 허용오차 범위를 초과하고(out of tolerance) 있음을 나타낸다.

(5) 공중 VOR 점검

VOR 장비는 발행된 레디얼(published radial)에 있는 픽스 또는 지형지표(landmark) 상공을 비행하면서 지시된 레디얼을 관찰하여 정밀도를 점검할 수 있다. 공중 VOR 점검 중 발행된 레디얼로부터 6° 이상 허용오차 범위를 초과한다면 IFR 항법에 사용할 수 없다.

(6) NDB 정밀도 점검

조종사는 항법을 위해서 NDB를 사용하기 전에 반드시 NDB를 식별해야 하고 계기접근을 위해서 사용하는 동안 지속해서 모니터해야 한다. IDENT 기능이 없으므로 비록 시설에서 전파가 전송되고 있을지라도(정비 또는 테스트 목적으로 짧은 순간) NDB의 고장을 지시한다. 만약 부정확한 IDENT를 청취했다면 NDB를 사용해서는 안 된다.

(7) RNAV 정밀도 점검

RNAV 정밀도(accuracy) 점검은 장비와 제작사에 따라 다르므로 가용한 모든 간행물 절차(written procedures)에 따라야 한다. 다음은 비행 전 시스템의 정밀도를 점검할 때 적용해야 하는 일반적인 점검 항목을 나열한 것이다.

① 시스템 초기화(initialization); 조종사는 항법 데이터베이스가 최신 것인지 그리고 항공기의 현재 위치(aircraft present position)가 정확하게 입력되었는지 확인해야 한다.

② 액티브 비행계획 점검; 액티브 비행계획(active flight plan)은 지도 디스플레이와 함께 항공도, 출발 및 도착절차, 그리고 다른 적용할 수 있는 문서와 비교해서 점검해야 한다.

③ 이륙 전; RNAV 시스템이 가용한 지 확인하라. 항공기 위치가 변하고 있을 때 시스템이 업데이트되고 있는지 점검하라.

[NOTE] 비행하는 동안 RNAV 시스템에 있는 VOR/DME에 대한 방위/거리(bearing/range)가 나타나고 있는 것은 특정 NAVAID의 실제 RMI 지시를 비교해서 시스템의 정밀도를 지속해서 확인하라.

2.3.14 웨이포인트

웨이포인트(waypoint)는 RNAV 항로 또는 RNAV를 사용하고 있는 항공기의 비행경로(flight path)를 지정하기 위해서 사용되는 위도/경도 좌표 혹은 픽스에 관해서 지정되는 기결정된 지리적 위치(predetermined geographical location)이다. 웨이포인트는 공중에 단순하게 명칭이 부여된 지점(named point)일 수 있고 혹은 현재 사용되고 있는 NAVAID, 교차점, 또는 픽스가 될 수 있다. 웨이포인트는 대부분 비행경로 선상에서 방향, 속도, 또는 고도의 변화를 지시하는 데 사용된다. RNAV 절차에서는 플라이-오버(fly-over; FO) 그리고 플라이-바이(fly-by; FB) 웨이포인트 모두 사용된다. FO WP는 항공기가 수직 상공으로 통과해야 하는 웨이포인트이다. FB WP는 두 직선이 교차하고 있음을 나타내는 교차를 표시해주는 웨이포인트이다. 이 웨이포인트는 [그림2-41]과 같이 항공기가 수직 상공으로 통과하지 않으나 정밀하게 계산된 선회를 이용해서 다음 비행경로로 전이시키기 위한 웨이포인트이다.

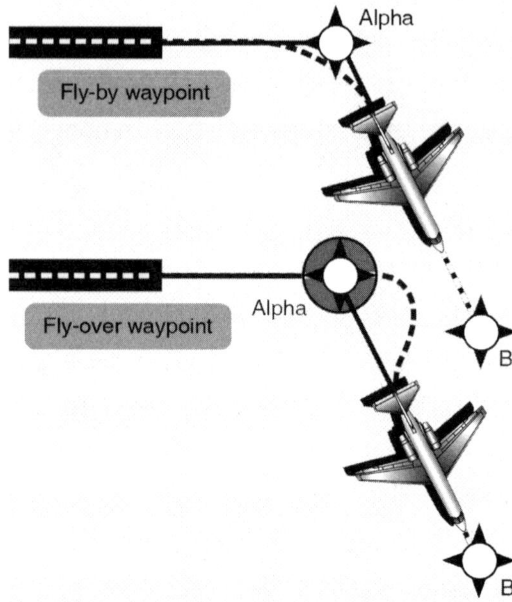

【그림2-41】 Fly-by and Fly-over waypoints

(1) 사용자-지정 웨이포인트

조종사는 자신의 랜덤 RNAV 직항로 항법에 사용할 수 있도록 사용자-지정 웨이포인트(user-defined waypoint)를 생성할 수 있다. 이들은 지리적 위치를 지시하는 새로 설정된 비발행 공역 픽스(unpublished airspace fixes)이고, 항법을 위한 포지티브 코스 유도(positive course guidance; PCG)를 제공하면서 비행이 진행되는 상황을 확인할 수 있는 유용한 수단이다. 이들은 조종사가 순항항로 차트에 실제로 도식하거나 도식되지 않을 수 있지만 통상 베어링과 거리 또는 위도/경도에 관해서 ATC와 협력이 이루어져야 한다. 전형적인 사용자-지정 웨이포인트의 사례는 키보드 입력(keyboard input), 그리고 디스플레이에서 커서(cursor)로 웨이포인트를 지정하기 위해서 사용되는 전자 지도 모드 기능(electronic map mode functions)을 포함하여 다양한 수단들을 이용해서 생성된 것들을 포함한다. 또 다른 사례는 항법 시스템의 다양성을 이용한 VORTAC 그리고 TACAN과 같은 NAVAID로부터 방위와 거리로 형성되는 공간점(point-in-space; PinS)인 오프셋 팬텀 웨이포인트(offset phantom waypoint)이다. 이들은 비행계획서에 비발행 웨이포인트를 지정할 때 주파수/방위/거리 형식 또는 위도와 경도를 사용해서 ATC와 협력이 이루어져야 하고, 이들은 ATC가 다르게 지시하지 않는 한 자동으로 필수보고지점(compulsory reporting point)이 된다. FL 390 이상에서 비행하는 위도와 경도 항법 시스템을 갖춘 모든 항공기는 선회지점(turning point)을 지정하기 위해서 위도와 경도를 사용해야 한다.

(2) 플로팅 웨이포인트

플로팅 웨이포인트(floating waypoint) 또는 보고지점(reporting point)은 재래식 항공로와 직접 관련이 없는 공간점(point in space; PinS)에 있는 공역 픽스를 나타낸다. 이들 대부분은 ATC 미터링 픽스(metering fix), 체공지점(holding point), RNAV-직항로, 게이트웨이(gateway; 공항 발착지가 되는 관문) 웨이포인트, 순항항로 구조에서 이탈하는(leaving) STAR 원점(origination point), 그리고 순항항로 구조와 연결되는(joining) SID 종점(terminating point)과 같은 목적으로 설정된다. [그림2-42, 위, 컬러] 사례에서 저고도 순항항로 차트에서 뚜렷하게 강조되고 있는 3개의 플로팅 웨이포인트(SCORR, FILUP, CHOOT)가 설정되어 있다. 이들 웨이포인트는 하나만 존재하고 발음이 되지 않는(unique and pronounceable) 5-문자 식별자로 명칭이 부여되었음을 알 수 있다. 조종사는 유사한 웨이포인트 명칭에 주의해야 한다. 아래 사례에서 발췌한 고고도 순항항로 차트에 유사한 종류의 플로팅 웨이포인트(SCOOR)가 있음을 알 수 있다. 이것은 데이터베이스-기반 항법 시스템에서 웨이포인트를 정확하게 입력하는 것이 얼마나 중요한지를 보여주는 사례이다. 한 웨이포인트 문자가 당신의 항법 시스템에 잘못 입력되었을 때 그 비행은 엉뚱한 방향으로 비행할 수 있다. 또한, SCOOR 플로팅 웨이포인트는 악기상회피플랜(Severe Weather Avoidance Plan; SWAP) 순항항로 차트에도 그려질 수 있다. 이들 웨이포인트와 SWAP 항로는 악기상(severe weather)이 동쪽 해안(East Coast)에 영향을 줄 때 조종사와 관제사를 보조한다.

2.3.15 컴퓨터 항법 성능

일반적으로 순항항로 차트를 사용하고 있는 RNAV의 통합 부분(integral part)은 공중탑재 항법 데이터베이스(airborne navigation database)의 사용을 포함한다. 기본적으로 GPS 수신기는 TO-TO 항법이기 때문에 이들은 항상 지정된 지점(defined point)까지 항행하게 될 것이다. 중첩접근(overlay approach)에서 발음이 되지 않는 5-문자 명칭이 접근 웨이포인트 혹은 픽스를 위해서 발행되었다면 이것은 문자와 번호로 구성되는 데이터베이스 식별자(database identifier)로 주어진 것이다. 이들 지점은 접근절차 데이터베이스에 있는 웨이포인트 명칭에 나타나지만 접근차트에는 나타나지 않을 수 있다. 공중탑재 컴퓨터 시스템(GPS or FMS)을 위한 항행 항적(navigation track)을 지정하기 위한 목적으로 사용된 지점을 컴퓨터항법픽스(Computer Navigation Fix; CNF)라 한다.

CNF는 무명 DME 픽스, DME 아크(arcs)의 시작과 종료 지점, 그리고 일부 GPS 중첩접근에 있는 센서 최종접근픽스(final approach fix; FAF)를 포함한다. FAA는 접근차트/데이터베이스 상관과정(correlation process)을 돕기 위해서 [그림2-43, 컬러]와 같이 CNF에 5-문자 명칭을 부여하고 다양한 국립해양업무 항공 제작물(National Oceanic Service aeronautical product)에 CNF를 도식하기 위한 프로그램을 시작했다. 이들 CNF는 사전에 평가되지 않는 픽스를 위한 체공(holding)과 같이 ATC 적용(application)을 위해서 사용될 수 없다. CNF는 재래식 보고지점, 픽스, 교차점, 그리고 웨이포인트로부터 구분하기 위해서 도식된다. CNF 명칭은 이것이 지정된 CNF 옆에 괄호(예, MABEE) 속에 표기된다. 만약 CNF가 교차하고 있는(crossing) 레디얼 또는 레디얼/DME와 같은 수단으로 지정된 현존하는 지점(existing point)에 없다면 그 지점은 "X"와 같이 표기된다. CNF 명칭은 비행계획서를 제출하거나 항공기와 ATC 무선통신에는 사용되지 않는다. 이들 픽스를 언급할 때 정확한 구절(시설 명칭, 레디얼, 거리...)을 사용하여야 한다.

오늘날 사용되고 있는 대부분의 RNAV는 기존 항법보다 너무 쉽기 때문에 때로는 순항항로 차트가 필수적이라는 사실을 쉽게 망각할 수 있다. 그러나 이들 항법에서 데이터베이스가 중요한 것처럼 순항항로 차트 역시 항법유도(navigation guidance)와 상황인식을 위해서 항공기에 항상 탑재하고 있어야 한다. RNAV 항법 데이터베이스가 결코 종이 차트를 대체하려는 의도는 아니다. GPS, 또는 FMS로 비행하거나 혹은 컴퓨터를 이용해서 비행을 계획할 때 불완전 정보(incomplete information), 업로드할 수 없는 절차(not uploadable procedure), 복잡한 절차, 그리고 데이터베이스 저장 한계(database storage limitation) 등과 같은 현재 조종사가 사용하고 있는 시스템의 한계를 이해하는 것도 매우 중요하다.

※ Metering; 공항의 기결정된 터미널 수용률을 초과하지 않도록 도착 항공기의 시간을 조절하는 방법이다.
※ Metering fix; 도착 항공기가 터미널 공역에 진입하기 전 시간조절을 할 수 있도록 항로를 따라서 설정된 픽스이다. 이 픽스는 공항표고상공(above airport elevation; AAE) 10,000피트(3 km)에서 프로파일 강하를 할 수 있는 거리에 지정된다.

2.3.16 필수항법성능

필수항법성능(required navigation performance; RNP)은 탑재(onboard) 항법 모니터링과 경고(monitoring and alerting) 시스템을 갖춘 RNAV이다. 또한, RNP는 지정된 공역 안에서 운용에 필수적인 항법 성능에 서술된 RNP의 중요한 구성요소(critical component)가 운용 중 달성된 항법 성능을 모니터하고 운용상의 필수요건(operational requirement)에 충족하는지를 식별할 수 있는 항법 시스템의 능력이라고도 할 수 있다. 따라서 이 탑재 모니터링과 경고 능력은 ATC 개입(intervention; *레이더 모니터링, 자동종속감시방송, 다변측정, 무선통신 등을 통해서*)을 최소화하거나 운용 전반에서 안전을 달성하기 위한 항로분리(route separation)를 달성할 수 있다.

항공기의 RNP 성능은 운용의 전체 봉쇄(overall containment; *통상 지정된 가로한계를 벗어나지 못하도록 하는 것을 의미한다*)에 충족하도록 하기 위한 분리기준(separation criteria)을 결정하는 중요 구성요소(major component)이다. 항공기의 RNP 성능은 항공기 장비와 항법 기반구조에 따라 다르다. 예를 들어 항공기는 RNP 1.0으로 승인된 장비를 갖추고 있을 수 있지만 제한된 NAVAID 통달범위(coverage)로 인해서 RNP 1.0 성능으로 운용하지 못할 수 있다.

(1) RNP Level

RNP 수준 혹은 종류(level or type)에 따라 선택된 공역, 항로, 또는 절차에 적용할 수 있다. RNP Level은 의도하는 절차, 항로, 또는 경로의 중앙선(centerline)으로부터 거리(NM) 값으로 표기된다. 또한, RNP 적용(application)은 일부 다종 RNP Level에서 잠재적 오차(potential error)를 반영한 것이다. (예를 들어 RNP 수준의 2배와 같이)

① 표준 RNP Level

전형적인 RNP 공역을 지원하는 미국 표준값은 다음 표와 같다. ICAO와 다른 국가에서 지정한 다른 RNP Level이 적용될 수 있다.

② 표준 RNP Level의 적용

RNP 운용을 지원하는 다양한 항로와 절차를 위해서 사용되는 전형적인 RNP의 미국 표준수준(standard level)은 GPS, 또는 적합한 성능(suitable performance)을 갖는 멀티-센서

RNP Level	Typical Application	Primary Route Width (NM) - Centerline to Boundary
0.1 to 1.0	RNP AR Approach Segments	0.1 to 1.0
0.3 to 1.0	RNP Approach Segments	0.3 to 1.0
1	Terminal and En Route	1.0
2	En Route	2.0

(multi-sensor) RNAV 시스템과 같은 특정 항행 시스템 또는 센서의 사용을 기반으로 한다.

[NOTE] RNP에서 항법 성능은 특정 센서 또는 항공기 항법 시스템의 정밀도(accuracy) 수준뿐만 아니라 항공기가 비행하고 있는 정밀도(precision) 수준에 달려 있다. 특정 필수 비행절차는 RNP Level에 따라 다르다.

2.3.17 IFR 순항항로 고도

항공도 그리고 일부 비항공로(Off-airway)에서 지정한 IFR 순항항로 고도는 다음과 같다.

- Minimum En Route Altitudes (MEAs)
- Minimum Reception Altitudes (MRAs)
- Maximum Authorized Altitudes (MAAs)
- Minimum Obstacle Clearance Altitudes (MOCAs)
- Minimum Turning Altitudes (MTAs)
- Minimum Crossing Altitudes (MCAs)

이들 고도는 사용되는 NAVAID에 적합한지 결정한 후 설정되고 신호를 수신할 수 있는 항공로 또는 항로를 지향하고 있으므로 그 비행은 지정된 항로 폭 내에서 유지될 수 있다. IFR 운용을 위한 규정에 따르면 조종사는 항상 항공기를 최저고도 또는 그 이상에서 운용할 것을 요구하고 있다. 조종사는 이륙과 착륙을 제외하고 항공기를 적용할 수 있는 최저 IFR 고도(MIA) 아래에서 운용할 수 없다. 만약 적용할 수 있는 최저고도가 없다면(applicable minimum altitude) 비행하고자 하는 코스로부터 수평거리 4 NM 이내에서 가장 높은 장애물로부터 산악지역에서는 2,000피트 이상의 고도를 유지해야 한다. 그 외의 지역을 비행할 때 비행하고자 하는(course to be flown) 코스로부터 수평거리 4 NM 이내에서 가장 높은 장애물로부터 1,000피트 이상의 고도를 유지해야 한다.

만약 MEA와 MOCA 모두 특정 항로 또는 항로 구간(route segment)에 지정되어 있다면 조종사는 VOR의 22 NM 안에 있을 때만 MEA 아래 MOCA(*그러나 아래는 아님*)까지 강하할 수 있다. 조종사는 더 높은 최저 IFR 고도(MIA)까지 상승 중일 때 지상 장애물의 간섭을 받을 때를 제외하고 그 최저고도가 적용되는 지점을 넘어서는 지점을 통과한 후 즉시 상승을 시작해야 하고, 더 높은 고도가 적용되고 있는 지점을 넘어서는 지점은 반드시 VOR을 위해서 적용되는 MCA 또는 그 이상으로 통과해야 한다. 만약 IFR 비행계획에 있지만, ATC가 운상시계비행을 인가했다면 조종사는 최저 순항항로 IFR 고도 아래로 비행할 수 없다. 최저고도규칙(minimum altitude rules)은 항공기와 지형 사이에 안전한 수직분리를 보장하기 위해서 설계된다. 이들 최저고도규칙은 IFR 혹은 VFR 기상상태, 그리고 특정 고도 또는 운상시계비행(VFR conditions on top) 여부와 관계없이 모든 IFR 비행에 적용된다.

(1) 최저순항항로고도

최저순항항로고도(MEA)는 항법 신호 통달범위(signal coverage)를 보장하고 픽스들 사이 장애물 통과높이 필수요건을 충족하는 무선 픽스들 사이에 지정된 가장 낮은 고도이다. 항공로/구간, RNAV 저고도/고고도 항로, 또는 다른 직항로(direct route)에 지정된 MEA는 항공로와 구간(segment), 그리고 항로를 지정하고 있는 무선 픽스(radio fixes)들 사이 항로의 전체 폭(entire width)에 적용된다. 일반적으로 관제공역(controlled airspace) 내에 전체가 포함된 항로를 위한 MEA는 관제지대(control area)에서 최저 500피트 그리고 전이지역(transition area) 안에서 최소한 300피트로 구성되는 관제공역의 하한고도(floor of controlled airspace) 상공의 완충고도(buffer)를 제공한다. MEA는 지형과 인공시설 위의 장애물 통과높이, 항법 시설 성능의 적절성, 그리고 무선통신 필수요건을 바탕으로 설정된다.

(2) RNAV MEA

RNAV MEA는 RNAV와 non-RNAV 조종사 모두 계기항법(instrument navigation)을 위한 동일한 차트의 사용을 허용하는 일부 IFR 순항항로 저고도 차트에 그려진다.

(3) 최저수신고도

최저수신고도(minimum reception altitude; MRA)는 픽스를 결정하는 항로 그리고 비항로(off-route) NAVAID 시설을 위한 항법 신호를 수신할 수 있는 최저고도를 설정하기 위해서 전체 항로를 통과비행하면서 수행하는 비행검사(flight inspection)를 통해서 결정된다. 픽스에서 MRA가 MEA보다 높을 때 MRA는 픽스를 위해서 설정되고 교차점(intersection)을 결정할 수 있는 가장 낮은 고도가 된다.

(4) 최대승인고도

최대승인고도(maximum authorized altitude; MAA)는 [그림2-44, 컬러]와 같이 공역 구조 또는 항로 구간(route segment)에서 적용할 수 있는 최대 고도나 비행고도(flight level; FL)를 나타내기 위해서 지정된다. MAA는 항공로(airway), 제트항로, RNAV 저고도/고고도 항로, 또는 MEA가 적절한 항법 신호를 보장하도록 지정된 다른 직항로에서 가장 높은 고도이다. MAA는 기술적 제한(technical limitation) 또는 제한된 공역이나 지상기반 시설의 주파수 간섭(frequency interference)과 같은 다른 요소들로 결정되는 절차적 한계(procedural limitation)를 나타낸다.

(5) 최저장애물통과높이고도

최저장애물통과높이고도(minimum obstruction clearance altitude; MOCA)는 [그림2-45, 컬러]와 같이 전체 항공로/항로 구간(airway/route segment)에서 장애물 통과높이 필수요건을 충족하는 VOR 항공로, 비항공로(off-airway), 또는 항로 구간에 있는 픽스들 사이에 발행된 가장 낮은 고도이다. 또한, 이 고도는 VOR의 22 NM 이내에 있을 때만 항법 신호 통달범위를 보장한다. 순항항로 차트에서 보는 것과 같은 MOCA는 1차 지역(primary area)에서 가장 높은 장애물(controlling obstacle)에 필수 장애물 통과높이(required obstacle clearance; ROC)를 더하고, 이들 장애물이 2차 지역(secondary area)에 있다면 TERPS를 이용해서 계산된다. 다음 이 숫자는 100피트 근사치로 반올림한다. 예를 들어 2,049피트라면 2,000피트 그리고 2,050피트라면 2,100피트가 된다. 산악지형에서는 추가로 1,000피트를 더해준다. ATC 관제사는 조종사가 장애물로부터 벗어나 있도록 하는 데 도움을 주는 중요한 역할을 한다. 관제사는 항공기가 지형, 장애물, 또는 다른 항공기에 불안전하게 근접하고 있는 것으로 판단된다면 조종사에게 안전경고(safety alert)를 발령한다. 일단 조종사가 관련 문제 해결을 위해서 ATC가 조언한 행동을 취했다고 통보했다면 관제사는 더 이상 경고를 발령하지 않을 것이다. 전형적인 지형/장애물 경고는 다음과 같다.

...(Aircraft call sign), Low altitude alert!
Check your altitude immediately!
The MOCA in your area is 12,000...

※ Controlling obstacle; 터미널 계기절차의 특정 지역 안에서 지정된 평면에 대해서 가장 높은 장애물 또는 지배적 요소가 되는 장애물을 의미한다. 장애물이 접근 표면을 관통하고 있는 정밀 접근절차에서 가장 높은 장애물은 가장 높은 결심높이(DH)가 되는 필수요건의 하나이다.

(6) 최저선회고도

최저선회고도(minimum turning altitude; MTA)는 [그림2-46, 컬러]과 같이 특정 픽스, NAVAID, 웨이포인트, 그리고 도식된 항로 구간의 상공에서 선회기준(turn criteria)을 바탕으로 수직과 가로 장애물 통과높이를 제공하기 위해서 표기되는 고도이다. VHF 항공로 또는 항로가 NAVAID 또는 픽스에서 종결될 때 1차 지역(primary area)은 그 종점을 넘어서까지 확장된다. VHF 항공로 또는 항로에서 코스의 변경(change of course)이 필수적일 때 순항항로 장애물 통과높이 선회구역(turning area)은 항공기의 선회반경(turn radius)을 수용하기 위해서 1차와 2차 장애물 통과높이 지역까지 확장된다.

조종사는 픽스에서 또는 픽스를 지나서 선회했을 때 항공로 또는 항로 경계를 초과할 수 있기 때문에 픽스에 도착하기 전 조기선회(leading turns)를 하여 지정된 항공로와 항로를 유지할 수 있어야 한다. 선회구역은 조기선회(*픽스 도착하기 전 선회*) 그리고 플라이오버 보호(flyover protection; *픽스 상공 혹은 통과한 후 선회*) 모두에서 장애물 통과높이를 제공한다. 이것은 항공

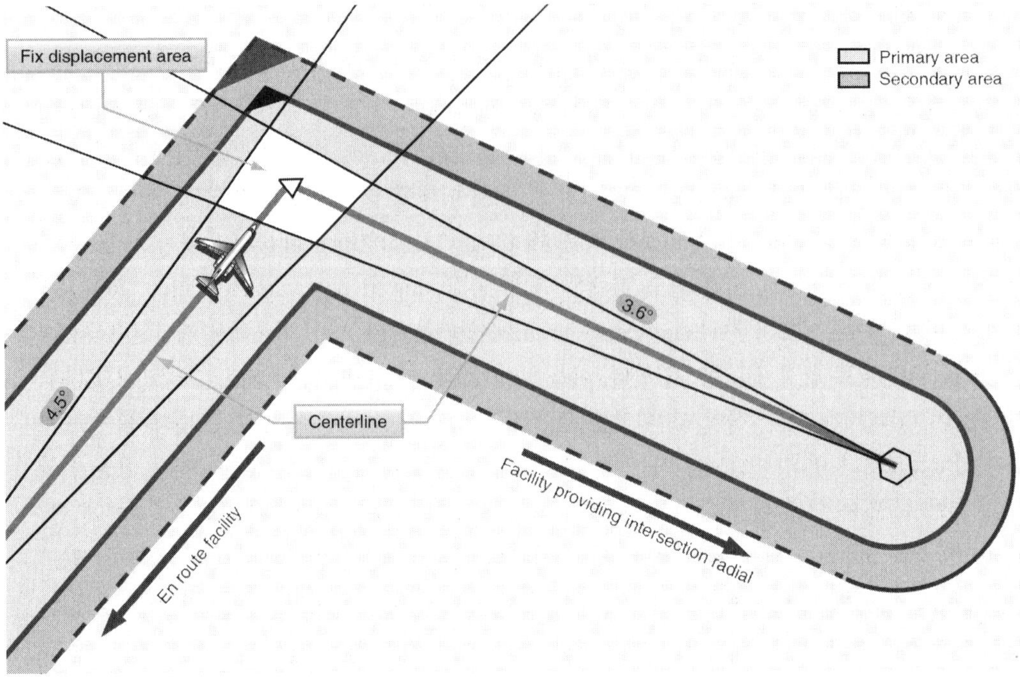

【그림2-47】 51 NM의 NAVAID 거리에 있을 때 교차 픽스에서 선회구역

로 또는 항로의 중앙선을 따라 비행해야 하는 필수요건을 위반하는 것이 아니다. [그림2-47]과 같이 선회구역의 선정과 적용에서 조종사에게 적절한 장애물 통과높이 보호를 제공할 수 있도록 항공기 속도, NAVAID 거리 대비 선회의 양, 비행항적(flight track), 곡선반경(curve radii), 그리고 MTA와 같은 다양한 요소들이 고려되어야 한다.

고도 10,000피트(MSL) 또는 그 이상에서 대기속도의 증가로 인해서 선회 픽스 주변에 확장된 구역이 발행된 MEA가 장애물 통과높이를 위해서 충분한지 평가되어야 한다. 일부 지역에서(통상 산악지역) 확장된 탐색 지역(expanded search area)에 있는 지형/장애물은 선회 기동하는 동안에 발행된 MEA가 제거될 수 있으므로 더 높은 최저고도를 적용해야 할 필요가 있다. 이처럼 더 높은 MEA를 필요로 하는 선회 픽스는 [그림2-46, 컬러]과 같이 "MTA restriction"이 서술된 문자와 함께 깃발부호(flag)가 함께 도식된다.

일반적으로 MTA 제한(restriction)은 선회 픽스까지 이어지는 ATS 항로, 선회 픽스 그리고 고도로부터 이어지는 ATC 항로로 구성된다. (예, MTA V330 E TO V520 W 16000) 조종사는 MTA가 의도하는 항로에 적용할 수 있을 때 선회 다음 ATC 항로의 중앙선에 진입할 때까지 선회를 시작하기 전 도식(charted) MTA 또는 그 이상이 되어야 하고 MTA 고도를 유지해야 한다.

일단 선회 픽스 다음 중앙선에 진입했다면 고도 할당(assignment)을 위해서 가용한 최저고도는 MEA/MOCA로 결정한다. 또한, MTA는 선회 중 특정 고도(specific altitude) 또는 고도 범위의 사용을 배제한다. 예를 들어 MTA는 10,000-11,000피트(MSL)의 사용을 제한할 수 있다는 것을 의미한다. 이 경우 MEA/MOCA 필수요건에 충족하는 10,000피트(MSL) 미만 고

Transmittal of Airways/Route Data											
Airway number or route	From To	Routine or docket number	Controlling @ terrain/Obstruction and coordinates	MRA MOCA	MAA MEA	GNSS MEA	Change over point	Fix MRA/MCA	Remarks	Flight inspection dates
V330	Idaho Falls, ID VOR/DME *Osity, ID		Tree 6177 @ 432912.00N/1114118.00W Terrain 6077 432912.00N/1114118.00W	8000 --7900--	17500 8000			*9500E	300 MTN ROC RED DEL MCA ATIDA COME ADD MCA AT OSITY DEC MOCA	
									DEL directional MEA MEA CARONIAL ALT	
V330	Osity, ID # Jackson, WY VOR/DME		AAO 12138 (SEC) @ 434118.30N/1104858.30W Terrain 11132 433900.00N/1105057.00W	14000 --13600--	17500 14000		JAC 10	# MTA * 13400W	INC MCA PRECIP TER DEC MOCA MEA CARDINAL ALT	
									JAC R-251 UNUSABLE BYD 10 # CHART: MTA V330 E TO VS20W 16000	

Date	Office	Title	Signature
	AJW-3773	Manager	Ray Nussear

【그림2-48】 FAA Form 8260-16 Transmittal of Airways/Route Data의 비고란에 있는 MTA

도와 함께 11,000피트(MSL) 이상 어느 고도도 제한되지 않는다. 선회 픽스 혹은 시설에 인바운드하는 항공로 또는 항로와 관련된 모든 MTA 정보는 [그림2-48]과 같이 다음과 같은 형식을 사용해서 FAA Form 8260-16(Transmittal of Airway/Route Data)의 비고란(remarks section)에 기입한다.

#CHART: MTA V330 E TO V520 W 16000
(Document on V330 FAA Form 8260-16)
#CHART: MTA V465 NE TO V330 W OR V520 W 16000
(Document on V465 FAA Form 8260-16)

TERPS Volume 1, paragraph 1714(c)에서 MTA을 필요로 할 때 다음과 같은 형식을 이용해서 FAA Form 8260-16(Transmittal of Airway/Route Data)의 비고란(remarks section)에 기입한 것과 같이 FAA Form 8260-2, Radio Fix and Holding Data Record의 REMARKS section에 MTA 정보를 다음과 같이 기입한다..

MTA: V330 E TO V520 W 16000
MTA: V465 NE TO V330 W OR V520 W 16000

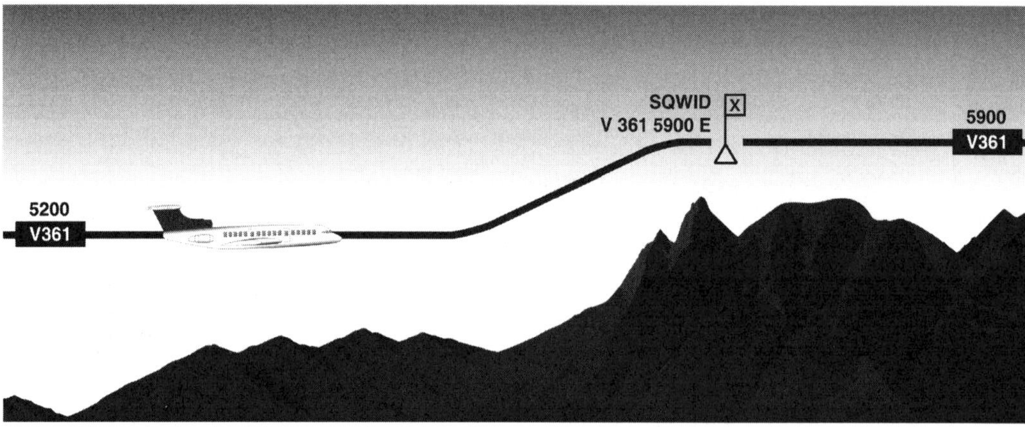

【그림2-49】 Minimum Crossing Altitude(MCA)

(7) 최저통과고도

최저통과고도(minimum crossing altitude; MCA)는 [그림2-49]와 같이 더 높은 최저 순항항로 IFR 고도의 방향으로 진행할 때 항공기가 통과(crossing)해야 하는 특정 픽스에 지정된 가장 낮은 고도이다. MCA가 적용될 때 [그림2-46, 컬러]과 같이 순항항로 차트에 그려진다. MCA는 더 높은 MEA를 적용해야 하는 지점을 넘어서 통과한 후 더 높은 MEA까지 정상 상승 중 장애물 통과높이를 유지해야 하는 조종사를 방해하는 장애물이 있는 모든 경우에 설정된다. 1차 지역과 2차 지역을 위해서 동일하게 보호된 순항항로 수직 장애물 통과높이 필수요건은 MCA의 결정에 고려되어야 한다. MCA 결정을 위한 표준은 다음과 같은 상승경도(climb gradient)를 바탕으로 하고 비행고도(flight altitude)로 계산(computed)된다.

- Sea level through 5,000 feet MSL; 150 feet per NM(FPNM)
- 5000 feet through 10,000 feet MSL; 120 feet per NM(FPNM)
- 10,000 feet MSL and over; 100 feet per NM(FPNM)

순항항로 차트에서 MCA를 결정하기 위한 장애물로부터 픽스까지 거리는 [그림2-50]과 같이 비행 방향에 있는 순항항로 코스의 중앙선(centerline)이 픽스로부터 가장 먼(farthest) 변위(displacement)와 교차하는 지점으로부터 계산한다. 고도 변화(change of altitude)가 코스 변화(course change)에 포함될 때 고도 변화 1,500피트 이상 그리고 코스 변화 45° 이상이라면 코스 유도(course guidance)가 제공되어야 한다. 그러나 이 규칙에는 예외가 있을 수 있다. 일부 경우에는 이전 항공로 또는 항로 구간의 장애물 없이 설정된 MEA 필수요건이 제공되면서 코스 유도 없이 90°까지 코스 변화가 승인될 수 있다. 조종사는 미국 공역 밖에서 MCA에 관해서 그리고 한 MEA로부터 더 높은 MEA로 전환하는 동안 상이한 비행절차(differential flight procedures)에 직면할 수 있다. 이 경우 조종사는 MCA와 유사하게 픽스를 통과하고 있는 더 높은 MEA가 될 수 있음을 예상해야 한다. 따라서 조종사는 미국 밖에서 비행할 때 다른 비행절차에 관해서 철저하게 검토해야 한다. IFR 순항항로 저고도 차트에서 미국 본토 외부 항로와 관련 데이터는 [그림

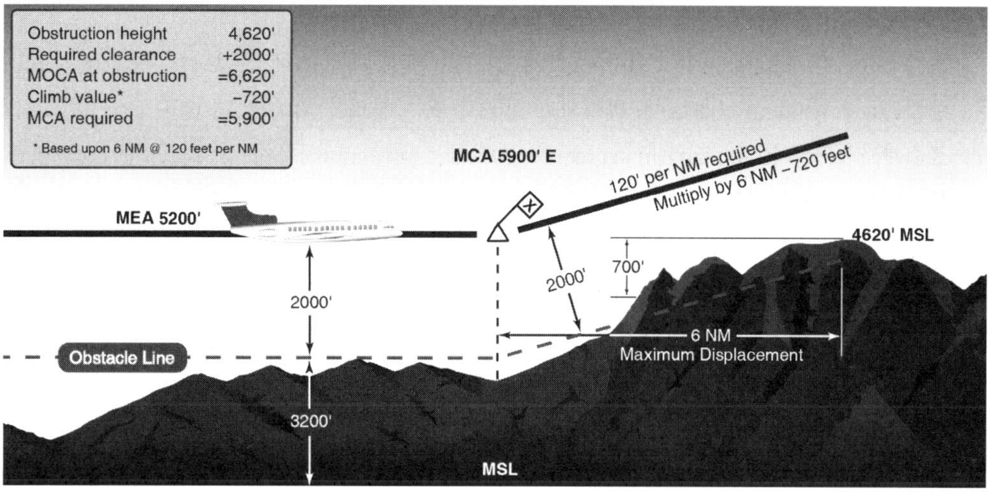

【그림2-50】 MCA 결정 방법

2-51]과 같이 오직 전이 목적(transitional purposes)을 위해서만 표기되고 고고도 제트항로와 RNAV 항로 시스템에는 포함되지 않는다.

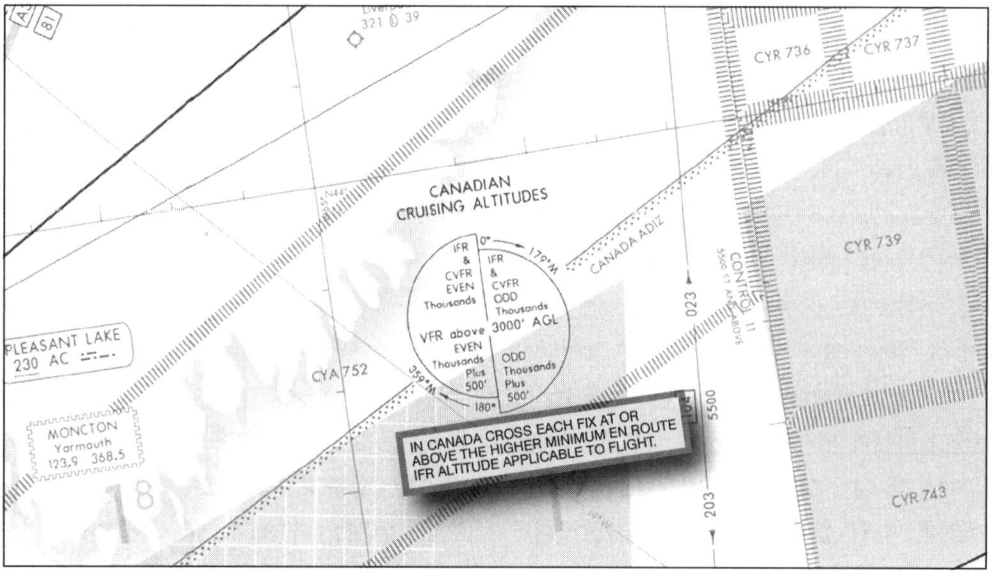

【그림2-51】 순항항로 차트에 표기된 MCA 데이터

(8) 최저 IFR 고도

최저 IFR 고도(minimum IFR altitude; MIA)는 14 CFR Part 91에 규정되어 있다. 이들 MIA는 항공도(aeronautical charts)에 발행되고 항공로 또는 항로를 위해서 14 CFR Part 95, 그리고 표준계기접근절차(standard instrument approach procedure)를 위한 14 CFR Part 97에 규정되어 있다. 만약 적용할 수 있는 최저고도가 14 CFR Part 95 또는 97에 규정되어 있지 않다면 다음 높은 MIA를 적용하라. 산악지역에서는 비행하고자 하는 코스로부터 수평거리 4 NM 안에서 가장 높은 장애물로부터 2,000피트 이상, 그리고 그 외의 지역에서는 비행하고자 하는 코스로부터 수평거리 4 NM 안에서 가장 높은 장애물로부터 1,000피트 이상의 고도를 유지하거나 행정관이 다르게 승인했거나 ATC가 부여한 고도를 유지해야 한다. MIA는 무선통신을 위해서 비행검사(flight inspection)가 진행되지 않았다.

※ *Part 97; Standard Instrument Approach Procedures*

※ *Part 95; IFR Altitude*

(9) 최저레이더유도고도

최저레이더유도고도(minimum radar vectoring altitude; MVA)는 레이더 벡터링이 수행되고 있을 때 ATC가 사용할 수 있도록 설정된 고도이다. MVA는 평지에서 가장 높은 장애물로부터 1,000피트 통과높이를 제공하고 산악지역에서는 가장 높은 장애물로부터 2,000피트의 통과높이를 제공한다. 특정 장애물을 분리시키기 위한 능력 때문에 일부 MVA는 해당 구역 차트에 묘사된 MEA, MOCA, 또는 다른 최저치 고도보다 낮을 수 있다. 레이더 유도를 받는 동안 ATC가 제공하는 IFR 고도 할당(altitude assignment)은 통상 MVA 혹은 그 이상이다.

항공교통 관제사는 적절한 레이더 반향(radar return)이 항공기로부터 수신되고 있다는 것이 확실할 때만 MVA를 활용한다. 관제사에게 MVA가 그려진 차트가 제공되고 최근에는 조종사에게도 이들 차트가 제공된다. 상황인식은 MCA의 개념(concept)과 유사하게 점진적으로 더 높은 MVA 섹터가 있는 지역으로 상승 중 레이더 유도를 받고 있다면 특히 더 중요하다. 조종사는 다면벡터지역(diverse vector area)이 설정된 곳을 제외하고 상승 중일 때 다음 섹터의 MVA 또는 그 이상이 되지 않는 한 더 높은 MVA로 섹터에 유도되지 않을 것이다. 만약 지정된 산악지역에서 더 낮은 MVA가 터미널 항로(terminal routes)에 적합하게 필요하거나 혹은 계기접근절차까지 벡터링을 허용하기 위해서 필요하다면 ASR(airport surveillance radar)과 함께 1,000피트 장애물 통과높이가 승인될 수 있다. MVA는 관제공역의 하한고도(floor) 위로 최소한 300피트에서 제공된다. MVA 차트는 최대 레이더 범위(maximum radar range)까지 발행된다. 섹터는 지형과 장애물로부터 분리를 제공한다. 각 MVA 차트는 [그림2-52]와 같이 섹터 내에서 MVA로 항공기의 벡터링을 수용하기에 충분한 크기의 섹터를 갖는다.

(10) IFR 순항고도 또는 비행고도

관제공역(controlled airspace)에 있는 조종사는 ATC가 부여한 고도 또는 비행고도(altitude or flight level; FL)를 유지해야 한다. 비록 ATC 인가에 "VFR conditions on-top"이라고 부여

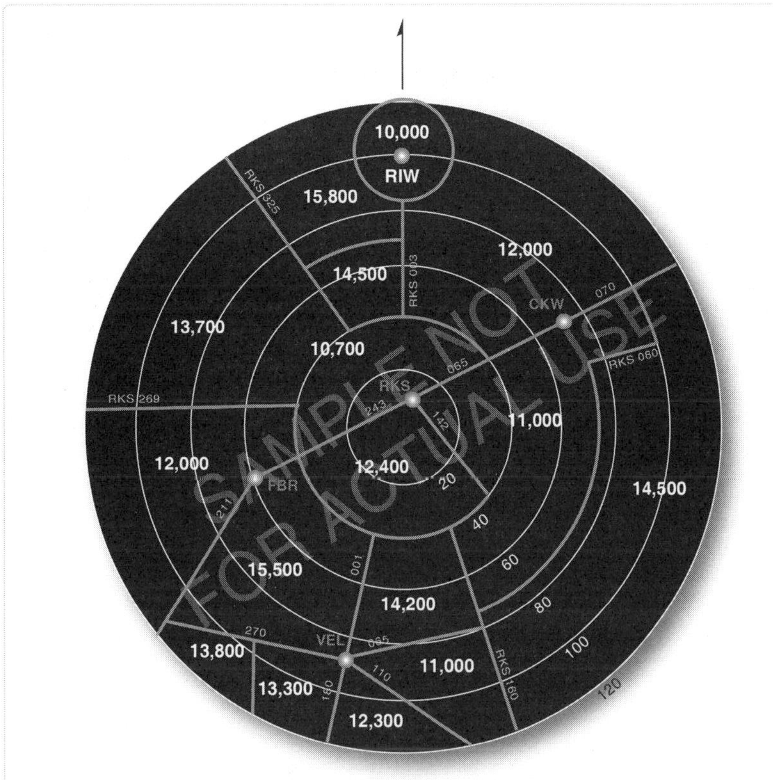

【그림2-52】 MVA 차트

되었을지라도 관련 규정에 있는 고도 또는 비행고도를 유지해야 한다. 비관제공역(uncontrolled airspace)에서(*2분 미만의 체공 또는 선회 중인 경우를 제외하고*) 수평 순항비행 중 IFR 항공기를 운용 중이라면 [그림2-53]과 같이 IFR 순항항로 저고도와 고고도 차트의 범례(legend)에 표기된 것과 같은 적절한 고도를 유지해야 한다. 운상시계비행(VFR-on-top) 인가와 관련해서 고도 18,000피트 미만에서 IFR 비행계획으로 운항 중일 때 VFR 상태에서 비행할 수 있는 MEA와 18,000피트(MSL) 사이의 비행 방향에 적절한 VFR 순항고도(cruising altitude)를 선택할 수 있다. 이때 조종사는 고도의 변화를 ATC에 통보해야 하고 다른 모든 IFR 보고절차에 따라야 한다. A등급 공역에서 VFR-on-top은 승인되지 않는다.

고도 18,000피트(MSL) 미만에서 순항비행할 때 고도계 세팅(altimeter setting)은 조종사의 위치로부터 100 NM 이내에 있는 관측소(station)에서 최근 보고된 것을 이용해야 한다. 기상보고 관측소(weather-reporting station)가 항로로부터 100 NM 이상의 거리에 있는 지역이라면 고도계 세팅은 가장 가까이 있는 관측소/관제기관에서 보고된 것을 이용한다. ATC는 IFR 비행 중 주기적으로 최근 고도계 세팅(current altimeter setting)을 조언하지만, 적시 적절한 방법으로 고도계 세팅을 업데이트하는 것은 조종사 혹은 운항승무원(flight crew)의 책임이다. 고도계 세팅과 기상정보는 국립기상업무 또는 FAA에서 승인한 시설에서 얻을 수 있다. 일부 상업 운송업자는 고도계 세팅을 포함해서 정부-승인 기상정보 출처를 이용하여 운용할 수 있는 권한을 갖는다.

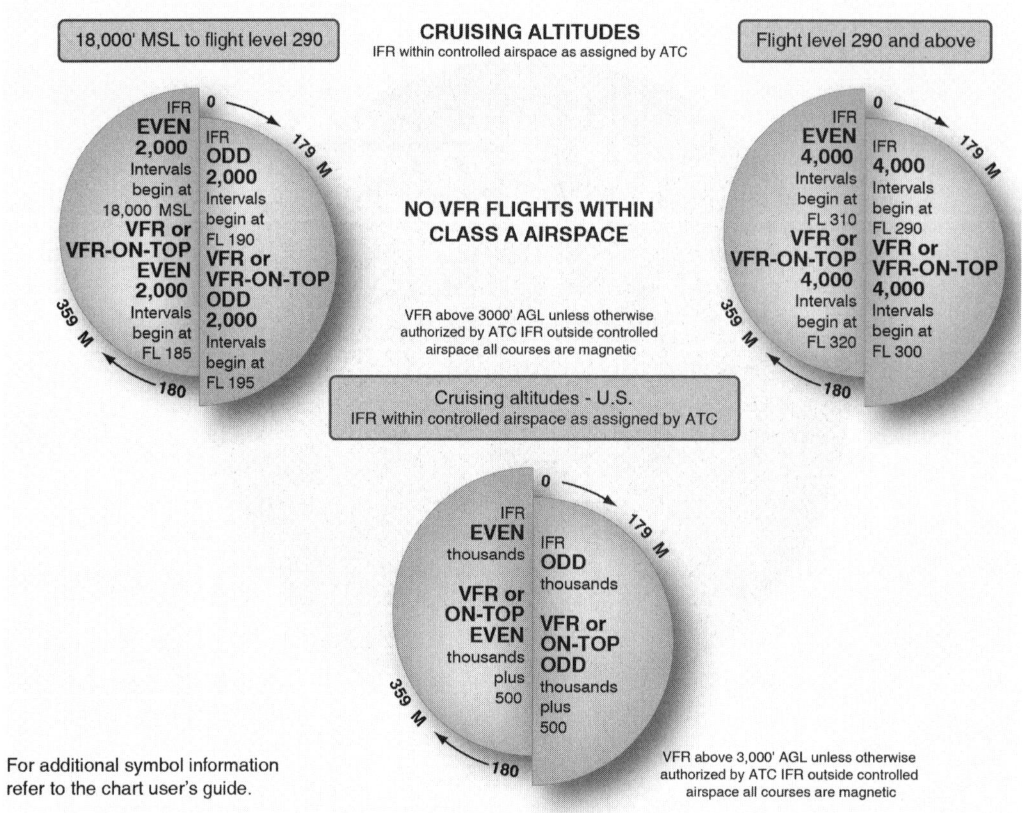

【그림2-53】 IFR 순항고도 또는 비행고도(FL)

고도 18,000피트(MSL) 또는 그 이상의 비행고도 운용은 고도계 수정치를 29.92˝Hg에 맞추고 운항해야 한다. 비행고도(flight level; FL)는 29.92˝Hg의 참조 기준점(reference datum)과 관련된 일정한 대기압(constant atmospheric pressure)의 층이다. 각 비행고도는 백 피트를 나타내는 3자리 숫자로 표기된다. 예를 들어 FL 250은 고도계 지시가 25,000피트를 나타낸다. 항로를 따라서 실제 고도계 세팅이 29.92˝Hg보다 낮을 때 고도 18,000피트(MSL) 아래에서 운항 중인 항공기와 충돌 가능성이 커질 수 있다. 따라서 관련 규정은 주어진 고도계 세팅 범위(altimeter setting range)에서 가장 낮게 사용할 수 있는 비행고도를 지정하고 있다.

(11) 수직분리축소최저치

수직분리축소최저치(reduced vertical separation minimum; RSVM)는 FL 290~FL 410 고도에서 비행하는 항공기들 사이에 필수 표준수직분리기준이 2,000피트에서 1,000피트로 감소하는 것을 의미한다. 따라서 지정된 공역의 크기에서 더 많은 항공기를 수용할 수 있게 되었다. 기존 분리표준에 따르면 지표면~FL 290까지 표준수직분리는 1,000피트이고 FL 290~FL 410까지는 2,000피트 그리고 그 이상의 고도에서는 4,000피트가 적용되었다. 이것은 기압고도계(pressure altimeter)의 정밀도(accuracy)가 고도와 함께 감소하기 때문이다. 항공기술이 발달하면서 고도계와 통합된 대기자료컴퓨터(air data computer; ADC)가 더욱 정밀해졌고 아울러 오토파일럿 역시 고도를 조정하고 유지하는 데 있어서 더욱 정밀해졌다. 이에 따라 대부분의 현대 항공기 운항에서 2,000피트 수직분리가 더 이상 필요하지 않게 되면서 ICAO에서 1,000피트로 감소할 것을 제안하였다.

1997년과 2005년 사이 RVSM은 모든 유럽국가, 북아프리카, 동남아, 북아메리카, 남아메리카, 그리고 북대서양, 남대서양과 태평양에서 실행되었다. 1997년 3월 최초로 북대서양에서 FL 330~FL 370에서 실행되었다. 전체 서반구에서는 2005년 1월 20일 RVSM FL 290~FL 410이 실행되었다. 특별히 인증된 고도계(certified altimeter)와 오토파일럿을 갖춘 항공기만 RVSM 공역에서 비행할 수 있고, 다른 항공기는 이 고도보다 더 낮게 혹은 더 높게 비행하거나, 또는 필수요건으로부터 특별 면제(special exemption)를 요청해야 한다. 이외에도 항공기 운용자(정기 항공사 또는 상업 운송업자)는 RVSM 공역에서 운용하기 위해서 항공기의 등록국가(state of registry)로부터 특별 승인(special approval)을 받아야 한다.

Non-RVSM으로 승인된 항공기는 지정된 공역을 통해서 지속적인 상승으로 RVSM 공역을 통과해서 비행할 수 있다. 이때 Non-RVSM 항공기와 상승/강하를 지속하고 있는 다른 모든 항공기 사이에는 전 시간 2,000피트 수직분리(vertical separation)가 제공된다. 이와 같은 공역의 감소를 비판해 온 사람들은 RVSM으로 인해서 공중충돌(mid-air collisions and conflicts) 가능성이 커질 것으로 우려했다. RVSM이 처음으로 적용되고 10년이 지난 후 RVSM으로 인한 충돌사고는 없었다. 미국에서 이 프로그램은 국내수직분리축소최저치(Domestic Reduced Vertical Separation Minimum; DRVSM)라고도 한다.

(12) 순항인가

용어 “cruise”은 항공기에 공역 블록(block of airspace)을 할당하기 위해서 “maintain” 대신에 사용될 수 있다. 공역 블록은 최저 IFR 고도(MIA)에서부터 순항인가(cruise clearance)에 지정된 고도(포함하여)까지 확장된다. 조종사는 순항인가에서 공역의 블록 내의 중간고도에서 수평비행을 위한 조작(level off)을 할 수 있다. 이 공역 안에서 조종사의 재량(pilot′ discretion)으로 상승 혹은 강하가 허용된다. 그러나 조종사가 강하를 시작했고 ATC에게 구두로 공역 블록에 있는 고도를 이탈(leaving)한다고 보고했다면 또 다른 ATC 인가를 받지 않는 한 그 고도로 되돌아갈 수 없다. 또한, 순항인가는 목적지 공항에서 접근을 실행할 수 있도록 승인하는 것이다.

(13) 최저사용가능비행고도

대기압이 31.00″Hg 또는 그 미만이고 조종사가 고도 18,000피트(MSL) 아래에 있을 때 최근 보고된 고도계 수정치(altimeter setting)를 사용하라. 항공기가 계기비행계획으로 순항항로에 있을 때 항공교통 관제사는 관제사가 관장하고 있는 지역(controller′ area of jurisdiction)에서 비행하는 동안 최소한 1회 이 정보를 제공할 것이다.

대기압(barometric pressure)이 31.00″ Hg를 초과할 때 NOTAM에서 지정하고 있는 영향을

받는 지리적 지역(geographic area)에서 다음과 같은 절차에 따라야 한다. 고도 18,000피트(MSL) 아래에서 순항항로 운항을 위해서 31.00˝Hg에 맞추고 이 수정치의 영향을 받는 지역(affected area)을 벗어날 때까지 유지하라. ATC는 실제 고도계 세팅을 발령하고 영향을 받는 지역의 고도 18,000피트 아래에 순항항로 비행 중인 항공기 조종사에게 31.00˝Hg에 맞출 것을 조언한다. 만약 항공기가 최근 고도계 세팅에 맞출 수 있는 능력이 있고 최근 고도계 세팅을 측정할 수 있는 능력을 갖춘 항공기가 공항으로 비행하고 있다면 부가적인 제한은 적용되지 않는다. 고도 18,000피트(MSL) 또는 그 이상에서 고도계는 반드시 29.92˝Hg에 맞추어야 한다.

추가 절차는 순항항로 비행단계를 넘어서 존재한다. 최저사용가능비행고도(lowest usable flight level)는 운항 지역 대기압으로 결정된다. 국지 고도계 세팅이 29.92˝Hg 아래로 떨어졌을 때 A등급 공역에서 운항 중인 조종사는 저고도 구조에서 비행하고 있는 항공기와 분리를 보장하기 위해서 다음과 같이 점진적으로 더 높은 지시고도(higher indicated altitude)에서 순항해야 한다.

[Current Altimeter Setting Lowest Usable Flight Level]
- 29.92 or higher; 180
- 29.91 to 29.42; 185
- 29.41 to 28.92; 190
- 28.91 to 28.42; 195
- 28.41 to 27.91; 200

관련 규정에서 정하고 있는 것과 같이 최저고도가 18,000피트(MSL) 이상일 때 최저사용가능비행고도는 최저고도에 다음과 같은 최저 비행고도 수정계수(lowest flight level correction factor)에 따라 지정된 피트 값을 더한 것과 등가의 비행고도(FL)이다.

[Altimeter Setting]	[Correction Factor]
• 29.92 or higher	—
• 29.91 to 29.42	500 feet
• 29.41 to 28.92	1,000 feet
• 28.91 to 28.42	1,500 feet
• 28.41 to 27.91	2,000 feet
• 27.91 to 27.42	2,500 feet

(14) 다른 국가의 고도계 세팅

국가에 따라 고도계 세팅 절차뿐만 아니라 공역이 다르게 지정될 수 있다. 예를 들어 [그림 2-54, 컬러]와 같이 캐나다로 비행할 때 북쪽 Moncton FIR(비행정보구역; flight information region)에서는 전이수평(transition level; QNE)부터 전이고도(transition altitude; QNH)로 전환할 때 주의해야 한다. 조종사는 국제공역(international airspace)에서 비행할 때 3종류의 고도계 세팅에 대해서 주의하고 확실하게 이해해야 한다. 일부 국가의 공항(oversea airports)은

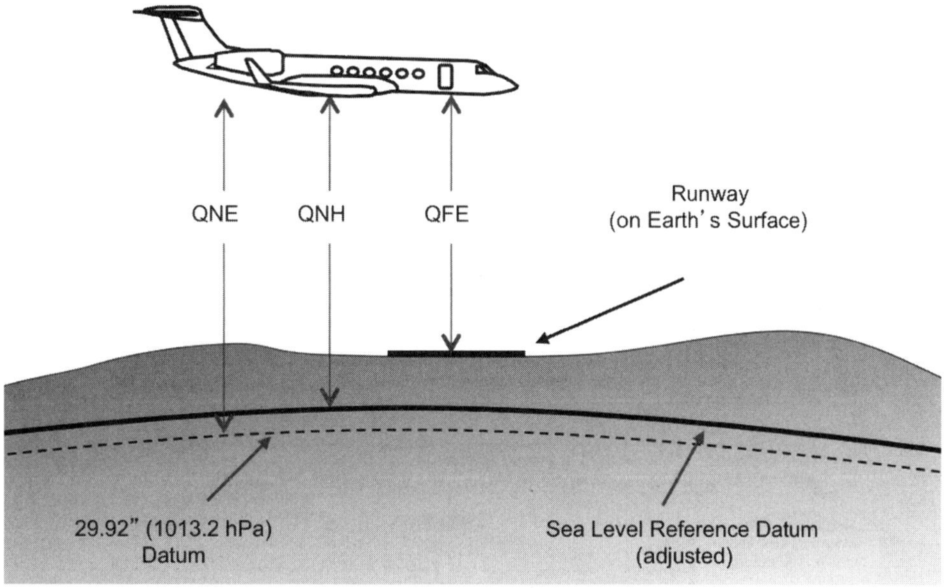

【그림2-55】 QNE, QNH, QFE의 관계

고도계 세팅을 헥토파스칼(hectopascals; hPa) 또는 밀리바(millibars)로 제공된다. 따라서 조종사 또는 탑재장비는 hPa을 수은 인치(inches of mercury)로 또는 수은 인치를 hPa로 정확하게 환산할 수 있어야 한다. QNE, QNH 그리고 QFE의 기준은 [그림2-55]와 같다.

- QNE Height above sea level at standard setting 1013(Flight Level; FL)
- QNH Height above sea level(Altitude; AMSL)
- QFE Height above airfield(AGL); Not used for altimeter settings or Field Elevation or Height(AGL)

① 지표면 상공 고도(QFE; AGL)

대기압과 등가의 국지 고도계 세팅(local altimeter setting)은 통상 사용되고 있는 활주로의 접근종단을 나타내는 공항 고도계 데이텀(airport altimeter datum)에서 측정된다. 공항 고도계 데이텀(altimeter datum)에서 QFE에 맞춘 고도계는 제로 고도(zero altimeter)를 지시한다. 전이고도 또는 그 아래 그리고 전이수평 아래에서 운용하는 동안 QFE 고도측정의 사용이 요구된다면 고도계는 QFE에 맞추어야 한다. 이때 고도계는 공항 지표면에서 "0"을 지시할 것이다.

② 표준 고도계 세팅을 위한 대기압(QNE; FL)

전이고도(transition altitude; 미국에서 FL 180) 또는 그 이상에서 (순항항로) 고도계 세팅을 적용하라. QNE 고도를 위한 고도계 세팅은 항상 29.92"Hg/1013.2 hPa이다. 전이수평(transition level)은 [그림 2-56]과 같이 국가마다 다르므로 해당 국가의 공역에서 상승 혹은 강하 중 특히 주의해야 한다.

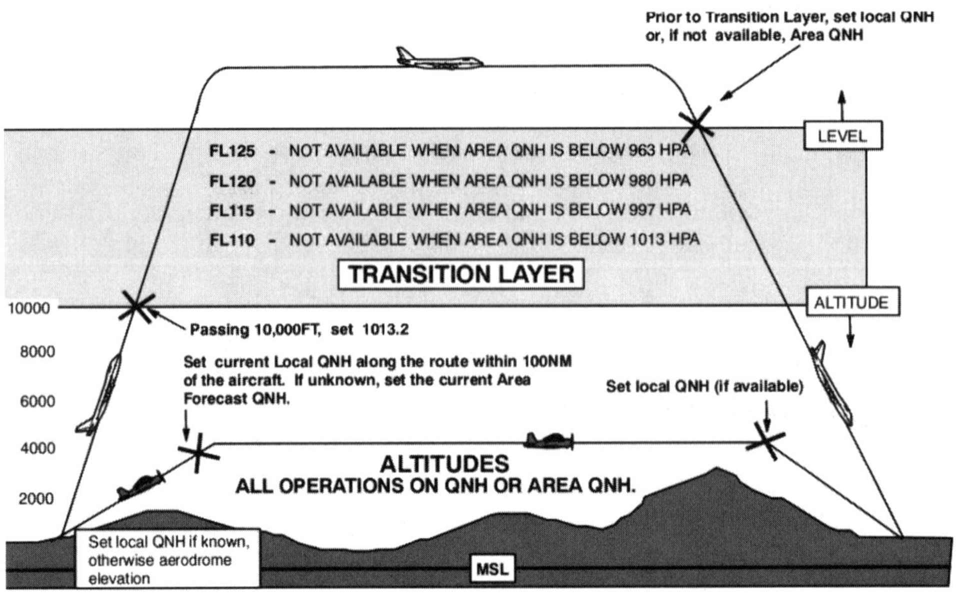

【그림2-56】 전이고도(transition altitude), 전이 층(transition layer), 그리고 전이수평(transition level)

③ 국지 고도계 세팅을 위한 대기압(QNH; MSL)

국지 고도계 세팅(local altimeter setting)은 공항 고도계 데이텀에서 측정하고 해수면 기압으로 수정한 대기압과 등가이다. 공항 고도계 데이텀에서 QNH에 맞춘 고도계는 평균해수면(MSL) 위의 공항 표고를 지시한다. 전이고도(transition altitude) 또는 그 아래 그리고 전이 층(transition layer) 아래에서 운용하는 동안 고도계는 QNH에 맞추어야 한다. 공항 근처에서 비행하는 항공기를 위한 전이고도 또는 그 아래에서는 QNH 또는 QFE에 대한 항공기의 수직 위치(vertical position), 그리고 전이 층(layer) 또는 그 이상에서 QNE에 대한 항공기의 수직 위치(vertical position)를 나타낸다. 전이 층(layer)을 통과하여 상승할 때 FL(flight level)에 관해서 그리고 전이 층 아래로 강하할 때 고도(altitudes)에 대한 수직 위치를 나타낸다. 항공기가 먼저 QFE를 이용해서 접근하고 착륙하기 위한 인가를 받았을 때 당신이 QFE를 사용하고 있는 그 구간 비행 중 공항표고상공높이(height above the airport elevation)에 대한 항공기의 수직 위치를 나타낸다. 대부분의 기압고도계는 기계적, 탄성(elastic error), 기온, 그리고 설치 오차(installation error)의 영향을 받는다. 이외에도 혹한 기온에서 오차는 적절한 고도계 수정계수를 적용할 필요가 있다. [그림2-56]

2.3.18 순항항로 보고절차

다른 센터 순항항로 관제사에게 인계(hand-off)되었다는 것을 알리는 것 외에도 ATC로부터 특별한 요청(special request) 없이 보고해야 하는 사항들이 있다. 특정 보고는 레이더 교신(radar contact)이 ATC와 이루어지고 있는 것과 관계없이 전 시간 이루어져야 하지만 일부 보고는 [그림2-57]과 같이 오직 레이더 교신을 상실(radar contact lost)했거나 종료(terminated)

RADAR/NON-RADAR REPORTS These reports should be made at all times without a specific ATC request.	
REPORTS	**EXAMPLE**
Leaving one assigned flight altitude or flight level for another	"Marathon 564, leaving 8,000, climb to 10,000."
VFR-on-top change in altitude	"Marathon 564, VFR-on-top, climbing to 10,500."
Leaving any assigned holding fix or point	"Marathon 564, leaving FARGO Intersection."
Missed approach	"Marathon 564, missed approach, request clearance to Chicago."
Unable to climb or descend at least 500 feet per minute	"Marathon 564, maximum climb rate 400 feet per minute."
TAS variation from filed speed of 5% or 10 knots, whichever is greater	"Marathon 564, advises TAS decrease to140 knots."
Time and altitude or flight level upon reaching a holding fix or clearance limit	"Marathon 564, FARGO Intersection at 05, 10,000, holding east."
Loss of Nav/Comm capability (required by Part 91.187)	"Marathon 564, ILS receiver inoperative."
Unforecast weather conditions or other information relating to the safety of flight (required by Part 91.183)	"Marathon 564, experiencing moderate turbulence at 10,000."

NON-RADAR REPORTS When you are not in radar contact, these reports should be made without a specific request from ATC.	
REPORTS	**EXAMPLE**
Leaving FAF or OM inbound on final approach	"Marathon 564, outer marker inbound, leaving 2,000."
Revised ETA of more than three minutes	"Marathon 564, revising SCURRY estimate to 55."

【그림2-57】 RADAR/NON-RADAR ATC 보고절차

되었을 때만 필수적인 경우가 있다.

(1) 비레이더 위치보고

만약 레이더 교신(radar contact)을 상실했거나 종료되었다면 조종사는 ATC에게 지정된 VOR 상공 그리고 항로 선상의 교차점(intersection)에서 위치보고(position report)할 것을 규정하고 있다. 이들 필수보고지점(compulsory reporting point; ▲)은 삼각형 부호로 IFR 순항항로 차트에 그려져 있다. 속이 빈 삼각형 부호로 표시되는 픽스 상공 보고지점은 비필수보고지점(non-compulsory reporting point; △)이고 ATC의 요청이 있을 때만 보고하면 된다. 만약 설정된 항공로가 없는 직항로의 경우는 비행계획서에서 항로로 지정된 픽스 상공에서 보고한다. 이것은 이들이 자동으로 필수보고지점이 되기 때문이다. 또한, 필수보고지점은 운상시계비행에 따르고 있는 IFR 비행을 할 때도 적용된다. 비레이더(non-radar) 환경에서 위치보고는 항공로 또는 직항로와 관계없이 의무적이고 특정 정보를 포함해야 한다. 전형적인 위치보고는 항공기 위치, 예상 항로(expected route), 그리고 ETA가 포함된다.

VOR 무선시설을 통과하면서 위치보고를 해야 할 때 보고되는 시간은 TO/FROM 지시기가 완전히 반대로 바뀐 시점으로 판단해야 한다. ADF를 이용해서 위치보고를 할 때는 지시침이 완전히 반대로 바뀐(complete reversal) 시점에 보고해야 한다. 팬 마커(fan marker), Z-마커, 침묵 원뿔 또는 범위 코스(cone of silence or intersection of range courses)의 교차점과 같은 청각 또는 등화 패널 지시(aural or light panel indication)로 보고지점을 통과하는 시점을 결정할 때 신호가 처음 수신되고 다시 중단되었을 때의 시간을 주시해야 한다. 이들 두 시간의 평균

이 실제 픽스 상공을 통과한 시간이 된다. 만약 위치가 보고지점으로부터 거리와 방향에 관해서 주어졌다면 거리와 방향(distance and direction)은 가능한 한 정확하게 계산되어야 한다. ATC는 터미널 전이 목적(transition purposes)을 제외하고 비행이 수행되고 있는 공역 구조(airspace structure)에서 사용되지 않은 항법보조시설에 관한 위치보고 또는 항법을 요구하지 않는다.

(2) 레이더 환경에서 비행

ATC가 관제하고 있는 항공기에 "Radar contact"을 통보했을 때 조종사는 지정된 보고지점 상공에서 위치보고를 하지 않아도 된다. 그러나 ATC 관제사가 "...radar contact lost... 또는 radar service terminated..."라고 했을 때 조종사는 정상적인 위치보고를 재개(resumed)해야 한다. ATC는 레이더 교신이 되었음을 조종사에게 통보한다.

- 항공기가 최초 ATC 시스템에서 식별되었을 때
- 레이더 서비스가 종료되었거나 상실된 후 레이더 식별이 재개되었을 때

ATC가 레이더 교신이 이루어지고 있다는 조언이 계속되고, 이 사실은 다른 관제사에게 인계되었을 때 조종사에게 반복하지 않는다. 때때로 인계를 받은 관제사가 항공기 식별을 확인하지 않을 수 있지만, 이것을 레이더 교신이 상실되었음을 의미하는 것으로 해석해서는 안 된다. 트랜스폰더를 장착한 항공기의 식별은 조종사에게 "ident", "squawk standby"를 요청하여 식별하거나 코드 변경을 지시해서 확인한다. 트랜스폰더를 장착하지 않는 항공기를 식별하기 위해서 그들의 위치를 조언한다. 이 경우 조종사는 ATC가 제공한 위치와 다르다면 관제사에게 통보해야 한다. 관제사가 부여한 NAVAID에 동조할 수 없는 이유로 주어진 위치의 정확성을 확인할 수 있는 조종사는 NAVAID에 동조할 수 있는 다른 레이더 위치를 요청해야 한다.

(3) 위치보고 항목(position report items)

항공기의 위치보고에는 다음 사항들을 포함해야 한다.

① Aircraft identification(항공기 식별)

② Position(위치)

③ Time(시간)

④ Altitude or flight level(고도 또는 비행고도)
(VFR-on-top 인가로 운항 중 실제 고도 또는 비행고도)

⑤ Type of flight plan(비행계획의 종류-VFR/IFR, ARTCC 또는 접근관제소에 직접 IFR 위치보고를 하지 않는다)

⑥ ETA and name of next reporting point(다음 보고지점의 ETA와 명칭)

⑦ The name only of the next succeeding reporting point along the route of flight
(항로를 따라서 다음 후속 보고지점의 명칭)

⑧ Pertinent remarks(기타)

(4) 부가 위치보고 사항(additional reports)

다음 보고들은 특별히 ATC의 요청이 없어도 전 시간 ATC 또는 FSS 시설에 보고해야 한다.

① 새로 할당된 고도 또는 비행고도를 위해서 이전에 부여된 고도 또는 비행고도를 이탈할 때
② VFR-on-top 인가로 운항 중 고도 변경을 할 때
③ 최저 분당 500피트(fpm)로 상승 혹은 강하할 수 없을 때
④ 실패접근을 실행했을 때(대체공항, 다른 접근 등 특정 행동을 위한 인가를 요청했을 때)
⑤ 평균 진대기속도(순항고도에서)가 비행계획서에 제출한 것과 5% 또는 10노트 차이가 있을 때(어느 것이든 큰 것)
⑥ 체공 픽스 또는 인가된 지점에 도착한 시간 그리고 고도 또는 비행고도(FL)
⑦ 부여된 체공 픽스 또는 지점을 이탈할 때

[NOTE] subparagraphs 6 and 7과 관련된 보고는 레이더 서비스가 제공되고 있을 때 근 터미널 지역 시설에서 계기훈련(instrument training)과 관련 항공기의 조종사는 생략할 수 있다.

⑧ 관제공역에서 VOR, TACAN, ADF, 저주파수(low frequency) 항법 수신기 성능의 상실, IFR-승인 GPS/GNSS 수신기를 장착하고 운용 중 GPS 이상신호, ILS 수신기의 완전 혹은 부분 상실 또는 공/지 통신 성능의 장애(impairment of air/ground communication capacity) 등을 보고해야 한다. 보고에는 항공기 식별, 영향을 받는 장비 ATC 시스템에서 IFR로 운용하기 위한 성능의 정도, 그리고 ATC로부터 원하는 조력 방법과 범위가 포함되어야 한다.
⑨ 안전비행과 관련된 기타 정보

항공기에 장착된 다른 장비들도 IFR에서 운용하기 위한 성능과 안전에 장애를 줄 수 있다. 만약 공중탑재 기상 레이더(airborne weather radar)와 같은 장비의 이상이 발생했고 조종사의 판단에 비행안전 혹은 IFR 성능에 영향을 줄 것으로 판단된다면 위에서 언급한 것과 같이 보고해야 한다. GPS의 이상신호(anomalies)를 보고할 때 이상신호가 발생한 장소와 고도(location and altitude)를 포함해 주어야 한다. 이상신호가 발생한 위치를 세부적으로 보고하고 필요하다면 이상신호가 잡힌 지속시간(duration)을 포함해야 한다.

2.3.19 통신두절

IFR에서 운용 중인 항공기 조종사는 ATC가 다르게 승인하지 않는 한 쌍방향 통신두절 절차(two-way radio communication failure procedure)를 준수해야 한다. 통신두절을 위한 세부 행동절차는 AIM에 수록되어 있다. 조종사는 [그림2-58]과 같이 트랜스폰더 코드(transponder code)를 7600에 맞춤으로써 ATC에게 통신두절을 경고하는데 사용할 수 있다. 만약 송신기만 불작동(inoperative)이라면 항법 수신기를 포함한 수신기를 이용해서 ATC의 지시를 청취하라. ATC는 VOR, VORTAC, NDB, 또는 로컬라이저 주파수를 이용해서 조종사와 교신을 시도할 것이다. NAVAID 수신기를 모니터링하는 것 외에 이전에 할당되었던 주파수 혹은 FSS를 호출하는 방법으로 교신을 시도해야 한다.

통신두절을 다루고 있는 규정의 주목적은 ATC 시스템 내에서 무선통신 없이(no-radio operation) IFR 운용이 계속되는 것을 방지하는 것이다. 이 같은 상황에서 운용은 공역에서 다른 항공기 운용에 영향을 줄 수 있기 때문이다. 만약 IFR 인가에서 운용 중이지만 VFR 상태이고, 통신두절이 발생한 시점에 VFR 상태에 있다면 VFR 상태에서 계속 비행하고 될 수 있는 한 빨리 착륙해야(land as soon as practicable) 한다. 여기서 "land as soon as practicable" 필수요건은 "land as soon as possible(가능한 한 빨리)"를 의미하는 것은 아니다. 조종사는 자신의 최상 판단을 실행할 권리(prerogative of exercising)를 갖는다. 항공기의 기종에 적합하지 않은 공항 혹은 목적지 공항을 몇 분 남겨 놓은 상황에서 승인되지 않은 공항에 착륙하라는 것을 요구하는 것은 아니다. 그러나 만약 IFR 상태가 호전되지 않는다면 조종사는 항공기 분리를 보장하기 위해서 관련 규정에 있는 절차에 따라야 한다. 만약 조종사가 쌍방향 통신두절 후 IFR 하에서 계속 비행을 해야 한다면 다음 항로 중 하나를 선택해서 비행해야 한다.

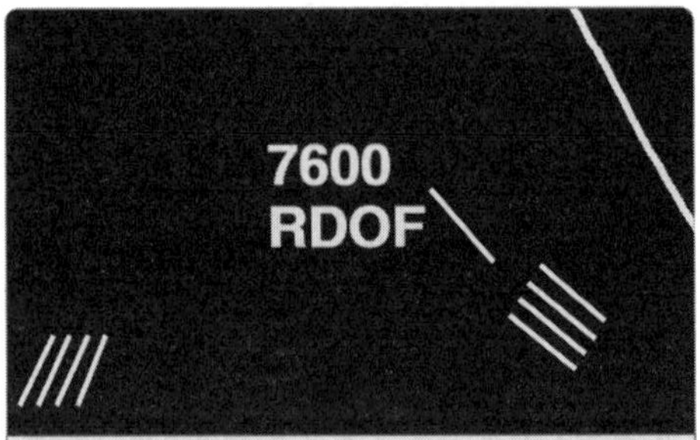

When an aircraft squawks code 7600 during a two-way radio communication failure, the information block on the radar screen flashes RDOF (radio failure) to alert the controller.

【그림2-58】 쌍방향 통신두절 상황이 발생했을 때 트랜스폰더 코드 7600에 맞추면 레이더 스크린에 RDOF가 점멸되면서 관제사에게 경고한다.

① ATC가 마지막 인가에서 부여한 항로
② 레이더 유도를 받고 있다면 통신두절이 된 지점부터 레이더 벡터 인가에 지시된 픽스, 항로 또는 항공로까지 직항로
③ 어떠한 부여된 항로가 없다면 ATC가 차후 인가에 부여할 것으로 예상하는 항로
④ 부여된 혹은 예상되는 항로가 없다면 비행계획서에 제출한 항로

또한, 통신두절이 발생했을 때 지정된 고도로 비행하는 것 역시 중요하다. 통신두절이 발생한 후 비행해야 하는 고도는 규정에 따라 비행하고자 하는 각 항로에서 다음 중 가장 높은 고도를 선택해서 비행해야 한다.
① 마지막 ATC 인가에서 부여한 고도 또는 비행고도
② IFR 운용을 위한 최저고도 또는 비행고도
③ ATC가 차후 인가(further clearance)에 부여할 것으로 조언한 고도 또는 비행고도

일부 특정 상황에서는 부여되었거나 예상되는 고도(assigned or expected altitude)가 다음 항로 구간에 있는 MEA 만큼 높지 않을 수 있다. 이 상황에서 조종사는 통상 MEA가 높아지는 픽스에 도착했을 때 더 높은 MEA까지 상승해야 한다. 또한, 픽스가 MCA로 발행되었다면 픽스에 도착했을 때 조종사는 상승을 시작함으로써 MCA 또는 그 이상이 될 수 있다. 만약 다음 연속 항로 구간이 더 낮은 MEA로 지정되었다면 MEA가 낮아지는 픽스에 도착했을 때 마지막으로 부여된 고도 또는 차후 인가(further clearance)에 예상되는 고도 중 적용할 수 있는 고도

(applicable altitude)까지 강하하라.

(1) ARTCC 무선 주파수 정전

일반적으로 ARTCC는 운용 주파수의 장애가 발생했을 때 중단 없이 신속한 ATC 서비스를 위해서 각 주파수를 위한 최소 1개의 예비 무선 수신기와 송신기(back-up radio receiver and transmitter) 시스템을 갖추고 있다. 때때로 기술적 문제로 지연될 수 있지만, 예비 장비로 전환(switchover)하는데 통상 60초 이상이 소요되는 경우는 드물다. 만약 정전(outage)이 신속하게 해결되지 못했을 때 ARTCC는 통신 지시를 방송하기 위해서 주변 항공기에 영향을 받는 주파수를 전환할 것을 요청한다. 조종사는 ARTCC와 실제 통신두절이 되었다고 결론을 내리기 전 최소한 1분을 대기하는 것이 중요하다. 이 같은 정전이 발생했을 때 다음과 같이 권장하고 있는 통신두절절차에 따르기 위해서 시도하는 동안 업무량과 장비 능력이 허용한다면 조종사는 영향을 받는 주파수를 주의 깊게 청취해야 한다.

① 주파수를 변경한 후 쌍방향통신이 이루어지지 않는다면 예비 주파수 혹은 다르게 지시된 주파수로 전환된 관제사와 다시 교신을 시도한다.

② ARTCC 통신두절이 쌍방향통신이 이루어진 후 발생했을 때 어느 다른 알고 있는 ARTCC 주파수로 센터(Center)와 교신이 이루어지도록 시도하지만 통상 다음 섹터를 책임지고 있는 관제사의 주파수를 우선 선택하여 교신을 시도하여 지시를 요청한다. 그러나 항로를 따라서 다음 정상 주파수 변경이 포함된 다른 ATC 시설을 알았을 때 가능하다면 지시를 받기 위해서 그 시설과 교신해야 한다. 만약 어느 방법으로도 교신이 이루어지지 않는다면 조종사는 항로선상에 있는 적절한 FSS로부터 통신 지시(communication instructions)를 요청해야 한다는 것을 예상해야 한다.

[NOTE] FSS를 통한 항공기와 ARTCC 사이의 정보 교환(exchange of information)에서 FSS는 책임을 갖는 ARTCC 섹터와 직통 전화선(direct telephone lines)을 갖추고 있으므로 회사 무선시설을 경유하는 것보다 더 빠르다. 따라서 ARTCC 주파수 정전 중 둘 사이에 선택해야 할 상황이라면 FSS 무선망을 활용할 것을 권장한다.

2.3.20 순항항로 상승과 강하

ATC가 인가 혹은 지시(clearance or instruction)를 발령했을 때 조종사는 이를 수신하자마자(upon receipt) 실행해야 하는 것으로 예상해야 한다. 일부의 경우 ATC는 조종사의 예상을 수정해야 하는 단어가 포함될 수 있다. 예를 들어 인가 혹은 지시에 포함된 "IMMEDIATELY" 단어는 안전에 필수적인 임박한 상황(imminent situation)을 피하고 신속한 반응을 위해서 긴급하게 전달하기 위해서 사용된다.

조종사에게 상승지점(climb point) 또는 시간제한(time restriction) 외에 항로라든지 혹은 ATC 인가의 다른 규정의 위반을 승인하지 않는다. 만약 조종사가 ATC 인가의 고도 정보에 "...climb at pilot′ discretion..."와 같은 지시를 받았다면 조종사는 원하는 시기에 상승을 시작할 수 있는 선택권(option)을 갖고, 원하는 상승률 그리고 원하는 중간고도에서 일시적으로 수평전환이 승인되지만 일단 당신이 고도를 이탈(vacate)했다면 조종사는 그 고도로 복귀할 수 없다. ATC가 어떠한 상승제한(climb restriction)이 포함된 용어를 사용하지 않았을 때 조종사는 인가를 수신하는 즉시 상승해야 한다. 조종사는 할당된 고도(assigned altitude) 아래 1,000피트까지 항공기의 운용 특성에 적합한 최적 상승률(optimum rate of climb)로 상승하고, 다음 부여된 고도에 도착할 때까지 분당 500피트와 1,500피트(fpm) 사이의 상승률로 상승을 시도하라. 만약 최소한 분당 500피트로 상승할 수 없다면 ATC에게 통보하라. 또한, 상승 중 중간고도에서 수평전환(level off)이 필요하다면 ATC에게 통보해야 한다.

ATC가 "...expedite climb..."을 지시했을 때 이것은 통상 조종사에게 항공기를 다루고 있는 특성에서 예외적 변경(exceptional change) 없이 대략 최상의 상승률을 적용할 것을 나타낸다. 일반적으로 관제사는 조종사에게 신속한 행동을 필요로 하는 간단한 이유를 통보하게 될 것이다. 전투기와 같이 재연소기 엔진(afterburner engine)을 장착한 터보제트 항공기의 조종사가 순항항로 고도까지 상승 중 재연소기를 사용하고자 한다면 이륙 전에 ATC에 통보해야 한다. 때때로 관제사는 상승제한에 "expedite" 인가를 사용하지 않고 높은 상승성능(high performance climb)을 수용하여 조종사에게 계획된 고도까지 상승을 허용하도록 계획할 수 있다. 만약 당신이 ATC 인가를 받았고, 이어서 당신이 유지해야 하는 고도가 "expedite" 지시 없이 변경 혹은 다시 서술되었다면 "expedite" 지시는 취소된다.

조종사는 순항항로 상승 중 어느 다른 비행단계와 같이 인가에 관해서 ATC와 명확하게 교신하는 것이 중요하다. 다음의 사례에서 비행승무원은 비행인가를 복창(readback)하는 데 있어서 명백하게 실수했고, 이를 혼동하여 다른 항공기로부터 부적절한 분리(inadequate separation)가 발생했다.

"Departing IFR, clearance was to maintain 5,000 feet, expect 12,000 in 10 minutes."

Center에 인계된 후 조종사는 이를 이해했고 복창했다.

"Leaving 5,000 turn left heading 240° for vector on course."

조종사는 5,000피트를 통과하면서 부여된 기수방위로 상승 선회했다. 고도 5,300피트에서 센터는 5,000피트가 부여된 고도라는 것을 조언했다. 조종사는 즉시 5,000피트로 강하했다. 다음, 센터는 조종사에게 12시 방향, 1마일 6,000피트에 다른 항공기가 있음을 경고했다. 다른 항공기가 지나간 후 더 높은 고도가 부여되었고 다시 상승을 시작했다. 조종사는 아마도 인가에서 "reaching 5,000"으로 이해한 것 같다. 관제사에게 "leaving"으로 복창했음에도 불구하고 단어의 차이(different wording)를 알아채지 못했다. ATC 용어에서 "reaching"과 "leaving"은 명백하게 다른 의미로 사용된다. 이들 용어는 상승, 강하, 선회, 또는 속도조절(speed adjust)이 포함된 인가에 사용될 수 있다. 조종실(flight deck)에서 단어 "reaching"과 "leaving"은 거의 유사하게 발음되고 있는 것을 알 수 있다. 조종사는 상승 중 고도인식(altitude awareness)을 위해서 조종실에서 가끔 고도를 호창(call-out)한다. 조종사 모니터링은 할당된 고도에 도달하기 전 2,000피트와 1,000피트에서 호창해야 한다. 호창은 고도(QNH)까지 상승하기 위한 전이를 통한 상승이 될 수 있고, 두 조종사 모두 고도계를 29.92"Hg에 맞추고 "2992 inches"(일부 항공기에서는 "standard")를 호창하고 비행고도(flight level)를 통과하게 될 것이다.

예를 들어 "2992 inches(standard)" flight level one eight zero의 사례를 보자. 조종실에 3명이 승무한 조종사 중 제2의 부기장(second officer)은 두 조종사 모두 정확한 고도계 세팅을 했음을 확인했다. 조종사는 국제비행(international flight)에서 잠재적 실수를 방지하기 위해서 수은 인치(inches of mercury), 밀리바(millibar) 또는 헥토파스칼(hectopascal)에 동등한 대기압에 관한 고도계 세팅 방식의 차이를 확실하게 알 수 있어야 한다. 예를 들어 996밀리바를 실수로 2996으로 잘못 이해할 수 있다.

IFR 비행의 대부분은 상승정점(top of climb; TOP)부터 강하정점(top of descent; TOD)까지 순항고도에서 수평비행으로 이루어진다. 일반적으로 TOD는 FMS를 장착한 항공기에서 사용되고 순항고도로부터 강하가 처음으로 시작되는 지점을 나타낸다. 또한, FMS는 비행계획 항로를 따라서 지속적인 유도(guidance), 그리고 대권 직항로(great circle direct route), 그리고 인가 데이터의 변화에 따라 지속적인 연료소모의 평가와 예측을 제공하면서 대부분의 수평비행에서 연료절약속도(fuel saving speed)로 순항하도록 보조한다.

(1) 항공기 속도와 고도

순항항로 비행단계 중 FMS의 부가적인 이점은 목적지 공항까지 연료절약 아이들 추력(fuel saving idle thrust)을 제공하는 것이다. 이것은 중간고도에서 속도조절을 위한 수평전환이 필요한 경우를 제외하고 수평 순항고도로부터 적절한 MIA까지 중단 없는 프로파일 강하(profile descent; *측면에서 본 모양의 강하경로*)를 허용한다. 관제사는 조종사가 관련 규정에 따른 속도제한(speed limitation) 250노트에 준수하기 위한 강하에서 고도 10,000(MSL)에 도달했을 때 수평전환(level off)할 것으로 예측하고 이에 따라 계획하게 될 것이다.

강하 중 어느 다른 시간에 수평전환 조작을 하는 것은 ATC가 처리하고 있는 항공교통에 심각한 영향(seriously affect)을 줄 수 있다. 조종사는 강하 중 항공교통을 안전하고 신속하게 처리할 수 있도록 ATC가 예상하는 행동을 수행할 수 있도록 모든 노력을 해야 한다. 만약 항공기가 레이더 유도를 받고 있으면서 필수 간격(spacing)을 조절해야 할 필요가 있다면 ATC는 속도조절(speed adjustment)을 발령할 수 있다. 속도조절은 FL 240 또는 그 이상에서 마하수(Mach number) 0.01 간격으로 지시하는 경우를 제외하고 지시속도(indicated airspeed) 5노트 또는 10노트 증분(increment)으로 지시한다. ATC가 마하수를 이용한 속도조절은 터보제트 항공기로 제한된다. 만약 속도조절에 응할 수 있다면 조종사는 그 속도의 ±10노트 또는 마하 ±0.02 범위 내에서 유지되어야 한다. 인가에 있는 속도와 고도제한은 비행승무원(flight crew)이 인가와 같이(...as a clearance...) 발행된 절차에서 지시를 처리하는 경우에서 위의 사례와 같이 잘못 해석될 수 있다.

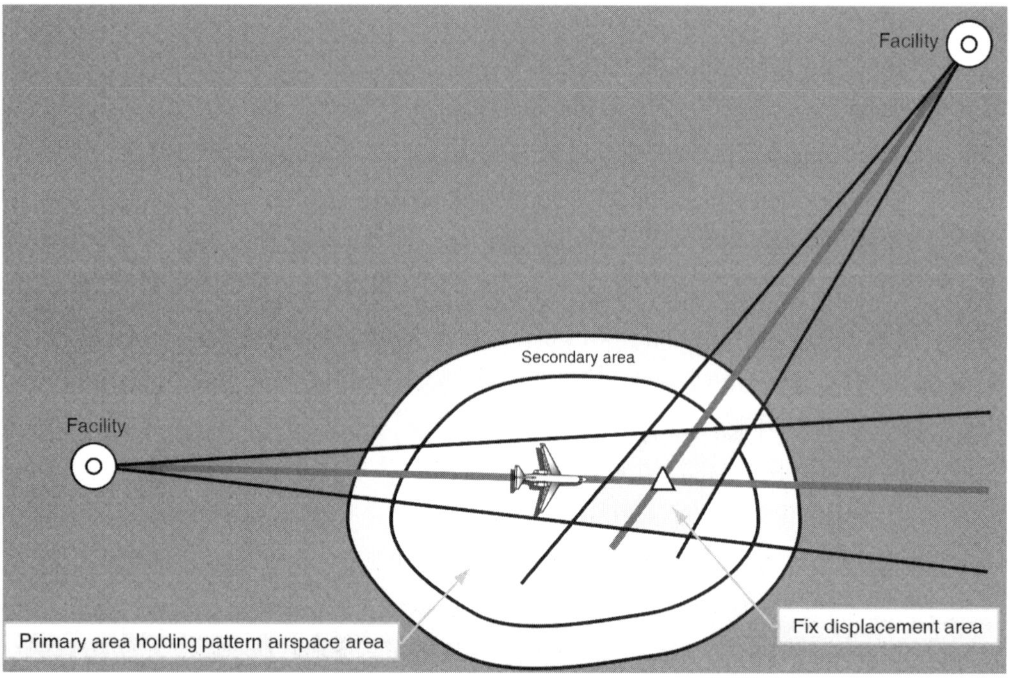

【그림2-59】 체공패턴 설계 기준 구획

항공기가 FL 310에 있었고 VOR에서 이미 17,000피트의 "expect-crossing altitude"가 프로그램화되었다. 고도 경고장치(altitude alerter)가 울렸을 때 조종사는 FL 310을 벗어나고 있음을 센터에 조언했다. ATC는 "Roger"와 함께 "알았음"을 응답했다. 센터는 FL 270에서 조종사에게 항공기의 강하에 관해서 문의했다. 조종사는 관제사에게 강하를 위한 이유가 17,000피트에서 VOR을 통과하기 위한 것이라고 통보했다. ATC는 조종사에게 강하를 인가하지 않았음을 조언했다. 조종사가 인가로서 생각했던 것은 실제 "expect" 인가였다. 조종사는 인가에 관해서 어떠한 의심이 있다면 이를 관제사에게 명확하게 해줄 것을 요청할 책임이 있다. 또한 "Roger" 용어는 송신(transmission)을 수신했다는 단순한 의미이지 송신을 이해했다는 것을 의미하는 것은 아니다. "Expect" 고도는 계획수립 목적(planning purpose)으로 발행된 것이지 ATC가 구두로(verbally) 발령할 때까지 통과제한(crossing restriction)으로 고려되지 않는다.

2.3.21 순항항로 체공 절차

체공패턴 공역(holding pattern airspace)을 위한 기준은 장애물 통과높이와 함께 항공기 분리 모두를 제공하기 위해서 지정된다. 전형적인 체공패턴의 정렬은 체공 픽스(holding fix)를 이탈한 후 당신이 비행하고자 하는 비행 코스와 일치해야 한다. 수평 체공을 위해서 최저 1,000피트 장애물 통과높이가 전체 1차 지역(primary area)에 제공된다. 2차 지역(secondary area)에서는 외부 테두리에서 0피트까지 점점 줄어들면서 내부 테두리(inner edge)에 500피트 장애물 통과높이가 제공된다. 또한, 지형의 험난함이 고려되어야 하고 장애물 통과높이를 위해서 선택된 고도는 100피트 근사치로 반올림된다. 체공에서 상승을 위한 기준이 적용될 때 [그림2-59]와 같이 체공 표면(holding surface)을 관통하는 장애물이 없어야 한다. 항공기의 체공에는 항행보조시설 지상 및 공중 허용오차, 바람의 영향, 비행절차, ATC 적용, 아웃바운드 구간 길이(leg length), 최대체공속도, NAVAID 거리에 대한 픽스, DME 경사거리(slant range), 체공 공역 크기, 그리고 체공층(holding level)의 고도 등을 포함하여 영향을 주는 많은 요소가 있다.

(1) ATC 체공 지시

관제사는 인가 한계점 혹은 픽스(clearance limit or fix)에서 지연이 예상될 때 인가 한계점 또는 픽스에 도착(ETA) 최소한 5분 전에 체공 인가를 발령한다. ATC가 항공도에 발행된 체공패턴을 부여할 때 조종사는 차트에 도식된 것과 같은 체공을 예상해야 한다. 다음은 관제사가 체공을 지시할 때 픽스 명칭, 차트와 같이 체공하기 위한 방향(holding side), 그리고 예상차후인가(expect further clearance; EFC) 시간이 포함되어야 한다.

“Marathon five sixty four, hold east of MIKEY Intersection as published, expect further clearance at 1521.”

항공도 차트에 체공패턴이 도식되어 있지 않은 픽스에서 체공 인가를 발령할 때 조종사는 완전한 체공 지시(complete holding instruction)를 받는다. 체공 지시는 픽스로부터 방향, 픽스 명칭, 코스, 구간 길이, 그리고 가능하다면 선회방향(좌선회가 요구될 때), 그리고 EFC 시간이 포함된다. 조종사는 새로운 고도가 별도로 체공 인가에 포함되지 않는 한 마지막으로 부여된 고도를 유지해야 하고, 또한 좌선회(left turn)가 부여되지 않는 한 우선회(right turn)로 체공해야 한다. 모든 체공 지시에는 EFC 시간이 포함된다는 것을 유의하라. EFC는 쌍방향 통신두절이 발생했을 때 조종사에게 지정된 시간(define time)에 체공 픽스를 출발하도록 허용한다. 조종사는 [그림2-60]과 같이 지정된 시간에 가능한 한 정확하게 픽스를 출발할 수 있도록 체공패턴의 마지막 구간(last lap)을 계획해야 한다.

인가 한계점(clearance limit)에 거의 도달했지만 ATC로부터 체공 인가를 받지 못했을 때 조종사는 특정 절차(certain procedure)에 따르는 것을 예상해야 한다. 먼저, ATC를 호출하고 픽스에 도착하기 전 차후 인가(further clearance)를 요청하라. 만약 차후 인가를 받지 못했다면 조종사는 도식 체공패턴(charted holding pattern)에 따라 픽스에서 체공을 예상해야 한다. 만약 체공패턴이 픽스에 도식되어 있지 않다면 [그림2-61]과 같이 우선회를 이용해서 인바운드 코스에서 체공할 것을 예상해야 한다. 이 절차는 ATC가 적절한 분리를 제공하는 것을 보장한다. 예를 들어 항공기가 V214에서 동쪽 방향(eastbound) 기수방위에 있고 Cherrelyn VORTAC이 인가 한계점이다. 조종사는 차후 인가를 받지 못했고 체공 지시 역시 받지 못했다면 차트에 그려진 것과 같이(as depicted) 좌선회해서 221° 레디얼에 있는 남서(southwest)쪽에서 체공(holding)을 계획하라.

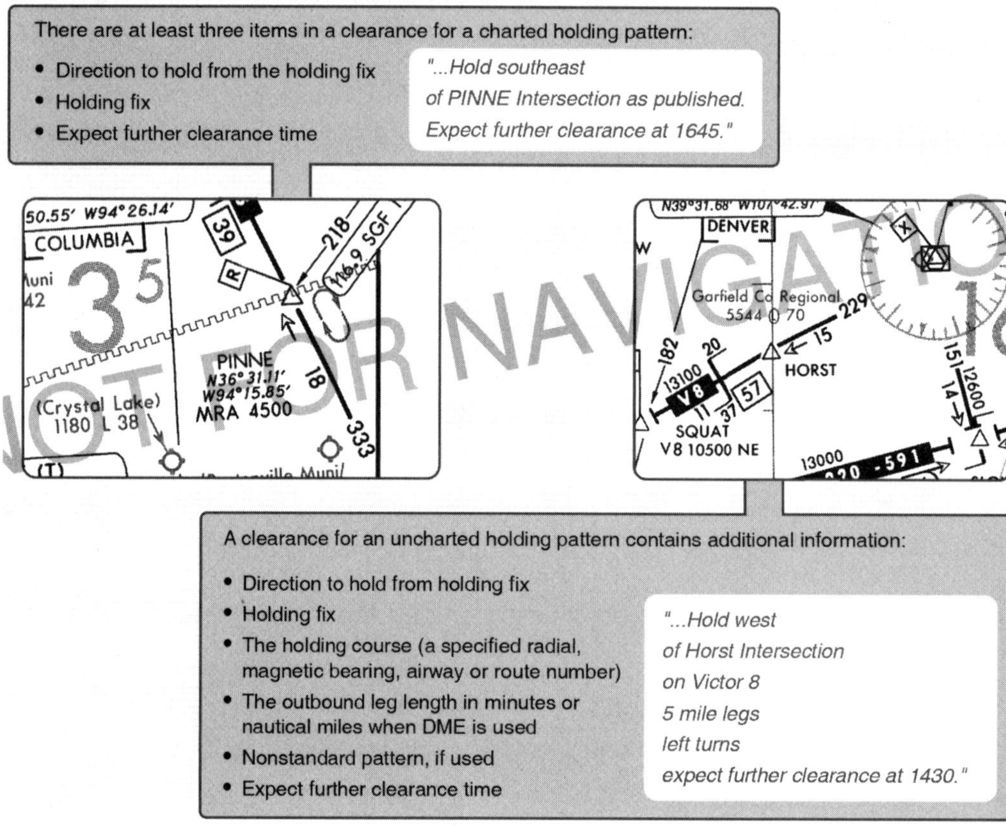

【그림2-60】 ATC 체공지시의 한 사례

ATC는 항공기 분리가 필요하고 최저 체공 고도가 발행되지 않은 공역이라면 조종사에게 MEA 또는 MRA(어느 것이든 높은) 고도에서 표준체공패턴(standard holding pattern)으로 지정된 보고지점(designated reporting point)에서 체공할 것을 요청할 수 있다. 순항항로 픽스에서 비계획 체공(unplanned holding)은 항공로 혹은 항로 레디얼, 베어링, 또는 코스에서 예상될 수 있다. 만약 픽스가 시설(facility)이라면 비계획된 체공은 레디얼 또는 베어링이 될 수 있고 표준 체공이 MEA 또는 MRA에서 이루어지지 못한다면 적절한 체공 제한(holding limitation)이 있을 수 있다.

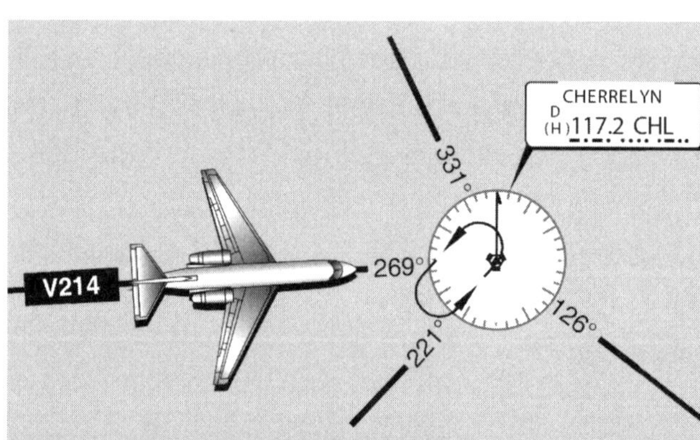

【그림2-61】 ATC 인가 한계점에서 체공

(2) 최대체공속도

체공패턴의 크기는 항공기 속도에 비례한다. ATC가 보호하는 공역의 크기를 제한하기 위해서 [그림2-62]와 같이 최대

체공속도(maximum holding speed)는 지시속도(indicated airspeed; KIAS)로 특정 고도 범위에 지정된다. 그렇기는 하지만 일부 체공패턴은 고속 항공기가 보호구역에서 벗어나는 것을 방지하기 위해서 추가 속도제한(speed restriction)이 있을 수 있다. 만약 체공패턴이 비표준 속도제한이 부여되어 있다면 이것은 제한되는 속도와 함께 아이콘(icon)으로 그려진다. 만약 체공속도한계가 조종사가 필수적으로 예상할 수 있는 것보다 낮다면 체공 속도를 수정해 줄 것을 ATC에 통보해야 한다. 또한, 지시속도가 적용할 수 있는 최대체공속도를 초과한다면 ATC는 조종사가 체공 픽스에서 ETA의 3분 이내에 속도한계까지 감속할 것으로 예상한다. 때때로 조종사는 체공 픽스까지 향하는 비행에서 속도를 낮추는 방법으로 체공패턴에서 소비하는 시간을 줄이거나 체공패턴 상공으로 비행하는 것을 피할 수 있다.

고성능(high performance aircraft) 항공기가 운용되고 있을 때 체공 지시를 준수하기 위해서 특정 제한이 부여될 수 있다. 예를 들어 경사각이 30°를 초과한다면 항공기 체공패턴에서 표준율 선회(standard rate of turn)를 할 수 없다. 만약 당신의 항공기가 플라이트 디렉터(flight director; FD)를 사용하고 있다면 경사각(bank angle)은 25°로 제한된다. 항공기는 30°를 초과하는 표준율 선회에서 경사각을 위한 진대기속도(TAS) 210노트 이상으로 비행해야 하므로 이 제한은 상대적으로 고속 비행기에 적용된다. 플라이트 디렉터(FD)를 사용하고 있는 항공기는 경사각 25° 한계에 상응하는 170노트 이상에서 체공해야 한다. 이들 진대기속도는 표준대기의 6,000피트에서 각각 183노트와 156노트의 지시속도(indicated airspeed)와 일치한다.

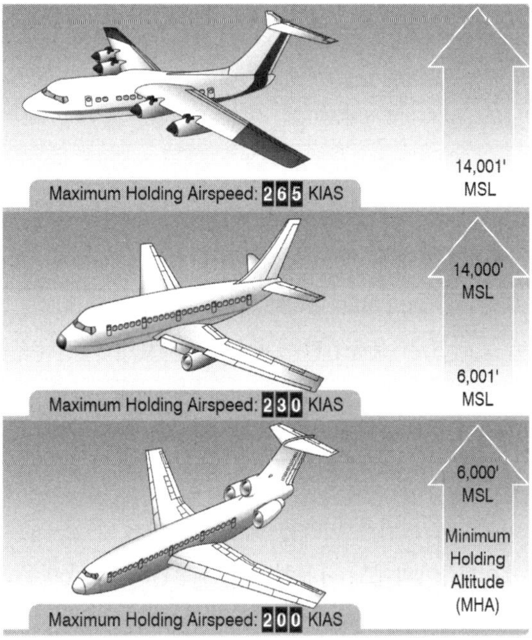

【그림2-62】 고도에 따른 최대체공속도

2.3.22 순항항로 안전 고려사항

(1) 연료상태인식

조종사는 연료상태인식(fuel state awareness)을 높이기 위해서 IFR 비행 중 잔여 연료(fuel remaining)와 시간을 주의해서 관찰해야 한다. 예를 들어 1시간 미만 계획된 비행에서 비행승무원은 상승정점(top of climb; TOP) 그리고 비행계획에 수록된 한 개의 추가 웨이포인트에서 시간과 잔여 연료량을 기록할 수 있다. 일반적으로 TOC는 FMS를 장착한 항공기에서 사용되고 처음으로 순항고도에 도달하는 공중지점을 나타낸다. TOC는 최근 비행기 고도, 상승 속도, 그리고 순항고도를 바탕으로 계산된다. 만약 비행이 너무 짧아 비행을 관리하는 데 도움이 되지 않는다면 조종사는 추가 웨이포인트 기록을 위한 필수요건을 삭제하기 위해서 선택할 수 있다. 조종사는 1시간 이상 계획된 비행을 위해서 TOC를 지난 직후(shortly after TOC) 그리고 비행계획에 수록된 선택된 웨이포인트에서 대략 한 시간 간격으로 편리하게 시간과 잔여 연료량을 기록해야 한다. 다음, 실제 연료소모(actual fuel burn)를 계획된 연료소모(planned fuel burn)와 비교한다. 각 연료탱크는 정확한 연료량이 소모(burn off)되고 있는지 그리고 잔여 연료량은 정확한지 확인하기 위해서 주의 깊게 관찰해야 한다. 2인 조종사 비행기에서 모니터링 조종사(pilot monitoring; PM)는 조종사가 비행계획 기록부에 기록하고 유지해야 한다. 3인 조종사 비행기에서 제2부기장(second officer)과 PM은 비행계획 기록부를 기록하고 유지해야 한다. 모든 경우에 기록을 담당하고 있는 승무원은 조종권 조종사(pilot flying; PF)에게 관련 내용을 알려주어야 한다.

※ 2인 조종사 항공기에서 실제 항공기를 조종하고 있는 조종사를 조종권 조종사(pilot flying; PF)라 하고, 주로 통신 및 계기 조작, 상황인식 등의 역할을 하는 조종사를 모니터링 조종사(pilot monitoring; PM or pilot not flying; PNF)라 한다. PF는 기장이 되거나 혹은 기장의 지시를 받는 부기장이 될 수 있다.

(2) 절차의 긴급전환(diversion procedures)

상업 운용자 또는 운송업자(commercial operator)를 위한 운항기준(OpSpecs)에는 순항항로 비상공항(en route emergency airport) 필수요건을 위한 규정이 포함되어 있어야 한다. 항공기 운용자 또는 운송업자는 충분한 수의 비상 긴급전환 공항을 선정할 것으로 예상하기 때문에 기상상태의 변화(varying weather condition)에 따라 1개 혹은 그 이상의 대체공항이 가용하다. 비행기는 안전하게 착륙할 수 있어야 하고 선택된 긴급공항의 활주로에서 이륙할 수 있어야 한다. 비행기가 착륙한 다음 움직일 수 없는(disabled airplane) 상황이 발생했을 때 이 비행기를 이동시키기 위한 능력을 갖추고 있어야 응급복구 비행(recovery airplane)의 운용을 막지 않을 것이다. 이외에도 사용하고자 지정된 이들 공항은 모든 이용객(all personnel)을 안전하게 보호할 수 있어야 한다.

- 악기상 속에서 승객과 승무원이 가능한 한 안전한 방법으로 내릴 수 있도록 조치하라.
- 안전하게 탈출할 때까지 승객과 승무원의 생리적 요구(physiological need)를 제공하라.
- 승객과 승무원이 가능한 한 빨리 안전하게 탈출할 수 있도록 조치하라. 긴급전환 다음 응급복구의 실행과 완료(execution and completion of recovery)는 12시간에서 48시간 이내로 예상해야 한다.

이외에도 Part 91 운송업자는 항상 긴급전환을 대비할 준비가 되어 있어야 한다. 조종사는 IFR 비행계획에서 대체공항을 지정하는 것은 현명한 조치이지만, 기상상태의 변화 혹은 장비 문제로 인해서 다른 옵션이 있을 수 있음을 명심하라.

Arrival Procedure

제3장 도착절차

3.1 개 요

목적지 공항에 도착과 접근(arrival and approach)은 순항항로 비행단계로부터 강하 전 원거리에서부터 시작된다. 도착과 접근을 미리 준비하는 것은 조종사의 주의(pilot′ attention)를 더 필요로 하면서 항공기의 정밀한 조종(precise control)에 집중(concentrate)해야 하는 최종접근구간에서 발생할 수 있는 문제를 조기에 다룰 수 있도록 해준다. 이 장에서는 NAS에서 IFR 도착에 적용되는 조종사와 관제사의 최근 절차를 소개한다. 또한, 조종사에게 ATC 도착절차를 이해시키고 순항항로(en route) 비행단계와 접근 비행단계 사이 전이(transition)와 관련된 조종사 책임을 다룬다. 이를 위한 전형적인 STAR의 시점 픽스(origination point)에서 STAR 종점 픽스(termination point fix)까지 순항항로 비행단계로부터 전이 과정을 집중적으로 다루는 표준터미널 도착항로(standard terminal arrival route; STAR), 강하 인가(descent clearance), 강하 계획수립(descent planning), 그리고 ATC 절차를 소개한다.

최적(optimum) IFR 도착 옵션은 순항항로 구조에서 접근 게이트(approach gate) 또는 최초접근픽스(initial approach fix; IAF)까지, 시각 도착(visual arrival), STARs, 그리고 레이더 벡터로 직접 비행하는 것이다. ATC는 관제공역 안에서 운용상 이점(operational advantage)이 있을 때, 또는 조종사의 요청이 있을 때 통상 분리 목적, 소음저감(noise abatement)을 위해서 레이더 벡터를 활용한다. 관제공역 외부에서 레이더 벡터는 오직 조종사의 요청이 있을 때만 제공된다. 관제사는 레이더 벡터가 관제사의 필요에 따라 시작(controller-initiated)되었고 이전에 할당된 비레이더 항로(non-radar route)를 벗어나도록 했을 때 조종사에게 레이더 벡터의 목적을 통보한다. 일반적으로 RNAV에서 운항 중인 조종사에게 자체항법(own navigation)으로 항행할 수 있도록 허용된다.

3.2 도착 환경에서 항법

도착 환경에서 가장 중요한 항행 필수요건은 항공기의 안전한 분리이다. ATC는 항공교통(air traffic)을 분리하기 위한 독립 수단을 갖고 있지 않기 때문에 실제 지리적 위치와 고도를 결정할 수 있는 조종사로부터 중계된 정보에 전적(entirely)으로 의존한다. 이 상황에서 조종사의 정밀항법(precise navigation)은 분리 업무를 수행하는 ATC 능력에서 중대한 요소이다.

레이더 유도(radar vector)를 받고 있을지라도 정밀항법과 위치보고는 여전히 분리를 제공하기 위한 주요 수단이다. ATC는 대부분 상황에서 항공기 항행에 관한 능력 혹은 책임(capability and responsibility)을 갖지 않는다. 이들은 비행승무원의 정밀항법에 의존하기 때문에 모든 IFR 운용에서 비행안전(flight safety)은 특정 수준의 항법 성능을 달성하고 이를 유지하기 위해서는 조종사의 능력에 달려 있다. ATC는 항행 성능, 가능한 항행 오차(possible navigational error), 그리고 원활한 교통흐름(expedite traffic flow)을 모니터하기 위해서 레이더를 이용한다. ATC는 비레이더 환경에서 항공기의 실제 위치 또는 인접 공역에서 다른 항공기와 상대적인 위치를 알 수 있는 방법은 없다. 따라서 ATC 인가(clearance)를 위반했을 때 항행 오차와 충돌 위험(collision hazard)을 해결할 수 있는 ATC의 능력은 심각하게 떨어진다.

항법 성능의 개념(concept)은 부여된 항로와 고도(assigned route and altitude) 모두를 정밀하게 유지하는 것이다. 항법 성능의 필요한 수준은 지역에 따른 항공 교통량(traffic density)과 비행하고자 하는 항로의 복잡성에 따라 다를 수 있다. 항법 성능 수준은 국내 공역(domestic airspace)의 항공 교통량이 훨씬 많고 복잡하기 때문에 해양(in oceanic)과 멀리 떨어진 외딴 지역의 공역보다 더 정밀해야 한다. 예를 들어 매년 Chicago Center의 공역 안에서 백만 횟수의 비행이 이루어지고 있다. Chicago Center 공역에서 고도를 공유하고 있는 항공기 사이에 허용된 최저가로거리(minimum lateral distance)는 8 NM이다.(레이더가 사용될 때 3 NM) ATC가 항공기에 부여한 항로는 가로분리 최저치 표준의 절반(lateral separation minimum standard)에 해당하는 항로 중앙선 양쪽 모두 보호되는 공역이다. 예를 들어 비행안전에 필수적인 가로항법 성능의 전체 수준이 Center 공역에서 4 NM 이상이 되어야 한다. 앞으로 다루게 될 STAR는 항행 필수요건이 도착비행단계(arrival phase of flight) 그리고 항공 교통량이 증가하고 절차적 설계(procedural design)와 장애물 통과높이가 더욱 제한되고 있는 곳에서 얼마나 더 제한되는지 보여준다.

항법 성능의 수준은 항공규정의 근본이고 각 항공기는 ATC에서 필요로 하는 정밀도 수준(degree of accuracy)으로 항행해야 한다는 것을 서술하고 있다. 또한, ATC 인가와 지시를 준수해야 하는 이 근본개념(fundamental concept)을 반영한 필수요건이다. 상업 운송업자는 그들의 운항기준(OpSpecs)에 따라야 할 뿐만 아니라 항행운용범주(categories of navigational operation)를 이해해야 하고 ATC에서 요구하는 정밀도 수준으로 항행할 수 있어야 한다.

공중항법의 넓은 개념에서 주요 항행운용범주는 Class I 항법과 Class II 항법이 있다. Class I 항법은 전적으로 ICAO 표준항법보조시설(NAVAID; VOR, VOR/DME, NDB) 등과 같은 표준운용범위(standard operational service volumes) 내에서 관제공역 또는 비관제공역에서 수행되는 순항항로 비행운용이다. Class II 항법은 Class I로 지정되지 않은 순항항로 운용이고 ICAO 표준 NAVAID의 운용서비스범위(operational service volume; OSV) 외부에서 수행되는 모든 운용부분이 포함된다. 예를 들어 VOR만을 탑재하고 있는 항공기가 VOR의 운용서비스범위 외부 지역에서 운항하고 있을 때 Class II 항법이 수행된다. Class II 항법은 재래식 NAVAID를 보충하

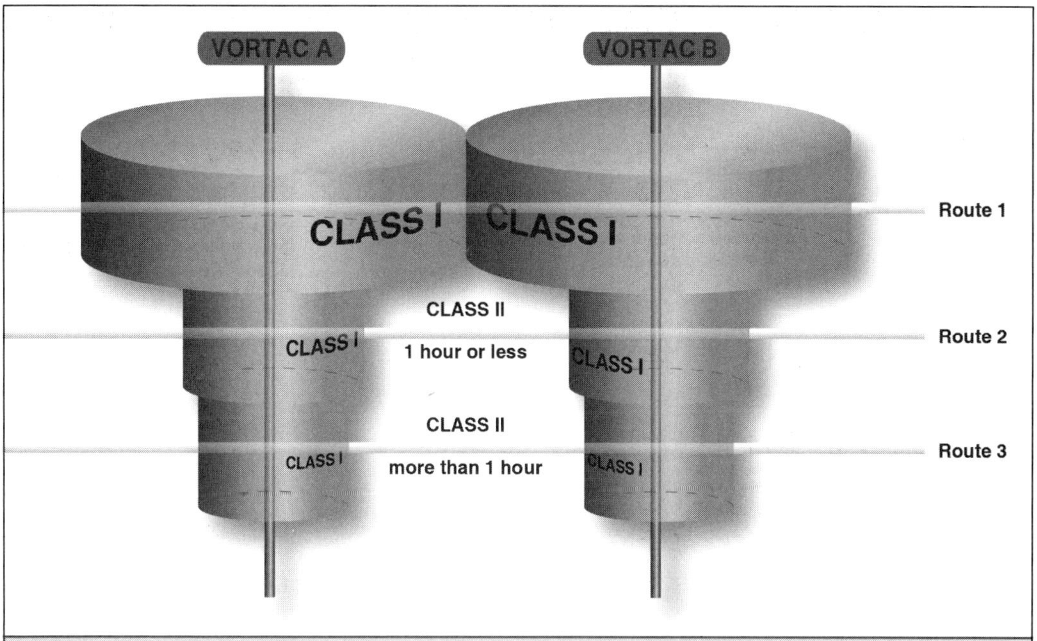

NOTE:

The area encompassed by the cylinders represents the volume of airspace within the operational service volume (OSV) of ICAO standard NAVAIDs. The altitude of your aircraft with respect to the location of the NAVAID is a primary factor in determining OSV range."

Route 1 Your aircraft navigating from A to B is conducting Class I navigation because you remain within the OSV of ICAO standard NAVAIDs during your entire flight.

Route 2 Your aircraft navigating from A to B is conducting Class I navigation while within the OSV of the NAVAIDs. You are conducting Class II navigation during the portion of your route outside the OSV of the NAVAIDs. Because the duration of the Class II navigation is 1 hour or less, long-range navigation equipment or a flight navigator may not be required.

Route 3 Your aircraft navigating from A to B is conducting Class I navigation while within the OSV of the NAVAIDs. You are conducting Class II navigation when outside the OSV of the NAVAIDs. The duration of the Class II navigation is more than 1 hour. Therefore, long-range navigation equipment or a flight navigator is required.

【그림3-1】 Class I and Class II의 사례 [NOTE] 원통형 지역은 ICAO 표준 NAVAID의 운용서비스범위(OSV) 안에 있는 공역의 크기를 나타낸다. NAVAID의 위치와 관련한 항공기의 고도는 OSV 범위를 결정하는 주요소이다.

- Route 1은 A와 B 구간에서 Class I 항법으로 항행하게 된다.
- Route 2는 A와 B 구간에서 Class I, II 항법으로 항행하게 된다. 장거리 항법이 필요하지 않다.
- Route 3은 A와 B 구간에서 Class I, II 항법으로 항행하게 된다. 장거리 항법이 필요하다.

기 위해서 특별항행기술(special navigational technique)이 사용되고 있다면 자동으로 장거리(long-range), 그리고 전문 항행 시스템(specialized navigational system)을 필요로 하지 않는다. Class II 항법은 대양횡단(transoceanic) 비행과 북극권(Arctic)과 같은 오지(desolate) 및 원거리(remote) 착륙 지역에서의 운용을 포함한다. Class II 항법에 승인된 주요 특별한 종류의 항행 시스템은 INS, 도플러(doppler), 그리고 GNSS 등이 포함된다. [그림3-1]은 Class I과 Class II 항법의 여러 사례를 보여주고 있다.

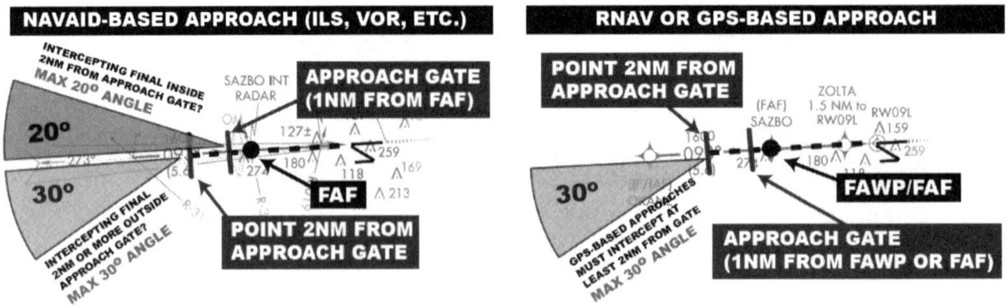

【그림3-2】 지상기반 접근 그리고 RNAV 또는 위성기반 접근을 위한 접근 게이트의 위치

3.2.1 강하 계획수립

순항항로 비행단계에서 강하를 계획하는(descent planning) 것은 착륙접근을 위해서 구성된 접근 게이트(approach gate)에 도착하기 위한 고도와 대기속도를 조절하는데 매우 중요한 요소이다. 조기에 강하를 시작했다면 연료가 더 많이 소모(more fuel consumption)되는 저고도에서 더 많은 시간을 비행해야 하는 결과가 초래되고, 강하를 늦게 시작했다면 접근과정에서 대기속도와 강하율(descent rates) 모두를 조절하는 데 문제가 발생할 수 있다. 조종사는 비행 전 목적지 공항에 설정된 특정 계기접근을 위한 순항고도(cruising altitude)에서 접근 게이트까지 연료, 시간, 그리고 거리를 계산할 필요가 있다.

조종사는 강하하기 전 비행하는 동안 착륙하고자 하는 공항의 바람상태를 포함하여 착륙 기상(landing weather)을 확인해야 한다. 목적지 공항에서 악기상(inclement weather)은 강하를 시작하기 전 계산해야 하는 충분한 연료량을 필요로 하는 강하율을 낮추고 실패접근(missed approach)을 실행하게 하는 원인이 된다. 조종사는 강하를 계획하기 위해서 순항고도, 접근 게이트 고도 또는 최초접근픽스(initial approach fix; IAF) 고도, 강하 대지속도(ground speed), 그리고 강하율을 사전에 알고 있어야 한다. 이 정보는 고도, 기상, 그리고 바람의 변화를 위해서 비행 중 업데이트되어야 한다. 접근 게이트(approach gate)는 ATC가 항공기를 최종접근코스(final approach course)로 유도하는데 사용되는 공중의 가상 지점(mid-air imaginary point)이다. 접근 게이트는 [그림3-2]와 같이 공항 외측 최종접근픽스(final approach fix; FAF)로부터 최종접근코스 1 NM까지 그리고 착륙시단(landing threshold)으로부터 5 NM 위치에 지정된다.

또한, 비행 매뉴얼이나 운용 핸드북에 있는 강하 차트에서 연료, 시간, 그리고 거리를 계산할 수 있는 동일한 정보가 수록되어 있다. 새로운 고도에 도달하기 원하는 지점 전 마일 수(number of miles)의 조건에서 강하를 필요로 할 때 적용할 수 있는 대략적인 방법을 소개한다. 먼저, 강하하고자 하는 고도를 300으로 나눈다. 예를 들어 순항고도 7,000피트에서 장주고도(pattern altitude) 1,000피트까지 강하하고자 한다면 당신이 강하해야 하는 고도는 6,000피트이다. 이를 300으로 나누면 20이 된다. 따라서 조종사는 20마일 전에서 강하를 시작해야 하고 약간의 여분(some extra room)을 남겨 둠으로써 정확한 진입 전 장주고도에 도달하게 된다. 또한, 적용하게 될 강하율(rate of descent; ROD)을 반드시 알아야 한다.

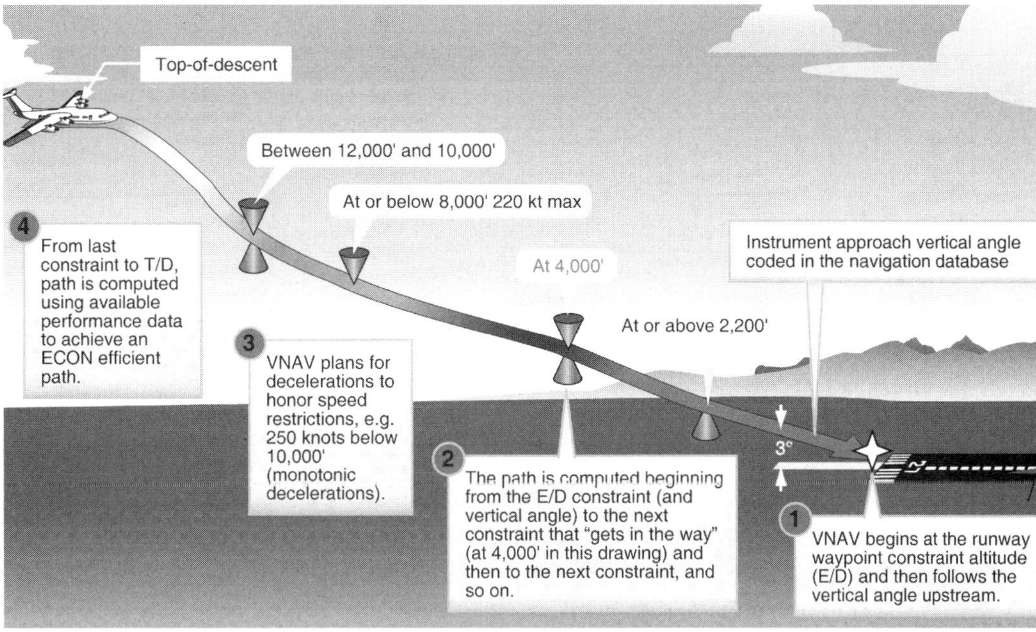

【그림3-3】 VNAV 경로 구조이다.

접근각 3°의 접근경로에서 ROD를 결정하기 위해서 예상 대지속도에 5를 곱해준다. 예를 들어 120노트로 비행하고 있다면 원하는 경로를 비행하기 위한 ROD는 분당 600(120×5)피트가 된다. 앞의 사례에서 6,000피트를 강하하기 위해서 강하는 20 NM에서 시작되어야 한다는 것이 결정되었다. 만약 대지속도가 120노트라면 항공기는 분당 2 NM로 이동하고 있음을 의미한다. 따라서 20 MM을 비행하기 위해서 10분이 소요되고 분당 600피트에서 10분은 6,000피트를 강하할 것임을 의미한다.

비행 전에 모든 계산을 마쳐야 하고 대략적인 업데이트(rule of thumb update)는 비행 중 적용되어야 한다. 예를 들어 도식 STAR에서 조종사는 "cross 40 DME West of Brown VOR at 6,000"의 예상 인가(expected clearance)를 기초로 강하를 계획하여야 하고, 다음 250노트로부터 감속하기 위한 대략적인 규칙(rule of thumbs)을 적용해야 한다. 이들은 착륙장치와 플랩 작동 속도에 도달할 때까지 활주로 시단으로부터 25 NM에서 250노트, 20 NM에서 200노트, 그리고 15 NM에서 150노트 감속해야 하는 대기속도 계획을 포함해야 하고 결코 접근속도(approach speed) 이하로 낮아져서는 안 된다.

3.2.2 수직항법(VNAV) 계획

수직항법(vertical navigation; VNAV)은 비행계획의 수직 구성요소(vertical component)이다. 이 접근경로는 강하정점(TOD)으로부터 강하종점 웨이포인트(end-of-descent waypoint; E/D)까지 계산된다. E/D 웨이포인트는 [그림3-3]과 같이 FMS를 장착하지 않은 항공기를 위한 접근 게이트와 약간 다른 개념으로 통상 활주로 또는 실패접근지점(missed approach point)이

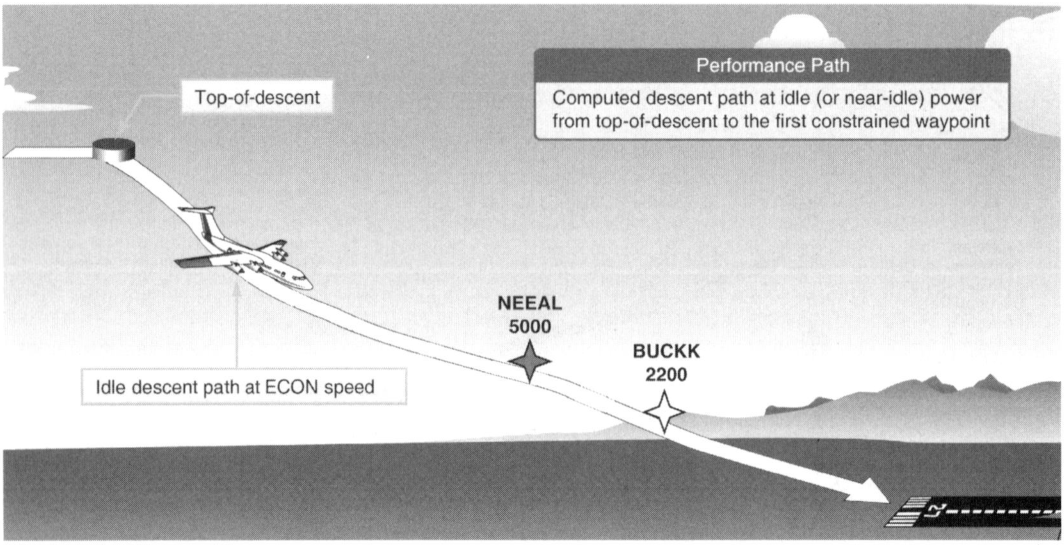

【그림3-4】 성능 강하는 아이들 동력에서 강하정점부터 첫 한정 웨이포인트까지 계산된 강하경로이다. 이 경우 전체 강하 구간은 ECON speed에서 아이들 강하경로이다.

된다. VNAV 경로는 항공기 성능, 접근한정(approach constraint; *조건을 붙여 내용을 제한함. 또는 그런 조건*), 기상 데이터(바람, 기온, 착빙 상태 등), 그리고 항공기 중량을 기초로 계산된다. FMS를 사용하는 두 종류의 VNAV 경로는 성능 경로(performance path) 혹은 기하학적 경로(geometric path) 중 하나이다. 성능 경로는 아이들(idle) 혹은 아이들에 가까운 동력을 사용해서 TOD로부터 [그림3-4]와 같이 TOD에서 첫 한정 웨이포인트(constrained waypoint)까지 계산한다. 기하학적 경로는 2개의 한정 웨이포인트 사이 또는 부여된 수직 각도에서 지점 대 지점

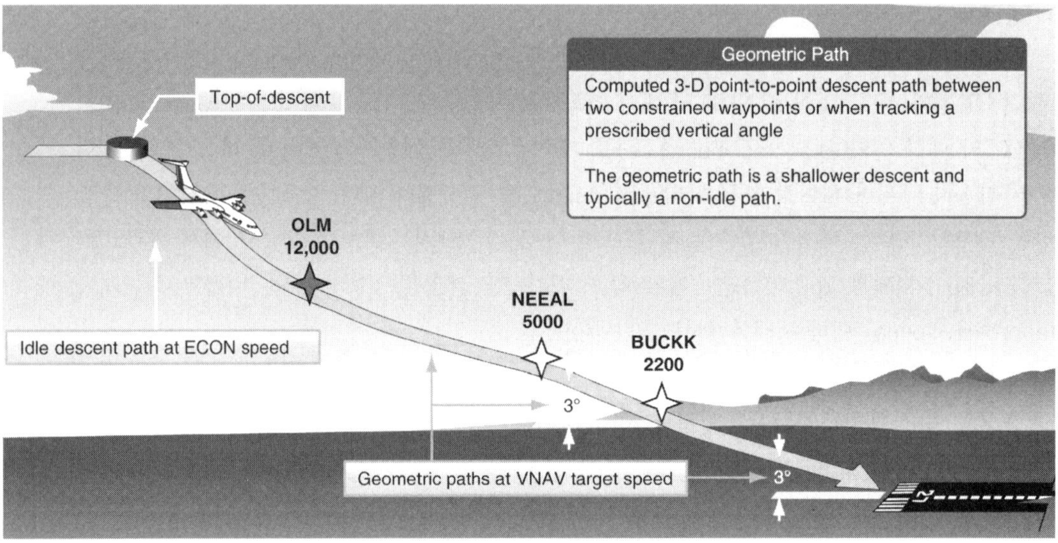

【그림3-5】 기하학적 경로는 2개의 한정 웨이포인트들 사이 또는 지정된 수직 각도에서 강하할 때 계산된 3차원 지점 대 지점 강하경로이다. 기하학적 경로는 강하각이 더 얕고 통상 넌-아이들 경로이다. 첫 구간은 ECON speed에서 아이들 강하경로이지만 VNAV 타깃 속도에서 기하학적 경로이다.

(from point to point)으로 계산된다. 기하학적 경로는 [그림3-5]와 같이 성능 경로보다 더 얕고(shallower) 전형적인 넌아이들 경로(non-idle path)이다.

※ ECON speed: 주어진 엔진동력의 한정, 항공교통에서 최상의 경제성을 달성할 수 있는 운항방법이다.

3.2.3 LNAV/VNAV 장비

가로항법/수직항법(lateral navigation/vertical navigation; LNAV/VNAV) 장비는 가로와 수직 접근코스유도 모두를 제공한다는 점에서 ILS와 유사하다. 정밀한 수직 위치 정보는 GPS의 최근 능력을 초과하기 때문에 LNAV/VNAV 최저치를 갖는 접근은 수직유도를 위해서 인증된 대기압(certified barometric) VNAV(baro-VNAV)를 갖추거나 아니면 이 목적을 위한 GPS 정밀도를 향상시키기 위한 WAAS(wide area augmentation system)를 사용해야 한다

[NOTE] WAAS는 GPS에서 얻어진 위치 정보의 오류를 탐지하고 수정하기 위해서 지상 기준국의 수집된 데이터를 활용한다. WAAS를 활용했을 때 수직 위치 정보의 정밀도는 3m 이내로 증가한다.

항공기는 WAAS를 사용할 수 있도록 WAAS 오류 수정 신호(error correction signal)를 위치결정 처리(position determining processing) 속으로 통합시키기 위해서 WAAS 신호를 수신하는 기능과 함께 IFR-approved GPS 수신기를 갖추어야 한다. GPS 수신기를 갖춘 WAAS는 [그림3-6, 컬러], [그림3-7]과 같이 조종사에게 RNAV 접근을 로딩(loading)할 수 있도록 허용하고 접근차트에 있는 가로와 수직 프로파일(profile; 측면)을 따라서 유도(guidance)를 수신할 수 있도록 한다.

조종사는 항공기에 설치된 장비의 종류(what kind of equipment) 그리고 승인된 것이 무엇인지 정확하게 알아야 한다. 또한, non-WAAS 성능 또는 IFR-approved GPS 수신기를 장착한 non-WAAS의 VNAV 기능은 항공기 성능이 LNAV/VNAV 최저치까지 비행할 수 없다는 것을 확실하게 이해하는 것 역시 매우 중요하다. FMS는 대부분의 운송용 항공기, 상업운송업자, 그리고 성능기반항법(performance based navigation; PBN)을 필요로 하는 다른 운용자들에게 주요 항행 수단이 되었다. 이들 FMS는 LNAV/VNAV 그리고 WAAS를 완전하게 장착하고 있다. FMS는 VNAV경로를 따라서 비행 중 조종과 추력 유도(thrust guidance)를 제공한다. 일부 기능이 낮은 시스템은 조종사에게 VNAV 경로 조언만 하고 오토-스로틀(auto-throttle) 성능은 없다. 이들 시스템은 강하경로(descent path)를 유지하기 위한 도착/접근 단계 중 조종사의 조종실 업무(pilot workload)를 증가시킨다.

3.2.4 고성능 항공기를 위한 강하 계획

비행 전 계획수립 단계에서 접근 게이트와 공항 환경 속으로 IFR 강하를 계획하기 위한 필요성은 터보제트 동력 비행기(turbojet powered airplane)에 특히 중요하다. 때때로 TOD는 고성능 비행기(high performance airplane)를 위한 순항항로 비행단계로부터 이 과정에서 사용되어

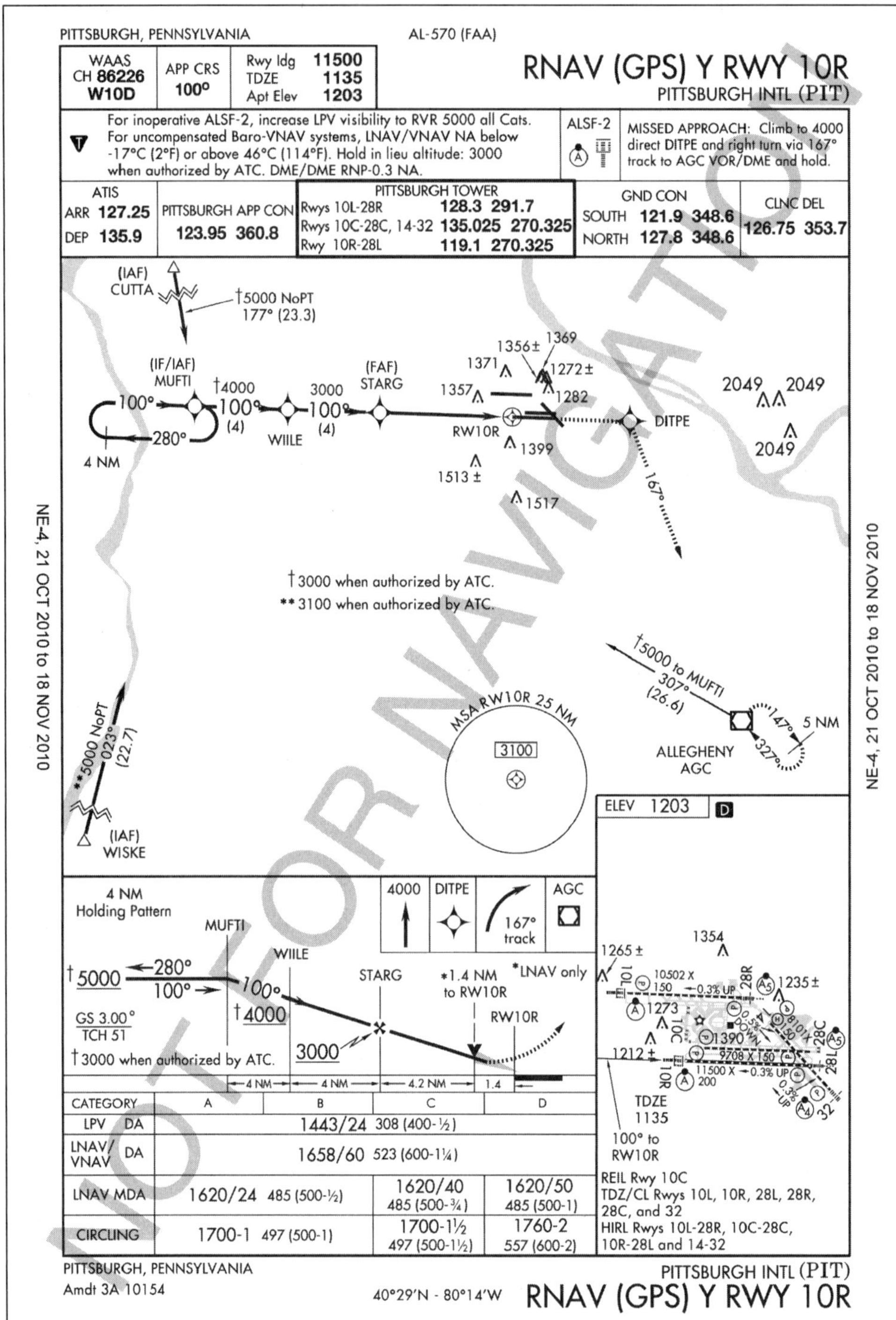

CATEGORY	A	B	C	D
LPV DA	1443/24 308 (400-½)			
LNAV/VNAV DA	1658/60 523 (600-1¼)			
LNAV MDA	1620/24 485 (500-½)		1620/40 485 (500-¾)	1620/50 485 (500-1)
CIRCLING	1700-1 497 (500-1)		1700-1½ 497 (500-1½)	1760-2 557 (600-2)

【그림3-7】 RNAV (GPS) 접근의 한 종류

야 하고 접근 게이트의 고도를 기초로 FMS를 이용해서 수작업으로 혹은 자동으로 계산되어야 한다. 터보제트 동력(turbojet powered) 항공기에서 최초 IFR 강하 계획수립을 위한 대략적인 방법은 3:1 공식을 적용한다. 이것은 3 NM 당 1,000피트의 강하를 의미한다. 예를 들어 비행기가 FL 310에서 비행 중이고 6,000피트에 있는 접근 게이트 또는 IAF까지 강하해야 한다면 초기 강하 필수요건은 25,000(31,000-6,000)피트이다. 여기서 25를 3으로 곱하면 75가 되고 정상적인 제트 비행기, 아이들 추력(idle thrust), 마하(Mach) 0.74~0.78, 그리고 수직 속도 분당 1,800~2,200피트(fpm)로 접근 게이트로부터 75 NM에서 강하를 시작해야 한다.

뒷바람 수정(tailwind correction)을 위해서 뒷바람 10노트 당 2 NM을 더하라. 맞바람 수정을 위해서 맞바람 10노트 당 2 NM을 감하라. 비행계획을 수립하는 동안 최신 METAR를 확인하거나 ATIS 정보를 이용해서 목적지 공항에서 사용 활주로(runway in use)를 결정할 수 있도록 노력하라. STAR와 사용 활주로(active runway)에 따라 거리는 큰 차이가 있을 수 있다. 이들 요소는 강하 시작을 위한 가장 경제적인 위치를 결정한다. [그림3-8]은 전형적인 터보제트 동력 항공기의 강하 계획수립을 위한 차트이다.

① 항목 1(pressure altitude); 강하가 시작되는 지점의 기압고도이다.
② 항목 2(time); 강하하는데 요구되는 시간(분)이다.
③ 항목 3(fuel); 강하 중 해수면까지 소모되는 연료량(파운드)이다.
④ 항목 4(distance); 강하 중 이동하는 거리(NM)이다.
⑤ 항목 5; 지시대기속도(KIAS) 280노트로가 될 때까지 Mach 0.80 대기속도를 기초로 한 차트를 보여주고 있다.
⑥ 고도 10,000피트(MSL) 아래에서 250노트 속도제한(speed limitation)은 영향이 미미하기 때문에 차트에 포함되지 않는다. 또는 기온과 무게 변화의 영향 역시 무시할 수 있으므로 생략(omitted)된다.

1 5 2 3 4

.80/280

Pressure Altitude (1,000 feet)	Time (minutes)	Fuel (pounds)	Distance (NM)
39	20	850	124
37	19	800	112
35	18	700	101
33	17	650	92
31	16	600	86
29	15	600	80
27	14	550	74
25	13	550	68
23	12	500	63
21	11	500	58
19	10	450	52
17	10	450	46
15	9	400	41
10	6	300	26
5	3	150	13

NOTE:
Note: Subtract 30 lb of fuel and 36 seconds for each 1,000 feet that the destination airport is above sea level

【그림3-8】 터보제트 항공기의 강하 계획

조종사는 조종실 업무의 증가로 인해서 순항비행 단계에 가능한 한 더 많은 시간을 확보할 수 있어야 하고, 상승과 순항비행 진입단계와 같은 강하에 소요되는 시간과 거리뿐만 아니라 연료 필수요건을 계산하기 위해서 정확한 성능 차트(performance chart)를 참고해야 한다. 이외에도 순항비행과 강하 비행단계 중 제작자가 권장하는 지시와 절차에 따라 비행기를 관찰하고 관리해야 한다. 비

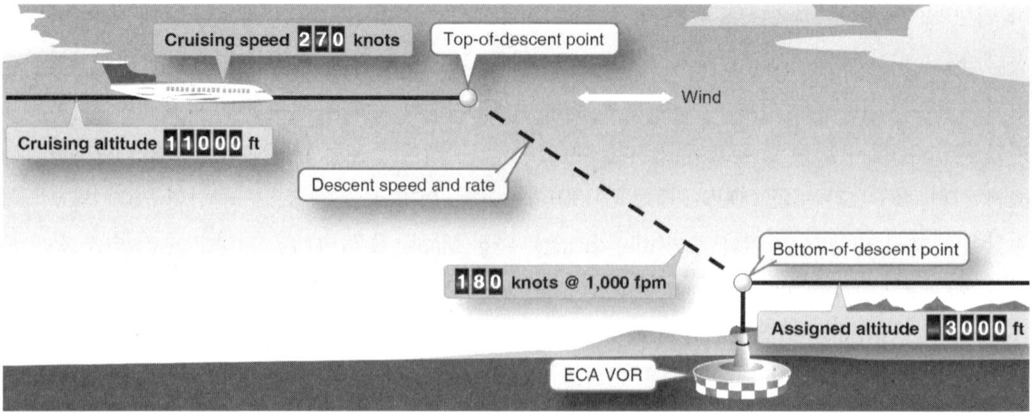

【그림3-9】 강하 계획

행 매뉴얼(flight manual)과 운용 핸드북(operating handbook)에는 강하하는 데 필요한 연료, 시간, 그리고 거리에 관한 정보를 제공하는 순항비행과 강하 점검표(checklist), 특정 순항형상(specific cruise configuration)을 위한 성능차트, 그리고 강하차트(descent chart)가 포함되어 있다.

조종사는 매 출발 전 이 정보를 검토함으로써 순항비행과 강하 중 비행기가 어떻게 얼마의 성능을 수행하게 될 것인지 이해하는 데 도움이 될 것이다. 강하 중 동력을 정확하게 조정하고, 최소한의 조종 입력(minimum control input)으로 기계획된 기동(preplanned maneuver)을 수행하는 안정강하(stabilized descent)는 적절한 강하경로(descent path)를 유지하는 데 꼭 필요한 요소이다. 강하 중 과도한 수정(excessive correction) 또는 조종 입력은 강하가 부정확하게 계획되었음을 나타낸다. 순항고도로부터 IFR 강하가 계획되기 때문에 항공기는 계기접근(instrument approach)을 시작하기 전 접근 게이트 고도(approach gate altitude) 또는 최초접근픽스(IAF) 고도에 도착하게 될 것이다. 예를 들어 [그림3-9]와 같이 고도 3,000피트에서 통과제한에 충족하기 위해서 11,000피트로부터 강하할 것을 지시받았다고 가정하자. 목적지 공항에 접근하는 동안 속도제한이 200노트이기 때문에 당신은 강하 속도를 190노트 그리고 강하율은 분당 1,000피트(fpm)를 선택했다. 맞바람 10노트로 가정했을 때 강하에서 대지속도는 180노트이다.

3.2.5 순항항로로부터 강하

순항비행으로부터 계기접근절차(instrument approach procedure)가 시작되는 구간까지 전이(transition)는 때때로 부여된 고도에서 주어진 웨이포인트(given waypoint)에 도착을 필요로 하는 경우가 있다. 이 필수요건은 발행된 도착 절차(published arrival procedure)에 규정되어 있거나 ATC가 발령하고 이를 통과제한(crossing restriction)이라 한다. ATC가 조종사의 재량(pilot's discretion)으로 강하를 허용했을 때에도 조종사는 접근을 시작하기에 편리한 위치를 선정(positioning)하기 위한 웨이포인트와 고도를 선택할 필요가 있다. 어느 경우라도 순항고도로부터 주어진 웨이포인트 또는 고도까지 강하하는 것은 계획수립과 정밀한 비행 모두를 필요로 한다.

ATC는 조종사에게 지정된 고도까지 강하하고 유지(to descend and maintain)할 것을 요청할 것이다. 일반적으로 이 인가는 순항항로 분리 목적(en route traffic separation)을 위한 것이고, 조종사는 즉시(promptly) 이에 따라야 한다. 조종사는 부여된 고도 상공 1,000피트까지 항공기의 최적 강하율(optimum rate of descent)로 강하하고, 다음 부여된 고도까지 분당 500피트~1,500피트(fpm) 사이에서 강하하면 된다. 만약 고도 10,000피트(MSL)에서 250노트(KIAS)까지 감속 중일 때를 제외하고 조종사가 최소한 분당 500피트로 강하할 수 없다면 ATC에 통보하라.

두 번째 종류의 인가는 조종사에게 "...at pilot's discretion..." 강하하도록 허용하는 것이다. ATC가 조종사 재량으로 강하할 수 있도록 한 인가를 발령할 때 조종사는 원하는 시간 그리고 원하는 강하율에서 강하를 시작할 수 있다. 또한, 조종사는 강하 중 중간의 어느 고도에서나 일시적으로 수평전환(level off)이 승인된다. 그러나 일단 항공기가 그 고도를 이탈했다면 그 고도로 되돌아갈 수 없다.

또한, 강하 인가에는 "...cross the Joliet VOR at or above 12,000, descend and maintain 5,000..."과 같은 조종사 재량(discretion)으로 강하할 수 있는 구간이 포함될 수 있다. 이 인가는 조종사에게 12,000피트(MSL) 또는 그 이상으로 Joliet VOR을 통과한 후 자신이 선택한 시기에 최근 고도로부터 강하를 승인하는 것이다. 그 후 조종사는 정상 강하율로 부여된 5,000피트(MSL)에 도달할 때까지 강하하는 것으로 예측해야 한다.

조종사 재량으로 강하를 인가하는 것이 단지 ATC를 위한 옵션만이 아니다. 조종사도 이 종류의 인가를 요청할 수 있으므로 이들은 더 효율적으로 운용할 수 있다. 예를 들어 조종사가 오버캐스트 층(overcast layer) 위의 순항항로에 있다면 항공기를 가능한 한 오랫동안 구름 층(cloud layer) 위를 비행할 수 있도록 조종사의 재량으로 강하할 것을 요청할 수 있다. 이것은 대기가 착빙(icing)을 유발할 수 있고 항공기의 착빙 보호(icing protection)가 제한적일 때 특히 중요하다. 조종사의 요청은 연료를 절약하고 착빙 상태에서 장시간 IFR 비행을 피할 수 있는 순항고도에서 더 오랫동안 비행할 수 있도록 허용된다. 또한, 이 종류의 강하는 조종사에게 기류가 더 양호한 고도에서 수평전환(level off)을 할 수 있도록 허용함으로써 난기류(in turbulence)에서 비행할 수 있는 시간을 최소화하는 데도 도움이 된다.

3.2.6 관제상태지형충돌

항공기 도착 기동 중 부적절한 강하 계획수립과 실행(planning and execution)은 치명적 항공기 사고의 주요 원인으로 밝혀지고 있다. 상업용 제트 항공기 운송이 시작된 이후 전 세계적으로 9,000명 이상의 탑승객이 사망하였다. CFIT는 정상적으로 운항하고 있는 항공기가 부주의하게 지상이나 수면, 혹은 장애물과 충돌하는 사고이다. 이들 CFIT 사고를 분석했을 때 약 7.2%가 강하 비행단계에서 발생했다.

※ Controlled Flight Into Terrain(CFIT); 관제상태지형충돌은 정상 관제하에 있는 항공기가 비행승무원이 인지하지 못한 상태에서 지형 혹은 장애물에 충돌하는 사고(FAA), 혹은 항공기가 정

상적으로 작동하는 상태에서 조종사의 부주의로 지형 또는 수면에 충돌하는 사고(국토부)이다.

CFIT 사고의 주원인은 비행승무원의 부실한 상황인식(situational awareness; SA)이 포함되어 있다. SA의 한 정의(definition)는 항공기와 승객의 안전 운항에 영향을 줄 수 있는 요소와 상태(factor and condition)를 조종사가 정확하게 지각(perception)하는 것이다. CFIT의 원인은 조종사가 수직 위치를 인식할 수 있는 능력 부족(lack of vertical position awareness) 또는 지상, 수면, 또는 장애물에 대한 수평위치인식(horizontal position awareness)의 부족이다. CFIT 사고의 2/3 이상이 고도 실수 또는 수직 상황인식의 부족으로 인한 결과이다. 이 중 가장 많이 발생하는 CFIT 사고는 계기기상상태(instrument meteorological condition; IMC), 어둠, 또는 이 둘이 절묘하게 조화된 상황에서 시정이 감소했을 때이다.

관제사와 조종사의 부실한 통신 역시 많은 CFIT 사고의 원인이다. 조종실 업무가 증가하는 것(heavy workload)도 무선교신(radio communication)을 서두르게 하거나 약어 혹은 비표준 구절(abbreviated or non-standard phraseology)을 사용하게 하는 원인이다. 특히 도착 비행단계에서 양호한 교신(good communication)의 중요성은 항공 관제사와 MD-80의 비행승무원에서 발생한 사고보고 사례에서 명백하게 알 수 있다. 관제사는 자신의 레이더스코프를 관찰하던 중 MD-80 항공기가 6,400피트를 통과하고 있는 것을 인지했다. 관제사는 즉시 최소 6,500피트까지 상승을 지시했다. 조종사는 일단 6,500피트로 상승했지만, 5,000피트까지 강하가 인가되었음을 복창했다. 조종사가 관제사에게 5,000피트를 복창(read back)했을 때 그는 관제사로부터 어떠한 수정 지시를 받지 못했다. 이와 거의 동시에 지상근접경고장치(ground proximity warning system; GPWS)와 관제사 경고 후 조종사는 상승하였고 지형을 피할 수 있었다. 무선교신 기록에 따르면 비행기는 7,000피트까지 인가되었음이 확인되었고 조종사는 실수로 5,000피트를 복창한 다음 5,000피트까지 강하를 시도하였다. 조종사는 사고보고에서 "자신은 산으로부터 얼마의 통과높이에 있는지 확실하게 알 수 없었지만, 조종사와 관제사 사이 확실한 교신이 얼마나 중요한지 경험하였다"라고 진술하였다.

ATC는 [그림3-10]과 같이 항상 자신의 관제하에 있는 항공기가 지형으로부터 안전한 통과높이에 있도록 해야 하는 책임이 있다. 대부분 ATC는 원하는 지점까지 직행하는 Off-airway로 진행하기 위해서 조종사에게 순항항로 인가를 발령한다. 이 종류의 인가를 받은 조종사 역시 안전하게 지형 통과높이를 유지해야 하는 책임을 공유한다. 조종사는 자신이 운항하는 지역에서 가장 높은 지형 또는 장애물 그리고 높은 지형으로 둘러싸여 있는 지역에서 자신의 상대적 위치를 항상 파악하고 있어야 한다.

CFIT 사고에서 양호한 교신(good communication)을 실행(practicing)하는 것이 단지 조종사와 관제사만으로 국한되지 않는다. 1974년 운송용 항공기 사고 분석에서 NTSB는 다음과 같이 발표했다. 이것은 강하 중 비행승무원의 비행과 관련이 없는 대화는 전체 접근과정에서 조종실의 분위기를 느슨하게 할 수 있음을 의미한다.

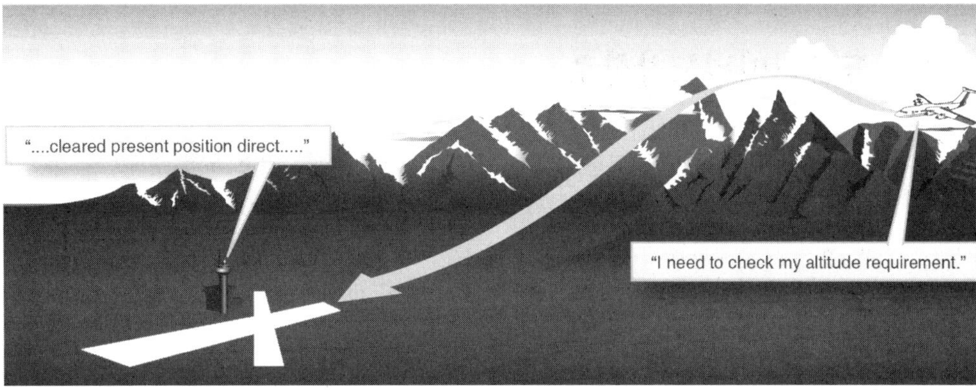

【그림3-10】 조종사는 고도 필수요건(...my altitude requirement)을 확인해 달라고 요청했지만, 관제사는 항공기 전방 구름 속에 가려져 있는 산을 보지 못하고 현위치직행(present position direct)을 지시했다.

"…the extraneous conversation conducted by the flight crew during the descent was symptomatic of a lax atmosphere in the flight deck that continued throughout the approach."

NTSB는 다음과 같이 접근 중 중요 비행단계에서조차 조종실 규율이 엄격하지 않아 부실한 조종사의 상황인식은 지정된 절차를 따르지 못하게 하는 원인으로 지목하고 있다.

"… the flight crew's lack of altitude awareness at critical points during the approach due to poor flight deck discipline in that the crew did not follow prescribed procedures."

1981년 FAA는 조종실 집중규칙(sterile flight deck rules)을 규정하였다. 이 규정은 도착 중 고도와 코스 이탈(course deviation)을 회피하기 위한 어느 규정하에서 운항 중일지라도 조종사에게 도움이 될 것이다. 조종실 집중규칙의 일부는 다음과 같다.

① 항공운송업자(certificate holder)는 항공기의 안전운항(safe operation of the aircraft)에 필수적인 임무를 제외하고 중요 비행단계(critical phase of flight)에서 비행승무원의 어느 다른 임무를 수행할 것을 요구해서는 안 되고, 비행승무원도 이를 수행해서는 안 된다. 회사의 필수 호출과 같은 임무는 기내식 주문, 환승 승객 확인과 같은 목적으로 수행되고, 항공사 홍보, 주요 관광지를 소개하는 방송, 회사 급여 그리고 관련 기록을 작성하는 것과 같은 행위는 항공기의 안전운항과 관련된 것이 아니다.

② 중요 비행단계에서 비행승무원은 임무 수행에 방해가 되거나 임무 수행에 간섭할 수 있는 어떠한 활동을 해서도 안 되고, 기장도 허락해서는 안 된다. 여기서 활동이란 조종실에서 식사하거나 불필요한 대화, 객실 승무원과 비행승무원 사이의 불필요한 통화, 그리고 비행과 관련이 없는 서적 등을 읽는 행위는 항공기의 안전 운항과 관련이 없다.

③ 주요 비행단계는 활주, 이륙과 착륙을 포함한 모든 지상 운용 그리고 순항비행을 제외한 고도 10,000피트 이하에서 모든 다른 비행 기동이 포함된다.

3.3 표준터미널도착항로

표준터미널도착항로(standard terminal arrival route; STAR)는 IFR 도착 항공기에 적용하기 위해서 특정 공항에 지정된 ATC-코드화된(ATC-coded) IFR 항로이다. STAR는 조종사와 ATC 사이에 중요한 통신형식(critical form of communication)을 제공한다. 일단 조종사가 STAR 인가를 수용했다면 인가의 종류에 따라서 도착 중에 비행하게 될 항로 그리고 일부의 경우는 고도와 대기속도에 관해서 관제사와 교신하게 된다. STAR는 순항항로 구조에서 이탈하여 당신의 목적지까지 항행(navigating)하기 위한 공통 방법(common method)을 제공한다. STAR는 인가전달절차(clearance delivery procedure)를 단순화하여 조종사가 사용할 수 있도록 그래픽과 문자형식(graphic and text form)으로 발행된 기계획된(preplanned) IFR ATC 도착절차이다.

SID/DP 그리고 STAR의 주요 차이점은 SID/DP는 공항 활주로에서 시작되어 순항항로 구조까지 연결하는 절차이다. 반면 STAR는 순항항로 구조(en route structure)에서 시작되지만, 활주로까지 이어지는 것은 아니다. STAR는 통상 레이더 벡터가 시작되는 픽스 또는 ATC가 지정한 NAVAID에서 종료된다. 이것은 STAR는 여러 공항을 위해서 사용되고 있기 때문이다. STAR는 순항항로에서 접근 비행단계로 전이하는 데 큰 도움이 된다. STAR를 계기접근절차와 연결시키는 목적은 중단 없는(seamless) 가로와 수직 전이를 보장하기 위함이다. STAR와 접근절차는 전체 강하와 감속 프로파일(descent and deceleration profile)이 유지되는 방법으로 서로 연결되어야 한다. 때때로 이것은 [그림3-11]과 같이 순항항로, 도착, 그리고 접근 사이에 중단 없는 전이를 보장하고 항공 교통량이 많은 터미널 지역 속으로 우선항로(preferred route)로서 활용될 수 있다.

STAR는 순항항로 구조로부터 접근 게이트(approach gate), 외부 픽스(outer fix), 계기접근 픽스, 또는 터미널 지역에 있는 도착 웨이포인트까지 전이항로(transition route)를 제공하고, 통상 계기 혹은 시계접근절차(instrument or visual approach procedure)로 종료된다. STAR는 각 TPP(Terminal Procedure Publication) 소책자의 앞 페이지에 수록되어 있다.

재래식(conventional) NAVAID를 기반으로 한 STAR를 위해서 절차 설계와 장애물 통과높이 기준은 제2장에서 다룬 순항항로 기준과 동일하다. STAR 절차는 10,000피트(MSL) 또는 그 이상에서 NM 당 318피트(FPNM; feet per nautical mile), 또는 3°의 표준강하경도(standardized descent gradient)이고 고도 10,000피트(MSL) 이하에서 최대 강하율은 330 FPNM, 또는 약 3.1° 표준강하경도이다. 표준강하경도 외에 속도제한이 지정된 웨이포인트에서 감속 구간(deceleration segment)을 허용한다. 일반적인 가이드라인으로 통상 감속 고려요소(deceleration consideration)는 매 10노트의 속도 감속 당 거리 1 NM을 더해주어야 한다.

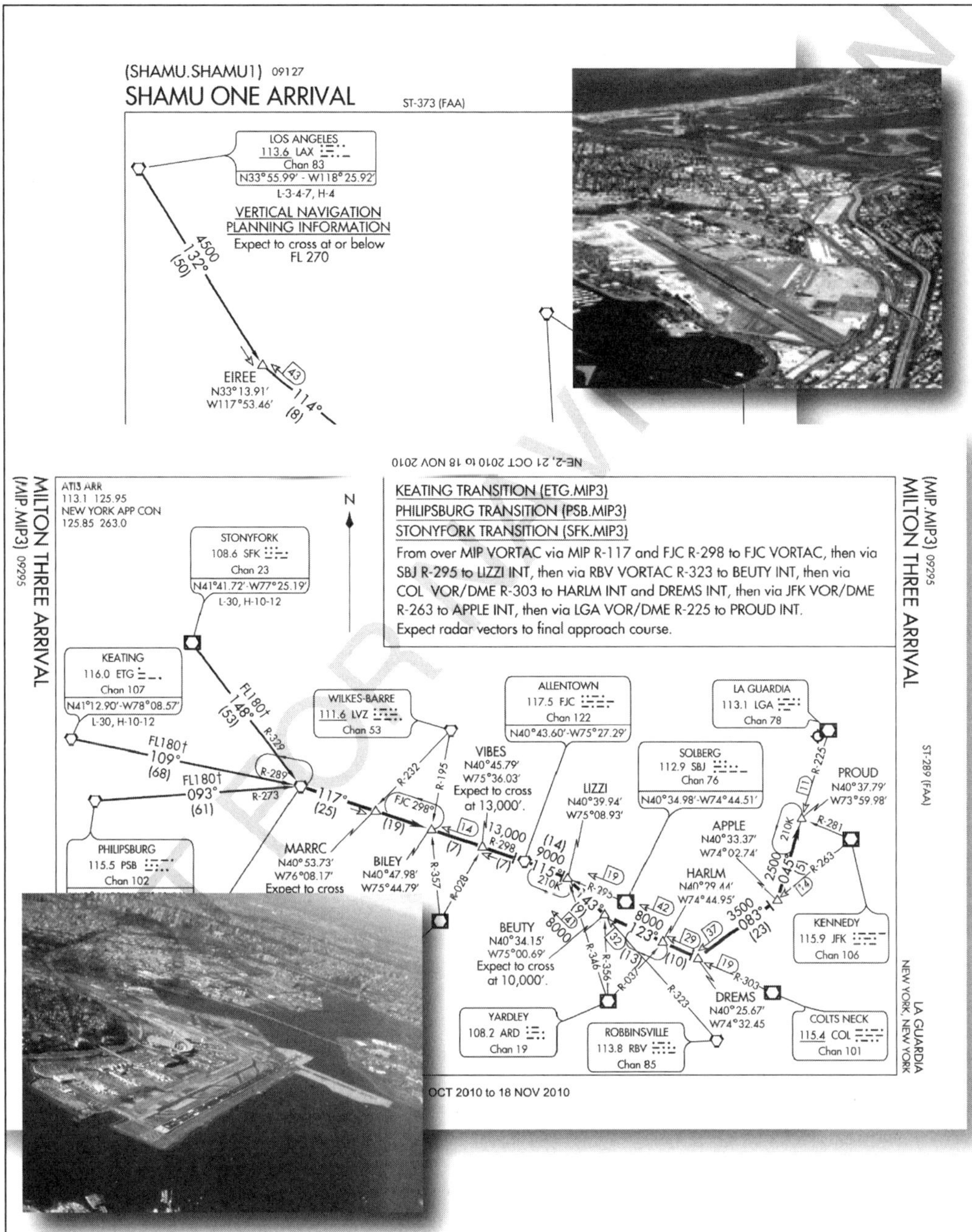

【그림3-11】 SID와 유사하다는 것을 알 수 있다. 위는 SHAMU ONE ARRIVAL이다. 아래는 MILTON THREE ARRIVAL이고 3개의 전이항로가 설정되어 있다. STAR 항로 역시 시점과 종점이 굵은 선으로 그려진다. 이외에도 고도, 방위각, 그리고 거리가 제공된다. MILTON THREE ARRIVAL의 종점은 PROUD이고 이후 최종접근코스까지 레이더 유도를 예상해야 한다.

3.3.1 RNAV STAR 또는 STAR 전이

RNAV를 위해서 지정된 STAR는 재래식 STAR와 동일한 목적으로 활용되지만, 오직 FMS 또는 GPS를 장착한 항공기만 사용할 수 있다. RNAV STAR 또는 STAR 전이(transition)는 통상 운용상의 필요가 있을 때만 사용되는 플라이-오버(FO) 웨이포인트와 함께 플라이-바이(FB) 웨이포인트가 포함된다. 이들 웨이포인트는 강하와 감속 프로파일(deceleration profile)을 최적화할 수 있도록 통과하고 있는 고도와 속도를 위해서 부여될 수 있다. 때로는 RNAV STAR는 항공운송업자(air carrier), 상업 운용자(commercial operator), 그리고 공역을 관장하고 있는 ATC 시설 사이에 공동 노력(joint effort)으로 설계, 협력, 그리고 승인된다.

1차 지역과 2차 지역의 폭을 포함한 최저 구간 길이(minimum leg length), 최대 선회 각도, 장애물 평가 기준(assessment criteria)과 같은 RNAV STAR 절차 설계는 RNAV DP와 동일한 설계 기준(design criteria)이 적용된다. 이와 마찬가지로 RNAV STAR 절차는 항공기 필수 항법 장비, 비행승무원 절차, 그리고 STAR를 개발하기 위해서 사용된 과정과 기준(process and criteria)에 따라 RNAV 1 혹은 RNAV 2 중 하나로 지정된다. RNAV 1 또는 RNAV 2 지정(designation)은 차트에 표기된다. RNAV 1 STAR는 RNAV 2보다 더 높은 장비 필수요건과 때로는 더 작은 필수항법성능(required navigation performance; RNP) 허용오차를 갖는다.

조종사는 RNAV 코스에서 운항하는 동안 RNAV 1 STAR를 위해서 코스편차지시기(course deviation indicator; CDI)/플라이트 디렉터(Flight Director; FD), 또는 LNAV 모드에서 오토파일럿의 사용을 필요로 한다. (제1장 참고) 일반적으로 RNAV 1 STAR는 항공 교통량이 많은 지역을 위해서 지정된다. 관제사는 조종사가 다양한 방법으로 RNAV STAR를 사용할 수 있도록 인가할 수 있다. 만약 조종사가 단순하게 "cleared Hadly One Arrival"이라는 인가를 받았을 때 조종사는 오직 가로 항로배정(lateral routing)을 위한 도착에 사용할 수 있다.

① "...cleared Hadly One arrival, descend and maintain flight level two four zero..."와 같은 인가는 조종사에게 부여된 고도까지 강하한 다음 추가 VNAV이 인가될 때까지 그 고도를 유지해야 한다.

② 만약 조종사에게 "descend via" 구절을 이용해서 인가되었다면 관제사는 조종사가 차트에 발행된 것과 같이 가로와 VNAV 모두를 위한 장비를 사용하고 있을 것으로 예상한다.

③ 또한, 관제사는 다음과 같이 조종사에게 특정 예외와 함께 도착에 사용할 수 있도록 인가할 수 있다. 예를 들어 "...Descend via the Haris One arrival, except cross Bruno at one three thousand then maintain one zero thousand..."와 같은 사례이다. 이 경우 조종사는 Bruno에 도착할 때까지 모든 고도와 속도제한을 준수하기 위해서 강하하면서 가로와 수직 모두를 위한 도착으로 항행한 다음, ATC가 계속 강하를 인가할 때까지 10,000피트를 유지해야 한다.

④ 또한, 조종사에게 STAR를 인터셉트(intercept)하기 위한 직항로(direct route)를 부여한 다음 이를 VNAV을 위해서 적용할 수 있다. 예를 들어 "...Proceed direct Mahem, descend via the Mahem Two arrival..."와 같은 사례이다.

3.3.2 STAR의 판독

STAR에서 사용되는 내부분의 부호(symbology)는 출발과 접근차트에 있는 것들과 동일하다. 실제 초기 STAR는 비행 방향이 반대로(reversed) 지정되고 절차가 접근 픽스에서 종료되는 것을 제외하고 그래픽 DP와 유사하게 제작되었다. 공식적으로 STAR는 도착까지 다양한 전이가 합류되는 공동 NAVAID, 교차점, 또는 픽스에서 시작된다. STAR 전이항로는 하나 혹은 그 이상의 항공로, 제트항로, 또는 RNAV 항로를 기본 STAR 절차까지 연결시키기 위해서 사용되도록 발행된 구간(published segment)이다. 또한, 전이항로는 항공기를 서로 다른 방향으로부터 한 STAR로 합류하도록 하는 여러 항로 중 하나이다. 여러 방향에서 도착하도록 하는 이 방법은 한 차트에 이들 모두를 수용할 수 있고, 복잡한 공역(congested airspace) 안에서 교통흐름(traffic flow)을 적절하게 배정할 수 있도록 한다. STAR가 복잡한 인가(complex clearance)를 어떻게 단순화하고 주파수 혼합(frequency congestion)을 감소시키는 데 사용되고 있는지 [그림3-12]와 같이 Seattle, Washington까지 비행하는 조종사에게 발령된 도착 인가(arrival clearance)의 사례를 보자.

"Cessna 32G, cleared to the Seattle/Tacoma International Airport as filed. Maintain 12,000. At the Ephrata VOR, intercept the 221° radial to CHINS Intersection. Intercept the 284° radial of the Yakima VOR to RADDY Intersection. Cross RADDY at 10,000. Continue via the Yakima 284° radial to AUBRN Intersection. Expect radar vectors to the final approach course."

이 공항에 STAR가 설정되어 있을 때 이 동일한 비행인가가 어떻게 인가되는지 보자. 다음과 같이 매우 짧게 동일한 송신으로 진달될 수 있다.

"Cessna 32G, cleared to Seattle/Tacoma International Airport as filed, then CHINS EIGHT ARRIVAL, Ephrata Transition. Maintain 10,000 feet."

조종사와 관제사 모두 무엇을 해야 하는지 알고 있을 때 안전은 향상된다. 이 같은 효율적 무선통신으로 인가가 잘못 전달될 가능성과 반복을 줄이고 동시에 주파수 혼잡을 감소시킨다. 이를 달성하기 위해서 STAR는 다음과 같은 기준에 따라 개발되었다.

- STAR는 단순하고 이해하기 쉬워야 하면 가능하다면 한 페이지로 구성되어야 한다.
- STAR 전이는 가능한 한 다양한 종류의 항공기를 수용할 수 있어야 한다.
- VOR/VORTAC은 가능할 때 언제든지 사용할 수 있고, RNAV STAR에서는 일부 예외와 함께 사용할 수 있기 때문에 군과 민간 항공기는 동일한 도착을 사용할 수 있다.
- STAR 안에서 DME 아크(arc)는 피해야 한다. 이것은 IFR에서 운항하고 있는 모든 항공기가 DME 아크를 항행하기 위한 장비를 갖추고 있지 않기 때문이다.
- ATC가 이들을 부여했을 때 [그림3-13]과 같이 대부분 시간을 고도 통과제한과 속도제한이 포함된다.

일반적으로 STAR는 절차가 시작되는 지점에 따라 명칭이 부여된다. 통상 STAR 직전 순항항로 전이가 있다. 따라서 STAR 명칭은 기본 STAR 절차를 시작하기 위해서 합류(come together)되는 순항항로 전이에 있는 마지막 픽스(last fix)와 동일하게 지정된다. 위의 사례에서 CHINS 교차점(interception)에서 시작되는 STAR는 "CHINS SEVEN ARRIVAL"이 된다. 고도, 항로, NAVAID에 관련된 데이터와 같은 도착의 중요 부분이 수정되었을 때 도착 번호(number of arrival)가 변경된다. 예를 들어 절차의 수정으로 인해서 "CHINS SEVEN ARRIVAL"이 "CHINS EIGHT ARRIVAL"로 변경되는 것과 같은 사례이다.

조종사가 공항을 위한 STAR를 연구하는 것은 지역의 특정 지형도(specific topography)를 지각하도록 한다. 최초픽스 그리고 항공정보시스템(Aeronautical Information System; AIS) 순항항로 또는 지역차트(area chart)에 있는 픽스에 상응해서 어디에 있는지 확인하라. 항공기가 공항 경계 또는 장애물 통과높이 안에 있도록 하기 위해서 도착은 스텝-다운 픽스(step-down fix)로 구성될 수 있다. 픽스들 사이 항로는 조종사에게 그들의 도착 경로 아래에 있을 수 있는 장애물 또는 지형의 가능성을 경고하면서 코스, 거리, 그리고 최저고도(minimum altitude)가 포함된다. 또한, 교통흐름을 관리하는 데 도움이 되는 곳에 속도제한이 있을 수 있다. 이외에도 일부 STAR는 조종사에게 DME 또는 ATC 레이더를 사용할 것을 요구하기도 한다. 조종사는 [그림3-14]와 같이 TPP에 있는 범례를 참고해서 "PAWLING TWO ARRIVAL"에 있는 부호를 판독(decode)할 수 있어야 한다.

3.3.3 STAR 절차

조종사는 비행인가 내에서 STAR를 받거나 혹은 조종사가 비행계획에 하나를 선택해서 제출할 수 있다. 공항이 목적지 공항에 가까워짐에 따라 ATC는 원래 인가(original clearance)에 STAR 절차를 추가할 수 있다. ATC는 조종사가 STAR를 요청하지 않아도 STAR를 부여할 수 있다는 것에 유의하라. 조종사는 STAR를 사용하기 위해서 최소한 승인된 차트를 갖추고 있어야 한다. RNAV STAR는 항공기 데이터베이스에서 절차명칭(procedure name)으로 검색(retrievable)할 수 있어야 하고 도식 절차에서 확인해야 한다. 만약 조종사가 STAR를 원하지 않는다면 비행계획서의 비고란에 "No STAR"를 기입해야 한다. 또한, 조종사는 ATC가 구두로 STAR를 지정했을 때 거부할 수 있으나 조종사는 사전에 ATC에 빨리 통보할수록 시스템의 효율을 기대할 수 있다.

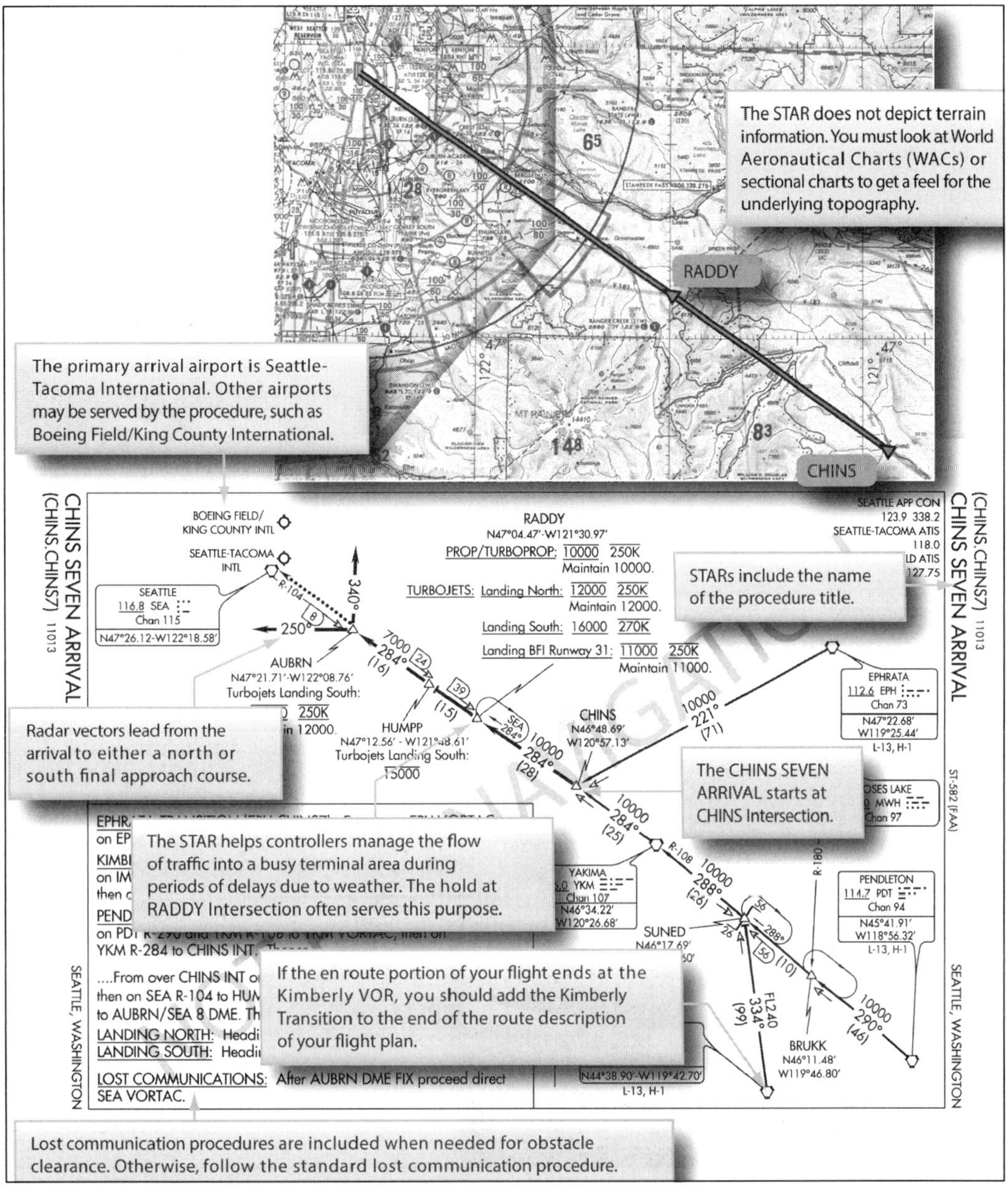

【그림3-12】 STAR에는 장애물 정보가 포함되어 있지 않다. 따라서 지형인식을 위해서 시계비행 항공도를 참고해야 한다.(위) STAR 구간은 굵은 선으로 그려진다. STAR에 진입하기 위해서 순항항로 구조로부터 STAR 시점(CHINS)으로 이어지는 적절한 전이항로를 이용할 수 있어야 한다. 이 STAR를 위한 주 공항은 Seattle-Tacoma International Airport이고, 다른 인접 공항들도 활용할 수 있다. STAR 중간에 있는 교차점(RADDY)은 기상으로 인해서 지연이 발생하고 있을 때 항공 교통량이 많은 공항으로 교통흐름을 관리하는 데 도움이 된다. 난외주기에는 절차 표제의 명칭이 표기된다. 왼쪽 아래의 통신두절절차의 경우 장애물 통과높이를 필요로 할 때 포함되고 기타의 상황에는 표준통신두절절차에 따르면 된다.

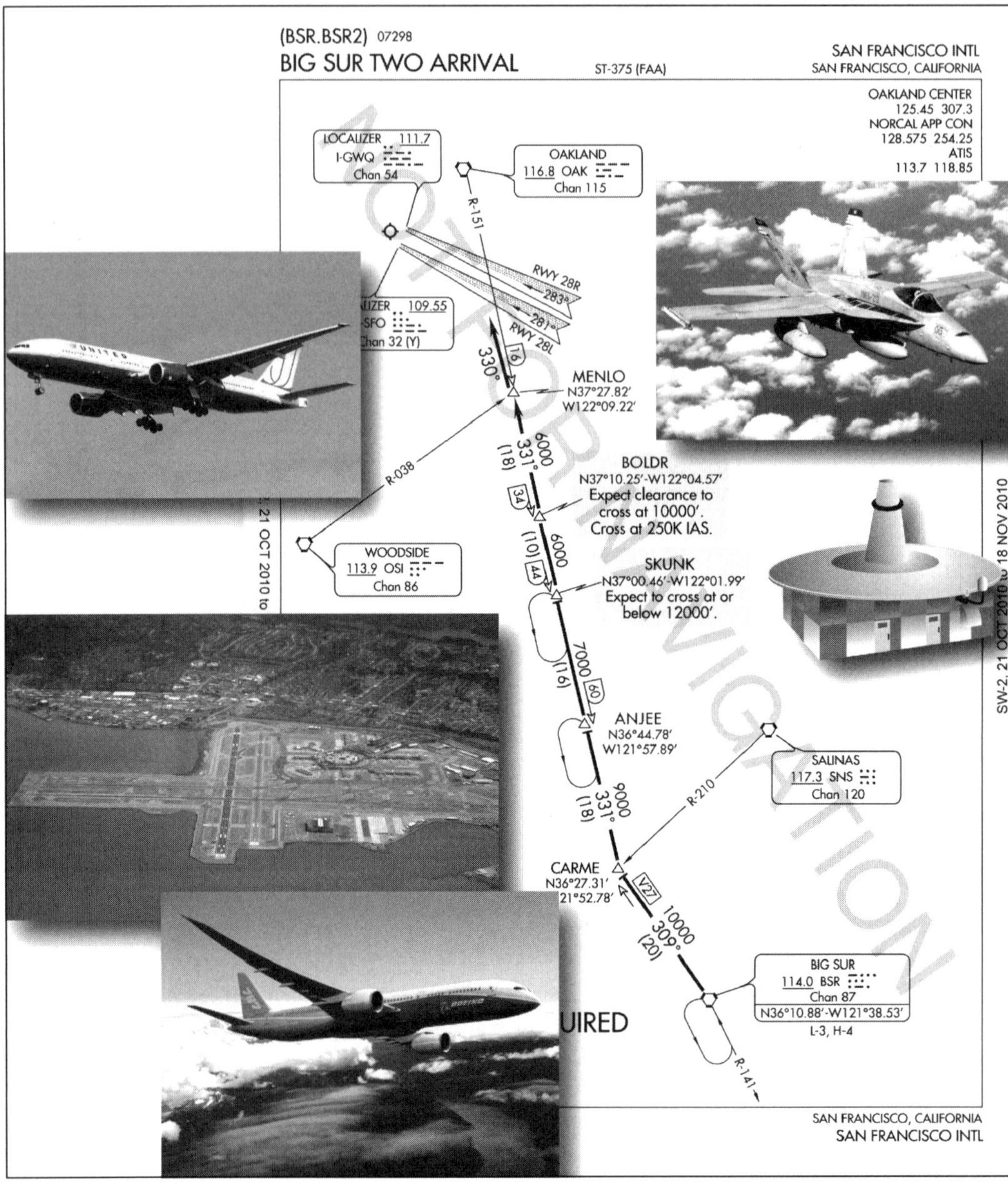

【그림3-13】 STAR는 조종사와 관제사 모두 동일한 절차를 사용하고 있다. 사례와 같이 "BIG SUR TWO ARRIVAL"을 지시함으로써 조종사는 STAR 시점(BIG SUR)에서 비행경로와 방위, 고도, 그리고 거리가 지정되어 있기 때문에 그대로 따라 진행하면 된다. STAR 중간에 체공패턴은 교통흐름을 관리하기 위해서 설정되어 있다.

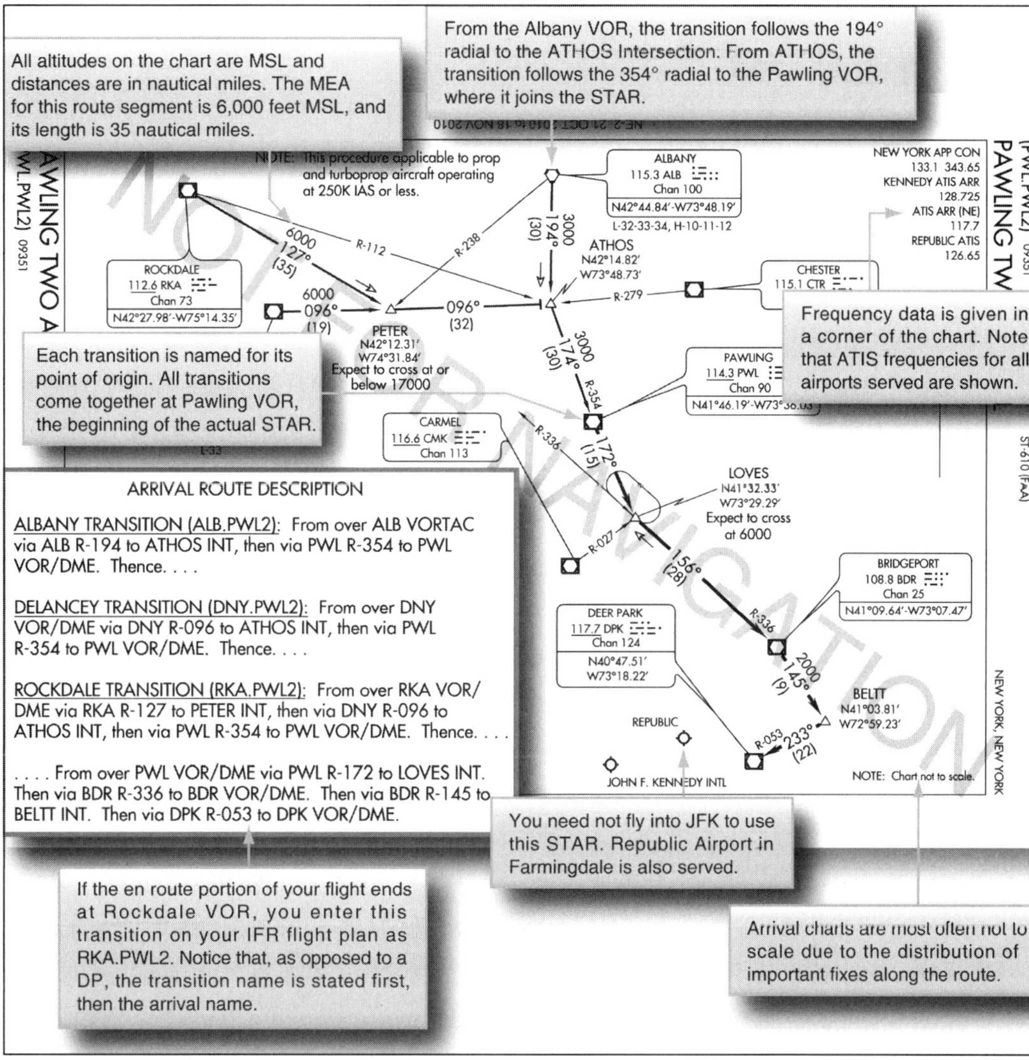

【그림3-14】 이 STAR는 3개의 도착 절차가 설정되어 있다.

예를 들어 "ALBANY TRANSITION(ALB.PWL2)"는 ALB VORTAC 상공에서부터 ALB R-194를 경유해서 ATHOS INT까지 비행한 후 PWL R-354를 경유해서 PWL VOR/DME까지 비행한 다음... 아래의 공통 절차에 따라 비행한다. 대부분의 STAR 차트는 항로를 따라서 중요한 픽스를 나타내기 위해서 정확한 축척이 적용되지 않는다. 이 STAR를 적용해서 JFK까지 비행할 필요는 없지만 REPUBLIC AIRPORT까지 서비스가 제공된다. 만약 비행계획의 순항항로 부분이 RKA에서 종료되었다면 당신은 비행계획에 RKA와 같이 이 전이를 기입하라. 출발절차(DP)와 반대로 전이명칭을 먼저 기입하고 도착명칭을 기입해야 한다는 점에 주의하라. 차트에 제공되는 모든 고도는 MSL이고, 거리는 NM이다. 이 사례에서 R-127의 MEA는 6,000피트(MSL)이고, 거리는 35 NM이다. 오른쪽 상단에 이 STAR를 수행하는 데 필요한 주파수 데이터가 제공된다. ATIS 서비스가 제공되는 공항이 지정되어 있다는 것에 주의하라.

3.4 도착 준비

STAR는 순항항로 구조로부터 최종접근코스(final approach course)까지 전이와 도착 항로를 제공하기 위해서 사용되는 항법 픽스(navigation fix)를 포함하고 있다. 또한, STAR는 레이더 벡터가 최종접근코스를 인터셉트하기 위해서 제공되는 픽스까지 이어질 수 있다. 일부 STAR에서는 최저통과고도(minimum crossing altitude)와 속도제한이 주어질 수 있다. 이들 예상 고도와 대기속도는 ATC가 이들을 구두(verbally)로 포함시킬 때까지 인가의 부분(part of the clearance)이 아니다. STAR는 단순하게 발행된 항로배정(routing)이다. 이것은 ATC가 특별하게 발령할 때까지 인가의 효력을 갖지 않는다. 예를 들어 STAR에 인쇄된 최저순항항로고도(MEA)는 ATC 인가 안에 서술되지 않는 한 또는 통신두절의 경우가 아닌 한 유효하지(not valid) 않다는 것을 명심해야 한다. 조종사는 도착 인가를 받은 후 부여된 STAR 절차를 검토하고 FMS를 갖추고 있다면 적절한 절차가 업로드(upload)되었는지 확인해야 한다. 공항과 기상정보는 될 수 있는 한 빨리 확인할 수 있도록 하라.

조종사는 이 정보를 STAR에 적용하기 전 확인할 것을 권장한다. 만약 2개 혹은 그 이상 발행된 계기접근절차가 있는 접근관제업무(approach control service)를 수행하고 있는 공항에 착륙한다면 조종사는 [그림3-15]와 같이 계기접근을 예상하라는 사전 고지(advance notice)를 받을 것이다. 이 정보는 ATIS에서 방송하거나 관제사가 직접 지시한다. 이것은 시정이 3 SM 또는 그 이상이고 실링이 공항의 계기접근절차를 위해서 발행된 가장 높은 최초접근고도(initial approach altitude) 또는 그 이상일 때 제공되지 않는다. 최종접근(final approach)까지 레이더 벡터와 함께 도식 STAR 절차를 위해서 STAR 종점 픽스로부터 IAF까지 항로를 찾아라. 만약 항로가 그려져 있지 않다면 무선통신두절이 발생했을 때 STAR 종점 픽스(terminating fix)로부터 IAF까지 비행하기 위한 기결정된 행동계획(predetermined plan of action)을 준비해야 한다.

3.4.1 접근 검토

일단 조종사가 어느 접근이 예상된다는 것을 결정했다면 터미널 지역에 진입하기 전 접근차트를 철저하게 검토하라. 조종사는 연료량을 확인하고 장시간 체공(prolonged holding) 또는 맞바람의 증가로 인해서 항공기의 예비 연료량이 줄어들지 않도록 해야 한다. 이것은 접근 중 실패접근(missed approach)을 실행하거나 대체공항(alternate airport)으로 향할 수 있기 때문이다. 조종사는 조기에 착륙 전 점검을 마치고 접근에 집중할 수 있어야 한다.

RNAV, GPS, 또는 FMS 시스템을 사용할 때 예상되는 접근절차를 위한 세팅에서 동일 활주로에 대한 여러 접근이 데이터베이스에 어떻게 코드화되어 있는지 이해하는 것이 중요하다. 동일 활주로에 1개 이상의 RNAV 절차가 발행되었을 때 장비의 데이터베이스 속에 들어 있는 것들 사이에서 사용하고자 하는 절차를 선택하는 방법은 물론 이들을 구분할 수 있는 방법이 있어야 한다. (여러 절차는 VNAV 성능이 있을 때와 없을 때 모두 GPS 수신기와 FMS를 수용하기

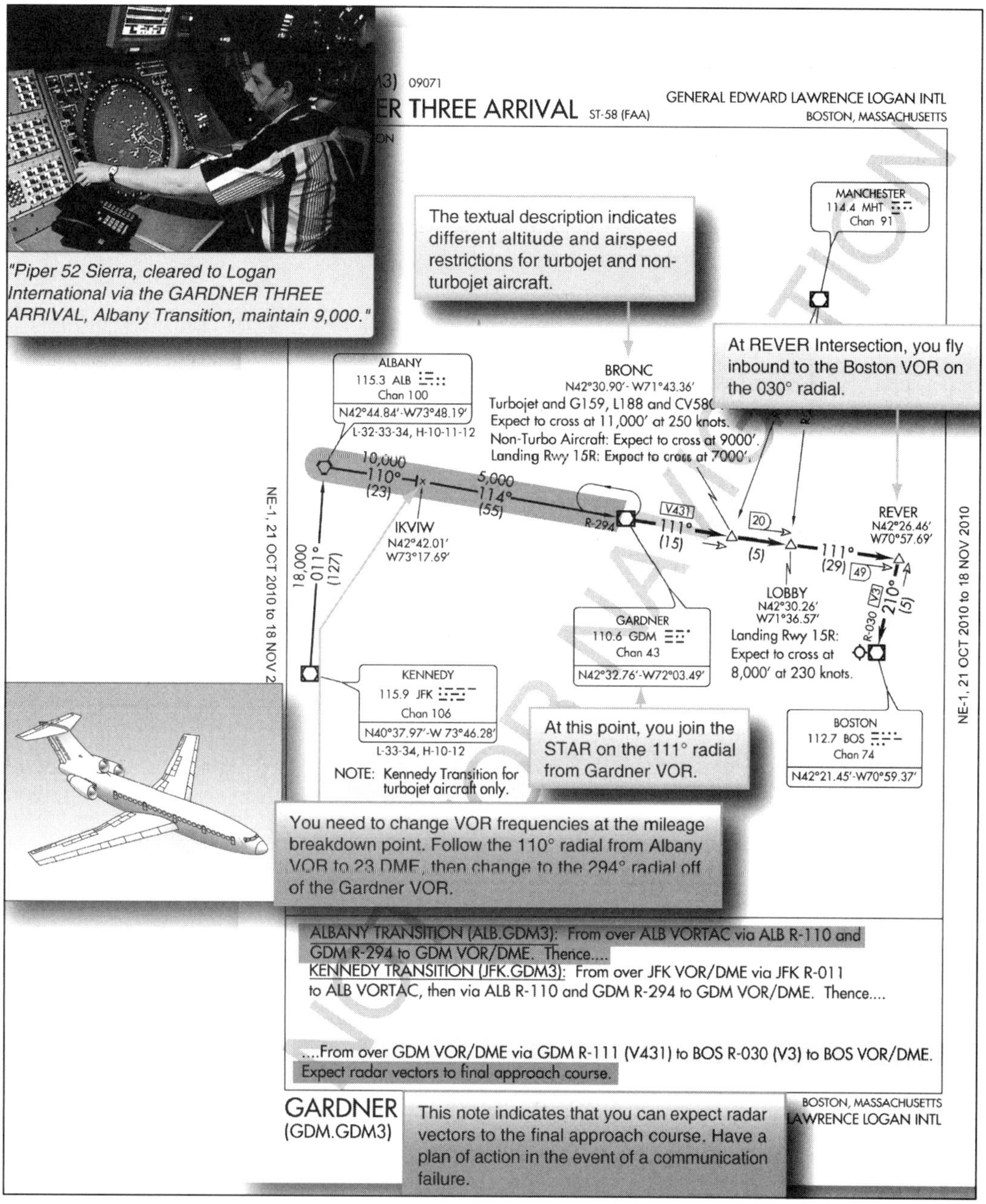

【그림3-15】 도착 인가의 사례이다. 문자설명(text description)은 터보제트 항공기와 비터보제트 항공기를 위한 다른 고도와 속도제한이 표기되어 있다. ALB부터 GDM까지 마일리지 단절지점에서 VOR 주파수를 변경해야 한다. ALB VOR로부터 R-110을 따라서 23 NM을 비행한 다음 GDM VOR의 R-294로 변경한다. REVER 교차점에서 R-030에서 Boston VOR까지 인바운드로 비행한다. STAR의 시점은 GDM VORTAC이다. GDM R-111(V431)을 경유해서 GDM VOR/DME 상공에서 BOS R-030(V3), BOS VOR/DME까지 비행한 후 최종접근코스까지 레이더 벡터를 예상하라. 이것은 최종접근코스까지 레이더 벡터를 예상하라는 것을 의미한다. 통신두절 상황에 대처하기 위한 행동계획을 준비해야 한다.

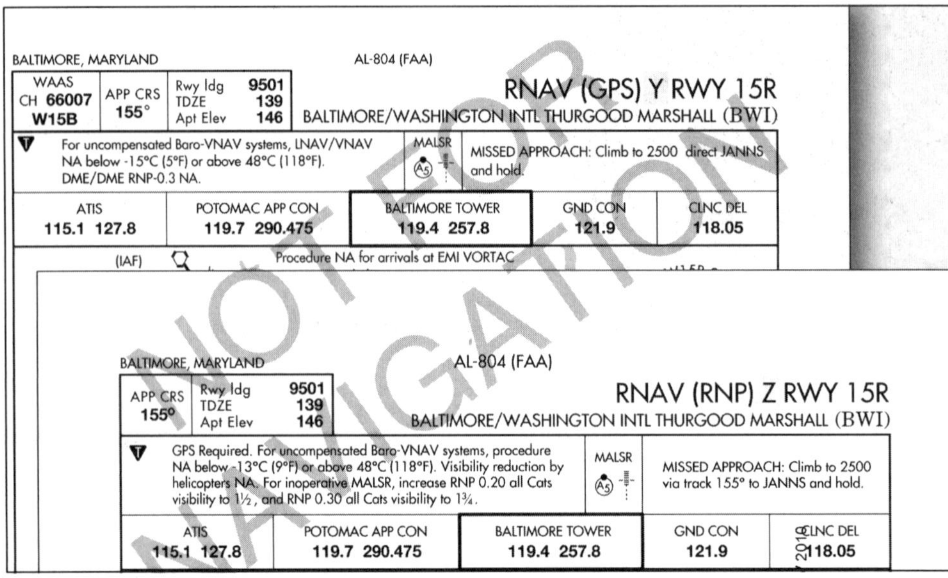

【그림3-16】 Baltimore에서 RWY 15R에 대해서 2개의 RNAV (GPS) 접근이 설정되어 있다. 이들 접근 중 하나를 위한 인가를 발령하고 있는 관제사는 "...cleared for the RNAV (GPS) Yankee approach, Runway 15R..."과 같이 알파벳 역순으로 부여된 문자를 이용해서 발령한다.

위해서 있을 수 있다) 각 절차 명칭(procedure name)은 [그림3-16]과 같이 Z, Y, X, W와 같이 알파벳 역순으로 구성된다. (접근을 위한 명칭을 부여하는 방식은 다음 장에서 더 세부적으로 다룬다.)

3.4.2 고 도

ATC는 [그림3-17]과 같이 터미널 지역에 도착하자마자 항공기를 특정 고도까지 인가하거나, 또는 STAR에 발행된 고도를 따라가도록 하는 "...descend via..." 인가를 부여한다. 관제사가 고도를 이탈하도록 특별히 지시하지 않는 한 조종사에게 마지막으로 부여된 고도를 이탈하도록 승인하지 않는다. 만약 ATC가 발행된 절차와 다른 고도 또는 항로를 수정(amended)했다면 도식강하절차(charted descent procedure)의 나머지는 취소된다. ATC는 필요에 따라 추가로 항로, 고도, 또는 대기속도 인가를 부여할 것이다. 도착항로가 한 개만 발행된 "JANESVILLE FOUR ARRIVAL"의 사례를 보자. 이 도착 사례는 Jamesville VOR/DME에서 시작되고 있는 기본 STAR 절차까지 이어지는 전이항로 명칭이 없다. 터보제트와 터보프롭 비행기의 VNAV 계획수립을 위한 정보는 차트 하단에 포함되어 있다. 이외에도 대체 방법으로 형성되어 있는 레디얼을 이용하거나 이들 중 일부는 차트에서 벗어난(off-chart) NAVAID로부터 BRIBE 보고지점을 식별하기 위한 여러 방식이 있음에 주목하라. ATC는 통과고도제한(crossing altitude restriction)이 포함된 강하 인가를 발령할 수 있다. PENNS ONE ARRIVAL에서 ATC 인가는 [그림3-18]과 같이 조종사가 PENNS 교차점을 6,000피트(MSL)에서 통과한 후 항공기를 조종사의 재량(pilot's discretion)으로 강하하도록 승인할 수 있다.

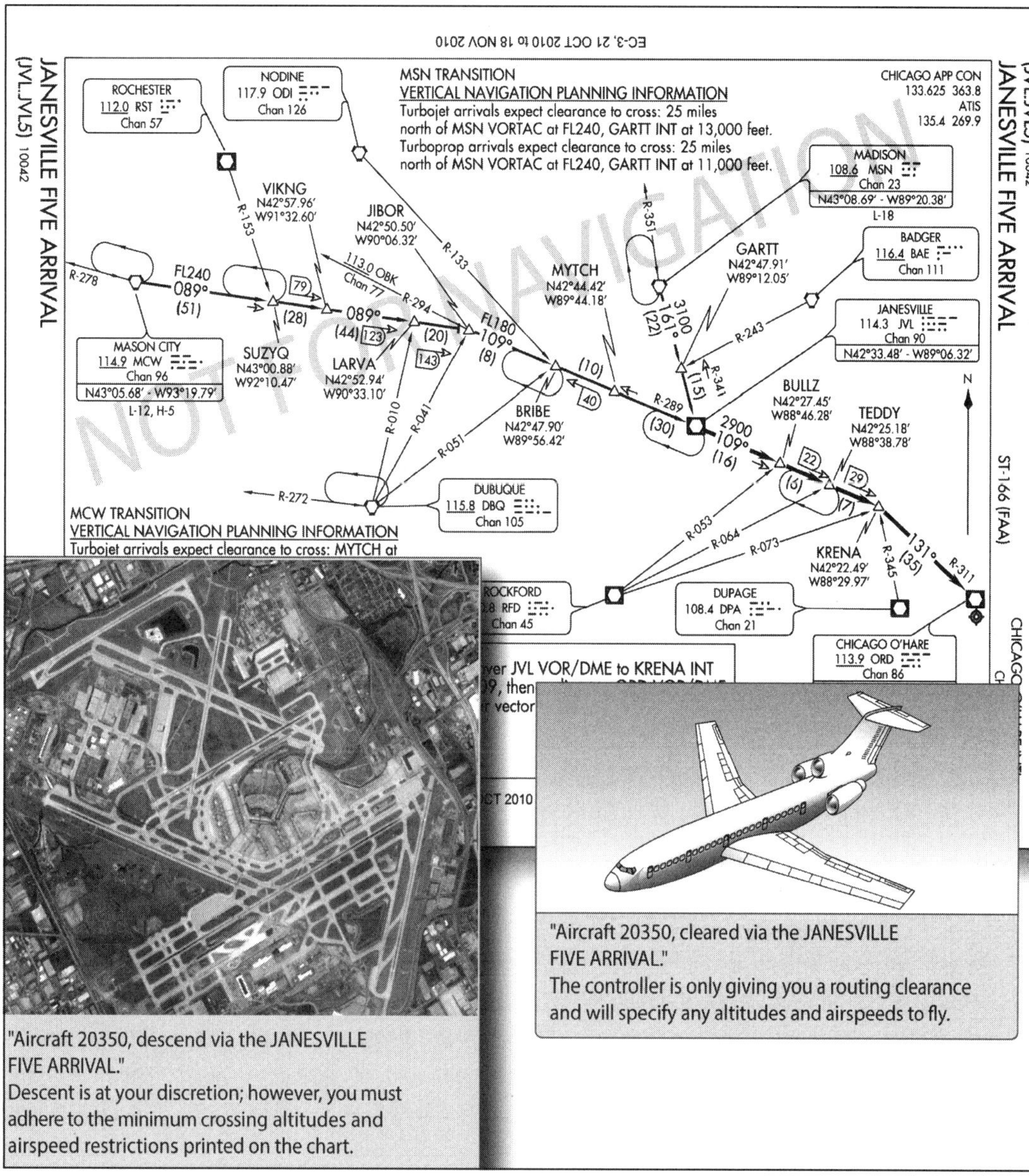

【그림3-17】 이 사례에서 강하는 조종사의 재량으로 지시되었다. 그러나 조종사는 차트에 표기된 최저통과고도 그리고 속도제한을 준수해야 한다. 관제사는 조종사에게 항로배정 인가만을 지시하고 비행하게 될 고도와 대기속도를 지정하게 될 것이다.

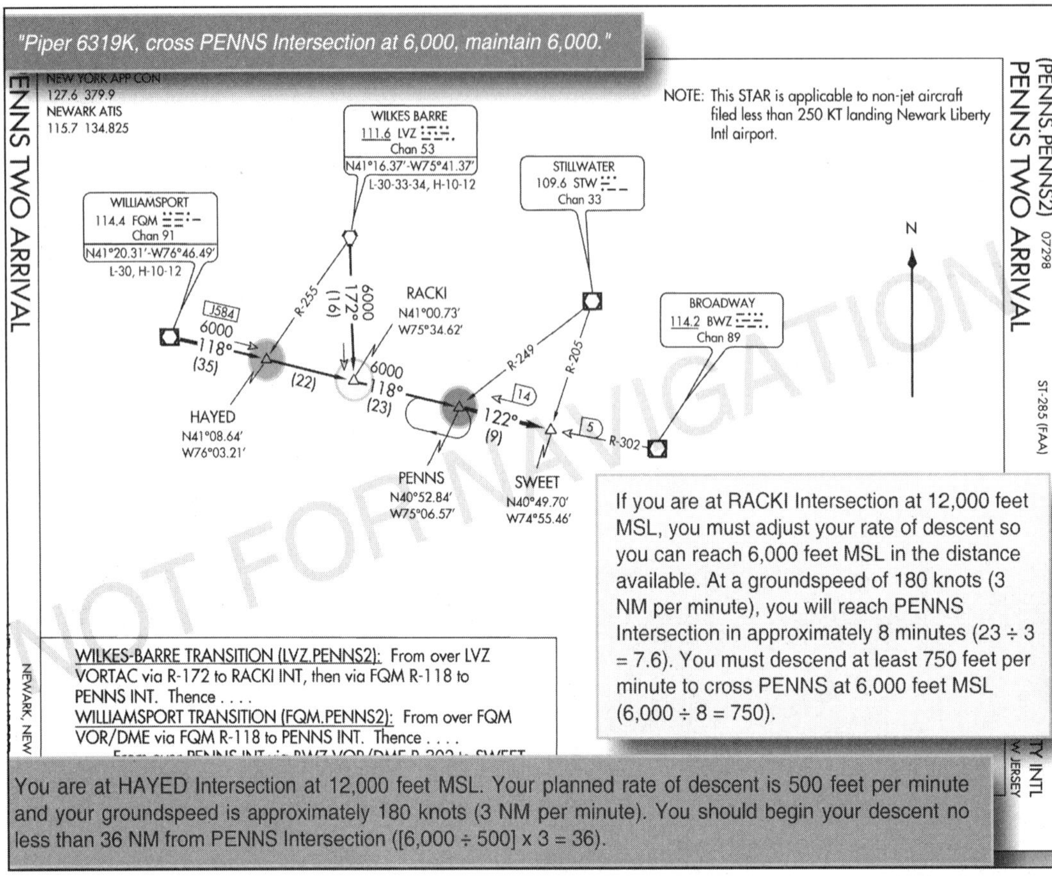

【그림3-18】 관제사는 PENNS 교차점을 6,000피트에서 통과하고 6,000피트를 유지할 것을 지시했다. 만약 당신이 12,000피트(MSL)에서 HAYED 교차점에 있다면 가용한 거리에서 6,000피트에 도달할 수 있도록 강하율을 조절해야 한다. 조종사가 계획한 강하율은 분당 500피트이고 대지속도는 약 180노트(분당 3 NM)이다. 조종사는 PENNS 교차점으로부터 최소한 36 NM에서 시작되어야 한다. ([6,000÷500]×3=36) 만약 당신이 RACKI 교차점에서 고도 12,000피트에 있다면 조종사는 강하율을 조절해야 가용한 거리에서 6,000피트(MSL)에 도달할 수 있다. 대지속도는 180노트(분당 3NM)에서 대략 8분(23÷3=7.6)에 PENNS 교차점에 도달하게 될 것이다. 조종사는 PRNNS 교차점을 6,000피트로 통과하기 위해서 최소한 분당 750피트(fpm)로 강하해야 한다.

미국, 캐나다, 그리고 다른 많은 국가에서 고고도 구조로 상승 중일 때 29.92"Hg(1013.2 헥토파스칼 또는 밀리바)의 표준 고도계 세팅으로 변경하기 위한 공통 고도(common altitude)는 18,000피트(MSL)이다. 비록 전 세계 대부분 국가에서 표준 고도계 세팅으로부터 혹은 향한(to or from) 변경이 매번(for each instance) 동일한 고도에서 수행되지 않을지라도 고고도로부터 강하 중일 때 고도계는 FL 180을 통과할 때 국지 고도계 세팅(local altimeter setting)에 맞추어야 한다. 예를 들어 조종사가 고도계 세팅을 국지 고도계 세팅으로 변경해야 하는 비행고도(flight level; FL)는 특정 공항에 도착했을 때 ATC가 지정한다. 이 정보는 [그림3-19]와 같이 미국 외부의 STAR 차트에 "TRANS LEVEL: BY ATC"와 같이 구절이 표기된다.

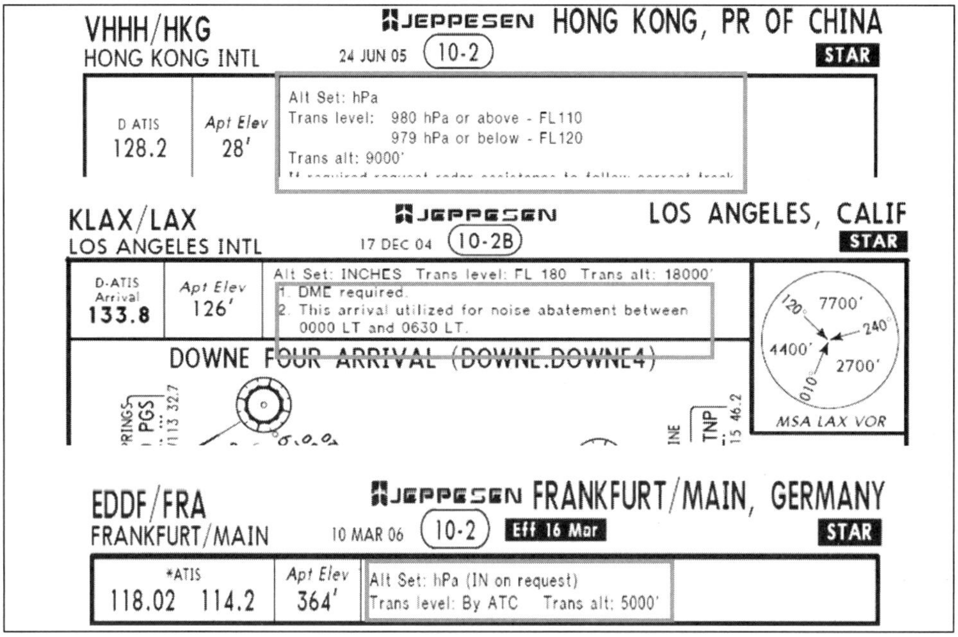

【그림3-19】 Alt Set or Trans Level: By ATC

동일 공항으로부터 출발할 때(또는 STAR 차트에 통상 묘사됨) 고도계는 사례와 같이 5,000피트를 통과할 때 표준 고도계 세팅에 맞추어야 한다. 이것은 고도계가 지시하고 있는 것을 의미한다. 5,000피트 위를 비행하고 있을 때 지시하는 고도계는 피트(feet)가 아닌 실제 비행고도(FL)라는 것을 의미한다. 유럽에서는 이것이 보통이지만 미국과 캐나다에서 비행한 경험이 있는 조종사에게는 아주 다른 경험이다. 터미널 지역을 위한 이들 절차의 표준화(standardization)가 국지적으로 고려해야 하는 요소들의 영향을 받을지라도 특정 기준(specific criteria)은 새로운 또는 개정 도착절차의 개발에 적용된다.

일반적으로 고성능 비행기는 공항 표고 위의 10,000피트 또는 그 이상에서 터미널 지역에 진입하고 착륙 활주로의 착지(touchdown)로부터 약 30~40 NM 지점에서 강하를 시작한다. 조종사는 더 낮은 고도를 위한 운용상 필요(operational need)가 지시되지 않는 한 공항 표고 위로 5,000피트 이하로 강하하는 것은 통상 특정 장애물 통과높이와 다른 관련 도착, 접근, 그리고 착륙 기준(landing criteria)을 초과함이 없이 최종 강하(final descent)와 활공경사(glideslope) 인터셉트가 이루어질 수 있는 고도까지 제한된다.

도착 지연(arrival delay)은 미터링 픽스(metering fix)에서 흡수된다. 이 픽스는 공항 표고 위 10,000피트 또는 그 이상의 터미널 공역 전 항로에 설정된다. 미터링 픽스는 관제사가 레이더 유도를 지연시키거나 저고도에서 체공을 활용하기 위한 것보다 프로파일 강하(profile descent)를 쉽게 하기 위함이다.

강하제한(descent restriction)은 목적지 공항에 상대적으로 높은 강하율로 가까워지는 것을 방지하기 위해서 최종접근단계에 도착하기 전에 적용된다. 관제사는 최초 강하로부터 최소한 10

NM 그리고 공항 표고 상공 10,000피트 또는 그 이상에서 강하의 시작을 예상할 수 있는 시기를 판단할 수 있는 조언을 발령한다. 통상 ATC는 “Expect descent in (number) miles” 구절을 사용한다. 표준 ATC 구절은 다음과 같다.

“Maintain (altitude) until specified point (e.g., abeam landing runway end), cleared for visual approach or expect visual or contact approach clearance in (number of miles, minutes, or specified point).”

일단 계기접근과 조종사가 착륙하고자 하는 활주로에 관한 결정이 이루어졌다면 ATC는 착륙 활주로와 정렬되지 않는 다른 NAVAID로 변경을 허용하지 않는다. ATC는 고도제한이 분리 목적을 위해서 필요할 때 공항 표고 상공 5,000피트 아래로 강하할 수 있는 고도 할당을 피해야 한다. 앞서 언급한 것과 같이 고성능 비행기의 도착절차에는 많은 예외(numerous exception)가 있다. 예를 들어 관제사는 비레이더 환경에서 서클링 접근(circling approach)과 같이 착륙 활주로에 정렬되기보다 NAVAID를 기반으로 한 접근을 활용하는 비행을 승인할 수 있다. 이 경우 통상 더 낮은 고도까지 강하는 서클링 착륙 기동(circle-to-land maneuver)으로 장주패턴까지 제한되는 서클링 접근구역으로 제한된다.

IFR 순항항로 강하 절차는 통상 절차에 적용되는 픽스 또는 NAVAID 시설에 앞서 최저치, 최대고도, 그리고 권장고도를 반드시 확인해야 한다. 저고도 계기접근절차를 위한 최초강하경도(initial descent gradient)는 500 FPNM(약 5°)를 초과해서는 안 되고, 고고도 접근을 위한 최대 허용가능 최초강하경도는 1,000 FPNM(약 10°)를 초과해서는 안 된다.

도착 기동 중 계기접근이 인가되었을 때 발행된 접근 구간 또는 발행된 항로 구간에 확실하게 들어설 때까지(until established) 마지막으로 부여된 고도를 유지해야 한다는 것을 기억하라. 접근 인가에 고도가 부여되지 않았고 항공기가 이미 발행된 구간(published segment)에 있다면 조종사는 해당 접근 구간을 위한 최저고도까지 강하할 수 있다.

3.4.3 대기속도

조종사는 도착 중 관제사의 요청으로 속도조절(speed adjustment)이 행해질 수 있음을 예상해야 한다. 조종사가 IFR 비행계획에서 고성능 항공기를 비행할 때 ATC는 정확한 순서를 정하고 분리(sequencing and separation)를 달성하기 위해서 속도조절을 요청할 수 있다. 또한, 터미널 지역에서 속도조절은 레이더 유도(radar vector) 서비스를 감소시키는데 기여한다.

왕복엔진 또는 터보프롭 비행기를 목적지 공항으로부터 20 NM 이내에서 운항 중일 때 관제사가 속도조절을 위해서 부여할 수 있는 가장 낮은 대기속도는 150노트이다. 만약 조종사가 부여된 대기속도(assigned airspeed)를 유지할 수 없다면 이를 ATC에 통보해야 한다. 관제사는 조종사에게 접근경로 선상에서 전방 또는 후방에 있는 항공기와 동일한 속도를 유지할 것을 요청할 수 있다. 조종사는 지정된 대기속도의 ±10노트를 유지해야 한다. 이외에도 ATC는 조종사에게 대기속도를 10노트 또는 10의 배수(multiples)로 증가 혹은 감소하도록 요청할 수 있다.

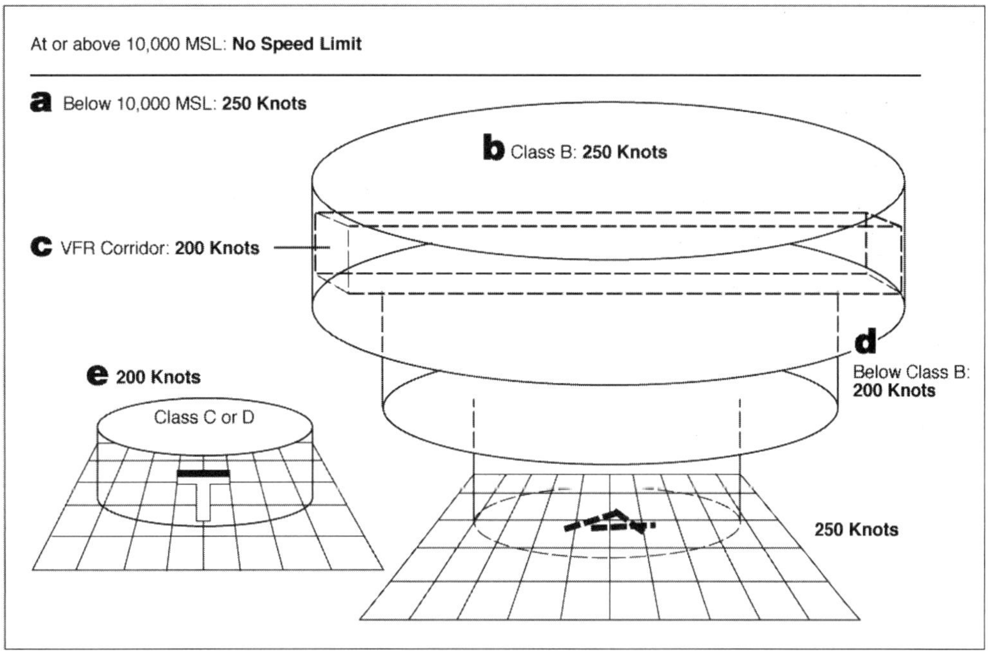

【그림3-20】 공역에 따른 속도제한

ATC는 속도조절이 더 이상 필요하지 않을 때 조종사에게 "...resume normal speed..."와 같이 조언한다. 속도조절 중 [그림3-20]과 같이 규정에 따른 최대속도 제한은 여전히 적용된다는 것을 명심하라. 만약 부여된 속도조절이 이들 한계를 초과하게 되는 원인이 된다면 이를 ATC에게 통보하는 것은 조종사의 책임이다. ATC는 주공항(primary airport)의 4 NM 안에서, 지표면 상공 2,500피트(AGL) 또는 그 아래에서 C등급 또는 D등급에서 운용을 위해서 규정에서 지정한 것보다 더 빠른 속도를 승인하는 권한을 갖는다.

대기속도가 250노트(KIAS)를 초과하는 속도조절을 부여받고 고도 10,000피트 또는 그 이상에서 운항하는 조종사는 국내 공역(domestic airspace) 안에서 10,000피트(MSL) 아래로 인가되었을 때 14 CFR Part 91, section 91.117(a)에 따른 규정을 준수하기 위해서 250노트(KIAS)까지 속도를 낮추는 것으로 예상해야 한다. 이 속도조절은 ATC에 통보함이 없이(without notifying) 이루어져야 한다. 예를 들어 고속 항공기의 경우 부여된 고도 아래에 적용되는 250노트(KIAS) 한계까지 감속하는 동안 고도 10,000피트(MSL)에서 수평전환을 하는 것 그리고 C등급 또는 D등급 공역의 지표면 한계 내에 적용되는 200노트(KIAS) 한계까지 감속하기 위해서 공항 표고 상공 2,500피트에서 수평전환(level off)을 하는 것은 정상이다. 관제사는 이 행동을 예측(anticipate)하고 그에 따라 계획할 것이다.

대기속도 250노트의 속도제한은 고도 10,000피트(MSL) 아래 연근해(offshore) C등급 공역에 있는 미국 비행정보구역(FIR) 안에 있는 해안선으로부터 12 NM을 초과해서 운항하는 항공기에는 적용되지 않는다. 조종사는 공항에 지정된 B등급 공역 구역 아래에 놓여(underlying) 있는 공역에서 200노트(KIAS)를 준수하는 것으로 예상해야 한다. 접근 인가(approach clearance)

는 이전에 부여된 모든 속도조절을 취소시킨다.

3.4.4 체공패턴

만약 항공기가 ATC로부터 차후 인가(further clearance; EFC)를 받기 전에 인가 한계점(clearance limit)에 도달했다면 마지막으로 부여된 고도에서 체공을 수행해야 할 것으로 예상해야 한다. 관제사는 기상악화(deteriorating weather) 또는 많은 항공교통의 집중과 같은 원인을 포함한 다양한 이유로 체공을 지시할 수 있다. 또한, 체공은 실패접근 후에도 지시될 수 있다. 체공 구역으로 지정된 구역을 벗어나 비행하는 것은 지형 또는 다른 항공기와 충돌 위험이 있을 수 있기 때문에 조종사는 체공패턴(holding pattern)이 제공된 보호공역(protected airspace)의 크기를 확실하게 이해하고 준수해야 한다. 체공패턴은 픽스, 픽스로부터 체공하기 위한 방향, 그리고 항공기가 체공하게 될 항공로, 항로, 코스, 레디얼이 지정된다. 선회방향(direction of turn)에 따라서 이들 요소는 체공패턴이 결정된다.

항공기의 속도가 체공패턴의 크기에 영향을 주기 때문에 최대체공속도는 보호될 수 있는 공역의 크기 한계까지 지정되고, 3개의 대기속도 한계(airspeed limit)가 있다. 일부 체공패턴은 고속 비행기가 보호구역을 벗어나는 것을 방지하기 위해서 추가 대기속도 제한이 지정된다. 이들은 아이콘과 제한 대기속도(icon and limiting airspeed)를 이용해서 차트에 표기된다.

DME와 IFR-approved GPS 장비는 체공을 위한 일부 부가 옵션(additional option)을 제공한다. 이들은 시간을 기준으로 하기보다 DME/GPS 체공패턴을 위한 구간 길이(leg length)는 거리(NM)를 기준으로 한다. 이들 패턴은 재래식 체공패턴과 동일한 진입 및 체공 절차가 활용된다. 관제사 또는 계기접근절차 차트에는 아웃바운드 구간(outbound leg)의 길이가 지정된다. 아웃바운드 구간의 끝은 DME 또는 직선항적거리(along track distance; ATD) 지시로 결정된다.

재래식 절차에 있는 체공 픽스, 또는 DME와 함께 재래식 항법보조시설을 기반으로 한 관제사-지정 체공(controller-defined holding)은 지정된 코스 또는 레디얼이고, 거리는 체공패턴의 인바운드와 아웃바운드 종단 모두를 위한 DME 송신소로부터 거리이다. 체공 픽스는 지정된 거리와 함께 발행된 GPS 중첩 또는 단독(overlay or standalone) 절차를 비행할 때 데이터베이스에 있는 웨이포인트가 되고 아웃바운드 구간의 종단은 ATD로 결정된다. 일부 FMS는 아웃바운드 구간의 종단(end of outbound leg)을 사용하는 대신 인바운드 선회(inbound turn)를 위한 신호를 제공하도록 프로그램화되어 있기 때문에 인바운드 구간 길이는 도식 아웃바운드 구간 길이와 일치한다. 일반적으로 이들의 차이는 무시할(negligible) 수 있으나 강풍이 불 때 체공패턴의 크기가 확대(enlarge)될 수 있다. 조종사는 체공 진입 절차와 구간 길이가 도식 체공패턴과 일치(matches)하는지 확인하기 위해서 항공기에 탑재된 FMS 체공 프로그램을 이해할 필요가 있다. 일부 상황에서는 [그림3-21]과 같이 보호공역 안에서 체공할 수 있도록 조종사는 적절하게 조치할 수 있어야 한다.

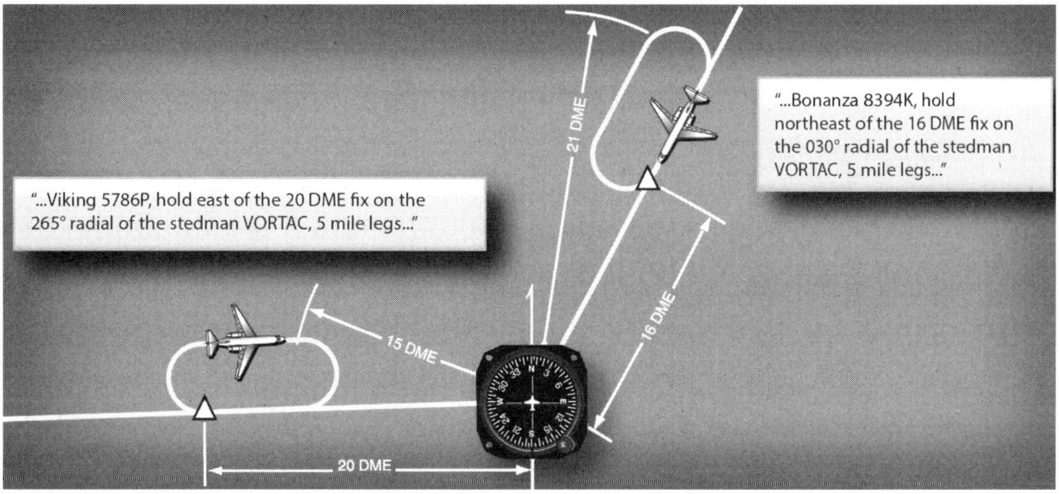

【그림3-21】 체공 픽스를 통과한 후 지정된 시간 동안 비행하는 대신 이들 체공패턴은 선회해야 하는 지점을 거리로 지시된다. 이들 거리는 DME 또는 IFR-approved GPS 장비로부터 지시된다. 오른쪽 항공기는 VORTAC의 R-030에 있는 16 DME 픽스에서 체공을 지시받았다. 체공 구간의 길이는 5마일이다. 왼쪽 항공기는 VORTAC의 R-265에 있는 20 DME 픽스에서 체공을 지시받았다. 체공 구간의 길이는 5마일이다.

3.4.5 접근 인가

접근 인가(approach clearance)는 조종사가 접근을 실행할 수 있는 위치까지 유도하도록 하고, 그 접근으로 비행하도록 인가하는 것이다. 오직 1개의 접근 절차만 있거나, 혹은 ATC는 조종사가 선택한 접근절차의 실행을 승인했다면 인가는 "...cleared for approach..."와 같이 단순한 구절이 사용될 수 있다. 만약 ATC가 특정 접근(specific approach)으로 제한하고자 한다면 관제사는 "...cleared ILS Runway 35 Right approach..."와 같이 인가에 접근명칭이 지정된다.

착륙이 비행 중인 접근과 정렬되지 않는 활주로일 때 관제사는 "...cleared for VOR runway approach, circle to land runway 23..."와 같은 서클링접근인가(circling approach clearance)를 발령한다. 최종접근구간(final approach segment)이 착륙 활주로 정렬로부터 30° 이상 차이가 있는 접근은 서클링접근(circling approach)으로 지정된다. 조종사는 접근 인가에 특정 착륙 활주로가 지정되지 않는 한 어느 활주로든 가용한 활주로에 착륙할 수 있다. 관제탑이 없는 공항에 착륙 중인 조종사는 AIM에 기술되어 있는 무선호출의 중요성을 다시 한번 상기해야 한다.

체공 픽스에 도착하기 전 접근이 인가되었을 때 ATC는 조종사가 픽스와 관련된 지선항로(feeder route)를 따라서 체공 픽스까지 진행한 다음 IAF까지 계속 진행하는 것으로 예상해야 한다. 만약 IAF까지 지선항로가 체공 픽스에 도착하기 전 비행로(route of flight)를 따라서 위치해 있고, 접근을 위한 인가가 발령되었다면 조종사는 발행된 지선항로를 경유해서 접근을 시작해야 한다. 만약 IAF가 체공 픽스까지 항로를 따라서 위치해 있다면 조종사는 IAF에서 동일한 방법으로 접근을 시작해야 한다는 것을 예상해야 한다.

또한, ATC는 "...direct..." 또는 "...proceed direct..."와 같은 용어를 사용해서 항공기를 IAF까지 직접 인가할 수 있다. 일반적으로 관제사는 접근 항법보조시설의 일부 구성요소가 불작동 혹은 신뢰할(inoperative or unreliable) 수 없을지라도(예, ILS의 활공경사지시기) 발행된 접근 명칭을 이용해서 접근을 식별한다. 관제사는 발행된 것과 동일한 접근명칭을 사용하지만, 일부 장비를 사용할 수 없는 접근 인가를 발령할 때 항공기 조종사에게 통보해야 한다.

3.4.6 현위치직행

도착과 관련한 자료로서 고고도와 저고도 순항항로 차트를 사용하는 것 외에 지역차트(area chart)는 상황인식을 향상시키기 위한 계획수립을 위한 보조물로 도움이 될 수 있다. 대부분 조종사는 특히 익숙하지 않은 공항(unfamiliar airport)에서 ATC로부터 픽스와 체공까지 진행하도록 인가를 받은 후 도식 픽스(depicted fix)의 위치를 식별하는 데 도움이 되는 지역차트를 참고해야 한다.

[그림3-22, 컬러],[그림3-23]과 같이 조종사는 V295 Palm Beach International Airport를 향한 V295 북쪽을 향하고 있는 순항항로에 있다. 관제사가 조종사에게 ZISUR(IAF)까지 현위치직행(present position direct; PPD)과 ILS 접근을 위한 인가를 했을 때 조종사는 항공로(airway)에 있는 순항항로 선상에 있다. 조종사의 현재 위치와 접근 시설 사이에 승인되었거나 도식된 전이항로가 없다. 또한, 조종사가 비행하게 될 항로를 위해서 발행된 최저고도 역시 없다. 조종사는 [그림3-23]과 같이 접근 관제사가 다음과 같이 지시했을 때 고도 5,000피트에서 HEATT 교차로의 바로 북쪽에 있다.

"Citation 9724J, 2 miles from HEATT, cleared present position direct ZISUR, cleared for the Palm Beach ILS Runway 10L Approach, contact Palm Beach Tower on 119.1 established inbound."

조종사는 그 지점부터 ZISUR 교차점까지 발행된 최저고도 없이 IAF에 도착할 때까지 마지막으로 부여된 고도를 유지해야 한다. [그림3-23]에서 ZISUR 교차점(6,000) 아웃바운드를 통과한 후 역코스(course reversal)를 위한 2,000피트까지 강하를 시작해야 한다. ILS 절차는 항공기가 발행된 접근 구간에 완전히 진입할 때까지 조종사는 마지막으로 부여된 고도를 유지할 것이라는 관제사의 제한 인식(controller's recognition of the restriction)에 의존한다. 일반적으로 접근을 위한 인가를 발령하기 전 관제사는 조종사에게 최종접근코스에 들어설 때까지(until established) 유지하고 활공경사의 인터셉트에 적합한 고도를 부여한다.

3.4.7 최종접근코스까지 레이더 벡터

일반적으로 도착 중인 항공기는 시계접근(visual approach)이 승인된 경우를 예외로 하고 다음 중 하나가 존재하지 않는 한 접근 게이트(approach gate)로부터 최소한 2 NM 외부에서 최종접근코스에 인터셉트할 수 있도록 레이더 유도될 수 있다.

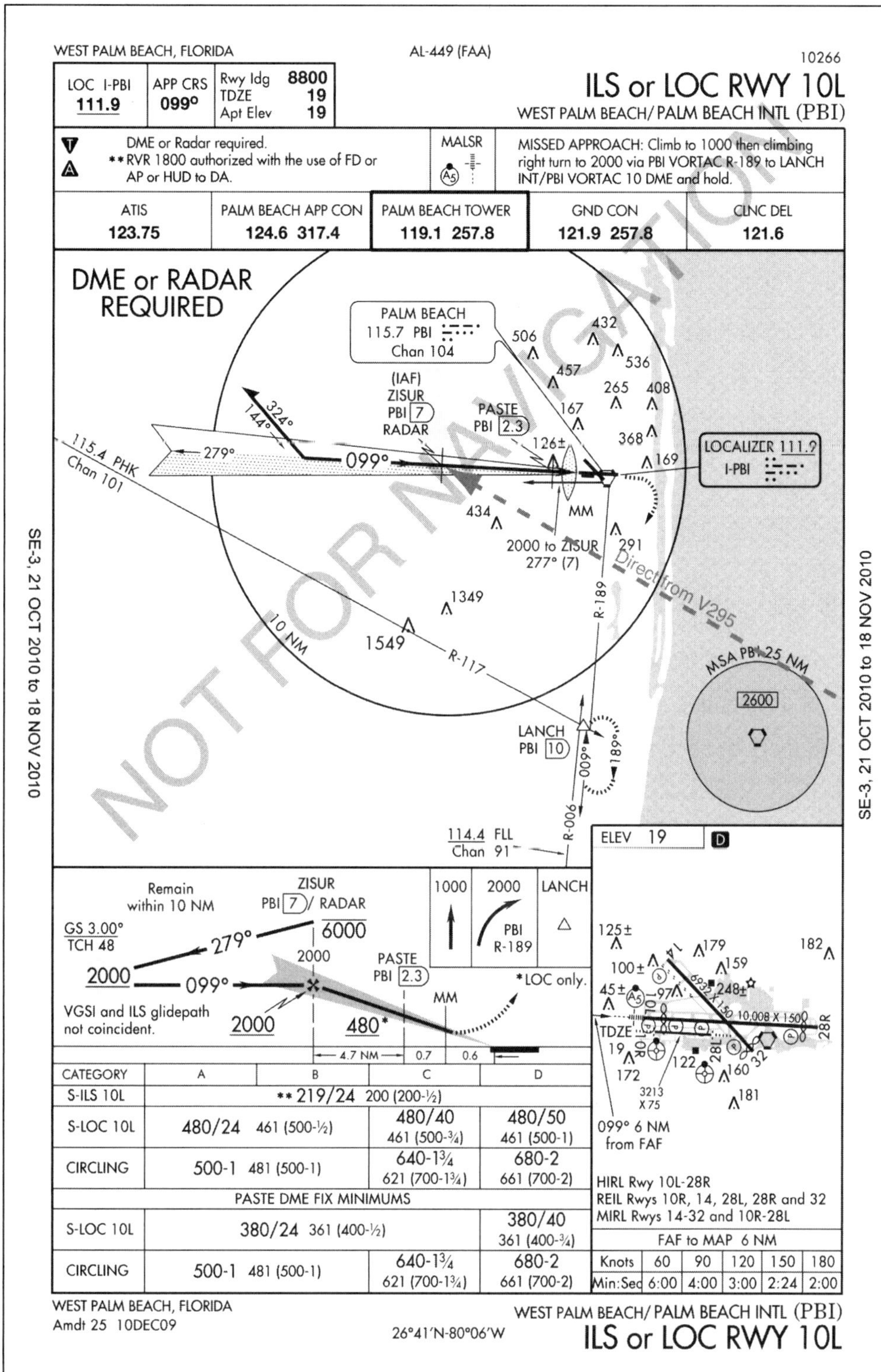

【그림3-23】 Palm Beach ILS 접근을 위해서 "direct from V295"로 "ZISUR"까지 인가되었다. 이 절차는 ILS 코스에 진입하기 위해서 방향을 전환해야 하는 역코스 절차를 수행해야 한다.

① 실링(reported ceiling)이 최소한 최저레이더유도고도(MVA) 또는 최저 IFR 고도(MIA) 위로 최저 500피트 그리고 시정이 3 NM(공항에 보고된 기상이 없을 때 조종사가 보고한 것)일 때 항공기는 접근 게이트로부터 2 NM 이내에 있지만, 접근 게이트에 가까이 있지 않은 최종접근코스에 인터셉트하기 위해서 유도될 수 있다.
② 만약 조종사가 특별하게 요청했다면 ATC는 접근 게이트 안에 있지만 최종접근픽스(FAF; final approach fix)에 가까이 있지 않은 최종접근코스를 인터셉트할 수 있도록 항공기를 유도할 수 있다.

정밀접근(precision approach) 중인 항공기는 계기접근절차(IAP) 차트에 지정된 정확한 활공경사/활공경로(glideslope/glidepath) 인터셉트 고도까지 레이더로 유도된다. 비정밀 접근 항공기는 발행된 절차에 따라 강하가 허용되는 고도까지 유도된다. 레이더 벡터가 항공기를 최종접근코스를 지나치고 있을 때 ATC는 조종사에게 통보하고 이 같은 조치에 대한 이유를 서술해 주어야 한다. ATC가 항공기에 통보할 수 없는 상황에서 조종사는 접근 인가가 발령되지 않는 한 최종접근코스에서 인바운드 선회해야 한다고 예상해서는 안 된다. 이 경우 ATC가 사용하는 구절은 통상 "...expect vectors across final for spacing..."과 같다. 다음 ATC 도착 지시는 항공기가 접근 게이트(approach gate)에 도착하기 전 IFR 항공기에 발령된다.

① 최종접근코스에서 픽스에 상대적인 위치. 이것은 관제사의 레이더 디스플레이에 나타나지 않거나 계기접근절차에 표기되어 있지 않다면 ATC는 최종접근유도를 제공하는 공항에 상대적인 또는 NAVAID에 상대적인 위치 정보를 제공한다.
② 필요하다면 최종접근코스 인터셉트하기 위한 레이더 유도
③ 레이더 접근을 수행 중일 때를 제외한 접근인가. ATC는 항공기가 발행된 항로 또는 계기접근절차의 구간에 들어섰을 때만, 또는 [그림3-24]에서 언급한 것과 같은 사례에 따를 때 접근 인가를 발령한다.

①번 항공기는 최종접근코스까지 유도되었지만, 인가는 보류(withheld)되었다. 항공기는 현재 4,000피트이고 계기접근절차의 구간에 들어섰다.

"Seven miles from X-RAY. Cleared ILS runway three six approach."

②번 항공기는 고도 2,000피트에서 LIMA로부터 4 NM이고, 발행된 최종접근코스의 구간까지 레이더 유도되고 있다. 이 구역에서 최저 레이더유도고도(MVA)는 2,000피트이다.

"Four miles from LIMA. Turn right heading three four zero. Maintain two thousand until established on the localizer. Cleared ILS runway three six approach."

③번 항공기는 계기접근절차(IAP)의 도식 구간(charted segment) 전 최종접근코스에서 항공기를 위치시키고자 하는 경우이다. 일부 IAP는 최초 구간(initial segment)이 없이 레이더 벡터를 필요로 한다. "RADAR REQUIRED"는 평면도(plan view)에 표기된다. 때때로 항로는 긴 인

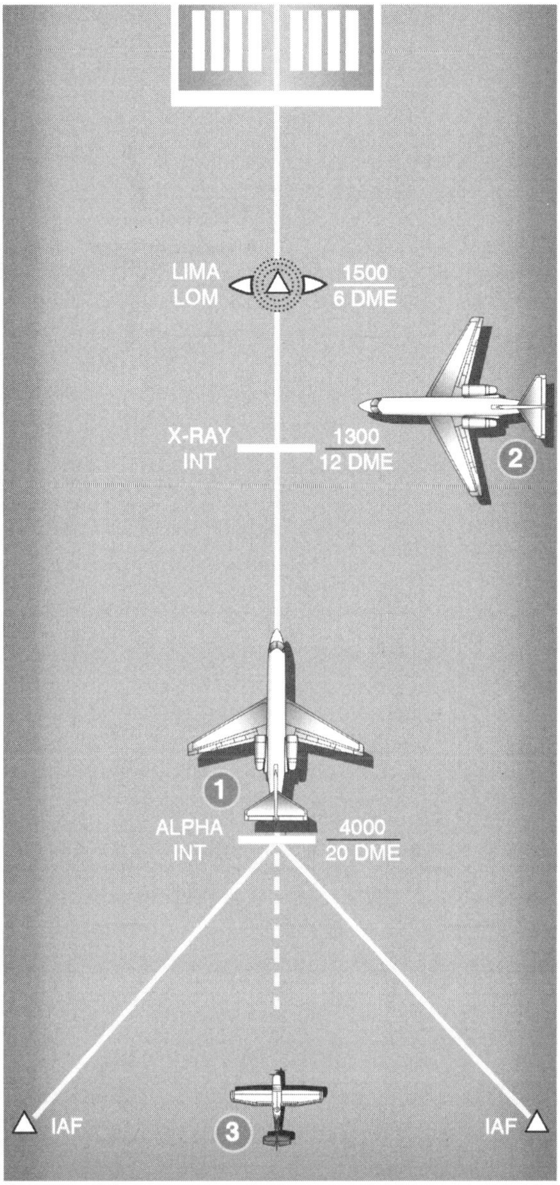

【그림3-24】 여러 방향에서 접근하고 있는 항공기를 최종 접근코스까지 레이더 벡터를 이용해서 진입시키고 있다.

터셉트(long intercept desirable)가 적절하다고 판단할 때 최종접근코스의 연장선과 교차한다.

ATC가 발행된 구간을 넘어서 최종접근코스까지 벡터 또는 인가가 발령될 때 항공기는 발행된 항로 또는 IAP의 구간에 들어설 때까지(until established) 유지해야 하는 고도를 부여한다. 이것은 조종사와 관제사 모두 비행해야 하는 고도가 정확하게 얼마인지 그리고 적절한 최저고도까지 혹은 스텝다운 고도(step-down altitude)까지 강하를 시작해야 하는 지점이 정확하게 어디인지를 알 수 있도록 한다. 대부분 항공기는 중간 픽스(intermediate fix)와 접근 게이트 사이에

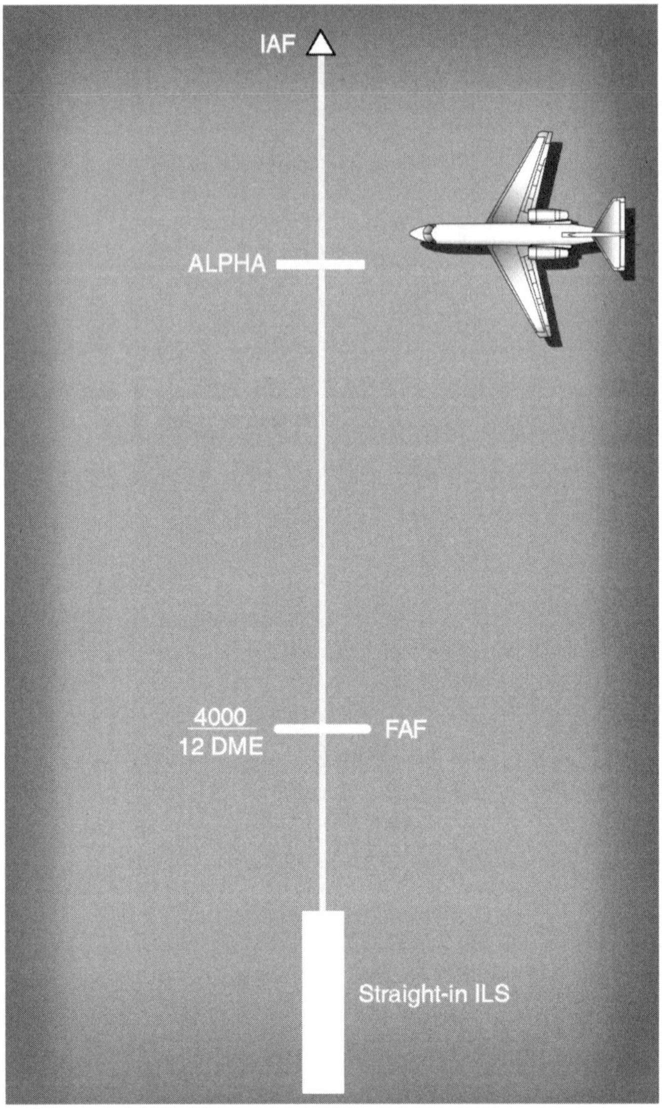

【그림3-25】 항공기를 최종접근코스까지 레이더 벡터를 이용해서 진입시키고 있다.

있는 로컬라이저 혹은 최종접근코스까지 유도된다. 이들 항공기는 접근 구간에 들어설 때까지 고도를 유지하고 있다고 말할 수 있다.

관제사는 [그림3-25]와 같이 발행된 접근 구간이 없는 항로가 부여되었을 때 항공기가 발행된 접근 구간에 들어설 때까지 유지해야 하는 고도를 발령한다. 항공기가 접근 구간을 넘어 고도 6,000피트에서 Alpha로부터 8 NM에서 최종접근코스에 들어서는 사례를 보자. 이 구역을 위한 최저레이더유도고도(MVA)는 4,000피트이다.

"Eight miles from Alpha. Cross Alpha at or above four thousand. Cleared ILS runway one eight approach."

만약 항공기가 발행된 접근 구간에 들어서지 못했고 레이더 접근이 수행되고 있지 않다면 ATC는 [그림3-25]와 같이 항공기가 발행된 항로 또는 계기집근절차의 구간에 들어설 때까지(until established) 유지해야 하는 고도를 부여한다. 항공기는 4,000피트에서 Alpha로부터 3 NM에서 ILS 최종접근코스의 발행된 구간까지 레이더로 유도되고 있다. 이 구역의 최저레이더유도고도는 4,000피트이다.

"Three miles from Alpha. Turn left heading two one zero. Maintain four thousand until established on the localizer. Cleared ILS runway one eight approach."

ATC가 부여한 고도는 접근 인가가 발령된 지점부터 발행된 항로 또는 계기접근절차의 구간에 들어설 때까지 IFR 장애물 통과높이를 보장한다. 비록 레이더에 의해서 FAF까지 계속 유도하고 있을지라도 ATC는 항공기가 FAF를 통과하기 전 주파수 변경을 시도하고, 항공기가 픽스 상공을 통과하고 있음을 조언한 후 조종사에게 국지 관제 주파수(local control frequency)에서 관제탑과 교신할 것을 통보한다. 위 상황에 관한 교신의 사례는 다음과 같다.

"Three miles from final approach fix. Turn left heading one niner zero. Maintain two thousand until established on the localizer. Cleared ILS runway one eight approach. I will advise when over the fix."

"Over final approach fix. Contact tower one one eight point one."

※ Step-down fix; 계기접근절차의 구간 안에서 접근경로 선상에 있는 현저한 장애물을 안전하게 통과할 수 있는 지점을 식별함으로써 마치 계단과 같이 추가 강하를 허용하는 픽스이다.

3.5 특별공항조건

익숙하지 않은 공항(unfamiliar airport)에 도착할 때 특별 조종사 자격과 장비 요건(special pilot and equipment qualification)과 같이 도착에 도움이 될 수 있는 추가 정보를 사전에 숙지하는 것은 비행안전에 크게 기여할 수 있다. 국내 항공사와 국적 항공기(flag air carrier)에 적용되는 운항규칙(operating rules)은 특별 조종사 자격(special pilot qualification) 또는 특별항행자격(special navigation qualification)을 필요로 하는 공항, 지역과 항로를 포함하여 운항이 계획된 항로와 공항에 대한 기장의 자격을 요구하고 있다. 14 CFR Part 121, section 121.443하에서 운용하는 Part 119 운송업자를 위해서 운송업자가 이를 준수할 수 있는 운항기준에 규정되어 있다. [그림3-26]은 관련 주석과 함께(along with associated comments) 미국에서 특별공항의 일부 사례를 보여주고 있다.

Special Airports	Comments
Kodiak, AK	Airport is surrounded by mountainous terrain. Any go-around beyond ILS or GCA MAP will not provide obstruction clearance.
Petersburg, AK	Mountainous terrain in immediate vicinity of airport, all quadrants.
Cape Newenham AFS, AK	Runway located on mountain slope with high gradient factor; nonstandard instrument approach.
Washington, DC (National)	Special arrival/departure procedures.
Shenandoah Valley, VA (Stanton-Waynesboro-Harrisonburg)	Mountainous terrain.
Aspen, CO	High terrain; special procedures.
Gunnison, CO	VOR only; uncontrolled; numerous obstructions in airport area; complete departure procedures.
Missoula, MT	Mountainous terrain; special procedures.
Jackson Hole, WY	Mountainous terrain; all quadrants; complex departure procedures.
Hailey, ID (Friedman Memorial)	Mountainous terrain; special arrival/departure procedures.
Hayden, Yampa Valley, CO	Mountainous terrain; no control tower; special engine-out procedures for certain large airplanes.
Lihue, Kauai, HI	High terrain; mountainous to 2,300 feet within 3 miles of the localizer.
Ontario, CA	Mountainous terrain and extremely limited visibility in haze conditions.

【그림3-26】 특정 공항에 대한 장애물 조언 사례이다. 예를 들어 Kodiak, AK의 경우 공항은 산악지형으로 둘러싸여 있다. ILS or GCA MAP을 넘어서 수행되는 go-around는 장애물 통과높이를 제공하지 못할 수 있음을 사전에 인지해야 한다.

Approach Procedure

제4장 접근절차

4.1 개 요

이 장에서는 조종사가 14 CFR Part 91, 121, 125, 135하에서 운용할 수 있는 일반 계획수립과 실행에 대해서 다룬다. 운항기준(OpSpecs), 표준운용절차(standard operating procedure; SOP), 그리고 다른 FAA 승인 문서들은 계기접근과 관련 개별적 승인 및 제한을 위한 최종 권한(final authority)을 갖는다. 여기서는 모든 운용자를 위한 다양한 승인과 접근 제한을 다루기보다 일반적인 절차에 대해서만 다룬다.

4.2 접근 계획수립

항공기의 속도, 가용한 기상정보, 그리고 착륙하고자 하는 공항 접근절차의 복잡성 또는 특별 지형회피절차(terrain avoid procedure) 등에 따라 비행 중 계기접근 계획수립(in-flight planning)은 목적지로부터 통상 100~200 NM 지점에서부터 시작된다. 일부 접근 계획수립은 비행 전 이루어져야 한다. 대부분 운용자는 비행 중 계기접근의 계획수립 단계를 비행 표준 매뉴얼(flight standard manual)에 통합하여 다음과 같이 5단계로 나누어 실행된다.

① 1단계; 기상정보, 공항상태, 착륙하고자 하는 공항의 NOTAM 확인
② 2단계; 성능 데이터, 접근 속도, 그리고 추력/동력 세팅의 계산
③ 3단계; 조종실 항법/통신 그리고 자동화 셋업
④ 4단계; 계기접근절차(IAP) 검토와 조종사를 위한 IAP 브리핑
⑤ 5단계; 전반적 운항 검토, 그리고 조종사를 위한 운항 브리핑(operational briefing)

이들 단계가 그대로 적용되기보다 상황에 맞게 약간 변화가 있겠지만 비행 중 계기접근 계획수립 단계를 위한 기본 체제(basic framework)로 유용하다. 개별 운용자의 SOP에 수록된 세부사항은 항공사에 따라 다를 수 있고, 일부는 조종사가 위의 단계에 관해서 취해야 하는 행동 순서, 그리고 방법을 지정할 수 있다. 이외에 다른 것들은 개별 조종사에게 상당 부분 일임하고 접근을 시작하기 전 행해야 하는 과업에 대해서만 지정한다. 1인 조종사(single-pilot)에서부터 2인

이상 조종사(multi-crewmember), 그리고 Part 91 운용자를 포함한 모든 수준의 비행승무원은 표준계기접근절차(standard instrument approach procedure; SIAP)로 비행하기 위한 기술 개발(in developing techniques)에서 상업 운용자의 경험으로부터 많은 이점을 얻을 수 있다. 특정 IAP의 적합성(suitability)을 결정하는 것은 해당 접근의 적합성을 제한할 수 있는 많은 요소가 있으므로 때로는 매우 복잡한 과업이다. 비행 전 계획수립 중 그리고 접근을 시작하기 전 조종사는 다음과 같이 질문하고 스스로 대답할 수 있어야 한다.

① 항공사를 위해서 승인된 접근절차인가? (Part 91, subpart K, 121, 125, 135)
② 이 접근을 위한 기상은 적절한가?
③ 항공기의 최근 중량은 접근과 착륙 또는 복행/실패접근에 필수적인 성능을 허용하는가?
④ 항공기는 이 접근을 위한 적절한 장비를 갖추고 있는가?
⑤ 비행승무원은 이 접근을 위한 적절한 자격을 갖추고 있는가?

이와 같은 다양한 질문은 비행 전 계획수립(preflight planning) 중 그리고 각 특정 항공사 운항기준(OpSpecs) 또는 Part 91의 주요 내용을 고려해야 한다.

4.3 기상 고려사항

조종사는 착륙하고자 하는 공항(intended landing)의 기상상태에 따라 계기접근 가능성을 판단하고, 어떤 방법으로 계기접근을 실행할 것인지를 결정해야 한다. 이에 따른 기상정보를 수집하는 것(gathering of weather)은 접근-계획수립 중 취해야 하는 첫 단계이다. 다양한 종류의 기상정보가 있지만, 접근 결심수립(approach decision-making)에 관한 주요 기상정보는 풍향풍속, 실링, 시정, 고도계 세팅(altimeter setting), 기온, 그리고 공항 상태 등이다. 또한, 이 시점은 비행 전 계획수립 과정이기 때문에 NOTAM을 확인함으로써 필요한 계획을 수정할 수 있다.

풍향풍속은 특정 위치에서 비행할 수 있는 접근 종류를 제한할 수 있는 요소이다. 풍향풍속은 여러 개의 정밀접근(multiple precision approach)을 갖추고 있는 공항에서 문제가 되지 않지만 한 개 혹은 몇 개의 접근절차만을 갖추고 있는 공항에서 풍향풍속과 시정이 잘 조화되지 못했을 때 이들 공항에서 모든 접근이 가용하지 못할(unavailable) 수도 있다. 조종사는 계획했던 접근이 실행되지 못했을 때 다른 가용한 접근을 준비해야 한다. 예를 들어 [그림4-1]과 같이 "Chippewa Valley Regional Airport (KEAU) in Eau Claire, Wisconsin"의 사례를 보자. 시정이 1마일 미만으로 보고되었을 때 Category C 항공기를 위해서 유일하게 가용한 접근은 RWY 22에 ILS와 LNAV/VNAV이다. 이것은 바람이 RWY 22에 도움이 되지(not favor) 않는다면 조종사의 옵션은 매우 제한된다. 만약 바람이 그 활주로와 함께 착륙을 제한한다면 시정으로 인해서 서클링 접근(circling approach)조차도 가용하지 않는 상황이 될 수 있다.

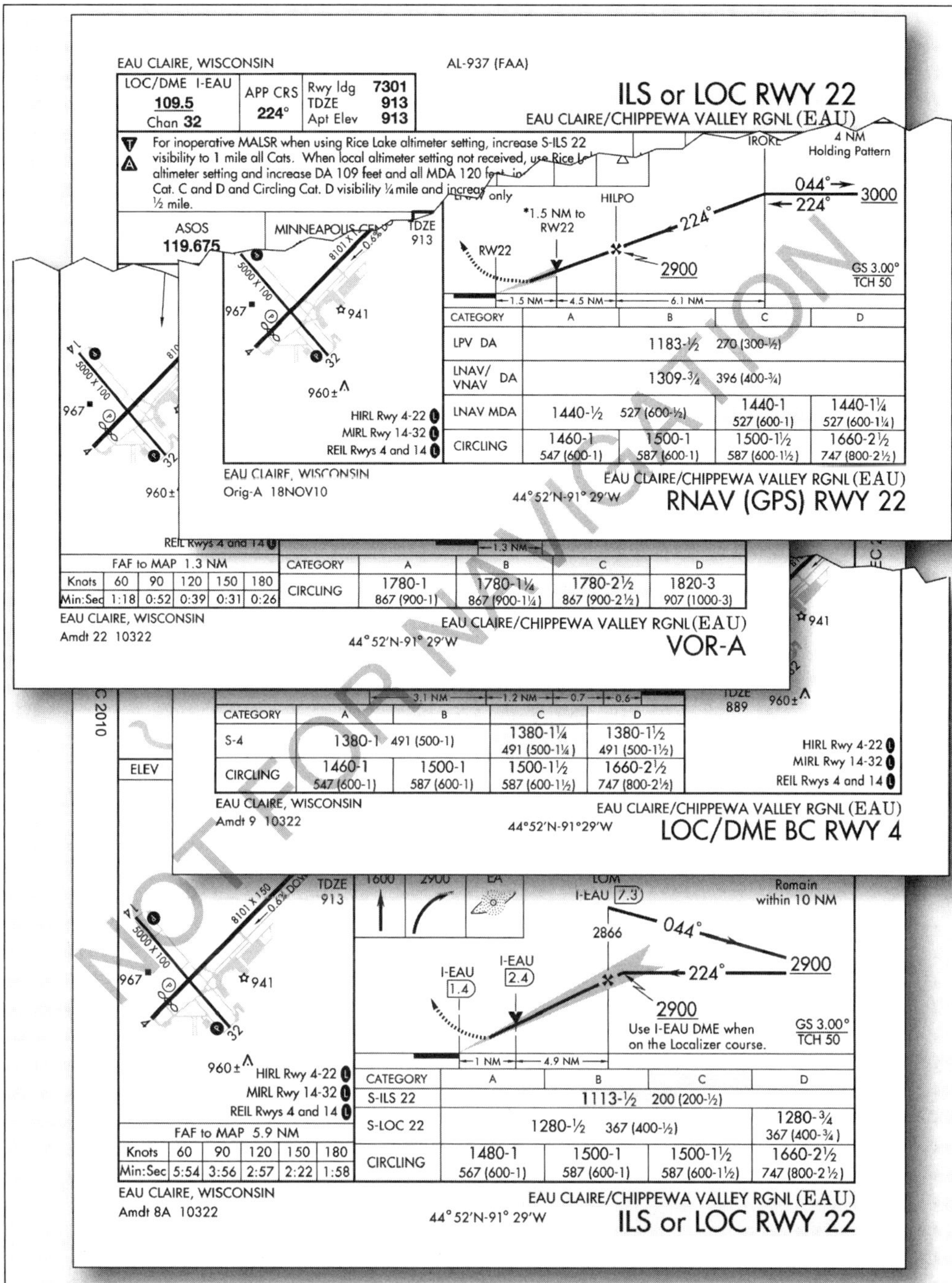

【그림4-1】 사례의 RWY 22에는 다음과 같은 4개의 접근이 가용하다. 조종사가 어느 접근을 선택할 것인지는 공항상태, 기상, 탑재항법장치, 조종사 자격 등을 고려하여 판단할 수 있어야 한다.

- ILS or LOC RWY 22
- RNAV (GPS) RWY 22
- VOR-A
- LOC/DME BC RWY 4

4.3.1 기상 출처

조종사가 얻을 수 있는 대부분 기상정보는 매 비행 전 이들에게 제공되지만, 비행 중 계획수립과 계기접근의 실행을 위해서 사용되는 기상은 통상 공식 기상관측소, 항공사 주파수, 또는 ACARS(Aircraft Communication Addressing and Reporting System)를 경유해서 순항항로 구간에서 확인할 수 있다. Part 119(air carrier and commercial operator)의 규정하에서 승인된 운송업자는 운항기준(OpSpecs)에 지정된 항공정보기상시스템(aeronautical weather information system)을 활용할 수 있어야 한다. 이들 시스템은 기본 FAA/NWS 기상서비스, 계약자 또는 운용자-소유 기상 서비스(contractor or operator-proprietary weather service), 그리고 OpSpecs에 승인되었을 때 개량기상정보시스템(Enhanced Weather Information System; EWINS)을 사용할 수 있다. EWINS 승인의 통합 부분(integral part)으로서 시스템 기상 생산의 사용을 지원하기 위한 조종사와 운항관리사의 훈련과 함께 항공기상정보를 수집(collecting), 생산(producing), 그리고 배포(disseminating)하는 것이 허용되거나 승인되어야 한다.

14 CFR Part 119의 규정에 따라 승인되지 않는 운용자는 AFSS를 통한 NWS 기상 제작물(weather product)을 활용할 것을 권장한다. FAA와 AFSS(Automated Flight Service Station)는 조종사 기상 브리핑, 순항항로 기상, IFR과 VFR 비행계획서의 접수와 처리, ATC 인가의 중계, 그리고 NOTAM 발령 등을 제공한다. 또한, 이들은 항로를 잃은 항공기(lost aircraft), 비상상황에 처한 항공기 그리고 VFR 수색과 구조업무(search and rescue)를 조력(assistance)한다.

사용자직접접속터미널시스템(Direct User Access Terminal System; DUATS)은 모든 조종사에게 신체검사증명서(current medical certificate)를 이용해서 기상정보에 접속할 수 있고 컴퓨터를 이용해서 비행계획서를 제출할 수 있다. 최근 두 계약 판매업자(contract vendors)는 DUATS 시스템 안에서 정보 서비스를 제공하고, 인터넷을 통해서도 접속할 수 있다.

비행정보업무-방송(flight information service-broadcast; FIS-B)은 적절한 조종실 디스플레이를 갖춘 항공기에 특정 항공기상(aviation weather)과 항공정보(aeronautical information)를 제공한다. FIS-B 서비스의 수신은 항공기와 지상 송신소(ground station) 사이에 가시선(line of sight)이 유지되었을 때 지상 송신소의 통달범위 내에 있다면 수신할 수 있다. 국가공역체계 광역 서비스 가용성은 2013년 목표로 하였고 최근에는 특정 지역 안에서 가용하다. FIS-B는 다음과 같은 문자와 그래픽(text and graphic) 항공기상과 항공정보를 무료(free of charge)로 제공한다.

① 항공디지털데이터서비스(Aviation Digital Data Service; ADDS)는 문자, 디지털과 그래픽 예보, 분석, 그리고 가변 기상과 관련된 항공관측을 항공사회에 제공한다. ADDS는 다음과 같은 기관들의 통합 노력의 제작물이다.

-National Oceanic and Atmospheric Administration's (NOAA)

-Earth System Research Laboratory

-National Center for Atmospheric Research (NCAR)

-Research Applications Laboratory (RAL)

-Aviation Weather Center (AWC)

② 비행 중 위험기상조언업무(Hazardous in-flight weather advisory service; HIWAS)는 위험기상정보를 선정된 항법보조시설(NAVAID)을 통해서 연속적으로 방송하는 프로그램이다. 이 방송에는 AIRMETs, SIGMETs, 대류(convective) SIGMETs, 그리고 긴급 조종사기상보고(PIREPs/UUA)가 포함된다. 이들 방송은 오직 정보를 요약한 것이고 조종사는 세부 정보를 위해서 FSS/AFSS와 교신해야 한다.

③ 전화정보브리핑업무(telephone information briefing service; TIBS)는 일부 AFSS에서 준비하고 전파하는 서비스이다. 특히 TIBS는 필요에 따라 공역 절차와 특별 공표(special announcement)를 포함하여 지역과 항로 브리핑을 제공한다. TIBS는 사전 브리핑 도구로 계획되고 FSS 근무자가 제공하는 표준 브리핑(standard briefing)을 대신하고자 하는 것은 아니다. TIBS 서비스는 24시간 가용하고 기상 변화가 있을 때 업데이트되지만 이들은 오직 터치-톤 전화(touch tone telephone)만으로 접속할 수 있다. TIBS 서비스의 전화번호는 Chart Supplement에 수록되어 있다. 또한, TIBS는 지상 관측, TAF, 그리고 상층풍/기온 예보(wind/temperature aloft forecast; FB)가 포함되지만, 이들로 한정되는 것은 아니다.

항공기상 제작물의 종류는 새로운 측정 시스템의 발달, 알고리즘(algorithms; *주어진 문제를 논리적으로 해결하는 데 필요한 절차, 방법, 명령어들을 모아놓은 것*), 그리고 예보 모델(forecast model)에 따라 확대되고 있다. FAA와 NWS는 포괄적 처리(comprehensive process)를 통한 새로운 종류의 항공기상 제작물을 개발하여 시행하고 있다. 인터넷과 같은 통신 능력의 발달은 광범위한 기상서비스 제공자(weather service provider)와 상업 기상제작물에 대한 조종사 접속을 허용한다. FAA는 사용자들이 이들 정보의 활용을 제한할 의도는 없다. 그러나 조종사와 운용자는 FAA, NWS, 또는 이들 계약자(DUATS 그리고 비행정보서비스데이터링크 제공자 등) 외의 기상정보 제공자(provider)는 FAA/NWS의 품질 표준(quality standard)에 적합하지 못할 수 있다는 점에 항상 유의해야 한다.

4.3.2 기상 방송

조종사가 비행 중 기상정보를 얻을 수 있는 가장 공통적인 방법(common method)은 특정 공항을 위해서 방송하고 있는 출처(sources)를 사용하는 것이다. 실링, 시정, 바람, 기온, 대기압, 그리고 공항상태에 관한 정보는 대부분 기상방송업무(broadcast weather service)에서 얻을 수 있다. 대부분의 기상 방송은 [그림4-2]와 같이 ACARS 시스템을 통한 무선음성 형식 또는 디지털 형식(radio voice format or digital format)으로 항공기에 전송된다.

※ ACARS(Aircraft Communications Addressing and Reporting System)

4.3.3 자동터미널정보업무

자동터미널정보업무(automated terminal information service; ATIS)는 일부 항공 교통량이 많은 공항에서 관제에 중요하지 않은 정보(non-control information)를 녹음하여 연속해서 방송

【그림4-2】 ACARS는 항공기상과 항공정보를 조종실에서 인쇄해서 받아 보거나 FMS 스크린에서 볼 수 있다. ACARS는 항공기와 지상관제소 사이에 항공대역 무선통신 또는 위성을 통해서 짧은 메시지를 전송할 수 있는 디지털 데이터링크시스템이다.

하는 시스템이다. ATIS의 목적은 일상적인 정보이지만 꼭 필요한 정보를 반복 방송함으로써 관제사의 효율성(effectiveness)을 높이고 주파수 혼잡(frequency congestion)을 낮추는 데 있다. ATIS에서는 독립 VHF 주파수 또는 국지 NAVAID의 음성 부분(voice portion)을 통해서 연속 방송한다. ATIS 방송은 독립 VHF 무선 주파수에서 ATIS 위치로부터 60 NM 그리고 지표면으로부터(AGL) 최대 고도 25,000피트까지 수신할 수 있도록 설치된다. 대부분 위치에서 ATIS 신호는 공항 지표면에서 수신할 수 있지만, 국지 상황이 최대 ATIS 수신 거리와 고도를 제한할 수 있다. 조종사는 접근관제소, 지상관제소, 그리고 국지 관제탑 주파수 혼잡을 완화하기 위해서 ATIS를 적극적으로 활용할 것을 권장한다. ATIS가 제공되는 공항은 Chart Supplement에서 확인할 수 있다.

ATIS 정보는 최근 기상의 시간, 실링, 시정, 시정장애물(obstruction to visibility), 기온, 이슬점, 풍향풍속(자북), 고도계 세팅, 계기접근과 사용 활주로(runway in use) 그리고 기타 관련 사항이 포함된다. ATIS 방송에서 실링이 5,000피트 이상이고 시정이 5마일 이상이라면 실링/하늘 상태(ceiling/sky condition), 시정, 그리고 시정장애물은 ATIS 방송에서 생략될 수 있다. 출발 활주로(departure runway)는 출발을 별도의 ATIS가 있는 공항을 제외하고 착륙 활주로와 다를 때에만 방송에 포함된다. 방송은 접근관제소(approach control)와 최초 교신(initial contact)을 위한 VFR 도착 항공기를 위한 적절한 주파수와 지시를 포함할 수 있다. 터미널 지역으로 도착하거나 출발 중인 조종사는 조종실 업무가 바쁘지 않은 상황에서 ATIS 방송을 여러 차례 반복해서 청취할 수 있다. ATIS 방송은 공식적인 시간과 특별 기상이 접수되었을 때 즉시 업데이트된다. 이외에도 활주로와 계기접근의 변경과 같은 다른 관련 데이터가 변경되었을 때도 역시 새로 녹음된다.

4.3.4 자동기상관측프로그램

대부분 공항에 [그림4-3]과 같은 자동기상보고시스템(automated weather reporting system)의 설치가 증가하고 있다. 이들 시스템은 다양한 관측 장치, 데이터 처리장치, 컴퓨터-생성 음성 부속장치(computer-generated voice subsystem), 그리고 조종사에게 직접 분 단위로 국지 기상 정보를 제공하는 발신기로 구성되어 있다.

(1) 자동기상관측시스템

자동기상관측시스템(automated weather observing system; AWOS) 관측은 자동화 기상관측 시설에서 보고된 데이터임을 나타내기 위해서 접두사 "AUTO"를 사용한다. 일부 AWOS 위치는 보고된 시정(reported visibility)이 7마일 미만일 때 비고란에 기상과 시정장애물 정보를 제공하는 관측자가 보강(augmentation)하기도 한다. 이 관측소는 보강 시간과 함께 Chart Supplement에 수록된다. 관측자가 보강한 기상정보는 해당 관측에 "OBSERVER WEATHER"와 같이 구분된다. AWOS 풍향풍속 그리고 돌풍(gust), 기온, 이슬점(dew point), 그리고 고도계 세팅은 수동 관측(manual observation)을 위한 것과 동일하다. 또한, AWOS는 밀도고도(density altitude)가 공항 표고를 1,000피트 초과할 때 밀도고도가 보고된다. 시정은 주요 계기 활주로의 착지점 근처에 있는 관측 장비에서 측정된다. 시정 측정 장비에서 얻어진 결과는 10-분 조화평균(harmonic average)을 활용한 시정 값으로 환산한다. AWOS에서 보고된 하늘 상태(sky condition)/실링은 시정 측정 장비 근처에 있는 운고계(ceilometer)로 측정한다. AWOS 알고리즘은 구름층과 높이를 산출하기 위해서 운고계 데이터의 마지막 30분을 통합한다. 또한, 이 결과는 AWOS가 측정 지점 상공에 있는 구름 이류(cloud advection; *대기가 수평으로 움직이는 흐름 또는 수평류라고도 한다*)에 전적으로 의존하는 것과 관측자가 관측한 하늘 상태와 다를 수 있다.

(2) 자동지표관측시스템/자동기상센서시스템(ASOS/AWSS)

자동지표관측시스템/자동기상센서시스템(ASOS/AWSS)은 주요 지표기상관측시스템이다. 이들 시스템의 설치와 운용을 위한 프로그램은 NWS, FAA, 그리고 DOD가 상호 협력하여 얻어진 결과이다. AWSS는 ASOS와 동일한 데이터를 제공하지만, 그 후속 프로그램(follow-on program)으로 개발되었다. ASOS/AWSS는 항공 운용과 기상예보 활동을 지원하기 위해서 설립되었다. ASOS/AWSS는 연속 분 단위 관측을 제공하고 정기항공기상보고(aviation routine weather report; METAR)와 다른 기상정보를 생산하는데 필요한 기본 관측 기능을 수행한다. 이들 정보는 독립 무선 주파수 또는 국지 NAVAID의 음성 부분을 통해서 전송된다. 독립 VHF 무선 주파수에서 ASOS/AWSS 전송은 이들 관측소로부터 25 NM 그리고 최대 고도 10,000피트(AGL)에서 수신될 수 있도록 설치된다. ASOS/AWSS 신호는 대부분의 공항 지표면에서 수신될 수 있지만, 일부 상태는 신호의 최대 수신 거리와 고도를 제한할 수 있다.

자동화 시스템과 관측자는 데이터를 수집(collection)하고 판독(interpretation)하는 방법에 차이가 있을 수 있지만, 이들 두 관측 방식은 동일한 형식과 내용(form and content)으로 구성

【그림4-3】 자동기상관측소

된다. 대기압, 주변 기온, 이슬점과 기온(dew point and temperature), 바람, 그리고 강수량과 같은 객관적 요소(objective elements)들을 위해서 자동 또는 수동 관측 모두는 고정 위치(fixed position)와 시간-평균 기술(time-averaging techniques)을 적용한다. 관측자와 자동화 시설 사이의 수량적 차이는 무시할 정도이다. 그러나 주관적 요소(subjective elements)에서 관측자는 시각적 요소(visual elements; 하늘 상태, 시정, 현재 기상 등)를 서술하기 위해서 고정 시간(fixed time; time-averaging techniques; 공간-평균 기법)을 사용하는 반면 자동화 시스템은 고정 장소(fixed location)와 시간-평균 기법(time-averaging techniques)을 적용한다. 비록 이 같은 근본적 차이가 있음에도 불구하고 수동과 자동 기법은 이들 각각의 능력 한계 내에서 매우 유사한 결과가 얻을 수 있다.

앞에서 서술한 시정 보고와 기상서비스의 활용은 Part 91 운용자에게 제한되지 않는다. Part 121과 Part 135 운용자는 개별 OpSpecs 문서에서 찾아볼 수 있고 NWS 또는 다른 승인된 기상 출처에서 얻은 기상보고(weather report)를 사용해야 한다. 모든 운항기준(OpSpecs)이 각각의 회사에 맞세 세작되지민, 대부분 운용자는 ATIS 정보, 활주로가시범위(RVR), 그리고 자동기상관측소로부터 선택된 보고를 사용해야 한다. AWOS-3 관측소에서 얻어진 모든 보고는 Part 121과 135 운용자를 위해서 사용할 수 있다. 모든 종류의 자동기상관측소는 개별 OpSpecs에 요약된 것과 같이 다르게 승인된 수준이 지정된다. 출발 정보와 함께 관제탑에서 제공되는 실링과 시정은 항상 공식기상(official weather)으로 고려되고, RVR 보고는 통상 지배적인 시정참고(controlling visibility reference)이다.

※ *Automated Surface Observing System(ASOS)*

※ *Automated Weather Sensor system(AWSS)*

4.3.5 센터기상조언

센터기상조언(Center Weather Advisory; CWA)은 비계획적 비행 중, 교통흐름, 항공교통, 그리고 조종사 조언(pilot advisories)이다. CWA는 그 본질이 생산에서 완성까지 기간이 짧은(short lead time) 특성 때문에 비행 계획수립 제작물로 볼 수 없다. 일반적으로 CWA는 다음과 같은 현상이 2시간 이내에 시작되고 있는 상태를 위한 실시간 예보(nowcast)로 발표될 수 있다.

① 현존하는 SIGMET, Convective SIGMET, 또는 AIRMET을 보충하고자 할 때

② 비행 중 조언(in-flight advisory)이 통보되지 않았지만 관측되었거나 예보 기상상태가 최근 조종사보고(PIREP)를 기초로 SIGMET/AIRMET 기준에 해당하거나 다른 현존하는 기상상태에 대한 다른 출처 정보로 보충될 때

③ 관측되었거나 발달하고 있는 기상상태가 SIGMET, Convective SIGMET, 또는 AIRMET 기준(강도와 해당 구역)에 맞지 않지만, 최근 PIREP 또는 다른 기상정보 출처가 현존하거나 예상되는 다른 기상정보 출처가 ARTCC 책임 구역 안에서 효율적 교통흐름과 안전에 악영향을 줄 것으로 지시될 때

4.3.6. 규정에 따른 기상 필수요건

계기접근을 시작하기 전에 기상정보를 확실하게 검토해야 하는 확실한 여러 이유가 있다. 조종사는 착륙하고자 하는 공항과 활주로 상태(runway status)에 익숙해 있어야 적절한 연료관리(fuel management), 긴급전환(diversion), 그리고 대체계획(alternate planning)에 관한 결심을 내릴 수 있다. 이들 정보는 매우 중요하기 때문에 조종사는 관련 규정에 따라 계기비행과 접근의 계획수립 그리고 실행(planning and execution)을 위해서 지정된 기상 최저치를 준수할 것을 요구하고 있다.

4.3.7 기상 필수요건과 Part 91 운용자

기장(PIC)은 출발 전 비행에 가용한 모든 정보에 익숙해 있어야 한다. 이것은 비행하고자 하는 항로에 관한 NOTAM 그리고 기상보고와 예보를 확인하는 것은 조종사의 기본이라는 것을 강조하고 있다. 조종사가 주요 검토(review)해야 하는 사항은 착륙하고자 하는 공항과 대체공항 모두를 위한 최신 기상보고와 터미널 예보(terminal forecast)를 포함해야 한다. 이외에도 계기접근을 시작하기 전에 최근 공항 기상상태를 확실하게 확인해야 한다. 또한, 조종사는 연료관리(fuel management)를 위한 계획수립 도구(planning tool)로서 기상정보를 고려해야 한다. 기상정보는 비행계획을 수립하는 목적으로 대체공항의 필요성과 적합성(necessity and suitability)을 결정하기 위해서도 검토해야 한다.

Part 91 운용을 위한 600-2/800-2 규칙은 해당 공항에 각각 정밀접근과 비정밀접근이 적용된다. 수직유도접근(approach with vertical guidance; APV)은 정밀접근을 위한 ICAO Annex 10 표준에 적합하지 않기 때문에 비정밀접근이다. 대체 최저치(alternate minimum) 600-2/800-2에 대한 예외는 TPP에 있는 AIS의 앞쪽 페이지에 수록되어 있고 공항의 접근차트에는 Ⓐ와 같은 부

호로 표시된다. 이것은 기상상태가 이들 최저치 미만일 때 조종사로 하여금 대체공항에서 계기접근을 시작하지 못하게 하는 것은 아니다. 차트에 발행된 착륙 최저치는 대체공항에서 실제 접근(actual approach)에 적용되는 반면 600-2/800-2 규칙(rules), 또는 예외 조항은 오직 비행 계획 수립 목적을 위해서만 적용된다.

4.3.8 기상 필수요건과 Part 135 운용자

Part 91 운용자와 달리 Part 135 운용자는 예보기상(weather forecast)이 계기접근과 착륙을 허용하지 않는 한 목적지로 출발할 수 없다. 이 규정에 따르면 조종사와 운항관리사는 최근 기상보고나 예보, 혹은 이들의 두 정보의 혼합 형태에서 기상상태가 도착예정시간(ETA)에 IFR 착륙 최저치 또는 그 이상(at or above)이 될 것으로 예보되지 않은 한 목적지로서 공항을 계획할 수 없다. 이것은 Part 135 조종사에게 목적지 공항의 적합성을 결정하는 과정에서 기상예보를 반드시 고려해야 한다는 것을 의미한다. 비록 최근 상태가 최저치 미만이라 할지라도 목적지 공항을 위한 출발은 예보기상이 ETA에 IFR 최저치 또는 그 이상이 되었을 때 진행될 수 있다. 그러나 첫 착륙 하고자 하는 공항이 최근 IFR 착륙 최저치 이상이지만 예보기상이 ETA에 IFR 최저치보다 낮을 것으로 예보되었다면 출발해서는 안 된다.

Part 91과 Part 135 운용 사이의 또 다른 중요한 차이점은 일단 비행이 시작된 후 착륙하고자 하는 공항을 위한 Part 135 필수요건이 특정 기상 기준에 충족해야 한다는 점이다. Part 135 하에서 출발을 계획하기 위한 IFR 착륙 최저치 또는 그 이상 예보되어야 하는 기상 필수요건뿐만 아니라 일단 접근이 시작되었다면 최종접근구간에서 계기접근을 시작하기 위한 최저치 이상이 되어야 한다. 14 CFR Part 135, section 135.225에 따르면 조종사는 최근 기상보고가 그 절차를 위해서 승인된 IFR 착륙 최저치 또는 그 이상을 지시하지 않는 한 계기접근을 시작할 수 없다고 규정하고 있다. 이 규정에 따르면 조종사가 기상보고를 받았을 때 항공기가 이미 FAF를 통과했다면 이 규칙의 적용을 받지 않는다. 항공기가 접근을 계속 진행할 수 있는지를 결정하는 지배적 요소(controlling factor)는 시정이라는 것에 유의해야 한다. RVR이 가용할 때 이 섹션의 필수요건에 적합한지 결정하는 것을 조절할 수 있는 시정 보고이다. 육상 마일(SM)로 보고되는 RVV(runway visibility value)는 우시정(prevailing visibility)에 우선한다. 접근을 시작하기 전 최근 기상을 받기 위한 시간은 필요하지 않다.

4.3.9 Part 121 운용자를 위한 기상요건

Part 135 운용자와 같이 Part 121하에 운용하는 조종사와 운항관리사는 적절한 기상보고 또는 예보, 혹은 이들의 적절한 결합으로 확인된 비행이 목적지 공항에서 기상이 ETA에 승인된 최저치(authorized minimum) 또는 그 이상이 되는지 확인해야 한다. 이 규정은 조종사에게 목적지 공항에서 항상 계기접근을 실행할 수 있도록 하는 것을 보장하기 위함이다. 때때로 기상예보는 부정확할 수 있으므로 접근을 실행하기 전 철저하게 최근 기상(current weather)을 확인해야 한다. Part 135 운용자와 같이 Part 121 운용자 역시 절차를 위한 적절한 IFR 착륙 최저치가 존재하지 않는 한 계기접근의 FAF를 넘어서 계속 접근하는 것이 제한된다. 이외에도 최저강하고도(minimum descent altitude; MDA), 결심고도(decision altitude; DA) 또는 결심높이(decision height; DH) 이하로 강하하는 것은 하나의 예외와 함께 Part 91 운용자에게 적용되는 동일한 규정에 따라 제한된다. 위의 한 예외 조항으로 Part 121과 Part 135 운용 중 비행기는 착지대(touchdown zone; TDZ) 안에 착지(touchdown)해야 한다.

4.4 항공기 성능 고려사항

모든 운용자는 접근과 착륙에 적용되는 특정 비행기 성능제한(performance limitations)에 따라야 한다. 이들 대부분 필수요건은 비행을 시작하기 전 철저하게 검토되어야 한다. 이들 성능 고려사항의 주목적은 규정에서 요구하고 있는 거리 안에서 착륙함은 물론 항공기가 접근, 착륙, 그리고 복행 비행단계의 전 과정에서 확실한 장애물 통과높이를 보장하는 데 있다. 비록 계기비행을 위한 면밀한 성능 계획수립 대부분이 항공기의 출발 전 수행될지라도 통상 전반적인 성능 고려사항은 계기접근을 시작하기 전 수행되어야 한다.

4.4.1 비행기 성능운용제한

일반적으로 운송용 항공기(air carrier)는 모든 비행을 위한 비행기의 성능이 입증되어야 하는 14 CFR Part 121 and 135(Airplane Performance Operating Limitation)를 준수할 수 있는 방법으로 준비되어 있어야 한다. 조종사는 목적지로 출발하기 전 적용할 수 있는 규정(applicable regulation)에 따른 접근과 착륙 성능 기준을 준수할 수 있는 방법을 갖추고 있어야 한다. 모든 운용자(Part 91을 포함)를 위한 성능 계산에 사용될 수 있는 주요 정보 출처는 운항하고자 하는 항공기의 연식과 형식(make and model)의 항공기 비행 매뉴얼(aircraft flight manual; AFM) 또는 조종사 운용 핸드북(pilot′ operating handbook; POH)이다. 또한, 해당 항공기의 AFM 또는 POH에 수록된 무게, 고도, 그리고 주변 기온 범위 내에서 항공기의 제작자가 결정한 성능이 포함되어야 한다. 전형적인 대형 터빈동력 비행기(turbine-powered airplane)의 AFM은 조종사가 비행기의 착륙중량(landing weight)과 다른 관련 환경요소(other pertinent environment factor)를 고려하면서 다음과 같은 행동을 수행할 수 있는지를 결정할 수 있는 정보를 포함해야 한다.

① 규정에 지정된 활주로 거리 내에서 착륙할 수 있어야 한다.
② 한 엔진 불작동(OEI)으로 실패접근지점(MAP)으로부터 상승하고 지정된 상승경도를 유지할 수 있어야 한다.
③ 전체 엔진 작동과 착륙형상에서 최종 착륙 단계로부터 복행할 수 있고 지정된 상승경도를 유지할 수 있어야 한다.

대부분 비행기는 정상 착륙에서 한 개 이상의 플랩 형상(flap configuration)이 허용된다. 때로는 착륙을 위해서 감소한 플랩 세팅(reduced flap setting)은 비행기를 실패접근 또는 착륙중단 상승경로(rejected landing climb path)에서 제한적 장애물(restrictive obstacle)이 있는 공항으로 더 높은 착륙중량에서 운용하도록 허용한다. 이 경우 완전플랩착륙속도(full-flap lading speed)는 성공적으로 복행을 실행한 후 상승경로 선상에 있을 수 있는 높은 지형 또는 장애물을 회피할 수 있는 충분한 동력을 제공하지 못한다. 따라서 전체 엔진 작동과 엔진고장(engine-out) 실패접근은 착륙중단(rejected landing)과 마찬가지로 관련 규정에 따른 사항들을 반드시 고려해야 한다.

4.4.2 항공기 접근범주

항공기 접근범주(aircraft approach category)는 착륙참조속도(reference landing speed; V_{REF}), 또는 V_{REF}가 지정되지 않았다면 최대승인착륙중량에서 1.3 V_{SO}를 기준으로 항공기 그룹을 지정한 것이다. V_{REF}, V_{SO} 그리고 최대착륙승인중량은 해당 항공기 등록국가의 인증 당국에서 항공기에 지정된 값이다. 조종사는 반드시 인증된 범주에 따른 최저치 혹은 더 높은 값을 적용해야 한다. 헬리콥터는 Cat A 최저치를 적용한다. 만약 해당 항공기 범주를 위한 속도 영역의 상부 한계를 초과하는 속도에서 운용이 필수적이라면 반드시 상위 범주를 위한 최저치를 적용해야 한다. 예를 들어 Cat B에 해당하는 비행기이지만 145노트에서 서클링 착륙을 해야 한다면 반드시 접근 CAT D 최저치를 적용해야 한다. 또 다른 사례로 직진접근(straight-in approach)에서 130노트로 운항하는 CAT A 비행기(또는 헬리콥터)는 접근 CAT C 최저치를 적용해야 한다. 다음과 같은 CAT 한계 속도는 지시대기속도(indicated airspeed; IAS)로 지정된다.

- Category A: Speed less than 91 knots
- Category B: Speed 91 knots or more but less than 121 knots
- Category C: Speed 121 knots or more but less than 141 knots
- Category D: Speed 141 knots or more but less than 166 knots
- Category E: Speed 166 knots or more

[NOTE] 헬리콥터는 CAT A 최저치를 적용한다.

비행기는 오직 하나의 접근범주(approach category)로 승인된다. 비록 실제 접근이 더 낮은 접근범주의 속도에서 비행하고 있을지라도 지정된 접근범주보다 더 낮은 접근범주를 위한 접근 최저치를 적용해서는 안 된다. 또한, 조종사는 실제 접근이 더 높은 접근범주의 속도에서 비행하게 된다면 지정된 접근범주보다 높은 접근범주를 위한 접근 최저치를 적용해야 한다. 이 승인 접근범주는 영구적이고 상황에 따라 변화하지 않는다. TERPS와 관련해서 지정된 접근범주에서 접근하는 조종사는 절차설계 내에서 해당 항공기의 봉쇄(containment)를 위한 확실한 보호마진(margin of protection)을 제공한다. 이것은 결심고도, 실패접근 상승 표면, 그리고 실패접근이 더 높은 접근 속도에서 실행되었을 때 선회봉쇄(turn containment)에서 높이 상실(loss of height)을 포함한다.

조종사는 상위 접근범주를 적용해야 하는지에 대한 책임을 갖는다. 만약 항공기가 상위 접근범주에 놓이도록 하는 더 빠른 접근 속도가 적용되었다면 이에 해당하는 상위 범주를 위한 최저치가 적용되어야 한다. 최대착륙승인중량을 초과한 중량에서 비상 회항, 플랩 불작동 접근, 또는 일부 비행기의 착빙 상태(icing condition)에서 접근 등은 상위 접근범주 최저치를 필수적으로 적용해야 하는 사례이다. 특히 CAT C 그리고 CAT D 터빈동력 운송용 범주 비행기의 경우 서클링 접근(circling approach)은 국가공역체계에서 수행되는 가장 어려운 비행 기동 중 하나이다. 이들 기동은 때로는 시정, 거리감각(depth perception)에 영향을 줄 수 있는 강수가 내리거나 혹은 착륙 활주로까지 강하 프로파일(descent profile)을 평가할 수 있는 능력에 영향을 줄 수 있는 상태에서 주간 혹은 야간 저고도에서 수행되는 기동이 될 수 있다.

대부분의 서클링 접근은 활주로까지 서클링최저치결심고도(Circling Minimum Decision Altitude; CMDA)로부터 강하를 지원하는 전자항법 보조시설의 도움을 받지 않고 활주로까지 수행된다. 정상 속도 혹은 직진접근보다 빠른 속도에서 수행되는 서클링 접근은 더 넓은 서클링 접근 구역이 필요하다는 것을 고려해야 한다. 또한, 발행된 서클링 접근 최저치는 [그림4-4]와 같이 적절한 봉쇄구역 안에서만 장애물 통과높이를 제공하고 접근범주 속도를 기초로 한다는 것을 명심하라. 서클링 접근(circling approach) 구역은 직진접근을 위한 기준치에 적합하지 않은 활주로에 착륙할 수 있도록 비행기의 기동을 위한 장애물 통과높이(obstacle clearance) 구역이다. 서클링 접근 구역의 크기는 [그림4-4]와 같이 비행기의 접근범주에 따라 다르다.

서클링(circling) 구간에서 최저 300피트의 장애물 통과높이가 제공된다. 조종사는 비행기가 정상 강하율(normal rate of descent) 그리고 정상 기동으로 원하는 활주로에 착륙할 수 있는 위치에 도달할 때까지 서클링 고도(circling altitude) 또는 그 이상을 유지해야 한다. 접근범주는 접근과 기상 최저치에 따라 달라질 수 있다. 일부 상황에서는 접근 자체를 시작할 수 없기 때문에 접근 속도를 반드시 계산해야 하고, 접근에 미칠 수 있는 영향을 분석하여 접근을 시작하기 전 검토하는 것과 같이 비행 전 계획수립 단계에서 브리핑해야 한다.

TERPS Change 21 이전의 경우 공항상공높이(HAA) CMDA가 1,200피트를 초과했었고 안정접근개념을 활용한 조종사는 강하 단계에서 어려운 도전에 직면했었다. 일단 HAA가 1,200피트라면 조종사는 적절한 "In-slot(*항공기를 지정된 접근경로에 진입시키는 것을 의미함*)" 위치에 도달하기 위해서 강하율을 강제로 높여야 했다. 최저치와 같은 개념의 "In-slot"에서 CAT C 또는 CAT D 터빈동력 비행기는 착지점(활주로 시단을 넘어 1,000피트 지점)으로부터 최소한 1 NM 이상에서 3°(318′/NM) 강하경로 선상에서 반드시 날개 수평(wing-level)이 되어야 한다. 이것은 조종사가 장애물 통과높이를 보장받기 위한 구역에 남아 있어야 하는 서클링 봉쇄의 크기가 작기 때문이다. TERPS Change 21은 서클링 봉쇄에서 더 넓은 장애물 보호를 제공한다. 또한, 조종사에게 더 높은 강하율, 불안정 접근(unstabilized approach) 필요성을 감소시키는 여분의 보호공역을 사용할 기회를 제공한다. 예를 들어 TERPS Change 21하에서 HAA 1,500피트의 해수면 공항은 CAT C CAR 2.86 NM의 보호구역이 지정됨으로써 TERPS Change 21 이전에 대해서 1.16 NM 증가(68.5%)하였다.

이 여분의 보호공역은 높은 HAA(Height Above Airport) 서클링 접근에 필수적으로 높은 강하율을 강제로 적용하는 대신 조종사가 비행기를 기동하는데 사용할 수 있다. 대부분의 상업 운용자는 FAA-Approved 매뉴얼에 따른 계기접근을 수행하기 위한 표준 절차를 갖추어야 한다. 이들 표준은 회사 호출(company call-out), 비행 프로파일(flight profile; *그래프 형식으로 그려진 비행경로이다. 통상 항공기의 비행경로를 측면에서 관찰하여 도표에 표시한 것이다*), 형상, 그리고 계기

Approach category	Radius (miles)
A	1.3
B	1.5
C	1.7
D	2.3
E	4.5

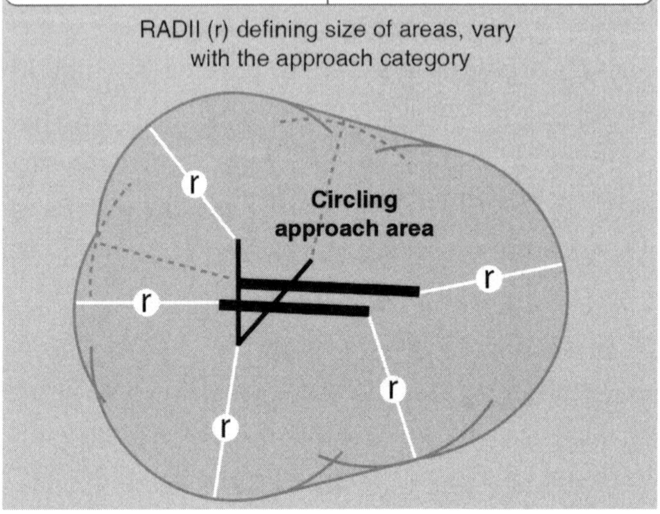

【그림4-4】 서클링 접근 중 공항 주변을 선회하는 동안 장애물 통과높이를 보장받기 위해서는 반드시 지정된 반경 안에서 서클링 선회를 수행해야 한다. 예를 들어 Cat B 항공의 경우 각 활주로의 끝단으로부터 1.5 NM 안에서 서클링 기동을 해야 한다.

접근의 수행 중 조종실 승무원을 위한 기타 특정 임무 등이 지정되어야 한다.

※ CAT; Circling Approach Radius(서클링 접근 반경)

4.5 계기접근차트

2000년 2월을 시작으로 FAA는 계기접근절차(IAP)를 위한 새로운 형식을 발행하기 시작했다. 이 차트는 교통부(Department of Transportation; DOT)에서 개발하였고 주로 조종사 브리핑 정보 형식(pilot briefing information format)을 활용된다. FAA 차트 형식은 [그림4-5]와 같이 조종사 브리핑 절차를 쉽게 할 수 있도록 논리적 순서에 따라 제공된다.

4.5.1 접근 명칭지정 규칙

계기접근차트(IAP)의 상부와 하부 모두에 절차명칭(procedure name; *최종접근의 NAVAID 기준*), 사용되는 활주로(runway served), 그리고 공항위치(airport location)를 표기하여 식별한다. 또한, 공항 식별자(airport identifier)는 [그림4-6]과 같이 공항명칭(airport name) 바로 다음에 표기된다. 명칭지정 규칙(naming convention)에 익숙하지 않은 조종사가 혼동할 수 있는 다양한 종류의 접근이 있다.

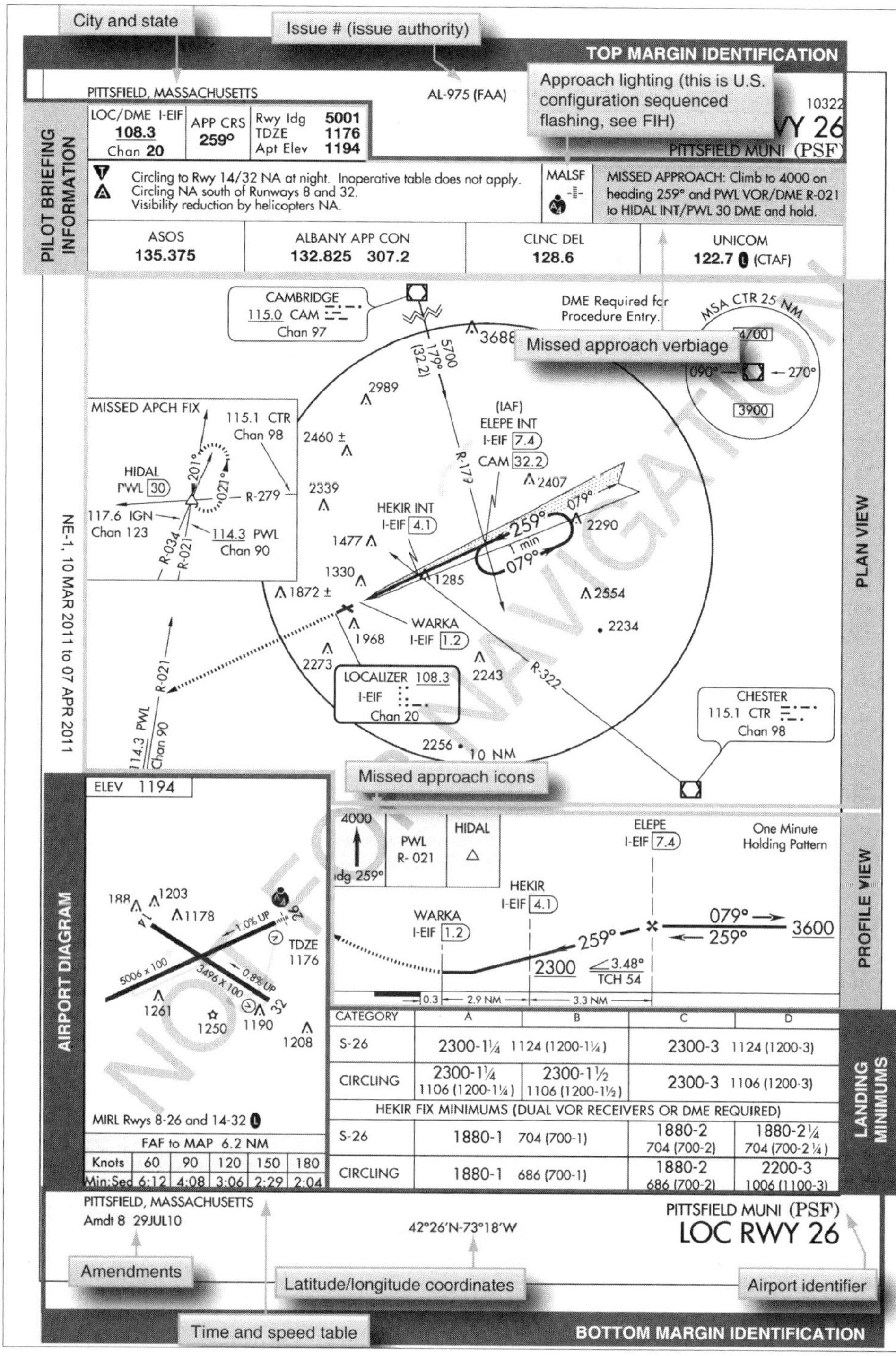

【그림4-5】 2000년 이후 새로 개정된 계기접근차트(IAP)의 사례이다. 조종사 브리핑 정보(pilot briefing information), 평면도(plan view), 측면도(profile view), 착륙 최저치(landing minimum), 공항약도/도형(airport diagram), 그리고 난외주기(top/bottom margin)로 구성되어 있다. 주요 내용은 공항 식별자(PSF), 도시 혹은 지방(주), 접근등화시설(ALS), 실패접근 설명서(missed approach verbiage)와 아이콘, 위도와 경도, 그리고 개정 날짜(Amdt)가 표기되어 있다.

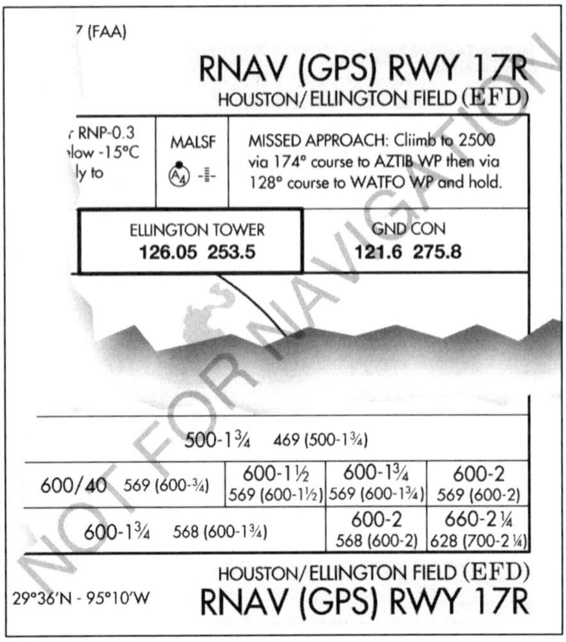

【그림4-6】 RNAV (GPS) 절차 식별
HOUSTON/ELLINGTON FIELD(EFD) 공항에 대한 RNAV (GPS) RWY 17R이 지정되어 있다. 이 접근과 관련된 모든 정보가 포함되어 있다. 절차 식별은 계기접근차트(IAP)의 상단과 하단에 표기된다. 다른 내용은 일반 절차 식별 방법과 동일하다.

4.5.2 직진접근절차

동일한 종류의 유도 시스템과 함께 2개 혹은 그 이상 직진접근(straight-in approach)이 한 활주로에 가용할 때 문자 접미사(letter suffix)가 접근의 표제(title)에 붙기 때문에 쉽게 식별할 수 있다. 이들 접근차트는 문자 Z로 시작해서 알파벳 역순으로 계속된다. 예를 들어 [그림4-7]과 같이 Chicago Midway International Airport에서 (RNAV) (GPS) Z RWY 13C and RNAV (RNP) Y RWY 13C APPROACH와 같은 사례이다. 비록 이들 두 접근이 동일 활주로에 GPS로 비행할 수 있을지라도 이들은 다음과 같은 차이가 있다.

① Required Navigation Performance (RNP) Authorization Required (AR)
  = SPECIAL AIRCRAFT & AIRCREW AUTHORIZATION REQUIRED (SAAAR)

② 서클링 최저치, 최저고도가 다르게 지정되었고, 최저치도 다르다, 또한 실패접근절차가 동일하지 않다.

문자 Z가 붙은 접근절차는 Y(일부 오래된 차트에는 반영되지 않음) 절차보다 더 낮은 착륙 최저치를 갖는다. 이 사례에서 RNAV (GPS) Z RWY 13C를 위한 LNAV MDA는 최종접근 필수 장애물통과높이(required obstacle clearance; ROC) 평가의 차이로 인해서 가장 낮은 최저치를 갖는다. 또한, 이 규칙의 적용으로 오직 서클링 접근 최저치에만 발행되는 문자 A와 B를 붙은 접근과 혼동을 방지한다. 동일 활주로에 대한 2개의 RNAV 절차의 지정은 수직항법(vertical navigation; VNAV)과 함께 혹은 VNAV이 없는 모두의 조건에서 패널 장착 GPS 수신기와 FMS를 수용하고자 할 때이다. 이것은 ILS, VOR, 그리고 NDB를 포함하여 활주로를 위한 각 종류의 접근 중 하나만 데이터베이스에 코드화된다는 것을 확실하게 알아야 한다.

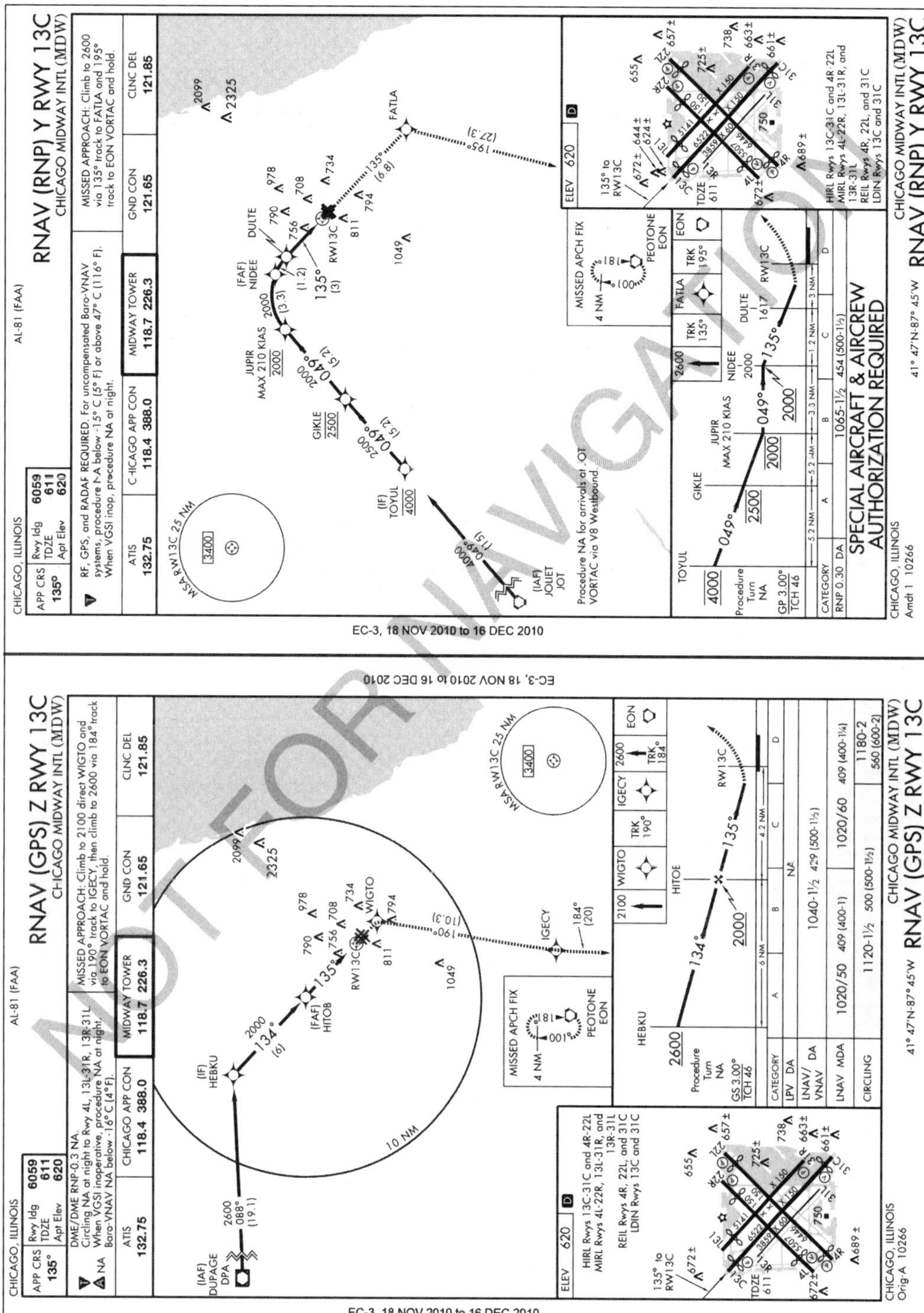

【그림4-7】 여러 개의 접근이 설정된 사례이다. RWY 13C에서 RNAV (GPS or RNP) 접근이 2개가 설정되어 있고, 이를 구분하기 위해서 알파벳 Z부터 역순으로 부여한다. 이 사례에는 Z와 Y로 부여하여 구분하고 있다. RNAV (RNP) Y RWY 13C는 SPECIAL AIRCRAFT & AIRCREW AUTHORIZATION REQUIRED라는 부연 조건이 첨부되어 있다.

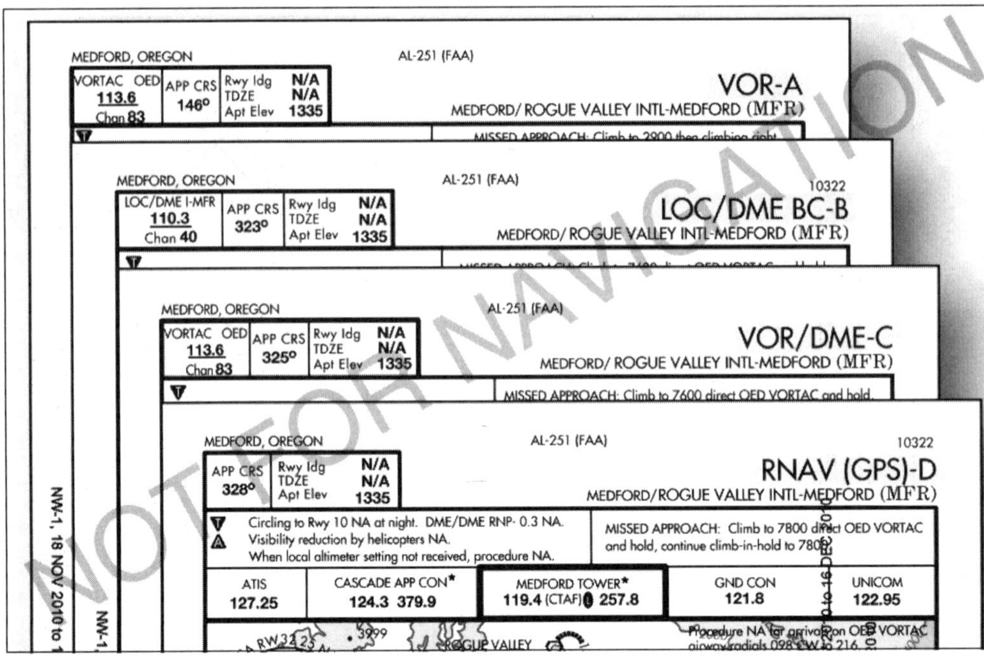

【그림4-8】 동일 공항에서 서클링 접근은 4개가 설정되어 있다.
- VOR-A
- LOC/DME-B
- VOR/DME-C
- RNAV (GPS)-D

4.5.3 서클링 접근절차

직진착륙 최저치(straight-in landing minimum)를 갖지 않는 접근은 접근 종류 다음 문자로 식별된다. [그림4-8]의 사례와 같이 오직 서클링 최저치(only circling approach)를 갖는 동일 공항에서 4개의 절차 표제가 있음을 알 수 있다. 사례에서 보는 것처럼 공항에 설정된 이 종류의 접근은 문자 A와 같이 붙이고, 알파벳순으로 계속 이어진다. 일반적으로 서클링 접근은 다음과 같은 이유로 계획된다.

① 활주로 중앙선과 최종접근코스의 정렬이 30°를 초과할 때

② 강하경도가 FAF에서 시단통과높이(threshold crossing height; TCH)까지 NM 당 400피트(FPNM)보다 클 때. 이 최대 경도(gradient)를 초과할 때 서클링 최저치 접근절차는 강하 경도 기준 한계를 충족하도록 설계될 수 있다. 이것이 정상 강하와 착륙(normal descent and landing)이 적용가능 관련규정에 따라 수행될 수 있다면 직진접근을 할 수 없다는 것을 의미하는 것은 아니다.

③ 공항에서 활주로가 명확하게 지정되지 않았을 때

4.6 무선통신

접근차트의 상단 근처 무선통신에 관한 내용(communication strip)은 조종사에게 접근 중 부여될 것으로 예상할 수 있는 주파수가 표기된다. 주파수는 도착부터 착지까지 합리적 순서로 표기된다. 접근 중에 즉시 가용한 이 정보를 확인하는 것은 중요 비행단계에서 ATC와 조종사 사이 통신두절의 가능성을 감소시킨다.

조종사는 다양한 접근 환경에서 무선통신에 관한 조종사의 책임을 확실하게 이해할 수 있어야 한다. 예를 들어 관제탑이 있는 공항과 비교했을 때 관제탑이 없는 공항에 도착 또는 출발할 때 조종사에게 주어지는 무선통신 책임에는 확실한 차이가 있다. 오늘날 조종사는 더욱 광범위한 ATC 환경과 공중충돌 위험이 증가하고 있어 접근 브리핑(approach briefing)과 사전계획수립이 더욱 중요시된다. 따라서 각 항공사 운용 매뉴얼과 SOP는 각 운항승무원의 임무를 확실하게 규정할 필요가 있다. 조종실 승무원을 위한 SOP(standard operating procedure)는 ATC 통신에 관해서 다음과 같은 내용이 포함되어야 한다. SOP에는 비행단계별로 누가(PF, PM, FE/SO) 무선통신을 해야 하는지 서술되어야 한다.

※ *Pilot Flying(PF), Pilot Monitoring(PM), Flight Engineer(FE), Second Officer(SO)*

① PF는 항공기/오토파일럿에 입력하거나 구두로 인가를 서술하고, PM은 PF가 ATC에 복창한 입력이 맞는지 확인한다.

② 조종실에서 어떠한 혼동은 즉시 ATC에게 문의하여 정확하게 확인되어야 한다.

③ 승무원이 조종실에서 벗어났다면(off the flight deck) 조종실에 돌아온 즉시 모든 ATC 지시를 브리핑해야 한다. 또는 승무원이 조종실에서 벗어났다면 모든 ATC 지시는 되돌아올 때까지 기록한 후 되돌아온 즉시 넘겨주어야 한다. 이와 유사하게 정밀접근을 통보했을 때 또는 회사 주파수에서 교신하고 있을 때 조종실 승무원이 ATC 주파수로부터 변경했다면 모든 ATC 지시는 그가 되돌아온 즉시 브리핑해야 한다.

④ 회사방침(company policy)은 스피커(speaker), 헤드세트(head set), 붐 마이크로폰(boom microphone), 또는 휴대용 마이크로폰(hand-held microphone)의 사용에 관해서도 반드시 서술되어야 한다.

⑤ SOP는 반드시 부여된 고도를 확인하기 위한(confirming assigned altitude) 고도 인식을 위한 회사방침이 서술되어야 한다.

[사례1] PM이 ATC 고도 인가를 수신했음을 응답(acknowledge)했다. 만약 항공기가 오토파일럿으로 비행 중이라면 PF는 오토파일럿/고도 경고기(autopilot/altitude alert)에 입력한다. PF는 그가 이해한 것과 같이 부여된 고도를 호창하면서 입력 내용을 가리(point to)킨다. 다음, PM은 입력한 것과 인가 내용이 맞는지 확인하기 위해서 ATC 인가를 이해한 것을 호창하면서 입력을 가리킨다. 만약 항공기를 수동으로 조종(hand-flown) 하고 있다면 PM이 고도 경고기/오토파

일럿에 입력하고 입력 내용을 가리키면서 인가를 호창한다. 다음, PF는 고도 경고기와 인가 내용이 맞는지 확인하기 위해서 이해한 ATC 인가를 호창하면서 고도 경고기(alerter)를 가리킨다.

[사례2] 항공기에 고도 경고기(altitude alerter)가 없고 두 조종사가 인가를 받아 적고 있다면(write down) 상호 동일한 고도인지 확인한 후 이전에 부여된 고도를 지워라.

4.6.1 접근관제소

접근관제소(approach control)는 담당 공역에서 운항하고 있는 모든 계기비행 항공기에 대한 관제 책임을 갖는다. 접근관제소는 한 개 혹은 그 이상의 공항을 담당한다. 이들 공역에서 관제는 조종사와 관제사의 직접 교신과 공항감시레이더(ASR; airport surveillance radar)를 통해서 이루어진다. ARTCC는 IAF에 도착하기 전 조종사에게 지정된 주파수로 접근관제소와 교신할 것을 지시한다. 접근관제업무를 위한 레이더 벡터가 승인되었을 때 레이더 접근(radar approach)뿐만 아니라 재래식 NAVAID 또는 RNAV/GPS를 이용해서 발행된 비레이더 접근과 관련된 레이더 유도가 제공된다.

레이더 핸드오프(hand-off; *인계함*)가 ARTCC와 접근관제소, 또는 두 접근관제소 시설 사이 시작되었을 때 항공기는 비행하고자 하는 항로에 가장 적절한 외부 픽스(outer fix)까지 인가되고, 필요하다면 체공 지시(holding instruction)가 부여된다. 또한, 항공기는 공항 또는 픽스까지 인가되기 때문에 인계는 항공기가 픽스에 도착하는 시간 전까지 완료될 수 있는 위치가 된다. 레이더 핸드오프가 적용되고 있을 때 연속적인 도착 비행은 수직분리(vertical separation)와 관련한 레이더 분리와 함께 접근관제소에 인계되어야 한다.

항공기는 접근관제소로 인계된 후 최종접근코스까지 유도된다. 때때로 ATC는 간격을 조절하기 위해서 항공기를 최종접근코스를 지나쳐 유도될 수 있다. 조종사는 접근 인가(approach clearance)가 발령되지 않는 한 최종코스에서 인바운드 선회(inbound turn)를 해서는 안 된다. 통상 이 인가는 최종접근코스의 인터셉트를 위한 최종 벡터와 함께 발령되고, 레이더 벡터는 FAF에 도착하기 전 조종사로 하여금 항공기를 최종접근코스에 들어설 수 있도록 한다.

4.6.2 항로교통관제소/센터

항로교통관제소/센터(air route traffic control center; ARTCC/Center)는 특정 공항까지 비행을 승인하고 제한적 접근관제업무(approach control service)를 제공할 수 있다. 이들 센터에서 사용되는 레이더 시스템은 접근관제시설과 관제탑에서 사용하는 ASR 또는 PAR(precision approach radar)과 동일한 정밀도를 제공하지 못할 뿐만 아니라 업데이트가 그렇게 빠르지 않다. 따라서 조종사는 최종접근코스에 들어섰을 때 보고해 줄 것을 요청받을 수 있다. 관제탑이 없는 공항에서 항공기가 적절한 최종접근코스까지 유도되거나 발행된 항로에서 자체항법으로 항행하거나 착륙이 완료되었을 때, 또는 조언 주파수(advisory frequency)로 변경을 지시했을 때 (어느 것이든 먼저 이루어진 것) 레이더 서비스는 자동으로 종료된다. 관제탑이 있는 공항에 IFR 비행계획으로 도착 중일 때 비행계획은 착륙하자마자 자동으로 종결된다.

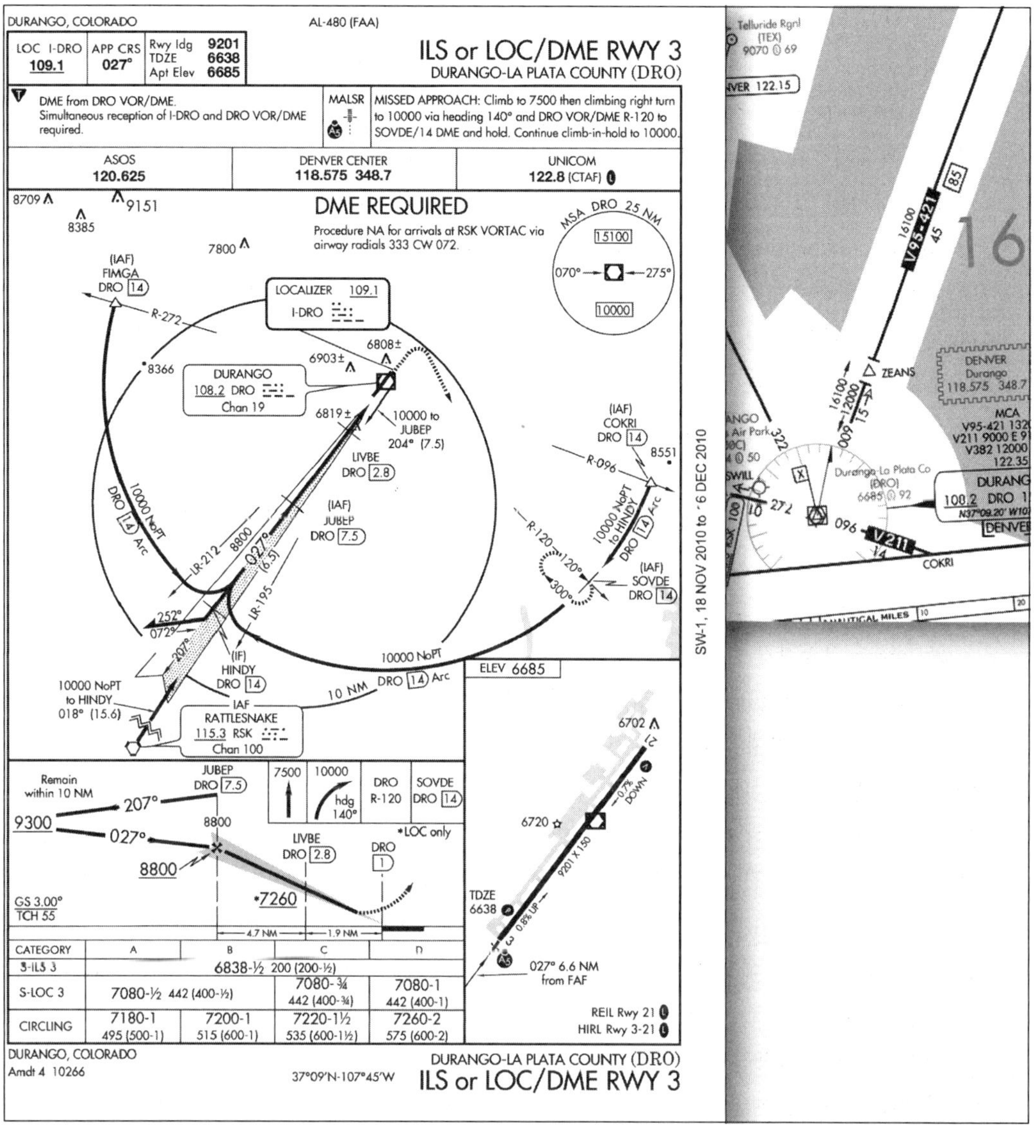

【그림4-9】 DURANGO-LA PLATA COUNTY(DRO) 접근차트와 연관된 저고도 순항항로 차트

접근관제소에서 제공되는 서비스의 범위는 시설 위치에 따라 크게 다를 수 있다. 대부분의 Part 121 운용은 많은 항공기의 안전한 도착과 출발을 보조하기 위해서 레이더 서비스와 접근관제시설을 갖추고 있는 공항을 활용한다. 그러나 상당수의 공항은 접근관제시설을 갖추고 있지 않다. 조종사는 접근관제시설이 있는 공항과 없는 공항 사이에 차이점을 확실하게 이해해야 한다. 예를 들어 [그림4-9]와 같이 Durango Colorado, ILS DME RWY 2 그리고 저고도 순항항로 차트를 참고하라.

(1) MVA의 고려(high or lack of MVA)

대부분의 현대 상업용 그리고 운송용 항공기(commercial or corporate aircraft)는 지점 대 지점(point to point)까지 직항로 비행을 할 수 있는 능력을 갖추고 있다는 것을 고려했을 때 최저 고도에 관한 ARTCC 능력의 한계를 확실하게 이해해야 한다. 센터 레이더의 통달범위 아래에 많은 공항이 있으므로 접근 환경으로 비항로 전이(off-route transition)는 정상적인 항로 전이(on-route transition)에서 필요로 하는 것보다 더 높은 고도로 비행해야 할 필요가 있다. Durango의 사례에서 보듯이 Durango VOR까지 직항로(direct route)에서 북동쪽으로부터 접근하고 있는 비행기는 그 지역에서 더 낮은 고도에 있고 센터 레이더 통달범위에서 벗어나 있어 17,000피트(MSL)의 최저 IFR 고도(MIA)까지 제한될 수 있다. 북동쪽으로부터 V95로 도착은 접근 환경까지 더 얕은 전이(shallower transition)를 허용하면서 12,000피트의 최저순항항로고도(MEA)까지 강하할 수 있어야 한다. 비항로 도착(off-route arrival)은 Durango까지 불안정 접근(unstable approach)을 피하기 위해서 체공으로 고도를 낮추어야 하는 절차가 필수적이다.

(2) 접근관제지형조언의 부족

조종사는 항공기가 센터 또는 접근관제 레이더에서 벗어난 고도에서 운항 중일 때 지형 통과높이(terrain clearance)를 보장할 수 없다는 것을 확실하게 이해해야 한다. 최근 NTSB 조사에 따르면 IFR 비행 그리고 원거리(in remote area)의 야간 시계비행상태에서 운항 중인 VFR 조종사의 관제상태지형충돌(CFIT)과 관련된 여러 건의 사고를 분석하였다. 이들 사고에서 조종사는 사고 당시 ATC와 교신이 이루어지고 있었고 레이더 서비스를 받는 중이었다. 이와 관련된 조종사와 관제사 모두 항공기가 위험 상태에 있다는 것을 인지하지 못하고 있음이 드러났다. 고도인식(altitude awareness)에 더욱 주의를 집중하고 철저한 비행계획수립은 이 같은 유형의 사고를 예방하는 최선의 방책이다. 조종사는 철저한 비행 전 계획수립(preflight planning)만이 CFIT 관련 사고를 피하기 위한 가장 좋은 방법이라는 것을 명심해야 한다. 다음은 CFIT 사고를 예방하기 위한 권장 절차이다.

① 지형에 익숙함(terrain familiarization)은 안전한 야간 시계비행에 중요한 요소이다. 비행경로를 따라서 예정된 고도가 지형과 장애물로부터 안전한 통과높이에 있는지 확인하기 위해서 섹션얼 차트(sectional chart; *시계비행 항공도*) 또는 관련 지형도 참고하라.

② 원거리 지역, 특히 오버캐스트 혹은 달빛이 없는(moonless) 상태에서 어둠(darkness)은 높은 지형의 시각적 회피(visual avoidance)를 거의 불가능하게 할 수 있고 지상 불빛이 없어 수평선 참고(horizon reference)를 상실할 수 있다는 것에 특히 주의하라.

③ 야간 VFR 비행을 계획할 때 주변을 둘러싸고 있는 지형으로부터 충분한 고도에 도달할 때까지 잘 알고 있는 안전한 코스에서 상승하는 것과 같은 IFR 실행에 따라 비행하라. IFR 비행과 유사한 지형분리(terrain separation)를 제공하는 순항고도를 선택하라. (산악지형에서 2,000피트, 그 외의 지역에서 1,000피트)

④ 레이더 서비스를 받고 있을 때 지형 위험에 관한 ATC 경고에만 의존하지 마라. 비록 관제사는 당신의 위험 상황에 대해서 경고하려 노력하지만, 이들이 항상 특정 VFR 항공기가 지형에

상대적으로 위험한 위치에 있는지를 인식할 수 있는 것은 아니기 때문이다.

⑤ 관제사의 "...maintain VFR..."에 따르기 위한 기수방위가 지시되었을 때 기수방위는 적절한 지형 통과높이(terrain clearance)를 제공하지 못한다는 점에 주의하라. 만약 어느 경우라도 시각적으로 지형 혹은 장애물을 회피하는 데 의문이 있다면 즉시 ATC에 통보하고 필요하다면 안전 고도에 도달하기 위한 적절한 조치를 해야 한다.

⑥ ATC 레이더 소프트웨어(software)는 제한적 예측(limited prediction)과 지형 위험의 경고를 제공할 수 있지만, 경고 시스템은 주로 IFR 항공기를 위한 설계이고, 통상 VFR 항공기에는 제한적이다. 관제사는 조종사의 요청(upon pilot request)이 있을 때 VFR 비행을 위한 경고 시스템을 작동시킬 수 있지만, 특히 순항항로 센터 공역의 MIA 아래에서 운항하고 있는 항공기에 상당한 허위 경고(false alarm)가 발생할 수 있다.

⑦ 만약 야간 특히 원거리 또는 불빛이 없는 지역에서 비행해야 한다면 GPS-기반 지형인식장치(GPS-based terrain awareness unit)가 비행안전을 향상시킬 수 있는지를 고려하라.

⑧ 접근관제교통조언의 부족(lack of approach control traffic advisory)을 고려하라. 만약 접근이 레이더 서비스가 가용하지 않다면 조종사에게 정확한 교통조언(traffic advisory)을 제공할 수 있는 ATC 능력은 크게 감소한다. 일부 상황에서는 공통교통조언주파수(common traffic advisory frequency; CTAF)가 목적지 공항에서 IFR 비행의 교통인식(traffic awareness)을 향상시킬 수 있는 유일한 도구가 될 수 있다. 이외에도 ATC는 접근경로에 있는 선행 항공기(preceding aircraft)가 지상에 있거나 혹은 일단 VMC(visual meteorological condition)에서 공중에 있는 상태에서 IFR이 종결 혹은 취소(closed or canceled)될 때까지 접근을 위한 IFR 비행을 인가하지 않는다.

4.6.3 관제탑이 있는 공항

관제탑(control tower)은 착륙, 이륙, 공항 혹은 공항 주변에서 운용 중인 모든 항공기를 안전하고, 질서 있게 그리고 신속한 흐름을 위한 책임을 갖고, 책임이 위임되었을 때 터미널 지역에서 IFR 항공기의 분리 서비스를 제공한다. IFR로 출발하고 있는 항공기는 관제탑에서 출발 순서(departure sequence)에 통합된다. 이륙 전 관제탑 관제사(tower controller)는 적절한 항공기 간격(aircraft spacing)을 보장하기 위해서 출발관제사(departure control)와 상호 협력한다.

4.6.4 관제탑이 없는 공항

무선통신 관점에서 보았을 때 관제탑이 없는 공항에 계기접근을 실행하는 것은 그 공항까지 시계접근을 하는 것보다 더욱 주의(attention and care)가 요구된다. 조종사는 공항으로부터 통상 10 NM 지점에 도착했을 때 자체방송(self-announce; 맹목송신; blind broadcasting; *특정 대상이 없이 해당 주파수를 사용하고 있는 대상에 자신의 의도를 무작위로 송신하는 것*)을 할 것을 예상해야 한다. 이 지역에서 비행하고 있는 항공기의 수 그리고 기종과 함께 기상에 따라 관제탑이 없는 공항으로 접근은 시계비행으로 전이(transition)하는 과정에서 더 큰 어려움이 있을 수 있다.

계기접근으로 도착하고 있는 대부분 항공기는 공항 근처에 도착해서 주변 VFR 항공기의 비행경로에 합류할 필요가 있다. 이 같은 이유로 대부분의 항공사는 조종사에게 도착 공항 CTAF로 교신하거나 교통조언(traffic advisory)을 얻기 위해서 공항으로부터 25 NM 전에서 예비(standby) 주파수를 이용해서 항공사 운용 근무자와 교신할 것을 요구하고 있다. 이외에도 VFR 교통상황을 결정하기 위해서 도착하기 훨씬 전부터 CTAF를 청취하도록 시도해야 한다.

항공기가 레이더 통달범위를 벗어나 운항할 때 ATC는 IFR과 VFR 항공기 사이 분리를 제공할 수 없으므로 조종사는 CTAF를 이용해서 맹목송신을 실시해야 한다는 것을 예상해야 한다. 이들 맹목송신은 공항 근처에서 운항 중인 다른 항공기로 하여금 교통위험 가능성을 최소화하면서 출발과 도착을 계획할 수 있도록 한다. 이외에도 조종사는 현재 교통상황인식(traffic situation awareness)을 높이기 위해서 CTAF를 지속해서 청취해야 한다. 관제탑이 없는 공항에 계기접근으로 인바운드하고 있는 항공기는 접근하고 있는 동안 여러 차례 맹목송신을 실시해야 한다.

① IAF 4~10분 전에 최초교신(initial call)을 하라. 이 교신에는 조종사의 접근 의도(approach intention)와 함께 항공기 위치가 포함되어야 한다.
② IAF를 출발하면서 접근이 시작되었음을 맹목송신하라.
③ 절차선회 인바운드하고 있음을 맹목송신하라.
④ FAF 인바운드하면서 착륙하고자 하는 활주로와 기동방향(선회 기동이라면)을 맹목송신하라.
⑤ 쇼트 파이널(short final)에서 착륙이 임박했음을 지상에 있는 항공기에 맹목송신하라.

관제탑이 없는 공항(혹은 관제탑 업무가 종료된 공항)에서 IFR 비행계획으로 운용할 때 조종사는 ATC 또는 AFSS에 IFR 비행계획서의 취소(cancellation)를 제안해야 한다. 만약 가용하다면 RCO(remoter communication outlet) 또는 GCO(ground communication outlet)는 착륙 후 ARTCC 또는 AFSS와 교신하기 위해서 사용할 수 있다. 그러나 지상에서 주파수가 가용하지 않다면 조종사는 ARTCC와 교신이 유지되고 있는 동안 그리고 착륙할 때까지 이들 상태를 유지할 수 있다면 VFR 상태를 유지하면서 비행 중(in flight) IFR 비행계획을 취소시킬 수 있다. 이외에도 조종사는 다른 항공기를 통해서 비행계획서 취소를 중계(relay)해 줄 것을 요청할 수 있고 전화를 이용해서 FSS와 통화하여 종결시킬 수 있다.

4.7 항법보조시설(NAVAID)

RNAV (GPS) 접근을 제외하고 대부분의 재래식 접근절차(conventional approach procedure)는 주요(primary) 최종접근 NAVAID 주변에 설치된다. 만약 주요 NAVAID가 접근을 위해서 존재한다면 이것은 반드시 IAP 브리핑에 적절한 예비 또는 액티브(active) 무선항법이 포함되고, 코스 유도(course guidance)를 위해서 사용하기 전 일부 지점에서 확실하게 식별되어야 한다. 조종사는 FMS 또는 다른 순항항로 항법으로부터 접근에 활용하고자 하는 재래식 항법으로 전환하기 위한 적절한 전이 지점(transition point)에 대해서도 충분히 고려해야 한다. 일반적으로 특정 항공사의

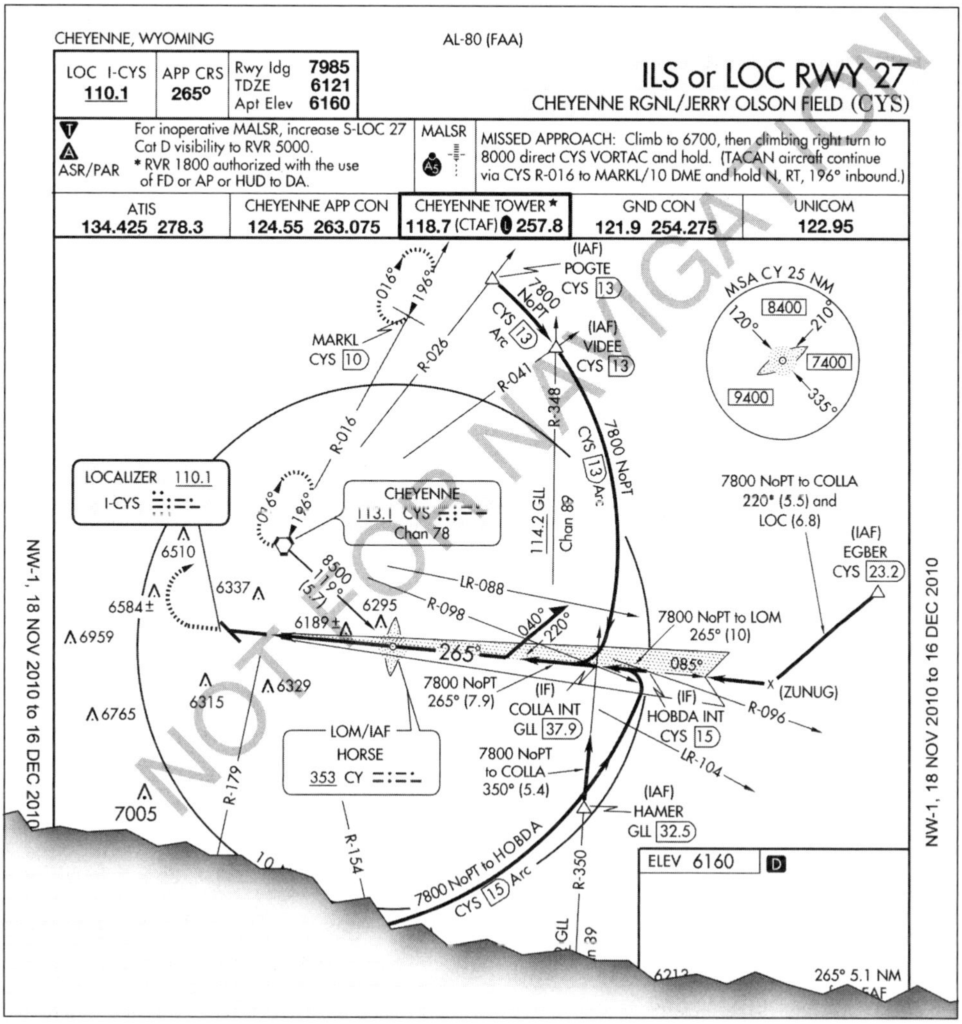

【그림4-10】 ILS or LOC RWY 27의 접근에서 부가적으로 주의해야 할 사항으로 최종접근코스에 들어서는데 아크 절차가 설정되어 있다. 물론 동쪽 (IAF) EGBER에서 접근 아크 절차가 필요하지 않지만, 남쪽 혹은 북쪽에서 접근하고 있는 항공기는 아크 절차를 경유해서 최종접근코스에 진입해야 한다. 이들 절차를 위한 필수 장비와 조종사 능력을 갖추어야 한다.

표준과 절차에는 이 변경에 관해서 명확하게 규정하고 있다. 일부 항공사는 재래식 항법 유도의 지시가 가용하거나 시현(displayed)하면서 전체 접근 과정을 FMS 코스 유도를 사용할 것을 승인하고 있다. 그러나 대부분의 항공사, 또는 특정 항공기단(carrier fleet)은 계기접근의 FAF 이전에 RNAV에서 재래식 항법으로 전환할 것을 요구하고 있다. 조종사는 접근절차의 복잡성에 따라 최초 NAVAID로부터 주요 그리고 실패접근 NAVAID까지 전이를 간소화해야 한다. [그림4-10]은 IAP 브리핑 중 부가적으로 고려해야 하는 Cheyenne, Wyoming, ILS RWY 27 접근절차를 보여주고 있다. 만약 CYC VOR의 DME 아크(arc)가 이 ILS 접근절차까지 전이로써 사용된다면 순항항로 항법에서 최초 NAVAID로 전이하는데 주의를 집중한 다음 ILS 접근을 위한 주요

(primary) NAVAID에 집중해야 한다. 이들 각 NAVAID까지 전이를 위한 계획을 수립하는 것은 조종사 업무가 가중되는 접근 중 코스 유도를 위한 부정확한 NAVAID의 사용을 방지한다.

4.8 장비 필수요건

IAP에 합류(join)하고 비행하는데 필요한 항법 장비는 차트에 있는 절차와 주석(procedure and note)의 표제에 표기된다. 직진접근(straight-in approach) IAP는 접근이 정렬된 접근 유도(approach guidance)와 활주로로 제공되는 항법 시스템으로 식별된다. (예, VOR RWY 13) 서클링 접근(circling-only approach)은 최종접근유도와 문자를 제공하는 항법 시스템으로 식별된다. (예, VOR A) 차트의 표제에 "/"로 분리된 것은 한 개 이상의 항법 시스템이 한 종류 이상의 장비가 최종접근을 실행하는 데 사용된다는 것을 나타낸다. (예, VOR/DME RWY 31) 그러나 "or"로 분리된 것은 한 항법 시스템 이상이 최종접근을 실행하는 데 어느 한 종류의 항법 시스템이 사용될 수 있음을 나타낸다. (예,VOR or GPS RWY 15)

일부의 경우 레이더를 포함하여 다른 항법 시스템이 접근의 다른 구간 또는 IAF까지 항행하는 데 사용된다는 것을 나타낸다. (예, ILS까지 NDB 절차선회, 또는 실패접근에서 NDB, 또는 절차에 합류하거나 픽스를 식별하는데 필요한 레이더...) ATC 레이더 또는 다른 장비가 순항항로 환경으로부터 절차진입(procedure entry)을 위해서 필요로 할 때 접근절차차트의 평면도에 주석이 표기된다. (예, RADAR REQUIRED or AUTOMATIC DIRECTION FINDER(ADF) REQUIRED) 레이더 또는 다른 장비가 실패접근을 포함해서 최종접근구간 외부 절차의 구간에서 필요로 할 때 접근차트 조종사 브리핑 부분(pilot briefing portion)의 주석 박스(note box)에 표기된다. (예, RADAR REQUIRED or DISTANCE MEASURING EQUIPMENT (DME) REQUIRED) VOR이 최종접근구간 외부에서 필요로 할 때 주석은 표기되지 않는다. 조종사는 항공기에 실패접근을 포함해서 접근을 실행하는데 필요한 NAVAID를 갖추고 있는지 확인해야 한다. RNAV 시스템은 VOR, DME, TACAN, VORTAC, VOR/DME, NDB, 또는 외부마커와 중간마커(outer marker and middle marker)를 포함한 시설의 운용이 중단(out of service)되었을 때 대체항법수단(substitute means of navigation)으로 활용할 수 있다.

① NAVAID 정보가 가용하지 않을 때
② 항공기에 ADF 또는 DME를 갖추고 있지 않을 때
③ 항공기에 장착된 ADF 또는 DME가 정상적으로 작동하지 않을 때

예를 들어 항공기가 적합한(suitable) RNAV 시스템을 장착했다면 조종사는 운용이 중단된 NDB 상공에서 체공할 수 있다.

4.9 비행 코스

4.9.1 전통적인 코스

체공 픽스까지 그리고 이어서 “cleared ... approach” 인가된 항공기는 통상 새로운 항로배정을 받지 않는다. 비록 접근을 위한 인가가 체공 픽스에 도착하기 전에 발령될지라도 ATC는 조종사가 마지막으로 부여된 항로(last assigned route)로 체공 픽스를 경유해서 진행할 것으로 예상하거나, 또는 지선항로(feeder route)가 접근차트에 발행되었다면 접근을 시작하기 위한 IAF까지 진행할 것으로 예상한다. 접근이 인가되었을 때 순항항로 구조에서 IAF로 이어지는 지선항로는 접근 인가의 부분이다.

만약 IAF까지 지선항로가 체공 픽스에 도착하기 전 비행로(route of flight)를 따라서 위치해 있는 픽스에서 시삭뇌고, 접근을 위한 인가가 발령되었다면 조종사는 반드시 발행된 지선항로를 경유해서 접근을 시작해야 한다. 예를 들어 항공기가 지선항로 상공으로 지나치거나 지선항로로 되돌아오는 것으로 예상해서는 안 된다. 만약 절차를 위한 IAF가 체공 픽스까지 비행로 선상에(along the route of flight) 위치해 있다면, 조종사는 IAF에서 동일한 방법으로 접근을 시작하는 것으로 예상해야 한다.

만약 IAF까지 직행을 위한 비행로를 원한다면 관제사는 조종사가 어떠한 의문을 갖지 않고 인터셉트할 수 있는 단어 “direct”, “proceed direct”, 또는 유사한 구절을 사용해서 지시해야 한다. 만약 인가가 불명확하다면 조종사는 즉시 ATC에게 원하는 비행로가 어느 것인지에 대해서 문의하여야 한다. 접근차트에 발행된 것과 같이 계기접근의 명칭은 접근 보조시설의 구성요소가 불작동 혹은 신뢰(inoperative or unreliable)할 수 없을지라도 접근을 식별하는 데 사용된다. 관제사는 발행된 것과 같은 접근명칭을 사용하게 될 것이지만 접근 인가를 발령할 때 불작동 혹은 신뢰할 수 없는 접근 보조시설 구성요소를 사용할 수 없다는 것을 조종사에게 통보해야 한다. (예, “...Cleared ILS RWY 4, glideslope unusable...”)

4.9.2 RNAV 코스

RNAV (GPS) 접근절차는 탑재항법 데이터베이스(on board database)를 이용해서 비행하기 때문에 자체적으로 항법 문제를 해결한다. 이들은 연동접근(coupled approach) 또는 수동으로 비행할 수 있다. 어느 경우라도 항법 시스템 코딩(navigation system coding; *부호화, 정보를 계산 조작에 편리한 부호로 바꾸는 것*)은 접근과 실패접근을 위한 순차적인 웨이포인트를 포함한 절차설계(procedure design)를 기초로 한다.

절차설계는 웨이포인트가 플라이-오버(fly-over; FO) 또는 플라이-바이(fly-by; FB)인지를 나타내고 각각을 위한 적절한 유도(appropriate guidance)를 제공한다. FB WP는 다음 비행구간을 초과하는 것을 방지하기 위해서 선회예측(turn anticipation)의 적용을 필요로 한다. FO WP는 다음 비행구간을 인터셉트하기 위한 기동 혹은 다음 WP까지 직행비행을 위해서 WP 상공을 비행

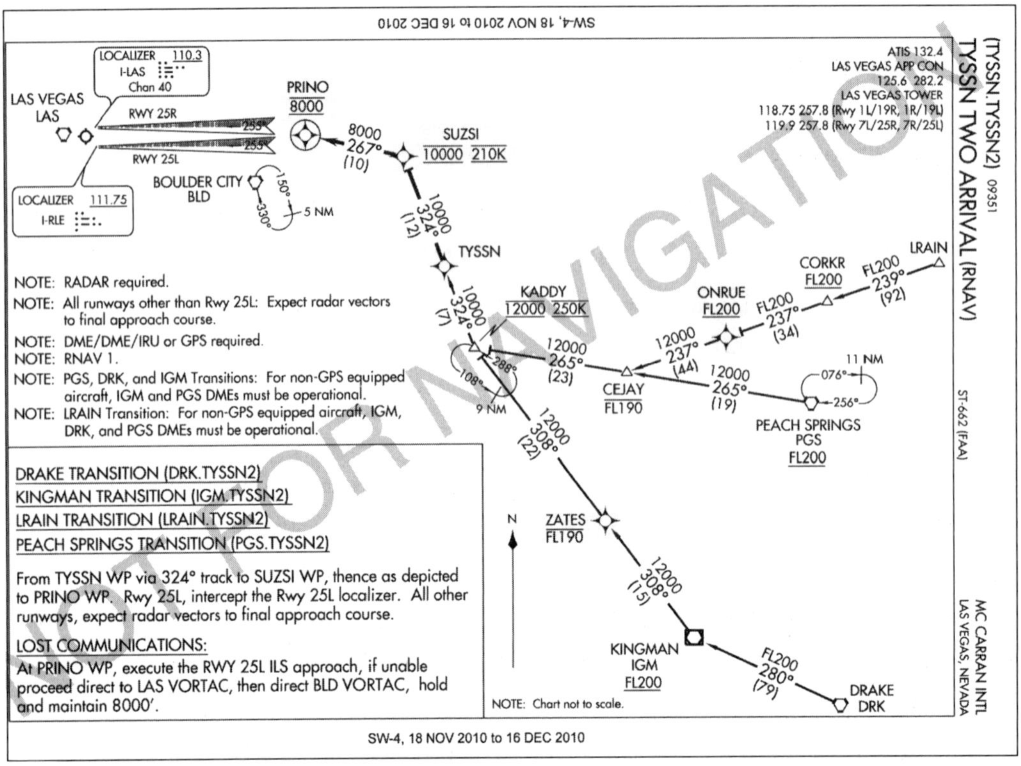

【그림4-11】 이 도착 절차에 4개의 웨이포인트가 지정되어 있다. 이들 중 3개는 FB WP이지만 PINNO에 있는 웨이포인트는 FO WP이다.

할 때까지 선회를 허용하지 않는다. 실패접근 웨이포인트(missed approach waypoint; MAWP)를 제외한 접근 웨이포인트와 실패접근체공 웨이포인트(missed approach holding waypoint; MAHWP)는 통상 FB WP이다. [그림4-11]의 평면도에는 4개의 FB WP가 있지만 PRINO에 있는 원안에 그려진 WP는 FO WP라는 것에 주의해야 한다. 만약 수동으로 선택한 RNAV WP까지 비행해야 한다면 조종사는 유연한 전이와 다음 비행구간을 초과하지 않도록 FB WP에서 선회를 예상해야 한다. 반면 FO WP에서는 항공기가 WP를 통과할 때까지 선회해서는 안 된다.

접근 중 WP가 어떠한 순서로 지정되는가에 따라 WP는 FB WP 그리고 FO WP 모두로 데이터베이스에 코드화될 수 있는 환경이 있다. 예를 들어 IAF로 사용되는 WP는 접근을 위한 FB WP로 코드화될 수 있고 실패접근절차를 위한 MAWP로 사용될 때 FO WP로 코드화된다. 이것은 계기접근이 반드시 FMS로부터 이들 전체를 로드(loaded)해야 하고 수작업으로 생성하거나 변형할 수 없는 이유이다.

[NOTE] 연동과 오토랜드 접근은 VFR과 IFR에서 비행할 수 있다. 이것은 기상상태가 대략 4,000 RVR 미만일 때 운송용 항공기 운용(for carriers)에서 조종사들로 하여금 연동접근과 오토랜드 접근으로 비행할 것을 요구하는 것이 보통이다.

※ 연동접근(coupled approach)은 항공기 오토파일럿으로 수행되는 계기접근이다. 또는 FD에 시각적으로 시현되는 탑재항법장비로부터 위치정보 혹은 스티어링 커맨드(steering command)에 따라서 비행하는 계기접근이다. 일반적으로 연동 비정밀접근은 최저강하고도 아래 50피트보다 낮은 고도에서 수동으로 조종해야(오토파일럿 해제) 한다. 연동 정밀접근은 오토랜드로 운용하도록 승인되지 않는 한 50피트보다 낮은 고도에서 수동으로 조종해야(오토파일럿 해제) 한다. 연동 계기접근은 공통적으로 운용자 또는 PIC가 설정한 허용가능 IFR 기상 최저치까지, 또는 훈련과 안전을 위해서 VFR까지 비행할 수 있다.

※ 오토랜드(autoland); 항공기 오토파일럿이 착지까지 때로는 착륙활주까지 수행하는 정밀계기접근이다. 오토파일럿은 탑재항법장비로부터 위치정보와 스티어링 커맨드를 받고 지상기반 항법보조시설과 독립되어 있다. 오토랜드 접근(연동접근)은 VFR과 IFR 모두에서 비행할 수 있다. 이들 접근은 조종사가 오토랜드 접근을 수행할 수 있는 자격과 함께 대략 RVR 4,000 미만의 기상상태에서 수행된다.

4.10 고 도

계기접근을 위해서 규정된 고도는 최저, 최대, 권장 그리고 의무고도와 같이 4개의 다른 유형으로 표기된다. 고도는 이들 차트의 측면도(profile view)에 지정하고자 하는 고도에 따라 줄을 그려 구분한다.

- 최저고도(minimum altitude); 해당 고도에 밑줄을 그려 구분한다. 항공기는 이 고도 또는 그 이상 고도를 유지해야 한다. (예, 3000)
- 최대고도(maximum altitude); 해당 고도에 윗줄을 그려 구분한다. 항공기는 이 고도 또는 그 이하 고도를 유지해야 한다. (예, 4800)
- 의무고도(mandatory altitude); 해당 고도에 윗줄과 밑줄 모두를 그려 구분한다. 항공기는 이 고도를 유지해야 한다. (예, 5500)
- 권장고도(recommended altitude); 밑줄과 윗줄 없이 고도만 표기된다. (예, 3000)

[NOTE] 조종사는 규정된 고도를 철저히 준수해야 한다. 특정 상황에서 이들 고도는 ATC가 항공기의 수직분리를 위한 기초로 사용될 수 있기 때문이다. 만약 도식된 고도가 ATC 인가에 지정되었다면 그 고도는 위에서 정의한 의무고도(mandatory altitude)가 된다.

4.10.1 최저안전(섹터)고도

IAP 차트에 있는 최저안전(섹터)고도(minimum safe/sector altitude; MSA)는 비상상황에서 사용할 수 있도록 발행된다. MSA는 모든 장애물로부터 1,000피트의 통과높이를 제공하지만, 반드시 수신가능 항법 신호 통달범위(acceptable navigation signal coverage)를 보장하지 않는

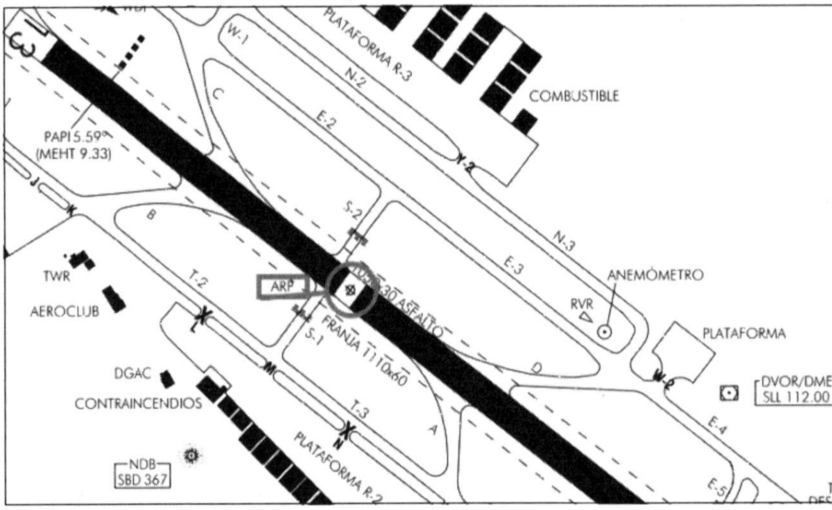

【그림4-12】 공항기준점(ARP)은 모든 가용한 활주로 표면의 대략적인 지리적 중심이다. ARP는 십자 모양으로 표기된다.

다. 접근차트의 평면도에 그려져 있는 MSA 묘사(depiction)에는 MSA의 중심이 되는 시설의 식별자, MSA의 반경, 섹터의 도식, 그리고 장애물 통과높이를 제공하는 해수면(mean sea level) 위 최저고도(MSL)가 표기된다. 재래식 항법 시스템을 위한 MSA는 통상 IAP가 포함된 주요 전방향 시설(omnidirectional facility; VOR)을 기반으로 하지만 적합한 시설이 없다면 [그림4-12]와 같이 공항기준점(airport reference point; ARP)을 기준으로 설정된다. RNAV 접근을 위한 MSA는 RNAV 웨이포인트를 기준으로 설정된다. 통상 MSA는 25 NM의 반경을 갖지만, 재래식 항법 시스템에서 이 반경은 공항 착륙 표면을 포함하는 데 필요하다면 30 NM까지 확장될 수 있다. 일반적으로 접근차트의 평면도에 한 개의 섹터 고도(sector altitude)가 지정된다. 그러나 장애물 통과높이를 지정하는 데 필요하다면 MSA 지역은 최대 4개의 섹터까지 분리될 수 있다.

4.10.2 최종접근픽스 고도

IAF 브리핑 중 반드시 포함해야 또 다른 중요한 고도가 최종접근픽스(final approach fix; FAF)의 고도이다. FAF는 비정밀접근에서는 몰타크로스(maltese cross)로 지정되고, 정밀접근에서 글라이드슬롭 인터셉트 고도를 지정하는 번개 부호(lightning bolt symbol)로 표기된다. 이 고도를 준수하고 교차점검(adherence and cross-check)하는 것은 성공적이고 안전한 접근에 직접 영향을 줄 수 있다.

비정밀접근의 FAF를 통과할 때 정확한 대기속도, 고도, 그리고 형상(configuration)은 어느 종류의 접근을 수행하든지에 관계없이 매우 중요하다. 각 항공사의 SOP에서 승인한 안정접근개념(stabilized approach concept)은 발행된 고도에서 FAF를 통과하는 것은 특히 대형 터보제트 항공기에서 성공적인 비정밀접근의 중요한 구성요소(critical component)이다. 또한, 정밀접근

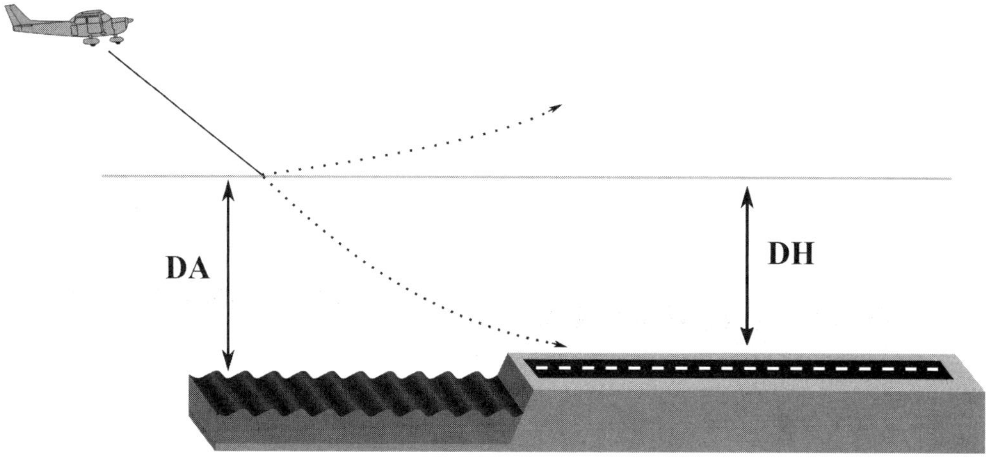

【그림4-13】 DA(MSL)와 DH(AGL)의 차이

의 글라이드슬롭 인터셉트 고도(glideslope intercept altitude)는 IAP 브리핑에 반드시 포함되어야 한다. 글라이드슬롭에 인터셉트할 때 이 고도의 인식은 조종사로 하여금 부주의하게 "허위 글라이드슬롭(false glideslope)" 혹은 다른 오류 지시를 따라가는 것을 방지한다. 대부분 항공사는 ILS에서 항공기가 비정밀접근의 FAF 상공을 통과할 때 표준 호창(standard call-out) 절차를 규정하고 있다. PM은 픽스의 명칭과 도식 글라이드슬롭 고도를 호창한 다음 두 조종사 모두 각각의 고도계가 정확하게 지시하고 있는지 교차점검(cross-check)해야 한다.

4.10.3 최저강하고도(MDA), 결심고도(DA), 그리고 결심높이(DH)

① 최저강하고도(minimum descent altitude; MDA-feet MSL)는 전자 글라이드슬롭(electronic glideslope)이 제공되지 않는 표준계기접근절차(standard instrument approach procedure; SIAP)의 실행 중 최종접근에서 가장 낮게 강하가 승인된 고도 또는 서클링 착륙 기동 중 가장 낮게 강하가 승인된 고도이다. [그림4-14]

② 결심고도(decision altitude; DA-feet MSL)는 정밀접근에서 접근을 계속하기 위한 필수 시각 참조물(required visual reference)이 확인되지 않았을 때 실패접근을 실행하도록 지정된 고도이다. [그림4-13]

③ 결심높이(decision height; DH-AGL)는 ILS, PAR IAP 중 항공기의 운용과 관련해서 접근을 계속할 것인지 아니면 실패접근을 실행할(to execute a missed approach) 것인지를 결심을 내려야 하는 높이를 의미한다. [그림4-13]

[NOTE] CAT II, III 접근 DH는 AGL로 고려되고 무선고도계(radio altimeter)로 측정된다.

CAT I 정밀접근을 위한 착지대상공높이(height above touchdown; HAT)는 통상 착지대 표고(touchdown zone elevation; TDZE) 상공 200피트이다. HAT가 250피트 또는 그 이상으로 발행될 때 이것은 공간신호(signal-in-space; PinS)의 통달범위로 인한 결과이거나, 또는 최종접

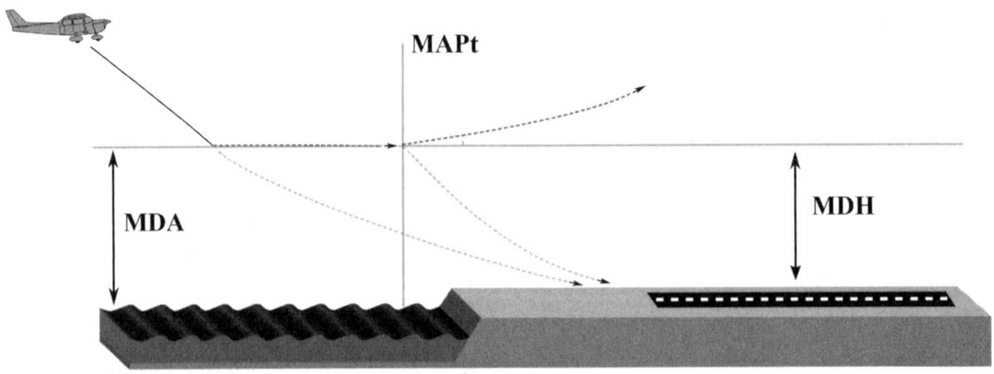

【그림4-14】 MDA(MSL)와 MDH(AGL)의 차이

근이나 실패접근 장애물 통과높이 표면(final or missed approach obstacle clearance surface; OCS) 중 하나를 관통하고 있을 수 있다. 만약 OCS 관통(penetration)이 있다면 조종사는 접근차트에 장애물이 위치해 있는 어떠한 지시도 없다는 것을 알아야 한다. 조종사는 MDA, DA, 혹은 DH에 관해서 브리핑해야 하기 때문에 어떠한 최저치를 적용할지에 대한 애매함(no ambiguity)이 없어야 하는 것은 매우 중요하다. 이들 고도는 많은 요소로 제한될 수 있다. 접근범주, 항공기 혹은 지상의 불작동 장비, 조종사 자격, 그리고 회사승인(company authorization)은 발행된 MDA, DA, 또는 DH의 높이를 제한하거나 변경해야 하는 문제의 사례이다.

대부분 운송용 항공기의 운항기준(OpSpecs)은 일부 종류의 접근을 제한하고 있는 요소가 될 수 있다. NDB와 서클링 접근은 운항기준에 지정된 최저치 고도는 발행된 최저치보다 더 엄격하게 제한하고 있는 2개의 공통 사례이다. 대부분의 Part 121, 135 운용자는 그들의 운항기준 Part C에서 MDA 1,000피트와 시정 3 SM 이하에서 서클링 접근을 수행하는 것을 제한하고 있고, 대부분은 접근을 위해서 발행된 시정을 초과하는 NDB 접근을 위해서 지정된 특정 시정 기준(통상 2 SM)이 지정된다. 이들의 경우 조종사는 둘 중 더 엄격한 기준과 이들 최저치에 준수할 수 있는지 결심해야 한다.

일부의 경우 조종사 자격(pilot qualification)이 계기접근을 위한 MDA, DA, 또는 DH를 제한하는 요소가 될 수 있다. 미국 전역에서 많은 공항이 CAT II, III 접근절차가 승인되지만 RNP AR은 특별 훈련을 받은 조종사와 이들 접근을 수행할 수 있도록 승인된 장비를 갖춘 항공기로 제한된다. (SPECIAL AIRCRAFT & AIRCREW TRAINING REQUIRED) 조종사 자격에 관한 다른 규정 역시 특정 접근을 위해서 가장 낮게 적용할 수 있는 MDA, DA, 또는 DH를 결정할 수 있다. 14 CFR Part 121, section 121.652, 14 CFR Part 125, section 125.379, 그리고 14 CFR part 135, section 135.225에서 일부 PIC는 그들이 운용하고 있는 제한된 경력과 함께 각각 접근 최저치와 시정을 100피트와 1/2(one-half mile)마일을 높일 것을 요구하고 있다. 이들 조종사를 위한 높은-최저치(high-minimum) 규칙은 통상 연방 규정과 회사의 운항기준(OpSpecs)의 결합(combination)으로부터 얻어진 결과(derived from)이다. 특정 접근을 위해서 사용할 수 있는 실제 최저치를 결정할 수 있는 많은 요소가 있다. 조종사는 이들 모두를 비행 전 그리고 접근 계획을 수립하는 단계에서 고려하고 검토한 후 적절하게 브리핑해야 한다. 조종사는 발행된 DA/DH 또는 MDA를 넘어서 접근을 계속할 것을 결심(decision)했을 때 활주로와 활주로 환경의 정확한 식별에 관해서 관련 규정 내용을 완전하게 이해하고 가이드라인을 준수해야 한다. 조종사가 DA/DH 또는 MDA에서 실패접근절차을 실행하기 위한 결심이 지연되는 것은 시각 장애물 통과높이 표면을 관통하면서 될 지형 혹은 장애물에 충돌할 수 있는 위험에 빠뜨릴 수 있다는 것을 확실하게 인식해야 한다. IAP의 시계구간(visual segment)은 DA 또는 MDA에서 시작되어 활주로까지 계속된다. 시계구간에서 운용하기 위한 두 가지 수단이 있다. 하나는 자연시각(natural vision)을 활용하는 것이고, 다른 하나는 증강비행시각시스템(enhanced flight vision system; EFVS)을 활용하는 것이다.

4.11 증강비행시각시스템과 계기접근

증강비행시각시스템(enhanced flight vision system; EFVS)은 전방감시적외선(forward looking infrared; FLIR), 밀리미터파 방사선측정(millimeter wave radiometry), 밀리미터파 레이더, 또는 저조도 이미지 강화(low light level image intensifying)와 같은 이미징 센서(imaging sensor)를 이용해서 전방 외부 전경 지형도(forward external scene topography)를 제공할 수 있도록 전자장치를 사용하는 공중탑재 시스템이다. EFVS 영상(imagery)은 부가 비행정보 그리고 HUD(head-up display) 혹은 동등한 디스플레이에 비행부호(flight symbology)와 함께 시현된다. EFVS 디스플레이는 [그림4-15, 컬러]와 같이 외부에서 보는 전경(external view)과 동일한 크기로 정렬되고 디스플레이 요소(display element), 센서, 컴퓨터와 전원장치, 각종 지시, 그리고 제어요소 등이 포함된다.

조종사가 DA 또는 MDA에서 자연시각(natural vision)을 활용해서 활주로 환경을 볼 수 없을 때 조종사는 TDZE 상공 100피트까지 DA 또는 MDA 아래로 강하하기 위해서 EFVS를 사용할 수 있다. EFVS를 이용해서 관찰된 증강비행시정(enhanced flight visibility; EFV)은 비행하고 있는 IAP에 규정된 최저 시정보다 낮지 않아야 하고(not less than=at least), 조종사는 규정된 필수 시각 참조물을 확인할 수 있어야 하며, 다른 관련된 필수요건을 충족해야 한다.

항공기를 기동시키기 위한 주요 참조물(primary reference)은 조종사가 EFVS를 통해서 보는 것을 기초로 한다. 조종사는 [그림4-16]과 같이 TDZE 상공 100피트에서 그 아래로 강하하기 위한 시각 참조물 필수요건이 자연시각(natural vision)을 통해서 볼 수 있을 때만(EFVS를 활용하지 않고) 강하를 계속할 수 있다. 이것은 조종사가 TDZE 상공 100피트 아래로 강하는 EFVS 센서 이미지를 사용하지 않은 상태에서 육안으로 활주로 환경을 식별할 수 있을 때 가능하다는 것을 의미한다. 이를 지원하고 있는 정보는 비행경로벡터 큐(flight path vector; FPV cue), 비행경로각도(flight path angle; FPA) 레퍼런스 큐(reference cue), 탑재항법 시스템, 그리고 HUD에 시현되는 다른 영상과 비행부호를 통해서 제공된다.

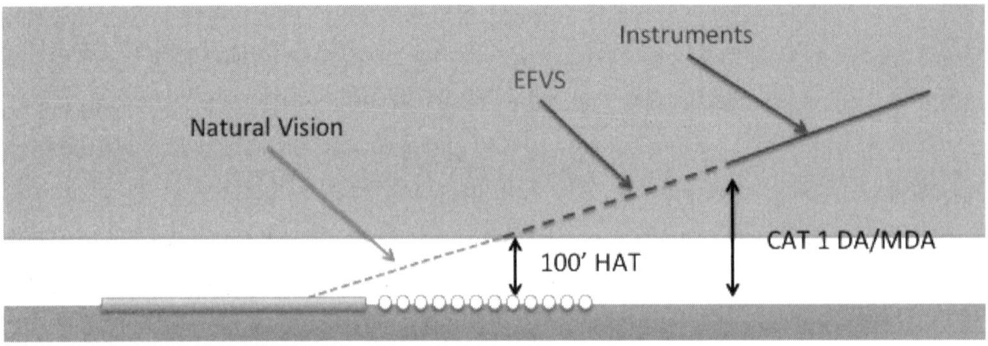

【그림4-16】 EFVS DA/MDA 이하로 강하 조건

FPV와 FPA 레퍼런스 큐(reference cue)는 정밀접근 또는 수직유도접근(approach with vertical guidance; APV)으로부터 수직유도가 가용하지 않을 때 TDZ의 EFVS 영상과 함께 조종사를 위한 주요 수직경로참조(primary vertical path reference)를 제공한다. EFVS는 CAT II, III 접근을 제외하고 모든 필수요건에 충족하는 직진 IAP로부터 DA 또는 MDA 이하로 강하하는 데 사용될 수 있다. 이것은 다음 절차를 포함한다.

- 직진 정밀접근
- 수직유도접근(LPV) 또는 LNAV/VNAV
- 비정밀접근(VOR, NDB, LOC, RNAV, GPS, LDA, SDF)

서클링 착륙 기동 또는 서클링 착륙 최저치로 수행되는 계기접근은 직진착륙 최저치를 위한 기준에 맞지 않는다. 관련 규정에 따르면 어느 비행단계에서나 EFVS의 사용을 금지하고 있지 않지만, 직진착륙 최저치와 함께 직진 IAP가 아닌 그 어느 다른 운용상 이점을 위해서 사용하는 것은 금지하고 있다. EFVS는 서클링 기동 전 과정이 자연시각을 이용해서 명확하게 필수 시각참조가 제공되는 서클링 착륙 기동 중에만 사용할 수 있다. EFVS는 MDA 또는 그 이하에서 서클링 기동 중 또는 서클링 기동으로부터 MDA 아래로 강하하는 동안 공항을 식별하는데 필요한 공항시설 혹은 등화시설이 조종사에게 명확하게 보이도록 하는 필수요건에 충족할 수 없다.

EFVS 시각참조요건(visual reference requirement)은 자연시각을 사용할 때 적용되는 시각참조요건보다 더욱 엄격한 표준으로 구성되었다. 이처럼 더욱 엄격한 표준을 규정하고 있는 것은 EFVS는 활주로의 특정 부분을 식별하는데 사용되는 빛의 컬러를 사용할 수 없으며 또한 활주로 표지(runway marking)를 일정하게 보여줄 수 없기 때문이다. EFVS 운용을 위한 주요 차이점은 시각활공경사지시기(visual glideslope indicator; VGSI) 등화는 시각 참조물로 사용할 수 없고, 시단과 TDZ 모두로부터 특정 시각 참조물은 명확하게 보여야 하고 식별할 수(distinctly visible and identifiable) 있어야 한다. 그러나 자연시각을 이용할 때는 지정된 시각 참조물 중 하나를 볼 수 있고 식별할(visible and identifiable) 수 있는 것으로 충족된다.

조종사는 특히 오프셋 최종접근코스(offset final approach course)로 비정밀접근 중 EFVS를 사용할 것인지 아닌지를 결정할 때 접근 상태와 접근 코스 정렬에 대해서 확실하게 숙지하고 있어야 한다. 접근 중 측풍 수정(crosswind correction)과 특정 FEVS에서 제공하는 가로 화면이 조화되었을 때 필수 시각 참조물은 EFVS 디스플레이를 통해서 볼 수 있는 조종사 시야 내에 있을 수도 있지만 벗어나 있을 수 있기 때문이다. 비정밀접근을 수행하고 있는 조종사는 MDA로부터 강하할 시기를 결정할 때 활주로 중앙선과 가로 정렬(lateral alignment)을 반드시 확인해야 한다. EFVS를 이용해서 항공기를 운항하고 있는 모든 조종사는 자연시각의 사용과 관련된 규정 그리고 EFVS의 사용과 관련된 규정이 다르다는 점을 항상 유의해야 한다. 따라서 조종사는 먼저 자연시각으로 접근할 것인지 아니면 EFVS를 이용해서 접근할 것인지를 결정해야 한다. 결심수립 과정(parallel decision making process)에서 이들 두 세트의 필수요건이 유사하지만, 실패접근을 실행해야 할 때 필수요건은 다르다. EFVS를 사용한 실패접근은 조종사가 다음과 같은 상황을 결심했을 때 DA/MDA 이하 TDZE 상공 100피트까지 강하한 후 시작된다.

① 증강비행시정(enhanced flight visibility; EFV)이 적용되고 있는 IAP를 위해서 규정된 시정 최저치보다 낮을 때
② 착륙하고자 하는 활주로의 필수 시각 참조물이 EFVS 영상을 사용하고 있는 조종사에게 더 이상 명확하게 보이지 않고 식별이 어려울 때
③ 항공기가 정상적인 강하율과 기동으로 착륙하고자 하는 활주로까지 강하하기 위한 위치를 지속적으로 유지할 수 없을 때
④ 14 CFR Part 121, 135하에서 운용을 위한 항공기의 강하율이 착륙하고자 하는 활주로의 TDZ 내에서 착지를 허용하지 않을 때

DA를 통과한 후, 또는 MAP를 통과한 후 실행된 실패접근은 발행된 실패접근구간에 들어설 때까지 예기치 못한 위험이 따른다는 것을 확실하게 알아야 한다. 또한, 발행된 MAP를 통과한 후 복행(go-around)을 시작하는 것은 장애물 통과높이를 보상받지 못하는 결과가 될 수 있다. 조종사는 어느 다른 접근과 같이 발행된 MAP과 착지 사이에 장애물 통과높이, 항공기 성능, 그리고 대체탈출계획(escape plan)과 함께 우발상황(contingency)을 반드시 포함해야 한다.

관련 규정에 따르면 TDZE 상공 100피트 또는 그 아래에서 착륙을 계속하기 위해서 EFVS를 끄거나 혹은 디스플레이를 접어 넣는 것을 요구하고 있지 않다. 조종사는 자연시각을 이용한 디스플레이에서 필수 시각 참조물을 볼 수 있는 한 EFVS를 이용해서 그 고도 아래로 접근을 계속할 수 있다. 조종사는 EFVS에 시현되고 있는 센서 이미지에만 의존해서 이 지점을 넘어서까지 강하를 계속할 수 없다. TDZE 상공 100피트 아래로 강하하기 위해서 자연시각을 이용해서 평가된 비행시정(flight visibility)은 착륙을 계속하기 위해서 EFVS에 의존하지 않고 조종사가 명확하게 육안으로 볼 수 있고 식별할 수 있는(distinctly visible and identifiable) 다음과 같은 확실한 시각 참조물이 있어야 한다.

① 시단 등화 또는 표지(lights or markings)
② TDZ 등화 또는 표지(lights or markings)

TDZE 상공 100피트와 아래로부터 비행시정은 강하를 계속하기 위해서 IAP에 지정된 시정

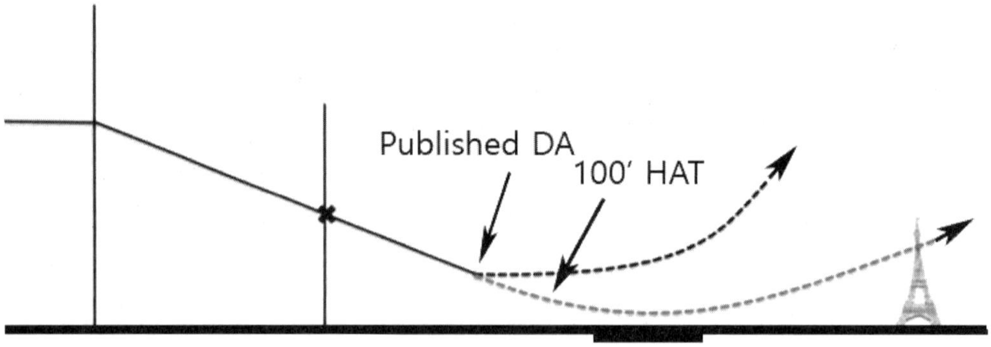

【그림4-17】 차트에 발행된 DA와 EFVS에 의한 실패접근 경로

과 동등하거나 더 높지 않다는 것을 확실하게 알아야 한다. 이것은 오직 EFVS에 의존하지 않고 규정된 시각 참조물을 위해서 조종사가 명확하게 보고 식별하는 데 충분해야 한다는 것을 의미한다. 조종사는 다음과 같은 상황에서 실패접근을 실행해야 한다.

① 비행시정이 자연시각을 활용한 필수 시각 참조물을 더 이상 명확하게 볼 수 없고 식별할 수 없을 때

② 항공기가 정상적인 강하율과 기동으로 착륙하고자 하는 활주로까지 강하하기 위해서 지속적으로 위치시킬 수 없을 때

③ 14 CFR Part 121, 135하에서 운용을 위한 항공기의 강하율이 착륙하고자 하는 활주로의 TDZ 내에서 착지를 허용하지 않을 때

TDZ 내에서 착지(touchdown)는 Part 121, 135 운용자 외의 운용자를 위한 규정에는 특별하게 언급되어 있지 않다면 TDZ 내에서 착지가 확실하지 않은 DA 또는 MDA 아래로 계속 강하하는 것, 높은 침하율이 발생하는 운용 또는 MAP에서 수행되는 결심이 적시 적절한 방법으로 실행되지 않은 것 모두는 운용에 상당한 위험을 초래할 수 있다. DA 또는 MDA를 통과한 후 시작된 실패접근은 위험이 가중될 수 있다. 항공기는 [그림4-17]과 같이 활주로 상공 100피트 또는 그 이하에서 TERPS 실패접근 장애물 통과높이 표면보다 상당히 아래에 있을 수 있기 때문이다. 따라서 사전 철저한 계획수립이 권장되고 발행된 MAP과 착지 사이에 장애물 통과높이, 항공기 성능, 그리고 대체탈출계획에 대한 우발계획이 반드시 포함되어야 한다.

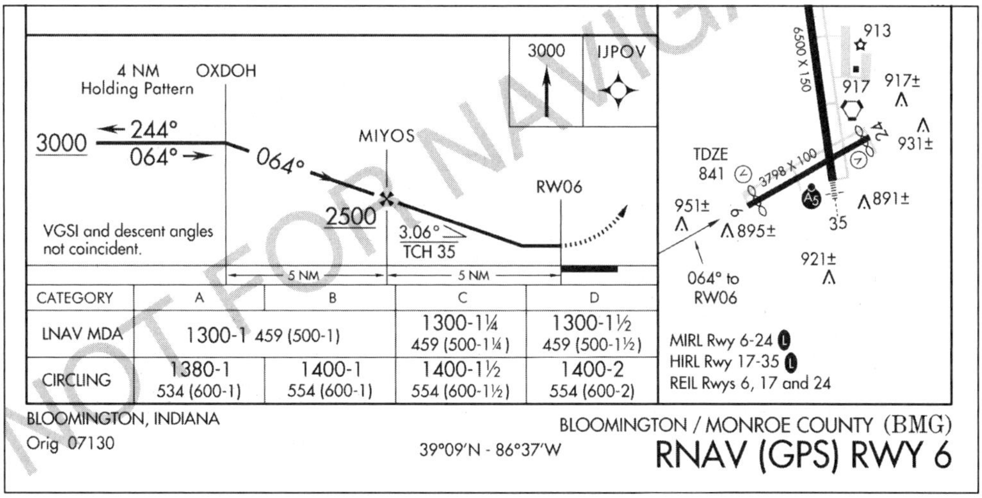

【그림4-18】 RNAV (GPS) 접근에서 수직강하각(VDA)이 지정된 VNAV의 한 사례이다.

4.12 수직항법

일부 GPS와 멀티-센서 FMS RNAV 항공전자의 한 장점은 조언(advisory) VNAV 성능이다. 전통적으로 접근 수직경로정보(vertical path information)를 얻는 유일한 방법은 지상기반(ground-based) 정밀 NAVAID를 활용하는 것이다. 현대 RNAV 항공전자는 최저치 고도까지 일정한 강하율을 제공하는 전자수직경로(electronic vertical path)를 시현(display; *나타내 보이다*) 할 수 있다. 이들 시스템은 조언 정보이고 주요 유도정보를 제공하지 않기 때문에 조종사는 기압고도계(barometric altimeter)를 이용해서 스텝다운 픽스(stepdown fix) 고도를 포함한 발행된 고도제한(altitude constraint) 또는 그 이상에 있는지 지속적으로 확인해야 한다. 조종사 또는 운용자는 계기접근 선상에 있는 FAF 안에서 조언 VNAV을 사용하기 위한 승인을 받아야 한다. VNAV 정보는 일부 선택된 비정밀접근, GPS, 그리고 RNAV 접근에 표기된다. 이것은 통상 [그림4-18]과 같이 2개의 픽스(FAF와 착륙 활주로 시단), FAF 통과고도, 수직강하각(vertical descent angle; VDA)으로 구성되고, 시각강하점(visual descent point; VDP)이 묘사된다.

비정밀접근에서 VDA는 조종사에게 이전에 가용하지 않은 조언 정보를 제공한다. 이것은 조종사에게 FAF 또는 스텝다운 픽스로부터 MDA까지 안정강하(stabilized descent)에 들어설 수 있도록 하는 수단을 제공한다. 안정강하는 관제상태지형충돌(CTIF) 사고 위험을 예방하기 위한 핵심 요소이다. 그러나 여기서 발행된 각도는 오직 조언 정보라는 것을 조종사는 확실하게 인식해야 한다. 따라서 MDA 아래에서는 명확하게 장애물 보호(implicit additional obstacle protection)를 받을 수 없다. 조종사는 일단 MDA 아래로 강하한 후 시각 참조물을 확인할 수 있고, 이들이 시각적으로 등화시설 장애물 혹은 등화시설이 없는 장애물(lit and unlit obstacles)인지를 모두 확인하고 피할 수 있는지 발행된 모든 스텝다운 픽스를 고려해야 한다. 접근차트의

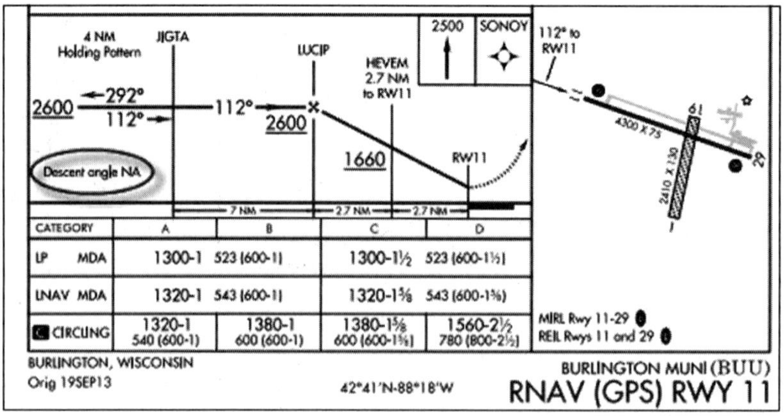

【그림4-19】 측면도에 표기된 "Descent angle NA" 주석

측면도에 VDA가 제공되고 있는 것이 시각 구간(visual segment)에서 장애물 보호를 보장하는 것은 아니다. 또한, 비정밀접근에 필요한 어떠한 조건들이 변경되었다는 것을 의미하는 것도 아니다. 조종사는 TPP의 뒷면에 발행된 강하율 표(rate of descent table)로부터 타깃 강하율(target rate of descent)을 구하기 위해서 발행된 각도와 예상/실제 대지속도(estimated/actual ground speed)를 활용할 수 있다. 이 강하율은 안정강하로 비행하기 위한 보조장치로서 VDA를 적용하기 위한 수직속도지시기(vertical velocity indicator; VVI)와 함께 비행할 수 있다. 그 외 특수 장비는 필요하지 않다.

드문 경우이지만 장애물과 비정밀접근 MAP의 위치로 인해서 LNAV 최저치는 활공경로와 함께 하는 최저치보다 더 낮은 HAT가 될 수 있다. 이것은 적절한 통과높이를 보장하기 위해서 조종사가 명백하게 볼 수 있는 장애물이 MDA 아래 존재한다는 것을 확실하게 인식해야 한다. 이 경우 활공경사는 비정밀접근을 위한 모든 규칙이 MDA에 적용되는 한 VDA와 같이 처리될 수 있고 LNAV MDA까지 강하하기 위해서 사용할 수 있다. MDA와 착지 사이의 시각 구역에 항공기의 접근을 불안정(destabilize)하게 하는 장애물이 있을 때 IAP의 측면도에 수직강하각(VDA)이 표기되지 않고 차트는 [그림4-19]와 같이 서술된다.

"Descent Angle NA-Obstacles"

조종사는 어느 다른 IAP에서 비행하는 것과 같이 착륙으로 전환되는 동안 시각 구간에 있는 장애물을 보고-회피(see and avoid)할 수 있어야 한다. 일정한 강하율(constant rate of descent)은 스텝다운 픽스에서 여러 차례 수평전환(level off)을 필요로 하거나 수작업으로 강하율을 계산해야 할 필요가 있는 비정밀접근에 비해서 안전상 많은 장점이 있다. 안정강하(stabilized descent)는 일정한 강하율을 적용하여 FAF로부터 착륙까지 유지될 수 있어야 한다. 이외에도 탑재 항공전자에서 제공되는 전자수직경로의 활용은 CFIT 사고를 예방하는 데 기여하고 접근과 착륙 중 시각착각(visual illusion)의 영향을 최소화할 수 있다. 일부 국가에서는 비정밀접근에서 [그림4-20]과 같이 지속강하최종접근(continuous descent final approach; CDFA)의 사용을 의무화하고 있다.

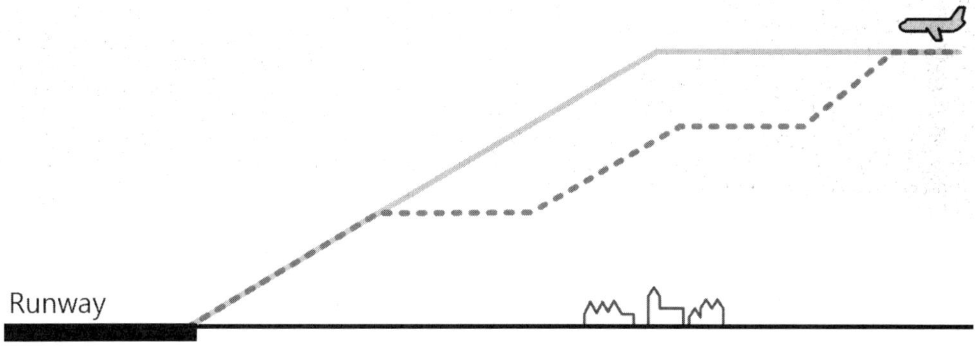

【그림4-20】 계기접근에서 CDFA/CDA는 소음저감, 연료절약 그리고 배출가스 저감 등에 매우 유리한 운항 방식으로 운송용 항공기 접근에 강력하게 권장되고 있는 절차이다.

4.12.1 광역증내장치

광역증대장치(wide area augmentation system; WAAS)는 공항에서 지상기반 항법장비를 설치하거나 수신기를 구입하지 않고 ILS와 대등한 접근 성능을 활용할 기회를 제공한다. WAAS는 이미 미국 전역의 900여 개의 활주로에 활용되고 있고 시정 1/2마일(one-half) 그리고 HAT 상공 200피트까지 낮은 최저치를 달성하고 있다.

4.12.2 공항 환경에서 WAAS의 이점

WAAS는 [그림4-21]과 같이 GPS에서 제공하고 있는 항행 서비스를 향상시키기 위해서 GPS 위성과 WAAS 정지위성(geostationary satellites)을 활용한 항법 서비스(navigation service)이다. WAAS는 2003년 초기운용성능(initial operating capacity; IOC)을 달성하였다. WAAS는 FAA 소유이고 FAA에서 운용하고 있으며 미국 전역과 대부분의 캐나다와 멕시코에서 사용자에게 직접 무료로 서비스를 제공한다. WAAS는 미국 본토와 대부분의 알래스카, 캐나다, 그리고 멕시코 지역에서 순항항로, 터미널, 그리고 접근 운용을 위한 항행 시스템 정밀도를 향상시킨다. 이 새로운 항행 기술은 미국에 있는 모든 승인된 활주로(qualifying runway)까지 수직유도(vertically-guided) 계기접근을 지원한다. 수직유도접근은 조종사의 업무량을 낮추고 비정밀접근에 비해서 더욱 안전한 이점을 제공한다. 수직유도 접근절차를 수행할 수 있는 WAAS를 LPV(localizer performance with vertical guidance)라 하고, 지정된 공항에서 ILS와 등가의 접근 최저치(200피트)를 제공한다. 실제 최저치는 공항 주변에 존재하는 장애물의 평가와 함께 공항의 최근 기반구조(infrastructure)를 기초로 한다. FAA는 국가공역체계 내에서 모든 계기접근이 승인된 활주로(qualifying instrument runway)에 서비스를 제공하기 위해서 매년 300개의 WAAS 접근절차를 발행할 계획을 하고 있다.

(1) LPV 접근이 가능한 WAAS의 장점

LPV 접근이 가능한 WAAS의 장점은 다음과 같다.

① LPV 절차는 공항에 지상기반 송신시설을 갖추지 않아도 된다.

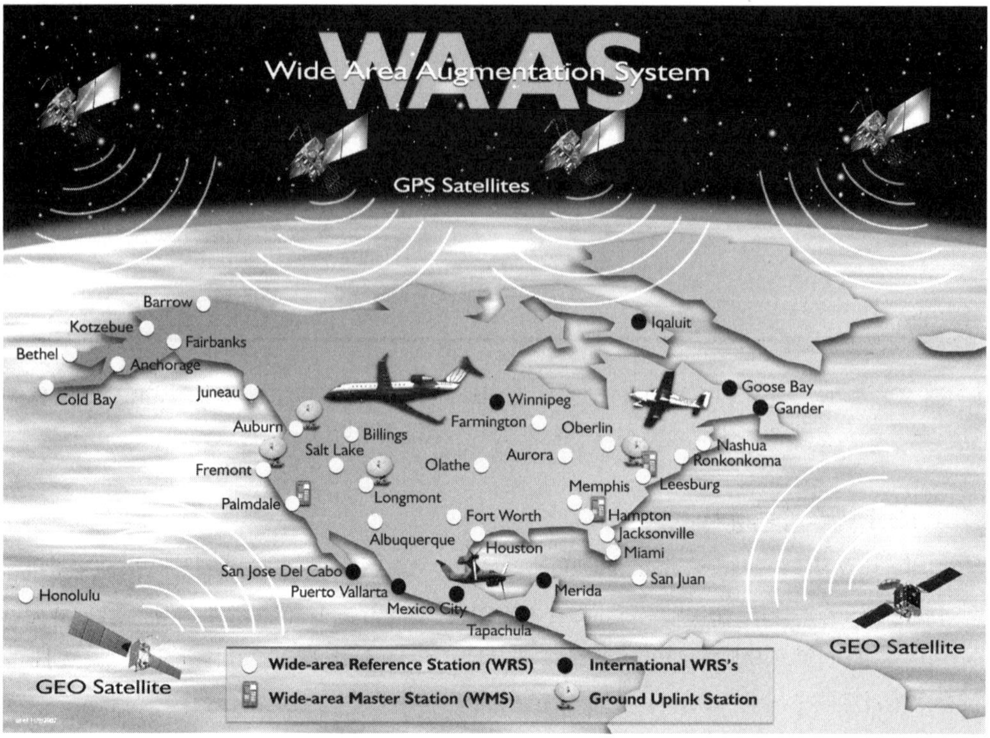

【그림4-21】 WAAS 운용 개념도

② 항법시설을 설치하기 위한 장소, 시설 주변 정비를 위한 지대, 또는 정비를 위해서 시설에 접근하기 위한 장소가 필요하지 않다.
③ LPV 접근은 ILS와 관련된 신호영향구역을 설정할 필요가 없다.
④ LPV 접근은 ILS와 유사하지만 WAAS 접근은 ILS보다 더욱 안정적이다.
⑤ WAAS를 장착한 사용자는 RNAV 그리고 LPV 절차와 함께 기본 필수항법성능(RNP) 절차로 비행할 수 있고, 제공되는 총 항법 솔루션을 고려했을 때 항공전자 비용은 상대적으로 저렴하다.

현재 사용되고 있는 RNAV (GPS) 접근에서 접근 최저치는 4줄(LPV, LNAV/VNAV, LNAV, 그리고 Circling)까지 구성된다. [그림4-22]와 같이 지상기반증대장치착륙시스템(ground-based argumentation system(GBAS) landing system; GLS)을 제외하고 이들 최저치가 접근차트에서 어떻게 배열되어 표기되고 있는지 보여주고 있다. 이것은 WAAS가 가용하지 않을 때 GPS 장착 항공기가 가능한 한 많은 절차를 사용할 수 있도록 하고 운용상의 융통성(operational flexibility)을 제공한다. 예를 들어 일부 항공기는 오직 GPS 수신기만 장착하고 있으므로 이들은 LNAV MDA까지 비행할 수 있다. GPS와 FMS(Baro-VNAV)를 장착한 일부 항공기는 LNAV/VNAV MDA까지 비행할 수 있다. 항공기는 WAAS LPV 접근으로 비행하기 위해서 WAAS-LPV 항공전자를 갖추어야 한다. 만약 어떠한 이유로 WAAS 서비스가 가용하지 않다면 모든 GPS 또는 WAAS를 탑재한 항공기는 LNAV MDA로 전환할 수 있고, 전자 가로와 수직유도 성능과 함께 WAAS APV 접근 최저치와 함께 LPV를 거의 100%에 가까운 시간을 식별이 가용한 GPS만을 사용해서 안전하게 착륙할 수 있다.

LPV는 수직경고한계(vertical alarm limit)를 위한 값이 12~50m 이내가 되는 WAAS 기준으로 설치된 접근을 위해서 사용된다. LPV 접근을 위해서 승인된 WAAS 항공전자 장비는 이 종류의 접근을 위해서 필요하다. 가로유도(lateral guidance)는 로컬라이저 정밀도와 대등하고, 보호구역은 현재 LNAV와 LNAV/VNAV 가로보호(lateral protection)를 위한 보호구역보다 상당히 좁다. 항공기는 설치된 장비가 LPV 접근을 지원하는 AFM에 서술과 함께 이 최저치 라인으로 비행할 수 있다.

[그림4-22]의 도식 차트에 있는 조종사 브리핑 정보의 상부 왼쪽 모서리에 있는 WAAS 정보에 주의하라. WAAS 용어 아래에 WAAS 채널번호(channel number; CH 56202)가 있고, WAAS 식별자(W35A; 이 경우 활주로 35L을 지시함), 다음 그 활주로까지 일련의 절차에서 첫 번째라는 것을 지정하기 위한 문자가 표기된다.

LNAV/VNAV은 통상 Baro-VNAV으로 승인된 접근을 제공하는 수직유도와 함께 RNAV IAP를 수용하기 위해서 개발된 APV 최저치로 볼 수 있지만, 정밀접근 또는 LPV보다 더 큰 수직과 가로 보전성 한계(vertical and lateral integrity limit)를 갖는다. RNP 0.3 또는 그 이하 접근 성능을 갖는 많은 RNAV 시스템은 AFM에서 특별이 승인된다. 이들 종류의 운용에 공통적으로 승인되는 비행기는 Airbus A300 시리즈와 함께 Boeing 737NG, 767, 그리고 777이 포함된다.

착륙 최저치는 접근이 전자 활공경로를 이용해서 비행하기 때문에 DA로 나타낸다. 다른 RNAV 시스템은 특별 승인(special approval)을 받아야 한다. 일부 경우에 LNAV/VNAV을 위한 시정 최저치는 LNAV 단독을 위한 것보다 더 커야 한다. 이 상황은 LNAV/VNAV 수직강하경로에서 DA가 LNAV MDA 실패접근지점보다 활주로 시단으로부터 더 멀리 있기 때문에 발생된다. 또한 [그림4-22]는 LNAV 최저치 라인을 보여주고 있다. 이 최저치는 오직 가로항법을 위한 것이고, 접근 최저치 고도는 MDA로 발행된다. LNAV은 현재 사용되고 있는 GPS 단독 접근(stand-alone approach)과 동등한 수준의 서비스를 제공한다. LNAV은 다음과 같은 시스템을 지원한다.

① WAAS, 항법 솔루션이 수직항법을 지원하지 않을 때
② 현재 GPS 접근을 수행하기 위해서 승인된 GPS 항법 시스템

서클링 최저치(circling minimum)는 직진접근 최저치가 가용하지 않을 때 승인된 RNAV 장비로 어느 종류의 접근이든 활용할 수 있다.

4.12.3 지상기반증대장치

지상기반증대장치(ground-based augmentation system; GBAS)의 미국 버전(version)은 국지증대장치(local area augmentation system; LAAS)라 한다. 전 세계 항공사회는 이 종류의 항법 시스템을 공식 용어로 GBAS로 채택했다. 이에 FAA에서도 GBAS로 통일하여 사용하고 있다. GBAS는 정밀접근, DP(출발절차), 그리고 터미널 지역(terminal area) 운용을 위한 공항 지

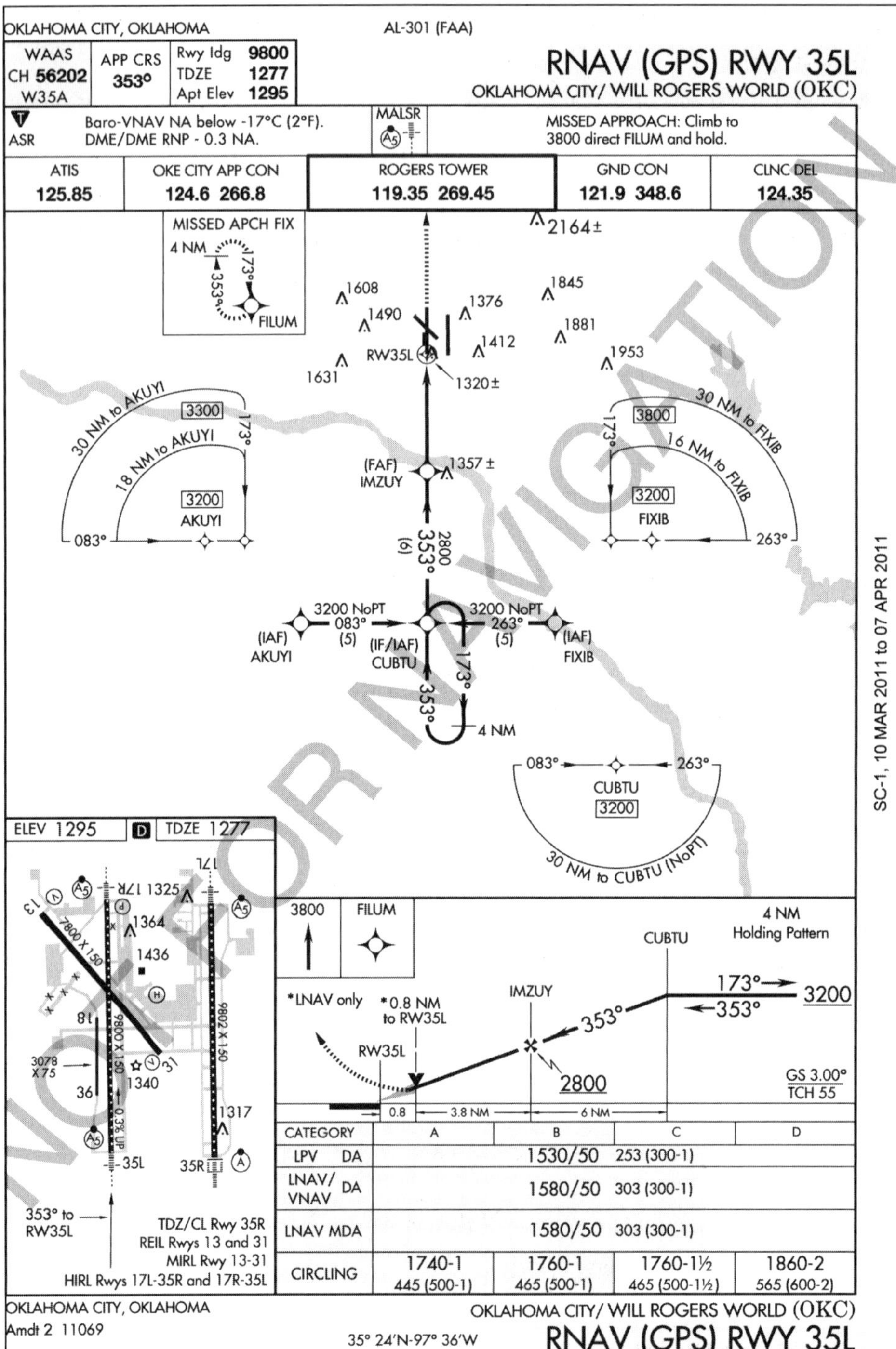

【그림4-22】 RNAV (GPS) 접근 최저치에 4개의 접근이 가용한 것을 보여주고 있다.

- LPV DA-정밀접근
- LNAV/VNAV DA-정밀접근
- LNAV MDA-비정밀접근
- CIRCLING-비정밀접근

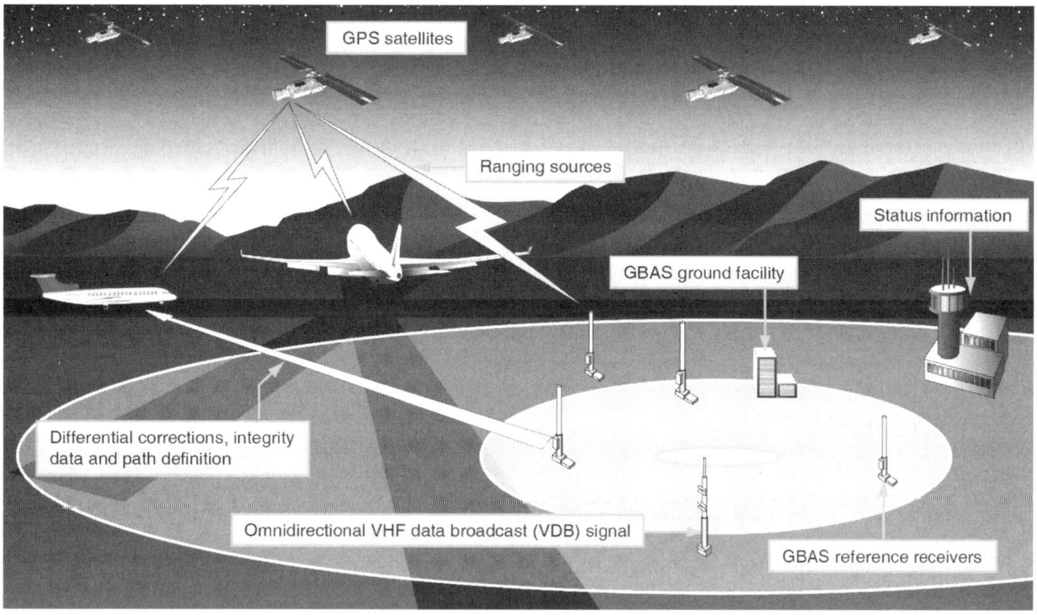

【그림4-23】 GBAS 운용 개념도이다. GBAS 기준 수신기에서 GPS 신호를 받아 분석한 후 오차를 수정한 데이터를 다시 GPS를 장착한 항공기에 전송하는 방식으로 가로와 수직 오차 범위는 1m 미만이다.

역(약 20~30마일 반경)에서 서비스를 제공하도록 하는 GPS에 관한 지상기반 증대 시설이다. GBAS는 지상에 설치된 발신기(transmitter)로부터 VHF 무선 데이터 링크를 경유해서 GPS 수정 메시지(correction message)를 전송한다. GBAS는 CAT I, II, III 정밀접근에 필수적인 매우 높은 정밀도(accuracy), 가용성(availability; *시스템 품질 속성 중 시스템이 장애 없이 정상적으로 운영되는 능력*), 그리고 무결성/보전성(integrity)을 일을 수 있고, 융통성(flexible)과 곡선접근경로(curved approach path)를 위한 능력을 제공한다. GBAS의 시험운용 정밀도는 [그림4-23]과 같이 수평과 수직축에서 1m 미만이다.

GBAS는 공항 접근과 착륙 중 항공기 안전을 향상시키기 위해서 GPS 성능을 증대시킨다. GBAS의 최종상태는 서비스의 융통성을 제공하고 사용자 운용비용을 크게 절약하면서 1m 미만에서 항공기의 위치를 정밀하게 유도할 것으로 예상한다.

GBAS는 지상 장비(ground equipment)와 항공전자로 구성된다. 지상 장비는 4개의 기준 수신기(reference receiver), GBAS 지상시설, 그리고 VHF 데이터 전송 발신기로 구성된다. 이 지상 장비는 항공기에 설치된 GBAS 항공전자로 보충된다. GPS 위성으로부터 신호는 GBAS가 설치된 공항에서 GBAS GPS 기준 수신기(*각 GBAS를 위한 4개의 수신기*)에서 수신한다. 기준 수신기는 GPS를 이용해서 이들의 위치를 계산한다. GPS 기준 수신기와 GBAS 지상시설은 GPS가 제공하는 위치에서 오차를 측정하기 위해서 함께 작동(work together)한다.

GBAS 지상시설은 실제 위치와 GPS가 계산한 위치 사이의 차이를 바탕으로 GBAS 수정 메시지를 생산한다. 이 메시지에는 적합한 무결성/보전성 변수(suitable integrity parameter)와 접근경로 정보가 포함된다. 다음, 이 GBAS 수정 메시지는 VHF 데이터 전송 발신기(data broadcast transmitter; VDB)로 보내진다. VDB는 GBAS 통달범위에 있는 GBAS를 장착하고 있는 항공기의 항공전자에 GBAS 신호를 전송한다. GBAS는 수정 메시지를 국지지역(약 20~30마일 반경)에 전송한다. 신호 통달범위(signal coverage)는 순항항로 공역으로부터 터미널 지역 공역을 향하거나 터미널 공역 안에서 항공기의 전이(transition)를 지원하기 위해서 설계된다. 항공기에 있는 GBAS 장비는 항공기를 안전하게 활주로까지 유도하기 위해서 위치, 속도, 그리고 시간을 정밀하게 수정하는 기능을 수행한다. 이 신호는 ILS와 같이 착지대 상공 200피트와 같이 낮은 유도를 제공한다. 결론적으로 GBAS는 활주로 표면까지 완전한 착륙을 지원하게 될 것이다. [그림4-24]는 Newark, New Jersey의 GBAS 접근을 보여주고 있다.

4.12.4 필수항법성능

필수항법성능(required navigation performance; RNP)의 운용상의 장점은 기존 RNAV에 비해서 더욱 정밀한 항법과 더 낮은 최저치를 제공하는 정밀도, 탑재 성능 모니터링과 경고 시스템(onboard performance monitoring and alerting system)을 갖추고 있는 점이다. RNP DA는 3/4 SM 정도의 낮은 시정에서 250피트까지 낮아질 수 있다. 최저치가 더 낮아지는 것 외에도 조종사의 업무량을 감소시키면서 장애물 통과높이 제한(obstacle clearance limit) 능력을 향상시킨다. RNP 성능을 갖춘 항공기는 정밀하게 반복된 경로(repeatable path)를 비행할 수 있고, ATC는 이들 항공기가 지정된 위치에서 비행하고 있다고 확신할 수 있어 항공안전을 더욱 향상시키고 수용능력을 증가시킬 수 있다.

RNP 접근절차의 이점을 얻기 위한 핵심 구성요소는 곡선(curved) 비행경로이다. 픽스 주변 일정한 반경의 선회를 "radius to fix leg"(RF leg)라 한다. 항법 데이터베이스에 코드화된 이들 선회(RF)는 곡선 경로를 따라서 정밀한 위치코스유도(position course guidance)를 유지함으로써 위치 정밀도를 유지하면서 지형 혹은 공역에서 충돌할 수 있는 위험한 지역을 회피해서 비행하도록 한다. 터미널 RNAV 절차설계에 RF 구간을 지정함으로써 공역 사용의 효율성을 기하고, 아울러 전통적인 선형 비행경로(linear flight path)로 제한되었거나, 일부 경우는 전혀 IFR 절차가 제공되지 않는 곳에서(not served by an IFR procedure at all) 접근이 가능한 절차를 개발하도록 한다. RF 기능을 갖는 항법 시스템은 RF 구간을 포함해야 하는 절차를 비행하기 위한 선행조건(prerequisite)이 있다. [그림4-25]에 있는 접근차트의 조종사 브리핑 부분 박스에 있는 주석을 참고하라.

RNP 접근절차의 장점을 활용하고자 하는 운용자는 FAA AC 90-101, Approval Guidance for RNP Procedures with Authorization Required(AR)에 수록된 특별 RNP 필수요건을 충족해야 한다. 최근 대부분의 신형 운송범주(transport category) 비행기는 RNP 운용을 위한 감항승인(airworthiness approval)을 받는다. 그러나 각 시스템이 필수요건에 충족하기 위해서 인증되어야 하는 정밀도 수준에는 차이가 있다. 개별 운용자는 이들 계기비행 절차를 사용하기 위한 항법 데이터베이스와 함께 필수 승인과 권한(necessary approval and authorization)에 관한 책임을 갖는다.

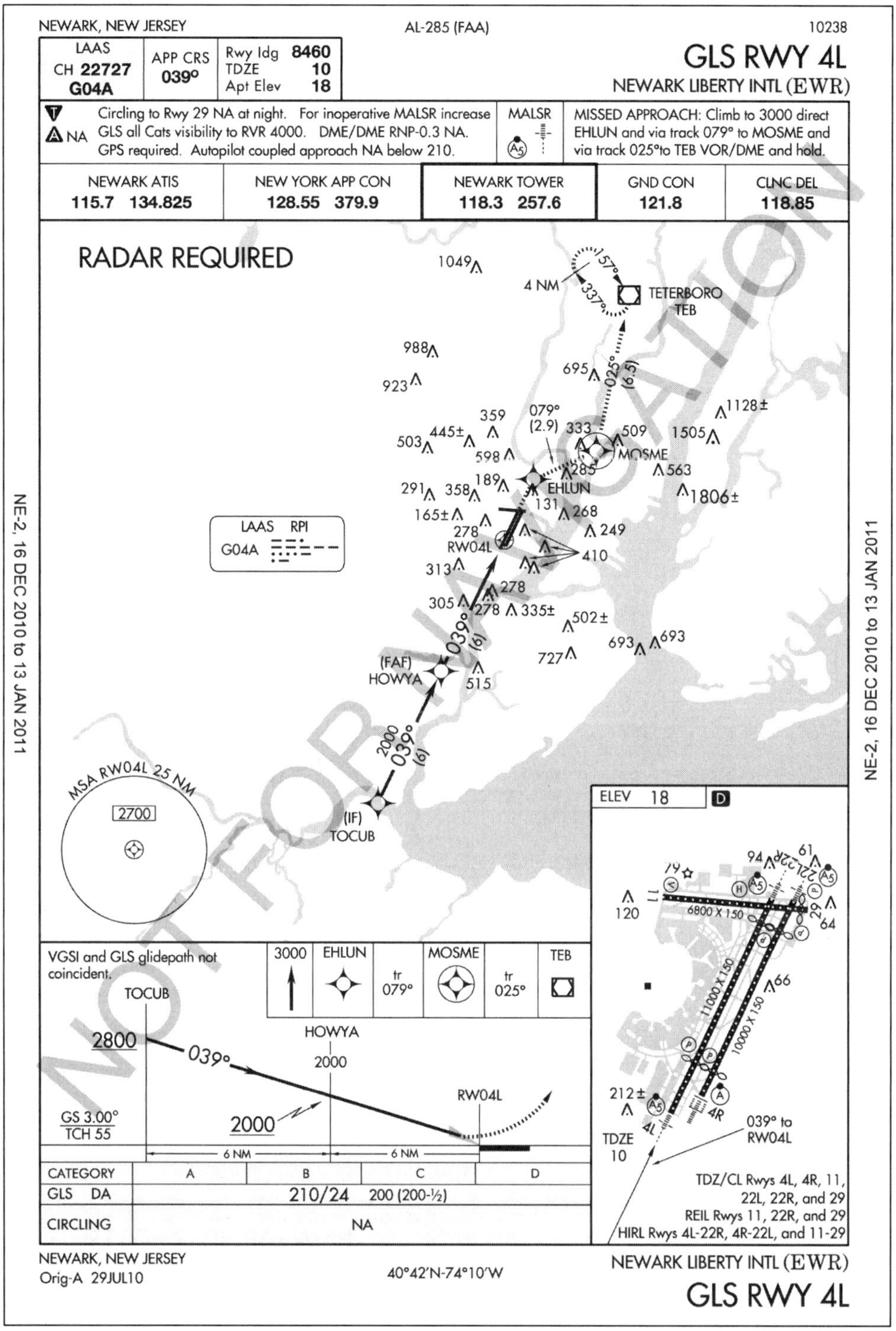

【그림4-24】 GLS 접근 역시 기본 형식은 일반 접근차트와 동일하지만, GLS 제목으로 발행된다. 이 사례에서 최저치는 2개가 발행되어 있다.

- GLS DA
- CIRCLING

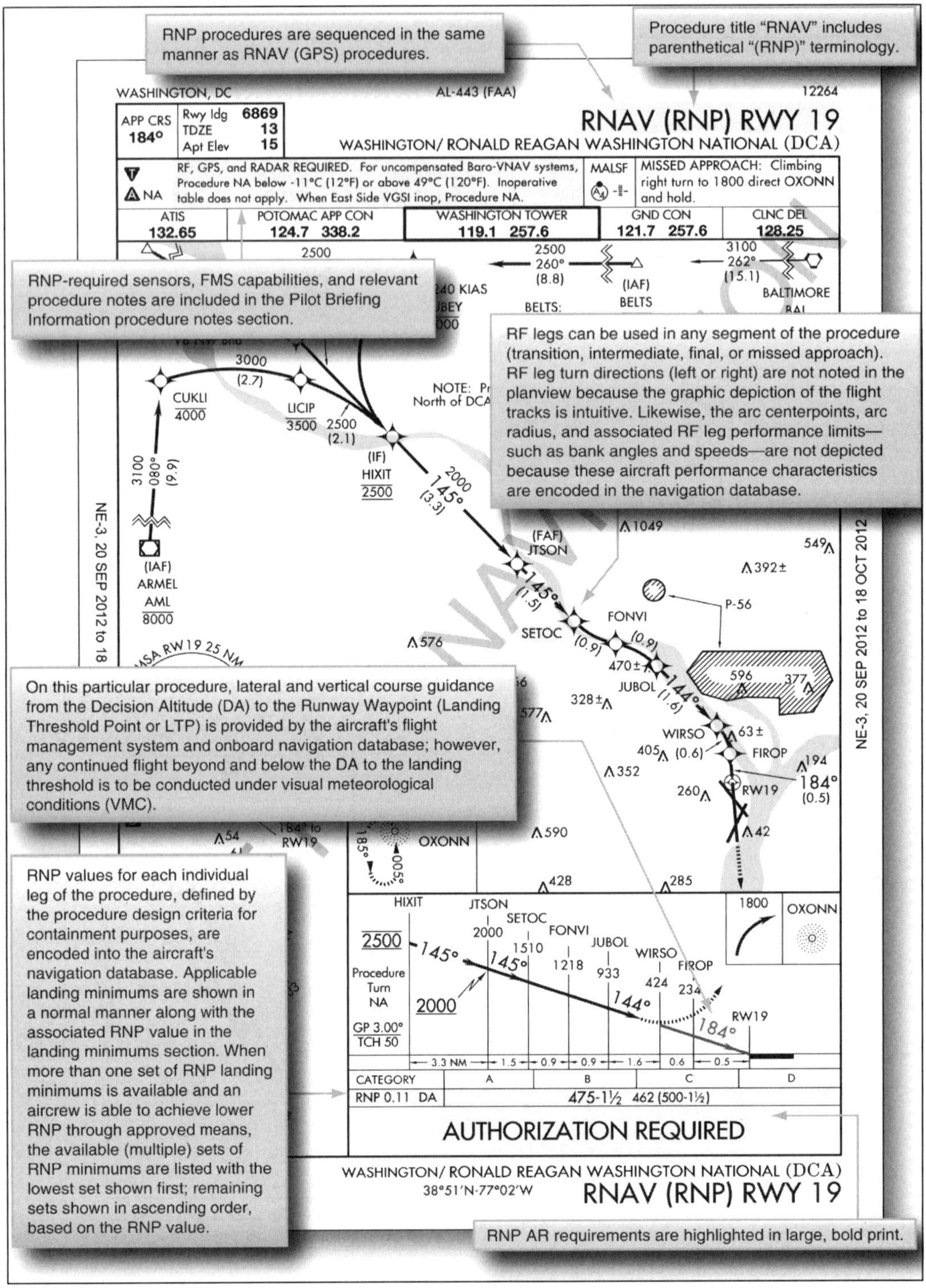

【그림4-25】 곡선 비행경로에서 RNAV (RNP) 접근절차의 사례이다. RNP 절차는 RNAV (GPS) 절차와 동일한 방법으로 순서가 지정된다. RNP AR 필수요건은 굵고 큰 글씨로 강조하여 표기된다.

[그림4-25]에서 봉쇄 목적을 위해서 절차설계 기준으로 지정된 개별 절차 구간을 위한 RNP 값은 항공기의 항법 데이터베이스에 코드화(encoded)된다. RNP에 적용할 수 있는 착륙 최저치는 착륙 최저치 섹션에 있는 관련 RNP 값과 함께 동일한 방법으로 표기된다. 한 세트 이상의 RNP 착륙 최저치가 가용하고 조종사가 승인된 수단을 통해서 더 낮은 RNP를 얻을 수 있을 때 가용한 여러 세트의 RNP 최저치는 가장 낮은 최저치가 제일 먼저 표기되고, 나머지 세트는 RNP 값을 기준으로 오름차순(ascending order; *값이 작은 쪽에서 큰 쪽으로의 순서*)으로 표기된다. 이 특정 절차에서 DA부터 활주로 웨이포인트(착륙시단지점; landing threshold point or LTP)까지 가로와 수직코스유도는 항공기의 FMS와 탑재항법 데이터베이스에서 제공된다. 그러나 착륙 시단까지 DA 아래로 계속해서 비행하는 것은 반드시 VMC에서 수행되어야 한다.

4.12.5 RNAV 접근 권한

항공운송과 Part 91 운용자에게 부여된 어느 다른 권한과 같이 기존 비정밀접근, RNAV 접근, 또는 LNAV/VNAV 접근에서 VNAV을 활용하기 위한 권한은 운용자의 운항기준, AFM, 또는 다른 FAA-approved 문서에서 찾아볼 수 있다. 이들 권한 수준은 RNAV 접근 시스템의 사용에 관해서는 많은 차이가 있다. 항공기에 장착된 장비의 종류, 그 장비의 중복성(redundancy; *어느 장치가 고장 났을 때 그와 같은 기능을 할 수 있는 장치를 설치한 상태*), 운용 상태, 조종사의 훈련 수준, 그리고 운용자의 FAA 권한의 수준은 접근에서 VNAV 정보를 활용할 수 있는 조종사의 능력에 영향을 주는 요소들이다.

대부분의 Part 121, 125, 135의 비행부서(flight department)는 그들 조종사 훈련 프로그램에 RNAV 접근 정보를 포함하고 있다. 조종사는 [그림4-26]에서 보는 것과 같이 RNAV (GPS) RWY 30 접근을 활용하여 North Platte, Nebraska까지 접근을 고려하고 있는 어느 최저치를 사용하기 위해서 승인되었는지 사전에 확실하게 알고 있어야 한다. 운항기준, FOM, 그리고 AFM에는 이 종류의 접근으로 비행하고자 하는 특정 운용 조건과 절차(specific operational condition and procedure)를 규정하고 있다. 이 종류의 접근에는 조종사가 반드시 고려하고 브리핑해야 하는 여러 개의 주석 항목(several items of note)이 있다. 이 중 하나가 접근 평면도에 그려지는 터미널 도착 지역(terminal arrival area; TAA)이다.

TAA는 특정 도착 구역의 경계 그리고 이들 구역을 위한 MIA(minimum IFR altitude)가 표기된다. TAA는 어느 다른 IFR 전이 고도와 같이 동일한 방법으로 IAP 브리핑에 포함되어야 한다. 또한, TAA에 표기된 고도는 비상상황에서 사용하기 위한 MSA 대신 참고된다는 것에 유의해야 한다. RNAV (GPS) 접근절차 사례에서 [그림4-26]의 평면도에 포함된 명확한 차이 외에도 조종사는 Baro-VNAV과 RNP와 관련된 문제에 관해서 확실하게 알고 있어야 한다. 사례에 있는 절차의 주석 섹션은 이들 주제와 관련된 제한들이 포함된다. 봉쇄 목적(containment purpose)을 위한 절차설계 기준으로 지정된 개별 절차 구간(each individual leg)을 위한 RNP 값은 항공기의 항법 데이터베이스에 부호화(encoded)된다. 착륙 최저치 섹션에 적용할 수 있는 최저치는 관련 RNP 값(value)과 함께 동일한 방식으로 나타낸다.

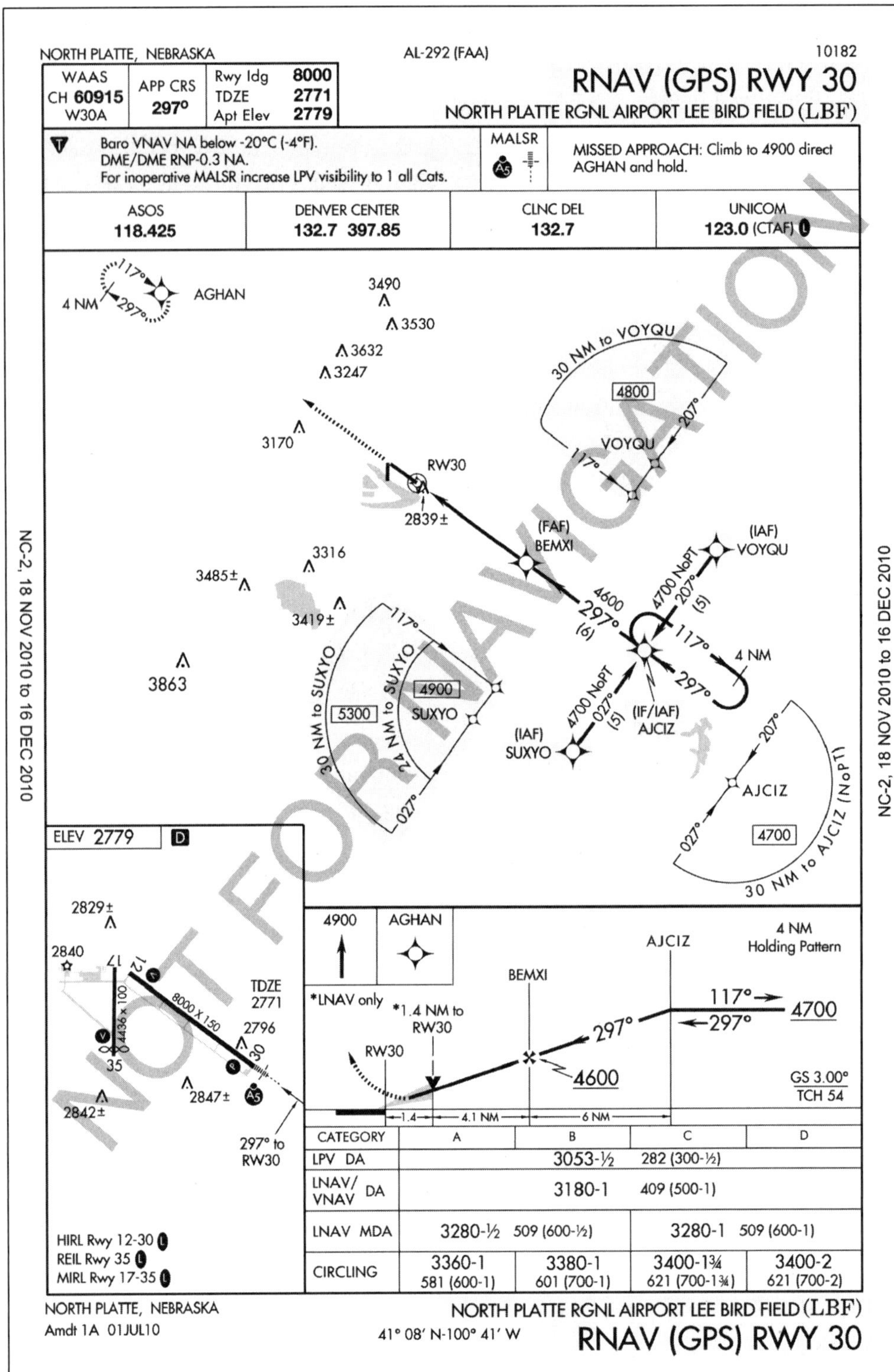

【그림4-26】 RNAV (GPS) RWY 30

RNP 필수 센서(required sensor), FMS 성능, 그리고 관련 절차 주석은 [그림4-25]와 같이 조종사 브리핑 정보 절차 주석 섹션에 포함된다. RNP AR 필수요건은 굵고 큰 글씨 인쇄되어 강조된다. RNP 절차는 RNAV (GPS) 절차와 동일한 방법으로 순서가 지정되고, 절차 표제 "RNAV (RNP)"와 같이 표기된다. RF 구간(leg)은 절차의 어느 구간(전이, 중간, 최종, 또는 실패접근)에서나 사용될 수 있다. RF 구간 선회방향(left or right)은 비행경로의 그래픽 묘사가 직관적(intuitive)이기 때문에 평면도에 지정되지 않는다. 이와 마찬가지로 아크 센터 포인트(arc center point), 아크 반경(arc radius), 그리고 경사각과 속도와 같은 관련 RF 구간 성능 한계 역시 항공기 성능 특성이 항법 데이터베이스에 부호화되었기 때문에 묘사되지 않는다.

한 세트 이상의 RNP 착륙 최저치가 가용하고 조종사가 승인된 수단을 통해서 더 낮은 RNP를 얻을 수 있을 때 가용한 세트의 RNP 최저치는 가장 낮은 최저치가 제일 위에 표기되고, 나머지는 RNP 값을 기준으로 오름차순(ascending order; *값이 작은 쪽에서 큰 쪽으로의 순서*)으로 배열된다. 이 특정 절차의 DA에서 활주로 웨이포인트(runway waypoint; LTP; Landing Threshold Point)까지 가로와 수직 코스 유도(course guidance)는 항공기 FMS와 탑재항법 데이터베이스에서 제공된다. 그러나 DA 이하에서 착륙 시단(landing threshold)까지 계속 비행은 [그림4-25]와 같이 시계기상상태(VMC)에서 수행되어야 한다.

(1) Baro-VNAV

Baro-VNAV은 조종사에게 수직유도경로(vertical guidance path)를 계산하고 보여주기 위해서 항공기의 기압고도계로부터 고도 정보를 이용하는 RNAV 시스템 기능(system function)이다. 수직경로는 통상 두 웨이포인트 사이 또는 단일 웨이포인트로부터 계산을 기초로 계산된 기하학적 경로(geometric path) 각도이다. 또한, LNAV/VNAV 최저치까지 운용하기 위해서는 Baro-VNAV을 위한 운용적 승인(operational approval)을 얻어야 한다. 일부 접근에는 국지 고도계 정보(local altimeter source)를 제공할 수 없거나 다른 요소들로 인해서 Baro-VNAV은 승인되지 않는다. Baro-VNAV는 LPV 접근으로 승인되지 않는다. RNAV (GPS) RWY 30 접근에서 표기된 "DME/DME RNP-0.3 NA" 주석은 [그림4-26]과 같이 접근을 수행하는데 오직 DME/MDE 센서만을 사용하는 RNAV 항공기는 금지된다는 것을 나타낸다.

이들 접근은 승인된 RNP 시스템으로 접근할 수 있고 "RNP"는 센서가 지정되지 않았기 때문에 DME/DME만을 사용하는 RNP 0.3 성능의 항공기는 절차를 수행하는 것이 승인되지 않았다는 것을 명확하게 하기 위해서 이 주석을 반드시 추가해야 한다. RNP 항법이 승인되는 최소한 갖추어야 하는 정밀 센서는 DME/DME이다. 필수 DME NAVAID 지상기반시설은 착륙하고자 하는 공항에 설치되어 있을 수도 있지만 없을 수도 있다. 절차 설계자(procedure designer)는 기하학적 배열과 통달범위(geometry and coverage)를 기초로 한 DME의 유용성(usability)을 결정하기 위한 컴퓨터 프로그램을 갖추고 있다. FAA 비행검사로부터 RNP를 지원하는 DME 시설의 통달범위와 정밀도, 그리고 DME 신호의 검사 허용오차(tolerance)에 충족하는 것으로 평가받은 시설에는 비록 최근에 발행된 것이 없을지라도 "DME/DME RNP 0.3 Authorized" 주석이 표기된다. 해당 접근에서 DME 시설 가용성(availability)이 주요소가 되는 곳에는 "DME/DME RNP

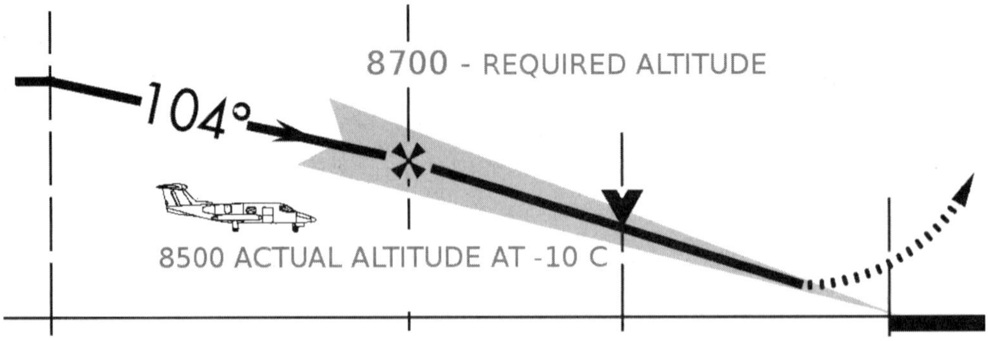

【그림4-27】 최종접근경로에 있는 항공기는 저온의 영향으로 실제고도는 필수고도보다 낮게 있다는 것을 알 수 있다. 이것은 접근경로 선상의 장애물 보호를 받을 수 없다는 것을 의미한다.

0.3 Authorized; ABC and XYZ required"와 같은 주석이 첨부된다. 이것은 ABC와 XYZ DME 시설은 RNP 0.3을 보장하기 위해서 필수적이라는 것을 의미한다.

(2) 고온과 저온한계

최저 그리고 최고 기온 한계(minimum and maximum temperature limit)는 Baro-VNAV 운용을 승인하는 절차에 표기된다. 이들 기온은 기온보상(temperature compensation)이 이루어지지 않는 한 Baro-VNAV이 LNAV/VNAV 최저치까지 강하가 승인되지 않는 공항 기온의 이상 또는 이하(above or below)를 나타낸다. 기온제한은 "uncompensated Baro-VNAV NA below -11℃(12°F) or above 49℃(120°F)"와 같이 표기된다. 이 정보는 조종사 브리핑의 왼쪽 위 박스에서 찾아볼 수 있다. Baro-VNAV은 기온이 고온한계 이상 또는 저온한계 이하일 때 LNAV MDA까지 안정강하(stabilized descent)를 제공하기 위해서 사용될 수 있다. 그러나 수직수정(vertical correction)을 필요로 하지 않는 시각 구간(visual segment)에서 각별한 주의가 요구된다.

만약 VGSI가 발행된 활공경로 선상에 있고 항공기 계기가 "on glide path"를 지시하고 있는 상태에서 VGSI 위 혹은 아래 활공경로 지시는 활공경로에 대한 편차(deviation)의 원인이 되는 기온 오차가 존재한다는 것을 나타낸다. 이때 접근이 MDA 아래로 계속되어야 한다면 이들 편차를 [그림4-27]과 같이 반드시 고려해야 한다.

대부분 시스템은 Baro-VNAV 기온보정을 적용하는 오직 저온만을 수정한다. 일부 시스템은 기온보정 능력이 있지만, 이 기능이 작동되고 있다면 다른 항공기와 충돌할 수 있는 최종접근에서만 보정되기보다 전 시간 Baro-altimeter를 보정한다. 조종사는 기온제한을 무시하기 전에 시스템의 보정 능력을 확실하게 알고 있어야 한다. 이 정보는 [그림4-26]의 주석 섹션에서 보여주고 있다.

FAA는 혹한 고도측정오차에 관한 항공업계의 관심에 따라 계기접근절차 또는 운용 중 항공기가 위험에 처할 수 있는 연구를 진행했다. 이 연구는 지난 5년 동안 특정 공항에서 가장 낮게

Reported Temp 0 °C	Height Above Airport in Feet													
	200	300	400	500	600	700	800	900	1000	1500	2000	3000	4000	5000
+10	10	10	10	10	20	20	20	20	20	30	40	60	80	90
0	20	20	30	30	40	40	50	50	60	90	120	170	230	280
-10	20	30	40	50	60	70	80	90	100	150	200	290	390	490
-20	30	50	60	70	90	100	120	130	140	210	280	420	570	710
-30	40	60	80	100	120	140	150	170	190	280	380	570	760	950
-40	50	80	100	120	150	170	190	220	240	360	480	720	970	1210
-50	60	90	120	150	180	210	240	270	300	450	590	890	1190	1500

【그림4-28】 ICAO Cold Temperature Error Table

기록된 기온에서 이들 비표준 일 운용 중 확률을 결정하기 위해서 적용되었다. 대기압 고도측정 시스템에서 예상고도오차(anticipated altitude error)는 절차 구간 고도에서 적용되고 있는 필수장애물통과높이(required obstacle clearance; ROC)를 초과한다. 만약 ROC 1%를 초과하는 확률이 접근 구간에서 1% 위에 있다면 기온제한은 그 구간에 적용된다. 이외에도 이들 절차가 요구될 수 있는 낮은 확률 외에도 장애물 위치에서 정밀하게 초과하고 있는 ROC의 확률은 더 큰 안전마진이 제공하고 있을지라도 극히 낮다.

조종사는 보고된 공항 기온이 발행된 공항 저온제한 또는 그 이하일 때 모든 발행된 절차와 활주로에서 특정 공항에 수록된 IAP 구간에서 "at", "at or above", 그리고 "at or below" 고도에 고도수정(altitude correction)을 해야 할 필요가 있다. 기온보정을 하지 않는 항공기의 조종사는 [그림4-28]과 같이 AIM(ICAO Cold Temperature Error Table)을 이용해서 지정된 접근 구간에 대한 수작업으로 저온고도수정(cold-temperature altitude correction)을 계산하고 실행할 책임이 있다. 이 표의 5,000피트 칼럼(column) 이상에서 보외법(extrapolation; *주어진 데이터의 경향을 보고 미래 또는 과거의 값을 추정할 때 사용한다*)은 필요하지 않다. 조종사는 반드시 보고하고 있는 관측소(reporting station) 상공 5000피트보다 큰 수정을 계산하기 위해서 5,000피트 "height above airport in feet" 칼럼을 사용해야 한다. 조종사는 표로부터 구간 고도(segment altitude)에 수정을 첨부해야 할 것이고 새로 수정된 고도에서 비행해야 하고, 고도수정을 달성하기 위해서 결코 고도 변경을 해서는 안 된다.

기온보정을 적용하고 있는 항공기의 조종사는 시스템이 고도수정을 필요로 하는 각 구간에서 정상 작동되고 있는지 확인해야 한다. 또한, 항공기가 수정된 고도에서 비행하고 있는지도 확인해야 한다. 만약 시스템이 정상적으로 작동하고 있지 않다면 조종사는 AIM(ICAO Cold Temperature Error Table)을 이용해서 지정된 접근 구간에 대한 수작업으로 저온고도수정(cold-temperature altitude correction)을 계산하고 실행할 책임이 있다.

조종사는 중간구간(intermediate segment) 혹은 실패접근 최종 고도에서 저온 수정을 적용할 수 있다면 ATC에게 저온수정고도(cold temperature corrected altitude)를 보고해 주어야 하고, 접근 인가를 발령하고 있는 최초교신할 때 이루어져야 한다. ATC는 알려진 항공기(known traffic) 사이에 적절한 수직분리를 보장하기 위해서 이 정보가 필요하다. ATC는 MVA까지 저온보정을 제공하지 않을 것이다. 조종사는 ATC가 인가하지 않는 한 ATC가 부여한 고도 또는 발행된 실패접근절차 대신에 레이더 벡터로 비행할 때 결코 저온보정을 적용해서는 안 된다. 조종사는 중간구간까지 벡터가 저온보정을 위해서 요청된 중간구간고도(requested intermediate segment altitude)보다 낮을 때 반드시 문의해야 한다. 관제탑이 없는 공항으로 비행하고 있는 조종사는 수정된 고도를 맹목송신할 것을 권장한다. 다음은 저온고도수정이 적용되고 있을 때 적절한 조종사-ATC 통신의 사례이다.

- On initial check-in with ATC providing approach clearance;
  Hayden, CO (example below).
- Intermediate segment;
  "Require 10600 ft. for cold temperature operations until BEEAR"
- Missed Approach segment;
  "Require final holding altitude, 10600 ft. on missed approach for cold temperature operations"
- Pilots cleared by ATC for an instrument approach procedure;
  "Cleared the RNAV RWY 28 approach (from any IAF)". Hayden, CO (example below).
- Intermediate Segment;
  "Level 10600 ft. for cold temperature operations inside HIPNA to BEEAR"

만약 최종접근구간에서만 기온보정을 해야 한다면 조종사는 ATC에 조언하지 않아도 된다. 조종사는 접근을 위한 최저치로써 수정된 MDA 또는 DA/DH를 적용해야 하고, 수정된 MDA 또는 DA/DH 아래에서 운용하기 위해서는 강하 필수요건을 충족해야 하고, MDA 아래로 강하할 때 지형 혹은 장애물을 보고-회피해야 한다. "Cold Temperature Restricted Airport"에서 기온제한은 14 CFR Part 97 RNAV (GPS) and RNAV (RNP) 접근 차트(approach plate)에 있는 "uncompensated baro-VNAV systems"를 위해서 발행된 도식 기온제한(charted temperature restriction)과 상호 배타적(mutually exclusive)이다.

Uncompensated baro-VNAV 시스템을 위한 도식 기온제한은 최종 세그먼트 LNAV/VNAV 최저치까지 적용할 수 있다. 도식(charted; *사물의 구조·변화 상태 따위를 일정한 양식으로 나타낸 그림 또는 그 양식*) 기온제한은 저온으로 제한된 공항 기온과 관계없이 따라야 한다. 조종사는 FAA에서 지정한 공항에 포함되지 않는 활주로 길이 2,500피트 또는 그 이상의 어느 공항에서나 저온 고도수정을 계산할 필요가 없으나, 활주로 길이 2,500피트 미만의 공항에 착륙하고자 하는 조종사는 저온 조건에서 저온고도수정을 해야 한다.

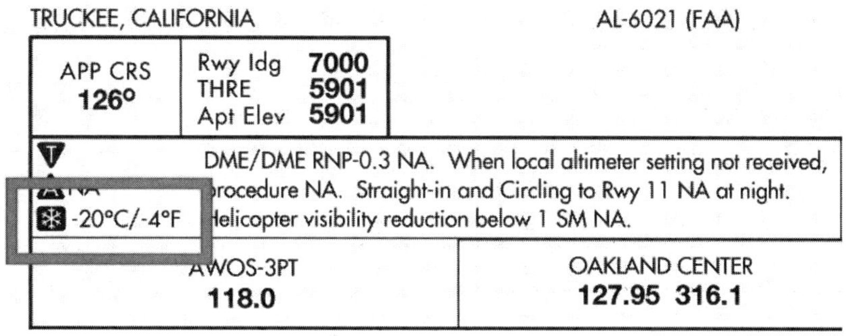

【그림4-29】 최저기온 부호

공항은 ICAO 코드, 공항명칭, 기온제한(섭씨/화씨)과 영향을 받는 세그먼트가 함께 표기된다. 한 기온은 여러 세그먼트에 적용될 수 있다. 이탤릭체로 표기된 공항은 서로 다른 기온제한을 받는 2개의 영향을 받는 구간이 있음을 나타낸다. 공항 TPP에 가장 낮은 기온은 [그림4-29]와 같이 IAP에 눈송이 부호 다음에 표기된다. 차트 발행주기마다(each charting cycle) TPP에 추가되는 ICON의 사용이 점차 증가하고 있다.

(3) LNAV, LNAV/VNAV 그리고 서클링 최저치

일부 RNAV 절차는 [그림4-30]과 같이 수직유도(vertically guided) LNAV/VNAV 최저치보다 더 낮은 비정밀 LNAV 최저치가 될 수 있다. 동일 접근 플레이트에서 볼 수 있는 서클링 절차 역시 수직유도 LNAV/VNAV 최저치보다 더 낮은 최저치가 될 수 있다. 각 RNAV 절차는 독립적으로 평가되고 다른 접근 세그먼트는 서로 다른 필수장애물통과높이(ROC) 값, 장애물평가구역(obstacle evaluation area; OEA) 크기와 최종구간종류(final segment type)를 갖는다. [그림4-31]은 서로 다른 것을 보여주고 있다. 이것은 수직으로 유도되고 있는 접근이 항상 가장 낮은 최저치를 제공하고 있다고 볼 수 없다는 사례를 보여주고 있다. 그림에서 점선이 LNAV OCS이다. 수직유도가 없는 LNAV MDA는 LNAV OCS로부터 수직으로 250피트를 더한 고도이다. 오른쪽 수직유도 VNAV DA는 LNAV OCS로부터 수직으로 활공경로와 만나는 지점까지의 고도가 된다. 따라서 VNAV DA가 LNAV MDA보다 더 높다는 것을 알 수 있다. 수직으로 유지되는 접

CATEGORY	A	B	C	D
LPV DA	558/24 250 (300-½)			
LNAV/ VNAV DA	1572-5 1264 (1300-5)			
LNAV MDA	1180/24 872 (900-½)	1180/40 872 (900-¾)	1180-2 872 (900-2)	1180-2¼ 872 (900-2¼)
CIRCLING	1180-1 870 (900-1)	1180-1¼ 870 (900-1¼)	1180-2½ 870 (900-2½)	1180-2¾ 870 (900-2¾)

【그림4-30】 최저치에서 LNAV/VNAV DA보다 더 낮은 최저치를 갖는 LNAV MDA 그리고 CIRCLING 접근이 있을 수 있다.

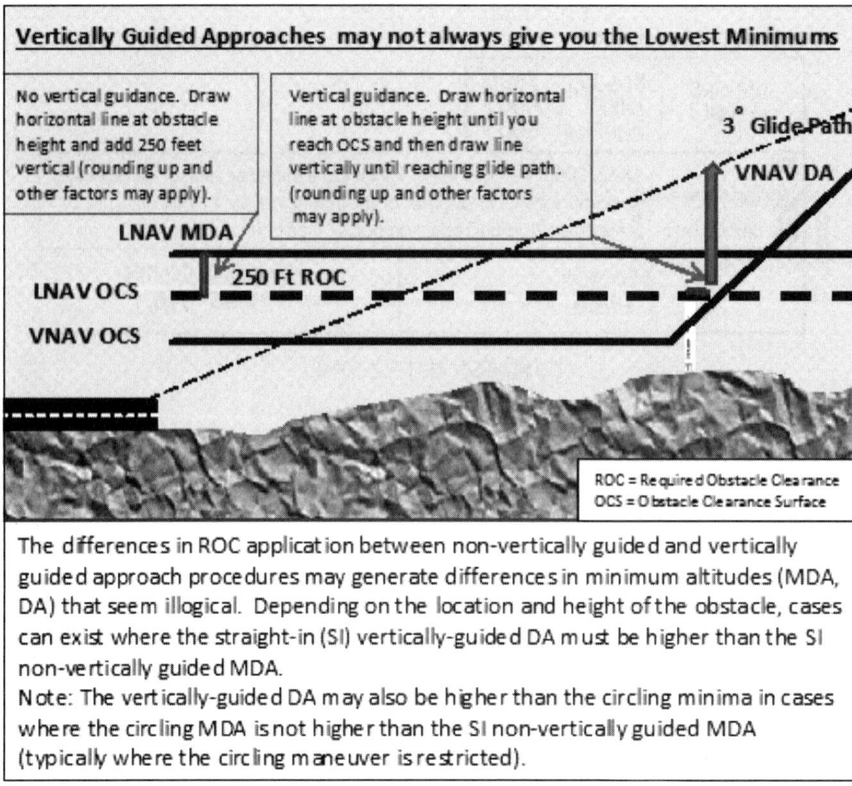

【그림4-31】

근과 수직으로 유도되고 있지 않은 접근 사이의 ROC 적용에서 차이는 비합리적으로 보이는 최저치 고도에서 기존의 생각과 다른 차이가 발생할 수 있음을 보여주고 있다. 장애물의 위치와 높이에 따라 직진(straight-in; SI) 수직유도 DA는 수직유도가 되지 않는 직진 MDA보다 더 높아질 수 있다.

[NOTE] 또한 수직유도 DA는 서클링 MDA가 직진 비수직유도 MDA보다 높지 않은 곳에서 서클링 MDA보다 더 높을 수 있다.

(4) 공항/활주로 정보

접근 브리핑(approach breifing)의 또 다른 중요한 부분은 공항과 활주로 환경에 대한 브리핑이다. 활주로 길이, 사용하고자 하는 분기 유도로(turnoff taxiway; *착지 후 활주로에서 벗어나기 위해서 유도로와 연결된 지점*), 그리고 계류장까지 활주경로(route of taxi)의 세부적인 검토는 중요한 브리핑 항목이다. 이외에도 활주로 상태를 브리핑할 수 있도록 준비되어야 한다. 활주로에 비 혹은 눈이 내린 상태라면 항공기 성능에 미치는 영향 역시 반드시 고려해야 한다.

접근차트에는 조종사가 중요한 활주로 정보를 쉽게 확인할 수 있도록 각 차트에 활주로 약도(runway sketch)가 그려진다. 이외에도 복잡한(complex) 활주로/유도로 형상으로 된 공항에는

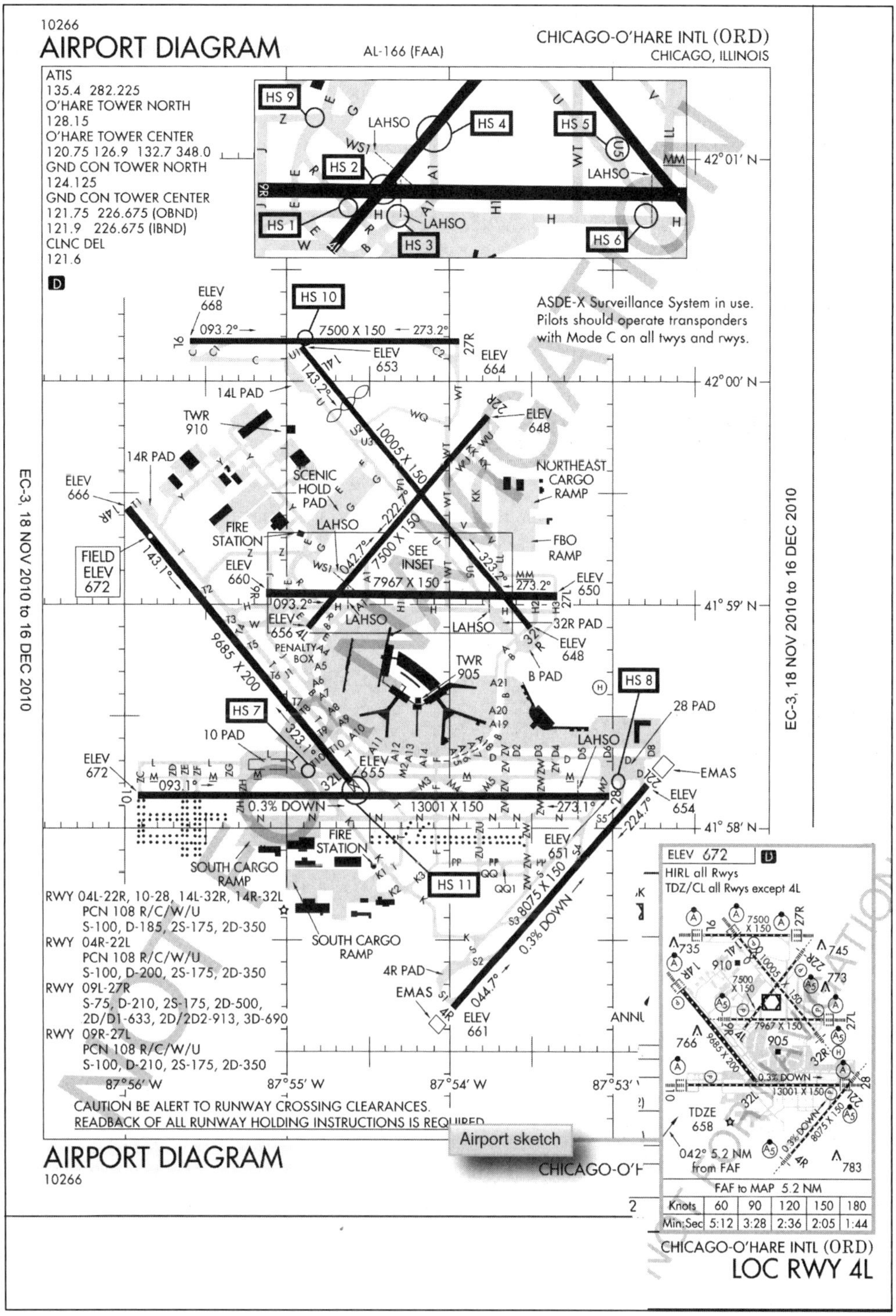

【그림4-32】 공항약도(sketch)와 도형(diagram)의 사례이다. 오른쪽 삽입 공항약도는 계기접근차트의 한 부분으로 배열되지만, 대규모 공항의 경우는 한 페이지 혹은 그 이상으로 더욱 세밀한 공항정보를 제공하는 공항도형으로 그려진다.

별도로 한 페이지를 할애하여 공항도형(airport diagram)이 그려진다. 또한, 공항도형에는 FMS 장비의 초기 프로그램화에 필요한 위도/경도 좌표가 포함된다. 여기에 포함된 위도/경도 좌표는 FMS를 초기화(initialing)하는데 사용하기 위한 공항 표면에 있는 각 계류장(parking area)의 특정 위치를 나타낸다. [그림4-32]는 Chicago-O'Hare International Airport(KORD) 공항약도와 도형(sketch and diagram)을 보여주고 있다. 조종사는 복잡한 활주로와 유도로 형상의 공항에 접근하고 있는 계기접근을 시작하기 전 공항도형에 확실하게 익숙해 있어야 한다. 악기상, 많은 항공교통, 그리고 지상관제사의 많은 업무량이 어우러졌을 때 지상에서 매 순간 조종사의 과업은 공중에서 수행하는 것만큼 치명적일 수 있다.

4.13 계기접근절차 브리핑

계기접근절차(IAP) 브리핑(instrument approach procedure briefing)은 성공적인 계기접근의 가능성을 더욱 높여준다. 대부분의 Part 121, 125, 135 운용자는 IAP 브리핑에 포함되어야 하는 특정 항목들을 정하고 적절한 순서로 브리핑할 수 있도록 차례대로 지정된다. 조종사는 IAP 브리핑을 시작하기 전 현재 상황에서 가용한 정보로부터 비행하게 될 절차가 어느 것인지를 먼저 결정해야 한다. 대부분 ATIS를 갖추고 있는 공항으로 비행할 때 ATIS는 공항에서 사용 중인 활주로에 대한 정보를 제공한다. 만약 한 활주로 이상이 사용되고 있다면 조종사는 기상, 도착 방향, 공항에 발행된 NOTAM, 그리고 접근관제시설과 이전 교신(previous contact with the approach control facility) 등을 참고로 어느 접근이 발령될 것인지를 판단할 수 있어야 한다. 때로는 조종사가 ATC에게 어느 접근을 활용해야 하는지 문의할 수도 있다.

조종사는 어느 때라도 항공기 장비 또는 규정적 제한(regulative limitation)의 개별적 필요에 충족하는 특정 접근을 요청할 수 있고, ATC는 업무량과 항공 교통량의 허용 범위에서 이들 요청을 대부분 수용하게 될 것이다. 때로는 관제탑이 운용되고 있지 않은 공항이라면 조종사가 공항에 가용한 계기접근을 선택해야 할 상황이 있을 수 있다. 이 경우 조종사는 예상되는 기상, 항공기 성능, 도착 방향, 공항 NOTAM, 그리고 이전 경험을 바탕으로 적절한 접근을 선택해야 한다.

4.13.1 항법과 무선통신

일단 예상되는 접근과 활주로가 선택되었다면 조종사는 각자의 조종실 위치에서 해당 접근에 적합한 절차가 준비되었는지 확인해야 한다. 조종사는 ATIS, 운항관리사, ATC, 선택된 접근을 접근차트, 그리고 다른 가용한 자료들로부터 수집된 정보를 활용한다. 회사 운항기준에는 조종사가 셋업(set up; *계기, 장치, 절차 등을 설치 혹은 준비하는 것*)해야 하는 것과 조종사 기량에 맡겨야 하는 것들을 구분해서 지정한다. 대부분 항공사에서 사용되고 있는 기술은 유사하다. 여기서는 2인-조종사 운용에 관해서 다루고 있지만, 1인-조종사 IFR 비행 중에도 역시 동일 항목들을 셋업해야 하고 조종사는 모든 것이 정확하게 셋업되었는지 확인하기 위해서 접근 브리핑을 해야 한다. 사전에 셋업할 수 있는 항목의 수는 항공기와 가용한 항공전자의 자동화 수준에 달려 있다. 재래식 조종실에서 셋업할 수 있는 것들은 대기속도 버그(airspeed bug; *성능 계산을 바탕으로*), 고도계 버그(DA, DH, 또는 MDA) 복행 추력/동력 세팅(go around thrust/power setting), 그리고 항법/무선통신이다.

PF(pilot flying)의 예비 무선항법은 접근을 위한 주요 NAVAID에 맞추어야 하고, PM(pilot monitoring) 무선항법 예비 선택기(standby selector)는 반드시 다른 필수 혹은 가용한 NAVAID에 맞추어져 있어야 한다. 때로는 조종사의 전반적인 상황인식에 기여할 수 있는 항공사 규정에 따라 무선항법 주파수를 맞추어야 한다. 또한, ADF는 접근에 요구되거나 조종사의 필요에 따라 적절한 주파수에 맞추어야 한다. 조종사는 가능하다면 진공 혹은 전기 시스템 고장이 발생했을 때를 대비한 계기들을 준비해야 한다. 예를 들어 항공기가 배터리 또는 비상전원에서 Nav 1만이 시현된다면 조종사는 Nav 1으로 비행하게 될 최종접근을 위한 주요 NAVAID를 구성하도록 해야 한다.

4.13.2 비행관리장치(FMS)

조종사는 재래식 조종실 항공기에 사용되는 장비 외에 RNAV (GPS) 시스템을 갖추고 있는 항공기와 마찬가지로 글래스 칵핏(glass cockpit) 항공기에서도 선택된 접근을 위한 최종접근코스에 맞추고 상황인식을 향상시키기 위한 다른 옵션을 셋업(set-up; *장비의 정상 작동을 위해서 필요한 준비(대비)를 하는 것*)할 수 있는 능력을 갖추어야 한다. FMS를 장착하고 있는 항공기의 조종사는 접근 종류와 회사의 절차에 따라 비행관리컴퓨터(flight management computer; FMC)에 셋업할 수 있는 것 외에도 가용한 많은 옵션이 있다.

통상 PF(pilot flying)는 접근을 위한 FMC를 프로그램화하고 PM(pilot monitoring)은 이들 정보를 확인해야 한다. 목적지 공항에 가용한 접근 메뉴(menu of available approach)는 비행 시작단계에서 프로그램화되어 있는 목적지 공항을 바탕으로 선택하거나, 또는 순항항로 비행 중 다른 목적지를 선택할 수 있다.

접근을 위해서 제공되는 정보의 양은 항공기에 따라 다를 수 있지만, 조종사는 MAP를 추가한다든지 혹은 상황인식 목적을 위해서 전체 접근(entire approach)을 재구성하는 것과 같이 컴퓨터에 사전 프로그램화되지 않은 것을 수정(modification)할 수 있다. 또한, PF는 강하를 위한 VNAV 프로파일과 STAR 또는 계획된 접근에 대한 예상 항로와 같이 비행 전 과정에서 프로그램이 되어 있지 않은 구간을 위한 LNAV에 관한 프로그램을 만들 수 있다. 또한, STAR를 위한 어떠한 통과제한(crossing restriction)이 프로그램화하는 데 필수 요소가 될 수 있다. 대부분의 공통 통과제한은 의무적(mandatory)이거나 예상되는 것이든 통상 STAR를 선택할 때 자동으로 프로그램화되지만, ATC는 언제라도 이를 변경할 수 있다. 셋업하는 데 필요한 다른 항목들은 오토파일럿, 오토-스로틀(auto-throttle), 오토-브레이크(auto-brake), 여압장치, 연료계통, 좌석벨트 신호, 방빙/제빙(anti-icing/de-icing) 장비, 그리고 자동 점화기(auto-ignitor)와 같은 항공기-특정 절차(aircraft-specific procedure)로 지정된다.

4.13.3 오토파일럿 모드

일반적으로 오토파일럿(autopilot)은 FMC가 작동하지 않더라도 접근을 수행하는데 사용할 수 있다. (FMC의 불작동 상태에서 운용하기 위한 권한을 결정하기 위해서 항공기의 최소장비 목록을 참고하라) FMC의 가용 여부와 관계없이 오토파일럿의 사용은 접근 브리핑(approach briefing) 중 포함되어야 하고, 특히 고도 프리-셀렉터(altitude pre-selector)와 오토-스로틀의 사용에 관한 접근 브리핑에 반드시 포함되어야 한다. 특정 항공기를 위한 AFM에는 해당 항공기의 계기접근 중 오토파일럿 사용에서 필요로 하는 절차와 제한사항들이 요약되어 있다.

오토파일럿 모드는 항공기의 상승과 강하에 사용되는 용어에서 상당한 차이가 있을 수 있다. 이 중 일부는 수평변경(level change; LVS CHG), 수직속도(VERTICAL SPEED; V/S), VNAV, 그리고 이륙/복행(takeoff/go around; TO/GA) 등과 같은 사례이다. 조종사는 관련 오토-스로틀 모드(설치되어 있다면)와 함께 피치 모드(pitch mode)와 롤 모드(roll mode)를 선택함으로써 오토파일럿을 통해서 항공기를 조종한다. 때로는 이 패널을 [그림4-33]과 같이 모드제어패널(mode control panel)이라고도 하고, 통상 두 조종사 모두 쉽게 접근(accessible)할 수 있다.

대부분의 정교한 자동비행장치(auto flight system)와 오토-스로틀을 갖추고 있는 항공기는 최대 상승 추력으로 비행기를 상승시키는 모드를 선택할 수 있고, 항공기를 아이들 추력에서(LVL CHG, FL CHG-flight level change) 강하시킬 수 있는 능력을 갖추고 있다. 또한, 이들 항공기는 LOC와 활공경사(G/S) 또는 VOR 코스를 따라갈 수 있는 것은 물론이고 미리 선택된 고도(pre-selected altitude)까지 진입하거나 수평전환을 할 수 있는 능력이 있다. 만약 항공기가 RNAV를 장착하고 있다면 오토파일럿은 RNAV-생성 코스(generated course)를 따라서 비행할 수 있다.

이들 대부분의 모드는 계기접근 중 오토파일럿을 이용한 일부 지점까지 사용할 수 있다. 이외에도 이들 모드는 항공기를 수동으로 비행하는 동안 조종사에게 플라이트 디렉터(FD) 유도(flight director guidance)를 제공하기 위해서 사용될 수 있다. 정밀접근의 목적을 위해서 오토파일럿을 작동시켰을 때 오토-스로틀이 연결되고 특정 대기속도와 형상 변화(configuration change)는 다루지 않는다. PF는 모드제어패널에 있는 스피드 셀렉터(speed selector)로 대기속도를 제어하고 PM이 선택할 수 있는 원하는 플랩과 착륙장치 작동하는 데 필요한 호창을 한다.

[그림4-34]의 사례에서 항공기는 4,500피트, KNUCK의 북서쪽 5 NM에서 오토파일럿을 작동시키기 시작했고, 비행은 RWY 12 LOC 인바운드로 비행하도록 인가되었다. 현재 롤 모드는 PF의 NAV 무선이 LOC 주파수 109.3에 맞추어져 있는 LOC이다. 현재 피치 모드는 고도홀드(altitude hold; ALT HOLD)이다. 이 항공기는 접근관제소로부터 접근이 인가되었다. PF는 허위 글라이드슬롭(false gildeslope)에 따라잡는 것을 방지하기 위해서 오토파일럿 모드로 변경하지 않았지만, PM이 고도 선택기를 1,700피트로 리셋(reset)했다. 항공기는 피치 모드가 ALT HOLD 모드이기 때문에 다른 피치 모드가 선택될 때까지 수평을 유지하고 있다.

KNUCK에 도착하자마자 PF는 피치 모드와 같이 LVL CHG를 선택했다. 오토-스로틀은 비행기가 강하를 시작함에 따라 아이들로 낮추었다. 고도가 1,700피트에 접근함에 따라 피치 모드가

【그림4-33】 오토파일럿 제어모드패널

자동으로 고도 획득(altitude acquire; ALT ACQ)으로 변경된 다음 고도 1,700피트가 되었을 때 ALT HOLD 모드가 된다. 비행기 속도가 감소하고 형상 변경이 요구되는 것 외에 PF는 어프로치 모드(approach mode; APP)를 선택한다. 롤 모드는 계속해서 LOC를 따라 비행하고 피치 모드는 ALT HOLD를 유지하지만, G/S 모드는 준비상태(arm)가 된다. 일단 항공기가 FAF 고도에서 수평이 되었을 때 APP 모드를 선택하도록 하는 것은 항공기가 아래로부터 그리고 허위 활공경사를 따라가지 않고 활공경사를 따라잡는 것을 보장하기 위하게 권장되는 방법이다.

PF는 안정접근(stabilized approach)을 보장하기 위해서 활공경사에 인터셉트하기 전 항공기가 완전한 착륙 형상(landing configuration)이 되도록 해야 한다. 항공기가 활공경사를 인디셉트함에 따라 피치 모드는 G/S 변경된다. 일단 오토파일럿이 활공경사를 인터셉트했다면 PM은 PF의 요청에 따라 고도 프리 셀렉터(altitude pre-selector)에서 실패접근 고도를 선택할 수 있다. 항공기는 계속해서 활공경사를 따라 비행하게 될 것이다. PF가 오토파일럿을 해제할 수 있도록 승인된 최저고도는 항공기에 따라(aircraft-specific) 다르다. 예를 들어 DA, DH, 또는 MDA 아래 50피트이지만 50피트(AGL)보다 낮아서는 안 된다. PF는 CAT I 접근 중 이 고도에 도달하기 전에 언제라도 오토파일럿을 중단시킬(disconnect) 수 있다. 일반적으로 CAT II, III 접근 중 양쪽 오토파일럿이 오토-랜딩(auto-landing)을 위해서 연결되지 않는 한 초기 실패접근은 FD 유도를 받으면서 수동(hand flown)으로 비행해야 한다.

비정밀접근에서 비행하고 있을 때와 차이점은 항공기가 1,700피트에서 수평으로 전환되었을 때이다. 일단 ALT HOLD 표시등이 점등되었다면(annunciated) MDA는 PF의 요청에 따라 PM이 선택한다. 이때 항공기가 부주의하게 MDA 아래로 강하하지 않도록 두 조종사 모두 MDA를 위한 정확한 고도가 선택되었는지 확인해야 하는 것은 절대적으로 중요한 요소이다. 고도 프리-셀렉터는 오직 100피트 증분(increment)으로만 선택할 수 있는 항공기를 위해서 이 접근을 위한 MDA는 660피트 대신 700피트에 맞추어야 한다.

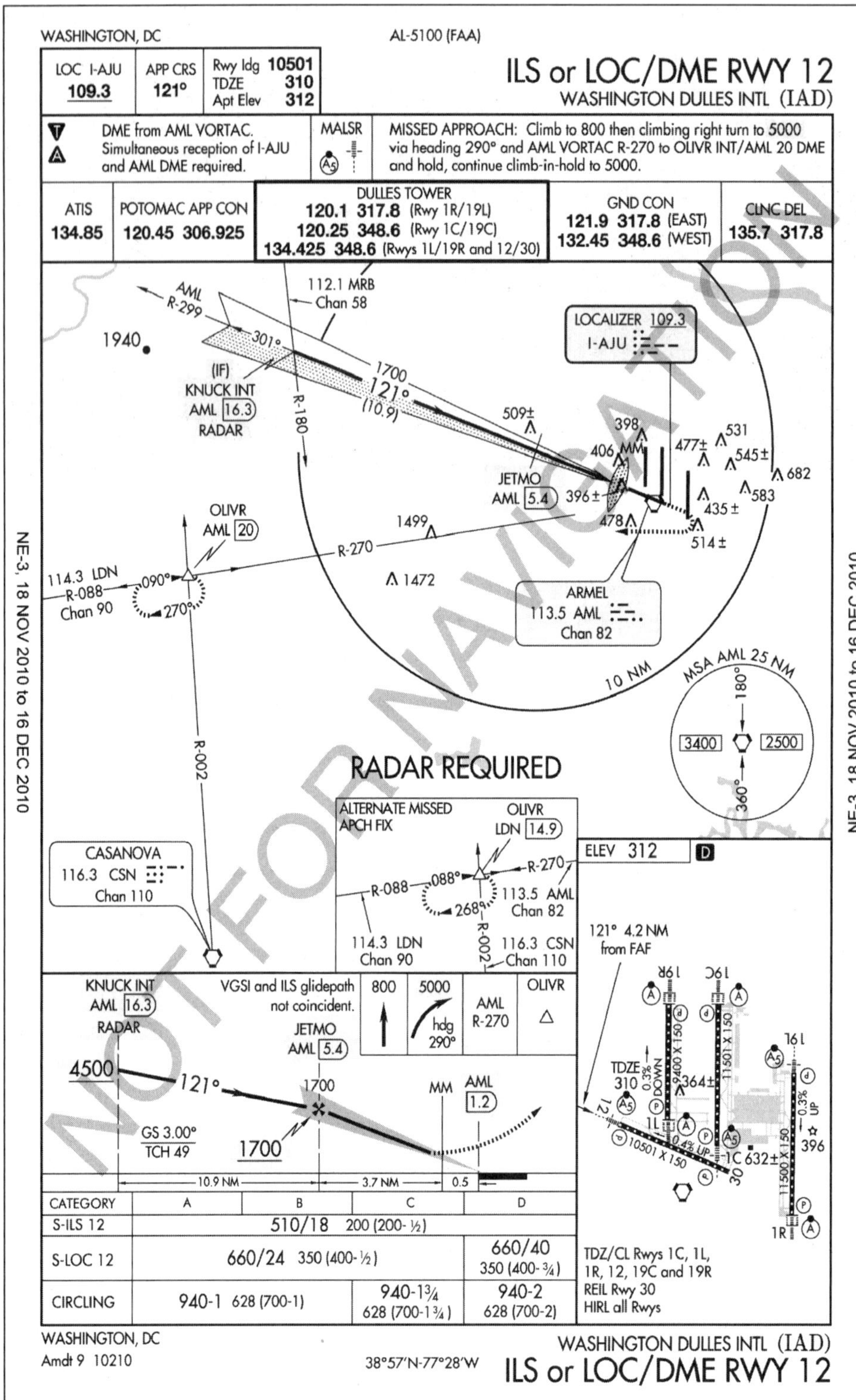

【그림4-34】 오토파일럿을 이용한 접근 사례

수직 속도 모드는 더욱 정밀한 강하 조종을 위해서 FAF 인바운드부터 사용할 수 있다. 만약 조종사가 고도 프리-셀렉터 창에서 MDA를 선택하지 않았다면 PF는 V/S를 입력할 수 없고 항공기는 수평 상태를 유지한다. 항공기가 700피트에서 수평으로 전환됨에 따라 오토파일럿 모드는 ALT ACQ에서 ALT HOLD로 변경된다. 일단 ALT HOLD 표시등이 점등된 후 PF는 고도 프리-셀렉터 창에 5,000피트 실패접근 고도를 선택하도록 요청한다. 이 단계에서 MDA가 고도 프리-셀렉터 창에 남아 있다면 실패접근 중 정밀한 FD 유도가 PF에게 가용하지 않기 때문에 매우 중요하다.

[NOTE] 서두에 "Descent Rates and Glide paths for Non-precision Approaches" 아래에 있는 "Maximum Acceptable Descent Rates"을 참고하라.

※ 착륙형상(landing configuration); 형상이란 물건의 생긴 모양이나 상태를 의미하는 것으로 착륙형상은 플랩과 착륙장치를 내린 상태의 외형이 되는 것을 의미한다.

※ 특정형상(specified configuration)이란 착륙형상 외에 플랩과 착륙장치를 접어 넣었을 때 항공기 외형을 의미한다. =clean configuration

※ 준비상태(arm); 조종사가 입력한 값에 도달했을 때 자동으로 실행할 수 있는 기능을 의미한다.

4.14 강 하

4.14.1 안정강하

조종사는 IMC 상황에서 접근 전 과정을 통해서 항공기를 정확하게 기동시키고 오토파일럿 성능을 모니터하고 결심시점(DA, DH, MAP)에서 정확한 실행방법(course of action)을 결심하기 위한 계기 정보를 지속적으로 평가해야 한다. 접근 중 중요 속도와 형상(configuration) 변화는 상황인식을 심각하게 떨어뜨리고 결심지점에서 정확하게 취할 수 있는 결심을 복잡하게 한다. 또한, 저속에서 뒤젖힌 날개(swept wing)를 다루는 특성과 대부분의 터보제트 엔진의 느린 반응은 접근과 착륙 운용 중 조종사 과업을 더욱 복잡하게 할 수 있다. 조종사는 결심 지점(decision point)에 도착하기 전 성공적으로 접근을 수행하기 위한 결심을 하기 시작해야 한다. 조종사의 의사결정 과정은 비행 계기들을 참고하여 항공기의 3차원 비행경로(three-dimensional flight path)를 머릿속으로 투사하여 코스 또는 활공경로 중앙선에서 벗어나는지를 결정할 수 있어야 하고, 원하는 비행경로를 유지하는데 필요한 조종 입력을 적용해야 한다. 이 과정은 최종접근단계에서 일정한 접근 속도, 강하율, 수직 비행경로, 그리고 비행형상을 유지함으로써 단순화할 수 있다. 이 개념을 [그림4-20]과 같이 안정접근(stabilized approach)이라 한다.

안정접근은 터보제트 항공기의 안전한 운용에 필수적이고 상업 터보제트 운용자는 안정접근을 위한 절차를 확립하고 활용해야 한다. 또한, 안정접근은 프로펠러-구동 비행기와 헬리콥터의 운용에도 강력하게 권장된다. 조종사는 저고도에서 조종실 업무가 가중되지 않아야 하고 급격한 기동을 필요로 하는 비행형상 변화는 가급적 자제해야 한다. 터보제트 항공기는 엔진 가속

(engine spooled up)과 함께 분당 1,000피트(fpm) 미만의 강하율에서 정확한 속도와 비행경로에서 다음과 같은 최저 안정접근 높이(minimum stabilized approach height) 아래로 강하하기 전 착륙 또는 선회를 위해서 승인된 비행형상(configuration)이 되어야 한다.

① 컨택접근(contact approach)과 IFR 기상상태에서 모든 직진 계기접근하기 위한 접근은 공항 또는 TDZE 상공 1,000피트 아래로 강하하기 전 안정되어야 한다.

② 시계접근(visual approach)과 VFR 기상상태에서 직진 계기접근하기 위한 접근은 공항 표고 상공 500피트 아래로 강하하기 전 안정되어야 한다.

③ 서클링 접근 기동을 위한 최종 구간을 위한 접근은 공항 표고 또는 MDA 상공(어느 것이든 더 낮은 것) 500피트 아래로 강하하기 전 안정되어야 한다. 이들 조건은 접근을 위한 착지가 안정접근으로 고려될 때까지 접근 전 과정에서 유지되어야 한다. 또한, 이것은 접근 중 비정상적인 상태를 알려주는 윈드시어 상황(wind shear situation)을 인지하는 데 도움이 된다.

4.14.2 비정밀접근을 위한 강하율과 활공경로

(1) 최대 수용가능 강하율

항공기 운용상의 경험과 연구에 따르면 최종접근구간(통상 1,000피트(AGL) 이하의 고도)에서 대략 분당 1,000피트(fpm) 이상의 강하율은 수용하기 어렵다는(unacceptable) 것을 보여주고 있다. 이것은 비행기 또는 헬리콥터와 관계없이 인간이 지각할 수 있는 한계(perceptual limitation) 때문이다. 따라서 접근과 착륙 운용상 실행과 기술은 계기구간 혹은 시계구간에서 분당 1,000피트를 초과하지 않도록 해야 한다.

짧은 활주로의 경우 일부 비행기는 MAP이 시단에 위치해 있고 MAP에서 MDA에 도달했을 때 실패접근을 실행해야 할 때도 있다. 비정밀접근에서 강하율은 항공기가 TDZ에서 착지할 수 있도록 시단으로부터 거리에서 MDA에 도착하도록 적용되어야 한다. 대부분의 IAP에서 이 거리는 VDP로 주석이 표기된다. 필수 강하율(required rate of descent)을 결정하기 위해서 FAF 고도로부터 TDZE를 빼주고 이것을 인바운드 시간으로 나누어 준다. 예를 들어 FAF 고도가 2,000피트(MSL)이고, TDZE가 400피트(MSL) 그리고 인바운드 시간이 2분이라면 강하율은 분당 800피트를 적용해야 한다.

항공기가 대략 3° 활공경로를 비행하고 있는지 확인하기 위해서 [그림4-35]와 같이 1 NM 당 300피트를 적용하라. TDZE 상공 활공경로 높이(glidepath height)는 시단으로부터 NM 거리 당 300으로 곱해서 결정할 수 있다. 예를 들어 10 NM에서 항공기가 TDZE 위로 3,000피트에 있어야 하고, 5 NM에서 항공기는 TDZE 위로 1,500피트, 2 NM에서 항공기는 TDZE 위로 600피트, 그리고 1.5 NM에서 항공기는 안전한 착륙이 이루어질 때까지 TDZE 위로 450피트를 비행하고 있어야 한다. 앞에서 소개한 사례를 이용해서 항공기는 시단으로부터 대략 1.3 NM 거리에서 MDA(800피트 MSL)에 도착해야 하고 TDZ에 착륙하기 위한 위치가 되어야 한다. 이와 같은 300:1 활공경로 방식은 DME, 레이더를 갖추고 있는 관제탑에서 제공된 거리 조언, RNAV, 추측항법(dead reckoning), 그리고 접근 코스에서 익숙한 지형을 볼 수 있을 때의 지문항법

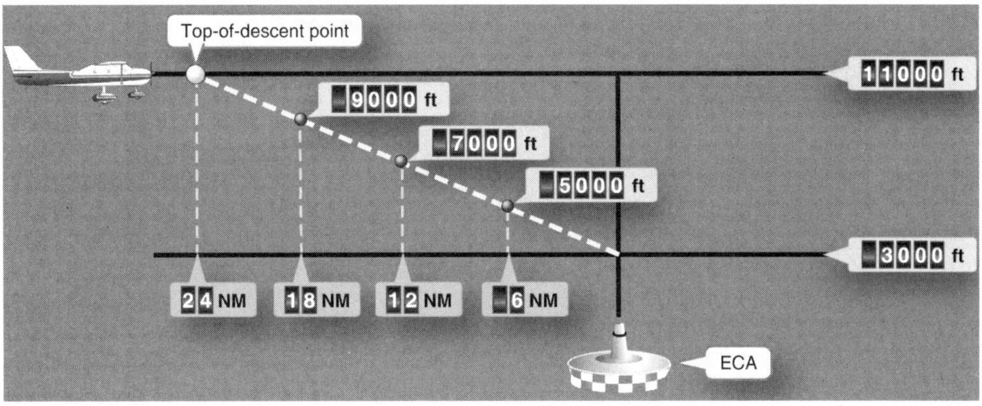

【그림4-35】 프로그램화된 강하계획에 따라 강하했다면 항공기는 일정한 강하경로를 따라 강하하게 될 것이다. 또는 300:1 활공경사를 적용한 거리 대비 적정 고도이다.

(pilotage)에도 적용된다. 활주로 시단은 TDZE 상공 명목 높이(nominal height) 50피트에서 통과해야 한다.

4.14.3 시계접근으로 전환

계기접근 중 계기비행(instrument flight)에서 시계비행(visual flight)으로 전환(transition)은 특히 저시정(low visibility) 상태에서 결코 쉽지 않은 조종사의 과업이다. 조종사는 활주로 주변에 얕게 안개(shallow fog)가 끼었을 때 시계접근으로 전환에 각별히 주의해야 한다. 비행기의 플레어(flare) 단계에서 적절한 시정이 존재하지 못할 수도 있다. 조종사는 항상 실패접근 혹은 복행을 준비하고 있어야 한다. 1인 조종사 항공기의 경우라면 이 과정은 더욱 어려울 수 있다. 수직유도접근(approach with vertical guidance; APV)은 활주로를 위한 필수 시각 참조물(required reference)이 시각적으로 확인되었을 때 접근은 이미 안정되어 있으므로 시계비행으로 안전하게 전환하는 데 도움이 될 것이다.

DA, DH, 또는 MDA에 도착하기 전 100~200피트에서 활주로를 위한 최소한 한 개의 시각 참조물을 육안으로 확인하기 위해서 PM 주의력은 항공기 외부로 집중되어야 한다. PF는 PM이 시각 참조물을 육안으로 식별했고 "runway in sight"이라고 호창할 때까지 계기에 집중하고 있어야 하고, 이후 PF는 시계비행으로 전환한다. 계기를 모니터하고 있는 PF에게 확인시키기 위해 시계비행으로 전환 중 V/S를 호창하는 것은 PM의 통상 과업(common practice)으로 PF의 주의력을 접근과 착륙의 시계 부분으로 더욱 집중하도록 한다. PM은 안정접근 기준으로부터 어떠한 변화가 있을 때 즉시 호창하여 PF가 알 수 있도록 해야 한다.

1인 조종사의 경우는 조종사 혼자 활주로의 필수 시각 참조물을 확인하기 위한 시도를 하면서 계기비행을 계속해야 하기 때문에 더욱 어려운 과업이다. 계기비행과 시각 참조물 사이 적절한 주의력(adequate attention) 분배에 관해서 2인 조종사 항공기의 두 조종사 모두 중요하지만 1인 조종사의 경우는 더욱 중요하다. 또한, 비행시정(flight visibility)은 계기접근차트(IAP) 혹은 규정에서 요구하고 있는 최저 시정 최저치가 되어야 한다. CAT II, III 접근은 시계비행과 착륙

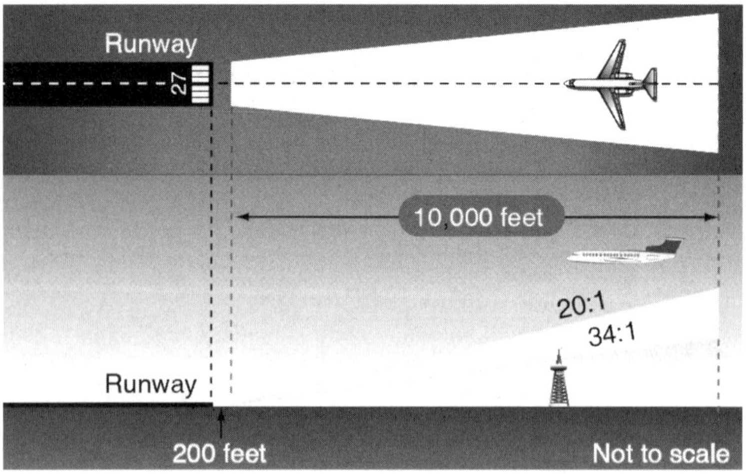

【그림4-36】 장애물 경사도 20:1과 34:1의 차이를 관찰할 수 있다.

으로 전환에 관해서 CAT I 정밀 또는 비정밀접근 필수요건과 다른 특정 필수요건이 있을 수 있다. 이 정보는 운용자의 운항기준 혹은 FOM에서 찾아볼 수 있다. 차트에 발행된 시정은 직진접근의 경우 착지대상공높이(HAT) 또는 서클링 접근의 경우 공항표고상공높이(HAA)를 포함하여 많은 변수에 달려 있다. 이들 요소는 접근등화시설(ALS) 유효거리, 정밀, 비정밀, 직진 혹은 서클링과 같은 접근절차의 종류 등이 포함된다.

최저 시정을 결정하는 또 다른 요소는 34:1과 20:1 표면의 관통(penetration)이다. 이들 표면은 활주로로부터 200피트 지점에서 시작해 외측으로 DA 지점(수직유도접근)까지, 서클링 접근 활주로에서는 VDP(visual descent point) 위치(비정밀접근)와 10,000피트까지 확장되는 경사평면(inclined plane)이다. 만약 34:1의 관통이라면 발행된 시정은 3/4 SM 이상(no lower than)이 되어야 한다. 만약 20:1 표면의 관통이라면 [그림4-36]과 같이 야간에 영향을 받는 활주로는 접근이 금지된다는 주석과 함께 발행된 시정은 1 SM 이상(no lower than)이 되어야 한다. (직진접근과 서클링 접근)

만약 관통하는 장애물이 표지되어 있고 등화시설을 갖추었다면 야간에 서클링 접근은 허용될 수 있다. 그러나 관통하고 있는 장애물 표지시설이 되어 있지 않고 등화시설을 갖추지 못했다면 야간 서클링 접근은 “Not Authorized”와 같은 주석과 함께 발행된다. 조종사는 시계접근 또는 서클링 구간에 진입하고 있을 때 이들을 관통하고 있는 장애물(penetrating obstacle)에 각별히 주의해야 하고 이들을 피하기 위한 적절한 조치를 취해야 한다. RNAV 접근만을 위한 측면도에서 [그림4-37]과 같이 MDA로부터 활주로 부호까지 재색 음영 선이 그려진 것은 MDA 아래 시계구간(visual segment)이 34:1 경사에서 장애물 통과높이에 있음을 나타낸다. 그러나 MDA로부터 활주로 부호까지 재색 음영 선이 그려져 있지 않다면 34:1 OCS는 장애물로부터 안전하지 않다는 것을 나타낸다.

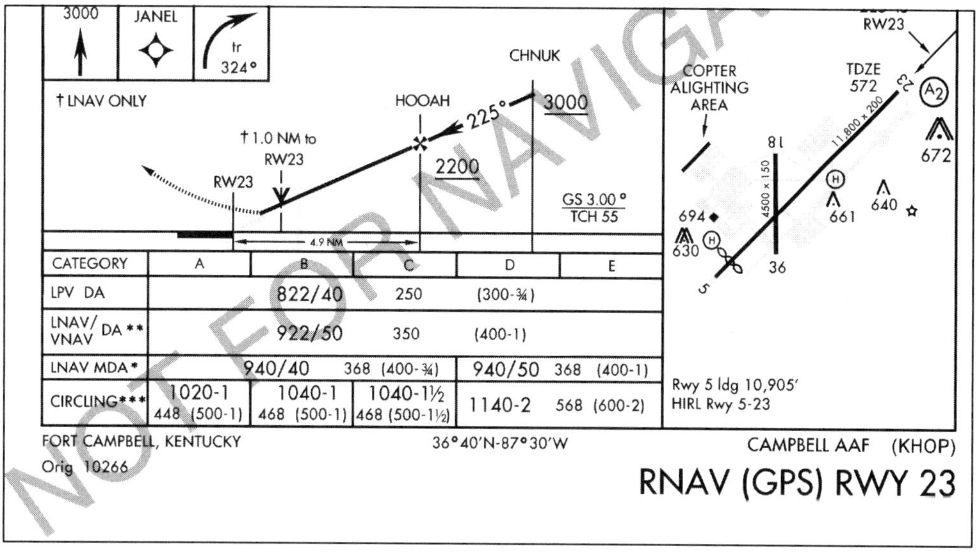

【그림4-37】 측면도에 재색 음영 화살표 머리는 34:1 장애물 관통이 있을 수 있음을 나타낸다.

4.14.4 실패접근

실패접근을 실행하는 데는 많은 이유가 있지만, 주요 이유는 다음과 같다.

① IAP에 규정된 필수 비행시정이 적용되는 자연시각이 존재하지 않을 때

② EFVS를 사용하고 있을 때 필수증대시정(required enhanced visibility)이 IAP에 규정된 시정보다 낮을 때

③ DA, DH, 또는 MAP에 도착했을 때 활주로를 위한 필수 시각 참조물이 보이지 않을 때

이외에도 항공기는 정상적인 기동으로 정상 강하율(normal rate of descent)을 적용해서 강하로부터 착륙하고자 하는 활주로까지 지속적으로 강하할 수 있는 위치에 있어야 하고, Part 121 또는 135하에서 운용하는 항공기는 그 강하율이 착륙하고자 하는 활주로의 TDZ 내에서 착지가 이루어져야 한다. CAT II, III 접근은 행정관(Administrator)이 규정하는 것과 같은 다른 시정 필수요건이 필요하다.

조종사는 계기접근절차를 시작하기 전 예상되는 기상상태(anticipated weather condition)와 가용한 항공기 성능을 고려하면서 실패접근지점(MAP)을 넘어서 혹은 MDA 또는 DA(DH) 아래에서 착륙 거부(balked or rejected landing)가 발생할 수 있는 상황에 대비할 수 있는 행동을 평가해야 한다. 관련 규정에 따르면 조종사로 하여금 장애물 통과높이를 보장하기 위해서 적절한 실패접근절차로 비행하도록 승인하고 있지만, 이것이 반드시 다른 항공교통으로부터 분리된 것으로 고려할 수 없다. 따라서 조종사는 지정된 실패접근지점에 관한 항공기의 지리적 위치(geographical position), 비행 방향, 또는 지정된 실패접근절차에서 최저 선회 고도와 같은 다른 요소들을 반드시 고려해야 한다. 또한, 조종사는 항공기 성능, 시각상승제한(visual climb restriction), 도식 장애물(charted obstacle), 발행된 장애물출발절차(published obstacle departure procedure), 비표준 이륙 최저치로 나타낸 것과 같은 이륙시각상승 필수요건, 주변에서 비행하고 있을 것으로 예상하

는 다른 항공교통, 또는 접근절차에 특별히 나타나 있지 않은 다른 요소들을 고려해야 한다.

계기접근절차를 위한 인가는 ATC가 다르게 인가하지 않는 한 발행된 실패접근절차로 비행하도록 하는 인가가 포함된다. 일단 DA, DH, 또는 MDA 아래로 강하가 시작되었다면 필수 시정을 상실했거나 활주로 환경이 더 이상 보이지 않을 때 그리고 서클링 접근 중 활주로를 볼 수 없는(loss of sight of the runway) 상황에서 항공기의 정상 경사(normal banking)를 적용할 수 없을 때 실패접근을 실행해야 한다. 또한, MAP은 활주로에 사람과 장비 또는 동물이 있을 때 접근이 불안정하고 정상적으로 착륙할 수 없을 때 즉시 착륙거부(rejected landing)를 실행해야 한다.

비정밀접근의 시계구간(visual segment)에 있는 MAP을 통과하여 MDA 아래에서 실행한 실패접근은 위험이 존재할 수 있다. 차트에 발행된 실패접근절차는 실패접근이 실패접근지점부터 또는 상공의 실패접근구간에서 실행되었고, 상승률이 200 FPNM 또는 그 이상이 되었을 때만 장애물 통과높이를 제공한다. 만약 항공기가 실패접근지점 외의 다른 지점에서 MDA 또는 DA(DH) 아래 또는 서클링 접근 중 실패접근을 실행했다면 발행된 실패접근절차 이후에 있을 수 있는 장애물 통과높이는 제공하지 못할 뿐만 아니라 주변에 있는 다른 항공교통으로부터 분리를 보장하지 못한다.

실패접근 상승은 통상 MAP에서 시작된다. 만약 이 상승이 MAP보다 더 높은 고도에서 시작되었다면 조종사는 조기 상승을 시작할 때 고려해야 하는 발행된 상승-고도 제한(published climb-altitude limitation)에 유의해야 한다. [그림4-38]과 같이 FAF와 MAP 사이에 상승을 방지하고 있는 고도제한(altitude restriction)의 사례이다. 이 상황에서 Orlando Executive ILS or LOC RWY 7 접근 고도는 조기 실패접근을 실행한 항공기가 Orlando International Airport로 향하는 접근 항로 위에 놓여 있는 보호공역을 침범하는 것을 방지하기 위해서 BUVAY 3 DME 픽스에서 제한하고 있다.

만약 실패접근이 BUVAY에 도착하기 전에 시작되어야 한다면 조종사는 MAP까지 진행하기 전 1,200피트까지 지속적으로 강하할 것을 요청받을 수 있고 실패접근지시를 받아 실행해야 한다. 차트에 있는 실패접근 주석 외에도 측면도에 있는 조종사 브리핑 정보 아이콘(icon)은 초기 수직과 가로 실패접근 유도(vertical and lateral missed approach guidance)를 보여주고 있다.

실패접근코스(missed approach course)는 [그림4-39]와 같이 MAP에서 시작되어 항공기가 지정된 픽스와 체공패턴에 진입할 때까지 계속된다. 이 같은 환경에서 ATC는 항공기가 실패접근코스의 최종 픽스에 도착하기 전 차후 지시(further instruction)를 발령한다. 또한, IAF가 되는 픽스를 지정함으로써 통상 체공 픽스로부터 IAF까지 비행함이 없이 또 다른 접근을 시도할 수 있다.

차트에 발행된 실패접근지점 외의 위치에서 착륙거부 상황이 발생했을 때 조종사는 수정인가(amended clearance)를 얻기 위해서 가능한 한 빨리 ATC와 교신해야 한다. 만약 어떠한 이유로 ATC와 교신할 수 없다면 조종사는 발행된 실패접근 구간에 다시 진입할 수 있도록 시도하고 항로와 고도 지시에 따라야 한다. 만약 ATC와 교신할 수 없고, 조종사의 판단에 더 이상 발행된 실패접근절차로 비행하는 것이 적절하지 않다면 시계 상태(가능하다면)를 유지하거나 착륙 재시도 아니면 공항 상공으로 선회-상승(turn-climb)을 해야 한다.

관제탑(operating control tower)이 운용되고 있는 공항에서 관제 서비스를 받지 못하는 공항으로 운항 중 실패접근을 실행했을 때 ATC와 지속적인 교신(continuous contact)이 불가능할 수 있다. 이 상황에서 조종사는 지체 없이 적절한 복행/실패접근절차를 실행해야 하고 ATC와 교신할 수 있을 때 즉시 교신을 시도해야 한다.

[그림4-40]에서 보는 것과 같이 접근 종류에 따라 MAP을 나타내는 여러 방법이 있다. 모든 접근차트에서 MAP은 측면도와 평면도에 윗줄/가장 낮게 발행된 최저치(top-line/lowest published minima)를 위한 굵은 실선 코스의 끝부분에서부터 점선 실패접근 코스라인(course line)이 시작된다. 정밀접근에서 MAP은 항공기가 활공경사를 인터셉트하면서 DA/DH에 도달하는 지점이다. 비정밀접근에서 MAP은 여러 방법으로 결정된다. 만약 주요 NAVAID가 공항에 위치해 있고, VOR 혹은 NDB 접근 중 하나가 실행되고 있다면 통상 MAP은 항공기 NAVAID를 통과하는 지점이 된다.

일부 비정밀접근에서 MAP는 항공기의 대지속도를 기초로 FAF에서 MAP까지 비행시간을 이용한 고정거리(fixed distance)로 지정된다. 접근차트의 하단 오른쪽 또는 왼쪽 측면에 있는 표는 FAF에서 MAP까지 거리(NM)와 30노트 증분으로 특정 대지속도에서 비행하는데 소요되는 시간이 표기되어 있다. 조종사는 접근 속도와 항공기의 진대기속도 그리고 최근최종접근코스에 불고 있는 바람을 바탕으로 대략적인 대지속도와 시간(ground speed and timing)을 결정해야 한다. 이 방법으로 해당 접근의 FAF에서 스톱워치(stopwatch)를 이용해서 시간을 재기 시작한다. 대부분의 비정밀접근은 MAP으로 특정 픽스(specific fix)가 지정된다. 이들은 코스와 DME, VOR로부터 교차 레디얼(cross radial), 또는 RNAV (GPS) 웨이포인트로 식별할 수 있다.

실패접근구간에 있는 장애물 혹은 지형은 표준 200 FPNM보다 더 깊은 상승경도(steeper climb gradient)를 필요로 할 수 있다. 만약 더 깊은 상승경도를 필요로 한다면 접근차트의 평면도에 주어진 대지속도(*앞으로 발행되는 차트에는 상승경도*)를 위한 필수 FPM 상승률의 사례와 함께 관통 묘사(penetration description) 주석이 표기된다.

일반적으로 대체수단은 [그림4-40]과 같이 표준상승경도를 이용하는 것을 허용하도록 도식된다. 이 사례에서 실패접근 상승 필수요건은 Burbank ILS RWY 8 접근에 충족할 수 없고, 이에 대한 대체수단으로 LOC RWY 8 접근이 별도로 발행되어 있다. LOC RWY 8, S-8 절차는 ILS RWY 8 S-LOC 8 MDA보다 400피트 더 높고 지형 위 표준상승경도 필수요건에 충족한다. 일부 접근을 위해서 새로 발행되는 표준은 상승경도가 200 FPNM 이상이 요구될 때 2세트의 최저치를 발행하도록 요구하고 있다. 첫 세트의 최저치는 둘 중 낮은 것으로 200 FPNM 이상의 상승경도를 필요로 한다. 두 번째 세트의 최저치는 더 높지만 상승경도를 필요로 하지 않는다. [그림4-41]에서 보는 것과 같이 Barstow-Daggett (KDAG) RNAV (GPS) RWY 26은 2세트의 LPV 최저치가 발행된 곳의 사례이다.

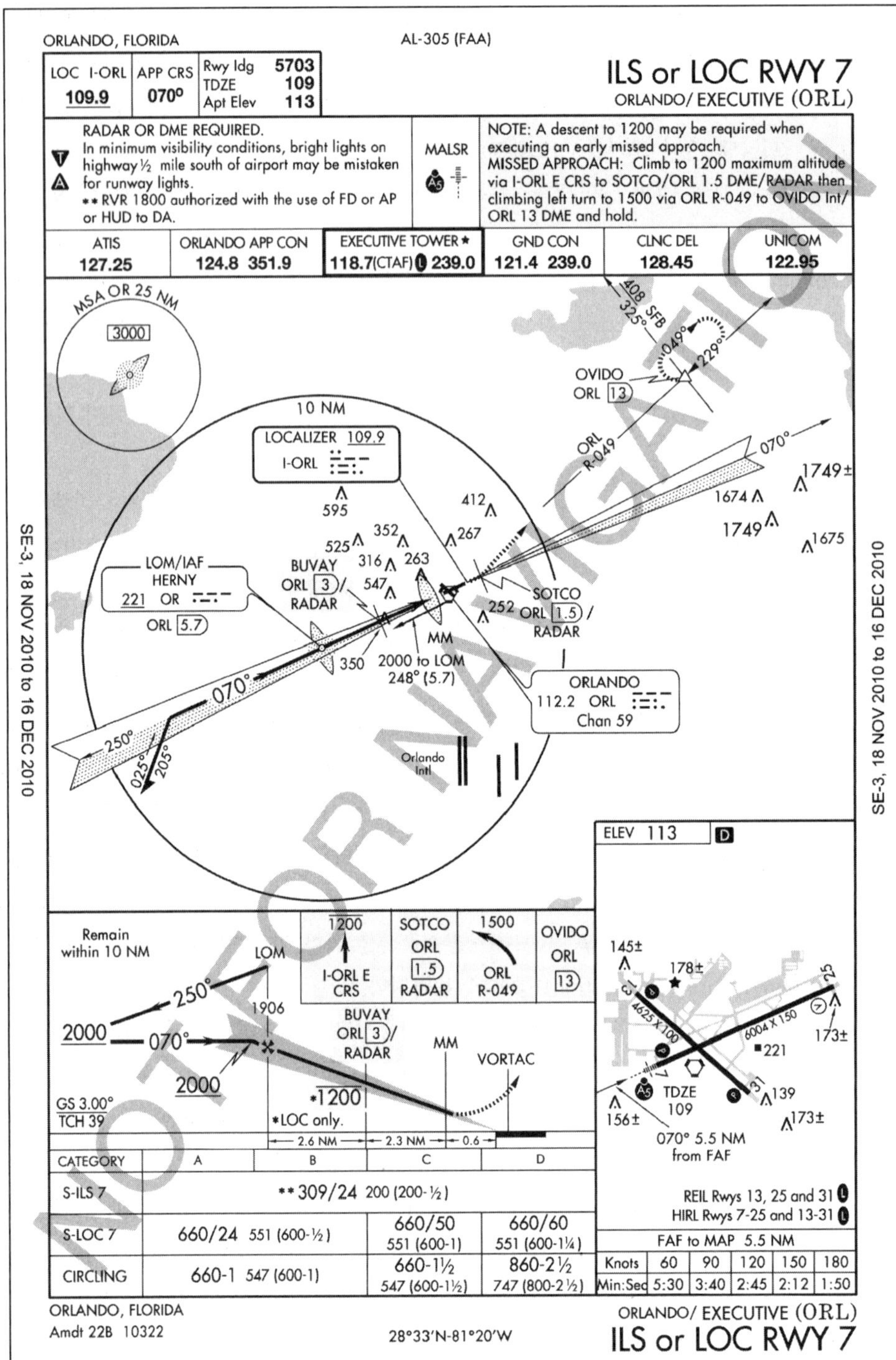

【그림4-38】 ILS or RWY 7의 실패접근절차 사례이다. 실패접근지점은 굵은 점선으로 그려져 있어 쉽게 식별할 수 있다. 조종사 브리핑 섹션에 실패접근절차가 설명되어 있고 측면도에는 기동에 따른 주요 지점과 선회방향으로 지시하는 굵은 선으로 그려져 있다. [NOTE] 조기 실패접근을 실행할 때 1,200피트까지 강하가 요구될 수 있다.

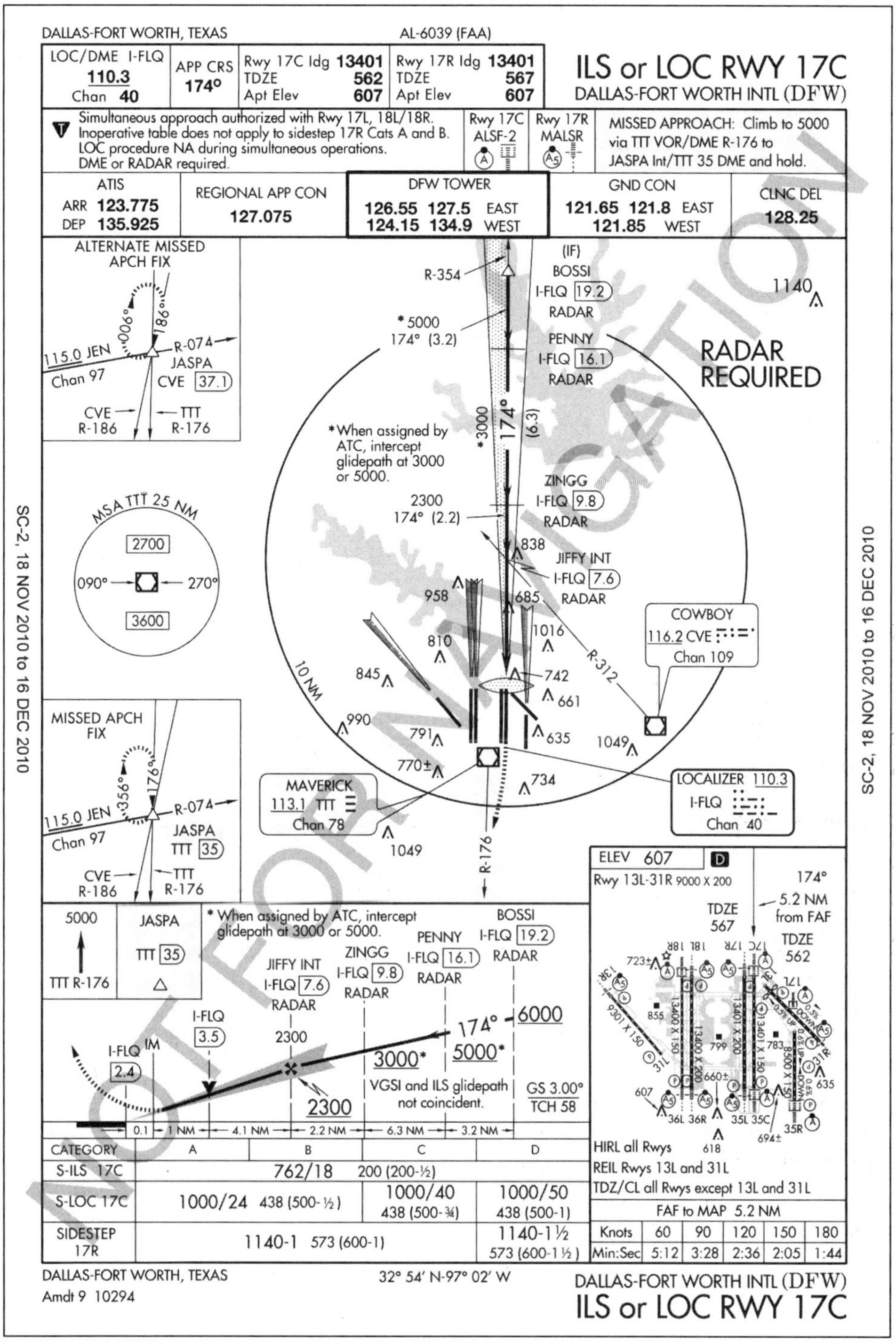

CATEGORY	A	B	C	D
S-ILS 17C	762/18 200 (200-½)			
S-LOC 17C	1000/24 438 (500-½)		1000/40 438 (500-¾)	1000/50 438 (500-1)
SIDESTEP 17R	1140-1 573 (600-1)			1140-1½ 573 (600-1½)

Knots	60	90	120	150	180
Min:Sec	5:12	3:28	2:36	2:05	1:44

【그림4-39】 실패접근절차의 또 다른 사례이다.

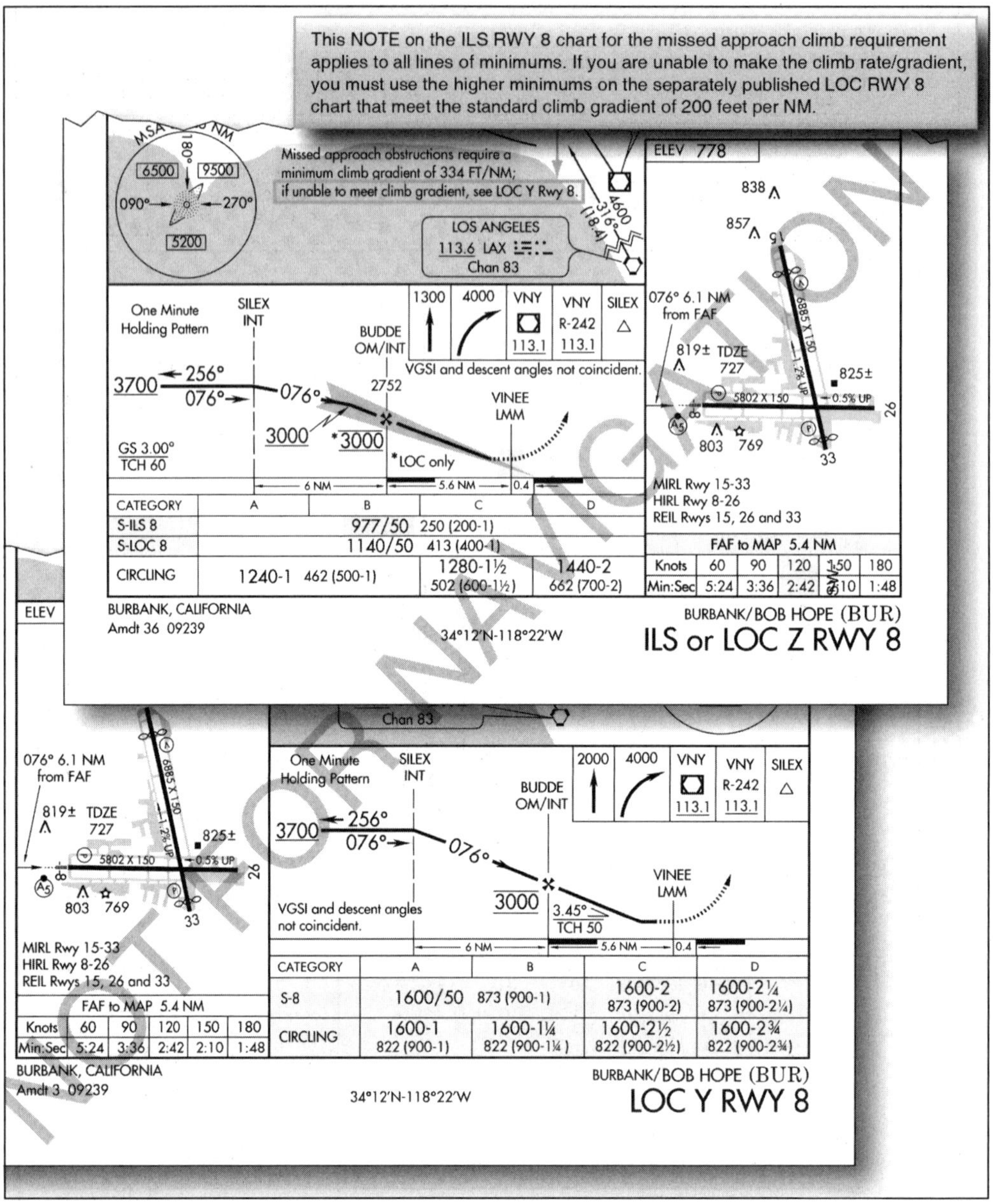

【그림4-40】 위의 차트에 있는 주석[NOTE]에서 이 모든 최저치 라인에 적용되는 실패접근의 최저상승경도는 334 FPNM이다. 만약 이 상승경도에 따를 수 없다면 더 높은 최저치가 발행된 LOC Y RWY 8을 활용해야 한다. LOC Y RWY 8의 활공경도는 200 FPNM이고 별도로(아래) 발행되어 있다. ILS or LOC Z RWY 8의 경우 비정밀접근을 실행할 때 FAF에서 MAP 도착의 결정은 대기속도와 시간(분:초)으로 결정해야 한다. 예를 들어 대지속도 120노트일 때 FAF→MAP(5.4 NM)까지 2분 42초가 소요된다.

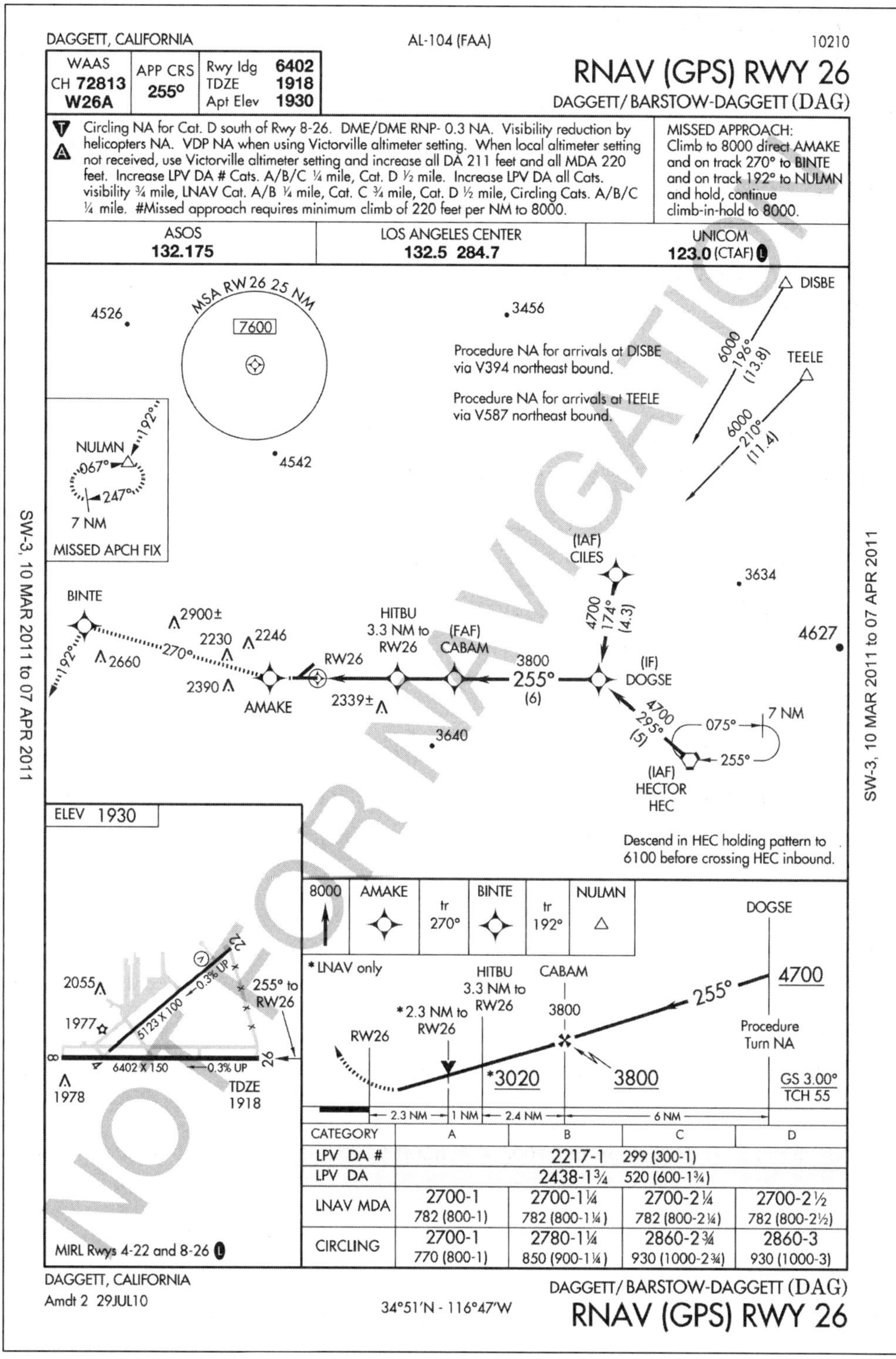

CATEGORY	A	B	C	D
LPV DA #	2217-1 299 (300-1)			
LPV DA	2438-1¾ 520 (600-1¾)			
LNAV MDA	2700-1 782 (800-1)	2700-1¼ 782 (800-1¼)	2700-2¼ 782 (800-2¼)	2700-2½ 782 (800-2½)
CIRCLING	2700-1 770 (800-1)	2780-1¼ 850 (900-1¼)	2860-2¾ 930 (1000-2¾)	2860-3 930 (1000-3)

【그림4-41】 상승경도가 200 PFNM 이상을 필요로 할 때 두 세트의 최저치가 제공되어야 한다. LPV DA# 그리고 LPV DA 최저치가 다르다는 것을 알 수 있다.

4.14.5 접근 브리핑 사례

계기접근 브리핑 중 공항명칭과 특정 접근절차는 다른 비행승무원과 공유하고 차트를 교차 참조(cross-reference)할 수 있도록 브리핑에 반드시 포함해야 한다. 이것은 계기접근을 수행하고자 하는 조종사는 접근과 관련된 정보를 종합적으로 검토하고 확인할 수 있도록 해 준다. [그림4-42]는 브리핑에 포함되어야 하는 항목들과 순서를 보여주고 있다. 비록 다음 사례는 2인 조종사 항공기를 바탕으로 한 것이지만 1인 조종사에게도 동일하게 적용할 수 있다.

접근 브리핑(approach briefing)은 ATIS, 기상, 지형지물, NOTAM, 접근에 사용되는 활주로, 활주로 상태(status), 항공기 성능 고려사항, 최종접근코스까지 예상 항로(expected route), 그리고 항공교통 상황(traffic situation)에 대한 전반적인 내용을 검토하는 것부터 시작된다. 이후 브리핑 항목과 형식(item and format)은 점점 더 특정화된다. 또한, 브리핑은 모든 항목이 정확하게 셋업되는 것을 보장하기 위해서 점검표(checklist)와 같이 사용할 수 있다. 대부분 조종사는 마음속으로 상상한 특정 MAP을 구두로 브리핑하기 때문에 실패접근 중 누가 무엇을 어떻게 행해야 하는지에 관한 혼동이 없다. 또한, 실패접근 상황에서 관제탑에서 당신에게 대체 지시(alternate instruction)를 하게 될지라도 발행된 실패접근을 브리핑하는 것은 아주 현명한 방법이다. 전형적인 접근 브리핑은 Monroe Regional Airport (KMLU)을 향한 비행에서 다음과 같이 사례와 거의 유사하다.

[ATIS]
"Monroe Regional Airport Information Bravo, time 2253 Zulu, wind 360 at 10, visibility 1 mile, mist, ceiling 300 overcast, temperature 4, dew point 3, altimeter 29.73, ILS Runway 4 approach in use, landing and departing Runway 4, advise on initial contact that you have information Bravo."

[PF]
"We're planning an ILS approach to Runway 4 at Monroe Regional Airport, page 270, effective date 22 Sep 11 to 20 Oct 11. Localizer frequency is 109.5, SABAR Locator Outer Marker is 392, Monroe VOR is 117.2, final approach course is 042°. We'll cross SABAR at 1,483 feet barometric, decision altitude is 278 feet barometric, touchdown zone elevation is 78 feet with an airport elevation of 79 feet. MAP is climb to 2,000 feet, then climbing right turn to 3,000 feet direct Monroe VOR and hold. The MSA is 2,200 feet to the north and along our missed approach course, and 3,100 feet to the south along the final approach course. ADF or DME is required for the approach and the airport has pilot controlled lighting when the tower is closed, which does not apply to this approach. The runway has a medium intensity approach lighting system with runway alignment indicator lights and a precision approach path indicator (PAPI). We need a half-mile visibility so with one mile we should be fine. Runway length is 7,507 feet. I'm

planning a flaps 30 approach, auto-brakes 2, left turn on Alpha or Charlie 1 then Alpha, Golf to the ramp. With a left crosswind, the runway should be slightly to the right. I'll use the autopilot until we break out and, after landing, I'll slow the aircraft straight ahead until you say you have control and I'll contact ground once we are clear of the runway. In the case of a missed approach, I'll press TOGA (Take-off/Go-Around button used on some turbojets), call 'go-around thrust, flaps 15, positive climb, gear up, set me up,' climb straight ahead to 2,000 feet then climbing right turn to 3,000 feet toward Monroe or we'll follow the tower's instructions. Any questions?"

[PM]
"I'll back up the auto-speed brakes. Other than that, I don't have any questions."

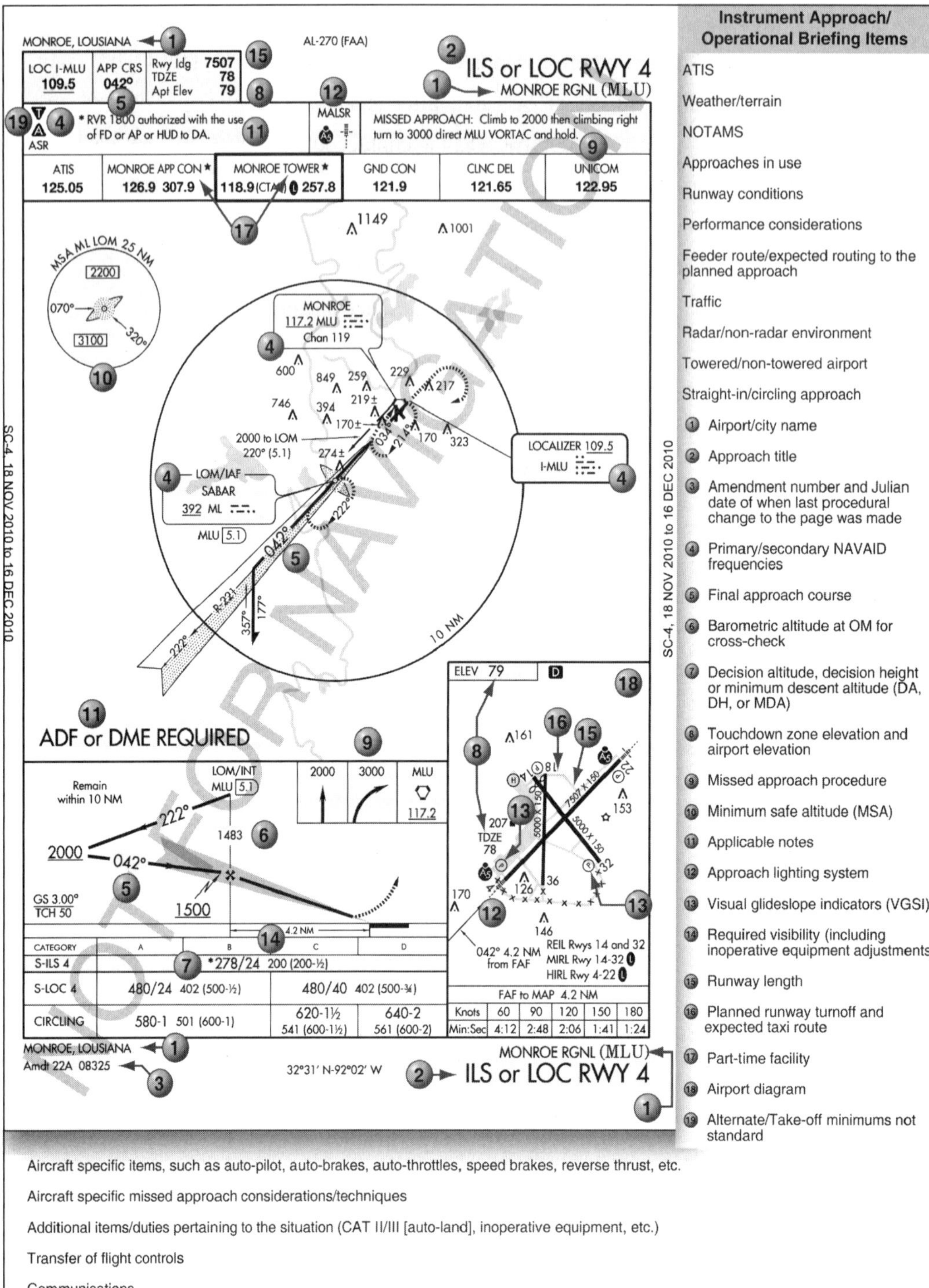

【그림4-42】 전형적인 계기접근차트(IAP)를 구성하고 있는 주요 항목의 명칭이다. 모든 내용 대부분은 본문에서 다루었고 관련 내용을 종합적으로 상기해 볼 수 있다.

4.15 계기접근절차 구간

계기접근은 [그림4-49]와 같이 4개의 접근구간(approach segment)으로 구성되어 있다.

- 최초접근구간(initial approach segment; IAF)
- 중간접근구간(intermediate approach segment; IF)
- 최종접근구간(final approach segment; FAF)
- 실패접근구간(missed approach segment; MAP)

이외에도 지선항로(feeder route)는 순항항로 구조에서 IAF까지 전이를 제공한다. TERPS 기준은 [그림4-43, 컬러]에서 보는 것과 같이 각 접근절차 구간을 위한 장애물 통과높이를 제공한다.

4.15.1 지선항로

지선항로(feeder route)는 [그림4-44, 49]와 같이 순항항로 구조에서 IAF로 진행하기 위한 항로를 지정하기 위해서 계기접근절차(IAP) 차트에 그려진 항로이다. 또한, 지선항로는 접근 전이(approach transition)로 고려되지만, 접근구간이 아니면서 대부분의 IAP와 통합 부분(integral part)이다. 비록 접근절차에 여러 개의 지선항로가 있을지라도 조종사는 통상 순항항로 도착 지점에 가까이 있는 지선항로를 선택해야 한다. IAF가 순항항로 구조의 한 부분일 때 항공기를 IAF까지 진행하기 위한 별도의 항로가 필요하지 않다. 지선항로가 지정될 때 차트에는 비행하게 될 코스 또는 방위(course or bearing) 그리고 최저고도가 제공된다. 순항항로 항공로 장애물 통과높이 기준은 1,000피트의 장애물 통과높이(산악지형은 2,000피트)를 제공하면서 지선항로까지 적용된다.

4.15.2 터미널 항로

IAP가 순항항로 구조의 한 부분이고 지선항로가 필요하지 않을 때 [그림4-45]와 같이 전이 또는 터미널 항로(transition or terminal route)는 항공기를 IAF에서 중간픽스(intermediate fix; IF)까지 진행하는 데 필요하다. 터미널 항로는 IAF에서 시작되기 때문에 이들 항로는 최초접근구간이다. 지선항로와 같이 터미널 항로는 IF까지 코스, 최저고도, 그리고 거리가 표기된다. 이들 항로는 지선항로와 동일한 목적으로 이루어지지만, 지선항로는 IAF에서 종료되는 반면 이들 항로는 IAF에서 시작된다.

4.15.3 DME 아크

지선항로는 접근구간에 속하지 않지만, DME 아크(arc)는 접근 코스까지 전이를 제공하고 접근구간에 속한다. DME 아크가 설정되었을 때 항공기는 순항항로 단계를 출발해서 접근을 시작하고 접근의 중간 또는 최종접근구간에 진입할 수 있도록 기동해야 한다. 또한, DME 아크는 비록 이들이 드물게 최종접근구간으로 사용될지라도 중간 혹은 최종접근구간으로 활용될 수 있다. 아크는 IF에서 혹은 전에 코스에 합류(join)될 수 있고, 이때 아크와 코스의 인터셉션 각도(angle of interception)는 120°를 초과하지 않도록 설계된다.

인터셉션 각도가 90°를 초과할 때 최소한 2 MM 선도(lead; *진입 각도에 앞서 이를 보조하기 위해서 설정된 레디얼*)를 제공하는 레디얼은 최초접근구간으로 선회를 보조하기 위한 선도 레디얼을 식별할 수 있어야 한다. DME 아크는 VOR과 같은 전방향성 코스 정보를 제공하는 시설과 함께 설치된다. DME 아크는 전방향성 코스 정보를 제공하지 못하는 ILS 또는 LOC DME 시설을 기반으로 할 수 없다.

DME 아크 선상에 있는 ROC는 접근구간에 따라 다르다. 최초접근구간을 위한 1,000피트의 ROC는 1차 구역(primary area)에서 필요로 하고 아크의 양쪽으로 4 NM까지 확장된다. 중간구간의 1차 구역을 위한 ROC는 500피트이다. 최초 그리고 중간 접근구간 2차 구역은 1차 구역 경계 가장자리로부터 2 NM까지 확장된다. ROC는 [그림4-46, 컬러]와 같이 500피트에서 1차 구역 경계 가장자리(primary boundary edge)에서 시작되어 2차 구역 외부 가장자리(outer edge)에서 0피트까지 점차 좁아진다.

4.15.4 역코스 절차

일부 접근절차는 조종사가 레이더 유도를 받고 있지 않는 한 직진접근을 허용하지 않는다. 이 상황에서 조종사는 통상 절차선회(PT) 픽스의 10 NM 안에서 항공기가 중간 혹은 최종접근구간에서 인바운드에 들어설 수 있도록 하기 위해서 절차선회(procedure turn; PT) 또는 다른 역코스(course reversal) 절차를 수행해야 한다.

만약 CAT E 비행기가 PT를 적용하고 있거나 강하경도문제(descent gradient problem)에 직면했다면 가용한 PT 거리는 15 NM까지 확장될 수 있다. 절차선회 중 최대 지시대기속도 200노트(KIAS)는 첫 역코스 IAF를 통과할 때부터 장애물 통과높이 지역 안에서 봉쇄(containment)를 보장하기 위한 전체 절차선회 기동을 통해서 준수해야 한다. 체공패턴(holding pattern) 혹은 티어드롭 절차(teardrop procedure)가 발행되지 않는 한 조종사가 선회를 시작하는 지점과 선회 방식 그리고 선회율은 조종사의 재량이다. 만약 절차선회 최저치 고도 이상이라면 조종사는 IAF 아웃바운드를 통과하자마자 강하를 시작해야 한다.

절차선회는 중간 혹은 최종접근코스에서 항공기 인바운드를 확립하기 위해서 역코스를 수행하도록 지정된 기동이다. 절차선회 또는 절차선회 대용체공(holding in lieu of procedure turn)은 접근차트에 도식되었을 때 기동이 필요하다. 그러나 절차선회 또는 절차선회 대용체공은 비행하고 있는 최초구간에 "No PT"가 부호가 표기되어 있을 때, 최종접근코스까지 RADAR VECTOR가 제공되고 있을 때, 또는 체공픽스(holding fix)로부터 시간차 접근(timed approach)이 수행되고 있을 때는 허용되지 않는다. 절차선회에 지정된 고도는 항공기가 인바운드 코스에 들어설 때까지 최저고도이다. 기동은 측면도에 지정된 거리 내에서 마쳐야 하고 이 거리는 통상 10마일이다.

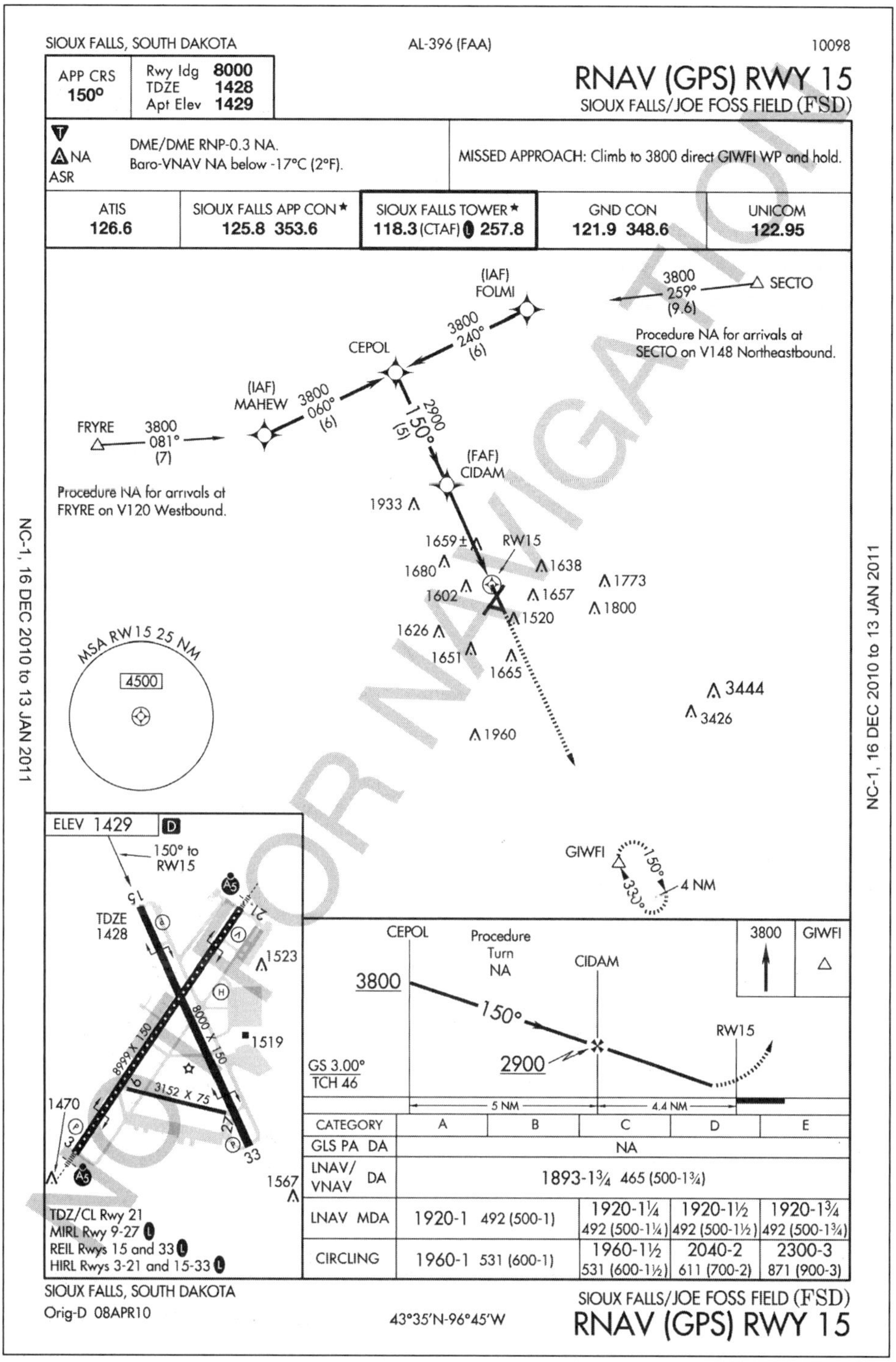

CATEGORY	A	B	C	D	E
GLS PA DA	NA				
LNAV/VNAV DA	1893-1¾ 465 (500-1¾)				
LNAV MDA	1920-1 492 (500-1)		1920-1¼ 492 (500-1¼)	1920-1½ 492 (500-1½)	1920-1¾ 492 (500-1¾)
CIRCLING	1960-1 531 (600-1)		1960-1½ 531 (600-1½)	2040-2 611 (700-2)	2300-3 871 (900-3)

【그림4-44】 RNAV (GPS) RWY 15 접근을 위해서 2개의 IAF가 설정되어 있다. 이 접근은 전형적인 기본 "T" 형식으로 되어 있다. SECTO에서 IAF FOLME까지 지선항로를 위한 방위각, 최저고도, 그리고 거리가 표기되어 있다. FRYRE에서 IAF MAHEW까지 또 다른 지선항로가 설정되어 있다. 이들 지선항로를 이용할 때 절차선회는 요구되지 않는다.

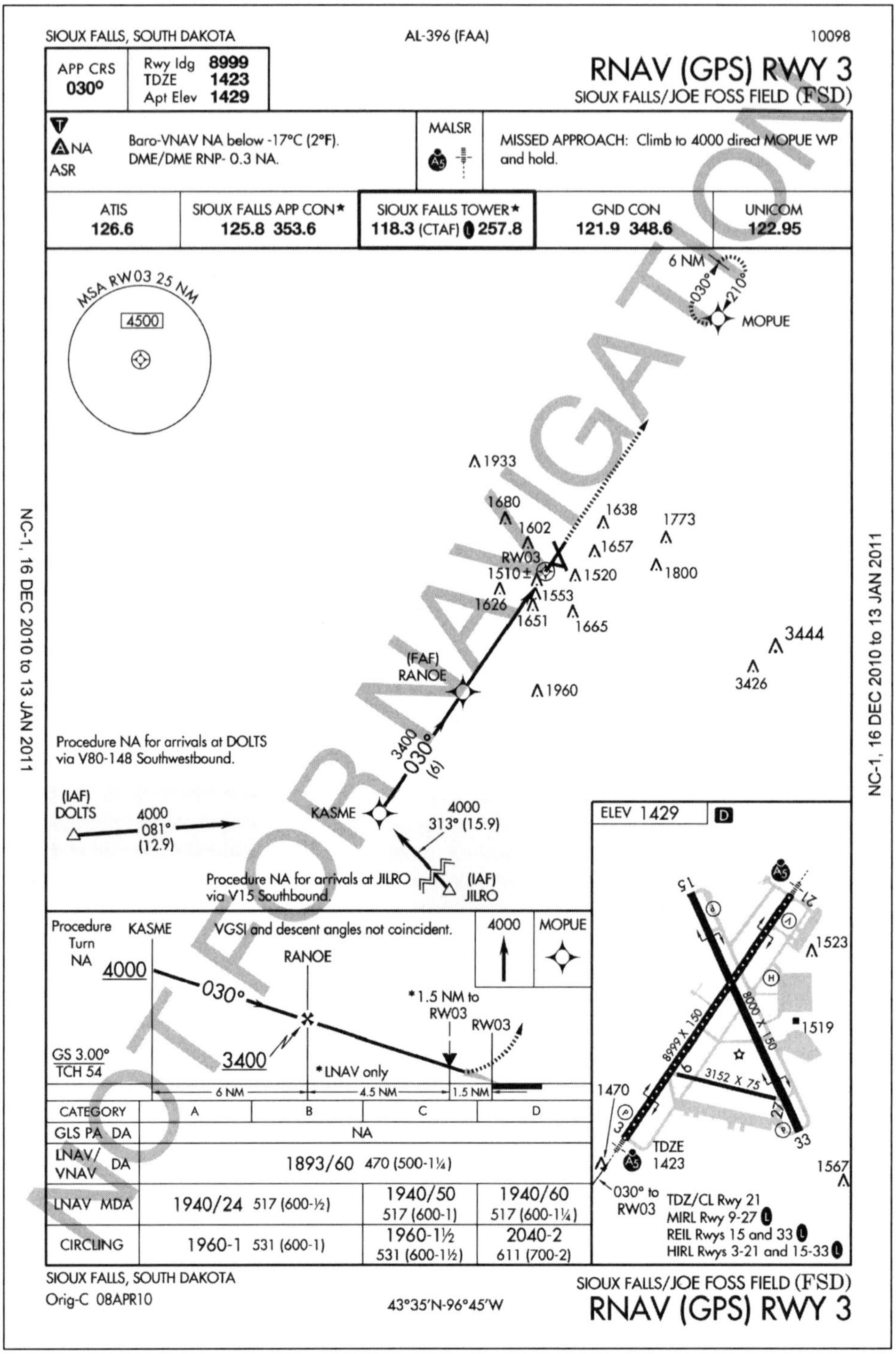

【그림4-45】 RNAV (GPS) RWY 3의 접근을 위해서 2개의 터미널 항로가 설정되어 있다. 터미널항로는 지선항로와 달리 접근구간에 포함되고 굵은 선으로 그려진다. 터미널 항로 역시 방위각, 최저고도, 그리고 거리가 제공된다.

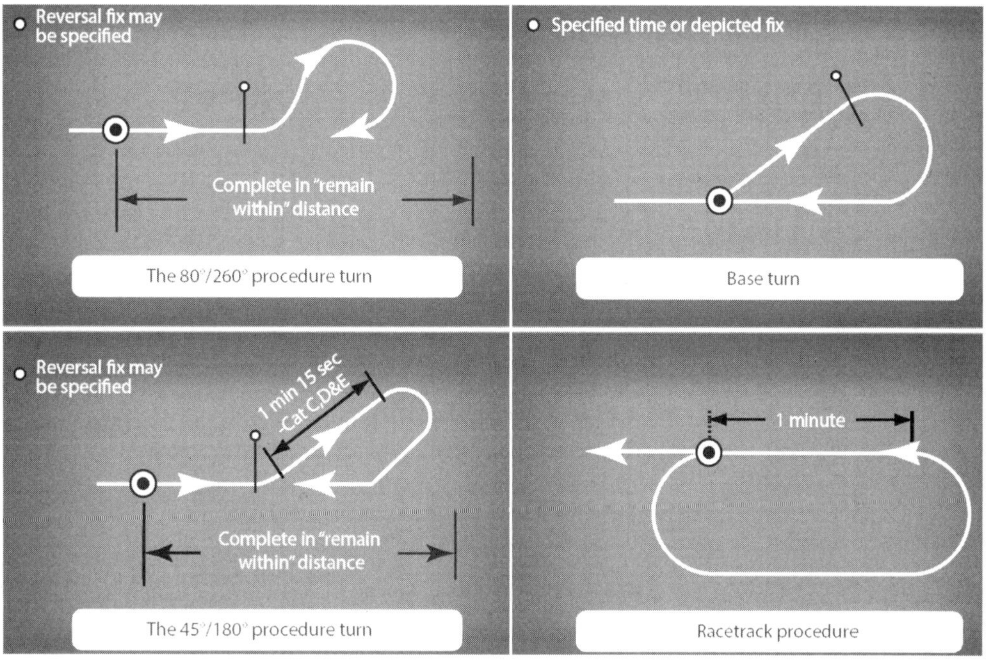

【그림4-47】 역코스 절차

CAT A 혹은 헬리콥터에는 5마일까지 감소할 수 있고, 고성능 항공기를 수용하기 위해서 15마일까지 증가할 수 있다. 조종사는 절차에는 요구되지 않지만, ATC로부터 수정인가를 처음 받았을 때 절차선회 또는 절차선회 대용체공을 사용할 것을 결심할 수 있다.

RNAV 표준계기접근절차와 함께 발행하는 것과 같이 ATC가 최종접근코스, 또는 중간 픽스까지 레이더 벡터 중일 때 ATC는 절차신회 또는 절차선회 대용체공이 적용되지 않는다는 것을 조종사에게 확실하게 이해시킬 수 있도록 하기 위해서 접근 인가에 "CLEARED STRAIGHT-IN (type) APPROACH"와 같이 지정할 수 있다. 만약 조종사가 절차선회 또는 직진접근을 적용해야 하는지에 대해서 불확실하다면 즉시 ATC에게 문의하여 확인해야 한다.

차트에서 미늘이 있는 화살표(barbed arrow)는 절차선회가 수행되는 아웃바운드 코스의 기동 측면(maneuvering side)을 나타낸다. 기수방위는 45° 절차선회의 종류가 적용되는 역코스 절차에 제공된다. 그러나 선회가 시작되는 지점과 선회 방식과 선회율은 조종사의 재량이다. (차트에 도식된 XX NM 거리 내에서 완료하도록 제한됨) 45° 절차선회, 레이스트랙 패턴(racetrack pattern), 티어드롭 절차선회, 또는 80° 절차선회, 또는 80°↔260° 역코스에는 일부 옵션이 있을 수 있다. 레이스트랙 진입(entry)은 대부분의 보호공역(protected airspace)인 기동 측면에서 수행되어야 한다. 만약 진입이 PT의 비기동 측면(non-maneuvering side)에 놓이게 된다면 조종사는 보호공역 안에 남아 있도록 보장하기 위해서 아웃바운드 코스에 인터셉트하기 위해서 수정해야 한다.

일부 절차선회는 절차적 항적(procedural track)으로 지정되기도 한다. 이들 선회는 그려진 것과 같이 정확하게 비행해야 한다. 이들 필수요건은 [그림4-47]과 같이 보호공역 내에 남아 있어야 하고 적절한 장애물 통과높이를 유지하는 데 필수적이다. 절차선회 1차 지역에는 [그림

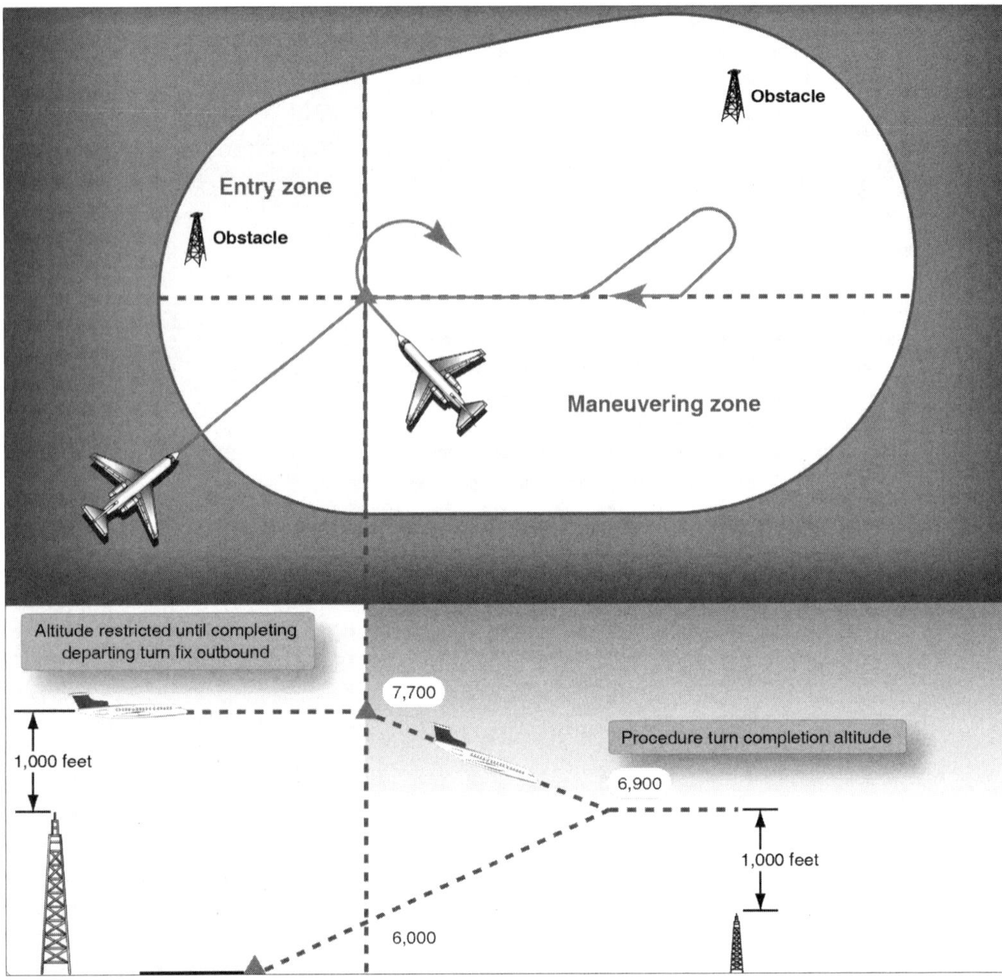

【그림4-48】 절차선회에 따른 진입지대와 기동지대 모두는 주변에 있는 장애물로부터 충분한 통과높이를 제공해야 한다. 절차선회 아웃바운드 픽스를 출발할 때까지 고도제한(위의 사례에서 7,700피트)이 적용된다. 절차선회를 완료한 후 지정된 고도제한(위의 사례에서 6,900피트)을 준수해야 한다.

4-48]과 같이 장애물 통과높이 최저치 1,000피트가 제공된다. 2차 지역에서는 내부 가장자리에서 500피트 장애물 통과높이가 제공되고 외부 가장자리에서 0피트까지 균등하게 감소한다.

1차와 2차 지역은 진입과 기동지대(maneuvering zone) 모두에서 장애물 통과높이를 결정한다. 진입과 기동지대의 사용은 장애물로부터 추가 안전을 제공한다. 진입지대는 절차선회 픽스로부터 아웃바운드로 진행하기 전 장애물 통과높이를 보장하기 위해서 설정된다. 기동지대는 절차선회 픽스로부터 아웃바운드로 진행한 후 장애물 통과높이를 보장하기 위해서 설정된다. 절차선회(PT) 픽스 고도(발행되었거나 ATC가 부여했을 때)로부터 절차선회 완료 고도(completion altitude)까지 강하는 PT 픽스 또는 어빔(abeam) 상공을 통과하고 아웃바운드로 진행할 때까지 시작해서는 안 된다. 일부 절차는 차트 측면도에 "Maintain (altitude) or above until established outbound for procedure turn"과 같은 주석이 포함된다.

새로 발행된 절차에는 차트 주석 없이 단순히 PT 픽스에 "at or above" 고도가 표기되어 있다. 이들 둘 모두는 절차선회 진입지대(procedure turn entry zone)에서 필수 장애물 통과높이를 보장하기 위해서 제공된다. PT 픽스 주변에 차트 주석 또는 지정된 최저고도가 없는 것은 절차선회 고도까지 강하는 비행 방향과 관계없이 PT 픽스 상공을 통과하자마자 즉시 시작할 것을 지시한다. 이것은 PT 진입지대와 PT 기동지대에 있는 최저고도가 동일하기 때문이다.

일부 절차에서 절차선회 대용체공(holding pattern-in-lieu of PT)은 역코스를 위해서 지정될 수 있다. 이 경우 체공패턴은 중간 픽스 또는 FAF 상공에 설정된다. 측면도에 지정된 체공패턴 거리 또는 시간은 확실하게 준수해야 한다. 절차선회 대용체공을 위해서 체공패턴 방향은 도식된 것과 같은 방향으로 비행하고 지정된 구간 길이/시간(specified leg length/timing)을 초과해서는 안 된다. 모든 체공패턴에 지정된 것과 같은 최대 체공속도 한계가 적용된다. 체공패턴 기동은 항공기가 적절한 접근을 실행한 후 인바운드 코스에 들어섰을 때 완료되어야 한다. 만약 체공 픽스로 되돌아오기 전에 접근이 인가되었고 항공기는 지정된 고도에 있다면 체공패턴의 추가 체공(additional circuit)은 필요하지 않고 ATC 역시 예상하지 않을 것이다. 만약 조종사가 과도한 고도를 낮추거나 더욱 확실한 코스에 들어서기 위해서 추가 체공을 결심했다면 접근 인가를 받자마자 ATC에 조언하는 것은 조종사의 책임이다.

4.15.5 최초접근구간

최초접근구간(initial approach fix; IAF)의 목적은 항공기를 중간(IF) 혹은 최종접근구간(FAF)으로 정렬시킬 수 있게 하고 정렬 중 강하를 허용하기 위함이다. 이것은 절차선회 또는 체공패턴과 같은 DME 아크, 역코스를 이용하거나, 또는 최종접근코스를 인터셉트하는 터미널 항로(전이항로)를 따라감으로써 이루어진다. 최초접근구간은 IAF에서 시작되고 통상 중간접근구간이나 IF에서 합류되는 지점에서 끝난다. 접근차트에 있는 문자 IAF는 IAF의 위치를 나타내고 한 개 이상이 가용할 수 있고, 최초접근구간에 코스, 거리, 그리고 최저고도가 제공된다. 차트에 주어진 절차는 여러 개의 IAF로 구성될 수 있다. 한 개 이상이 존재할 때 동일 위치가 아니더라도 통상 중간접근구간에 합류된다.

중간 픽스를 중심으로(anchored) 절차선회 대용체공(HILO)과 관련해서 많은 RNAV 접근은 이중 목적(dual-purpose) IF/IAF로 사용된다. HILO는 역코스를 필요로 할 때 최초접근구간을 형성한다. 절차선회를 필요로 할 때 코스를 역(reverse)으로 전환하기 위한 체공패턴에 진입하기 위해서만 필수적이다. 이 경우 이중 목적 픽스는 IAF를 나타낸다. 일단 항공기가 체공패턴에 진입하고 인바운드 코스에서 픽스로 되돌아왔다면 이중 목적 픽스는 IF가 되어 중간구간의 시작을 나타낸다. ATC는 90° 미만의 각도에서 IF까지 레이더 유도를 제공할 것이고 "Cleared Straight-in (type) Approach"를 지시하게 될 것이다. 이 경우 최초접근구간에 레이더 벡터가 제공되고 조종사는 ATC로부터 인가 없이 PT를 비행해서는 안 된다. 때때로 차트에 절차를 위한 최초접근구간이 없을지라도 IAF가 표기될 수 있다. 이것은 통상 중간접근구간이 시작되는 순항항로 구조 안에 있는 지점에서 발생한다. 이 상황에서 IAF는 중간접근구간의 시작을 나타낸다.

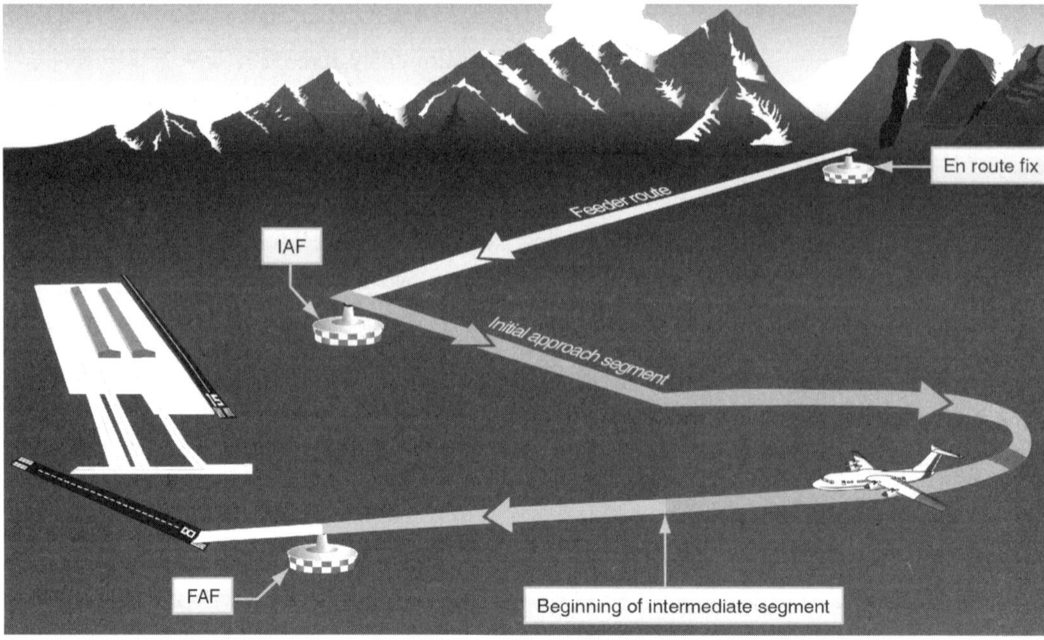

【그림4-49】 순항항로 픽스에서 지선항로를 경유해서 IAF에 도착한 후 최초접근구간과 중간접근구간을 경유해서 FAF까지 유도되고 있는 사례이다. 이 경우 별도의 중간접근픽스가 지정되어 있지 않다는 것을 알 수 있다.

4.15.6 중간접근구간

중간접근구간(intermediate approach segment; IF)은 항공기를 공항까지 최종 강하를 위한 위치까지 유도하기 위해서 설계된다. 중간접근구간 역시 지선항로와 최초접근구간과 같이 코스, 방위, 그리고 최저고도 정보가 제공된다. 중간구간은 통상 IF 또는 중간 지점에서 시작해서 최종접근구간의 시작 지점까지이고, 최종접근구간의 30° 이내에서 정렬된다. 일부 경우는 접근차트에 IF가 그려지지 않을 수 있다. 이 상황에서 중간접근구간은 조종사가 FAF까지 인바운드로 진행하는 지점에서 시작하여 최종접근코스와 정확하게 정렬되고, FAF에 도달하기 전 지정된 거리 안에 위치한다. 절차선회와 통합된 계기접근은 도식(charted) IF가 없는 보편적인 접근 사례이다. 이 사례에서 [그림4-49]와 같이 중간접근구간은 조종사가 절차선회를 마친 후 인바운드 코스에 인터셉트했을 때 시작된다.

4.15.7 최종접근구간

수직유도접근 또는 정밀접근을 위한 최종접근구간(final approach segment)은 활공경사가 접근차트에 발행된 최저 활공경사 인터셉트 고도(intercept altitude)를 인터셉트하는 지점에서 시작된다. 만약 ATC가 더 낮은 인터셉트 고도를 승인했다면 최종접근구간은 그 고도에서 활공경사를 인터셉트하자마자 시작된다. 비정밀접근에서 최종접근구간은 지정된 FAF(측면도에 몰타 크로스로 표시됨) 혹은 항공기가 최종접근코스에서 인바운드에 들어선 지점에서 시작된다. 공항에 있는(on-airport) VOR 또는 NDB와 통합된 접근과 같이 FAF가 지정되지 않았을 때 이 지점은 통상 절차선회가 최종접근코스 인바운드와 교차하는 곳이다. 이 지점은 최종접근지점(final approach point; FAP)라고 한다. 최종접근구간은 지정된 MAP 또는 착륙하자마자 종결된다. 최종접근코스 유도를 기초로 3종류의 절차가 있다.

① 정밀접근(precision approach; PA)은 ICAO Annex 10의 정밀접근표준에 충족해야 하는 코스와 활공경로 편차 정보를 제공하는 항법 시스템을 기반으로 한 계기접근이다. 예를 들어 PAR, ILS, 그리고 GLS는 정밀접근이다.

② 수직유도접근(approach with vertical guidance; APV)은 ICAO Annex 10의 정밀접근표준에 충족하지 못한 항법 시스템을 기반으로 한 계기접근이지만 코스와 활공경사 편차 정보 모두를 제공한다. 예를 들어 Baro-VNAV, LDA with glideslope, LNAV/VNAV, 그리고 LPV는 APV 접근이다.

③ 비정밀접근(non-precision approach, NPA)은 코스 편차 정보를 제공하지만, 활공경사 편차 정보를 제공하지 않는 항법 시스템을 기반으로 한 계기접근이다. 예를 들어 VOR, TACAN, LNAV, NDB, LOC, 그리고 ASR 접근은 NPA 절차의 사례이다.

4.15.8 실패접근구간

실패접근구간은 MAP에서 시작해서 최초접근픽스(IAF) 또는 순항항로 구간이 시작되는 지점 또는 픽스까지이다. MAP의 실제 위치는 비행하고 있는 접근 종류에 따라 다르다. 예를 들어 정밀 또는 APV 접근의 경우 MAP은 활공경로 선상에서 DA 또는 DH가 된다. 비정밀접근에서 MAP은 FAF를 통과한 후 지정된 시간이 경과 후 또는 픽스, NAVAID 중 한 지점이 된다.

4.15.9 접근 인가

계기접근을 승인하는 ATC 인가는 지면과 시각적 접촉(visual contact)이 접근을 완료하기 전 컨택접근(contact approach)과 시계접근(visual approach)이 인가되지 않는 한, 그리고 IFR 비행계획이 취소되지 않는 한 전체 접근절차에 따라야 한다는 것을 기초로 한다. (*MAP을 통과하여 활주로까지 계속 접근을 승인한다*) 접근 인가(approach clearance)는 알려진 교통(known traffic)을 기반으로 발령된다. ATC로부터 접근 인가를 받는 것이 해당 접근에 적용되는 관련 규정과 계기접근차트에 있는 “procedure not authorized at night”과 같이 주석에 따르거나 필수 행동에 따라야 하는 조종사 책임을 완화하는 것은 아니다. 차트에 발행된 것과 같이 접근명칭은 접근을 식별하는 데 사용된다. 괄호 속에 있는 접근명칭 항목은 접근 인가 구절(approach clearance phraseology)에 포함되지 않는다.

4.15.10 최종접근코스까지 레이더 유도

접근 게이트(approach gate)는 항공기를 최종접근코스까지 레이더 유도를 기반으로 한 가상지점(imaginary point)이다. 접근 게이트는 공항 외측으로 FAF에서 최종접근코스 1마일 선상에 설정되거나 착륙 시단으로부터 5 NM 이상(no closer than)이 된다. 또한, 관제사는 다음과 같이 부여된 고도를 확실하게 준수할 것을 요구하게 될 것이다.

① 정밀접근에서 활공경사보다 높지 않은 고도 또는 접근절차 차트에 지정된 최저 활공경사 인터셉트 고도 아래

② 비정밀접근에서 발행된 절차에 따라 강하를 허용하는 고도. 이외에도 관제사는 아래 표 이상에서(no closer than) 최종접근코스를 인터셉트하도록 기수방위를 부여해야 한다.

Distance from interception point to approach gate	Maximum interception angle
Less than 2 miles or triple simultaneous ILS approaches in use	20°
2 miles or more	30°(45° for helicopter)

전형적인 최종접근코스까지 레이더 유도와 관련 접근 인가는 다음과 같다.

"…four miles from LIMAA, turn right heading three four zero, maintain two thousand until established on the localizer, cleared ILS runway three six approach."

이외에도 개별적 환경에 맞게 다른 인가 형식(clearance format)이 사용될 수 있으나 관제사는 항상 항공기가 발행된 항로의 구간 또는 IAP에 들어설 때까지 유지해야 하는 고도를 부여해야 한다. 관제사가 부여한 고도는 항공기가 발행된 항로에 들어설 때까지 접근 인가가 발령된 지점으로부터 IFR 장애물 통과높이를 보장해야 한다. FAF 또는 코스까지 레이더 유도 중이거나, 시간차 접근(timed approach)이 수행 중일 때, 또는 절차에 "No PT"가 표기되어 있을 때 절차선회는 금지된다.

최종접근코스까지 항공기를 레이더 유도 중 관제사는 접근 게이트 외측 최소한 2 NM 지점에서 확실하게 인터셉트할 것을 요구할 것이다. 다음 상황은 예외에 포함되지만, GPS 또는 RNAV 접근을 위해서 유도되고 있는 RNAV 항공기에는 적용되지 않는다.

① 실링이 MVA/MIA 위로 최소한 500피트, 그리고 시정이 최소한 3 SM(공항을 위한 기상이 보고되지 않았을 때 PIREP) 보고되었을 때 항공기는 접근 게이트 외측 2마일 이내이지만 접근 게이트보다 가깝지 않은 최종접근코스를 인터셉트하도록 유도될 것이다. (접근 게이트로부터 2마일 안에 있지만, 접근 게이트는 아닌)

② 만약 조종사가 특별하게 요청했다면 항공기는 FAF보다 더 가깝지 않은 최종접근코스를 인터셉트하기 위해서 레이더 유도될 수 있다.

4.15.11 비레이더 환경

레이더 유도가 제공되지 않는 환경(non-radar environment)에서 계기접근은 IAF에서 시작된다. 항공기가 체공 픽스까지 인가되었고 그 픽스에 도착하기 전 접근을 위한 인가가 발령되지만 "proceed direct to..."와 같이 마지막으로 부여된 항로(last assigned route)를 따라 비행하

거나, 접근차트에 발행되었다면 지선항로를 경유해서 진행한 다음 발행된 것과 같이 접근을 시작하는 것으로 예상해야 하고, 특별한 경우를 제외하고 항로배정(revised routing)은 수정되지 않는다. 항공기가 체공 픽스까지 지정된 비행로를 따라감으로써 IAF 또는 사용하고자 하는 지선항로의 시작과 관련된 픽스 상공을 비행한다면 항공기는 IAF까지 또는 IAF로부터 적절하게(to the IAF or from the IAF as appropriate) 발행된 지선항로를 이용해서 접근이 시작된다는 것을 예상해야 한다. 항공기는 IAF 또는 지선항로까지 상공을 비행하고 되돌아오는 것을 예상해서는 안 된다. 차트에 발행되어 있지 않은 항로를 이용하고 있는 항공기는 발행된 항로 또는 IAP의 구간(segment)에 들어설 때까지 유지해야 하는 고도를 부여한다.

"...Maintain 2,000 until established on the final approach course outbound, cleared VOR/DME runway 12..."

여기서 용어 "on course"에 들어섰다는 것은 항공기가 항로 중앙선(route centerline)에 들어섰다는 것을 의미한다. 일반적으로 관제사는 접근을 인가하기 전 글라이더슬롭을 인터셉트할 수 있는 고도를 부여한다.

4.16 접근 종류

미국 국가공역체계(NAS) 안에서 대략 1,105개의 VOR 송신소, 916개의 NDB 송신소, 그리고 25개의 LOC-형식 방향보조시설(LDA), 11개의 SDF, 그리고 235개의 LOC 시설을 포함한 1,194개의 ILS 시설을 갖추고 있다. 시대의 흐름과 함께 VOR, NDB, 그리고 다른 지상기반 NAVAID에 의존하는 항법은 점차 감소하는 대신 위성기반(satellite-based) 항법의 적용이 점차 확대되고 있다. FAA에서는 모든 계기비행 조종사에게 RNAV 절차의 사용을 촉진하기 위해서 RNAV 절차를 개발하기 위한 혁신적인 계획을 수립하였다.

2010년 NAS에서 발행한 RNAV/GPS 접근의 수는 매 개정 주기(every revision cycle)에 발행된 추가 접근과 함께 10,212개로 증가하였다. 초기 FAA는 VOR, NDB, 그리고 다른 지상기반 NAVAID 시설을 폐쇄(decommissioning)시키는 것이었지만 전체 전략은 안정적으로 예비시스템(backup system)을 유지하면서 대부분 위성증대항법(augmented satellite navigation)과 통합하는 것으로 변경되었다. 이 예비 시스템은 모든 CAT II 그리고 III ILS 시설은 남겨두고 현재 사용되고 있는 VOR 네트워크의 절반을 폐쇄하는 것이다.

각 접근은 주변 지형, 장애물, 그리고 NAVAID에 적절하게 TERPS 설계기준에 따라 장애물 통과높이가 제공된다. 최종접근 장애물 통과높이는 접근 종류에 따라 다르지만, 최종접근구간의 시작 지점에서부터 활주로 또는 MAP까지(어느 것이든 최종접근지역 안에서 나중에 발생하는 것) 보장되어야 한다. 최종접근지역의 경계 안에서 적절한 비행경로를 유지하고 장애물 통과높이를 유지하는 것은 조종사에게 달려 있다.

NAS에서 적용되고 있는 계기접근에는 RNAV (GPS), ILS, LOC, VOR, NDB, SDF, 그리고 Radar Approach를 포함해 다양한 종류가 있다. 각각의 접근은 별도의 개별 설계기준(individual design criteria), 장비 필수요건, 그리고 시스템 성능이 지정된다.

4.16.1 시계접근과 컨택접근

ATC는 교통흐름을 촉진하기 위해서 비행 상태가 허용한다면 조종사에게 발행된 접근절차 대신 시계접근(visual approach)을 인가할 수 있다. 컨택접근이 발행된 IAP에 비해서 시간이 절약되고 IFR과 SVFR 항공기 사이에 분리가 제공되는 등 여러 면에서 이점이 있다. 시계접근 또는 컨택접근은 SIAP 대신 사용할 수 있고, 이들 접근 방식은 도착 효율성을 높이면서 착륙까지 IFR 비행과 같이 비행하도록 허용한다.

(1) 시계접근

ATC는 시계접근(visual approach)이 운용상 이점이 있을 때 조종사에게 발행된 IAP 대신 공항까지 시계접근을 수행하도록 승인할 수 있다. 조종사 또는 관제사는 시계접근을 위한 요청을 할 수 있다. 관제사는 시계접근인가를 발령하기 전 조종사가 공항 또는 선행 항공기를 육안으로 볼 수 있는지 확인해야 한다. 조종사가 공항을 육안으로 볼 수 있지만(in sight) 선행하는 항공기(preceding aircraft)를 볼 수 없다면 ATC는 시계접근인가를 발령하고 아울러 항공기와 비행난기류 분리를 위한 책임을 갖는다. 일단 조종사가 선행 항공기를 볼 수 있다고 보고했다면 조종사는 분리와 비행난기류 회피(wake turbulence avoidance)에 대한 책임을 갖는다.

시계접근은 IFR 비행계획에서 착륙하고자 하는 공항까지 항공기를 시각적으로 진행시키기 위한 ATC 승인이다. 따라서 이것은 IAP가 아니고 실패접근구간도 없다. 시계접근을 마칠 수 없는 항공기는 일반 복행(go around)과 같이 다루어지고 적절한 분리가 제공되어야 한다. 착륙하고자 하는 공항에 보고된 실링이 MAV/MIA 이상 최소한 500피트이고 시정이 3 SM 이상이라면 ATC는 시계접근을 위한 레이더 벡터를 개시할 수 있다. 기상보고 서비스가 제공되지 않는 공항에서는 공항까지 강하와 접근이 시각적으로 이루어질 수 있는 지역 기상보고와 PIREP을 통해서 합리적으로 보장(reasonable assurance)되어야 하고 조종사에게 기상정보가 가용하지 않다는 것을 통보해야 한다.

시계접근인가는 실링이 최소한 1,000피트(AGL) 그리고 시정이 최소 3 SM 이상 되거나 예상될 때 승인된다. 조종사는 시계접근을 수행하는 동안 전 시간 구름으로부터 벗어나 있어야(clear of cloud) 한다. 관제탑이 있는 공항에서 조종사는 다른 활주로는 평행(parallel), 교차(intersecting), 혹은 합류되는 활주로(converging runway)까지 VFR 혹은 IFR 접근이 수행되는 동안 한 활주로까지 시계접근으로 비행할 수 있도록 인가될 수 있다. 또한, 레이더 서비스가 제공될 때 시계접근은 관제사가 조종사에게 관제탑 혹은 조언 주파수(tower or advisory frequency)로 변경을 지시했을 때 자동으로 종료된다. 조종사는 시계접근을 수행하는 동안 안전한 장애물 통과높이를 유지해야 하는 책임을 갖는다.

(2) 컨택접근

조종사는 상황이 허락한다면 컨택접근(contact approach)을 요청할 수 있고 관제사는 이를 승인할 수 있다. 컨택접근은 ATC가 요청할 수 없다. 이 절차는 공항에서 보고된 지상시정(reported ground visibility)이 최소 1 SM 그리고 SIAP가 발행되었고, 조종사가 접근 전 과정을 통해서 최소한 1 SM 구름으로부터 벗어나 있다면(clear of cloud) 도착을 촉진하기 위해서 발행된 절차 대신 사용될 수 있다. 일부 컨택접근의 장점은 발행된 계기접근보다 시간이 절약되고, 조종사로 하여금 IFR 인가를 유지하도록 허용할 뿐만 아니라 IFR과 SVFR 항공기 사이 분리가 제공된다. 반면 장애물 통과높이와 VFR 항공교통 회피는 조종사의 책임이 된다. 조종사는 다르게 제한되지 않는 한 공항까지 구름 통과높이 또는 지형/장애물 통과높이를 유지하기 위해서 곡선경로(circuitous flight path)를 이용한 강하, 상승, 또는 비행이 필수임을 알아야 한다. 시계접근과 컨택접근 사이의 주요 차이점은 다음과 같다.

첫째, 조종사는 컨택접근을 요청할 수 있고, 시계접근은 조종사의 요청 또는 ATC가 제안할 수 있다.

둘째, 컨택접근은 비행이 구름으로부터 벗어나 있다면 시정이 최소한 1 마일과 함께 승인되고, 시계접근은 조종사가 공항을 볼 수 있거나 선행하는 항공기를 따라갈 수 있을 때 승인된다. 이때 실링은 최소한 1,000피트(AGL), 그리고 시정은 최소한 3 SM 이상이 되어야 한다.

4.16.2 도식시계비행절차

도식시계비행절차(charted visual flight procedure; CVFR)는 관제탑이 있는 일부 공항에서 항공안전과 항공교통운용의 효율성을 위해서 필수적일 때는 물론이고 환경과 소음(environment and noise)을 고려해야 할 때 설계된다. CVFR은 주로 터보제트 항공기를 위한 설계이고 특정 공항까지 현저한 지형지물(prominent landmark), 코스, 그리고 권장고도가 표기된다. 조종사가 [그림4-50]에 있는 “Roaring Fork Visual RWY 15”에서 비행하고 있을 때 산, 강, 그리고 도시는 VOR, NDB, 그리고 DME 픽스 대신 “Aspen, colorado's Sardy Field”까지 비행경로 유도(guidance)를 제공한다. 조종사는 차트에 그려진 시각 지형지표를 확인하거나 선행하는 항공기를 육안으로 볼 수 있어야 한다. 기상은 ATC가 CVFR 인가를 발령하기 전 발행된 최저치 또는 그 이상이 되어야 한다. ATC는 조종사에게 CVFR을 인가할 수 있다. 착륙하고자 하는 공항에 더 높은 최저치가 특정 CVFR을 위해서 발행되지 않는 한 보고된 실링(reported ceiling)이 MAV/MIA 위로 최소한 500피트, 그리고 시정이 3 SM 또는 그 이상이 되어야 한다. 조종사는 선행하는 항공기를 따라가라는 인가를 수용했을 때 안전한 접근 간격과 비행난기류(wake turbulence) 분리를 유지해야 하는 책임을 갖는다. 만약 조종사가 어느 지점에서 CVFR을 계속할 수 없거나 선행하는 항공기의 육안 식별을 상실했다면 조종사는 ATC에게 통보해야 한다.

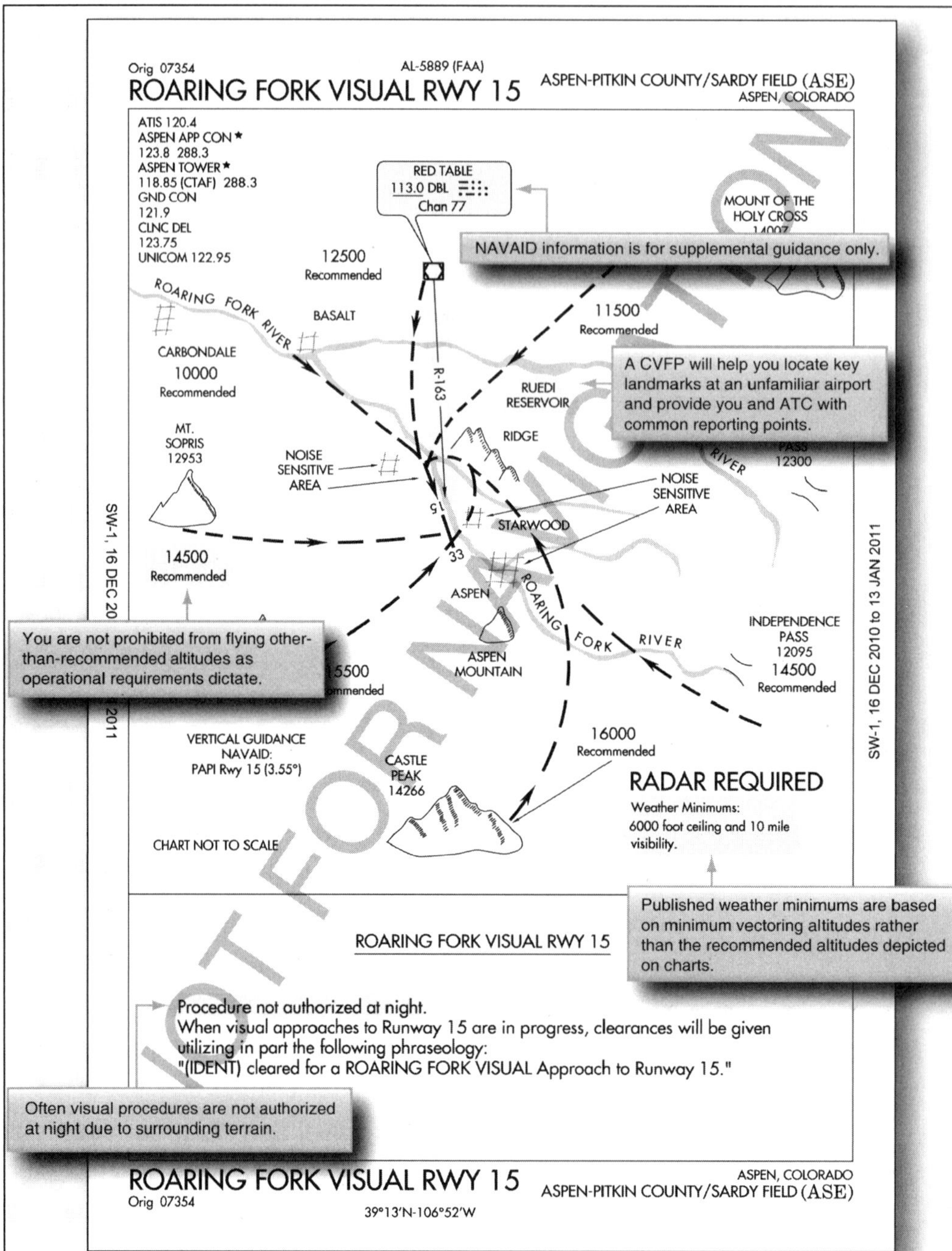

【그림4-50】 CVFR의 사례이다. 목적지 공항까지 비행경로가 점선으로 그려져 있다. 비행경로는 주변의 주요 지형지물을 따라서 비행할 수 있도록 설계되어 있다. NAVAID 정보는 보충적 안내를 위해서만 제공된다. 운용상의 요건에 따를 수 있다면 권장고도 외의 고도로 비행하는 것이 금지되지 않는다. 차트에 발행된 기상 최저치는 차트에 권장고도가 아닌 최저레이더유도고도(MVA)를 기반으로 한다. 일부 시계접근은 주변 지형으로 인해서 야간비행이 승인되지 않는다.

4.16.3 RNAV 접근

데이터베이스 코딩(coding; *정보를 계산 조작에 편리한 부호로 바꾸는 일*)의 복잡성 때문에 2001년 1월 명명규칙(naming convention)이 RNAV 장비를 사용하고 있는 모든 접근을 RNAV로 분류하도록 개정되었다. 이 분류(classification)는 지상기반과 위성기반 종속 시스템(dependent system) 모두 포함되기 때문에 RNAV를 사용하는 모든 접근은 접근 표제에 RNAV가 반영될 것이다. 이 변경에 따라 계기접근방식은 2개의 축으로 구성된다. 첫 번째 축은 단일 표준개념(single standard concept)이 출발/접근절차 설계를 위해서 실행되었고, 제1장 출발절차(Departure Procedure)에서 다룬 RNP 개념의 사용이다. RNP의 사용을 통해서 재래식 항법 시스템이 필요하지 않고, 항공기에 적절한 RNP 표준을 제공할 수 있다. 두 번째 축은 대부분 에어라인(airline)에서 사용되고 있는 FMS와 같이 RNAV를 계기접근 시스템에 완전히 통합함으로써 새로운 항법 표준이 필요한 첨단 항공전자 시스템(advanced avionics system)이다.

FMS는 복합 위치(composite position)를 생산하기 위해서 멀티-센서(multi-sensor) 항법 입력을 사용한다. 필연적으로 FMS 항법 기능은 항공기 위치를 계산하기 위해서 자동으로 결합하고 위치 센서(position sensors)들을 선택해야 한다. 계기접근차트와 RNAV 데이터베이스는 이들 문제를 반영하기 위한 변경이 필요하다. RNAV의 다면적 본질(multi-faceted nature) 때문에 RNAV 계기접근설계를 수용하기 위해서 새로운 접근 기준이 개발되어야 한다. 이것은 터미널 도착 지역(TAA; terminal arrival area), RNAV 기본접근기준, 그리고 서로 다른 RNAV 접근을 위한 특정 최종접근기준이 포함된다.

4.16.4 터미널 도착 지역

터미널 도착 지역(terminal arrival area; TAA)은 RNAV 시스템을 갖추고 있는 항공기에 조종사와 관제사의 인터페이스(interface)를 최소화하면서 순항항로 구조에서 터미널 환경까지 전이(transition)를 제공한다. TAA는 항공기가 TAA 경계 안에서 운용 중일 때 표준 장애물 통과 높이와 함께 최저고도를 제공한다. TAA는 주로 RNAV 접근에 사용되지만, RNAV가 IF까지 항법을 위한 유일한 수단일 때 ILS 접근에서도 사용될 수 있다. 그러나 이들은 [그림4-51]과 같이 많은 항공 교통량이 집중되는 지역에서는 적용되지 않는다.

TAA에서 RNAV 절차의 기본 설계(basic design)는 통상 "T" 모양이고 이를 "Basic T"라고도 한다. 이 "T" 설계는 2개의 IAF와 중간 픽스와 최초접근픽스 모두의 역할을 하는 이중 목적(dual purpose) IF/IAF로 구성된다. T-형상은 IF/IAF에서 FAF까지 그리고 MAP까지 계속된다. 2개의 기본 구간(basic leg) IAF는 통상 IF/IAF에서 연결되고 있는 중간 코스에 수직이 되도록 직선으로 정렬된다. 절차선회 대용체공(HILO)은 IF/IAF의 중심이 되고 "hold-in-lieu-of-PT" 체공패턴 부호를 이용한 정보 간행물에 묘사된다. 코스 정렬을 위해서 HILO가 필수적일 때 이중목적 IF/IAF는 체공패턴에 진입하는 동안에 IAF로 활용된다. HILO 패턴에 진입한 다음 그리고 "NoPT"라고 라벨이 붙은 항로 또는 섹터에서 비행하고 있을 때 중간구간의 시작을 표시하는 이중 목적 픽스는 IF로 활용된다.

기본 T-설계를 기준으로 표준 TAA는 IAF 구간 그리고 IF/IAF에서 시작되는 중간구간코스로 지정되는 3개의 구역으로 구성된다. 이들 구역은 [그림4-51]과 같이 직진(straight-in), 왼쪽 베이스(left-base), 오른쪽 베이스(right-base) 구역이라 한다. TAA 측면 경계는 IF/IAF로 향한(TO) 마그네틱 코스(magnetic course TO the IF/IAF)로 식별된다. 직진 구역은 IF/IAF로 향한(TO) 마그네틱 코스로 파이-모양(pie-shape)으로 더 세분될 수 있고 IF/IAF로부터 RNAV 거리를 바탕으로 한 아크(arc)로 지정되는 스텝다운 섹션(stepdown section)을 포함할 수 있다.

절차에 있는 터미널 구역으로부터 진입(entry)은 통상 "No PT" 항로를 경유하거나 아니면 역코스 기동을 통해서 진입한다. 차트에 발행된 절차는 [그림4-51, 52]와 같이 특정 TAA 섹터 안에서 비행하고 있을 때 역코스가 승인되지 않는다는 것을 나타내기 위해서 "No PT"와 같은 주석이 표기될 수 있다. 그렇지 않으면 조종사는 규정에 따라 역코스 절차의 실행을 예상해야 한다. 조종사는 절차선회가 요구되지 않을 때 역코스의 사용을 결심해야 하지만 절차를 시작하기 전에 ATC로부터 반드시 인가를 받아야 한다.

ATC는 TAA 안에서 인터셉트 각도가 90°를 초과하는 왼쪽 베이스 구간 또는 오른쪽 베이스 구간 IAF까지 항공기를 인가해서는 안 된다. 조종사는 섹터 또는 절차 구간에 "No PT" 표기되어 있을 때 HILO 역코스 절차를 실행해서는 안 된다. 만약 IF/IAF까지 코스가 "No PT" 라벨이 붙어 있는 IF/IAF가 직진 섹터 안에 있고 인터셉트 각도가 90°를 초과하지 않는다면 ATC는 항공기를 IF/IAF 라벨이 붙어 있는 픽스까지 직행을 인가할 수 있다. 이때 조종사는 IF/IAF까지 직행을 예상해야 하고 직진접근을 수행해야 한다. 결코 HILO 역코스 절차를 실행해서는 안 된다. 또한, ATC가 IF/IAF까지 레이더 벡터와 모니터링을 제공하고 "straight-in" 접근을 인가했을 때 조종사는 직진접근으로 비행하는 것을 예상해야 한다. 그렇지 않으면 조종사는 HILO 역코스 절차의 실행을 예상해야 한다.

드문 경우이지만 ATC는 항공기를 특정 IAF를 지정함이 없이 그리고 명칭 또는 특정 접근(예, ...cleared RNAV RWY 34 approach...)으로 접근절차를 지정함이 없이 공항에서 접근을 위한 인가를 할 수 있다. 어느 경우라도 조종사는 항공기가 TAA에 진입하고 그 지점부터 접근 코스에 합류하게 되는 IAF 또는 섹터와 관련된 IAF까지 진행해야 하고, 그 섹터에서 요구하고 있다면(예, "No PT"이 라벨이 붙어 있지 않음) HILO 역코스를 실행해야 한다.

[NOTE] 섹터 경계에 있는 "TO bearing"으로 접근 중이라면 조종사는 ATC가 다르게 인가하지 않는 한 "No PT" 항로배정에 따라 진행해야 한다는 것을 예상해야 한다.

TAA 안에 발행된 고도는 MSA(minimum sector altitude) 고도를 대신한다. 그러나 MSA 고도와 달리 TAA 고도는 운용상 사용할 수 있는 고도(operationally usable altitude)이다. 이들 고도는 최소한 1,000피트 장애물 통과높이 그리고 산악지역에서는 그 이상의 장애물 통과높이를 제공한다. 조종사는 최저고도 필수요건에 따르기 위해서 항공기가 TAA의 어느 구역으로 진입하게 될 것인지 확실하게 알아야 한다. 조종사는 항공기가 어느 TAA의 구역으로 진입하게 될 것인지 IF/IAF 라벨이 붙은 픽스를 향한(TO) 항공기의 마그네틱 베어링을 이용해서 결정할 수 있다.

다음, 베어링은 TAA 구역으로 발행된 가로 경계 베어링(lateral boundary bearing)과 비교한다. 이때 항공기 위치를 결정하기 위해서 왼쪽 베이스 혹은 오른쪽 베이스를 향한(TO) 마그네틱 베어링을 사용해서는 안 된다.

접근 인가 없이 IAF 또는 IF/IAF까지 직행하도록 하는 ATC 인가는 더 낮은 TAA 고도까지 강하를 승인하는 것이 아니다. 만약 조종사가 접근 인가 없이 더 낮은 고도를 원한다면 ATC에게 더 낮은 TAA 고도를 요청하라. 조종사는 인가가 확실하지 않을 때 ATC에게 인가를 확인하여야 하고 특정 인가(specific clearance)를 요청할 수 있다. 만약 쌍방향통신두절(two-way communication failure) 상태라면 조종사는 TAA에 진입하고 있는 적절한 IAF에 도착할 때까지 규정에 따라 가장 높은 고도를 유지해야 한다.

일단 접근이 인가되었다면 조종사는 ATC가 다르게 지시하지 않는 한 TAA 섹터에서 지정된 구역/하위구역(area/subdivision) 안에 표기된 최저고도까지 강하할 수 있다. 조종사는 IF/IAF에시 FAF까지 정상 강하(normal descent)를 허용하노록 TAA 안에서 이늘 강하를 할 수 있도록 계획해야 한다.

미국에서 발행된 차트에는 실제 접근절차가 그려진 평면도 외측에 아이콘(icon)을 이용해서 TAA를 묘사할 수 있다. 아이콘을 사용하는 것은 "T" 절차(고도, 코스, 최저고도 등...)의 어느 구간이 방해되지 않도록 하기 위함이다. 각 TAA 구역을 위한 아이콘은 접근절차에 대한 도착 방향과 관련한 평면도에 배열되거나 방향이 지정될 수 있고, 모든 TAA 최저고도와 섹터/반경 하위구역(sector/radius subdivision)을 나타낼 것이다.

TAA의 각 구역을 위한 IAF는 접근절차에 관한 아이콘으로 조종사가 방향을 판단하는 데 도움이 될 수 있도록 절차에 잘 보이는 곳에 아이콘이 그려진다. IAF 명칭과 IAF로부터 TAA 구역 경계의 거리는 TAA 구역 아이콘의 외부 아크에 포함된다.

TAA는 운용상 또는 ATC 필수요건을 수용하기 위해서 표준 크기와 모양이 변형될 수 있다. 일구 구역은 제거될 수 있고 다른 구역은 확대될 수 있다. 절차 설계자는 지형 또는 ATC 고려요소(consideration)에 따라 기본 "T" 설계를 변형할 수 있다. 예를 들어 기본 "T" 설계는 더욱 규칙적으로 또는 불규칙한 "Y" 모양 혹은 뒤집힌 "L" 모양이나 "I" 모양으로 변형될 수 있다.

항공로(airway)가 가로(lateral) TAA 경계를 가로지르지 않을 때 순항항로 구조에서 적절한 IAF까지 전이를 제공하기 위한 지선항로는 항공로 픽스(airway fix) 또는 NAVAID로부터 TAA 경계까지 설정될 수 있다. 각 지선항로는 TAA 경계에서 끝나고 관련 IAF를 지향하고 있는 경로를 따라서 정렬된다. 조종사는 TAA 경계를 통과하고 ATC가 접근을 인가한 후 TAA 고도까지 강하해야 한다. 기본 "T" 설계에 있는 각 웨이포인트는 실패접근웨이포인트를 제외하고 발음이 가능한(pronounceable) 5-문자 명칭이 부여된다. 이들 명칭은 ATC 통신, RNAV 데이터베이스, 그리고 공중항법 간행물에 사용된다. 실패접근웨이포인트(missed approach waypoint)는 활주로 시단에 위치하지 않을 때 발음이 가능한 명칭이 부여된다.

4.16.5 RNAV 접근 종류

RNAV는 다양한 재래식 항법 시스템으로 구성되기 때문에 접근기준(approach criteria)이 다르다. 따라서 다양한 RNAV 접근의 최종접근구간을 위해서 다른 세트의 기준이 개발되어야 한다. RNAV 계기접근기준은 다음과 같은 절차를 처리한다.

- GPS overlay of pre-existing non-precision approaches(기존 비정밀접근의 GPS 중첩)
- VOR/DME based RNAV approaches(VOR/DME 기반 RNAV 접근)
- Stand-alone RNAV (GPS) approaches(단독 RNAV 접근)
- RNAV (GPS) approaches with vertical guidance
- RNAV (GPS) precision approaches (WAAS and LAAS)

4.16.6 비정밀접근의 GPS 중첩 접근

비정밀접근(non-precision approach)으로 비행하도록 승인된 초기 GPS 접근절차는 재래식 지상기반 NAVAID를 기초로 한다. 이들 접근 대부분은 [그림4-53]과 같이 단독접근(stand-alone approach)으로 전환되었고, 나머지 일부는 절차명칭과 함께 "or GPS"로 식별된다. 이들 비정밀접근은 접근 기반으로 사용된 지상기반 NAVAID의 설계기준에 따르고 있다. 따라서 이들 접근은 단독 GPS 접근을 위한 RNAV 설계기준(design criteria)에 따르고 있지 않고, 설계기준을 결정하기 위한 RNAV (GPS) 접근 분류(approach classification)의 한 부분으로 고려되지도 않는다.

4.16.7 GPS 단독접근/RNAV (GPS) 접근

재래식 접근은 GSP 단독접근(stand-alone approach)이 RNAV (GPS) 접근으로 대체됨에 따라 꾸준히 감소하고 있다. RNAV (GPS) 접근은 접근 표제(title)에 쓰인 것과 같이 GPS 혹은 RNAV 중 어느 하나를 사용할 수 있는 공중탑재 항법 데이터베이스의 명칭이다. RNAV는 VOR/DME를 기반으로 한 RNAV 시스템과 같이 non-GPS 시스템을 위해서 사용된다. 이전에는 이들 접근을 "stand-alone GPS" 접근으로 고려하기도 했다. 이들은 오직 LNAV과 서클링 최저치만 제공되므로 비정밀접근으로 고려되고 비록 LNAV/VNAV 최저치가 발행되고 탑재 시스템이 승인된 VNAV 접근을 제공하고 있을지라도 정밀 최저치는 승인되지 않는다. [그림4-54]는 LNAV과 서클링 최저치만 발행된 Lincoln, Nebraska를 위한 RNAV (GPS) RWY 14 접근의 사례이다.

수직유도가 없는(for non-vertically guided) 직진 RNAV (GPS) 접근을 위해서 최종접근코스는 반드시 활주로 연장선과 15° 이내로 정렬되어야 한다. 최종접근구간은 10 NM을 초과해서는 안 되고, 6 NM을 초과할 때 통상 스텝다운 픽스가 함께 그려진다. 이 접근을 위한 최저 장애물 통과높이 250피트 역시 직진접근을 위한 최종접근구간에 함께 통합되어 그려지고, 최대 400 FPNM 강하경도(descent gradient)가 허용된다. 접근 설계기준은 Baro-VNAV 시스템이 제공하는 수직유도를 사용하고 있는 접근과 개념이 다르다. Baro-VNAV 유도는 조언(advisory)이고 주요 정보로 고려되지 않기 때문에 Baro-VNAV 접근은 위험한 지형이 있는 지역 또는 원격 고도계 세팅(remoter altimeter setting)을 필요로 하는 곳에서는 승인되지 않는다. 또한, 대기압

지시(barometric reading)와 저온(cold temperature)과 관련된 본질적 문제로 인해서 이들 절차는 기온제한의 영향을 받는다.

4.16.8 WAAS를 이용한 RNAV (GPS) 접근

WAAS(wide area augmentation system; 광역증대시스템)는 2003년 7월에 초기운용성능(IOC) 인증을 받으면서 운용을 개시하기 시작했다. 비록 정밀접근성능(precision approach capability)은 아직 인증받지 못했지만 최근 WAAS는 LPV로 알려진 APV 종류의 접근을 제공한다. WAAS는 LPV, LNAV/VNAV, LP, 그리고 LNAV과 같은 최저치 종류를 지원할 수 있다. 비록 LPV가 정밀접근으로 고려되지 않을지라도 접근 최저치는 HAT 상공 200피트와 시정 1/2 SM까지 가능하다. WAAS는 시간으로 95%와 국가 면적 전체의 약 95%에 서비스를 제공한다. 앞으로 정밀접근 능력은 더 많은 GBAS 접근 종류가 운용되는 있는 것과 같이 가용하게 될 것이다. GBAS는 GPS의 정밀도를 더욱 높이고 신호 무결성 경고(signal integrity warning)를 향상시킬 것이다. 정밀접근 능력은 ILS 접근 표준에 충족하기 위한 장애물 평면(obstruction plane)과 접근등화시설(approach light system)이 필요다. 이것은 각 활주로를 인증하는데 소요되는 비용 때문에 RNAV (GPS) 정밀접근성능의 실행이 지연되고 있다.

[NOTE] WAAS 항공전자는 감항증명을 받아야 하고, 관련 규정에 따라 설치되어야 한다.

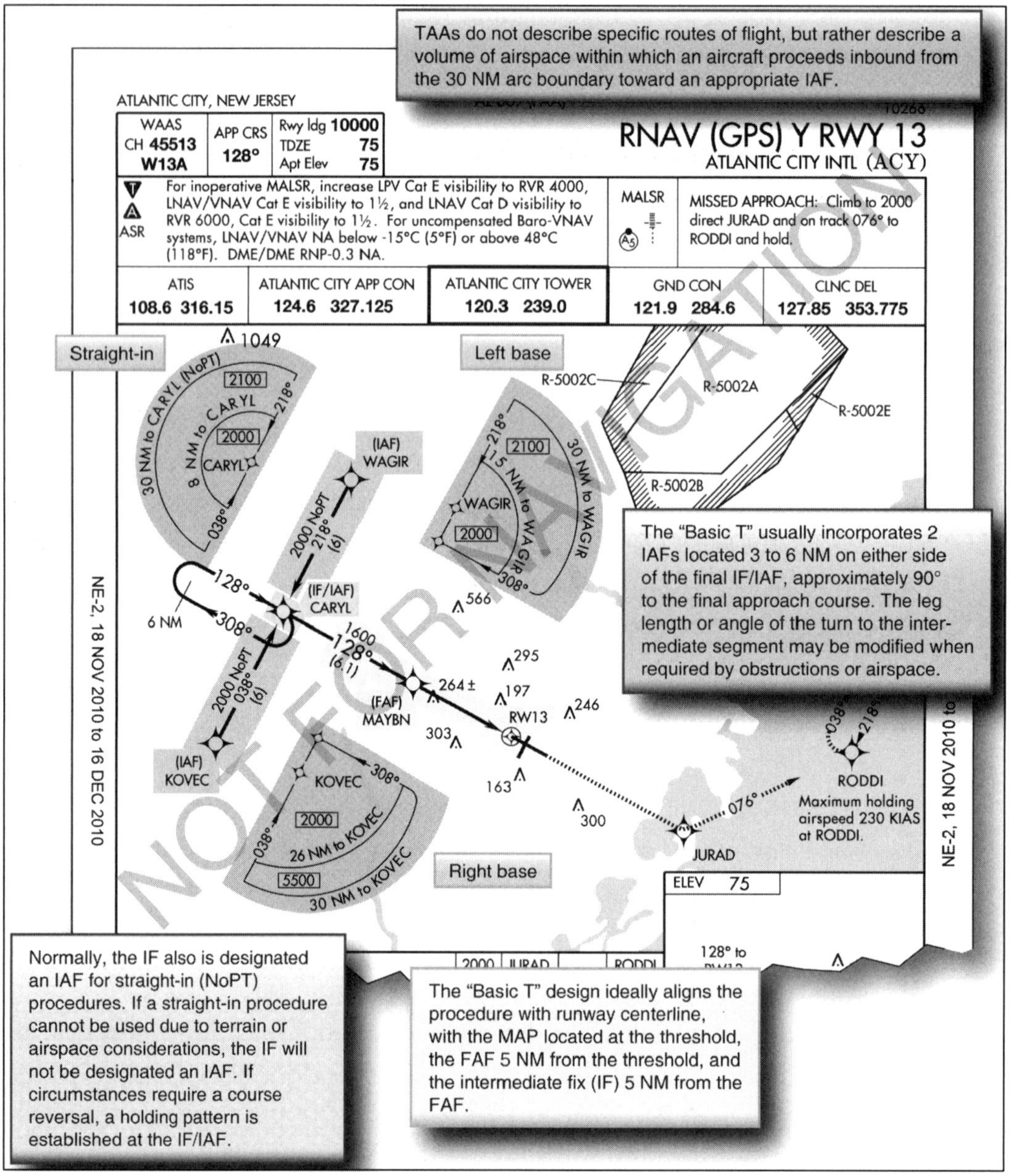

【그림4-51】 TAA의 "Basic-T" 설계이다. TAA는 특정 비행로를 지정하지 않고 대신 항공기가 30 NM 아크 경계로부터 적절한 IAF를 향해서 진행하도록 하는 공역의 크기를 지정한다. 이는 직진접근 공역 범위 그리고 이를 기준으로 왼쪽과 오른쪽 베이스가 지정되어 있다. 기본 T-배열은 최종접근픽스에 대략 90° 방향에서 IF/IAF가 지정되고 양 측면으로 3~6 NM 지점에 IAF가 지정된다. 구간 길이와 선회 각도는 장애물 또는 공역에 따라 변형될 수 있다. 통상 IF는 직진접근을 위해서 IAF에 지정된다. 만약 공역 또는 장애물로 인해서 직진절차를 사용할 수 없다면 IF는 IAF로 지정되지 않을 것이다. 만약 접근 환경이 역코스를 필요로 한다면 IF/IAF에 체공패턴이 지정된다. 기본 T-설계는 활주로 중앙선 그리고 시단에 위치해 있는 MAP과 정렬된다. 통상 FAF는 시단으로부터 5 NM, 그리고 IF는 FAF로부터 5 NM 지점에 위치하도록 설계된다.

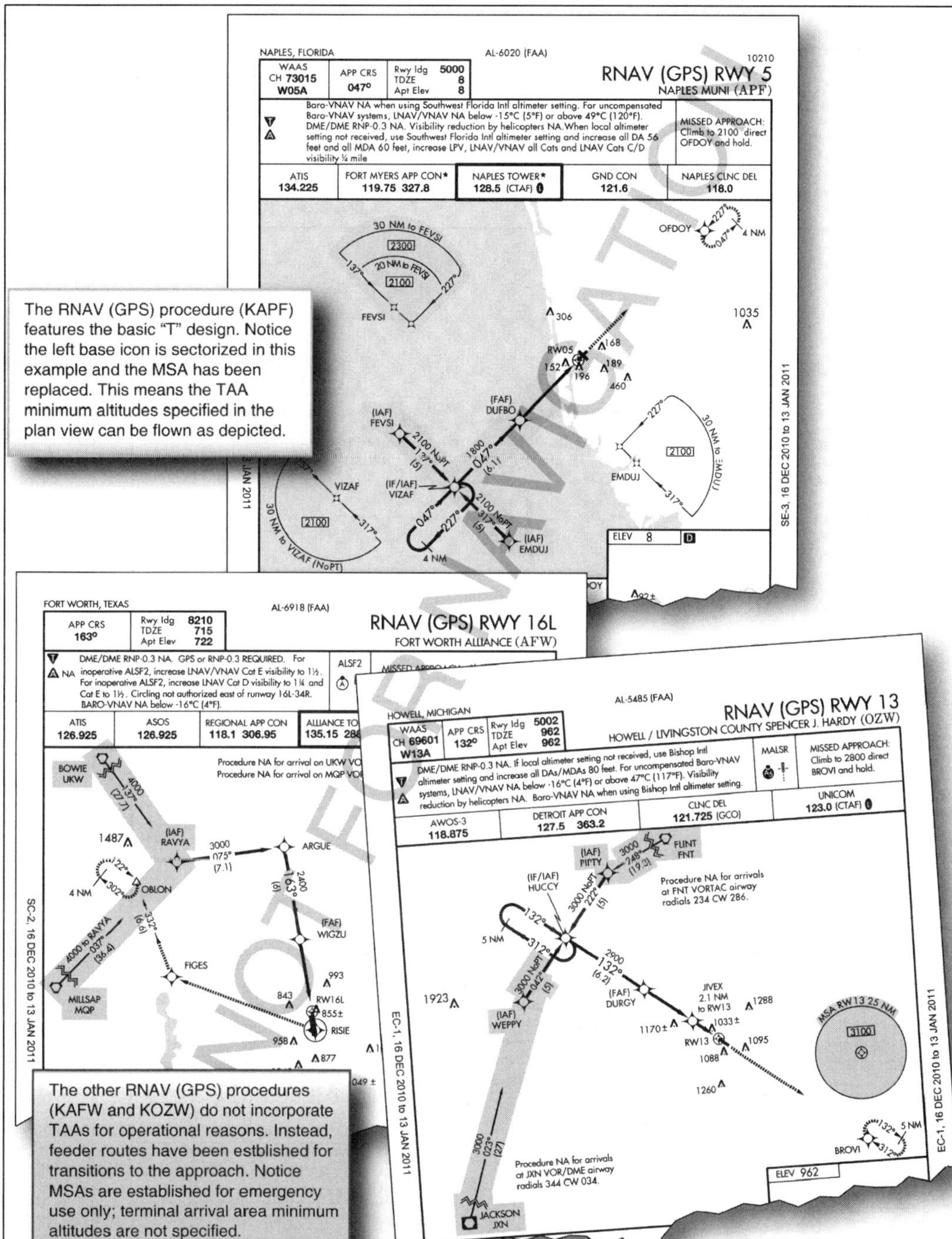

【그림4-52】 RNAV (GPS) RWY 5(KAPF)는 전형적인 TAA 구조로 설계된 절차이다. 이 접근에서 왼쪽 베이스는 2개의 섹터로 나누어져 있고 MSA를 대신한다. 이것은 평면도에 기술되어 있는 TAA 최저고도로 비행해야 한다는 것을 의미한다. 아래 2개의 접근은 TAA 설계로 되어 있지 않은 경우이다. 대신 접근까지 전이를 위해서 지선항로가 설정되어 있다. MSA는 비상사용을 위해서만 설정된다는 점에 유의하라. TAA 최저고도는 지정되지 않았다.

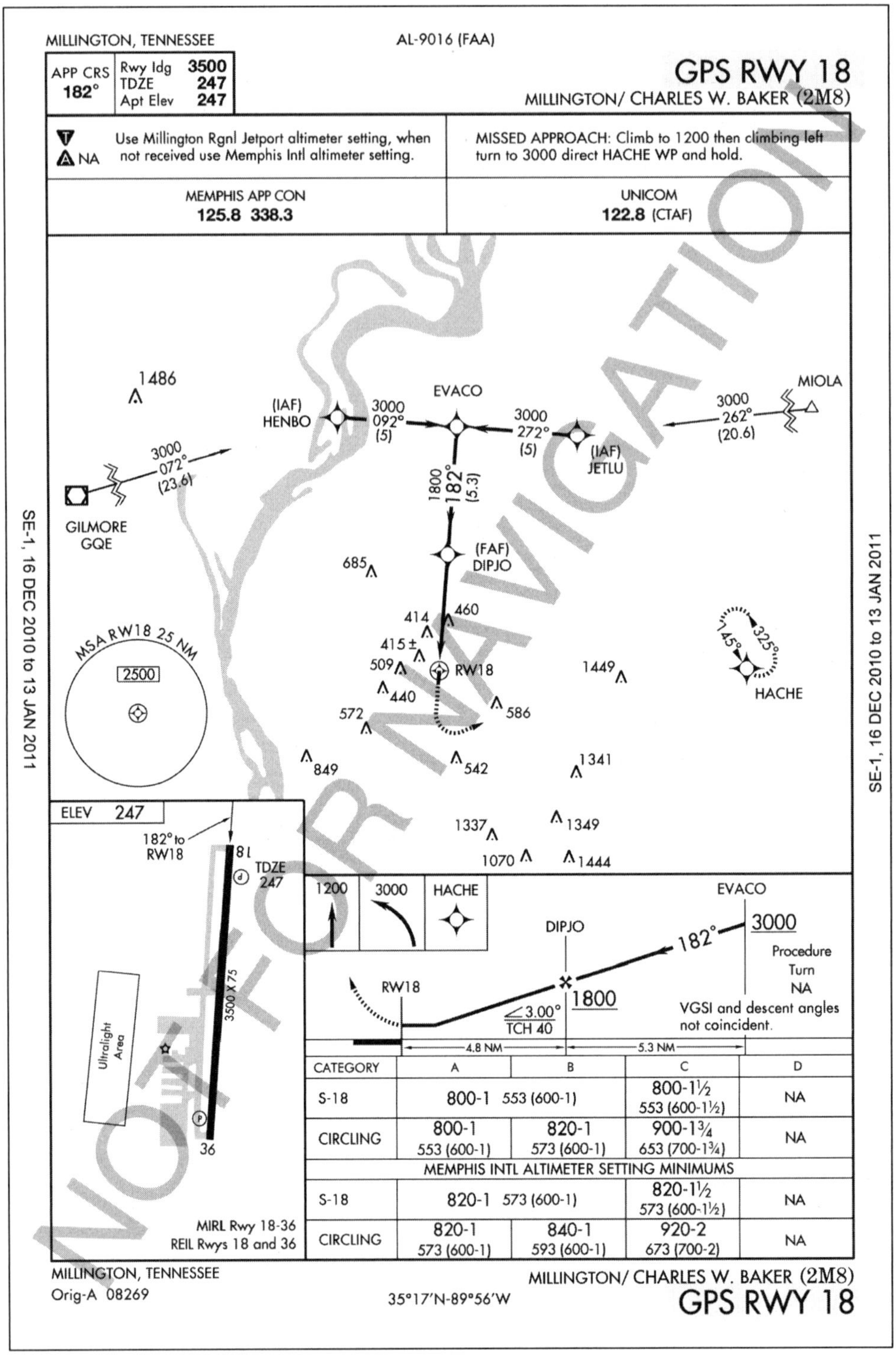

CATEGORY	A	B	C	D
S-18	800-1 553 (600-1)		800-1½ 553 (600-1½)	NA
CIRCLING	800-1 553 (600-1)	820-1 573 (600-1)	900-1¾ 653 (700-1¾)	NA
MEMPHIS INTL ALTIMETER SETTING MINIMUMS				
S-18	820-1 573 (600-1)		820-1½ 573 (600-1½)	NA
CIRCLING	820-1 573 (600-1)	840-1 593 (600-1)	920-2 673 (700-2)	NA

【그림4-53】 초기 GPS 접근 중첩

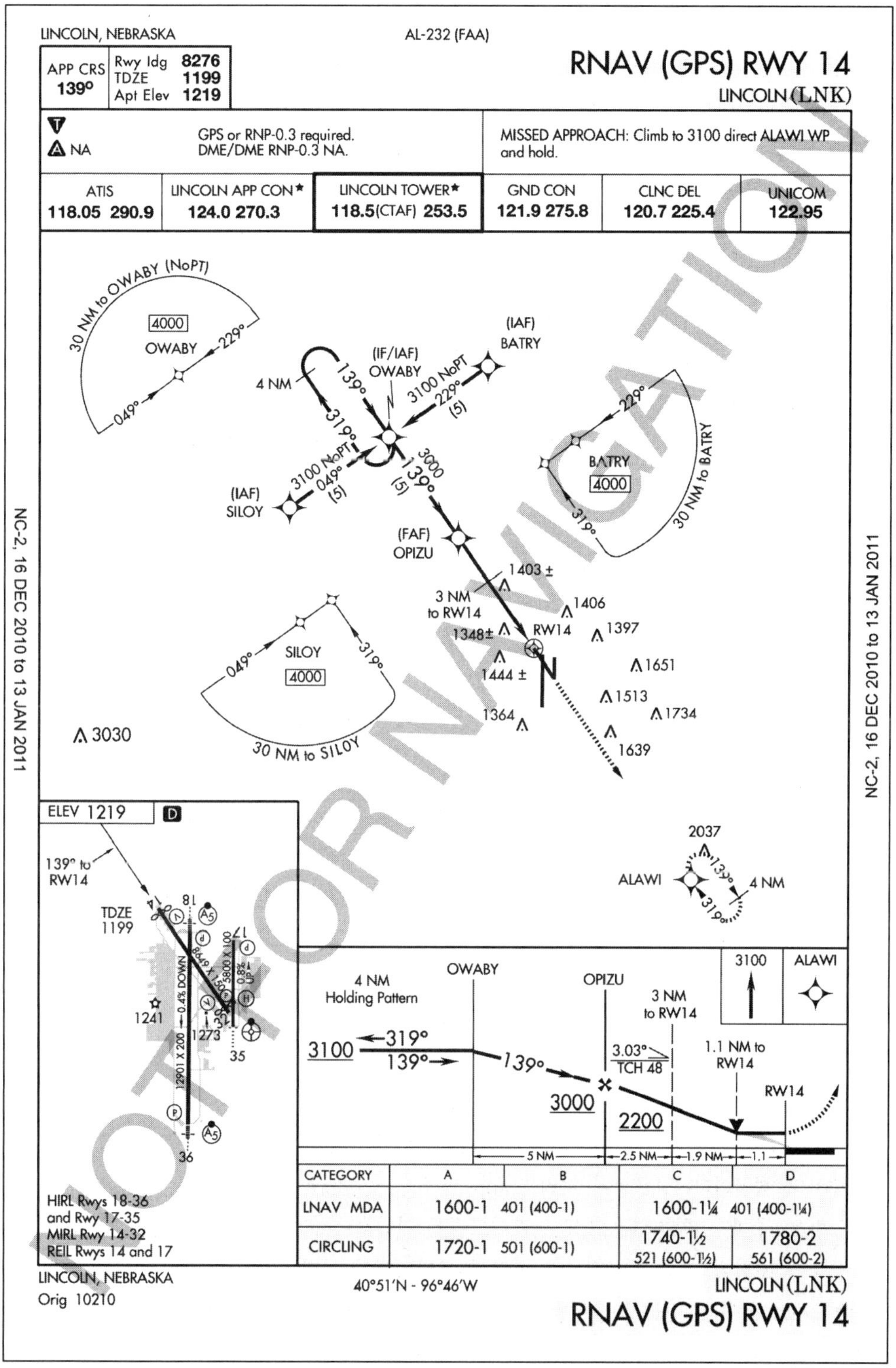

【그림4-54】 전형적인 RNAV (GPS) RWY 14 접근 형식이다.

4.16.9 ILS 접근

RNAV 항법 기술이 날로 발전하고 있음에도 불구하고 ILS 접근은 아직도 많은 국가에서 사용되고 있는 정밀접근 NAVAID이다. ILS CAT I 정밀접근은 TDZE 상공 200피트 그리고 RVR 1,800의 저시정에서 접근할 수 있다. CAT II 그리고 CAT III 접근은 더 낮은 고도(실링)와 시정에서 접근을 허용한다. ILS에서 제공하는 정밀도 혹은 융통성을 제공하는 정도의 비정밀접근 대체(non-precision alternative)는 없다. 주공항의 접근 수용능력(airport capability)을 더욱 향상시키고 최대 ILS 기술의 잠재력을 개발하기 위해서 다른 많은 적용이 실행되고 있다. 한 개의 ILS 시스템은 단일 활주로에서 시간 당 29개의 도착을 처리할 수 있지만, 2개 혹은 3개의 평행 활주로가 병행해서 운용될 때 공항의 도착 처리 능력은 2배 혹은 3배로 증가할 수 있다. 이것은 항공운송(air commerce)에서 승객과 화물 운송 스케줄에서 상당한 융통성을 가질 수 있다는 것을 의미한다. 공항 수용능력은 다음과 같은 시설을 이용함으로써 크게 높아진다.

① 평형(종속) ILS; parallel (dependent) ILS
② 동시평행(독립) ILS; simultaneous parallel (independent) ILS
③ 동시근접평행(독립) ILS; simultaneous close parallel (independent) ILS
④ 정밀활주로모니터링; precision runway monitoring (PRM)
⑤ 컨버징 ILS 접근; converging ILS approach

평행(종속) 접근은 평행 활주로 중앙선 사이의 최저 거리를 감소시킬 수 있다는 점에서 동시평행(독립) ILS와 다르다. 또한, 레이더 모니터링(radar monitoring)과 조언을 위한 필수요건이 없고, 인접 로컬라이저/방위 코스(localizer/azimuth course)에서 대각 분리(staggered separation)를 필요로 한다.

평행접근, 동시평행접근, 그리고 컨버징(합류) ILS 접근을 성공적으로 완수하기 위해서 조종사와 ATC 모두는 부가적인 책임을 갖는다. 한 활주로에 여러 계기접근이 사용되고 있을 때 ATC는 직접 혹은 ATIS를 통해서 조종사에게 조언해야 한다. 만약 동시접근을 수행할 수 없거나 이를 원하지 않을 때 ATC에게 통보하는 것은 조종사의 책임이다. 조종사는 완전한 항공기 호출부호를 이용하는 것을 포함하여 적시 적절한 방법(timely manner)과 엄격한 무선규칙(strict radio discipline)을 유지하면서 모든 ATC 요청에 따라야 한다. 이외에도 항공기 통신과 항법 시스템 그리고 이와 관련된 어떠한 문제가 발생했을 때 이를 즉시 ATC에 통보하는 것 역시 조종사의 책임이다. 접근절차 브리핑(approach procedure briefing)에는 최소한 접근명칭, 활주로 번호, 주파수, 최종접근코스, 글라이드슬롭 인터셉트 고도, DA 또는 DH, 그리고 실패접근지시 등이 포함된 전체 접근절차가 반드시 포함되어야 한다.

연동(coupled) ILS 접근을 수행할 때 오토파일럿 절차의 검토 역시 적절하게 수행되어야 한다. 모든 접근과 마찬가지로 주요 항법 책임은 기장에게 있다. ATC 지시는 항공기 분리를 보장하는 것으로 제한될 수 있다. 이외에도 MAP은 통상 모든 관련된 항공기를 보호하기 위해서 분기(to diverge; *나누어 갈라짐*)시킬 목적으로 설계된다. 모든 종류의 ILS 접근은 [그림4-55]와 같이 여러 ILS 접근에 따라 수용능력이 얼마나 영향을 받는지에 관계없이 동일한 장애물 통과높이

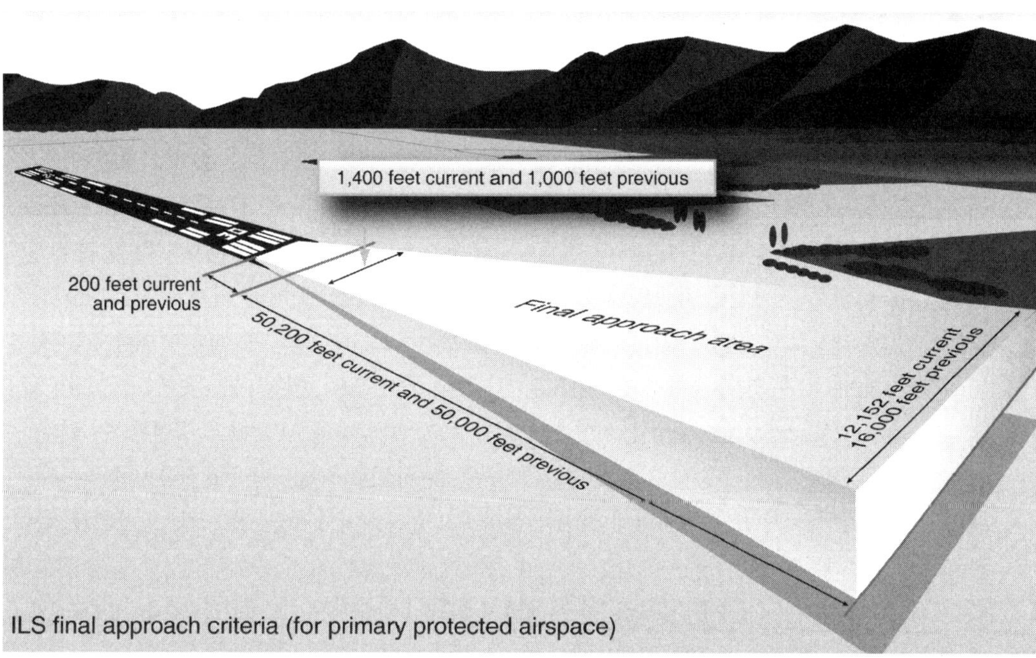

【그림4-55】 ILS 최종접근구간을 위한 1차 보호공역의 크기를 관찰할 수 있다.

보호와 설계기준이 제공된다.

※ 연동 ILS 접근 방식이란 오토파일럿(autopilot) 상태에서 지상기반 접근 NAVAID(ILS, LOC, RNAV, 또는 비정밀접근시설)의 신호에 따라 착륙 접근하는 방식을 의미한다. 이 같은 연동 접근 방식은 탑재 항공전자와 항공사 운항기준에 따라 약간씩 다를 수 있다.

※ Coupled; 기계 따위에서, 한 부분을 움직이면 그에 연결된 다른 부분도 함께 움직이는 일

4.16.10 ILS 접근범주

ILS 접근은 통상 CAT I, CAT II, 그리고 CAT III(자동착륙)과 같이 3개의 범주로 분류한다. 기본 ILS 접근은 CAT I 접근이고, 이 접근을 위한 필수요건으로 조종사의 계기한정(instrument rated)과 적절한 항공기 장비만 갖추면 된다. CAT II와 CAT III ILS 접근은 더 낮은 최저치 그리고 운용자, 조종사, 그리고 탑재/지상 장비를 위한 특별한 인증(special certification)을 필요로 한다. 이들 장비의 복잡성과 높은 운용비용으로 인해서 CAT III ILS 접근은 [그림4-56, 컬러]와 같이 주로 운송용 항공기와 군 항공기에만 적용된다.

4.16.11 CAT II, III 접근

CAT II, III 접근을 수행하기 위해서 운송용 항공기(air carrier)에 허용되는 주요 승인과 최저치 RVR은 OpSpecs Part C에서 찾아볼 수 있다. CAT II, III 운용은 비행이 금지될 정도의 기상에서 계기접근을 수행할 수 있도록 특별히 승인된다. CAT I ILS 운용이 TDZ RVR(TDZ RVR이 가용하지 않을 때)을 위한 미드필드(midfield) RVR의 대체(substitution)를 허용하지만, CAT II ILS 운용은 TDZ RVR을 위한 어떠한 대체도 허용하지 않는다. 이것은 TDZ RVR 시스템이 반드시 요구되고 활용되어야 한다는 것을 의미한다.

TDZ RVR은 모든 CAT II ILS 운용을 결정하는 주요소이다. CAT II 운용에서 직면할 수 있는 기상상태(weather condition)는 시각 참조물이 CAT IIIa에서 수동 롤아웃(manual rollout)에 적절한 지역에서부터 CAT IIIc에서 활주 운용(taxi operation)조차 적절하지 않은 지역까지의 범위이다. 일부 비행기는 자동비행시스템(auto flight system)에 따라 비행기가 TDZ에서 착륙하는 것을 보장하기 위한 DH를 필요로 하고, 일부는 자동비행시스템 성능의 최종 교차점검(final crosscheck)과 같은 높이경고장치(Alert Height)를 필요로 한다. 이들 높이는 [그림4-57]과 같이 무선고도(radio altitude)를 기반으로 하고 특정 항공기의 AFM에서 확인할 수 있다.

CAT II, III 접근 모두 조종사의 특별 훈련과 승인(special aircrew training and authorization)뿐만 아니라 특별한 지상 및 공중탑재 장비를 설치하고 운용되어야 하는 필수요건을 필요로 한다. 항공사의 운항기준은 이들 접근의 성능 기준과 종류에 따른 필수요건을 세부적으로 규정해야 한다. 또한, 각 운용자는 CAT II, III 접근을 수행하기 위해서 승인되는 장소의 목록(list of location)이 운항기준에서 확인할 수 있어야 한다.

Special Authorization(SA) CAT I 그리고 특별 승인 CAT III는 전방시현기(Head-Up Display; HUD)와 자동착륙(automatic landing)과 같은 조종실 항공전자 시스템과 첨단 기술의 장점을 활용하기 위해서 설계된 접근이다. 표준 CAT II, III를 위해서는 광범위한 지상 기반구조와 등화시설 필수요건이 있고, 특별 승인 접근은 대부분 항공기에 장착된 첨단 항공전자와 함께 일부 등화시설의 부족을 보조한다. 운송업자는 표준 CAT II, III와 유사하게 운항기준 Part C에 Special CAT I/II을 수행하기 위해서 특별히 승인되어야 한다.

4.16.12 평행 활주로에 대한 접근

2개 혹은 3개의 평행 활주로(parallel runway)가 있는 공항은 항공교통 수용을 최대로 하기 위해서 평행접근의 사용을 승인할 수 있다. 활주로 중앙선 분리(centerline separation)와 ATC 절차에 따라 3개의 평행접근으로 분류한다.

[NOTE]

① RNAV 접근을 포함하고 있는 동시접근은 접근 표제에 "(GPS)"와 같이 표기되거나, 또는 차트에 "GPS required"라는 주석이 표기되어 있을 때만 수행될 수 있다.

② 동시평행(종속) 접근은 계기접근차트에 인접 활주로까지 특별하게 동시접근을 승인하는 곳에서만 수행될 수 있다.

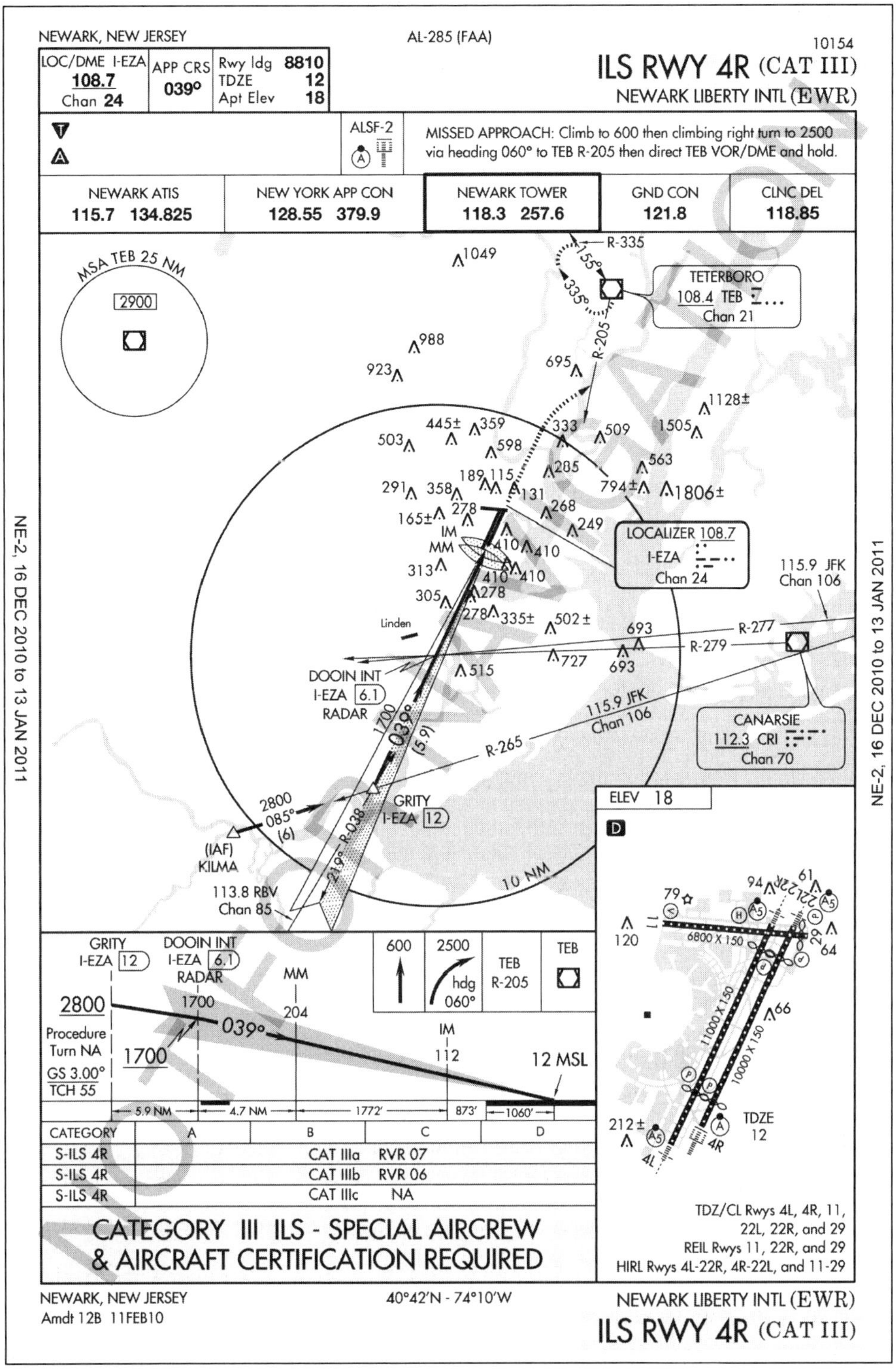

【그림4-57】 CAT III 접근절차의 사례이다. 측면도 하단에 굵은 글씨로 “CATEGORY III ILS-SPECIAL AIRCREW & AIRCRAFT CERTIFICATION REQUIRED”라고 표기되어 있다. 접근명칭에도 “(CAT III)와 같이 표기하여 구분한다. 다른 요소들은 동일하다.

4.16.13 평행(종속) 접근

평행 (종속) 접근(parallel (dependent) approach)은 평행 활주로의 중앙선이 최소한 2,500피트 이상 분리된 공항에 허용된다. 항공기는 평행 활주로까지 비행하고 다른 접근이 허용된다. 그러나 항공기는 대각으로(diagonally) 최저 1 1/2 NM 지그재그(staggered) 위치가 되어야 한다. 활주로 중앙선이 4,300피트 이상 그리고 9,000피트(포함하지 않음)까지 분리되어 있고, 최종접근모니터(final approach monitor) ATC가 없을 때 항공기는 대각으로 2 NM 지그재그 위치가 되어야 한다. 레이더 분리(radar separation)는 [그림4-58, 컬러]과 같이 평행 (종속) 접근 운용에 참여하고 있는 항공기 사이에 제공된다.

일부 공항에서 종속 계기접근은 특정 중앙선 분리와 시단 대각(threshold stagger) 배열과 함께 활주로 중앙선 간격이 2,500피트 미만인 활주로에서 수행될 수 있다. 종속접근에서 한 쌍의 선도 항공기는 소형 또는 대형 항공기 중량으로 제한되고 더 낮은 접근까지 인가된다. 접근의 기하배열(geometry of approach), 항공기 중량에 따른 기종, 그리고 두 접근 사이에 가로 분리는 이 종류의 운용을 위한 필수 비행난기류 회피를 제공한다.

이 종류의 접근이 승인되는 곳에서 각 접근 플레이트(approach plate)는 동시접근이 수행될 수 있는 다른 활주로와 함께 지시한다. 예를 들어 "Simultaneous approaches authorized with runway 12L"이다. 이처럼 모든 활주로 쌍(all such runway fairs)을 위한 접근 플레이트가 이 같은 주석을 포함하도록 변경될 때까지 P-NOTAM을 발행하여 이 운용을 식별하도록 한다. 일반적으로 ATC는 평행 활주로가 사용되고 있다는 것을 ATIS를 통해서 확인할 수 있다. 예를 들어 Sacramento, California로 향해서 비행하고 있는 조종사는 [그림4-59]와 같이 평행 접근절차가 진행되고 있음을 알 수 있을 것이다.

※ NOTAM에 적시된 내용이 영구적이거나 4회의 차트 발행주기(224일) 동안 유효해야 할 필요가 있을 때 수정 SIAP와 문자 ODP를 공표하기 위해서 영구(permanent) NOTAM(P-NOTAM)이 발행된다.

4.16.14 동시평행접근

동시평행접근(독립)은 활주로 중앙선 사이의 분리가 4,300피트와 9,000피트 분리된 공항에서 적용된다. 전용 최종모니터관제사(dedicated final monitor controller)는 항공기가 대각으로 접근(staggered approach)을 하지 않도록 이 종류의 접근에서 분리를 모니터하기 위해서 필요로 한다. 최종모니터관제사는 [그림4-60]과 같이 항공기 위치를 추적하고 최종접근코스에서 벗어나는 것으로 관찰된 항공기의 조종사에게 지시를 발령한다. 2010년 3월부터 수직유도를 제공하는 RNAV 접근절차는 동시평행접근 운용을 수행할 수 있도록 허용되었다. 트리플 동시접근(triple simultaneous approach)은 활주로 중앙선이 최소한 5,000피트, PRM과 함께 4,300피트 분리되어 있고, 공항표고 1,000피트(MSL) 아래에 있는 공항에 승인된다. 이외에도 공항표고 1,000피트(MSL) 이상에서 트리플 평행접근을 위해서는 고해상도(high resolution) 최종모니터 보조(final monitor aid) 또는 최종모니터 보조와 관련된 고속 업데이트(high update) RADAR를 갖춘 ASR

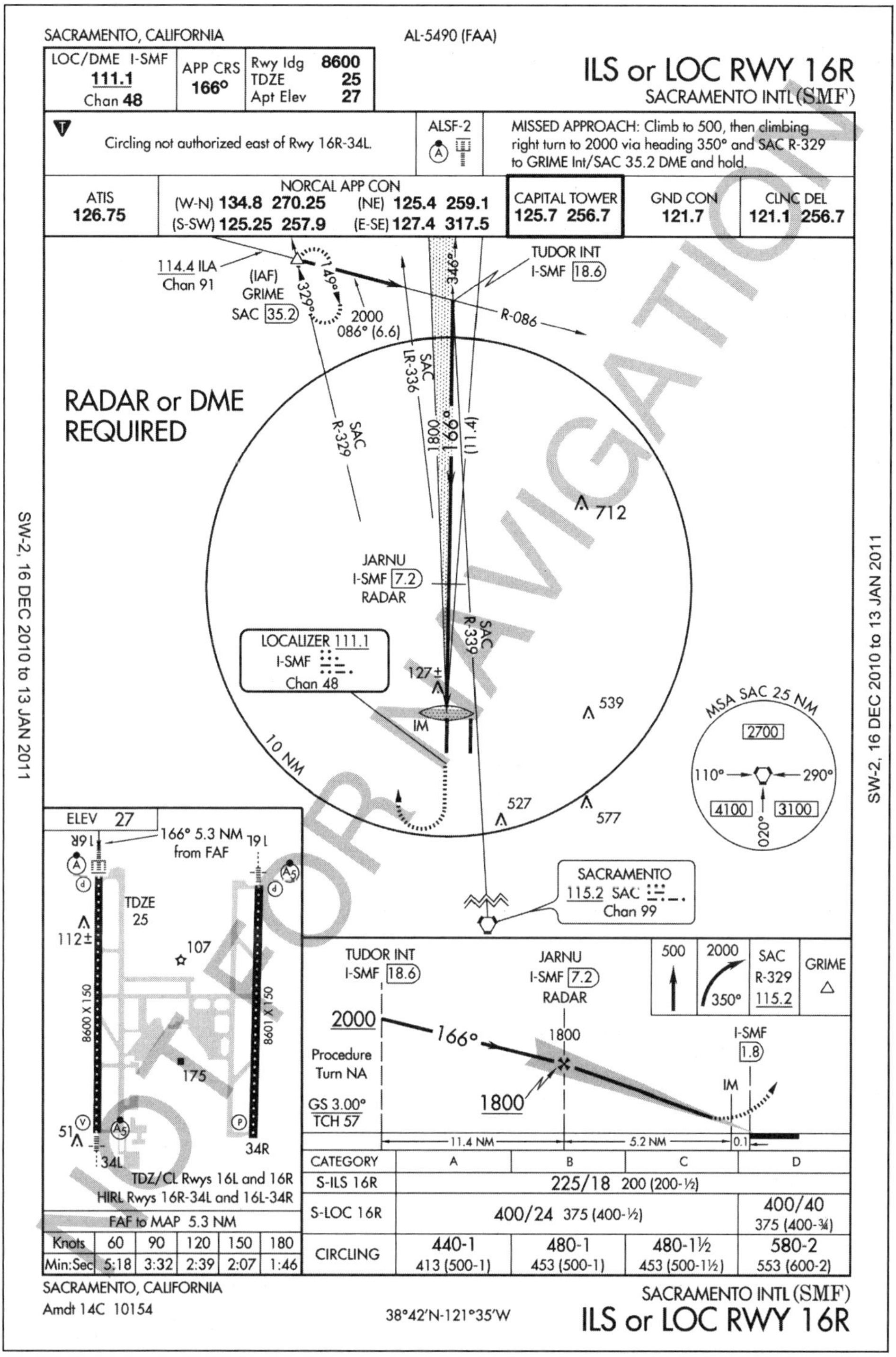

【그림4-59】 평행접근의 사례이다. 이 접근을 위한 제한으로 평면도에 “RADAR or DME REQUIRED”가 굵은 글씨로 표기되어 있다.

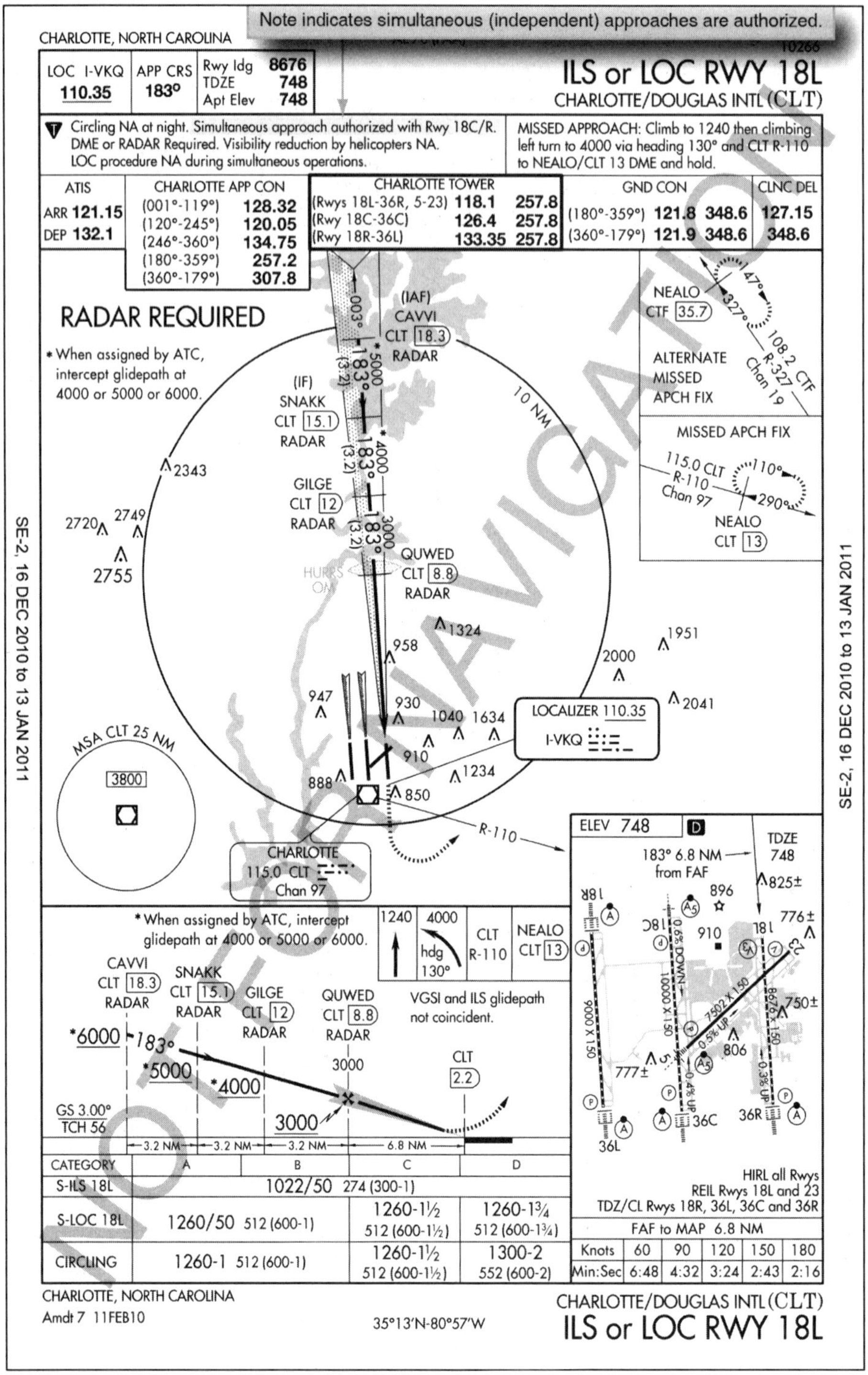

【그림4-60】 동시평행접근의 사례이다. 조종사브리핑 섹션에 동시평행접근이 승인되었음이 고지되어 있다. 다른 요소들은 일반 ILS 형식과 유사하다.

이 요구된다. 동시평행접근 승인의 한 부분과 같이 정상운용지대(normal operating zone; NOZ)와 불침범지대(no-transgression zone; NTZ)는 모든 항공기를 위한 정확한 비행항적경계(flight track boundary)를 확실하게 지정하기 위해서 반드시 설정되어야 한다. NOZ는 항공기가 정상접근 운용 중 남아 있어야 하는 운용지대(operating zone)이다. NOZ는 통상 활주로 중앙선의 양 측면 700피트 간격으로 폭이 1,400피트 미만(no less than)이 되어서는 안 된다. NTZ는 평행 활주로 최종접근코스 사이에 지정되고 2,000피트의 폭을 갖는 지역이다. NTZ는 [그림4-61, 컬러]와 같이 활주로들 사이 등거리이고, 이 구역에서는 비행이 승인되지 않는다는 것을 나타낸다. 어느 경우라도 항공기가 NTZ를 침범했다면 ATC는 잠재적 충돌(potential conflict) 가능성을 방지하기 위해 모든 항공기에 브레이크아웃을 지시하여 평행접근을 중단시켜야 한다.

4.16.15 동시근접평행 PRM 접근

동시근접평행(독립) PRM 접근은 [그림4-62, 컬러]와 같이 평행 활주로가 최소한 3,400피트 이상 4,300피트 미만(no more than) 분리된 공항에서 사용하도록 승인된다. 또한, 이들은 오프셋 각도(offset angle)가 최소한 2.5°이지만 3°를 초과하지 않는 오프셋 LOC와 함께 최소 3,000피트 분리된 평행 활주로를 갖추고 있는 공항에 승인된다. 활주로 간격이 더 좁은 다른 오프셋 접근은 동시 오프셋 계기접근(simultaneous offset instrument approach; SOIA)으로 고려되고 다음에 다루게 될 것이다.

PRM 시스템은 시정이 감소한 상태(reduced visibility operating)에서 운용 중 동시근접평행(독립) 접근을 수행할 수 있는 능력과 함께 지연을 감소시키고 연료를 절약(fuel saving)할 수 있도록 한다. 또한, 이것은 평행접근의 활용을 통해서 접근 수용능력(approach capacity)을 증대시킬 수 있는 가장 안전한 방법이다. PRM 시스템은 1초 혹은 더 빠른 고속 업데이트 시간을 갖는 고속 업데이트 레이더 그리고 항공기를 실시간(real time) 추적할 수 있는 자동 트레킹 소프트웨어(automated tracking software)가 내장된 고해상도 ATC 레이더 디스플레이와 함께 설치되어 있다. 항공기 위치와 속도는 매초 업데이트되고 10초 투사 위치를 보여준다. 또한, 이들 시스템에서 관제사는 시각과 청각 경고장치를 갖추고 있다.

공항은 PRM 접근을 위한 승인요건으로 정밀 활주로 모니터링 시스템을 갖추어야 하고 최종접근코스에서 오직 항공기와 교신만 할 수 있는 최종모니터관제사(final monitor controller)를 필요로 한다. 이외에도 2개의 관제탑 주파수가 사용되어야 하고, 관제사가 지시할 수 있는 기회를 놓칠 수 있는 가능성을 낮추기 위해서 두 주파수 모두에서 송신할 수 있어야 한다. 조종사는 PRM 시스템을 활용하기 위한 훈련을 받아야 하고, Part 121, 135 운용자는 비디오 시청을 포함한 훈련을 받아야 한다. FAA PRM 웹사이트는 PRM 접근에 관한 훈련 정보가 포함되어 있고, 비디오를 시청하거나 다운로드받을 수 있는 위치를 소개하고 있다.

조종사가 PRM 접근을 거부하고자 할 때 ATC에게 즉시 통보해야 하고, 비행은 ATC가 편리한 지역으로 전환될 수 있다. PRM 접근을 받아들일 수 없는 조종사는 지연될 수 있음을 인식해야 한다. PRM 접근을 위한 접근차트는 [그림4-63]과 같이 통상 2페이지로 구성되어 있고 PRM

운용에 참여하는 데 필수 조종사 자격, 항공기 장비, 그리고 절차요건이 요약되어 있다. 조종사는 이 종류의 접근과 관련해서 아래와 같은 차이점에 주의해야 한다.

① 브레이크아웃 지시(break out instruction)는 안전이 허용하는 한 즉시 따라야 한다.

② 마이크의 눌러짐 혹은 송신 방해(blocked transmission)로 인해서 브레이크아웃 지시를 듣지 못하는 것을 방지하기 위해서 관제탑과 PRM 모니터를 동시에 청취하라.

③ 메인 관제탑 주파수에서만 송신하라.

④ 수동비행 브레이크아웃(break out)이 더 빠르기 때문에 오토파일럿을 해제하라.

⑤ 모든 사용자주의페이지(attention all users page; AAUP), 또는 다른 승인된 가이던스(예, 비행매뉴얼 혹은 비행운용매뉴얼)에 따라 TCAS를 적절한 TA(traffic alert) 또는 RA(resolution advisory) 모드에 맞추어라. 강하 브레이크아웃(descending breakout)이 발령될 수 있다는 점에 유의하라. 이외에도 관제사는 조종사에게 MVA 아래로 인가될 수 있는 브레이크아웃을 결코 발령해서는 안 되고, 항공기가 분당 1,000피트(fpm) 이상으로 강하하지 않도록 해야 한다.

※ *Simultaneous Close Parallel(independent)*

4.16.16 동시오프셋계기접근

동시오프셋계기접근(simultaneous offset instrument approach; SOIA)은 2개의 평행 활주로가 최소 750피트 떨어져 있지만 3,000피트 이내에 있는 공항에 동시 접근을 허용한다. SOIA 절차는 한 활주로는 ILS/PRM 접근이 그리고 인접 활주로는 글라이드슬롭과 함께 오프셋 LDA/PRM 접근이 활용된다. 또한, PRM의 활용은 이들 운용과 함께 필요로 한다. 따라서 접근차트에는 “Simultaneous approach authorized with LDA PRM RWY XXX”와 같은 절차상의 주석이 포함된다. SOIA 접근이 처음으로 발행된 곳은 [그림4-64]와 같이 San Francisco이다.

SOIA ILS/PRM 그리고 LDA/PRM 접근을 위한 훈련, 절차, 그리고 시스템 필수요건은 LDA 항공기가 ILS 항공기의 시각 획득(visual acquisition)이 이루어지는 LDA/PRM 접근 MAP에 가까워질 때까지 동시근접평행 ILS/PRM 접근에서 활용되는 것들과 동일하다. 만약 LDA MAP에 도착하기 전 시각 획득이 이루어지지 않았다면 실패접근을 실행해야 한다. LDA/PRM 접근을 위한 시계구간(visual segment)은 LDA MAP과 활주로 시단 사이에 설정된다. LDA 코스로부터 시계 상태로 전환이 LDA MAP에서 시작하는 것은 활주로와 정렬시키고 활주로 연장 선상의 500피트(AGL)에서 안정시킬 수 있다. 조종사는 LDA MAP과 활주로 사이에서 충돌 회피와 비행난기류를 벗어나기 위한 책임을 갖는다는 것을 명심하라.

4.16.17 컨버징(합류) ILS 접근

ILS 접근 능력을 증대시킬 수 있는 또 다른 방법은 컨버징 접근(conversing approach)이다. 컨버징 접근은 활주로 합류 각도가 15°에서 100° 사이에서 ILS를 갖추고 있는 공항에 승인된다. 이외에도 각 접근을 위한 독립된 절차가 설정되어 있어야 한다. 각 접근은 보호되고 있는 실패접근 공역이 중첩(overlapping)되지 않도록 최소한 3 NM 떨어진 지점에 MAP이 지정되어야 한다.

컨버징 ILS 절차는 오직 직진접근만 승인된다. 만약 활주로가 교차(intersect)하고 있다면 관제사는 교차하고 있는 활주로 교통(intersecting runway traffic)을 시각적으로 분리시킬 수 있어야 한다. 일반적으로 교차 활주로에 대한 접근은 통상 실링 600피트 그리고 시정 1 1/4~2마일 필수요건과 같이 더 높은 최저치를 필요로 한다. 조종사는 [그림4-65]와 같이 관제사와 최초교신 또는 ATIS를 통해서 Conversing ILS 접근이 적용되고 있다는 것을 알아야 한다.

Dallas/Fort Worth International Airport는 [그림4-66]과 같이 이 공항의 활주로 배열이 여러 개의 평행 활주로와 2개의 오프셋 활주로(offset runway)를 갖추고 있어 Conversing ILS 접근이 적용되고 있는 몇몇 공항 중 하나이다. 접근차트 표제는 Conversing ILS 접근이 적용되고 있음을 나타내고 주석 섹션은 Conversing 접근절차를 위해서 승인된 다른 활주로가 강조되어 표기되어 있다. IAP에 도식된 표제는 약간 다르다는 것에 주목하라. 모든 Conversing ILS 절차는 [그림4-65]와 같은 표제에 "V"를 사용하고 "(CONVERSING)"과 함께 새로운 형식으로 도식될 것이다.

4.16.18 VOR 접근

VOR 접근은 가장 많이 사용되고 있는 비정밀접근(non-precision approach)의 한 종류이다. VOR은 접근을 설정(established)하기 위해서 공항 또는 공항 외의 지역에 설치되고 DME와 TACAN과 같은 다양한 시설과 함께 설치된다. VOR 접근을 포함한 광범위한 옵션으로 인해서 TERPS는 FAF와 함께 혹은 없이(with and without) VOR 접근과 마찬가지로 공항 또는 공항 외의 지역(on and off airport)에 있는 VOR 시설 모두를 위한 설계기준(design criteria)이 요약되어 있다. 이처럼 다양성에도 불구하고 모든 VOR 접근은 정확하게 작동하고 있는 VOR 장비와 함께 비정밀접근이고, 활주로 상공 250피트의 낮은 MDA를 제공할 수 있다. 또한, VOR은 시설을 향하거나 혹은 멀어지는(toward or away from) 접근을 설정할 수 있는 융통성이 있다.

Fort Rucker, Alabama로 향하고 있는 VOR 접근은 [그림4-67]과 같이 VOR 시설이 공항에 위치해 있고 FAF가 지정되지 않은 VOR 접근의 사례이다. 직진접근을 위해서 최종접근코스는 통상 활주로 시단으로부터 활주로 연장선 3,000피트에서 교차하도록 정렬되고, 둘 사이에 합류각도가 30°를 초과하지 않아야 한다. 또한, 이 종류의 VOR 접근은 최종접근구역에서 최저 300피트의 장애물 통과높이를 포함한다. 최종접근구역기준은 시설로부터 10 NM 거리에서 폭 6 NM까지 확장되는 시설에서 폭 2 NM 1차 지역(primary area)이 포함된다. 부가적인 접근기준은 고고도 티어드롭 접근 관통(high altitude teardrop penetration)을 필요로 하는 코스를 위해서 설정된다. VOR 접근 표제에 DME가 포함되어 있을 때 FAF로부터 접근하기 위해서 항공기는 DME 장비를 반드시 갖추어야 한다. DME의 사용은 시간을 측정하지 않고 정확한 위치결정을 할 수 있어 접근 전반에 거쳐 상황인식(situational awareness)을 크게 향상시킨다.

Alexandria, Louisiana는 [그림4-68]과 같이 VOR이 공항 외부에 설치되어 있고 FAF가 지정된 VOR/DME 접근의 한 사례이다. 이 경우 최종접근코스는 레디얼 또는 직진 최종접근이고 30°를 초과하지 않는 합류 각도로 활주로 시단에서 활주로 중앙선과 교차하도록 설계되어 있다. VOR/DME 접근과 관련된 아크 최종접근구간(arc final approach segment)을 위한 기준은 7 NM이 넘는 아크를 기반으로 하고 VOR로부터 30 NM 이내(no farther than) 그리고 활주로 중앙선과 아크의 접선(tangent of the arc) 사이의 합류 각도에 달려 있다. 아크 중앙선의 양 측면으로 4 NM 지역으로 고려되는 1차 구역에서 장애물 통과높이는 최소한 500피트를 보장해야 한다.

4.16.19 NDB 접근

VOR 접근과 같이 NDB 접근은 FAF와 함께 혹은 없이, 또는 DME와 함께 또는 없이(with or without) 공항이나 공항 외부 지역 모두에 설치되고 있는 시설에 사용할 수 있도록 설계되었다. 한때 NDB는 계기비행 조종사에게 NDB 접근을 위한 공통과제였지만 GPS 항법이 등장하면서 계기접근을 위한 NDB는 더 이상 사용하고 있지 않다. 또한, NDB만을 운용하던 공항에 새로운 RNAV 접근으로 빠르게 대체되고 있다. 결과적으로 NDB 시설은 점차 사라지게 될 것이다. 그때까지 NDB 시설은 소규모 혹은 외지에 있는 공항(remotely located airport)에서 계기비행을 위한 부가적인 가용성(additional availability)을 제공하게 될 것이다.

Carthage/Panola County Sharpe Field에 있는 NDB Runway 35 Approach는 [그림4-69]와 같이 FAF가 지정되지 않고 공항에 설치된 NDB와 함께 설치된 NDB 접근의 사례이다. 이 경우 절차선회 또는 관통선회(procedure turn or penetration turn)는 접근설계의 한 부분으로 요구된다. 공항에 설치된 시설(on-airport facility)로 고려되는 NDB를 위해서 시설은 직진접근을 위해서는 착륙 활주로(landing runway)의 한 부분으로부터 1마일 이내에 있어야 하고, 서클링 접근을 위해서는 사용가능 착륙 표면(usable landing surface)의 한 부분으로부터 1마일 이내에 있어야 한다. 접근의 최종접근구간(final approach segment)은 시설에서 폭 2.5 NM 그리고 시설로부터 10 NM 지점에서 폭 8 NM로 증가하는 최종접근구역(final approach area)과 함께 설계된다. 이외에도 직진접근을 위한 최종접근코스는 활주로 연장 중앙선과 합류 각도가 30°를 초과하지 않아야 한다. 이 종류의 NDB 접근은 최저 350피트의 장애물 통과높이를 제공한다.

NDB 접근을 위한 FAF가 설정되었을 때 접근설계기준이 변경된다. 또한, 이것은 NDB가 공항 또는 공항 외의 지역에 위치하는 것과 관계없이 반영되어야 한다. 이외에도 이 종류의 접근은 NDB 시설을 향하거나 혹은 멀어지는(toward or away from) 방향 모두에서 설계할 수 있다.

Tuscon Ryan Field, NDB/DME RWY 6은 [그림4-70]과 같이 DME의 사용과 함께 공항에 위치해 있는 NDB 시설을 활용하여 설정된 FAF가 지정된 전형적인 NDB 접근 사례이다. 이 경우 NDB는 공항에 설치된 LOC 접근 시설로부터 DME 성능을 갖추고 있다. 정렬 기준(alignment criteria)과 장애물 통과높이는 FAF가 없는 NDB 접근과 동일하게 유지되지만 최종접근구간기준은 시설에서 폭 2.5 NM 그리고 NDB 시설로부터 15 NM에서 폭 5 NM로 증가하는 지역으로 변경된다.

4.16.20 레이더 접근

항공기가 국가공역체계(NAS) 내에서 운용 중일 때 조종사에게 정밀레이더접근(precision

radar approach; PAR) 그리고 공항감시레이더(airport surveillance radar; ASR)와 같이 2종류의 레이더가 가용하다. 레이더 접근(radar approach)은 조종사 요청이 있을 때 모든 항공기에 제공될 수 있다. 또한, ATC는 기상상태와 관계없이 또는 신속하고 원활한 교통흐름과 재난에 처한 항공기에 레이더 접근 옵션을 제안할 수 있다. 레이더 접근 환경에서 ATC가 관제를 실행하고 있음에도 불구하고 해당 접근을 위해서 조종사 개인의 접근기준 자격과 회사 운항기준에 따른 현재 기상상태에 적절한 접근과 착륙 최저치를 준수하는 것은 조종사의 책임이다.

어느 종류의 레이더 접근이든 가장 큰 이점은 노-자이로 접근(no-gyro approach)을 수행하기 위해서 레이더를 활용할 수 있는 능력이다. ATC는 표준율 선회(standard rate turn)를 가정했을 때 선회의 시작과 종료되는 시기를 지시할 수 있다. 조종사는 항공기 기수방위 지시계가 고장 났고 부분 계기비행(partial instrument flying)을 필요로 할 때 이 절차를 활용해야 한다.

레이더 접구에 관한 정보는 TPP 소책자(booklet)의 전면에 표 형식(tabular form)으로 발행된다. 이 소책자에는 특정 공항의 활주로, DA/DH, 또는 MDA, HAA, HAT, 실링, 그리고 시정기준을 포함하는 PAR, ASR, 그리고 서클링 접근에 관한 정보가 포함되어 있다. ATC는 사용되고 있는 레이더 접근의 종류와 관계없이 접근 전 과정에서 항공기 위치를 모니터하고 특정 기수방위와 고도 정보를 발령한다. 특히 통신두절절차(lost communication failure procedure)는 절차 중 통신두절 상황이 발생했을 때 조종사가 ATC 예상을 포괄적으로 이해할 수 있도록 실행(execution) 전에 반드시 브리핑해야 한다. 또한, ATC는 [그림4-71]과 같이 레이더 접근이 시작되고 있을 때 기상과 실패접근 지시에 관한 부가 정보를 제공해야 한다.

(1) 정밀접근레이더

PAR은 ILS와 아주 유사하게 수직과 가로유도(vertical and lateral guidance), 그리고 거리 모두를 제공함으로써 가장 정밀한 레이더 접근을 제공한다. PAR 레이더 접근은 조종실에서 시각적으로 접근을 지시하는 것은 없다. 이것은 조종사가 관제사의 지시를 청취하고 이에 따라야 한다는 것을 의미한다. PAR 접근은 대부분 군용 항공기를 위한 시설로 민간에서는 사용이 드물지만, PAR 접근을 실행해 본다는 것은 어느 조종사에게나 매우 유익한 경험이 될 것이다. PAR 접근의 최종접근코스는 활주로 중앙선과 정렬되고, 통상 글라이드슬롭은 2.5° 이상(no less than) 3° 이내(no more than)이다.

(2) 공항감시레이더

ASR 접근은 통상 ATC의 운용상 필수요건이 있거나 비정상적 또는 비상상황에 필수적으로 필요로 할 때만 승인된다. 비록 관제사가 항공기가 활주로로부터 거리를 기초로 위치해 있는 고도를 조종사에게 조언하지만, 이 종류의 접근은 오직 기수방위와 거리(heading and range)만을 제공한다. ASR 접근절차는 안테나가 공항으로부터 20 NM 안에 있어야 하고 장비 필수요건에 충족하는 모든 레이더 시설에 설정될 수 있다. ASR 접근은 레이더 성능이 떨어지는 이유로 센터 레이더 ARTS 프로세싱(CENRAP; Center Radar ARTS Processing)이 사용되고 있을 때는 사용이 승인되지 않는다. ASR 접근을 위한 최종접근코스는 직진접근을 위해서는 활주로 중앙선과 정렬되고, 서클링 접근을 위해서는 공항중심(center of airport)과 정렬된다. 조종사는 최종접근 구역 안에서 최저 250피트의 장애물 통과높이를 보장받는다. ASR 강하경도(descent gradient)는 NM 당 150피트의 최적경도(optimal gradient)로 상대적으로 평평하게 설계되고 결코 마일 당(per mile) 300피트(FTNM)를 초과해서는 안 된다.

4.16.21 로컬라이저 접근

로컬라이저는 고유의 설계(inherent design) 특성으로 인해서 계기비행에서 다양한 필요에 적용(applications)할 수 있는 융통성이 매우 높은 접근 보조시설(flexible approach aids)이다. ILS 글라이드슬롭(glideslope)은 주변 지형으로 인해서 설치가 불가능할 수 있다. 어떠한 이유에서든 로컬라이저는 한 접근 시스템으로부터 다음과 같은 4개의 분리 적용(separate application)을 제공할 수 있다.

① LOC 접근

② LOC/DME 접근

③ LOC 후면코스 접근(back course approach)

④ LDA(localizer-type directional aid)

(1) LOC와 LOC/DME 접근

로컬라이저 접근 시스템(localizer approach system)은 조종사에게 정밀접근과 비정밀접근 모두를 제공할 수 있다. 로컬라이저는 ILS 시스템의 한 부분으로 정밀접근을 위한 수평유도(horizontal guidance)를 제공한다. 그러나 일반적으로 로컬라이저가 비정밀접근으로 고려되는 것은 ILS에서 글라이드슬롭 서비스가 중단되었거나 아니면 이것이 유일한 접근 시스템이라는 사실 때문이다. 어느 경우든 로컬라이저는 [그림4-72]와 같이 특정 공항에 설치된 로컬라이저 발신기를 이용해서 비정밀접근을 제공한다. LOC는 글라이드슬롭으로부터 제공되는 수직유도가 없는 접근이기 때문에 TERPS는 ILS를 위한 것과 동일한 로컬라이저 접근을 위한 동일한 정렬 기준(alignment criteria)을 제공한다. 로컬라이저는 항상 활주로와 3° 이내에서 정렬되고 최종접근구역에서 최저 250피트의 장애물 통과높이를 제공한다. LOC DME 접근의 경우 [그림4-72]와 같이 접근에 필요한 거리 정보를 제공하는 로컬라이저 설치는 DME와 함께 설치된다.

(2) 로컬라이저 후면코스

ILS가 설치되는 공항에서 로컬라이저와 관련해서 후면코스(back course)가 설치될 수 있다. 로컬라이저와 같이 후면코스는 글라이드슬롭을 제공하지 않을 뿐만 아니라 허위 글라이드슬롭 신호가 송출될 수 있어 이를 무시해야 한다. 표준 VOR 정비를 사용하고 있는 후면코스에서 역감지(reverse sensing)가 발생한다. [그림4-73]과 같이 HSI 시스템의 경우 전면코스(front course)에 정확하게 세팅했다면 역감지는 발생하지 않는다.

4.16.22 로컬라이저형 방향보조시설

로컬라이저형 방향보조시설(localizer-type directional aid; LDA)은 사용과 정밀도 면에서 로컬라이저와 비교할 수 있을 정도이지만 완전한 ILS 시설의 한 부분이 아니다. LDA 코스는 단순방향시설(simplified directional facility; SDF)보다 더 정밀한 접근 코스를 제공하고, 통상 접근 코스는 6° 혹은 12° 폭을 갖는다. LDA는 활주로와 정렬되지 않는다. 직진접근은 코스와 활주로 사이 정렬이 30°를 초과하지 않는 곳에 발행될 수 있다. 서클링 최저치는 오직 이 정렬이 30°를 초과하는 곳에만 발행된다. 극히 일부 LDA 접근은 글라이드슬롭을 제공할 수 있는 시설이 있을 수 있다. 이들을 구분하기 위해서 계기접근차트의 평면도에 "LDA/Glideslope"과 같은 주석이 표기된다. 이들 접근은 APV라고 하는 수직유도접근(approach with vertical guidance)이라고 하는 새로 정의된 접근범주에 속한다. 글라이드슬롭과 함께 그리고 글라이드슬롭이 없는 LDA 최저치가 제공되고 접근차트의 최저치 라인에 "S-LDA/GS 그리고 S-LDA"와 같이 표기된다. 최종접근코스는 [그림4-74]와 같이 활주로 중앙선과 정렬되지 않기 때문에 ILS 접근과 비교했을 때 추가 기동이 필요하다.

4.16.23 단순방향시설

단순방향시설(simplified directional facility; SDF)은 ILS 로컬라이저와 유사한 최종접근코스를 제공한다. 이것은 글라이드슬롭 정보를 제공하지 않는다. ILS 로컬라이저의 이해와 관련 부가적인 요소들은 [그림4-75]와 같이 SDF 운용상의 특성과 활용을 이해하는 데 도움이 될 것이다. SDF 계기접근에 사용되는 접근 기술과 절차는 SDF 코스가 활주로와 정렬되지 않고 코스가 더 넓어 정밀도가 떨어지는 점을 제외하고 표준 로컬라이저 접근과 동일하다. 로컬라이저 접근과 같이 SDF는 지형을 포함해서 다양한 이유로 공항에 실시될 수 있는 대체접근(alternativc approach)이다. 코스가 6°로 지정된 지역에 있는 최종접근구역에서 최종접근은 직진접근을 위해서 최저 250피트의 장애물 통과높이를 제공한다. (시단으로부터 10 NM까지 확장되고 있는 활주로 시단 또는 어빔(abeam)에서 1,000피트) 코스가 12°로 지정된 지역에서 동일한 최종접근구역은 더 넓다. 또한, 이 종류의 접근은 서클링 최저치가 승인되지 않는 한 NM 당 400피트(FTNM)의 최대강하경도(maximum descent gradient)로 설계된다.

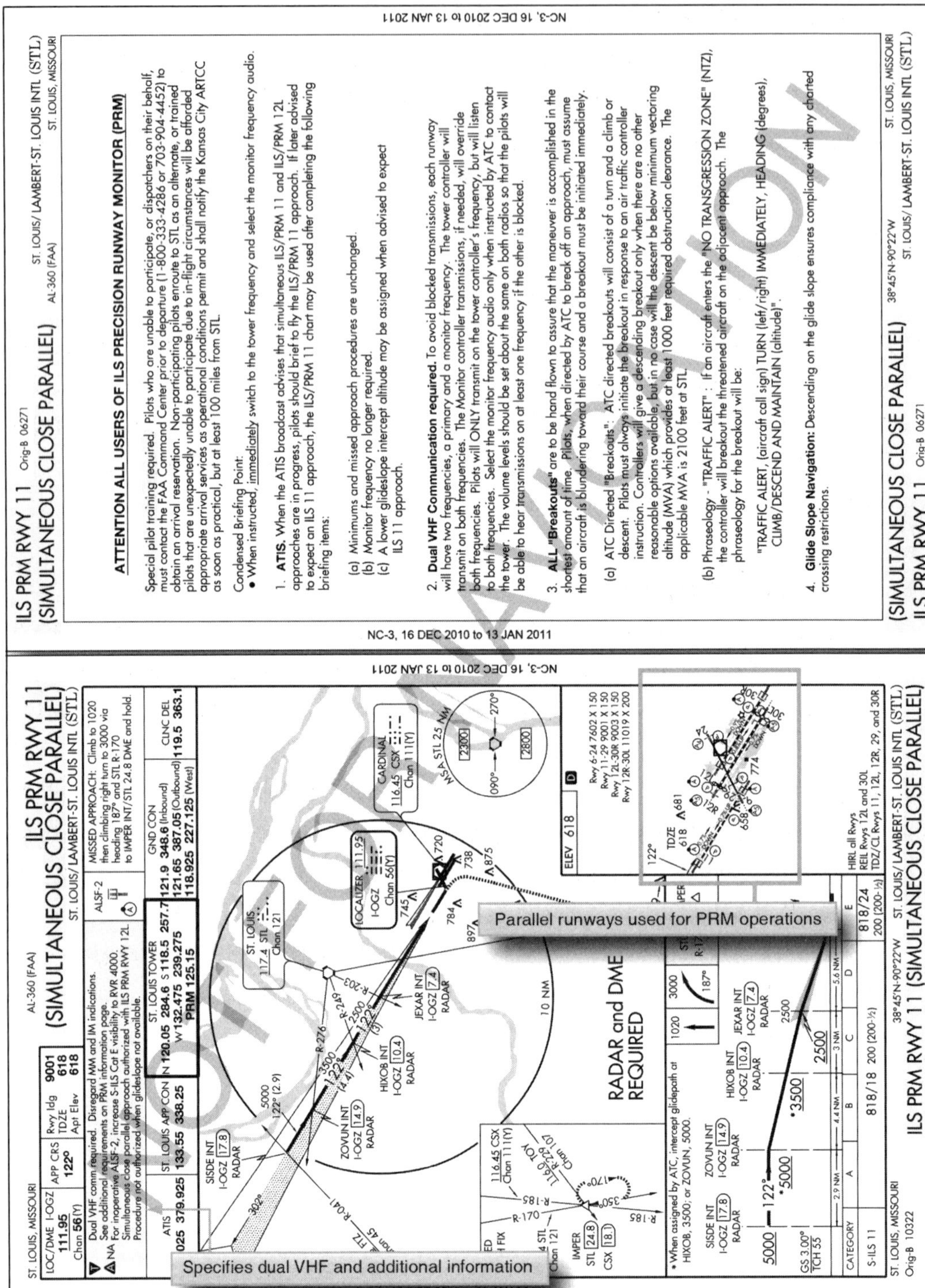

【그림4-63】 접근차트 표제에 "ILS PRM RWY 11" (SIMULTANEOUS CLOSE PARALLEL)와 같이 표기된다. 이외에도 복식 VHF와 부가 정보가 표기되어 있다.

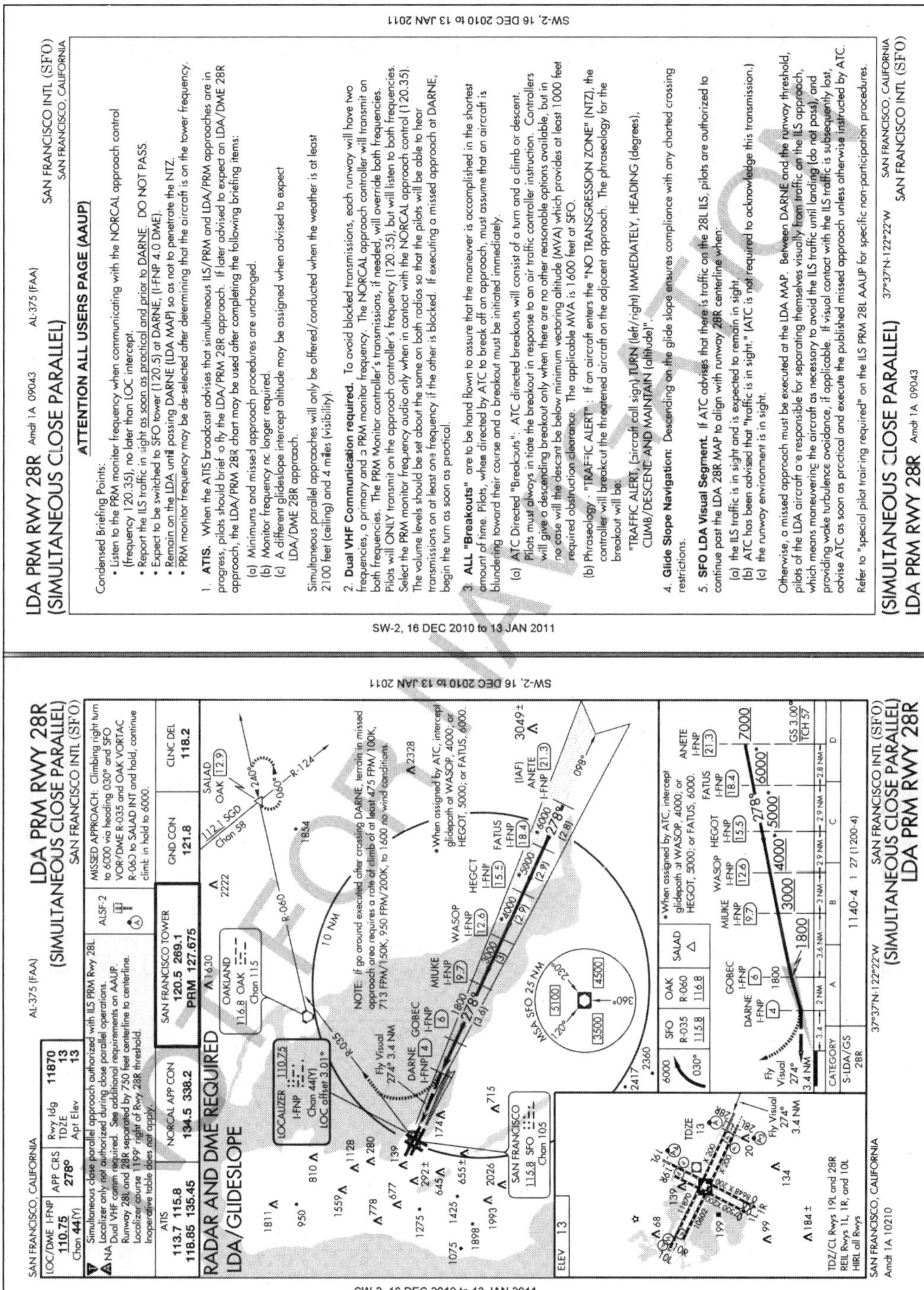

【그림4-64】 동시오프셋계기접근

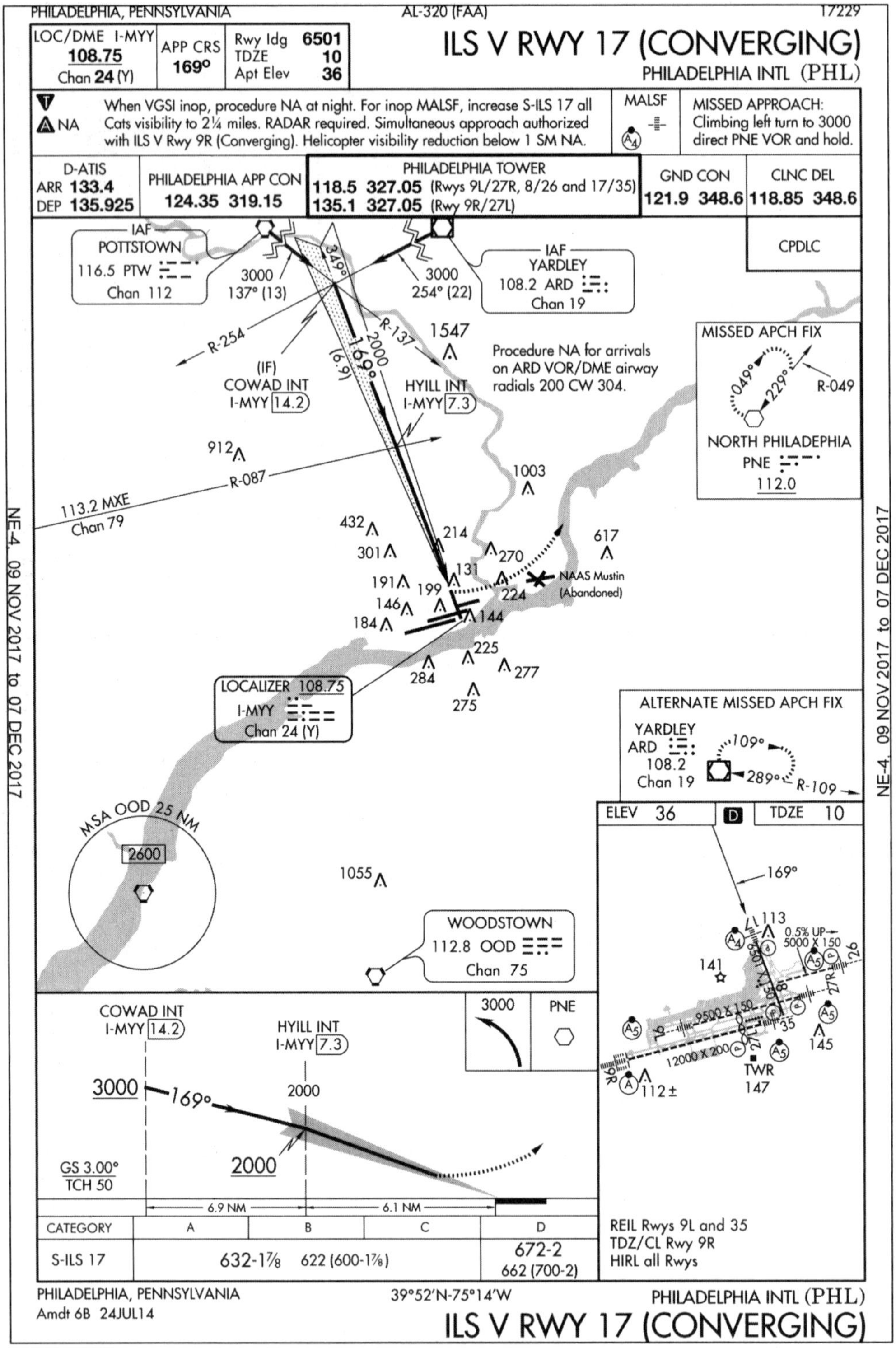

【그림4-65】 컨버징 접근의 한 사례

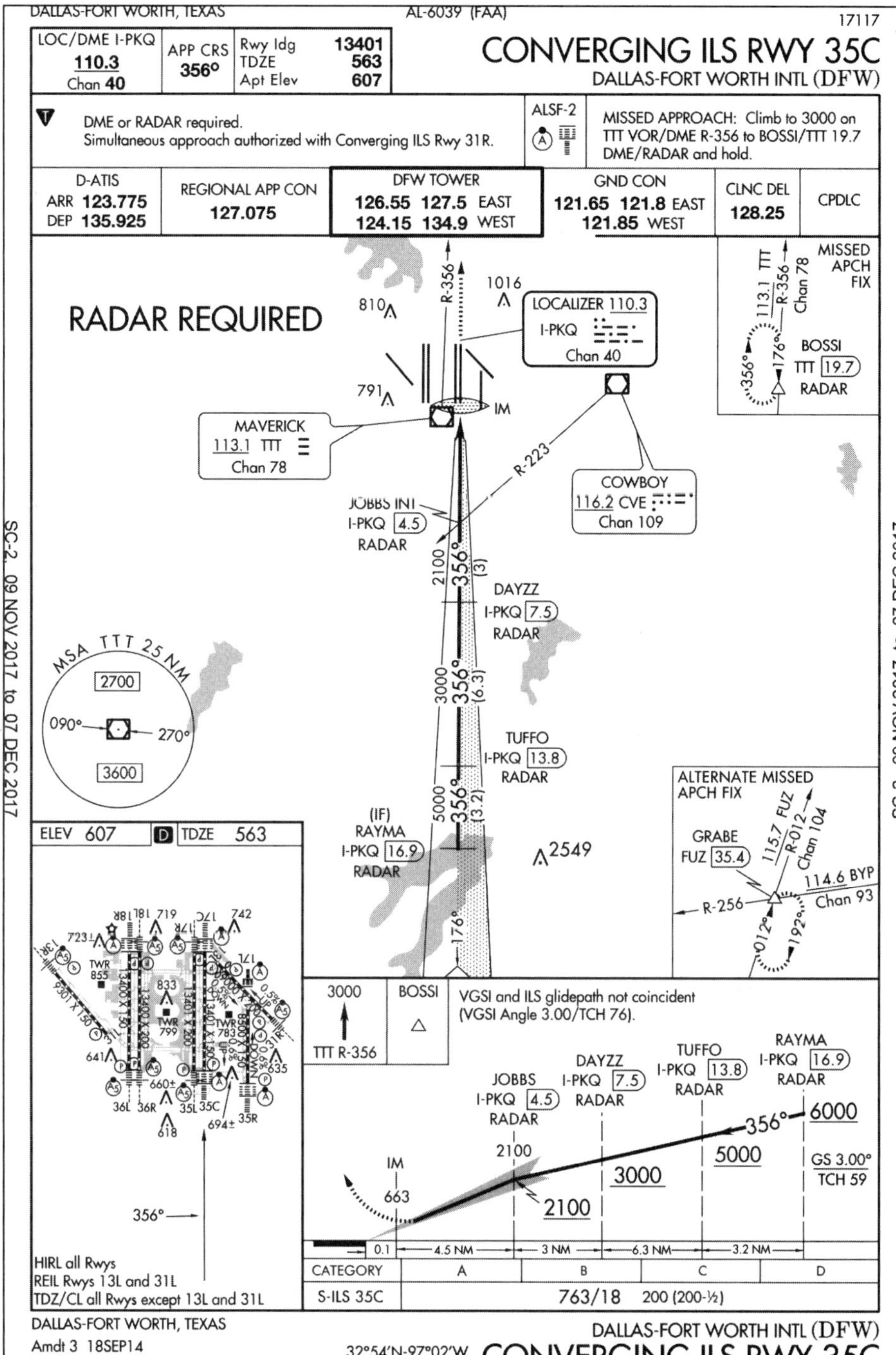

【그림4-66】 컨버징 접근의 한 사례이다. 조종사 브리핑 섹션에 "DME or RADAR required. Simultaneous approach authorized with Conversing ILS Rwy 31R"이라고 표기되어 있다.

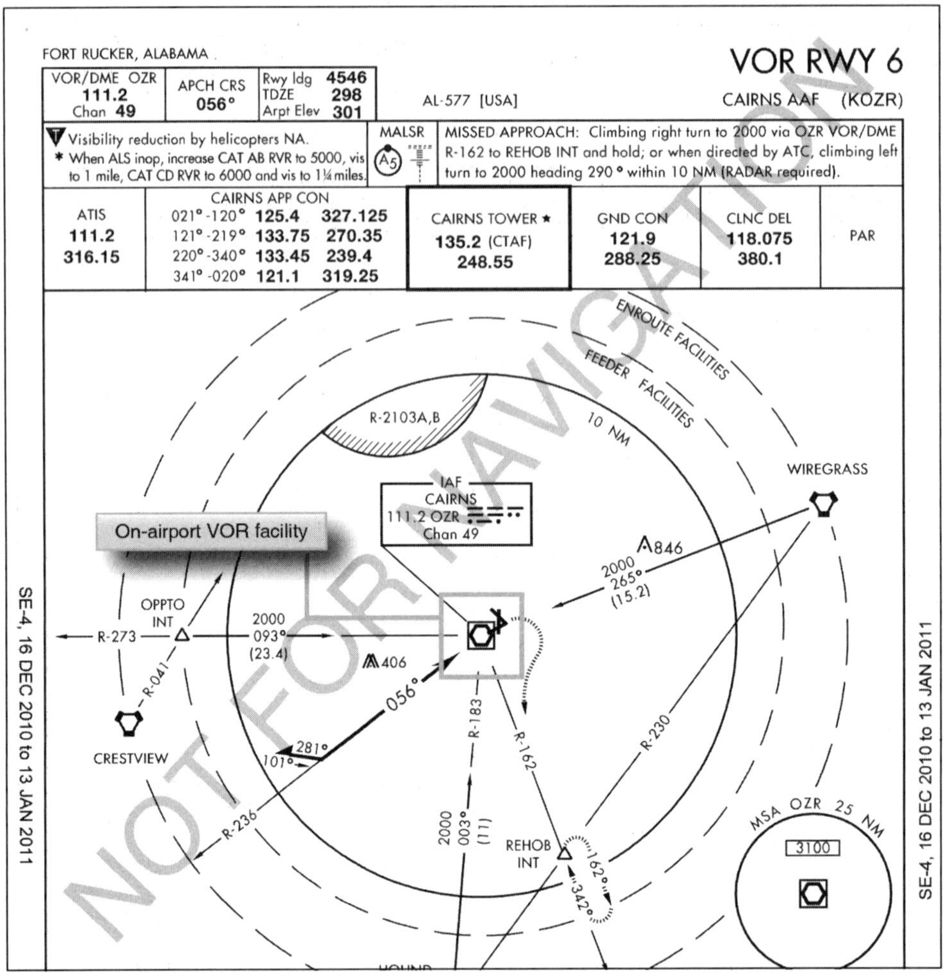

【그림4-67】 이 VOR RWY 6 접근은 공항에 VOR 시설이 위치해 있는 사례이다. VOR은 비정밀접근이고, 직진접근의 경우 활주로 번호가 지정된다. 활주로 중앙선과 접근 각도가 30°를 초과할 때 직진접근이 승인되지 않고 서클링 접근만 승인된다. 서클링 접근의 경우 활주로 번호가 지정되지 않고 알파벳 문자로 지정된다.

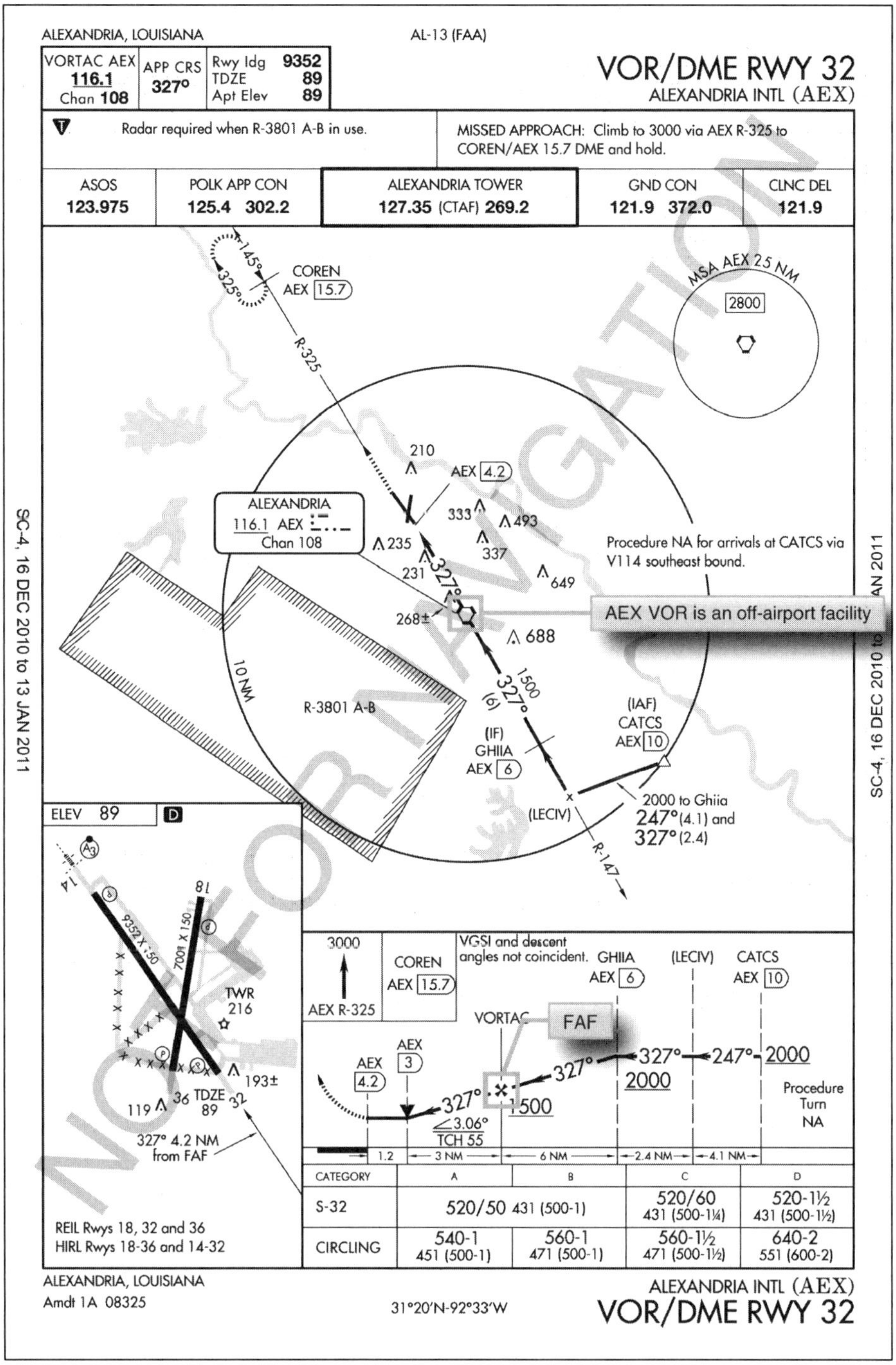

CATEGORY	A	B	C	D
S-32	520/50 431 (500-1)		520/60 431 (500-1¼)	520-1½ 431 (500-1½)
CIRCLING	540-1 451 (500-1)	560-1 471 (500-1)	560-1½ 471 (500-1½)	640-2 551 (600-2)

【그림4-68】 이 VOR/DME RWY 32 접근은 VOR 시설이 공항에 위치하고 있지 않은 사례이다. 또한, FAF가 설정되어 있고, FAF를 식별하기 위한 시설로 VOTRAC이 지정되어 있다.

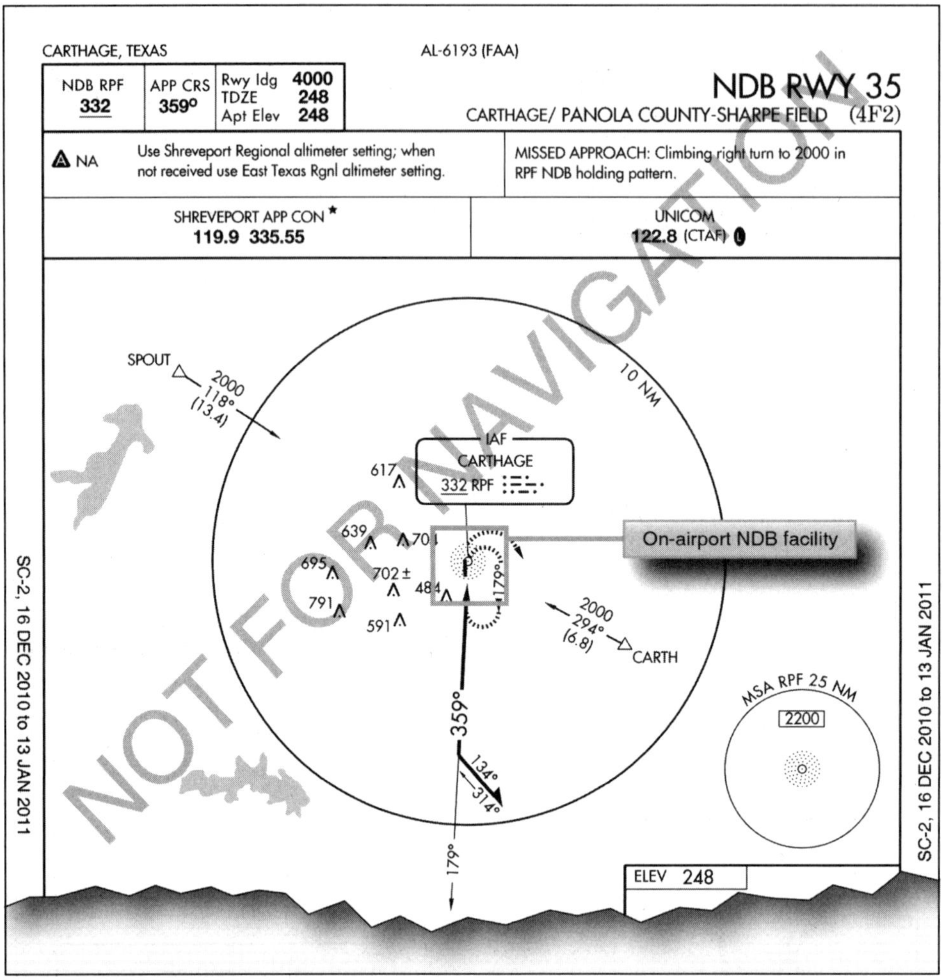

【그림4-69】 이 NDB RWY 35 접근은 NDB 시설이 공항에 위치해 있다.

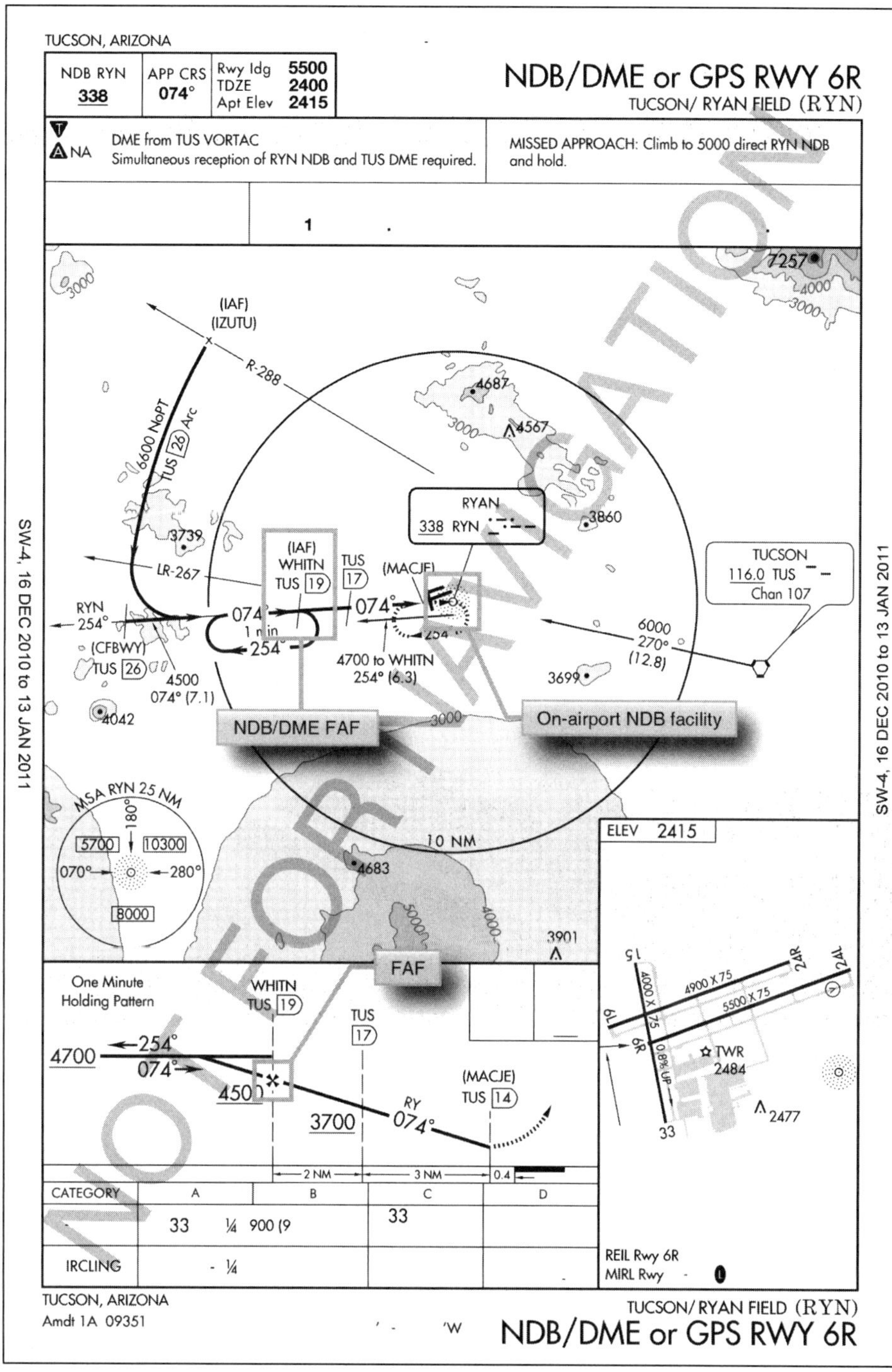

【그림4-70】 NDB/DME or GPS RWY 6R의 사례는 NDB 시설이 공항에 위치하면서 FAF가 지정된 사례이다. FAF를 식별하기 위한 NDB/DME로 지정되어 있다.

RADAR MINS

N1

10266

RADAR INSTRUMENT APPROACH MINIMUMS

ASHEVILLE, NC Amdt. 5A, NOV 18, 1998 (FAA) ELEV 2165

ASHEVILLE RGNL

RADAR - 124.65 269.575

	RWY	GS/TCH/RPI	CAT	DA/ MDA-VIS	HAT/ HATh/ HAA	CEIL-VIS	CAT	DA/ MDA-VIS	HAT/ HATh/ HAA	CEIL-VIS
ASR	34		AB	2800/24	660	(700-½)	C	2800/60	660	(700-1¼)
			D	2800-1½	660	(700-1½)				
	16		A	3000/50	835	(900-1)	B	3000/60	835	(900-1¼)
			C	3000-2½	835	(900-2½)	D	3000-2¾	835	(900-2¾)
CIRCLING			A	3000-1	835	(900-1)	B	3000-1¼	835	(900-1¼)
			C	3000-2½	835	(900-2½)	D	3000-2¾	835	(900-2¾)

Circling not authorized west of Rwy 16-34. Night circling not authorized.

BEAUFORT, SC Amdt. 3A, NOV 20, 2008 (FAA) ELEV 10

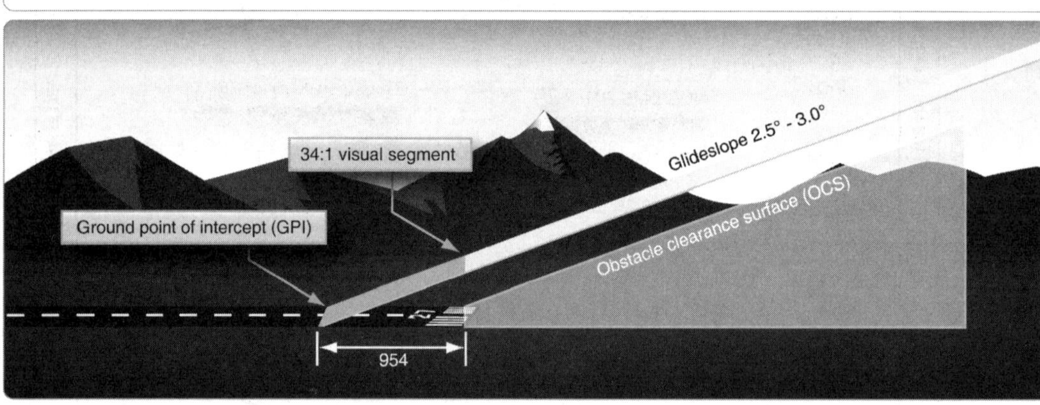

【그림4-71】 레이더 접근 최저치(위), PAR 접근을 위한 글라이드슬롭 각도와 장애물 통과높이 표면(OCS)

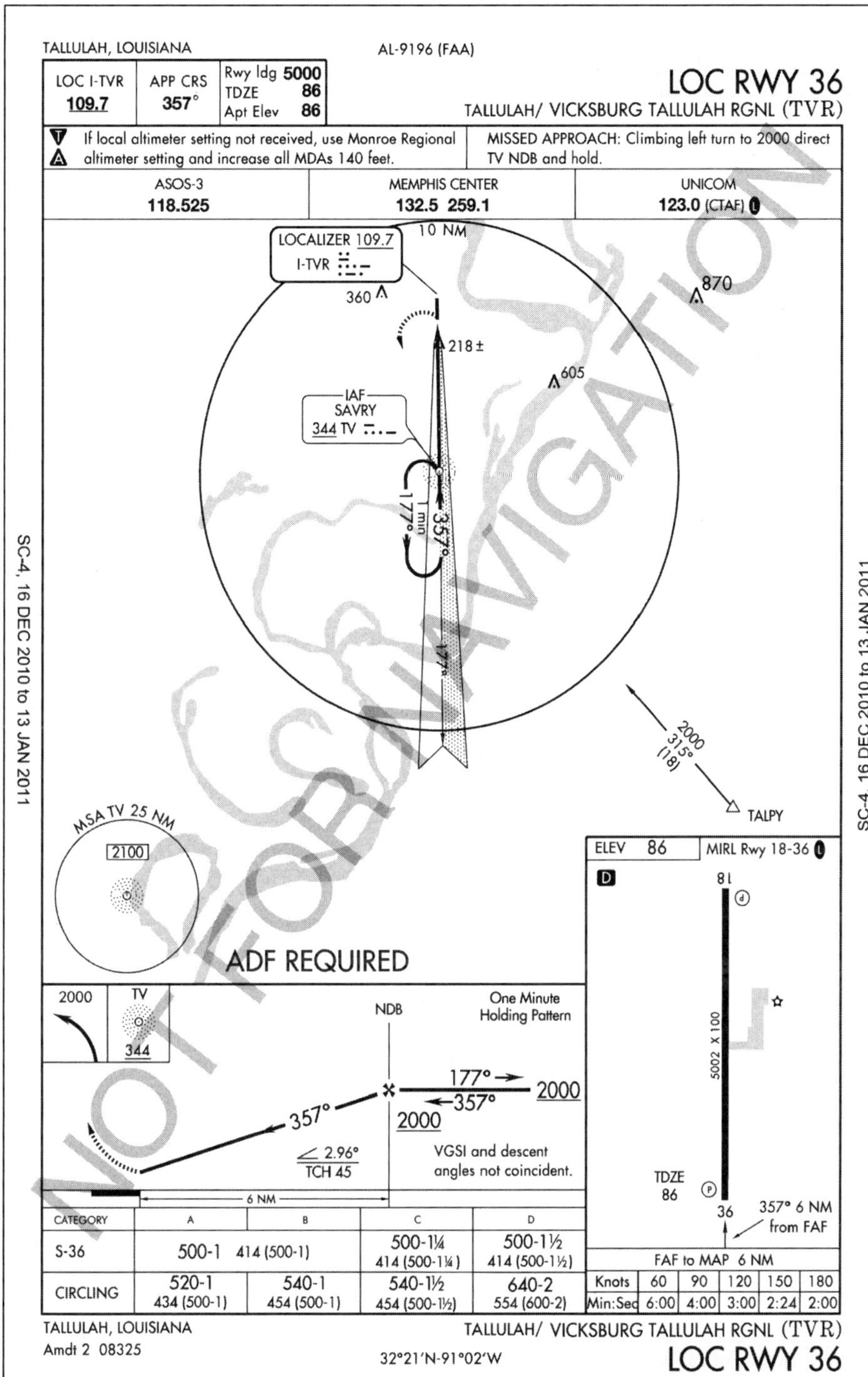

【그림4-72】 로컬라이저(LOC) 접근은 비정밀접근이다. 접근 표제에 “LOC RWY”와 같이 표기되는 것 외에 다른 접근 형식과 동일하다. 이 접근에서 FAF를 식별하기 위한 ADF를 필수적으로 갖추어야 한다.

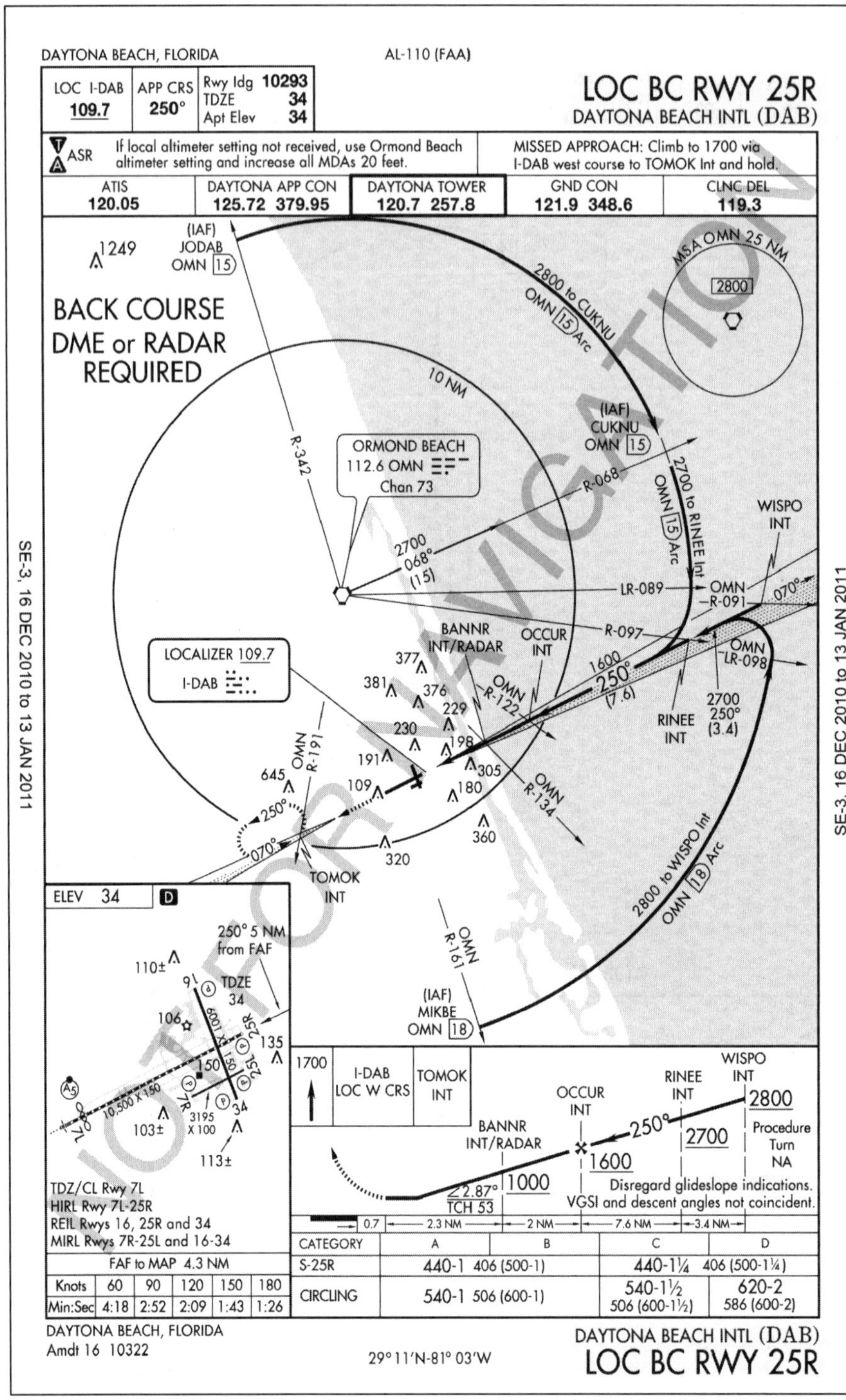

【그림4-73】 LOC BC RWY 25R 접근의 한 사례이다. 측면도에 글라이드슬롭 지시를 무시하라는 문구(Disregard glideslope indications)가 표기된 것 외에 다른 것들은 동일하다.

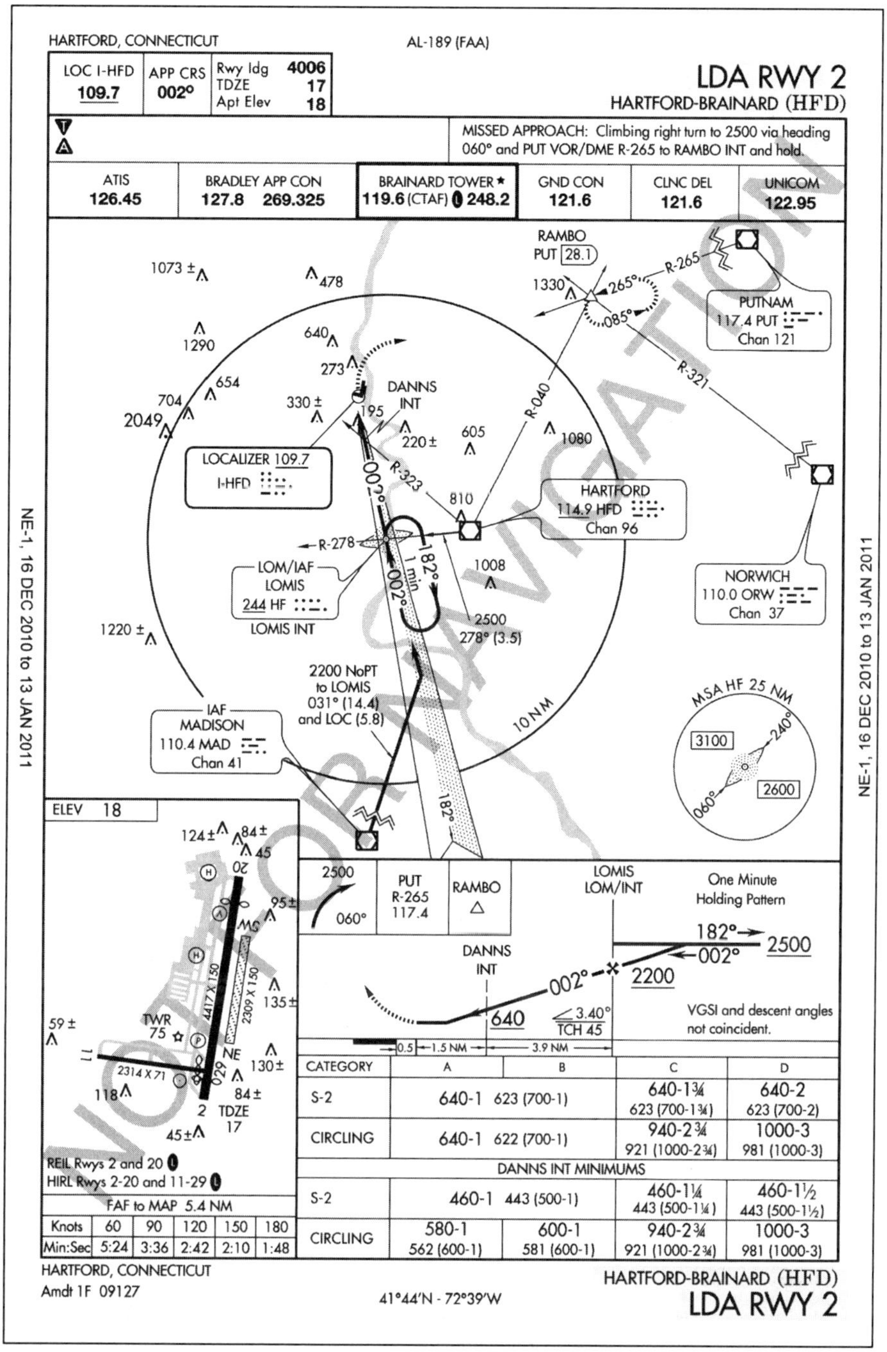

【그림4-74】 LDA 접근 사례이다. 이 접근 스텝다운 접근이 지정된 것으로 2세트의 최저치가 설정되어 있다. 만약 항공기가 DANNS INT를 식별할 수 있다면 더 낮은 최저치를 적용할 수 있다.

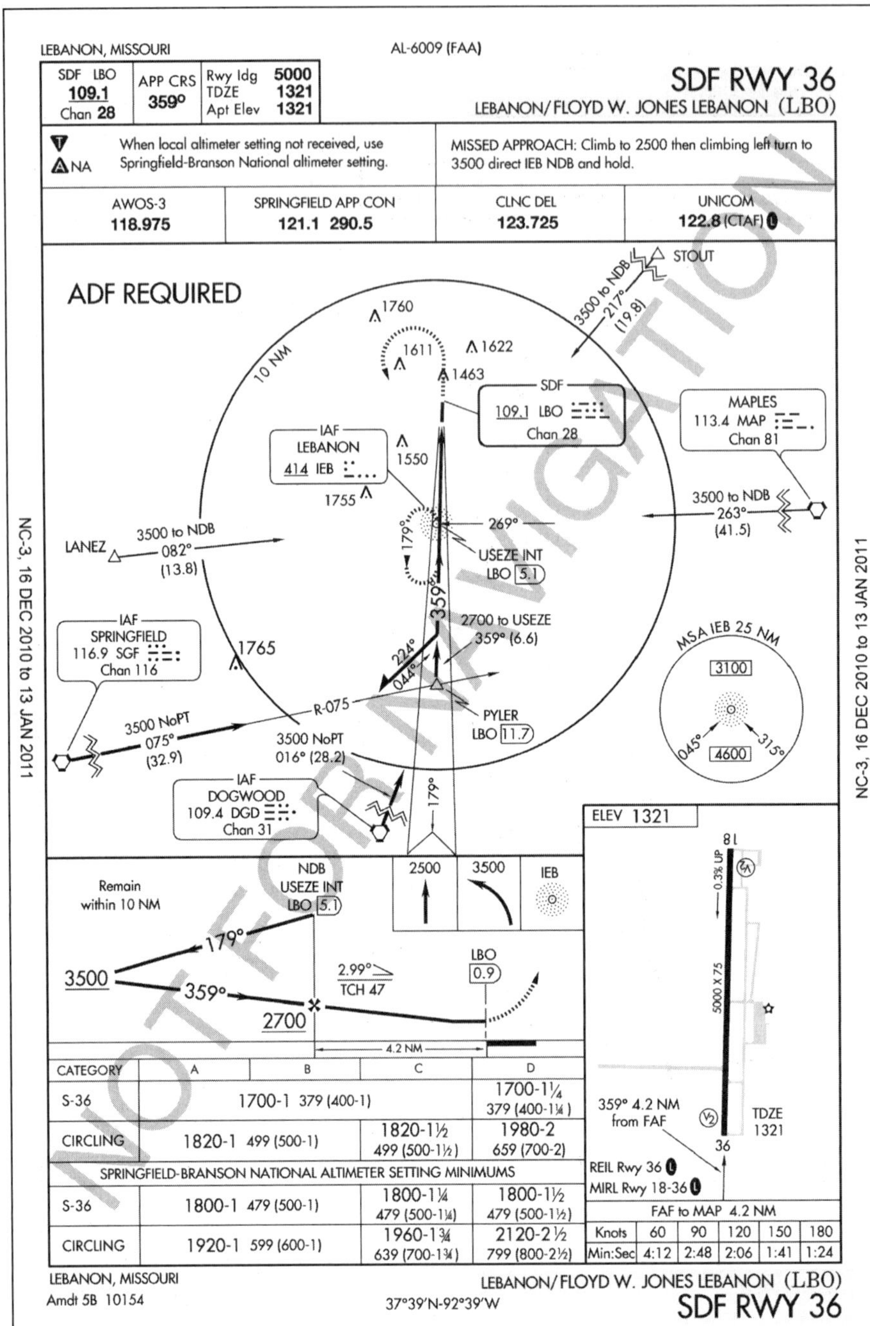

【그림4-75】 SDF 접근의 한 사례이다. 이 접근 사례 역시 2세트의 최저치가 설정되어 있다. 항공기가 SPRINGFIELD-BRANSON NATIONAL ALTIMETER SERRING을 적용하고 있다면 아래 최저치를 적용해야 한다.

제5장 헬리콥터 계기접근절차

5.1 개 요

이 장에서는 국가공역체계(NAS)에서 IFR 헬리콥터 운용에 필요한 정보를 다룬다. GPS 그리고 WAAS(wide area augmentation system; 광역증대시스템)와 같은 첨단 항공전자 기술을 장착한 헬리콥터는 원하는 헬리포트까지 계기접근절차(IAP)를 가능하게 하였다. IFR에서 헬리콥터를 운용할 수 있는 능력은 헬리콥터의 활용성과 안전(utility and safety)이 크게 높아졌다. 헬리콥터 IFR 운용자는 IFR 성능을 갖춘 헬리콥터의 투자와 개발, 헬리콥터 전용 IAP의 개발, 그리고 조종사의 꾸준한 IFR 훈련으로 안전기록이 크게 향상되었다. 예를 들어 Gulf of Mexico에서 IFR 운용의 안전기록(safety record)은 최상위 에어라인 등급(best-rated airline)의 안전기록과 거의 비슷할 정도이다. 헬리콥터의 수요가 증가함에 따라 제작자는 더 빠른 순항속도, 그리고 더 정밀한 오토파일럿과 비행관리장치(flight management system; FMS)를 활용하여 더 낮은 최저계기속도(minimum instrument airspeed; V_{MINI})를 제공하는 방법으로 헬리콥터의 IFR 전천후 기상(all-weather) 능력을 향상시키기 위해서 노력하고 있다. 이 같은 노력의 결과 2005년 10월 미국 첫 민간 헬리콥터가 착빙 상태(known icing condition)에서 비행할 수 있도록 승인되었다.

5.2 헬리콥터 IFR 인증

조종사는 자신이 조종하는 헬리콥터의 IFR 필수요건을 확실하게 이해하고 숙지하는 것이 무엇보다 중요하다. 헬리콥터의 동일 연식/형식(make & model) 그리고 계열(series)이라 할지라도 장착된 항공전자의 변형(variation)은 특정 운용을 위한 필수 장비(required equipment) 또는 증대수준(level of augmentation)이 달라질 수 있다. IFR 헬리콥터에 장착되는 자동비행제어시스템/오토파일럿/플라이트 디렉터(Automatic Flight Control System/Autopilot/Flight Director; AFCS/AP/FD)는 매우 복잡한 시스템이다. 일부 헬리콥터를 위한 AFCS/AP/FD 복잡성은 시스템 운용과 제한, 결함 지시, 그리고 복원 모드(reversionary mode; *원래 상태로 회복할 수 있는 모드*)를 작동시킬 수 있는 높은 수준의 지식을 습득하고 유지하기 위한 정식 훈련(formal training)을 받아야 한다. IMC 운용을 위한 인증을 받고자 하는 헬리콥터는 관련 규정에 따른 설계와 설치 필수요건에 충족해야 한다. 이들 필수요건은 다음과 같은 범주로 분류된다.

- Flight and navigation equipment(비행과 항법 장비)
- Miscellaneous requirements, stability(안정성 필수요건)
- Helicopter flight manual limitations(헬리콥터 비행 매뉴얼 제한)
- Operations specifications(운항기준)
- Minimum equipment list(최소장비목록; MEL)

5.2.1 비행과 항법 장비

헬리콥터 IFR 운용을 위해서 갖추어야 하는 기본 비행계기와 항법장비에 포함되는 주요 항목들은 다음과 같다.

- Clock(시계)
- Airspeed indicator(속도계)
- Sensitive altimeter(정밀 고도계; 대기압을 위해서 조절할 수 있고, 고도 눈금이 20피트 간격으로 설계된 고도계)
- Magnetic direction indicator(마그네틱 방향 지시계)
- Free-air temperature indicator(외기기온 지시계)
- Rate-of-climb (vertical speed) indicator(승강계)
- Magnetic gyroscopic direction indicator(마그네틱 자이로 방향 지시계)
- Stand-by bank and pitch (attitude) indicator(예비 자세계)
- Non-tumbling gyroscopic bank and pitch (attitude) indicator(넌-텀블링 자이로 자세계)
- Speed warning device (필요에 따라 속도경고장치)

5.2.2 기타 필수장비

- Over-voltage disconnect(과전압 차단기)
- Instrument power source indicator(계기 전원 지시계)
- Adequate ice protection of IFR systems(IFR 시스템을 위한 적절한 착빙장치)
- Alternate static source(대체 정압원; single-pilot configuration)
- Thunderstorm lights(뇌우 등화; transport category helicopters는 관련 규정에 따라 계기등화 외에 기본 비행계기를 비출 수 있는 백색 고광도 투광조명을 제공하는 뇌우 등화를 갖추어야 한다)

5.2.3 안정성과 자동비행제어장치

일반적으로 헬리콥터 제작자는 IFR 안정성 필수요건에 충족하기 위해서 Stability/AFCS가 결합한 형태의 장비를 사용한다. 이들 시스템은 다음과 같다.

① 일반적으로 기본 VFR 형상(configuration)에서 찾아볼 수 없는 것들로 일부는 안정성 또는

제어 능력의 한 부분이 되는 공기역학적 표면들(aerodynamic surfaces)

② 사이클릭 센터링 효과(centering effect)를 제공하는 트림장치(trim system). 이들 시스템은 통상 마그네틱 브레이크/스프링 기기(magnetic brake/spring device)를 포함하고 사이클릭에서 4-방향 스위치로 제어될 수 있어야 한다. 이 시스템은 헬리콥터의 "hands on" 비행에 요구된다.

③ 헬리콥터의 안정성을 증대시키기 위해서 단주기 댐핑 제어 입력(short-term rate damping control input)을 제공하는 안정성증대장치(stability augmentation system; SAS)

④ 자세유지장치(attitude retention system; ATT)는 헬리콥터 자세가 외부 영향으로 방해를 받은 후 선택된 자세(selected attitude)로 되돌아가도록 한다. 자세의 변화는 사이클릭에 있는 4-방향 "beep" 스위치 혹은 "force trim" 스위치를 작동시켜 수동으로 원하는 자세를 잡을 수 있다. 자세유지(attitude retention)는 SAS 기능이 될 수 있거나 혹은 기본 "hands off" 오토파일럿 기능이 될 수 있다.

⑤ 오토파일럿(AP; autopilot system)은 지정된 가로와 수직경로를 따라서 "hands off" 비행을 할 수 있도록 한다. 기능적 모드는 기수방위(heading), 수직속도(vertical speed), 항법 트레킹(navigation tracking), 그리고 접근이 포함될 수 있다. AP는 통상 모든 선택과 모드 상태 지시를 위한 제어패널(control panel)을 갖추고 있다. AP는 FD와 연동해서 장착될 수도 있고 장착되지 않을 수도 있다. AP는 통상 롤과 피치 축(사이클릭 조종)에 대해서 헬리콥터를 제어하지만, 일부 헬리콥터에는 요 축(페달 조종)과 컬렉티브 제어 서보(collective control servo)가 포함될 수 있다.

⑥ 플라이트 디렉터(flight director; FD)는 조종사에게 선정된 가로와 수직모드에서 비행할 수 있도록 시각유도(visual guidance)를 제공한다. 시각유도는 비행하는데 필요한 자세를 제공하고 자세계 위에 겹쳐 보이는(superimposed) 통상 "vee bar"라고 알려진 "single cue"로 제공된다. 다른 FD는 "cross pointer system"으로 알려진 "two cue" 표시(presentation)를 사용할 수 있다. 이들 두 표시는 오직 자세 정보만을 제공한다. 이외에도 "three cur" 시스템으로 알려진 세 번째 시스템은 자세(롤과 피치) 큐(attitude cue)와 함께 컬렉티브를 위치시키기 위한 정보를 제공한다. 컬렉티브 제어 큐 시스템(collective control cue system)은 조종사에게 경로 오차가 발생했을 때 또는 대기속도 오차가 프리셋 값(preset value)을 초과했을 때 적용해야 하는 컬렉티브 제어 입력을 식별하고 신호(identifies and cues)를 제공한다. Three-cue 시스템 피치 명령(pitch command)은 최대상승률(best rate of climb; BROC) 속도보다 더 낮은 속도에서 수직유도와 함께 접근경로를 비행 중일 때 대기속도를 제어하기 위한 필수 큐(required cue)를 제공한다. 조종사는 이들 명령(command)에 충족하도록 헬리콥터의 조종간을 조작함으로써 원하는 비행경로(desired flight path)를 얻을 수 있고 또는 원하는 비행경로를 따라서 비행할 수 있도록 오토파일럿과 연동(coupled)시킬 수 있다. 일반적으로 FD 모드 제어(mode control)와 지시는 오토파일럿과 공유한다. 따라서 조종사는 사용 중 증대장치(augmentation system)와 제어 로직(control logic) 그리고 작동기능모드(mode of operation)에 관해서 확실하게 숙지하고 있어야 한다. 예를 들어 ILS 접근과 3큐(three-cue)

모드(가로, 수직, 그리고 컬렉티브 큐)에서 FD 컬렉티브 큐는 글라이드슬롭 변화에 반응하고 십자형(cross pointer) 수평지시기 큐(horizontal bar cue)는 대기속도 변화에 반응한다. 그러나 동일한 시스템이 ILS 접근의 2큐 모드에서 운용될 때 FD 수평지시기 큐는 글라이드슬롭 변화에 반응한다. 특히 2인 조종사가 헬리콥터 운용 중에 FD 운용 모드에 각별히 주의해야 한다. 조종사는 설정된 절차 세트를 갖추어야 하고 다양한 비행단계에서 FD/AP 모드의 제어를 위한 책임을 갖는다. 조종사가 해당 시스템 모드를 완전하게 이해하는 것은 헬리콥터 조종에서 높은 수준의 정밀도를 제공하고, 조종사는 시스템의 결함을 발견할 수 있는 능력을 갖추어야 한다.

※ *Stabilization and Automatic Flight Control System (AFCS)*

5.2.4 헬리콥터 비행 매뉴얼 제한

헬리콥터는 1인 혹은 2인 조종사 중 어느 한 유형(configuration)에서 IFR 운용이 승인된다. 특정 장비를 장착해야 하고 2인 조종사 운용을 위한 기능적 그리고 1인 조종사 운용을 위한 부가장비(additional equipment)를 필요로 한다. 이외에도 헬리콥터 비행 매뉴얼(helicopter flight manual; HFM)에는 1인 또는 2인 조종사 유형에서 IFR 비행을 위해서 작동 혹은 연결되어(in operation or engaged) 있어야 하는 시스템과 기능들이 정의되어 있다. 때로는 2인 조종사 운용에서 이 같은 증대 수준(level of augmentation)이 장착된 시스템의 완전성능(full capability)보다 낮을 수 있다. 이와 유사하게 1인 조종사 운용을 위해서는 더 높은 증대수준을 요구할 수 있다. 또한, HFM은 IFR 비행과 관련된 다른 특정 제한들이 수록되어 있다. 통상 아래와 같은 항목들로 제한이 포함되지만, 이들만으로 제한되는 것은 아니다.

- Minimum equipment required for IFR flight
  (in some cases, for both single-pilot and two-pilot operations)
- V_{MINI} (minimum speed-IFR) [그림5-1]
- V_{NEI} (never exceed speed-IFR)
- Maximum approach angle
- Weight and center of gravity (CG) limits
- Helicopter configuration limitations (such as door positions and external loads)
- Helicopter system limitations (generators, inverters, etc.)
- System testing requirements
  (many avionics and AFCS, AP, and FD systems incorporate a self-test feature)
- Pilot action requirements
  (for example, the pilot must have hands and feet on the controls during certain operations, such as an instrument approach below certain altitudes)

헬리콥터의 접근절차(approach procedure)를 위한 최종접근각도(final approach angle) 또는 강하경도(descent gradient)는 7.5°/795 FPNM 정도로 비행기에 비해서 높다. 이것은 무풍

Manufacturer	V_{MINI} Limitations	MAX IFR Approach Angle	G/A Mode Speed
Augusta			
A-109	60 (80 coupled)		
A-109C	40	9.0	
Bell			
BH 212	40		
BH 214ST	70		
BH 222	50		
BH 222B	50		
BH 412	60	5.0	
BH 430	50 (65 coupled)	4.0	
Eurocopter			
AS-355	55	4.5	
AS-365	75	4.5	
BK-117	45 (70 coupled)	6.0	
EC-135	60	4.6	
EC-155	70	4.0	
Sikorsky			
S-76A	60 (AFCS Phase II)	3.5	75 KIAS
S-76A	50 (AFCS Phase III)	7.5	75 KIAS
S-76B	60	7.5	75 KIAS
S-76C	60		
SK-76C++	50 (60 coupled)	6.5	

NOTE: The V_{MINI}, MAX IFR Approach Angle and G/A Mode Speed for a specific helicopter may vary with avionics/autopilot installation. Pilots are therefore cautioned to refer only to the Rotorcraft Flight Manual limitations for their specific helicopter. The maximum rate of descent for many autopilots is 1,000 FPM.

LEGEND

In some helicopters with the autopilot engaged, the V_{MINI} may increase to a speed greater than 70 KIAS, or in the "go around" mode requires a speed faster than 70 KIAS.

【그림5-1】 V_{MINI} 제한, 특정 IFR 인증 헬리콥터를 위한 최대 IFR 접근각 그리고 G/A 모드 속도이다. MAX IFR 접근각과 G/A 모드 속도는 항공전자/오토파일럿 설치에 따라 다를 수 있기 때문에 조종사는 RFM을 참고하여야 한다. 대부분 오토파일럿을 위한 최대 강하율은 분당 1,000피트(fpm)이다.

에서 지시속도 70 KIAS일 때 분당 925피트의 강하율과 등가이다. 뒷바람 10노트에서 강하율은 분당 1,056피트(fpm)로 증가한다. "Copter" 핀스(point-in-space; PinS) 접근절차는 헬리콥터를 최종접근각도/강하경도에 충족하도록 하는 70노트(KIAS)의 최대 V_{MINI} 그리고 IFR 접근 각도로 제한한다. V_{MINI} 70 KIAS의 헬리콥터 조종사는 실패접근지점(missed approach point; MAP)부터 헬리포트까지 최대허용가능각도/강하경로 또는 최저허용가능 감속 거리(minimum allowable deceleration distance)로 설계된 접근으로 비행하기에는 부적절한 조종 마진(inadequate control margin)이 있을 수 있다. "Copter" PinS 최종접근구간은 70 KIAS까지 제한된다. 이것은 선회봉쇄(turn containment)와 MAP부터 헬리포트까지 감속 거리가 더 빠른 속도에는 적절하지 않기 때문이다. 일부 헬리콥터에서 오토파일럿을 연결(engage)하는 것은 [그림5-1]과 같이 70 KIAS 이상 속도까지 V_{MINI}를 증가시킬 수 있고, 또는 G/A 모드에서 70 KIAS 이상 빠른 속도를 필요로 할 수 있다. 이것은 접근 과정에서 수동으로 비행하거나 G/A 모드 외의 모드에서 헬리콥터를 실패접근에서 수동으로 비행하도록 할 수 있다. 헬리콥터는 더 낮은 접근 속도에서 더 깊은각 접근(steeper approach)으로 비행할 수 있고, 헬리콥터의 감속에 필요한 헬리포트로부터 거리를 감소시킬 수 있기 때문에 조종사는 설정된 VMINI 속도보다 더 낮은 속도에서 헬리콥터 운용을 원할 수 있다.

VMINI 그리고 최저 헬리콥터 필수요건 이하에서 계기비행을 위한 동등한 안전수준을 결정하기 위해서 적용되는 규정은 다음과 같다. 성능 데이터(performance data)에서 최대상승률속도(best rate of climb speed) 외의 다른 속도는 HFM에 포함되지 않을 수 있다. 조종사는 실패접근 상승경도(climb gradient)에 충족하는 등가 성능(equivalent performance)을 결정하기 위해서 유사한 중량, 고도, 기온, 그리고 속도 상태(speed condition)에서 관찰된 성능을 활용할 수 있다.

Autopilot Mode	Bank Angle Limit (Degrees)	Roll Rate Limit (Degrees/Sec)
Heading hold	<6	None specified
VOR/RNAV (Capture)	+/–22	5
VOR/RNAV (On Course)	+/–13	1 5 VOR/RNAV Approach
Heading Select	+/–20	5
VOR/RNAV (Course Change Over Station/Fix)	+/–17	1

【그림5-2】 S76을 위한 오토파일럿 경사각과 롤 비율 제한

상승선회(climbing turn)가 적용되고 있는 실패접근이 오토파일럿으로 비행하고 있다면 실패접근 기수방위에 헤딩 버그(heading bug)를 맞춘 다음 MAP에서 상승 동력을 적용하면서 헤딩 모드를 선택하고 지시속도 모드에 연결(engage)하라. 이것은 헤딩선택모드(Heading Select mode)에서 오토파일럿 롤 비율(roll rate)과 최대 경사각(bank angle)이 NAV 모드에 있는 것보다 민감도(sensitivity)가 훨씬 더 크기 때문에 중요하다. [그림5-2]와 같이 S76의 FAA 시험비행에서 나타난 경사각과 롤 제한(bank angle and roll limit)을 보여주고 있다. 이를 비교했을 때 NAV 모드에서 초당 1°에 불과하지만, Heading Select Mode에서 초당 5°의 롤 비율을 보여주고 있다. 또한, Heading Select Mode에서 경사각이 20°가 되지만 NAV Change Over 모드에서는 17°에 불과하다. 만약 실패접근이 시작될 때 일부 오토파일럿에서 Airspeed Hold Mode가 선택되지 않았다면 헬리콥터는 최대상승률을 얻을 때까지 수평비행에서 가속되고 그 후에 상승이 시작될 것이다.

[그림5-3]과 같이 2005년 FAA가 William J. Hughes Technical Center in New Jersey에서 실행한 WAAS 로컬라이저 성능 가로-핀스 테스팅(localizer performance (LP) lateral-only PinS testing)에서 선회 실패접근(turning missed approach)을 위한 비행항적을 따라잡을 수 있는 시험을 진행하였다. 선회 실패접근 중 초래되는 더 큰 비행항적(flight track)은 NAV 모드에서 오토파일럿 작동의 한 부분과 70 KIAS 한계를 초과했기 때문으로 나타난다.

※ Point in Space(PinS)는 통상 IFR 헬리포트 설계 표준에는 적합하지 않지만, VFR 헬리포트를 위한 표준에는 적합한 헬리포트에 설정된다. 헬리콥터 PinS 접근은 재래식 NAVAIDs 또는 RNAV 시스템을 이용해서 개발된다. 이들 절차는 MAP과 착륙지역 사이에 VFR 또는 시계구간 중 하나가 설정된다. 절차에는 MAP으로부터 헬리포트까지 코스와 거리가 지정되고, MAP에서

헬리포트까지 VFR 또는 시계비행으로 진행하거나 혹은 실패접근을 위한 주석이 포함된다.

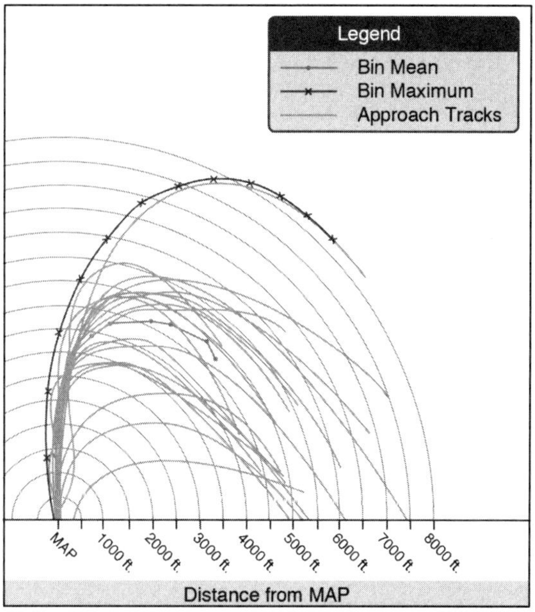

【그림5-3】 선회 실패접근 중 대기속도 조종과 정확한 기술을 지적하고 있다.

5.2.5 운항기준

Part 135하에서 운용하는 헬리콥터 비행은 Part 91하에서 운용하는 비행보다 더 제한적인 최저치와 절차가 요구된다. 이들 Part 135 필수요건은 해당 항공사 운항기준(OpeSpecs)에 구체적으로 기술되어야 한다. 이외에도 헬리콥터 응급의료업무(helicopter emergency medical service; HEMS) 운용자는 더욱 제한적 운항기준을 갖추어야 한다. [그림5-4]는 정밀접근을 위한 최저치를 기술하고 있는 운항기준의 한 사례이다. 이 사례에서 Detroit Metro Airport에서 ILS RWY 3R 접근을 위한 최저치를 보여주고 있다. 모든 등화시설이 작동되고 있는 상태에서 헬리콥터 Part 91 운용을 위한 최저치는 실링 200피트, 그리고 RVR 1,200피트이다. 시정의 경우 비행기 CAT A의 절반이지만 1/4 SM/1,200 RVR보다 낮아서는(no less than) 안 된다. 그러나 운항기준에서 보는 것과 같이 Part 135 운용자가 준수해야 하는 최저치 시정은 1,600 RVR이다. Part 91하에서 운용하고 있는 조종사는 장비, 훈련, 그리고 경험을 바탕으로 그들 자신의 운항기준(OpeSpecs)을 개발할 것을 권장한다.

5.2.6 최소장비목록

14 CFR Part 135하에서 운용하고 있는 헬리콥터는 [그림5-5]와 같이 장착된 특정 장비 불작동(equipment inoperative) 상태에서 운용이 최소장비목록(minimum equipment list; MEL)에서 승인되지 않는 한 이륙이 금지된다. 만약 규정된 조건에 충족한다면 일부 작동되고 있지 않은 장비를 위해서 MEL이 제공된다. 대부분은 1인 조종사 IFR 비행을 할 수 있는 헬리콥터는 2인 조종사의 사용에서 제공되는 특정 장비 불작동 상태에서 IFR 출발을 할 수 있다. Part 91하에서 이들 품목이 기종 증명, CFR, 또는 감항지시(airworthiness directive)에 따라 요구되지 않고, 비행이 이들 장비 없이 안전하게 수행할 수 있다면 조종사는 MEL 없이 특정 품목에 따를 수 있다. 만약 이들 품목이 불능화(disabled), 제거(removed), 또는 불작동 표시(marked inoperative)가 되었다면 정비 기록부(logbook)에 기입해야 한다.

※ 최소장비목록(Minimum equipment list; MEL)이란 정해진 조건에서 특정 장비품이 작동하지 않는 상태에서 항공기 운항에 관한 사항을 규정한다. 이 목록은 항공기 제작사가 해당 항공기 형

식에 대하여 제정하고 설계국이 인가한 표준최소장비목록(Master Minimum Equipment List)에 부합되거나 더 엄격한 기준에 따라 운송사업자가 작성하여 국토해양부장관의 인가를 받은 것을 말한다. [운항기술기준]

※ "표준최소장비목록(Master Minimum Equipment List; MMEL)"이란 비행을 시작할 때 1개 또는 그 이상 부작동하는 요소들이 있어도 운항할 수 있도록 항공기 제작국가의 승인하에 제작자가 특정 항공기 형식에 대하여 설정한 요건을 말한다. 표준최소장비목록은 특별한 운항조건, 제한사항, 절차 등과 연관되어 있다. [운항기술기준]

5.2.7 조종사 숙련도

동일 연식과 형식(make and model)의 헬리콥터라 할지라도 특정 운용을 위한 필수 장비 또는 항공전자의 증대수준(level of augmentation)에 차이가 있을 수 있다. IFR 운용에서 현대 AFCS, AP, 그리고 FD의 복잡성은 헬리콥터의 안전하고 효율적 조종을 위한 높은 수준의 지식이 필요하다. 따라서 모든 조종사는 관련 시스템에 익숙하기 위해서 정식 훈련(formal training)을 받을 것을 권장한다. 비행운용 중 조종사는 증대 시스템(augmentation system)의 운용 모드와 제어 로직(control logic; *제어 데이터를 생성하고 해석하며 사용하는 전자 회로*) 그리고 적용되고 있는 기능에 대해서 확실하게 알고 있어야 한다.

5.2.8 헬리콥터 VFR 최저치

헬리콥터는 2개의 요소만 제외하고 비행기와 동일한 VFR 최저치를 갖는다. 헬리콥터는 G등급 공역 또는 SVFR 인가에서 최저 시정 필수요건이 지정되지 않지만 구름으로부터 벗어나(clear of cloud) 있어야 한다. 또한, 다른 항공기를 볼 수 있어야 하고, 장애물에 충돌을 회피할 수 있는 적절한 기회(adequate opportunity)를 제공하기에 충분한 저속에서 운용해야 한다. 이 외에도 헬리콥터는 Chart supplement 또는 섹션얼 차트에 "NO SVFR"로 표기된 공항에서 SVFR 인가를 얻기 위해서 승인될 수 있다. [그림5-6]은 VFR과 SVFR을 위한 시정과 구름 통과 높이(cloud clearance)를 보여주고 있다. 그러나 G등급 공역과 SVFR과 관련된 더 낮은 최저치는 Part 135 규정 혹은 운항기준의 VFR 최저 필수요건을 대신하지(do not take the place) 않는다. 모든 VFR 최저치에 대해서 알아야 하는 것은 PinS 접근을 수행하거나 혹은 SVFR 인가가 MAP을 통과해서 계속되어야 할 필요가 있는지 결정하는 데 필요하기 때문이다.

5.2.9 헬리콥터 IFR 이륙 최저치

14 CFR Part 91하에서 운용하고 있는 조종사는 IMC에 진입하기 전 V_{MINI}를 얻기 위한 필수요건을 준수해야 하는 것 외에 이륙 최저치(takeoff minimum)는 없다. 대부분 헬리콥터를 위한 이 필수요건은 대략 1/2마일의 거리와 고도 100피트를 필요로 한다. 만약 더 깊은 상승경도(steeper climb gradient)로 출발하고 있다면 일부 헬리콥터는 V_{MINI}까지 가속하기 위한 추가 고도가 필요할 수 있다.

U.S. Department of Transportation
Federal Aviation Administration

Operations Specifications

H117. Straight-in Category I Precision Instrument Approach Procedures - All Airports

HQ Control: 11/22/00
HQ Revision: 000

a. Except as provided in this paragraph, the certificate holder shall not use any Category I IFR landing minimum lower than that prescribed by any applicable published instrument approach procedure. The IFR landing minimums prescribed in this paragraph are the lowest authorized (other than Airborne Radar approaches) for use at any airport. Provided that the fastest approach speed used in the final approach segment is less than 91 knots, the certificate holder is authorized to conduct straight-in precision instrument approach procedures using the following:

(1) The published Category A minimum descent altitude (MDA) or decision height (DH), as appropriate.

(2) One-half of the published Category A visibility/RVR minimum or the visibility/RVR minimums prescribed by this paragraph, whichever is higher

b. Straight-In Category I Precision Approach Procedures. The certificate holder shall not use an IFR landing minimum for straight-in precision approach procedures lower than that specified in the following table. Touchdown zone RVR reports, when available for a particular runway, are controlling for all approaches to and landings on that runway. (See NOTE 2.)

Precision Approaches		Full ILS (See NOTE 1), MLS, or PAR			
Approach Light Configuration	HAT	Helicopters Operated at Speeds of 90 Knots or Less		Helicopters Operated at Speeds More Than 90 Knots	
		Visibility In SM.	TDZ RVR In Feet	Visibility In SM.	TDZ RVR In Feet
No Lights or ODALS or MALS or SSALS	200	3/4	3500	3/4	4000
MALSR or SSALR or ALSF-1 or ALSF-2	200	1/4	1600	1/2	2400
MALSR with TDZ and CL or SSALR with TDZ and CL or ALSF-1/ALSF-2 with TDZ and CL	200	1/4	1600	1/2	1800

NOTE 1: A full ILS requires an operative LOC, GS, and OM
fix, an NDB, VOR, DME fix, or a published minimum GSIA f
NOTE 2: The Mid RVR and Rollout RVR reports (if available)
The Mid RVR report may be substituted for the TDZ RVR report if the TDZ RVR report is not available.

c. Special Limitations and Provisions for Instrument Approa
certificate holder is authorized operations at foreign airpor

(1) Foreign approach lighting systems equivalent to U.S.
and nonprecision approaches. Sequenced flashing lig
equivalence of a foreign lighting system to U.S. stand

(2) For straight-in landing minimums at foreign airports v
lowest authorized MDA or DH shall be obtained as fo

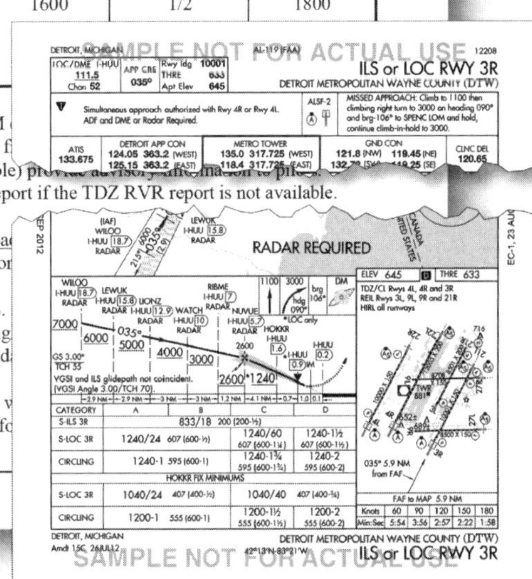

Print Date: 4/16/2008 H117-1

【그림5-4】 OpeSpecs의 한 사례

U.S. DEPARTMENT OF TRANSPORTATION FEDERAL AVIATION ADMINISTRATION				MASTER MINIMUM EQUIPMENT LIST
AIRCRAFT: BH-206/407 SERIES				REVISION NO: 3 DATE: 12/22/2008 PAGE: 28-1
SYSTEM & SEQUENCE NUMBERS / ITEM	1.	2. NUMBER INSTALLED	3. NUMBER REQUIRED FOR DISPATCH	4. REMARKS OR EXCEPTIONS
28 FUEL				
1. Fuel Quantity Gauge				DELETED.
2. *** Auxiliary Fuel Tank	D	-	0	May be inoperative provided: a) Flight is not predicated upon the use of the system, and b) Auxiliary tank fuel is considered in weight and balance computations.
3. Fuel Low Warning Caution Light System(206A and 206B only)				DELETED.
(206L series and407 only)				DELETED.
4. *** Solenoid Drain Valve System	D	-	0	(O) May be inoperative provided the manual drain valve is verified closed prior to flight.
5. Fuel Boost Pump(Twin engine models only)	B	4	3	One aft boost pump may be inoperative.
6. Fuel Flow Indicator (Twin engine models only)	B	2	0	

【그림5-5】 최소장비목록(MEL)

Helicopter VFR Minimums		
Airspace	Flight visibility	Distance from clouds
Class A	Not applicable	Not applicable
Class B	3 SM	Clear of clouds
Class C	3 SM	500 feet below 1,000 feet above 2,000 feet horizontal
Class D	3 SM	500 feet below 1,000 feet above 2,000 feet horizontal
Class E Less than 10,000 feet MSL	3 SM	500 feet below 1,000 feet above 2,000 feet horizontal
At or above 10,000 feet MSL	5 SM	1,000 feet below 1,000 feet above 1 statue mile horizontal
Class G 1,200 feet or less above the surface (regardless of MSL altitude)		
Day, except as provided in §91.155(b)	None	Clear of clouds
Night, except as provided in §91.155(b)	None	Clear of clouds
More than 1,200 feet above the surface but less than 10,000 feet MSL		
Day	1 SM	500 feet below 1,000 feet above 2,000 feet horizontal
Night	3 SM	500 feet below 1,000 feet above 2,000 feet horizontal
More than 1,200 feet above the surface and at or above 10,000 feet MSL	5 SM	1,000 feet below 1,000 feet above 1 statute mile horizontal
B, C, D, E, Surface Area Airspace SVFR Minimums		
Day	None	Clear of clouds
Night	None	Clear of clouds

【그림5-6】 헬리콥터 VFR 최저치

Part 135 운용자의 최대 안전을 위해서 표준 이륙 시정 최저치 1/2 SM 또는 도식 출발 최저치(어느 것이든 큰 값)를 적용할 것을 항상 고려해야 한다. 장애물로부터 보호를 제공하는 도식 출발(charted departure)은 더 높은 시정 필수요건, 상승경도(climb gradient), 또는 출발경로(departure path) 중 하나가 지정될 수 있다. Part 135 운용자는 해당 공항의 IAP에 기술되어 있는 이륙 최저치를 준수해야 한다.

5.2.10 헬리콥터 IFR 대체공항

조종사는 예정된 목적지(proposed destination) 공항 또는 헬리포트에서 기상보고와 예보가 규정된 최저치에 충족하지 못할 것으로 예상한다면 비행계획서에 대체공항을 제출해야 한다. 이들 최저치는 Part 91과 Part 135 운용자에 따라 다르다.

(1) Part 91 운용자

Part 91 운용자는 도착예정시간(estimated time of arrival; ETA) 그리고 1시간 후 실링이 공항표고 상공 최소 1,000피트 또는 가장 낮은 적용가능 접근 최저치(lowest applicable approach minima) 위로 400피트(어느 것이든 더 큰 값), 그리고 시정이 최소한 2 SM이라면 대체공항(alternate airport)을 제출할 필요가 없다. 만약 대체공항이 필요하다면 공항에서 실링은 비행하고자 하는 접근을 위한 최저치 위로 최소한 200피트 그리고 시정이 최소한 1 SM이 되어야 하지만 비행하고자 하는 접근(approach to be flown)에서 필요로 하는 최저치보다 결코 낮아서는 안 된다. 만약 계기접근절차(IAP)가 대체공항을 위해서 발행되지 않았다면 실링과 시정 최저치는 기본 VFR 상태에서 MEA로부터 접근, 그리고 착륙하기 위한 강하를 허용해야 한다.

(2) Part 135 운용자

Part 135 운용자는 ETA 최소한 1시간 전과 후 실링이 가장 낮은 서클링 접근 최저치 강하고도(lowest circling approach minimum descent altitude; MDA) 위로 최소한 1,500피트라면 대체공항을 제출할 필요가 없다. 만약 그 공항에 서클링 계기접근이 승인되지 않았다면 실링은 가장 낮게 발행된 최저치 위로 최소한 1,500피트 또는 공항표고 위로 2,000피트가 되어야 한다.(어느 것이든 더 큰 값) 목적지 공항에서 적용하고자 하는 IAP를 위해서 그 공항에 예보된 시정은 최소한 3 SM 또는 가장 낮은 적용가능 시정 최저치 이상 2 SM이 되어야 한다. (어느 것이든 높은 값) Part 135하에서 수행되고 있는 비행을 위한 대체 착륙 최저치(alternate landing minimum)는 해당 운용을 위한 운항기준(OpeSpecs)에 기술되어야 한다. IFR에서 운용하고 있는 모든 헬리콥터는 목적지까지 비행하고 그 공항으로부터 제출된 대체공항(filed alternate)까지, 그리고 필요하다면 정상 순항속도(normal cruising speed)에서 30분을 더 비행할 수 있는 충분한 연료를 적재해야 한다.

(3) 헬리콥터 계기접근

항공전자와 헬리콥터 기술 모두의 이점을 충분히 활용하기 위해서 새로운 헬리콥터 IAP가 계속 개발되고 있다.

(4) 공항까지 표준계기접근절차

표준계기접근절차(standard instrument approach procedure; SIAP)로 비행하고 있는 헬리콥터는 [그림5-7]과 같이 CAT A 비행기를 위한 MDA 또는 결심고도(decision altitude; DA)를

97.3 Symbols and Terms Used in Procedures

b) (1) "Copter procedures" means helicopter procedures with applicable minimums as prescribed in §97.35 of this part. Helicopters may also use other procedures prescribed in Subpart C of this part and may use the Category A minimum descent altitude (MDA) or decision height (DH). The required visibility minimum may be reduced to ½ the published visibility minimum, but in no case may it be reduced to less than one-quarter mile or 1,200 feet RVR.

【그림5-7】

준수해야 하고, 비행기 CAT A 시정은 절반으로 감소하지만, 어느 경우도 1/4 SM 또는 1,200 RVR이 되지 않아야 하는 14 CFR Part 97.3(d-1) 규칙을 적용해야 한다. 접근은 승인된 가장 높은 접근 범주까지 어느 속도에서나 시작할 수 있지만, 최종접근구간에서 속도는 시정 감소를 적용하기 위해서 MAP 전에 90 KIAS 미만의 CAT A 속도까지 감소해야 한다. 최종접근구간에서 안정접근 개념(stabilized approach concept)을 준수하기 위해서 일정한 대기속도를 권장하는 것은 [그림5-8]과 같이 감속하면서 접근하는 것은 최종접근경로 선상에 있는 있을 수 있는 윈드시어(wind shear)를 감지하기가 더 어렵기 때문이다.

시정 최저치가 불작동 구성품(inoperative component) 또는 시각보조시설로 인해서 증가했을 때 시정 감소를 적용하기 전 CAT A 최저치를 도출(*어떤 생각이나 결론·반응 따위를 끌어냄*)하기 위해서 TPP의 앞 페이지에 있는 "Inoperative Components and Visual Aids Table"을 활용하라. 차트에 발행된 시정은 [그림5-11]과 같이 20:1과 34:1 최종접근장애물식별표면(final approach obstacle identification surface; OIS)의 관통으로 인해서 표준시정최저치 이상으로 증가할 수 있다. OIS 34:1 관통을 위해서 필요한 최저 시정은 3/4 SM 그리고 20:1 관통을 위해서 필요한 시정은 1 SM이다.

최종접근 OIS의 관통이 있을 때 접근등화시설을 위한 시정 신뢰성(visibility credit)은 대략 3/4 SM 또는 1 SM보다 더 낮은 값을 초래하게 될 비행기 혹은 헬리콥터 절차 어느 것도 허용되지 않는다. 14 CFR Part 97.3 시정 감소 규칙(visibility reduction rule)은 적용되지 않고, 조종사는 시계구간에 있을 수 있는 장애물을 회피하기 위해서 주의해야 한다. 최종접근 OIS의 관통이 있는 절차는 "Visibility Reduction by Helicopters NA"와 같은 주석이 표기된다. 모든 영향을 받는 SIAP에 주석이 표기될 때까지 표준 시정이 어떻게 설정되는가를 이해하는 것은 최종접

Helicopter Use of Standard Instrument Approach Procedures			
Procedure	Helicopter Visibility Minima	Helicopter MDA/DA	Maximum Speed Limitations
Standard	The greater of: one half the Category A visibility minima, ¼ statute mile visibility or 1,200 RVR unless annotated (Visibility Reduction by Helicopters NA.)	As published for Category A	The helicopter may initiate the final approach segment at speeds up to the upper limit of the highest Approach Category authorized by the procedure, but must be slowed to no more than 90 KIAS at the MAP in order to apply the visibility reduction.
Copter Procedure	As published	As published	90 KIAS when on a published route/track.
GPS Copter Procedure	As published	As published	90 KIAS when on a published route, track, or holding, 70 KIAS when on the final approach or missed approach segment. Military procedures are limited to 90 KIAS for all segments.

【그림5-8】 헬리콥터의 표준계기접근절차 사용

근 OIS의 관통이 존재하는지를 결정하는 데 큰 도움이 된다. 시정을 결정하는 데 고려해야 하는 일부 가변요소들은 다음과 같다.

- HAT 상공 밀도고도/MDA 높이(height above touchdown)
- HAA(height above airport)
- MAP(비정밀접근은 활주로 시단)까지 시설의 거리
- 접근등화시설의 형상

접근등화시설(approach light system; ALS)의 이점 없이 표준 시정 필수요건은 비정밀접근을 위해서는 1 SM 그리고 정밀접근을 위해서는 3/4 SM이다. 이것은 CAT A 비행기의 250~300피트 HAT/HAA를 기초로 한 것이다. 비정밀접근에서 시설로부터 MAP(또는 활주로 시단)까지 10,000피트 또는 그 미만 거리이다. 정밀접근에서는 접근등화시설 형상을 위한 이점을 부여하라. 비정밀접근을 위한(HAT 250과 함께) MALSR, SSALR, ALSF-1은 통상 1/2 SM의 발행된 시정을 얻을 수 있다. 따라서 ILS가 접근등화시설(approach light system)과 함께 구성되거나 비정밀접근이 MALSR, SSALR, or ALSF-1 등화형상(lighting configuration)과 함께 구성되고, 절차가 발행된 시정 3/4 SM 또는 그 이상이라면 최종접근 OIS의 관통이 존재할 것이다. 만약 비정밀접근 절차가 접근등화를 갖추고 있지 않거나 ODALS, MALS, or SSALS/ SALS 등화형상과 함께 구성되었다면 최저 발행된 시정이 3/4 SM 또는 그 이상이기 때문에 조종사는 최종접근 OIS의 관통이 있는지를 결정할 수 없다. 대략 발행된 시정(published visibility)이 3/4 SM 또는 그 이상과 함께 하는 접근은 최종접근 OIS 관통(penetration)이 있는 것으로 간주하고 시계구간(visual segment)에 있을 수 있는 장애물을 회피하기 위한 조치를 취해야 한다. 차트에 발행된 시정이 1/2 SM 또는 그 미만의 접근은 최종접근 OIS 관통(penetration)이 없는 것으로 간주하고 Part 97.3에 있는 시정 감소가 승인된다.

※ *Medium Intensity Approach Lighting System (MALSR)*
※ *Simplified Short Approach Lighting System (SSALR)*
※ *Approach Lighting System With Sequenced Flashing Lights (ALSF)-1*

5.2.11 공항 또는 헬리포트까지 헬리콥터 전용 접근

GPS 외에 "Copter SIAP"로 비행하고 있는 조종사는 시정 감소의 적용이 허용되지 않는 최저치를 적용해야 한다. 모든 접근구간과 실패접근구간에서 최대 대기속도는 90노트(KIAS)이다. [그림5-9]는 NewYork/La Guardia (LGA) airport에서 COPTER ILS ot LOC RWY 13 접근 사례를 보여주고 있다. 결심고도(DA)가 200피트 HAT보다 낮지 않은 조건에서 CAT I 시설까지 COPTER ILS 접근은 최종접근구간이 더 짧고(shorter final segment) 최저치가 더 낮은(lower minimum) 재래식 ILS보다 더 유리한 장점을 제공한다. (20:1 실패접근표면 기준) 또한, 100피트 HAT와 시정 1/4 SM 만큼 낮은 최저치의 Copter Approach가 있다. HAT 200피트 이하의 접근은 "Special Aircrew & Aircraft Certification Required"와 같은 주석이 표기된다.

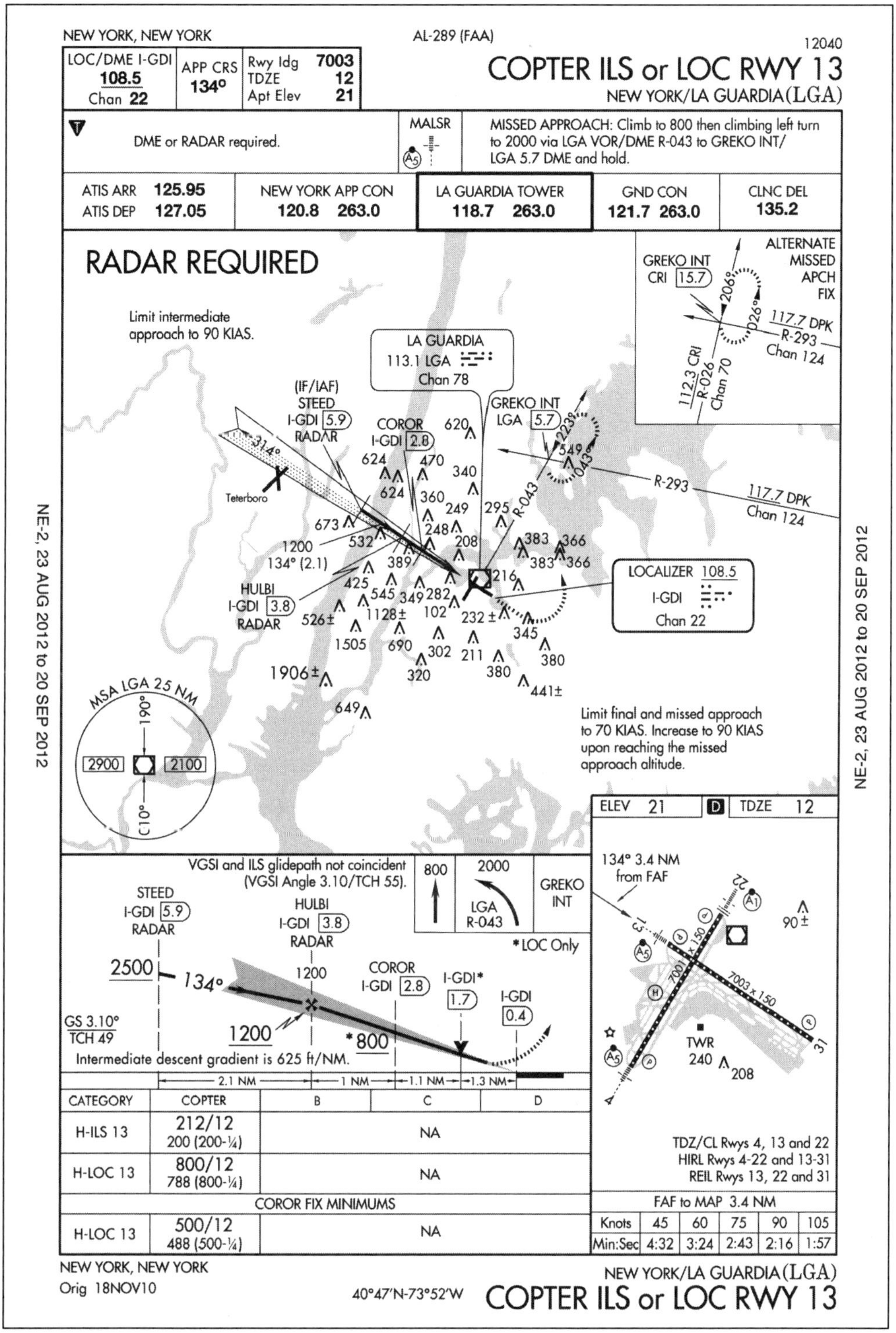

CATEGORY	COPTER	B	C	D
H-ILS 13	212/12 200 (200-¼)	NA		
H-LOC 13	800/12 788 (800-¼)	NA		
COROR FIX MINIMUMS				
H-LOC 13	500/12 488 (500-¼)	NA		

FAF to MAP 3.4 NM

Knots	45	60	75	90	105
Min:Sec	4:32	3:24	2:43	2:16	1:57

【그림5-9】 COPTER ILS or LOC RWY 13 접근 사례이다. H-LOC 13의 경우 COROR FIX를 확인할 수 있다면 더 낮은 최저치를 적용할 수 있다.

FAA는 헬리콥터와 관련 항공전자를 승인하고, 조종사는 필수경력(required experience), 훈련(training), 그리고 평가(checking)를 받아야 한다. CAT II ILS 접근을 위한 지상시설(접근등화시설, 공간신호(signal in space), 대기선(hold line), 정비 등...)과 항공교통 기반시설은 이들 절차를 지원하기 위해서 필요하다. 헬리콥터는 AP, FD, 또는 HUG(head-up guidance system), 대체 정압원(alternate static source), 정압원 가열장치(pitot heater), 그리고 무선 고도계(radio altimeter)를 반드시 갖추어야 한다. 조종사는 최소한 자가용 조종사 헬리콥터 자격증명(private pilot certification), 헬리콥터 계기한정(instrument helicopter rating), 그리고 기종한정(type rating; *헬리콥터가 기종한정을 필요로 한다면*)을 갖추어야 한다. 조종사 경력은 다음과 같은 비행시간(flight time)을 갖추어야 한다.

- PIC 250시간
- 헬리콥터 PIC 100시간
- 야간비행 PIC 50시간
- 실제 혹은 모의계기비행시간 75시간
  (25시간은 헬리콥터의 실제 혹은 모의계기비행시간, 또는 헬리콥터 시뮬레이터 포함)
- 적절한 최근 경력, 훈련 그리고 평가(appropriate recent experience, training and check)

200피트 HAT 이하 Copter CAT II ILS 운용을 위해서 접근 이탈(approach deviation)은 로컬라이저 또는 글라이드슬롭 지시기의 1/4 스케일로 제한된다. 이 범위를 벗어난 이탈은 조종사가 육안으로 식별할 수 있는 최소한 한 개의 시각 참조물 또는 14 CFR Part 91.175(c)의 필수요건에 충족하지 않는 한 즉시 실패접근을 실행해야 한다. 이 같은 노력의 결과로 비행기 CAT II 최저치보다 낮은 최저치에서 Copter ILS Approach로 비행할 수 있는 능력을 갖추었다.

5.2.12 공항 또는 헬리포트까지 Copter GPS 접근

Copter GPS 또는 WAAS SIAP로 비행하고 있는 조종사는 최초접근구간과 중간접근구간에서 90노트(KIAS)까지 제한되고 최종접근구간과 실패접근구간에서 70노트(KIAS)로 제한된다. 만약 체공이 지시되어 있다면 헬리콥터 체공패턴을 위해서 제공되는 좁은 공역 안에서 헬리콥터를 수용할 수 있도록 체공속도 역시 90 KIAS까지로 제한된다. 헬리콥터 체공을 위한 시험비행 중 최적 대기속도(optimum airspeed)와 구간 길이의 결합은 3 NM 아웃바운드 구간 길이와 함께 90 KIAS가 되는 것으로 결정되었다. 만약 이보다 더 낮은 속도라면 추측항법 진입 구간(dead reckoning entry leg)에서 바람에 의한 편류, 더 빠른 대기속도에서 선회반경, 그리고 체공 픽스 전에 인바운드 코스를 인터셉트하기 위한 강풍 상태에서 헬리콥터의 능력을 고려해야 한다. 차트에 발행된 최저치는 시정 감소 허용에 사용되지 않는다. [그림5-10]은 MAP에서부터 헬리포트까지 헬리콥터가 VFR 비행이 허용되는 Copter GPS PinS 접근 사례이다. 장애물과 지형회피를 제공하고 있는 최종접근 그리고 실패접근 보호 공역은 최대 10노트 뒷바람 분력(tailwind component)과 함께 70 KIAS를 기준으로 한다.

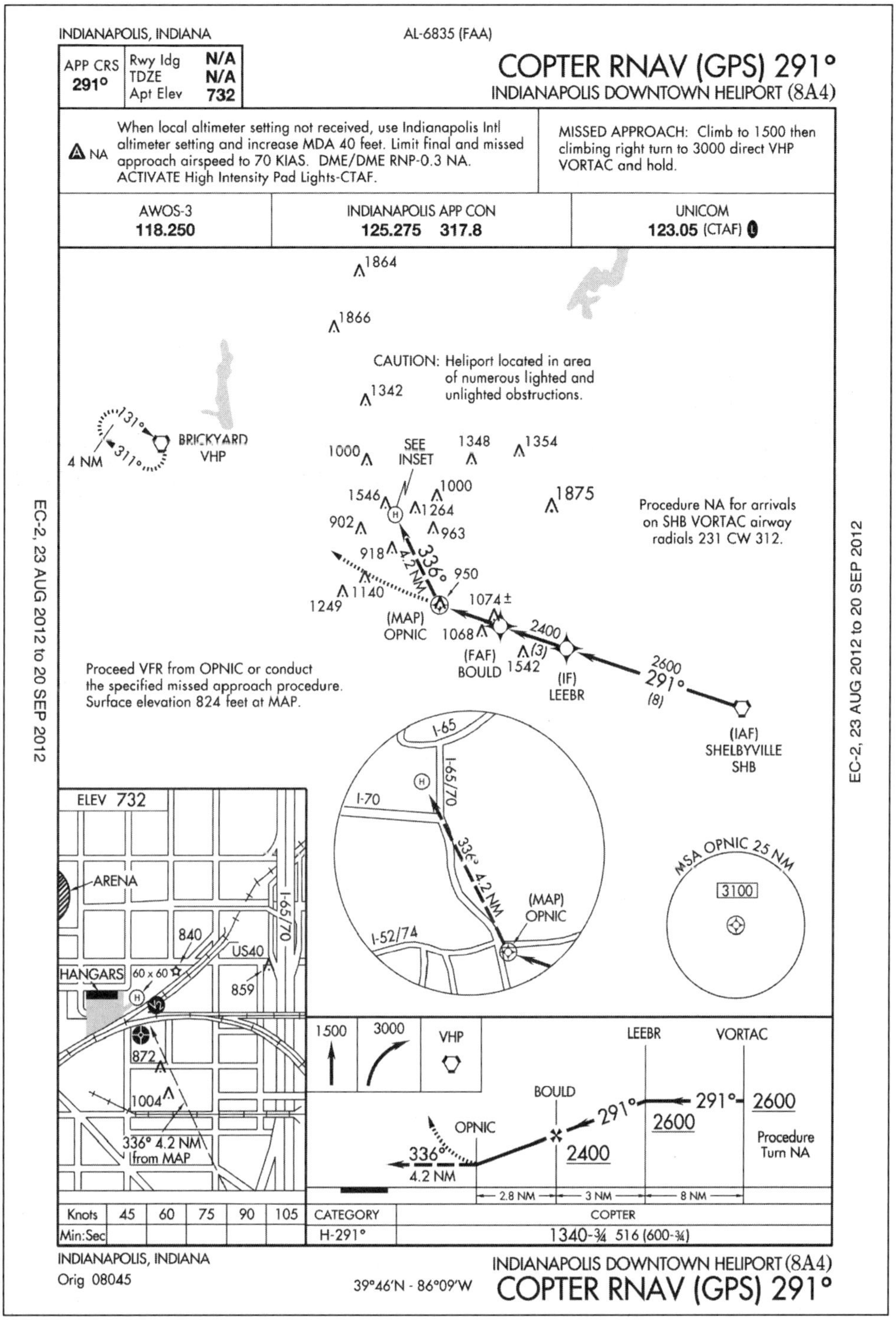

【그림5-10】 COPTER RNAV (GPS) 291° 접근의 사례이다. OPNIC에서 목적지까지 VFR로 비행하거나 아니면 실패접근을 실행해야 한다.

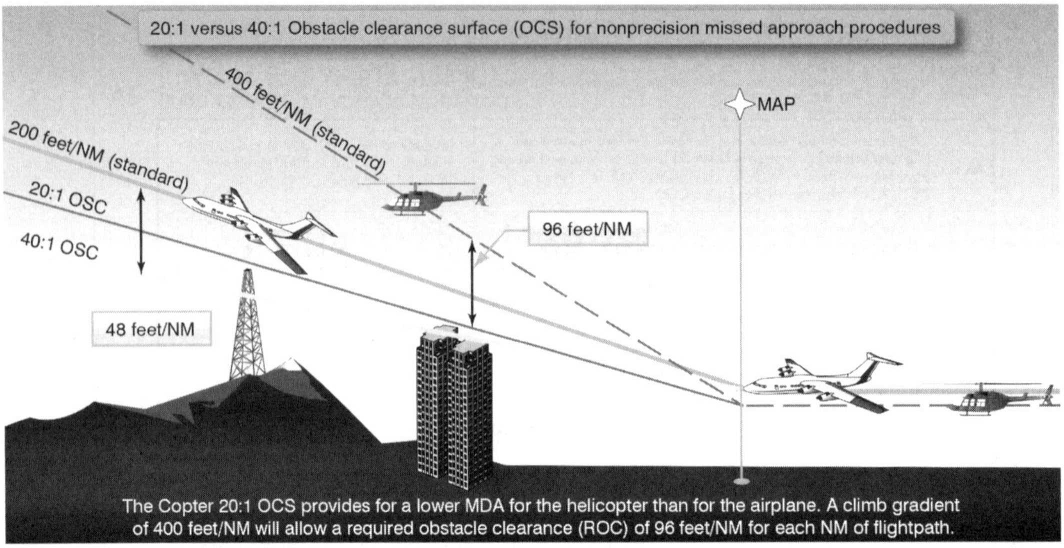

【그림5-11】 비정밀 실패접근절차를 위한 20:1과 40:1 장애물 통과높이 표면(OCS)이다. Copter 20:1 OCS는 비행기의 것보다 더 낮은 MDA를 제공한다. 상승경도 400 FPNM은 NM 비행경로 당 96 FPNM의 필수장애물 통과높이를 허용한다.

이것은 즉각 상승과 선회 실패접근(immediate climbing and turning missed approach)을 포함한 절차에서 조종사가 70 KIAS 제한을 절대적으로 준수해야 하는 사안이다. 대기속도 제한을 초과하는 것은 선회반경(turn radius)을 크게 증가시킬 것이고 헬리콥터가 실패접근 보호공역(missed approach protected airspace)을 벗어나게 하는 원인이 된다. 이것은 관제상태지형충돌(CFIT) 사고의 한 원인이 될 수 있다.

만약 헬리콥터가 70 KIAS보다 더 높은 V_{MINI}라면 헬리콥터는 이 종류의 접근을 수행할 수 없다. 이와 유사한 사례로 "G/A" 모드에서 오토파일럿은 70노트보다 더 높은 V_{Y1}에서 상승할 수 있으므로 이 모드 역시 사용할 수 없다. V_Y 또는 V_{Y1} 외의 속도에서 운용 중일 때 실패접근 상승경도 필수요건을 준수하는 것은 조종사의 책임이다. "IMMEDIATE CLIMBING TURN"이라고 주석이 표기된 실패접근은 선회 전 직전방 상승구간(straight ahead climbing segment)을 위한 규정(provision)이 없어 직진구간(straight segment)은 보호공역 한계를 초과할 수 있다.

실패접근을 위한 장애물 통과높이 보호지역과 표면은 실패접근이 MAP(일반적으로 활주로의 접근종단의 시단에서)에서 DA 그리고 비정밀접근에서는 MDA보다 낮지 않은 고도에서 시작되는 것을 전제로 설정된다. 조종사는 이 지점에서 실패접근을 시작해야 한다. 실패접근이 시작되기 전 이들 지점을 넘어서 비행하는 것은 보호 장애물 통과높이 표면(OCS; obstacle clearance surface) 아래로 비행하는 결과가 초래될 수 있고 장애물에 충돌 회피를 보장받을 수 없다. 모든 Copter 접근을 위한 TERPS(Terminal Instrument Procedure) 기준을 위한 실패접근구간은 [그림5-11]과 같이 저속 대기속도(slow airspeed)에서 헬리콥터 상승 능력의 장점이 있기 때문에 높은 상승경도(high climb gradient)를 얻을 수 있다. 실패접근을 평가하는데 사용되는 OCS는 20:1 경사평면(inclined plane)이다.

이 표면은 비행기 실패접근구간을 평가하는데 사용된 OCS보다 2배 더 깊다. 따라서 헬리콥터 상승경도(climb gradient)는 비행기의 필수 실패접근 상승경도의 것보다 2배가 되어야 한다. 이것은 더 높은 상승경도가 접근차트에 발행되지 않는 한 최소한 400 FPNM의 최저 상승경도를 필요로 한다. 예를 들어 대지속도(ground speed) 70노트의 헬리콥터는 분당 467피트(fpm)에서 상승해야 한다. (467 fpm=70 KIAS×400 feet per NM/60 seconds) 비행기에 적용되는 40:1 OCS 대신 헬리콥터 실패접근구간에 적용되는 20:1 OCS를 적용하는 장점은 40:1 실패접근구간을 관통하는 그 장애물은 고려하지 않아도 된다는 점이다. 이 결과 DA/MDA는 다른 항공기보다 헬리콥터를 위해서 더 낮아질 수 있다. 실패접근에서 헬리콥터를 위한 400 FPNM의 최저 필수 상승경도(required climb gradient)는 각 NM 당 비행경로에서 96피트의 필수 장애물 통과높이(required obstacle clearance; ROC)를 제공한다.

5.2.13 VFR 헬리포트까지 헬리콥터 접근

일반적으로 VFR 헬리포트까지 헬리콥터 접근은 한 헬리포트 이상에 접근할 수 있도록 PinS에 대한 일반절차(public procedure)로서 또는 이들의 독특한 특성 때문에 조종사 훈련을 필요로 하는 특별 VFR 헬리콥터에 대한 특별절차(special procedure)로서 개발되었다. 이들 접근은 VOR 또는 ADF를 이용해서 개발될 수 있지만, 오늘날 GPS를 이용한 RNAV가 더 공통 시스템으로 사용되고 있다. WAAS를 사용하는 RNAV는 접근 네트워크를 지원하기 위한 더 낮은 최저치, 더 좁은 항로 폭을 제공하고, 대체공항으로 사용되는 헬리포트를 허용할 수 있는 최대의 장점을 제공한다. 대부분 특별절차는 특정 VFR 헬리포트까지 HEMS 운용자를 지원하기 위해서 개발되었고 MAP과 헬리포트 사이에 "Proceed Visually" 구간이 지정된다. 일반절차(public procedure)는 MAP과 착륙지역 사이 "Proceed VFR" 구간과 함께 PinS 접근으로 개발되었다. 이들 PinS "Proceed VFR" 절차는 MAP으로부터 지역에 가용한 헬리포트까지 코스와 거리가 지정된다.

5.2.14 PinS까지 접근

이들 절차와 관련된 주석은 "PROCEED VFR FROM (NAMED MAP) OR CONDUCT THE SPECIFIED MISSED APPROACH"이다. 이들은 MAP이 착륙지역으로부터 2 SM 이상 위치해 있고, 최종접근으로부터 시계구간까지 선회가 30° 이상, 또는 MAP으로부터 착륙지역까지 VFR 구간에서 장애물을 회피하기 위한 조종사 행동을 필요로 하는 특별 또는 일반절차(special or public procedure)에 설정된다. [그림5-12]는 조종사에게 MAP에 도착한 후 4개의 헬리포트 중 하나까지 비행할 수 있도록 허용하는 일반 PinS 접근의 한 사례이다.

Part 135하에 운용하는 조종사는 최근 기상보고가 공역 등급에서 필요로 하거나 운용 규칙(operating rule)이나 운항기준(OpSpecs)에서 요구하고 있는(어느 것이든 더 높은 값) 승인된 IFR 또는 VFR 최저치 또는 그 이상을 지시하지 않는 한 계기접근을 시작할 수 없다. 착륙장소와 시각접촉(visual contact)은 요구되지 않지만, MAP 전에 Part 91 또는 Part 135 운용을 위한

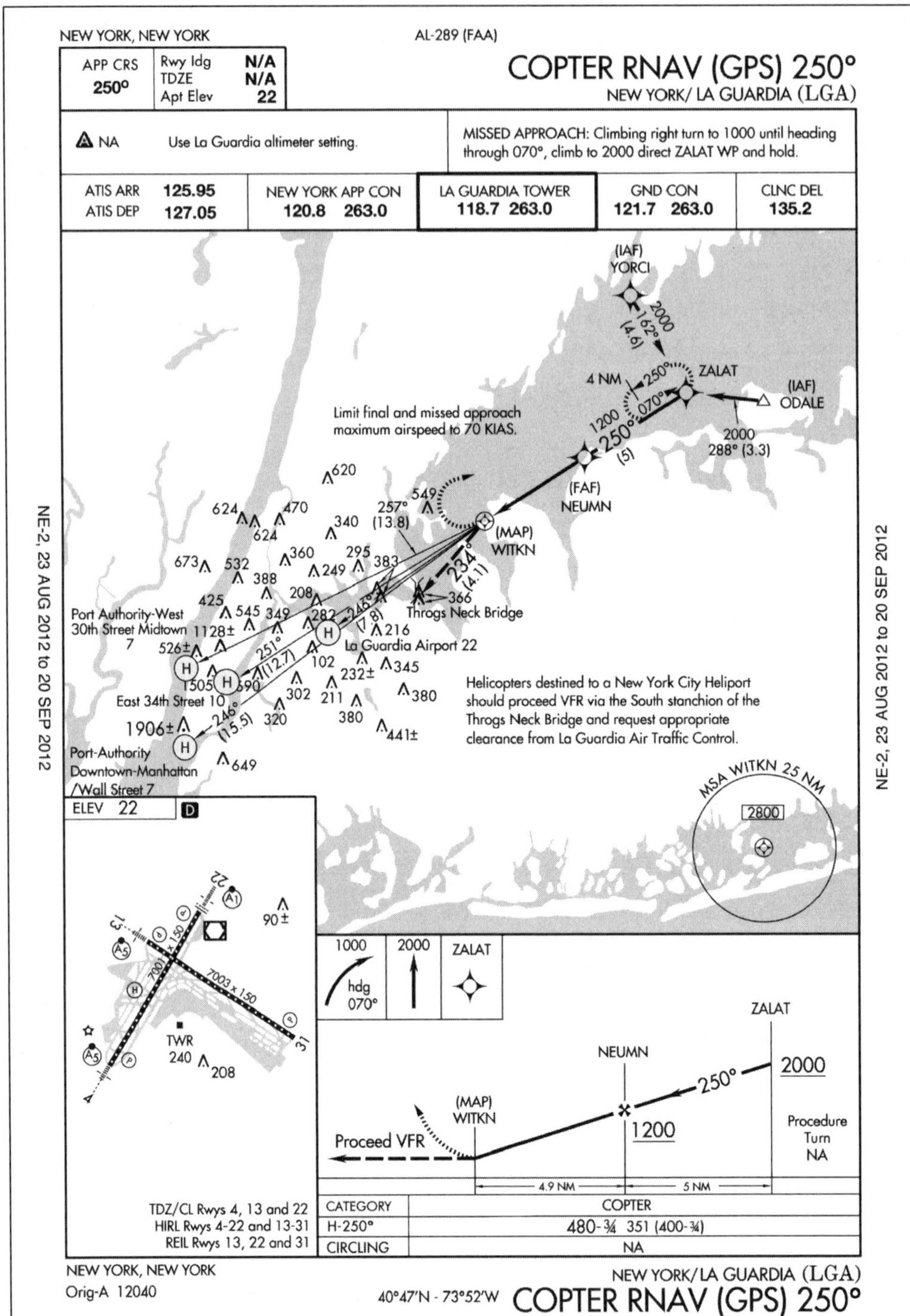

【그림5-12】 COPTER RNAV (GPS) 250° 접근 사례이다. 최종접근과 실패접근을 위한 최대속도는 70 KIAS로 제한된다.

Area / Condition	Non-Mountainous		Mountainous	
	Local	Cross country	Local	Cross country
	Ceiling-Visibility			
Day	500-1	800-2	500-2	800-3
Night; High lighting conditions	500-2	1000-3	500-3	1000-3
Night; Low lighting conditions	800-3	1000-5	1000-3	1000-5

【그림5-13】 HEMS 운용자를 위한 기상 최저치와 등화 상태

조종사는 비행시정이 공역등급, 운항규칙, 혹은 운항기준(어느 것이든 큰 값)에서 필요로 하는 기본 VFR 최저지에 충족하는지를 결정해야 한다. 시정은 IFR이 취소될 때까지 절차에 발행된 것보다 더 낮지 않은 것으로 제한된다. 만약 VFR 최저치가 존재하지 않다면 발행된 MAP에서 차후 행동을 결정해야 한다. 조종사는 MAP에 도착하자마자 또는 그 후 될 수 있는 대로 빨리 ATC와 교신하여 실패접근을 실행하거나 IFR을 취소하고 VFR로 진행할(proceeding) 것인지를 통보해야 한다. [그림5-12]는 Part 91 그리고 Part 135 운용을 위한 PinS 접근 중 사용되는 절차의 사례이다.

Part 135 운용자는 비관제공역에서 VFR로 진행하기 위해서 시정이 최소한 1/2 SM 그리고 실링 300피트를 필요로 한다. Part 135 HEMS 운용자는 최소 시정 1 SM(야간 2 SM 시정) 그리고 헬리포트에서 제공되는 500피트 실링은 MAP의 3 SM 이내에 위치해야 한다. 이들 최저치는 접근이 Oklahoma의 평지(plains) 또는 Colorado 산악지역(mountains)에 위치해 있는 것과 관계없이 적용된다. 그러나 Part 135 HEMS 운용자는 헬리포트로부터 3 NM 떨어져 있는 헬리포트의 경우 전체 항로에 [그림5-13]과 같이 적용되는 것보다 더 높은 표준과 최저치 그리고 등화 상태에서조차 억제(*정도나 한도를 넘어서 나아가려는 것을 억눌러 그치게 함*)되어야 한다. 저광도 상태(low light condition)로 야간에 산악지형은 실링 1,000피트 그리고 운용자의 국지비행지역(local flying area)의 한 부분으로 결정된 것에 따라 3 SM 또는 5 SM 중 하나의 조건이 있어야 한다. B, C, D 그리고 E등급 공역에서 SVFR 최저치가 존재한다면 SVFR 인가를 받을 수 있다. 비행계획서의 비고란에 "Request SVFR clearance after the MAP"와 같이 기입하여 조종사의 의도를 미리 ATC에게 통보해야 한다. [그림5-14]

5.2.15 특정 VFR 헬리포트까지 접근

이 절차와 관련된 주석은 "PROCEED VISUALLY FROM (NAMED MAP) OR CONDUCT THE SPECIFIED MISSED APPROACH"이다. 이들 절차의 독특한 특성으로 인해서 조종사는 필요한 훈련을 받아야 한다. 이 절차는 병원, 석유굴착시설(oil rig), 사설 헬리포트 등을 위해서 개발되었다. 이들은 Part 91 운용자를 위한 승인서(Letter of Authorization; LOA) 또는 Part 135 운용자를 위한 운항기준(OpSpecs)에 따른 비행표준승인(Flight Standard approval)을 갖추어야 한다.

Point-in-Space Approach Examples

EXAMPLE 1

Under Part 91, the operator flies the published IFR PinS approach procedure that has a charted MDA of 340 mean sea level (MSL) and visibility of ¾ SM. When approaching the MAP at an altitude of 340 feet MSL, the pilot transitions from Instrument Meteorological Conditions (IMC) to Visual Meteorological Conditions (VMC) and determines that the flight visibility is ½ SM. The pilot must determine prior to the MAP whether the applicable basic VFR weather minimums can be maintained from the MAP to the heliport or execute a missed approach. If the pilot determines that the applicable basic VFR weather minimums can be maintained to the heliport, the pilot may proceed VFR. If the visual segment is in Class B, C, D, or the surface area of Class E airspace, it may require the pilot to obtain a Special VFR clearance.

EXAMPLE 2

For an operator to proceed VFR under Part 135, a minimum visibility of ½ SM during the day and 1 SM at night with a minimum ceiling of 300 feet. If prior to commencing the approach, the pilot determines the reported visibility is ¾ SM during the day, the pilot descends IMC to an altitude no lower than the MDA and transitions to VMC. If the pilot determines prior to the MAP that the flight visibility is less than ½ SM in the visual segment, a missed approach must be executed at the MAP.

【그림5-14】 Part 91 그리고 Part 135 운용자를 위한 PinS 접근 사례이다.

이들 절차와 관련된 헬리포트는 MAP의 10,560피트 이내에 위치해야 하고, MAP과 헬리포트 사이 시계구간(visual segment)은 장애물 위험을 위해서 평가되어야 한다. 헬리포트는 "AC 150/5390-2 Helicopter Design"에 규정된 권장에 충족해야 한다. PinS 최적 위치는 헬리포트로부터 0.65 NM(1.2 km)이고, 이것은 접근속도 70 KIAS로부터 감속과 착륙을 위한 적절한 거리를 제공한다. 특정 헬리콥터는 비행제어설계 또는 "AC 29-2, Certification of Transport Category Rotorcraft"에 따른 결과로서 감소한 V_{MINI} 또는 V_{MINI} 속도 이하에서 비행하도록 승인될 수 있다. 이들 경우에 V_{MINI} 이하 최저 승인 대기속도(minimum certified airspeed) 또는 비행을 서술하고 있는 접근절차는 접근절차에 주석이 표기되어야 한다. 또한, 거리는 계기접근 시설이 없는 헬리포트 접근지역(non-instrument heliport approach area)과 함께 장애물 통과 높이 기준의 최적 혼합(optimal blending)이 허용된다.

시정 최저치는 다른 요소들과 함께 MAP에서 헬리포트까지 거리를 기초로 한다. (예, MAP MDA일 때 헬리포트 표고 상공 높이) 조종사는 MAP 또는 그 전에 헬리포트 최종접근과 이륙(heliport final approach and takeoff; FATO) 지역과 시각접촉(visual contact)이 되어야 하고 유지되어야 한다. MAP에서 헬리포트까지 장애물과 지형회피에 대한 책임은 조종사에게 있다. 조종사는 장애물로부터 벗어나기 위해서 접근경로에서 시각접근각도에 도달할 때까지 MAP에 도착하기 전 발생할 수 있는 MDA에 도착했을 때 수평전환(level off)을 해야 할 필요가 있다. 만약 필수 기상 최저치가 존재하지 않는다면 실패접근지점(MAP)에서 발행된 실패접근절차에 따라야 한다. 이것은 IFR 장애물 통과높이 지역이 접근의 시각구간에 적용되지 않고 실패접근 구간 보호는 MAP과 헬리포트 사이에 제공되지 않기 때문이다. 조종사는 MAP에 도착한 후 ATC에게 IFR을 취소하고 시계비행상태에서 진행하거나 실패접근의 실행 여부를 가급적 빨리(as soon as practicable) 통보해야 한다.

5.2.16 부주의한 IMC

항공운송사업 또는 HEMS 운용과 관계없이 때때로 헬리콥터 조종사는 기상이 좋지 않은 상태에서 운항하게 될 수 있다. VFR 상태에서 계속 비행을 허용하지 않는 기상은 통상 안개, 소낙눈, 또는 수면과 등화시설이 없는 표면 상공(unlit surface)에서 야간 운용으로 인해서 시각적으로 볼 수 있는 수평선(usable horizon)을 결정할 수 없는 상황이다. 이처럼 제한된 시각접촉 상태에서 비행은 수평 또는 지표면 참조물(horizontal or surface reference)을 볼 수 없고, 전선과 같은 장애물을 볼 수(invisible) 없기 때문에 극도로 위험하다. 조종사는 공간방향감각상실(spatial disorientation), 조종성 상실(loss of control; LOC) 또는 CFIT와 같은 사고를 방지하기 위해서 전방 시정(forward visibility)과 동등한 거리에서 조종이 가능한 감속을 제공하는 속도까지 헬리콥터 속도를 낮추어야 한다.

조종사는 비행을 계속할 것인지 아니면 예방착륙(precautionary landing)을 할 것인 충분한 대조(sufficient contrast)를 제공하는 지형을 바라볼 수 있어야 한다. 만약 공간방향감각상실이 발생했고, 연료 상태, 착빙 상태, 장비 등으로 인해서 IMC 속으로 상승이 가능하지 않다면 측방으로 혹은 후방으로 이동(sideward or rearward motion)하는 것을 방지하기 위해서 약간 전방으로 강하(slight forward descent)하면서 헬리콥터를 착륙시키기 위해서 모든 노력을 해야 한다. 모든 헬리콥터 조종사는 부주의하게 IMC에서 비행하는 것을 피해야 한다는 것이 강조되어야 하고, 이를 회피하고 부주의하게 IMC에 진입했을 때 회복할 수 있는 훈련을 받아야 한다. VMC로부터 IMC로 부주의한 진입은 또 다른 조종사 행동(different set of pilot action)을 필요로 하는 비상상황으로 고려된다. 이것은 다른 항법과 운용상 절차의 적용, ATC와 상호교신(interaction), 그리고 승무원자원관리(crewmember resource management; CRM)를 필요로 한다. 또한, 국지비행지역의 지형, 공역, 항공교통시설, 기상(착빙과 뇌우와 같은 계절적 영향을 포함하여), 그리고 가용한 공항 혹은 헬리포트 접근에 대해서도 고려되어야 한다. 조종사는 부주의하게 IMC에 조우될 수 있는 환경을 식별할 수 있고, 때로는 점점 더 악화되고 있는 상황에서(deteriorating condition) VFR 비행을 계속하는 것을 포기하기 위한 전략 등에 관한 훈련이 강조되어야 한다.

이들 전략은 더 양호한 상태에서 긴급전환(diverting) 중 공항 혹은 헬리포트 외의 착륙지역에 착륙하거나, 또는 IFR 비상전환(emergency transition)을 시작하기 위한 최저고도/대기속도 결합이 포함되어야 한다. 또한, 조종사는 CFIT 사고를 방지하기 위한 초기 최저고도와 코스(minimum initial altitude and course)를 쉽게 식별할 수 있어야 한다. 이를 위해서 비행경로를 위한 최근 IFR 순항항로와 접근차트는 필수이다. 이동지도(moving map)와 함께 GPS 항법 수신기는 지형과 장애물 회피를 위한 양호한 상황인식(exceptional situational awareness)을 제공한다. IFR로 비상전환(emergency transition)을 위한 훈련은 비정상적인 자세회복(unusual attitude recovery), ATC 무선통신, 그리고 전체 그리고 부분 패널 계기비행(full and partial panel instrument flight) 상태에서 계기접근이 포함되어야 한다. 만약 ILS가 가용하고 헬리콥터가 적절한 장비를 갖추고 있다면 ILS 접근으로 착륙할 수 있다. 반면 헬리콥터가 최신 데이터베이스와 함께 ILS 접근을 할 수 있는 GPS 수신기를 갖추고 있다면 GPS 접근으로 착륙할 수 있다. 그러나 ILS 또는 GPS 절차 어느 것도 가용하지 않다면 또 다른 계기접근을 활용해서 착륙할 수 있어야 한다. 부주의하게 IMC에 진입했을 때 헬리콥터 조종을 최우선으로 해야 한다. 다음과 같은 단순한 절차를 수행하고 반드시 한 번에 한 행동씩 수행하라.

① 항공기 조종성을 유지하라(control); 최우선으로 자세계를 이용해서 헬리콥터의 수평 상태를 유지하라. 기수방위를 유지하고 상승 동력까지 증가시켜라. V_{MINI}보다 낮지 않은 최대상승각(best angle of climb) 속도를 확립하라.

② 상승하라(climb); 교차점검이 확립될 때까지 직진으로 상승하라. 다음, 지형 또는 장애물을 회피하기 위해서만 선회하라. 만약 고도가 부주의한 IMC를 피하기 위한 ATC와 이전에 확립되지 않았다면 당신은 가장 높게 알려진 장애물 상공 최소한 1,000피트 그리고 ATC와 교신을 허용하는 고도까지 상승하라.

③ 교신하라(communicate); 헬리콥터가 상승에 안정되고 위험으로부터 벗어나고 있다면 가능한 한 빨리 ATC 교신을 시도하라. 만약 적절한 주파수를 모른다면 비상주파수 121.5 Mhz 또는 243.0 Mhz를 이용해서 ATC와 교신을 시도하라. ATC에게 제공해야 하는 최초 정보(initial information)는 부주의하게 IMC에 조우했고 비상상승(emergency climb)을 실행했던 항공기의 대략적인 위치(approximate location), 현재 고도, 잔여 연료량(분 단위), 그리고 탑승객의 수를 통보해야 한다. 다음, 조종사는 VFR 기상상태 혹은 성공적 접근을 지원하게 될 가장 가까운 적합 공항 또는 헬리포트까지 유도해 줄 것을 요청해야 한다. 만약 ATC와 교신을 할 수 없고 트랜스폰더가 부주의한 IMC로 인한 비상상황을 위해서 입력되어 있지 않다면 트랜스폰더 코드(transponder code) 7700을 입력한다. 무선 고도계(radio altimeter)는 항공기가 부주의하게 최저치 고도 아래로 비행하는 것을 조종사에게 경고하는 필수장비이다. 기압고도계(barometric altimeter)는 특히 혹한(cold temperature)에서 헬리콥터 IFR 운용에 중대한 영향을 줄 수 있는 상당한 오차가 발생할 수 있음을 기억하라.

제6장 탑재항법 데이터베이스

6.1 개 요

현대 조종실 환경이 [그림6-1, 컬러]과 같이 GNSS, RNAV, 항공전자 등의 항공 적용이 증가함에 따라 정확한 최신 데이터베이스의 사용이 매우 중요해졌다. 1970년대 이후 항공기에 장착된 비행 시스템(flight system)은 조종사에게 더 많은 비행정보와 항법 데이터를 제공하고 항공도를 더 잘 시각화(better visualization)하기 위한 의도에서 이들 기능을 지원하는 탑재항법 데이터베이스(airborne navigation database)에 의존해 왔다. 현재 거의 모든 운송용과 사업용 항공기에 탑재된 완전통합 비행관리장치(FMS)와 항법 시스템에 관한 광범위한 업그레이드와 함께 신뢰성 있고 변함이 없는 탑재항법 데이터베이스의 필요성은 그 어느 때보다 중요해졌다.

탑재항법 데이터베이스의 기능은 항공전자 제작자의 설계 의도에 따라 크게 달라질 수 있다. 데이터베이스는 다양한 RNAV에서 사용할 수 있도록 많은 위치, 항로, 그리고 공역 구간에 관한 데이터를 제공한다. 데이터베이스는 조종사에게 공항, 항공교통관제 주파수, 활주로, 그리고 특별사용공역에 관한 정보를 제공하고 있기 때문에 탑재항법 데이터베이스 없는 RNAV의 기능은 크게 제한된다. 조종사는 탑재항법 데이터베이스의 성능과 제한을 이해하기 위해서 데이터베이스 제공자(database provider)가 편집 및 수정하고 항공전자 제작자(avionic manufacturer)가 처리하는 데이터베이스의 방식을 이해할 수 있어야 한다. 이것은 데이터베이스의 관리와 유지를 소개하고 있는 규정을 이해하는 데 중요하기 때문이다.

국가공역체계에서 계기비행에 활용할 수 있도록 인증된 많은 다른 RNAV가 있지만 가장 많이 보급된 두 종류는 [그림6-2, 컬러]와 같이 GPS와 멀티센서(multisensory) FMS이다. 현대 GPS 장치는 조종사에게 정밀한 항공기 위치정보를 제공한다. 그러나 GPS는 다른 위치로부터 항공기 방향과 거리를 결정하기 위해서 탑재항법 데이터베이스를 사용해야 한다. 데이터베이스는 GPS에 항법 픽스를 위한 위치 정보를 제공하기 때문에 [그림6-3, 컬러]과 같이 비행하고자 하는 적절한 항적, 기수방위, 그리고 거리를 결정하기 위한 필수 측지 계산(required geodetic calculation)을 수행한다.

현대 FMS는 기본 순항항로 항법, 복잡한 출발과 도착 항법, 연료 계획수립(fuel planning), 그리고 정밀수직항법을 포함한 많은 기능을 수행한다. 단독(stand-alone) 항법 시스템과 달리 대부분의 FMS는 여러 종류의 항법 입력(navigation input)을 활용할 수 있다. FMS 입력에 사용되는 시설로는 DME 신호, 관성항법(inertia navigation system; INS), GPS 수신기, 그리고 다른 RNAV 장비의 조합으로 항공기의 현재 위치를 정밀하게 계산한다. 단독항법 항공전자와 같이 이들 시스템은 다양한 기능을 수행하는 데 필요한 정보를 제공하는 탑재항법 데이터베이스에 크게 의존한다.

6.2 탑재항법 데이터베이스 표준화

1970년대부터 탑재항법 데이터베이스를 위한 필수요건이 더욱 중요하게 되었다. 1973년 National Airlines은 그들의 DC-10 항공전단(fleet)에 항법 데이터베이스를 필요로 하는 첫 상업용 항공전자의 사용을 기록한 Collins ANS-70 그리고 AINS 70 RNAV 시스템을 장착하였다. 얼마 후 Delta Airlines 역시 ARMA 회사에서 제작한 항법 데이터베이스를 사용한 RNAV를 장착하였다. 비록 이들 두 시스템에 저장된 데이터의 종류가 기본적으로 동일하다 할지라도 설계자에 따라 각 시스템의 개별적 문제를 해결하기 때문에 호환성(not interchangeable)이 없다. 이후 다양한 종류의 RNAV 시스템이 출시됨에 따라 탑재항법 데이터베이스의 표준화를 위한 문제가 제기되었다. 1973년 ARINC이 항공도 데이터베이스(aeronautical database) 표준화를 위한 위원회의 구성을 후원하였다. 1975년 위원회는 첫 표준으로 "ARINC Specification 424"를 발행하였고, 이것은 전 세계에서 수용하고 있는 항법 데이터베이스의 전송을 위한 형식으로 남아 있다.

※ ARINC(Aeronautical Radio, Inc.); 미국의 항공 운송업자 등에게 항공기의 안전과 정상 운항, 능률 제고에 필요한 통신을 제공하는 통신 사업자이다. 미국의 주요 항공회사, 항공기 제조회사, 기기 제조회사 등이 1929년에 설립한 회사로 VHF/HF 무선 전화, 데이터 통신 등과 같은 항공기와 지상 간의 통신 서비스 외에 항공회사 간의 메시지 교환 서비스, 공항 내 육상 이동통신 서비스를 제공한다.

6.2.1 ARINC 424

ARINC 424는 탑재항법 데이터베이스의 어셈블리(assembly; *상징적 기호 언어를 사용하여 작성한 프로그램을 기계어로 된 프로그램으로 번역하는 것*)를 위한 데이터의 준비와 전송(preparation and transmission)을 위해서 항공운송협회에서 권장하고 있는 표준이다. 데이터는 항법 참고(navigation reference)의 출처를 제공하는 항공기 항법 시스템 소프트웨어를 통합시키고자 하는 데 있다. ARINC 424의 후속 버전(subsequent version)은 항법 시스템을 활용하기 위한 추가능력을 제공한다. 각 제작자의 시스템 소프트웨어와 ARINC 424의 유일한 통합이고, ARINC 424 구간 종류는 특정 비행절차를 위한 수직유도(vertical guidance)와 지상항적(ground track)을 제공한다. 이들 구간 종류(leg type)는 절차설계를 위한 반복적인 비행항적(repeatable flight track)을 제공할 수 있어야 한다. 항법 데이터베이스 구간 종류(navigation database leg type)는 경로와 터미네이터 개념(path and terminator concept)이다. ARINC 424 규정은 이들의 경로와 터미네이터를 이용한 23개의 구간 종류를 기술하고 있다. 경로는 항공기가 직행으로(heading, a track, and course) 비행하여 터미네이터까지 어떻게 갈 수 있는지 묘사하고 있다. 터미네이터는 항법 컴퓨터 시스템이 다음 구간(픽스, 고도, 인터셉트 등)으로 전이되는 것 혹은 상태(event or condition)이다.

비행절차가 조종사로 하여금 2,000피트까지 활주로 기수방위(runway heading)로 비행한 다음 픽스까지 직행하도록 지시되었을 때 이것은 경로와 터미네이터 개념이다. 여기서 경로는 기수방위이고 터미네이터는 2,000피트이다. 이후 다음 구간의 순서가 자동으로 이어진다. 일련의 구간 종류는 비행절차를 구성하기 위해서 항법 데이터베이스 속에 부호화(coded into)된다. 항법 데이터베이스는 FMS 또는 GPS를 사용하는 조종사에게 연속적으로 항법 데이터를 보여줄 수 있도록 허용하기 때문에 항공기는 지정된 항로를 따라서 계속 비행할 수 있다.

수직항법 역시 동일한 방법으로 부호화된다. 탑재항법 데이터베이스에 들어 있는 데이터는 ARINC 424 기록(record) 속에 조직된다. 이들 기록은 복잡한 각 항법의 실재를 묘사하고 있는 문자열(strings of character)이다. ARINC 기록(record)은 다음과 같은 4개의 일반 그룹으로 나누어진다.

① Fix records
② Simple route records
③ Complex route records
④ Miscellaneous records

비록 조종사가 ARINC 424 기록에 포함된 모든 분야를 깊게 알아야 할 필요는 없지만, 항법 데이터베이스와 일반적인 내용에 포함된 기록의 종류에 대해서는 확실하게 숙지할 필요가 있다.

(1) 픽스 기록

지표면에 특정 장소를 지정하는 데이터베이스 기록은 픽스 기록(fix record)으로 고려된다. NAVAID, 웨이포인트, 교차점, 그리고 공항은 모든 이 종류 기록이다. 이들 기록은 항공전자 시스템에서 직접 사용할 수 있고 항공로 또는 접근과 같이 더 복잡한 기록의 한 부분에 포함될 수 있다. 조종사가 반드시 이해해야 하는 또 다른 개념은 항법 픽스(navigation fix) 상공에서 항공기의 선회와 관련된 것이다. 픽스는 [그림6-4]와 같이 특정 항로에서 이들을 어떻게 사용하는가에 따라 플라이-오버(fly-over; FO) 또는 플라이-바이(fly-by; FB)로 지정된다. 일부 환경에서 항법 픽스는 플라이-오버로 지정된다. 이것은 항공기가 새로운 코스로 선회를 시작하기 전 픽스 직 상공을 실제로 통과해야 한다는 것을 의미한다. 반면 FB 픽스는 다음 코스를 오버슈팅(overshooting; *지정된 선회경로를 초과하는 것*)하는 것을 피하기 위해서 정확한 선회율(radius of turn)을 지정할 수 있는 항공기의 항법 시스템이 선회예측특징(turn anticipation feature)을 활용할 수 있게 한다.

일부 RNAV 시스템은 이 기능을 완전하게 활용할 수 있도록 프로그램이 되지 않을 수 있다. 픽스를 어떻게 사용하느냐에 따라 동일 절차에서 FB와 FO로 코드화될 수 있음을 확실하게 이해

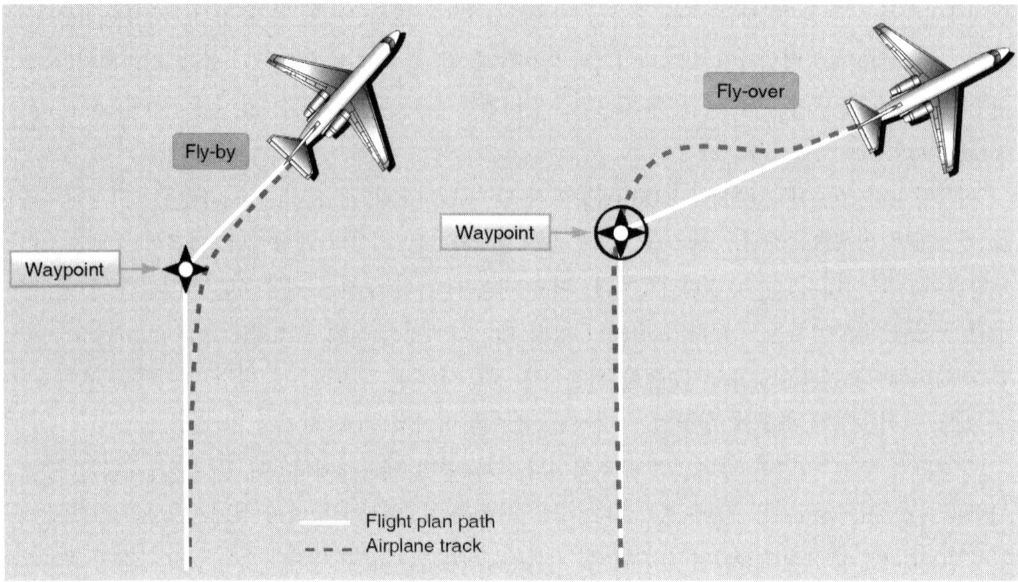

【그림6-4】 FB WP/FO WP의 운용개념

해야 한다. RNAV 또는 GPS 단독 IAP는 일부 TSO-C 129 수신기 데이터베이스에 포함되어 있지 않은 스텝다운 웨이포인트를 제외하고 접근과 실패접근을 위해서 사용되는 모든 웨이포인트의 순서를 포함할 수 있도록 탑재(on board) 데이터베이스로부터 얻어진 특정 IAP와 관련된 데이터를 이용해서 비행한다. 대부분 수신기의 데이터베이스가 포함된 웨이포인트는 어느 웨이포인트가 FO 또는 FB 항법 시스템에서 알 수 있도록 부호화(coding)된다. 항법 시스템은 FB WP 전 혹은 FO WP 직 상공을 비행하도록 하는 선회를 선도하는 코스를 포함하여 적절한 유도를 제공한다. 항법 시스템이 이 같은 유도를 제공하지 않는 곳에서 조종사는 수동으로 적절한 선회 선도(turn lead) 또는 웨이포인트 직 상공으로 비행해야 한다. FB WP를 위한 차트 부호는 조종사가 예상할 수 있는 행동에 대한 인식을 제공한다.

(2) 단일항로 기록

항로 기록(route record)은 고정 위치 대신에 비행경로(route of flight)에 관한 기록이다. 단일항로 기록(simple route record)은 항법 항공전자가 픽스를 어떻게 사용해야 하는가에 관한 픽스 기록과 정보의 연결을 포함한다. 예를 들어 Victor Airway는 항공로에서 픽스의 명칭과 항공로에서 이들 픽스를 어떻게 구성하는가에 관한 정보가 포함된 데이터베이스에 일련의 순항항로 항공로 기록으로 묘사하고 있다.

(3) 복합항로 기록

복합항로 기록(complex route record)은 SID, STAR, 그리고 IAP와 같이 복잡한 비행경로를 묘사하기 위해서 여러 개의 픽스가 연결된 것을 포함한다. 단일항로 기록과 같이 이들 기록은 이들 항로를 비행하는 지시와 함께 항로에서 사용되는 픽스의 명칭이 포함된다.

(4) 기타 기록

위에서 언급한 기록 외에 탑재항법 데이터베이스에는 공역 혹은 무선통신에 관해서 코드화되는 다른 많은 종류의 정보들이 있다. 수신기는 제한공역, 공항 최저안전고도, 그리고 그리드 최저 비항로고도(minimum off route altitude; MORAP)와 같은 부가적인 정보가 포함될 수 있다.

6.3 경로와 터미네이터 개념

경로와 터미네이터 개념(path and terminator concept)은 터미널 구역 절차, SID, STAR 그리고 접근절차의 코딩(coding; *부호화, 정보를 계산 조작에 편리한 부호로 바꾸는 일*)을 허용하기 위한 수단이다. 간단히 말해서 항로 또는 터미널 절차의 문자 기술(textual description)은 RNAV 시스템에서 사용할 수 있는 형식(format)으로 전환된다. 조종사가 RNAV 장비의 제한에 관해서 학습해야 하는 가장 중요한 개념의 하나는 복잡한 항로 기록에 포함된 경로와 터미네이터에 관한 이들 시스템의 방식이다. 초기 RNAV 시스템은 오직 한 종류의 항법만 수행할 수 있었고, 이들은 픽스까지 직접 비행해야 했다. 이것은 항공로가 대부분 픽스들 사이에 직항로로 구성된 순항항로에 운용 중일 때는 문제가 되지 않는다. RNAV를 위한 초기 접근(initial approach)에서 이들이 사용되고 있는 시스템과 데이터베이스에서 이들 대부분이 오직 지점 대 지점(point to point) 직항로 항법으로 비행하는 DME/DME 오버레이(overlay)로 구성되어 있었기 때문에 문제가 나타나지 않았나. 그러나 디욱 복잡한 비행경로를 따라 비행하기 위한 능력을 갖추어야 하는 RNAV 장비 필요성이 제기되면서 복합항로 기록(complex route record)에 포함되는 경로와 터미네이터 개념이 도입되는 계기가 되었다.

6.3.1 경로와 터미네이터 구간

최근까지 RNAV 시스템 계기접근, 도착, 그리고 접근을 구성하는 복합 경로를 따라갈 수 있는 ARINC 424 표준에 따라 [그림6-5]와 같이 생성된 23개의 다른 구간 종류 또는 경로와 터미네이터가 있다. 이들은 항공기가 따라가야 하는 경로와 경로를 종결하고 다음 경로를 시작하기 전 충족해야 하는 기준과 항법 항공전자에 관해서 기술하고 있다. 비록 23개의 구간 종류가 가용할지라도 모든 구간 종류를 사용할 수 있도록 제작된 데이터베이스 장비는 없다. 조종사는 정밀도를 위해서 디스플레이가 보여주고 있는 정보에만 의존하지 말고 절차를 지속해서 모니터해야 한다. 만약 RNAV 시스템이 절차에서 요구하고 있는 구간 종류를 갖추고 있지 않다면 데이터 팩커(data packer)는 가장 적절한 것 중 하나 혹은 가용한 구간 종류의 결합을 선택해야 한다. 다음은 23개의 구간 종류의 목록이고 이들은 모든 데이터베이스에서 사용될 수도 있고 사용되지 않을 수도 있다.

① Initial fix or IF leg(최초 픽스 또는 IF 구간); 공간지점과 같이 데이터베이스에 지정되고 항로 또는 절차의 시작을 위해서만 지정된다.

② Track to a fix or TF leg(픽스까지 항적 또는 TF 구간); 2개의 잘 알려진 데이터베이스 픽스들 사이에 있는 지상 상공 직선 구간을 지정하기 위해서 선호되는 방법이다. (코스 또는 기수방위는 차트에 언급될 수 있지만, 설계자는 TF 구간을 코딩을 위해서 사용할 수 있도록 보장해야 한다.)

③ Constant radius arc or RF leg(일정 반경 아크 또는 RF 구간); 2개의 데이터베이스 픽스들 사이 곡선 경로, 아크에 접하는 경로는 아크 중앙 픽스를 중심으로 일정한 선회경로로 지정된다.

④ Course to a fix or CF leg(픽스까지 코스 또는 CF 구간); 특정 데이터베이스 픽스까지 지정된 코스를 지정한다. 마그네틱 편각 문제를 피하기 위해서 가능하다면 TF 구간은 CF 구간 대신 사용해야 한다.

⑤ Direct to a fix or DF leg(픽스까지 직행 또는 DF 구간); 지정되지 않은 위치로부터 지정된 픽스(specified fix)까지 직선 구간이 시작되는 항적을 지정한다.

⑥ Fix to an altitude or FA leg(고도까지 픽스 또는 FA 구간); 데이터베이스 픽스로부터 지정되지 않은 위치를 향해서 지정된 고도까지 지상 상공 특정 항적을 지정한다.

⑦ Track from a fix from a distance or FC leg(픽스로부터 항적과 거리 또는 FC 구간); 데이터베이스 픽스로부터 특정 거리까지 지상 상공 항적(specified track)을 지정한다.

⑧ Track from a fix to a distance measuring equipment distance or FD leg(픽스로부터 특정 DME 거리까지 항적 또는 FD 구간); 데이터베이스 픽스로부터 특정 데이터베이스 DME NAVAID의 특정 DME 거리까지 지상 상공으로 지정된 항적이다.

⑨ From a fix to a manual termination or FM leg(픽스로부터 수동 종료까지 또는 FM 구간); 구간이 수동으로 종료될 때까지 데이터베이스 픽스로부터 지상 상공으로 지정된 항적이다.

⑩ Course to an altitude or CA leg(고도까지 코스 또는 CA 구간); 지정되지 않은 위치로 특정 고도까지 지정된 코스를 지정한다.

⑪ Course to a DME distance or CD leg(DME 거리까지 코스 또는 CD 구간); 특정 데이터베이스 DME NAVAID로부터 특정 DME 거리까지 지정된 코스를 지정한다.

⑫ Course to an intercept or CI leg(인터셉트까지 코스 또는 CI 구간); 연속 구간을 인터셉트하기 위한 코스를 지정한다.

⑬ Course to a radial termination or CR leg(레디얼 종료까지 코스 또는 CR 구간); 특정 데이터베이스 VOR NAVAID로부터 레디얼까지 코스를 지정한다.

⑭ Arc to a fix or AF leg(픽스까지 아크 또는 AF 구간); 데이터베이스 DME NAVAID로부터 지정된 일정 거리에서 지상 상공으로 항적을 지정한다.

⑮ Heading to an altitude termination or VA leg(고도 종결까지 기수방위 또는 VA 구간); 지정되지 않은 위치에서 특정 고도 종료까지 기수방위를 지정한다.

⑯ Heading to a DME distance termination or VD leg(DME 거리 종료까지 기수방위 또는 VD 구간); 특정 데이터베이스 DME NAVAID로부터 지정된 DEM 거리에서 종결되는 기수방

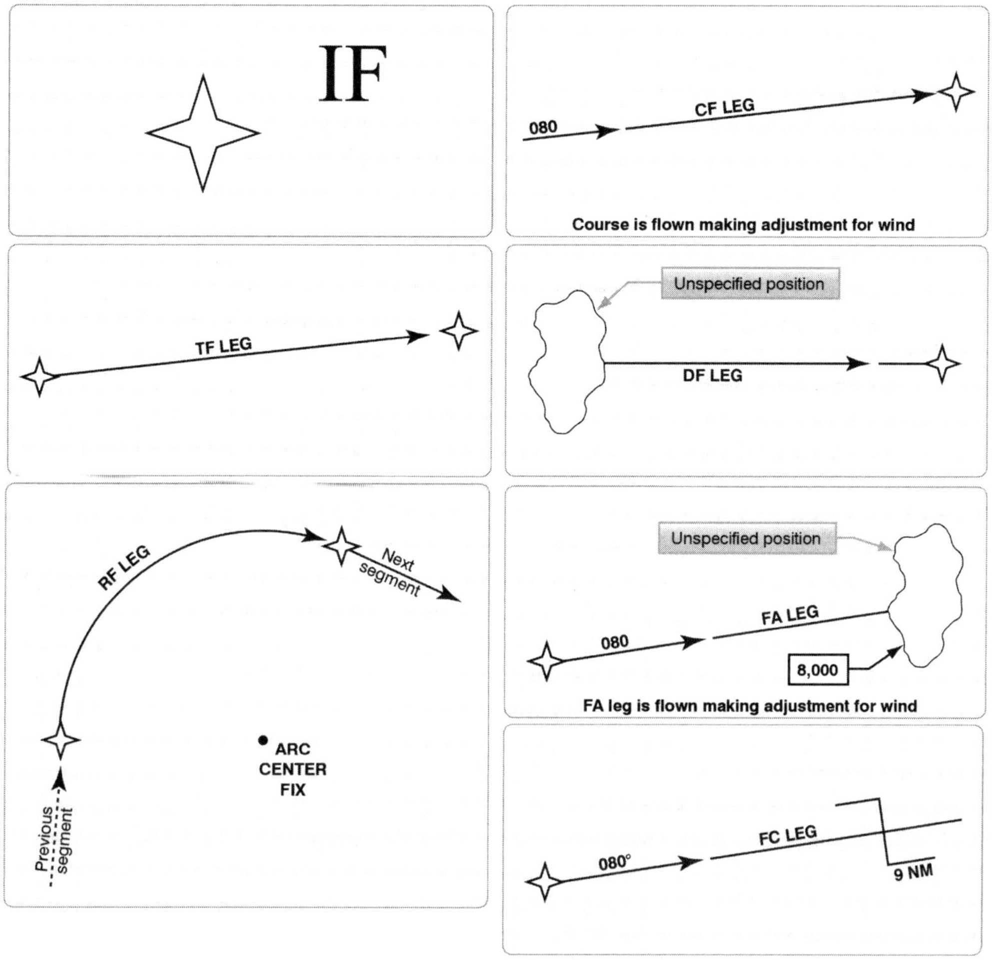

【그림6-5a】 항법 구간의 종류-1

위를 지정한다.

⑰ Heading to an intercept or VI leg(인터셉트까지 기수방위 또는 VI 구간); 지정되지 않은 위치에서 연속 구간을 인터셉트하기 위해서 기수방위를 지정한다.

⑱ Heading to a manual termination or VM leg(수동 종료까지 기수방위 또는 VM 구간); 수동 종료까지 기수방위를 지정한다.

⑲ Heading to a radial termination or VR leg(레디얼 종료까지 기수방위 또는 VR 구간); 특정 데이터베이스 VOR NAVAID로부터 지정된 레디얼까지 기수방위를 지정한다.

⑳ Procedure turn or PI leg(절차선회 또는 PI 구간); 특정 데이터베이스 픽스에서 역코스 시작을 지정하고, 왼쪽 또는 오른쪽으로 선회한 다음 아웃바운드 구간과 다음 구간을 인터셉트하기 위한 180° 역코스를 포함한다.

㉑ Racetrack course reversal or altitude termination; HA(레이스트랙 역코스 또는 고도 종료); 픽스에서 종료되는 1회 선회(single circuit terminating at the fix(base turn); HF), 또

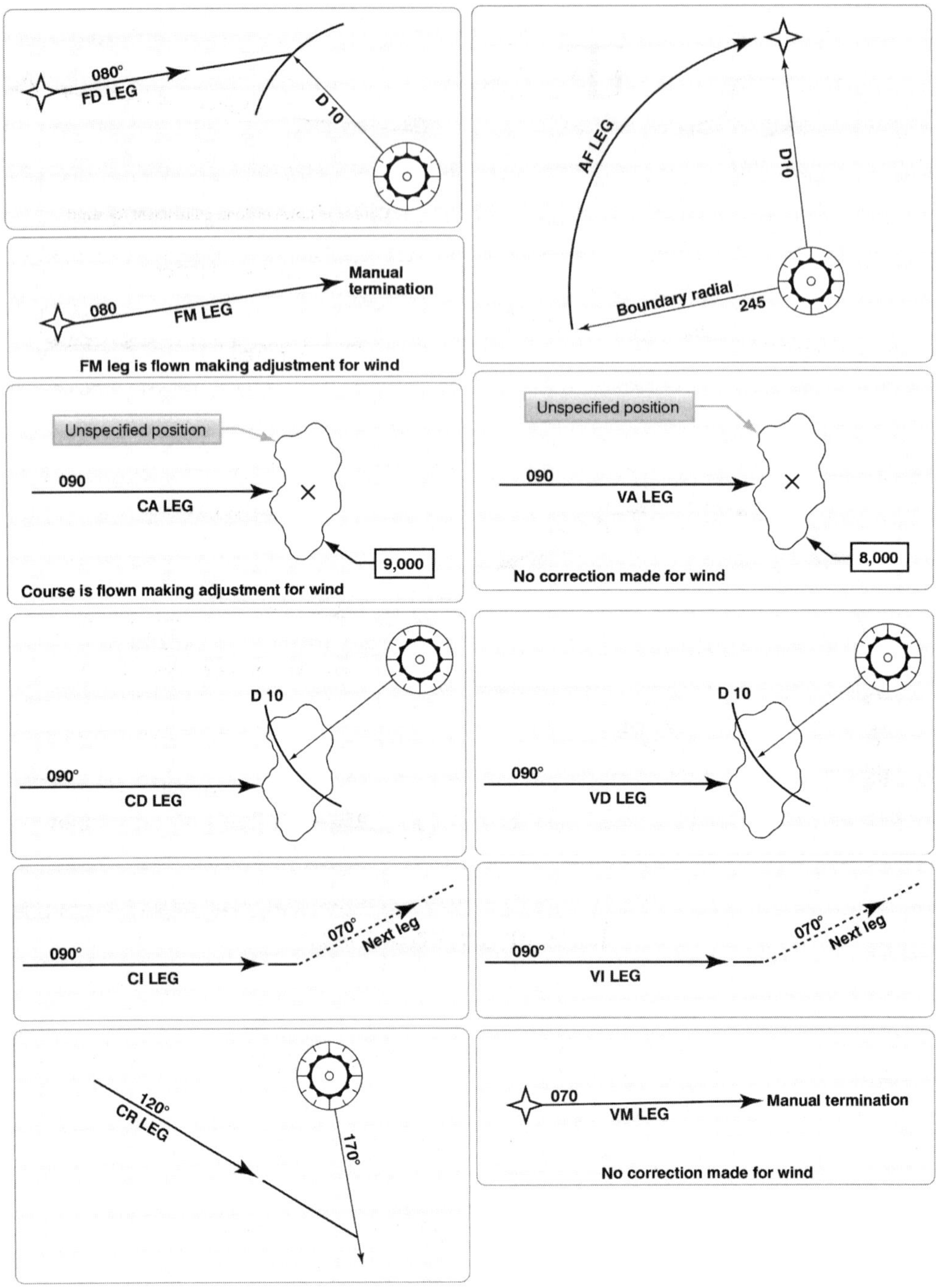

【그림6-5b】 항법 구간의 종류-2

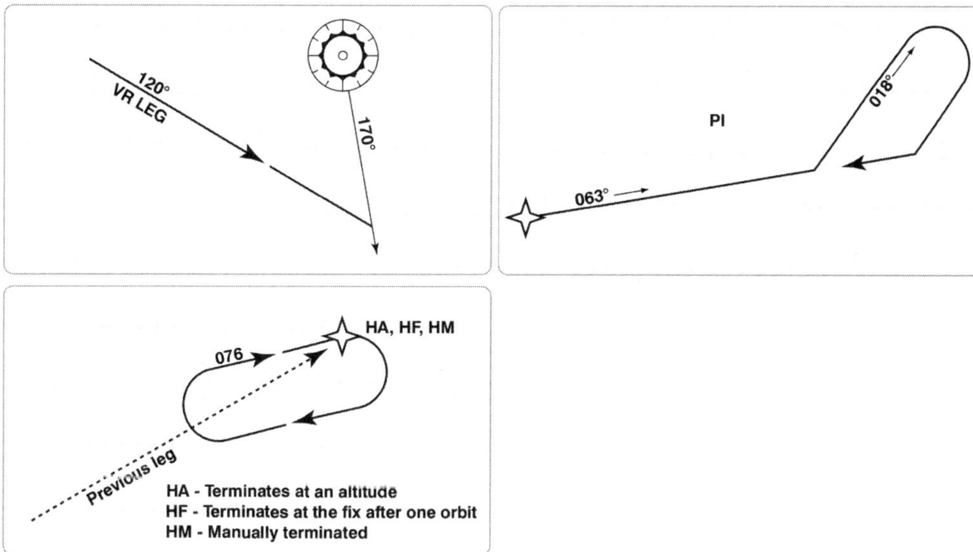

【그림6-5c】 항법 구간의 종류-3

는 수동 종료 구간 종류(manual termination(HM) leg type); 지정된 데이터베이스 픽스에서 레이스트랙 패턴 또는 역코스를 정한다.

[그림6-6]의 “GRAND JUNCTION FIVE DEPARTURE” for Grand Junction Regional in Grand Junction, Colorado에서 다른 경로와 터미네이터 구간이 사용된 사례를 보여주고 있다. 절차가 항법 데이터베이스에 코드화될 때 기록에 데이터를 입력하는 사람은 비행경로의 개별 구간을 확실하게 식별한 다음 사용하고지 하는 터미네이터 종류를 결정해야 한다.

RWY 11로 출발하기 위한 첫 구간(first leg)은 활주로 기수방위로 6,000피트까지(MSL) 상승한 다음 우선회해서 픽스까지 상승해야 한다. 이것을 데이터베이스에 입력할 때 고도까지 기수방위(VA) 값을 기록의 경로(record′ path) 그리고 출발 항로의 첫 구간을 위한 터미네이터 필드에 입력해야 한다. 이 경로와 터미네이터는 항공전자에 항공기가 6,000피트에 도달할 때까지 기수방위를 기반으로 코스유도(course guidance)를 제공하도록 한 다음 시스템은 다음 구간을 위한 코스유도를 제공하기 시작한다. 절차는 고도 6,000피트에 도달한 후 Grand Junction(JNC) VORTAC까지 직행하기 위한 우선회를 요구한다. 이 구간은 픽스까지 경로와 터미네이터 직행(DF) 값을 이용해서 데이터베이스 속에 코드화되어 있다. DF 구간은 지정되지 않은 위치에서 특정 데이터베이스 픽스까지 시작되고 있는 지정되지 않은 항적으로 지정한다.

또 다른 많이 사용되고 있는 경로와 터미네이터 값은 [그림6-7]과 같이 Santa, Ana, California에 있는 CHANNEL ONE DEPARTURE 절차를 이용하고 있는 레디얼까지 기수방위(heading to radial; VR) 값이다. RWY 19L/R 절차의 첫 구간은 I-SNA 1 DME 픽스 또는 SLI R-118을 통과할 때까지(until crossing) 활주로 기수방위로 상승을 요구하고 있고, 이 구간은 Path and Terminator Field에 VR 값을 이용해서 데이터베이스에 코드화되어야 한다. 항공전자는 I-SNA 1

DME 픽스 또는 SLI R-118을 통과한 후 절차의 다음 구간까지 순환(cycle)되어야 한다. 이 경우 SLI R-132를 통과할 때까지 기수방위 175°에서 상승해야 한다. 또한, 이 구간은 VR Path and Terminator로 코드화되어야 한다. 절차의 다음 구간은 SXC R-084를 인터셉트할 때까지 기수방위 200°로 구성되어야 한다. 항공전자가 이 구간을 정확하게 처리하기 위해서 데이터베이스 기록(database record)은 Path and Terminator 필드에 인터셉트까지 기수방위(heading to an intercept; VI) 값이 반드시 포함되어야 한다. 이 값은 항공전자로 하여금 지정되지 않은 위치에서 연속 구간을 인터셉트하기 위한 지정된 기수방위를 따라가도록 지시한다.

경로와 터미네이터 개념은 탑재항법 데이터베이스 코딩의 중요한 부분이다. 일반적으로 조종사에게 ARINC 코딩 표준(coding standard)에 관한 깊은 지식이 필요하지 않지만, 데이터베이스에 사용되고 있는 특정 RNAV 시스템의 한계를 이해하기 위해서는 코딩과 관련된 개념에 익숙해 있어야 한다.

(1) 경로와 터미네이터 한계

조종사는 경로와 터미네이터(Path and Terminator)와 관련된 특정 RNAV 시스템이 탑재항법 데이터베이스와 함께 어떻게 작동하는지를 아는 것은 매우 중요하다. 일부 초기 RNAV 시스템은 이 분야가 완전히 무시되었다. [그림6-8]의 Durango, Colorado에 있는 ILS or LOC/DME RWY 3 Approach는 RNAV 시스템에서 경로와 터미네이터에 관해서 고려되지 않았을 때 발생하는 문제를 보여주고 있는 사례이다. 비록 이 종류의 접근이 충분한 장비를 갖춘 RNAV 시스템을 위해서만 승인될지라도 조종사는 재래식 항법으로 접근하기 위해서 선택할 수 있고, 실패접근 중 RNAV를 다시 작동(reengage)시키는 것이 가능하다.

만약 이 실패접근이 경로와 터미네이터 값을 사용하지 않고 또는 잘못된 종류가 사용된 RNAV 시스템을 이용해서 비행하고 있다면 시스템은 아마도 절차의 첫 두 구간을 무시해 버릴 것이다. 이것은 [그림6-8]과 같이 RNAV 장비가 조종사에게 접근절차에 지시된 것과 같이 특정 고도에서 종료시키는 일련의 기수방위로 비행하는 대신 Durango VOR을 향해서 중간 선회를 지시하는 원인이 될 수 있다. 조종사는 이들 개별 시스템 경로와 터미네이터의 특성을 다룰 수 있도록 잘 알고 있어야 하고, RNAV 장비의 특성에 익숙하기 위해서 제작자가 제공하는 관련 매뉴얼을 통해서 연구하고 훈련되어야 한다. 일부 RNAV 장비는 플라이-오버(fly over) 성능 없이 설계되었다는 것을 유의해야 한다. 이것은 조종사가 출발, 도착, 또는 접근 환경에서 이 장비를 사용하여 복합경로로 비행하고자 할 때 문제가 발생할 수 있다.

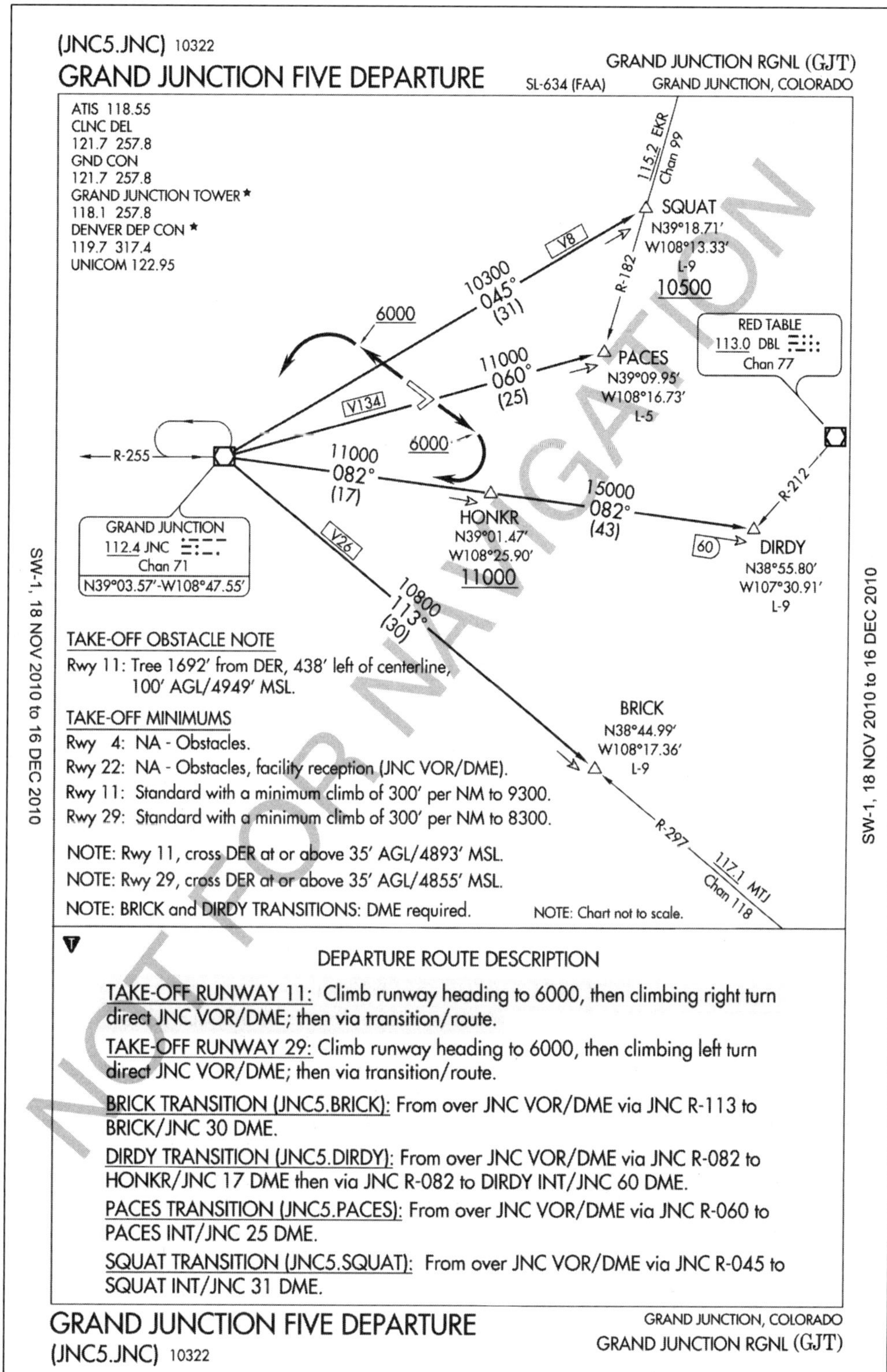

【그림6-6】 GRAND JUNCTION FIVE DEPARTURE

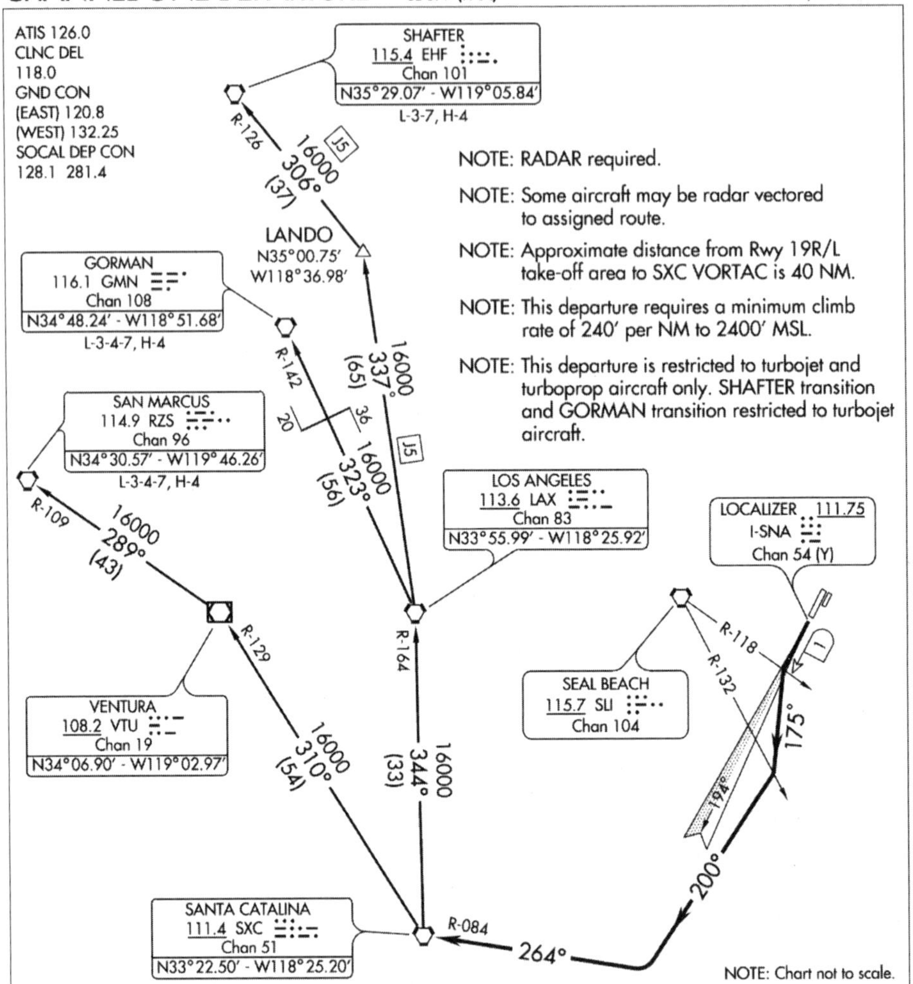

DEPARTURE ROUTE DESCRIPTION

TAKE-OFF RUNWAY 19L/R: Maintain runway heading or I-SNA localizer south course to I-SNA 1 DME fix or SLI R-118, turn left heading 175°, cross SLI R-132 then turn right heading 200°, intercept and proceed via SXC R-084 to SXC VORTAC, thence via (transition) or (assigned route). Expect filed altitude ten minutes after departure.

GORMAN TRANSITION (CHANL1.GMN): From over SXC VORTAC via SXC R-344 and LAX R-164 to LAX VORTAC, then via LAX R-323 and GMN R-142 to GMN VORTAC.

SAN MARCUS TRANSITION (CHANL1.RZS): From over SXC VORTAC via SXC R-310 and VTU R-129 to VTU VOR/DME, then via VTU R-289 and RZS R-109 to RZS VORTAC.

SHAFTER TRANSITION (CHANL1.EHF): From over SXC VORTAC via SXC R-344 and LAX R-164 to LAX VORTAC, then via LAX R-337 to LANDO INT and EHF R-126 to EHF VORTAC.

CHANNEL ONE DEPARTURE SANTA ANA, CALIFORNIA
(CHANL1.SXC) 07298 SANTA ANA/JOHN WAYNE AIRPORT-ORANGE COUNTY (SNA)

【그림6-7】 CHANNEL ONE DEPARTURE

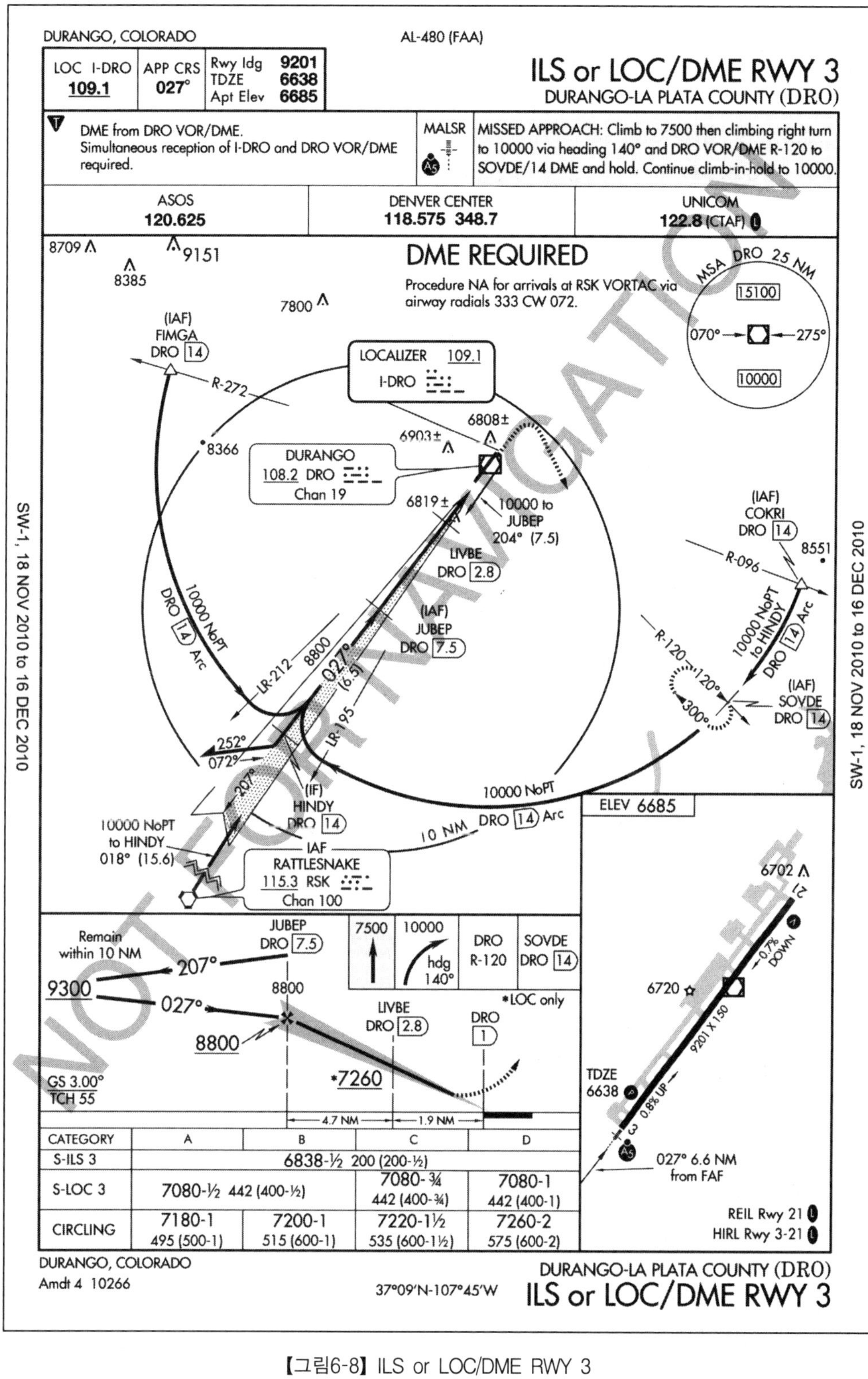

【그림6-8】 ILS or LOC/DME RWY 3

6.4 데이터베이스 제공자의 역할

전 세계 항법 데이터베이스를 편집하고 유지하는 것은 결코 간단한 문제가 아니다. 미국 내에서 FAA 자료출처는 수많은 자료를 데이터베이스에 부호화하기 전에 분석, 편집, 그리고 처리되어야 하는 다양한 형식으로 데이터베이스 제공자(database provider) 정보를 제공한다. 일부 경우는 미국 외의 국가로부터 자료를 받아 영어로 번역되어 분석한 후 데이터베이스에 입력된다. 이들 자료는 일단 자료가 부호화된 후 지속적으로 업데이트되고 유지되어야 한다.

FAA가 데이터베이스 제공자에게 변경이 필요하다는 것을 고지하면 업데이트 처리가 시작된다. 이들 변경은 일괄적으로 우선순위(assigned priority)를 바탕으로 28-일 탑재 데이터베이스 수정 주기(airborne database revision cycle)에 통합된다. 만약 관련 데이터가 마감일(cutoff date) 전에 코딩 단계(coding phase)에 이르지 못했다면 다음 주기까지 수정이 대기 상태가 된다. 일반적으로 항공 데이터베이스를 위한 마감일은 유효 수정 일(effective date of the revision) 전 21일이다. 데이터의 무결성(integrity)은 주기적 중복점검(cyclic redundancy check; CRC)이라고 하는 과정을 통해서 보장된다. CRC는 데이터의 블록에서 미세한 비트-수준 변화(small bit-level change)를 발견할 수 있는 결함 탐지 알고리즘(error detection algorithm)이다.

CRC 알고리즘은 단일, 큰 이진수 값(single, large binary value)과 같이 데이터 블록을 처리한다. 데이터 블록은 원하는 무결성의 수준을 바탕으로 결정되는 형식과 크기를 갖는 생성 다항식(generator polynomial)이라고 하는 고정 이진수(fixed binary number)로 나눈다. 나눗셈의 나머지(remainder)가 데이터 블록을 위한 CRC 값이다. 이 값은 상응하는 데이터 블록과 함께 저장되고 전송(stored and transmitted)된다. 데이터의 무결성은 배포하기 전 CRC 알고리즘을 다시 적용해서 확인된다.

※ 비트-수준 변화(small bit-level change): 디지털 화상에서 1화소를 나타내는데 필요한 비트 수를 비트/픽셀로 표현하는데, 이것의 역수로 1비트가 몇 화소를 나타내고 있는지를 나타낸 숫자이다.

6.4.1 항공전자 제작자의 역할

항공전자 제작자가 탑재항법 데이터베이스를 필요로 하는 장비를 개발할 때 이들은 통상 그 새로운 항공전자 플랫폼(new avionic platform)을 위한 데이터베이스를 공급하기 위한 데이터베이스 제공자(provider)의 동의(agreement) 형식을 취한다. 이들 시스템을 위한 데이터베이스에 포함되는 정보를 결정하는 것은 제작자에 달려 있다. 일부 경우 항법 데이터베이스 제공자는 제작자의 새로운 제작물(new product)의 저장 능력을 수용하기 위해서 데이터베이스에 기록의 수(number of records)를 크게 줄임으로써 데이터베이스는 모든 절차를 포함할 수 없다는 것을 의미한다. 이외에도 또 다른 중요한 사실은 ARINC 424 기준에 포함된 표준 명명규칙(naming convention)에 따랐을지라도 각 제작자는 조종사에게 보여주는 픽스와 절차의 명칭을 결정한다는 것을 기억해야 한다. 이것은 비록 데이터베이스가 "V34"와 같이 Eugene Mahlon Sweet

Airport (KEUG) in Eugene, Oregon에서 VOR/DME RWY 34 Approach를 위한 접근 식별자 필드(approach identifier field)에 지정될 수 있을지라도 다른 항공전자 플랫폼은 제작자가 적절하다고 생각하는 방법으로 식별자(identifier)를 시현하게 될 것임을 의미한다. 예를 들어 한 제작자가 제작한 GPS는 "VOR 34"와 같이 접근을 시현하게 될 것이지만 다른 GPS는 [그림6-9, 컬러]와 같이 VOR/DME 34와 같은 접근으로 고려하게 될 것이고, 또 다른 제작자의 FMS는 "VOR34"와 같이 식별하게 될 것이다. 이들 차이는 차트와 GPS 디스플레이 사이 시각적 불일치의 원인이 되고, 특정 제작자의 명명규칙에 익숙하지 않은 조종사에게 접근 인가의 혼동(confusion) 또는 ATC 지시를 잘못 수행하게 하는 원인이 된다. 제작자는 탑재항법 데이터베이스의 해당 시스템을 처리할 수 있는 능력을 바탕으로 RNAV 시스템의 능력과 한계(capability and limitation)를 결정해야 한다.

6.4.2 사용자 역할

종이 차트와 같이 탑재항법 데이터베이스 역시 주기적으로 수정된다. Title 14 of the code of Federal Regulations(14 CFR) Part 91, section 91.503에 따르면 단말 사용자(end user) 혹은 운용자(operator)는 데이터가 의도하고자 하는 적용(intended application)에 따른 품질 필수요건(quality requirement)이 충족하는지 확인해야 하는 최종 책임을 갖는다. 항공 데이터베이스는 지속적으로 수정되어야 하고 모든 Part 91 운용자는 14 CFR Part 91, section 43.3(g)에 따라 데이터베이스가 업데이트되어야 한다. Part 121, 125, 135 운용자는 이들이 승인된 정비 프로그램(approved maintenance program)에 따라 데이터베이스를 업데이트해야 한다. Part 135 헬리콥터 운용자를 위해서 14 CFR Part 43, section 43.3(h)에 따라 [그림6-10]과

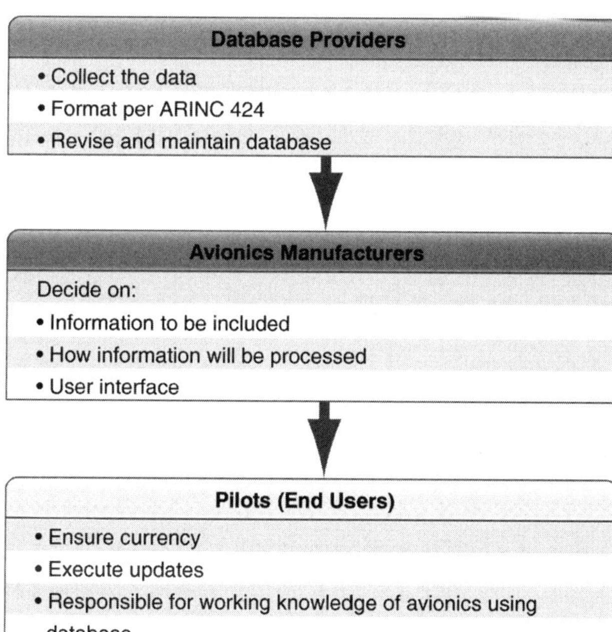

【그림6-10】 데이터베이스 활용 단계

같이 조종사가 할 수 있는 정비를 포함한다. 데이터베이스를 사용하고 있는 조종사는 그들이 사용하는 있는 것이 최신 데이터베이스인지 확인해야 할 최종 책임을 갖는다. 이것은 항공전자 제작자 또는 데이터베이스 공급자가 공급하고 있는 오류에 관계된 NOTAM 종류 정보를 확인하는 것을 포함한다. 데이터베이스 사용자는 특정 항법 장비에 들어 있는 항법 데이터베이스를 다룰 수 있는 방법을 학습해야 할 책임이 있다. 제작자가 제공하는 관련 매뉴얼 또는 컴퓨터 시뮬레이션은 조종사가 특정 데이터베이스의 능력과 제한에 관한 정보를 알 수 있는 가장 확실한 출처이다.

6.5 탑재항법 데이터베이스의 운용상의 제한

항공기에 장착된 항법 시스템의 성능과 제한(capability and limitation)을 이해하는 것은 IFR 비행을 위한 조종사의 가장 큰 관심사 중 하나이다. 오늘날 수많은 RNAV 시스템과 조종사 인터페이스가 가용하기 때문에 조종사와 승무원은 IFR 환경에서 그들이 운용하는 시스템을 능숙하게 작동(proficiency operating)하고 필요한 정보를 얻고 유지할 수 있도록 각 RNAV 시스템 제작자 운용 매뉴얼에 익숙하도록 충분한 훈련을 받아야 한다.

대부분의 전문 조종사와 일반항공 조종사는 조종실 자동화와 관련된 인적요소 문제에 익숙해 있어야 한다. 특히 탑재항법 데이터베이스를 사용하고 있을 때 이들 문제를 고려하는 것 역시 중요하다. 비록 현대 항공전자가 복합한 출발과 도착을 포함하여 전체 비행과정에 정밀한 유도(precise guidance)를 제공하고 있을지라도 모든 시스템이 동일한 능력을 갖추고 있지 않다. 일부 항공기에 장착된 RNAV 장비는 직항로 지점 대 지점 항법으로 제한된다. 따라서 조종사는 제작자가 제공하는 관련 자료를 통해서 이들 시스템의 능력에 익숙해 있어야 하는 것이 매우 중요하다. 대부분의 현대 RNAV 시스템은 서로 다른 항법과 항공기 시스템 센서들로부터 입력을 받아들이는 항공전자 시스템 안에 내장되어 있다. 이들 통합 시스템(integrated system)이 많은 정보를 제공하기 때문에 때때로 조종사는 데이터베이스 불일치(discrepancy) 또는 잘못 사용(misuse)으로 인한 항법 오류를 인지(recognize)하지 못할 수 있다. 조종사는 항공전자에 입력하는 데이터가 정확하고 최신 것인가를 지속적으로 확인해야 한다. 비행 중 RNAV로 전환이 이루어졌다면 어떠한 문제가 발생했을 때 조종사와 승무원은 언제든지 재래식 항법 수단으로 전환할 수 있도록 대비하고 있어야 한다.

6.5.1 무기한 폐쇄 공항

일부 공항은 재개항 가능성이 거의 없이 수년 동안 폐쇄되었다. 그러나 무기한(indefinite) 폐쇄 상태가 영구적으로 또는 추후고지가 있을 때까지(until further notice; UFN), 폐기되었다는 것과 의미가 다르다. 이것이 VFR과 IFR 차트 모두 그리고 탑재항법 데이터베이스, 그리고 종이와 전자버전 TPP 차트에 계기접근절차가 포함되어 여전히 사용 가능한 것으로 나타나기 때문이다. 예를 들어 Airpark South, 2K2, at Ozark, Missouri의 사례이다. 비록 이 공항이 2년 동안 폐쇄된 상태가 계속되고 있을지라도 이 공항 주변의 산업과 주택 개발로 인해서 언제든지 재개항될 수 있기 때문에 조종사가 이들 공항이 여전히 운용되고 있는 것을 믿을 수 있도록 차트에 수록된다. 최근 저고도 순항항로 차트(En route chart)에 이 공항은 파란색 부호로 표기되는 것은 DOD에서 승인하고 있는 계기접근절차(IAP)가 사용 가능한 것을 나타낸다. 특히 비행 전 점검 중 긴급전환(diversion)을 위해서 사전에 적합성 여부를 분석하지 않을 때 조종사는 예방적 혹은 비상상황(cautionary or emergency situation)에서 공항을 선정할 때 특히 주의해야 한다. 조종사는 차트와 FMS 데이터베이스를 기반으로 한 공항이 유일하게 가능한 긴급전환 또는 비상옵션에 적합한지 판단해 보아야 한다. 그러나 비상상황에서 사용할지라도 공항은 폐쇄된 상태이고 위험할 수 있다. 이들 상황에서 ATC에게 공항 상태에 대해서 문의할 수 있다.

6.5.2 데이터 저장 한계

탑재항법 데이터베이스가 전 세계적인 데이터(worldwide database)로 성장함에 따라 필수 데이터 저장 공간(storage space)이 증가하였다. 패널 장착 (panel-mounted) GPS와 FMS가 개발되고 수년 동안 상업적으로 가용한 탑재항법 데이터베이스의 크기는 기하급수적으로 성장하였다. 일부 제작자의 시스템은 이와 함께 데이터 저장 공간도 증가하고 있지만, 일부는 따라가지 못하고 있다. 대부분의 구형 RNAV 시스템의 제한은 데이터를 저장할 수 있는 공간의 제한 때문이다. 따라서 항공전자 제작자는 어느 종류의 절차를 시스템에 포함시켜야 하는지 결정해야 한다. 예를 들어 구형 RNAV 장비는 마스터 데이터베이스(master database)에 코드화되는 모든 웨이포인트를 포함하고 있지 않다. 일부 현대 RNAV 장비조차도 더 큰 저장 공간을 갖고 있지만, 데이터 생산자(data producer)로부터 가용한 모든 데이터가 포함되어 있지 않다. 때때로 제작자는 장비의 활용성에 비해서 중요도가 낮은 것으로 고려되는 특정 종류의 데이터가 포함되지 않도록 선택한다. 예를 들어 대형 항공기에 사용되는 FMS 제작자는 활주로 길이가 3,000피트 미만 또는 공항을 위한 모든 절차가 포함된 공항은 의도적으로 배제한다.

RNAV 장비 제작자는 데이터베이스에 포함된 그래픽 지역(geographic area)을 제한하는 방법으로 이들 항공전자에서 필요로 하는 데이터 저장의 크기를 줄일 수 있다. 종이 차트(paper chart)와 같이 항공기에 탑재할 필요가 있는 데이터의 양은 포함되는 지역의 크기와 직접적인 관련이 있다. RNAV 장비에 가용한 데이터 저장에 따라 더 넓은 지역이 포함될수록 데이터베이스를 세부적으로 나타날 수 있는 능력은 더 작아진다. 앞에서 언급한 것과 같이 광범위한 저장공간, 수많은 제작자와 생산라인 등 RNAV 항공전자의 저장 능력으로 인해서 초래될 수 있는 제한에 관한 정보는 제작자가 제공하는 간행물을 참고할 것을 강력히 권장하다.

6.5.3 차트제작과 데이터베이스 불일치

조종사는 항공도와 탑재항법 데이터베이스 사이에 상당한 불일치(inconsistent)가 존재한다는 것을 확실하게 기억해야 한다. 이들 자료의 생산에 포함된 수많은 정보 출처와 데이터는 최종적으로 RNAV 장비에 시현되기 전 여러 다른 조직에 의해서 다루어질 수 있기 때문에 차트와 데이터베이스 사이에 상당한 차이가 있을 가능성이 크다. 이 때문에 조종사는 데이터베이스의 활용능력에 익숙해 있어야 하고 정확한 코스를 따라 비행하고 있는지를 항공도와 비교해야 한다.

(1) 명명규칙

차트에 있는 절차명칭과 많은 RNAV 시스템의 디스플레이에 나타나는 명칭들 사이에 명백한 차이가 존재한다. 이들 차이의 대부분은 항공전자 제작자가 조종사에게 정보를 시현하는 방법을 단순화하는 데 그 원인이 있다. 조종사와 데이터베이스 사이 인터페이스(interface; *CPU와 단말 장치와의 연결 부분을 이루는 회로*)를 생성하는 것은 항공전자 제작자이다. 예를 들어 San Jose, California에 있는 VOR 12R 접근은 제작자가 조종사 인터페이스를 어떻게 설계하느냐에 따라 여러 다른 방법으로 나타낼 수 있다. 일부 시스템은 차트에 있는 것과 동일한 명칭으로 나타나지만, 대부분 시스템은 그렇지 않다. 동일 활주로에 대한 동일 종류의 여러 접근에 대한 명칭 역시 바뀔 수 있다. 동일 유도와 함께 여러 종류의 접근은 알파벳 역순으로 알파벳 접미사(alphabetical suffix)를 붙인다. (예, ILS Z RWY 28, ILS Y RWY 28...) ILS 2 RWY 28 or silver RWY 28과 같은 주석은 삭제되고 새로운 명명규칙으로 대체된다.

또한, NAVAID도 명칭 불일치(naming discrepancy)가 있을 수 있다. 이 문제는 여러 개의 NAVAID가 동일한 식별자(same identifier)로 식별될 수 있는 사실 때문에 더욱 복잡해질 수 있다. VOR XYZ는 제공자의 데이터베이스에 여러 차례 등장할 수 있기 때문에 항공전자 제작자는 이들 픽스를 3-문자 식별자보다 더욱 특별한 수단으로 식별할 수 있도록 설계되어야 한다. 지리적 영역(geographic region)의 선택은 동일한 식별자와 함께 조종사의 NAVAID 선택을 좁혀주는 가장 좋은 방법이다.

NDB와 LOM(locator outer marker)은 이들이 차트에 도식된 것과 다르게 나타날 수 있다. 초기 탑재항법 데이터베이스가 실행될 때 NDB는 NAVAID 대신 웨이포인트와 같이 데이터베이스에 포함되었다. 이것은 NDB를 위한 5-문자 식별자의 사용이 필요했다. 따라서 NDB는 NAVAID으로서 데이터베이스 속에 코드화되지만, 오늘날 사용되고 있는 많은 RNAV 시스템은 계속해서 5-문자 식별자로 사용되고 있다. 이들 시스템은 도식 NDB 식별자 다음에 "NB" 문자로 나타나게 된다. 따라서 NDB ABC는 "ABCNB"와 같이 나타날 수 있다.

만약 NDB NAVAID가 5-문자 혹은 그 이하라면 다른 시스템은 NDB의 도식 명칭(charted name) 또는 1~3문자 식별자(the one to three character identifier) 중 하나를 사용하고 있는 NDB NAVAID로 고려된다. 예를 들어 North Carolina에 있는 PENDY NDB의 경우 일부 시스템은 [그림6-11]과 같이 PENDY로 그리고 다른 시스템에서는 오직 NDB 식별자 "ACZ"만을 시현하게 될 것이다.

또 다른 사례로 Eugene Mahlon Sweet Airport (KEUG) in Eugene, Oregon에서 VOR/DME Runway 34 approach에서 V34로 명칭이 지정된 것을 다른 항공전자 플랫폼에서 다르게 시현될 수 있다. 예를 들어 한 제작자가 제조한 GPS는 VOR 34와 같이 접근을 시현하게 될 것이고, 다른 제작자의 GPS는 VOR/DME 34와 같이 접근을 참고하거나, 또 다른 제작자가 제조한 FMS는 이를 VOR34와 같이 참고할 수 있다. 이들 차이는 차트와 GPS 디스플레이 사이 시각적 불일치

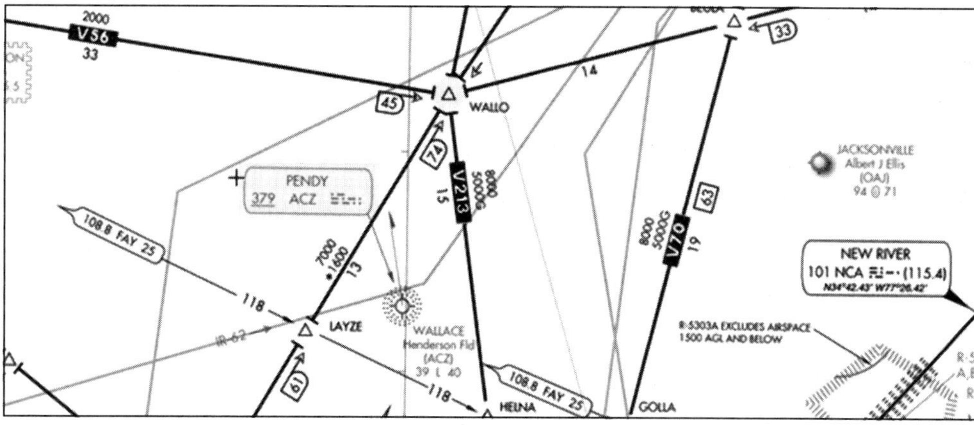

【그림6-11】 제작자의 명명규칙

의 원인이 되고, 특정 제작자의 명명규칙에 익숙하지 않은 조종사에게 접근 인가의 혼동(confusion) 혹은 다른 ATC 지시를 하게 하는 원인이 될 수 있음으로 각별히 주의해야 한다.

(2) 마그네틱 편각과 관련된 문제

탑재항법 데이터베이스에 코드화되는 위치를 위한 자기편각(magnetic variation; VAR)은 여러 방법으로 확인할 수 있다. 대부분은 시대 연간변이형식(epoch year variation format)으로 정부에서 제공한다. 이론적으로 이 값은 정부 기관 출처를 이용해서 결정되고 매 5년 주기로 일반 공공을 위해서 발행된다. 탑재항법 데이터베이스의 제공자는 연간흐름수치(annual drift value; *어떤 원인에 의한 특성의 변화*)를 사용하지 않는다. 대신 이것은 적절한 출처 제공자가 업데이트할 때까지 데이터베이스는 연간변이형식(epoch year variation)을 사용한다. 미국의 경우 이것은 NOAA에서 수행한다. 일부 경우에 주어진 위치를 위한 편각은 항공전자 시스템이 계산한 값이다. 이들 동적 자기편각(dynamic magnetic variation) 값은 항공도와 차트 발행 중 위치를 위해서 사용된 것과 다를 수 있고 재래식 NAVAID 또는 공항을 위해서 사용해서는 안 된다.

이들의 불일치를 초래하는 많은 원인이 있다. 데이터베이스로부터 편각을 사용할 때조차 계산된 코스의 결과는 차트에 도식된 코스와 다를 수 있다. 실제 관측소 편차(station deviation) 대신 지역(region)을 위한 자기편각을 사용하는 것은 도식과 계산된 코스 사이 차이가 있을 수 있고, 부정확한 지상항적(incorrect ground track)을 초래할 수 있다. 관측소 편각은 NAVAID가 이를 통제하고 있는 당국에서 점검한 사이트일 때만 업데이트되기 때문에 때로는 이것이 그 장소를 위한 최근 자기편각과 다를 수 있다.

일반적으로 편각을 결정하기 위해서 탑재 수단을 사용하는 것은 항공전자 메모리(memory) 속에 일부 종류의 지구 모형(earth model)의 코딩이 필요하다. 어느 한 위치에 대한 자기편각은 시간에 따라 주기적으로 변하기 때문에 이 모델은 항공전자의 수명에서 오직 1회만(for one time) 정확하다. 이것은 GPS 장비의 수명(life cycle)이 20년이라고 한다면 편각 모델(variation model)이 정확할 수 있는 지점은 GPS 장비가 10년 전이 되었을 때라는 것을 의미한다. 이 같은 불일치는 장비가 새것일 때, 그리고 수명이 거의 끝나갈 때 가장 크다. 도식 차트 코스와 데이터베이스에 있는 코스 사이의 약간의 차이가 발생할 수 있는 또 다른 문제는 터미널 절차가 기록의 자기편차를 이용해서 코드화될 때 발생한다. 설계자는 접근 또는 다른 절차를 설계할 때 주어진 절차에 편각을 적용하기 위한 특정 규칙을 적용한다. 이 중 일부를 관장하고 있는 정부 기관은 해당 공항에서 전체 절차를 한정하기 위한 공항의 시대연간변동(epoch year variation)을 사용하기 위해서 선택할 수 있다. 이것은 차트 값과 데이터베이스로부터 실제 편각을 이용해서 계산한 값 사이에 코스 불일치를 초래할 수 있다.

(3) 수정 주기와 관련된 문제

조종사는 탑재항법 데이터베이스 수정 주기(airborne navigation database revision cycle)가 항공 차트와 데이터베이스에서 도출한 정보 사이에 불일치의 원인이 될 수 있다는 것을 확실하게 알아야 한다. 항공 차트와 데이터베이스 사이의 중요한 차이 중 하나는 마감 시간의 기간이다. 마감 시간은 변경이 수정에 적용되는 마지막 일(last day) 그리고 정보가 유효하게 되는 날짜 사이 시간의 기간이다. 통상 항공 차트는 차트의 유효 날짜(effective date) 전 10일의 마감일(cutoff date)이 된다.

【컬러 그림】

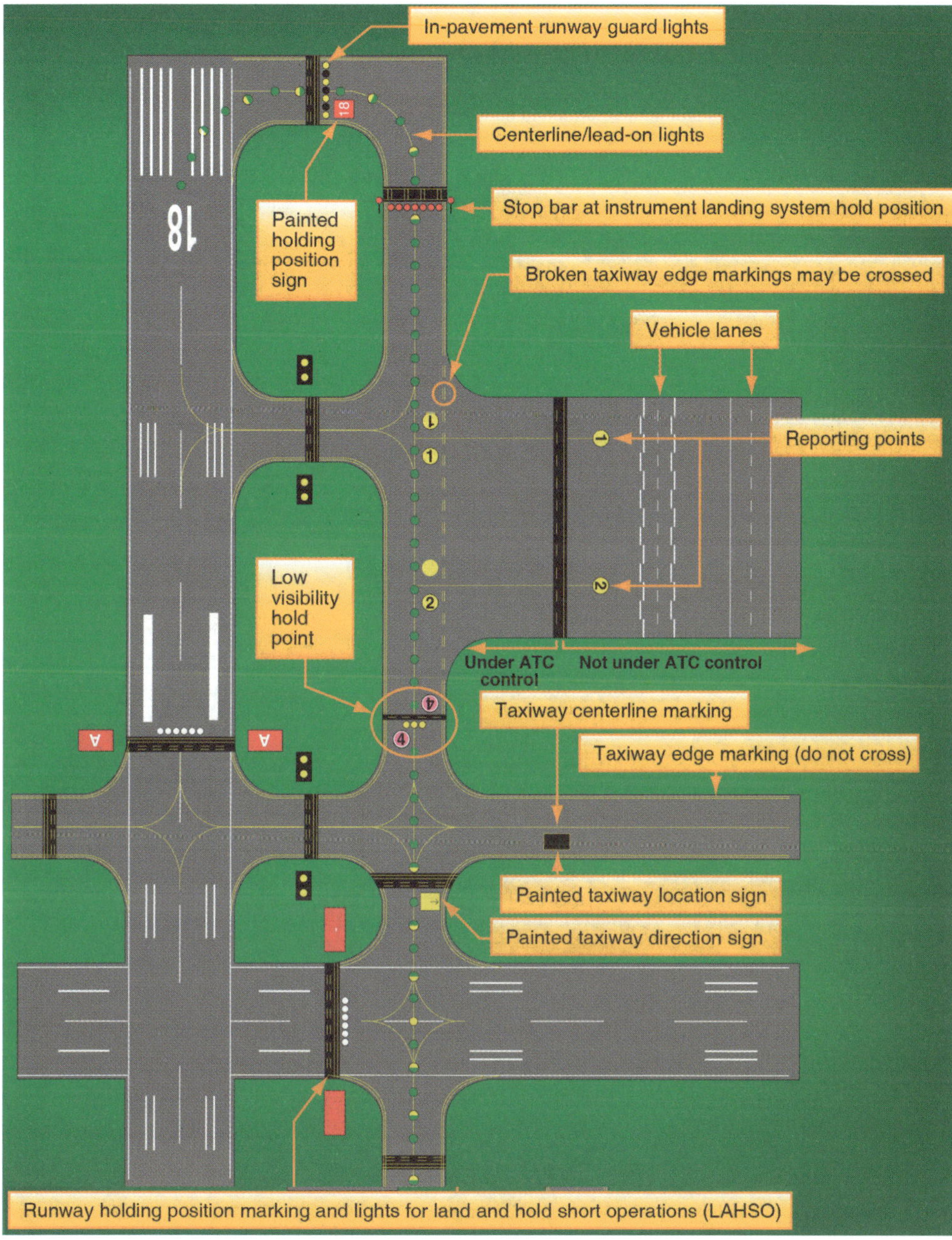
In-pavement runway guard lights
Centerline/lead-on lights
Stop bar at instrument landing system hold position
Painted holding position sign
Broken taxiway edge markings may be crossed
Vehicle lanes
Reporting points
Low visibility hold point
Under ATC control
Not under ATC control
Taxiway centerline marking
Taxiway edge marking (do not cross)
Painted taxiway location sign
Painted taxiway direction sign
Runway holding position marking and lights for land and hold short operations (LAHSO)

【그림1-4】

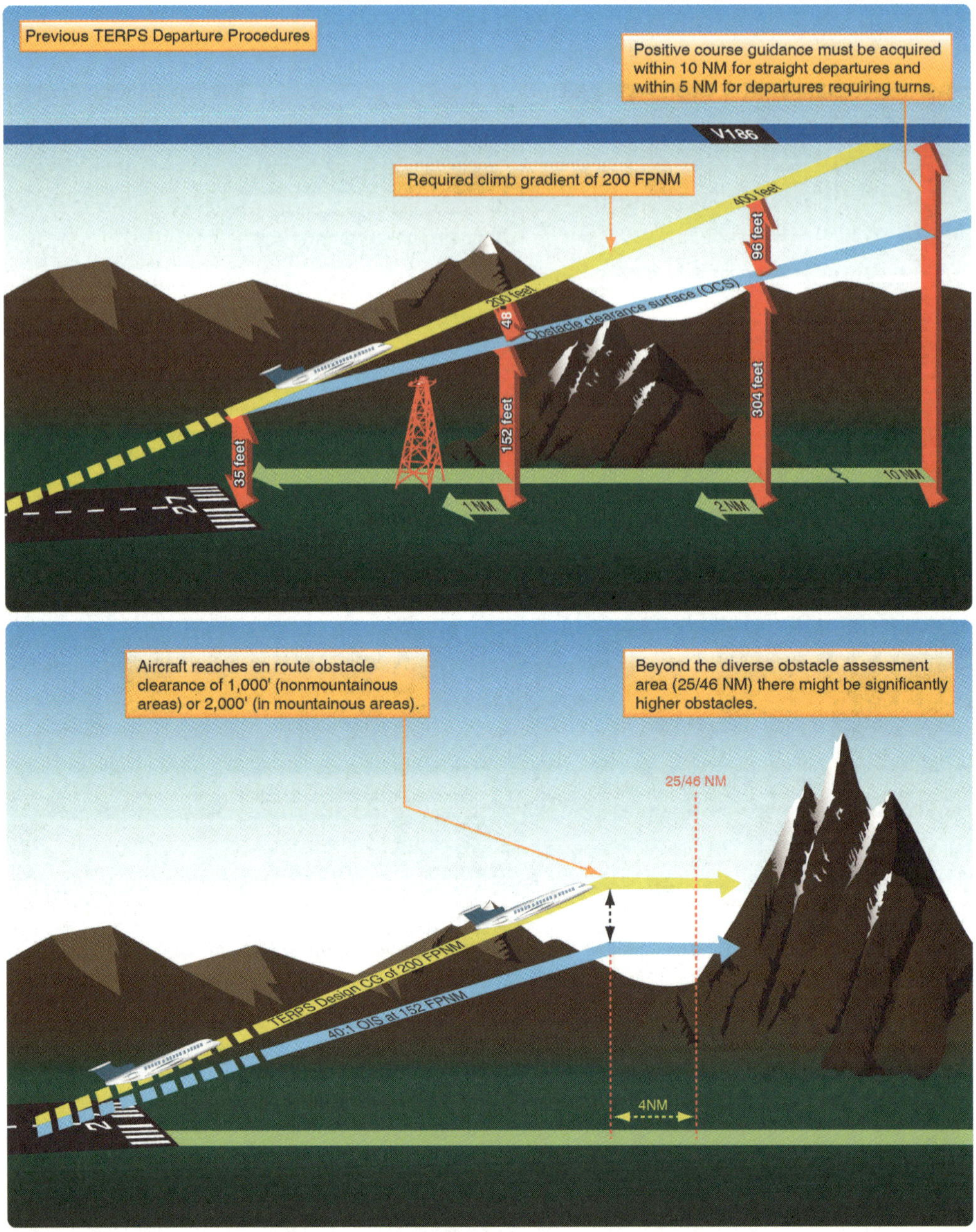
Previous TERPS Departure Procedures
Positive course guidance must be acquired within 10 NM for straight departures and within 5 NM for departures requiring turns.
V186
Required climb gradient of 200 FPNM
400 feet
96 feet
200 feet
48
Obstacle clearance surface (OCS)
304 feet
152 feet
35 feet
1 NM
2 NM
10 NM
Aircraft reaches en route obstacle clearance of 1,000' (nonmountainous areas) or 2,000' (in mountainous areas).
Beyond the diverse obstacle assessment area (25/46 NM) there might be significantly higher obstacles.
25/46 NM
TERPS Design CG of 200 FPNM
40:1 OIS at 152 FPNM
4NM

【그림1-15】

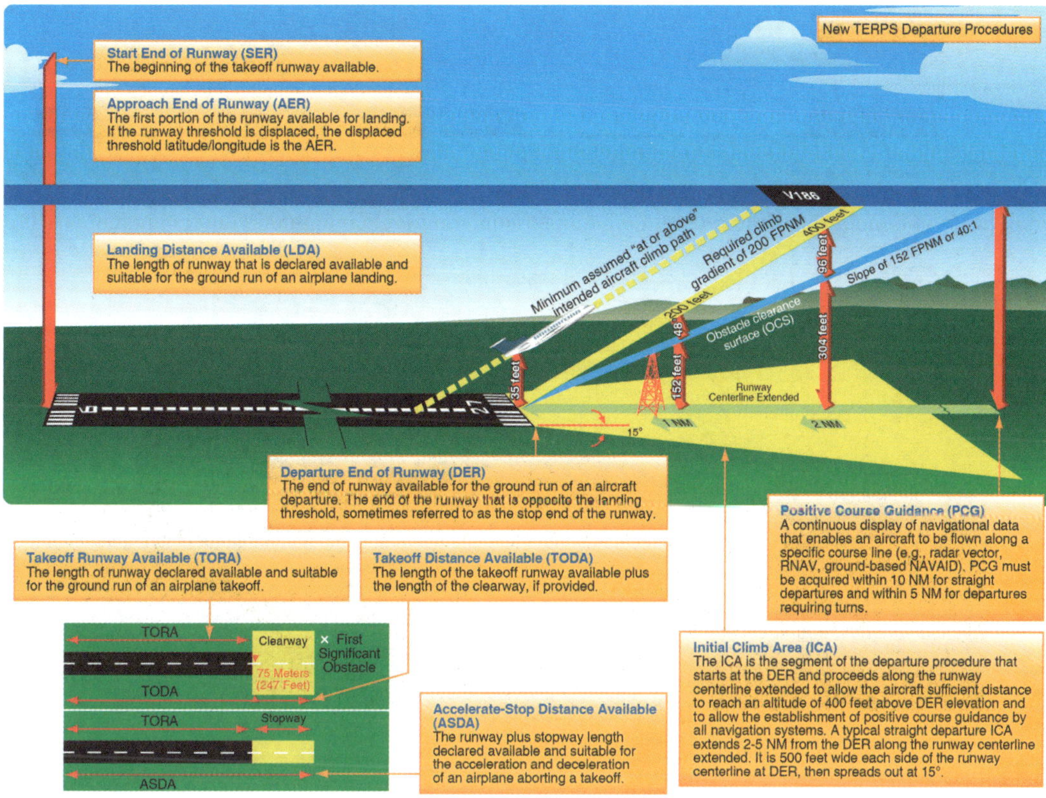

【그림1-16】 NEW TERPS 출발절차이다.

- SER(Start End of Runway); 활주로시작지점, 이륙가용활주로가 시작되는 지점이다.
- AER(Approach End of Runway); 활주로접근종단, 착륙을 위해 가용한 활주로의 첫 구간이다. 만약 이설활주로 시단이라면 이설시단의 위도와 경도가 AER이다.
- LDA(Landing Distance Available); 착륙가용거리, 비행기 착륙의 착륙활주를 위해서 가용하고 적합한 것으로 공시된 활주로의 길이이다.
- DER(Departure End of Runway); 활주로출발종단, 항공기 출발의 이륙활주를 위해서 가용한 활주로의 종단이다. 착륙시단의 반대쪽 활주로 종단이고 때때로 활주로의 정지로 종단(Stop end of the runway)이라고도 한다.
- PCG(Positive Course Guidance); 특정 코스를 따라서 항행할 수 있는 완전한 항법보조시설의 신호를 수신할 수 있어야 한다.
- ICA(Initial Climb Area); 초기상승구역, ICA는 DER에서 시작해서 활주로 연장 중앙선을 따라서 진행되는 출발절차의 구간이다. 이것은 DER 표고 상공 400피트에 도달하기에 충분한 거리를 허용하고 모든 항법 시스템으로 PCG의 확립을 허용한다. 전형적인 직진출발 ICA는 활주로 연장 중앙선을 따라서 DER로부터 2-5 NM까지이다. 이것은 DER에서 활주로 중앙선의 양 측면으로 500피트 폭이고 15° 각도로 확산된다.
- TORA(Takeoff Runway Available); 이륙가용활주로, 비행기 이륙의 이륙활주에 가용하고 적합하도록 공시된 활주로 길이
- TODA(Takeoff Distance Available) 이륙가용거리, TORA+Clearway
- ASDA(Accelerate-Stop Distance Available); 가속정지가용거리, TORA+Stopway(이륙 중단 항공기의 가속과 감속에 가용하고 적합한 거리)

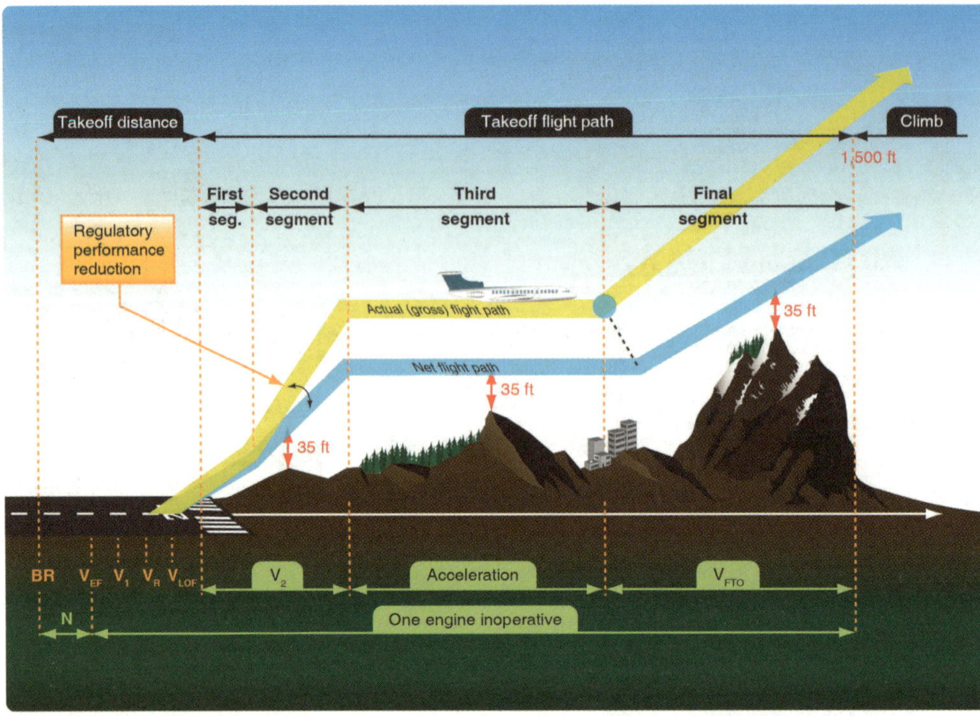
Takeoff distance
Takeoff flight path
Climb
1,500 ft
First seg.
Second segment
Third segment
Final segment
Regulatory performance reduction
Actual (gross) flight path
Net flight path
35 ft
35 ft
35 ft
BR
V EF
V 1
V R
V LOF
V 2
Acceleration
V FTO
N
One engine inoperative

【그림1-19】

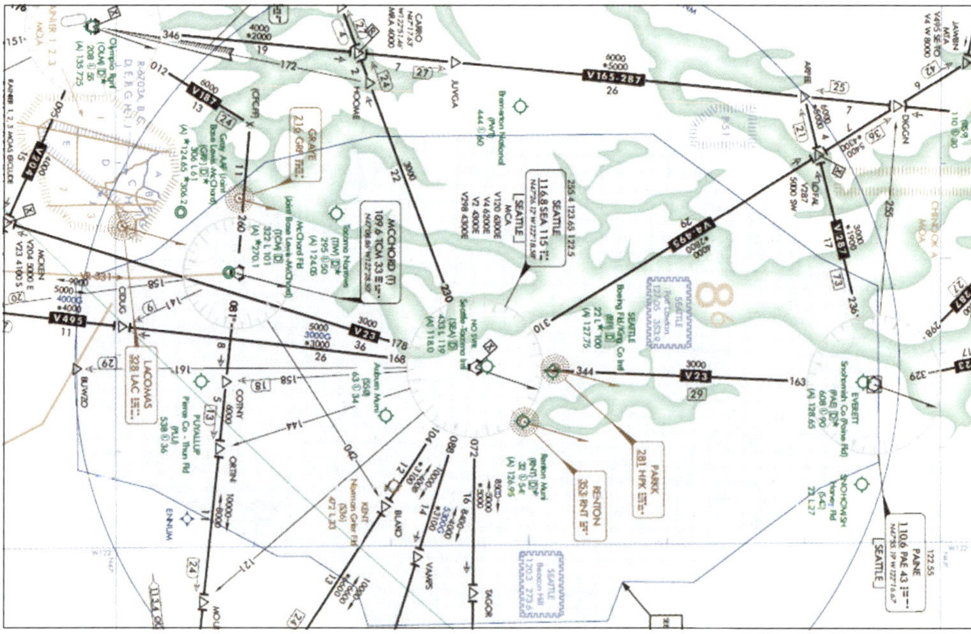

【그림2-1A】 저고도 순항항로 차트(V-airway)

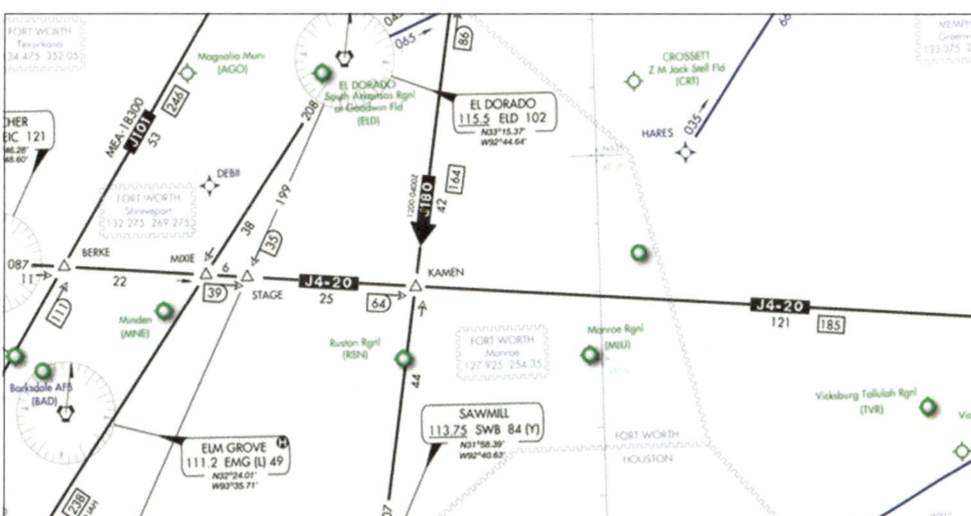

【그림2-1B】 고고도 순항항로 차트(J-route)

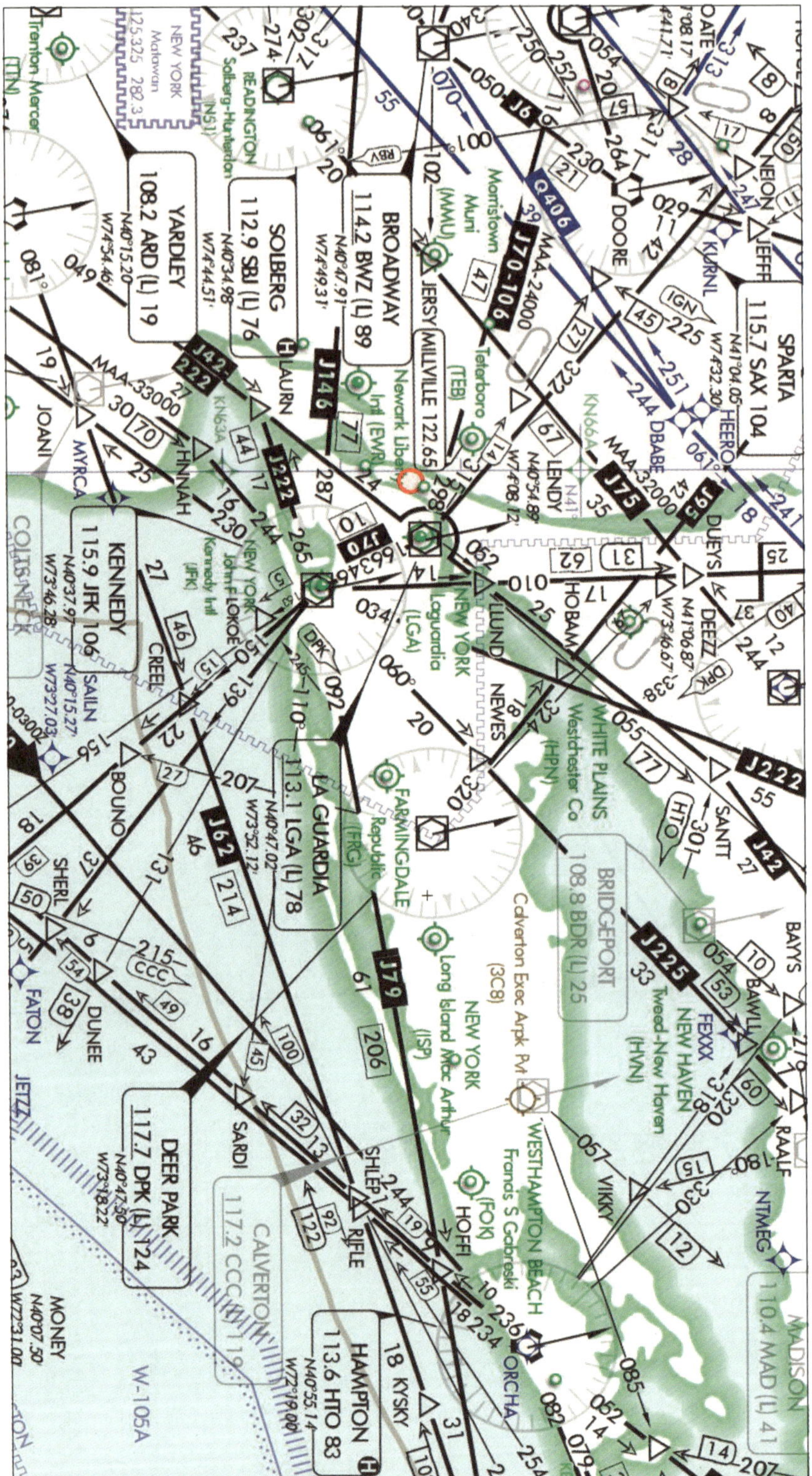

【그림2-1C】 고고도 순항항로 차트(J-route)

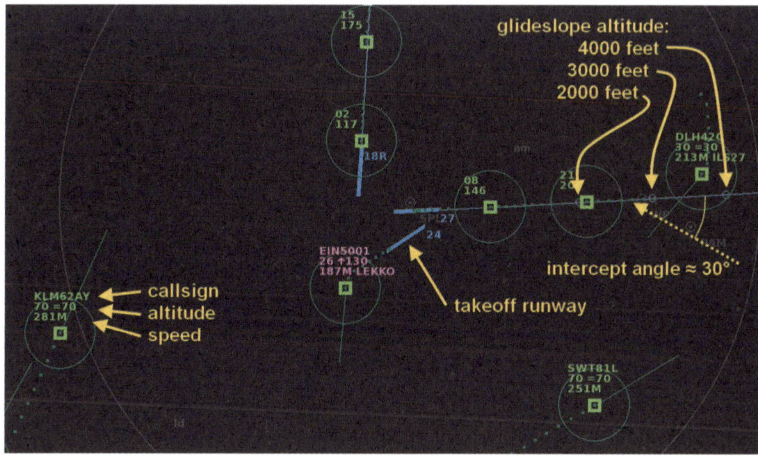

【그림2-5】 ATC 레이더 화면에 나타난 항공기의 정보와 진행 방향

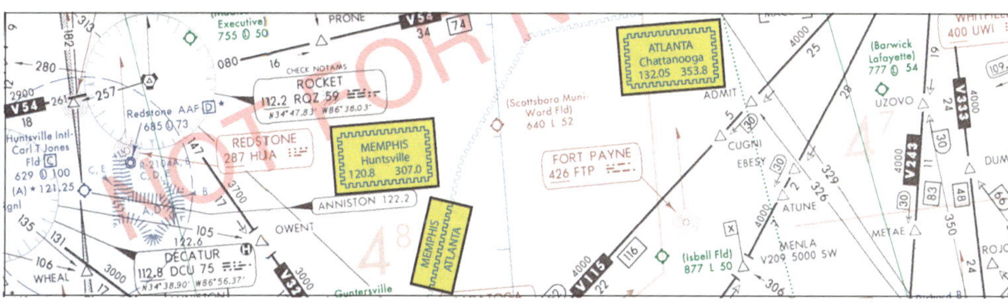

【그림2-6】 ARTCC 경계

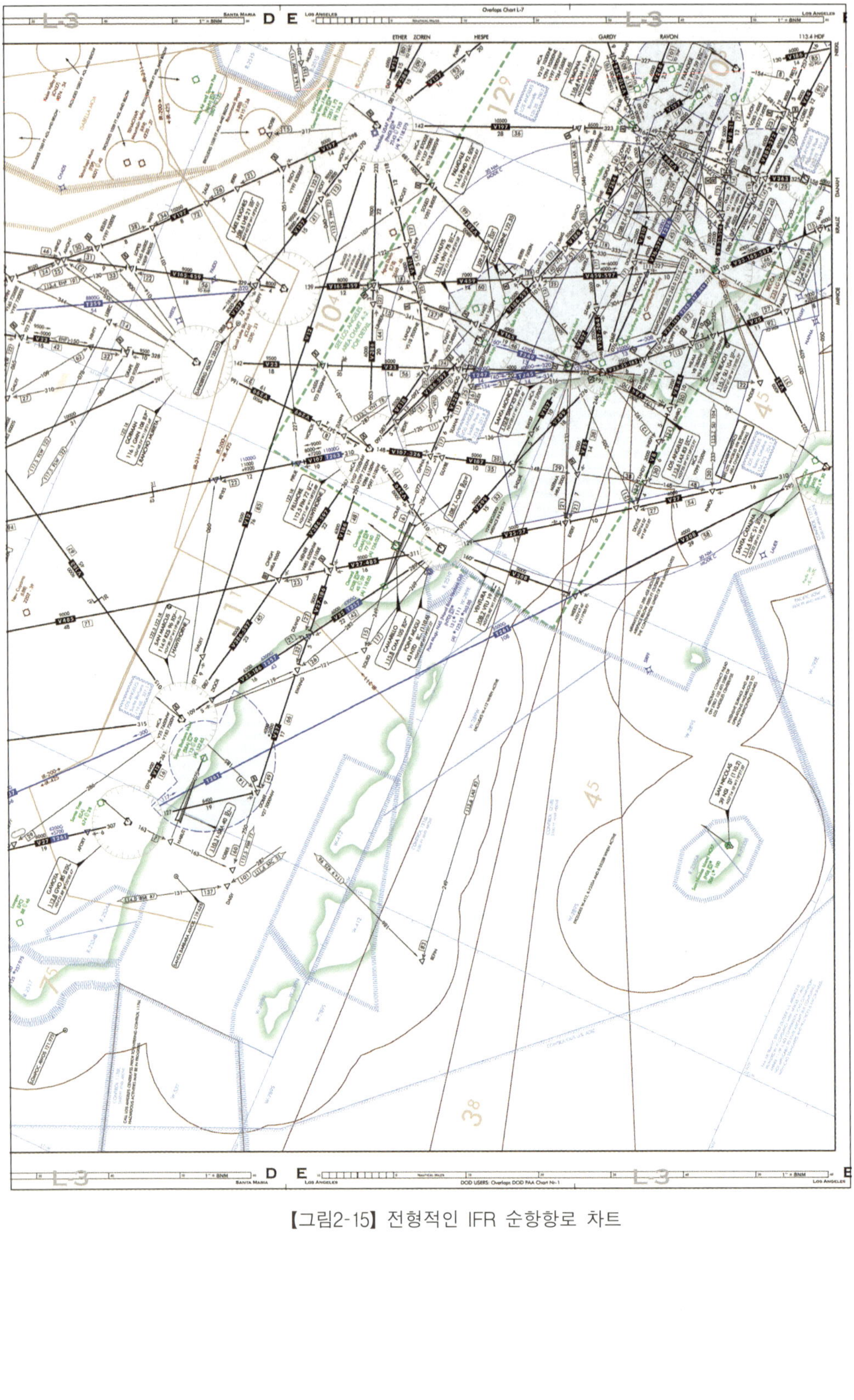

【그림2-15】 전형적인 IFR 순항항로 차트

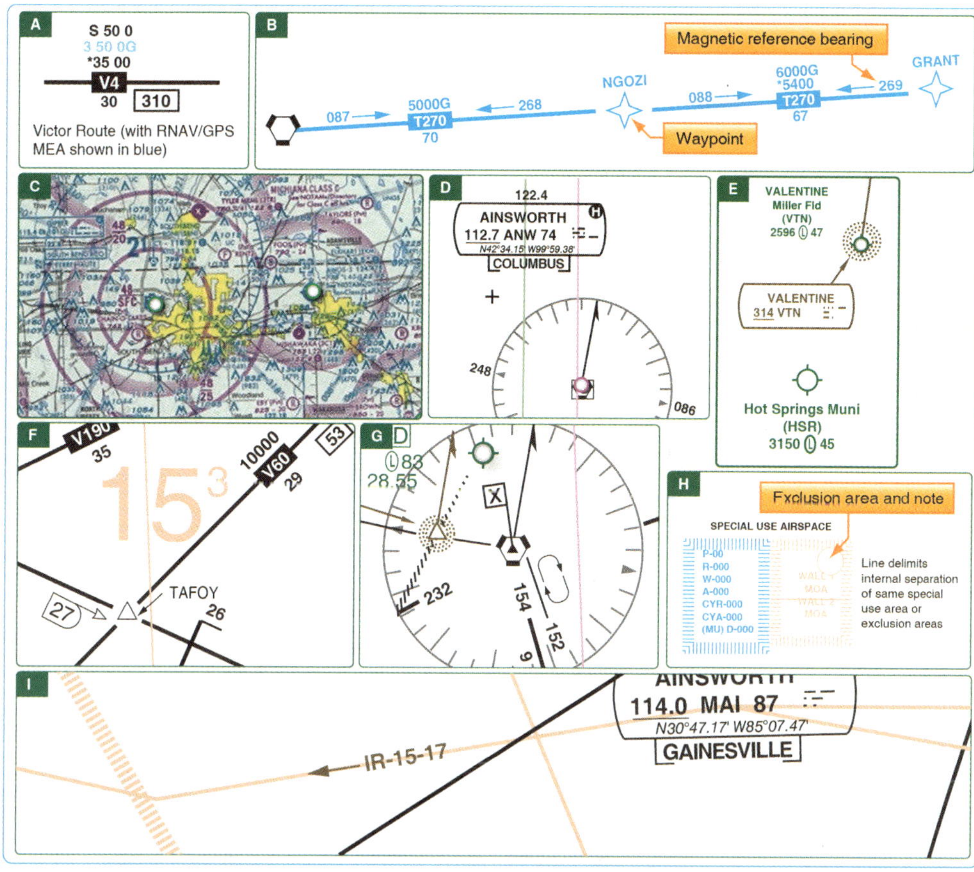

【그림2-16】 저고도 순항항로 차트에서 제공되는 항공정보

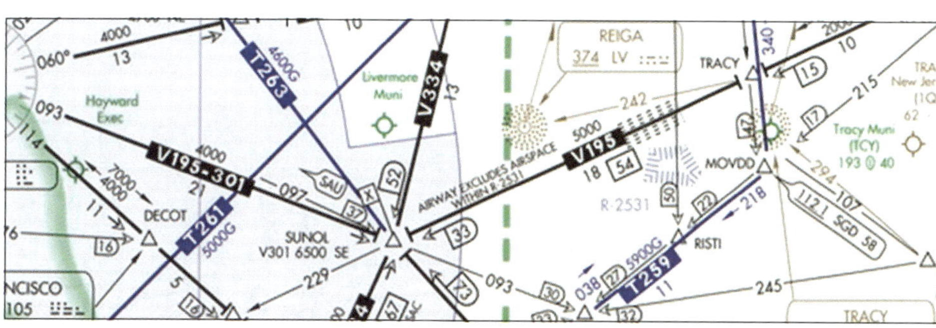

【그림2-17】 Low altitude RNAV routes

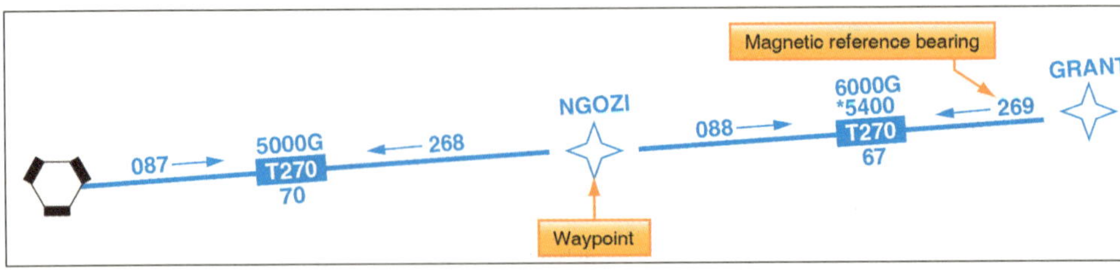

【그림2-18】 RNAV route data

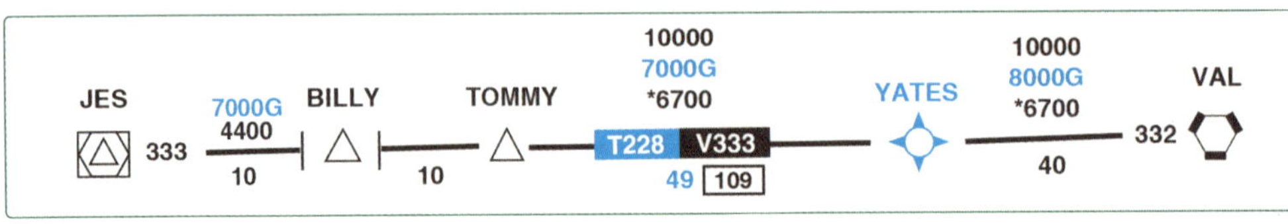

【그림2-19】 Joint Victor/RNAV airway

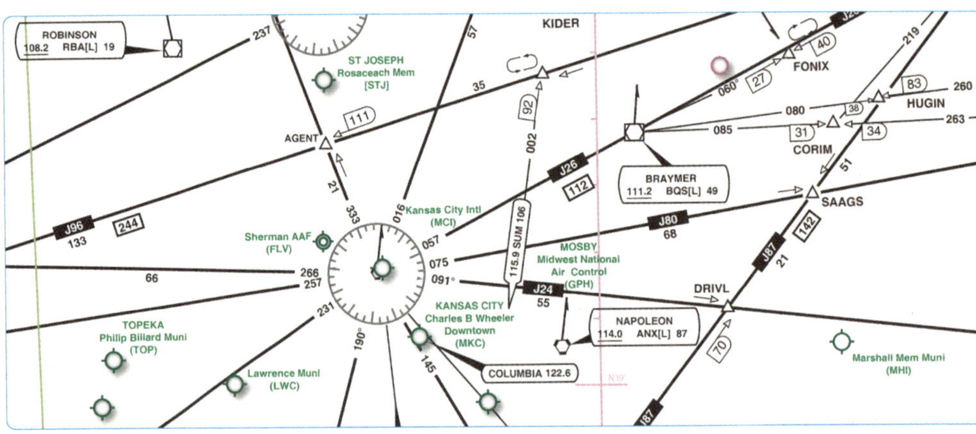

【그림2-20】 IFR en route high altitude chart

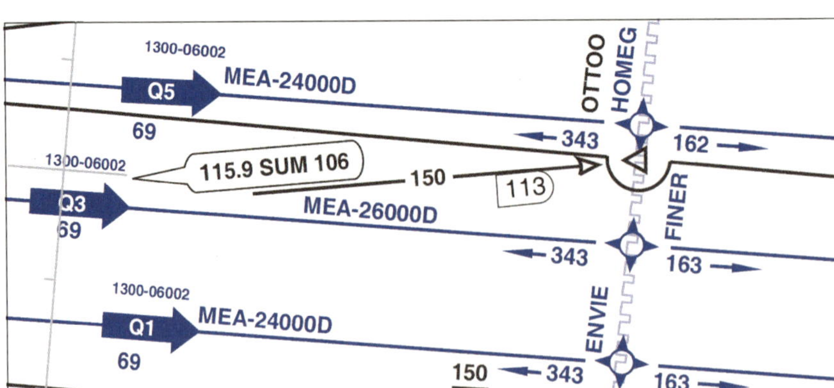

【그림2-21】 Q-항로

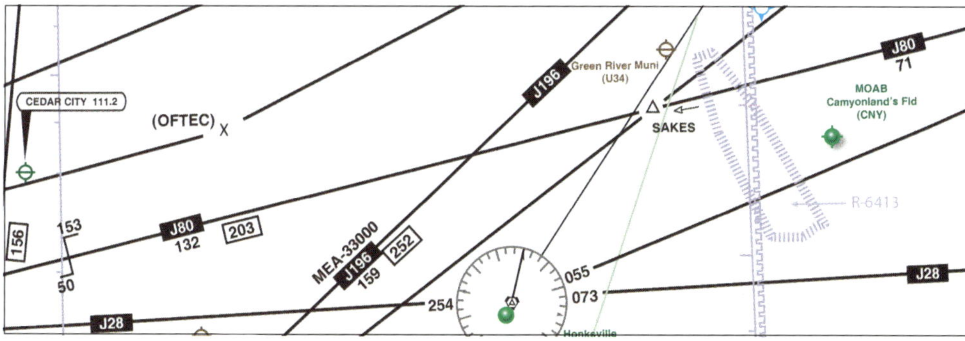

【그림2-22】 High altitude jet routes

【그림2-23】 항법참조방위

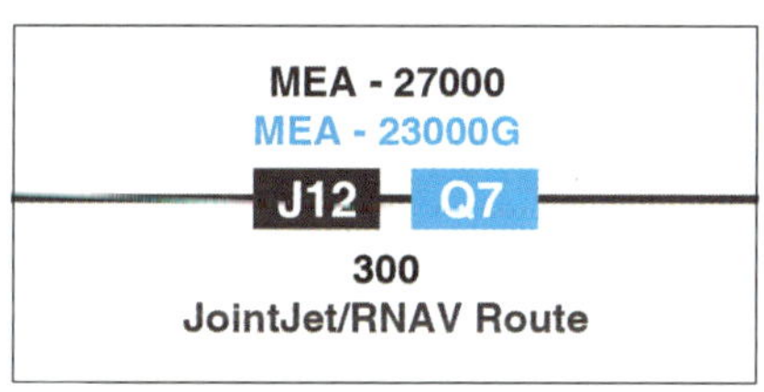

【그림2-24】 Joint RNAV Q-항로

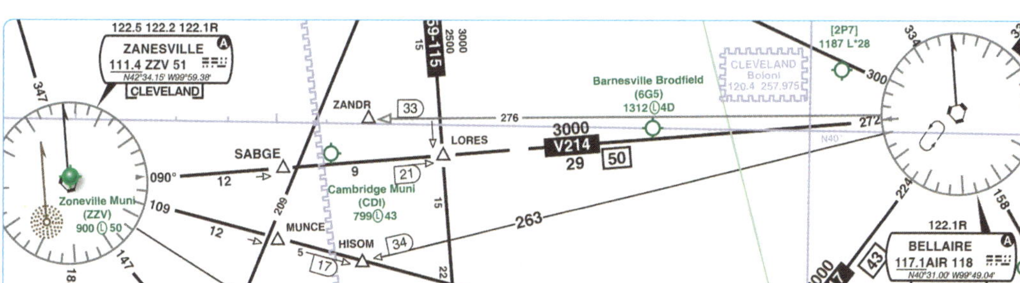

【그림2-25】 VOR/V214 Airway

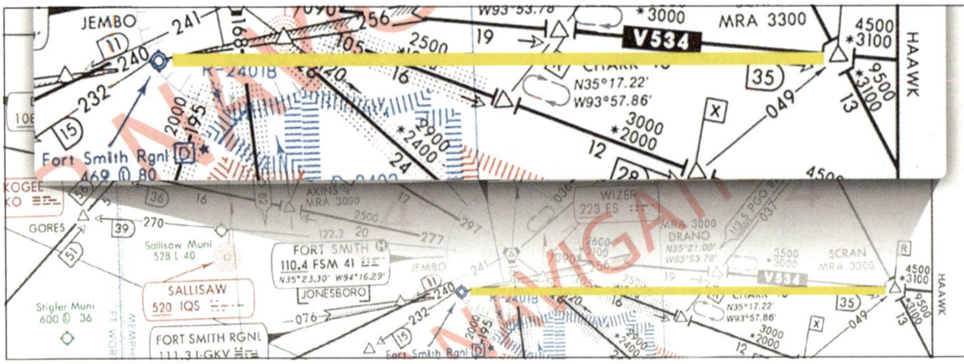

【그림2-33】 직항로 항법(Direct route navigation)

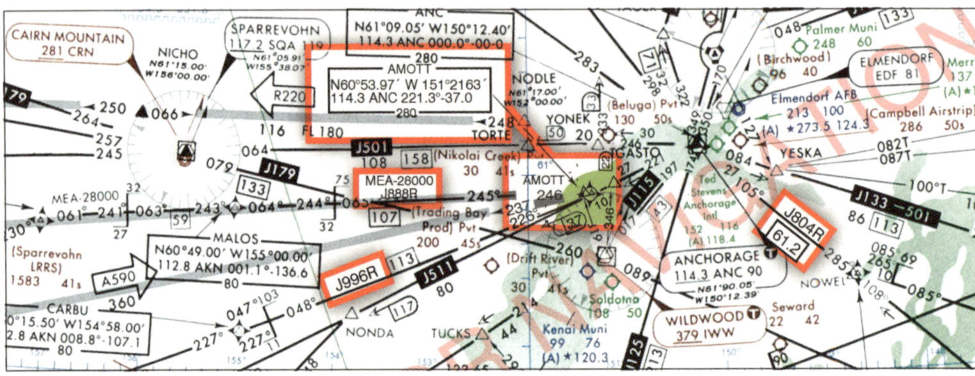

【그림2-34】 RNAV 제트항로(published RNAV jet routes)

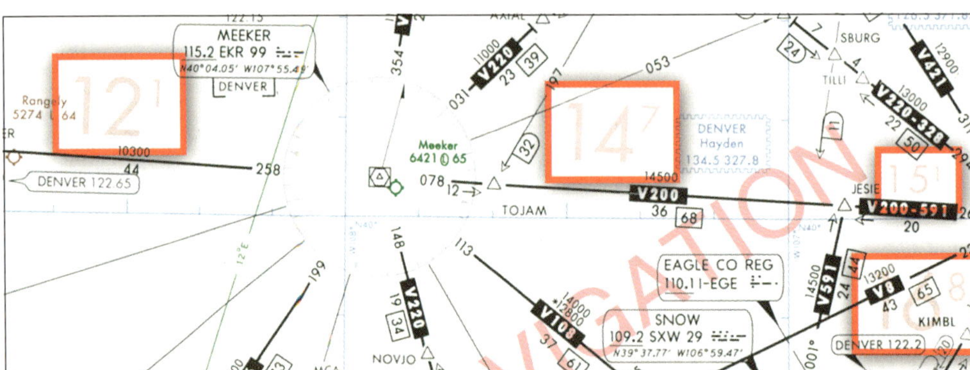

【그림2-36】 OROCA

【그림2-37】 Random RNAV route

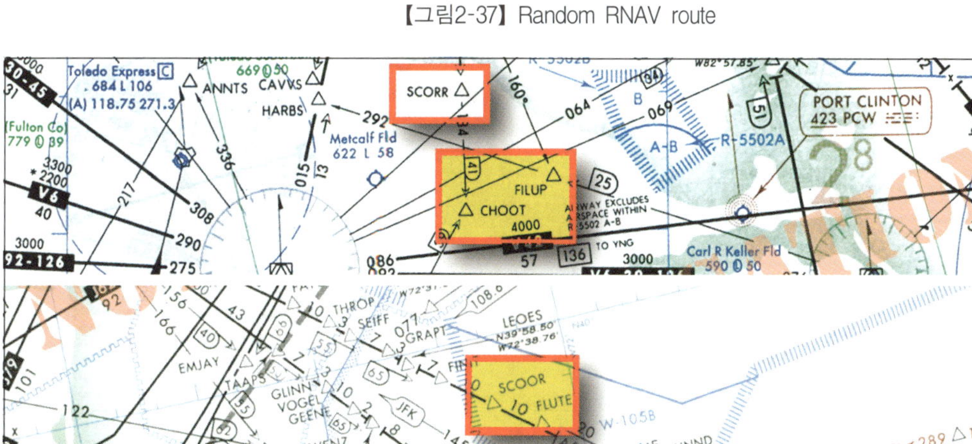

【그림2-42】 Floating waypoints

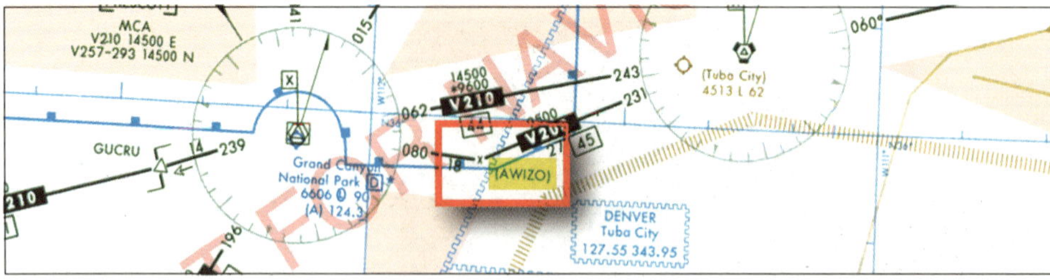

【그림2-43】 Computer navigation fix(CNF)

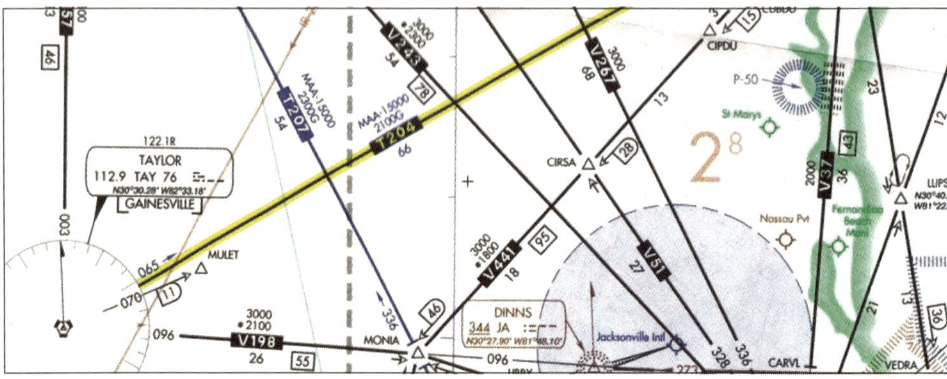

【그림2-44】 MAA

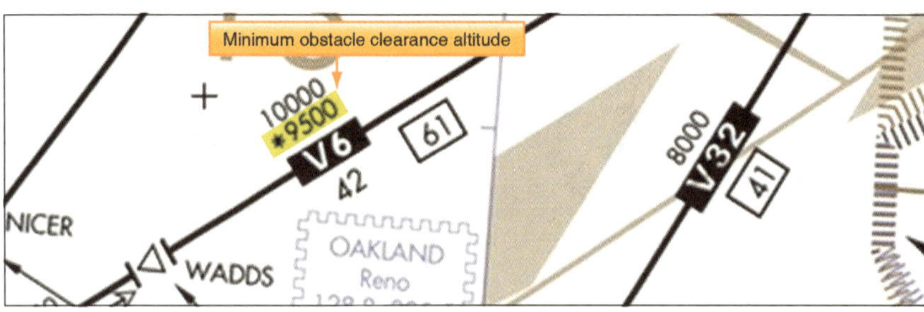

【그림2-45】 MOCA

【그림2-46】 MTA

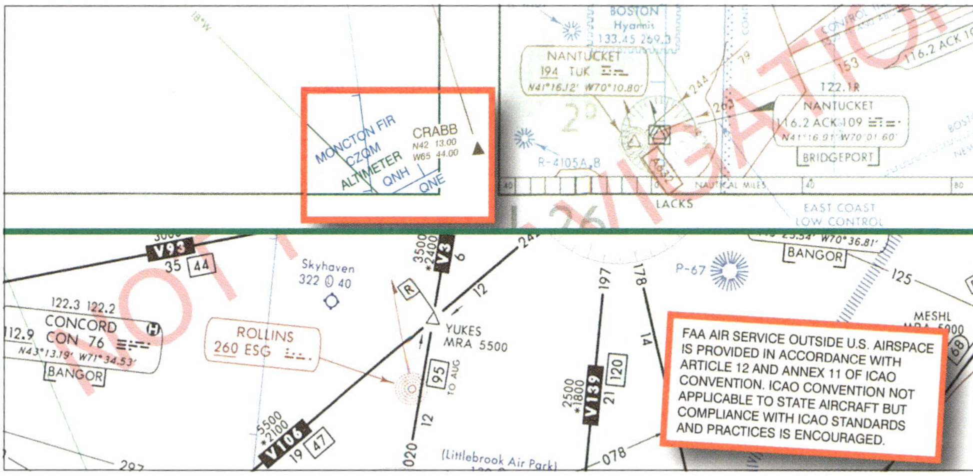

【그림2-54】 고도계 세팅 변경

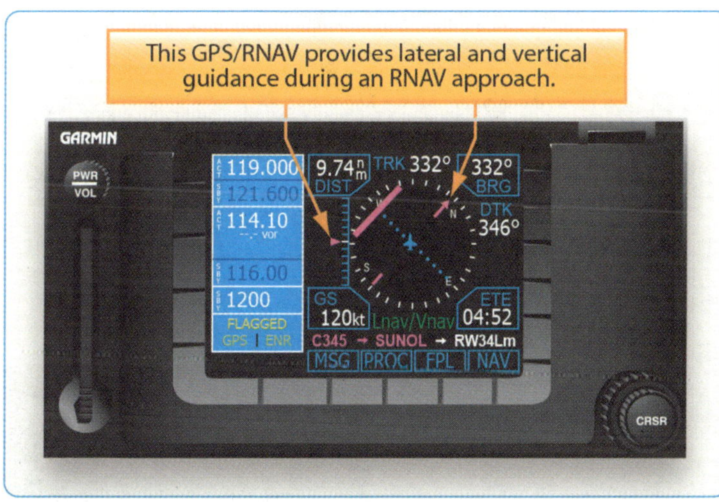

【그림3-6】 WAAS 장비는 RNAV 접근 중 가로와 수직유도를 제공하고 있다.

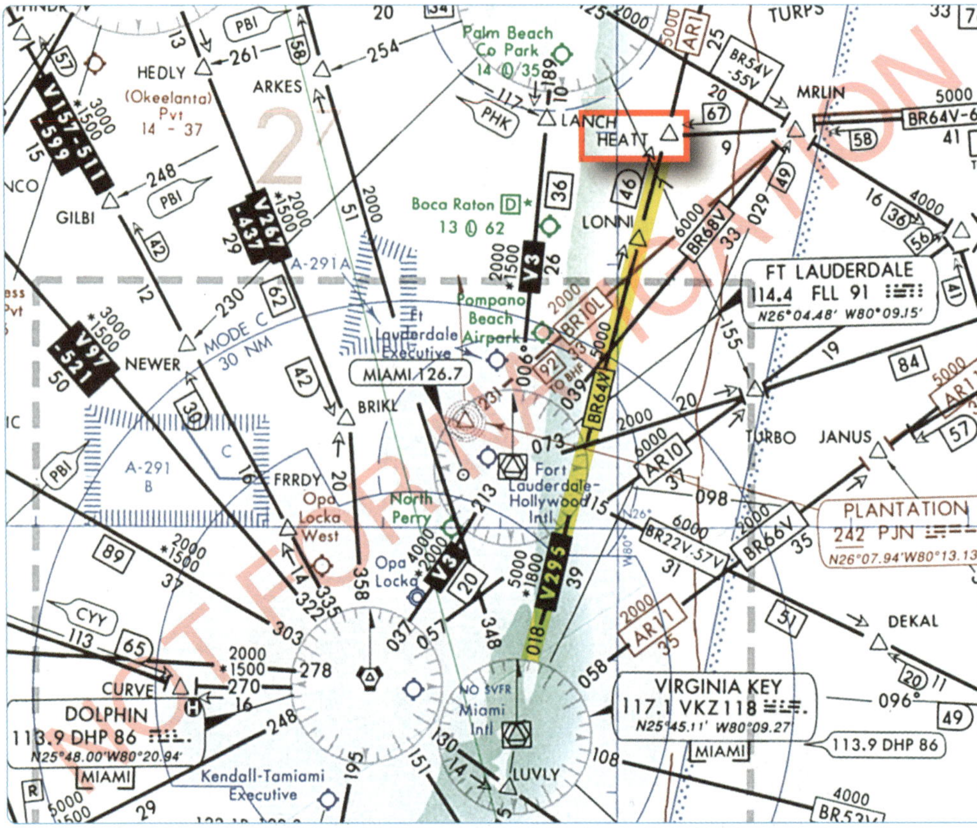

【그림3-22】 V295로부터 현위치직행의 인가

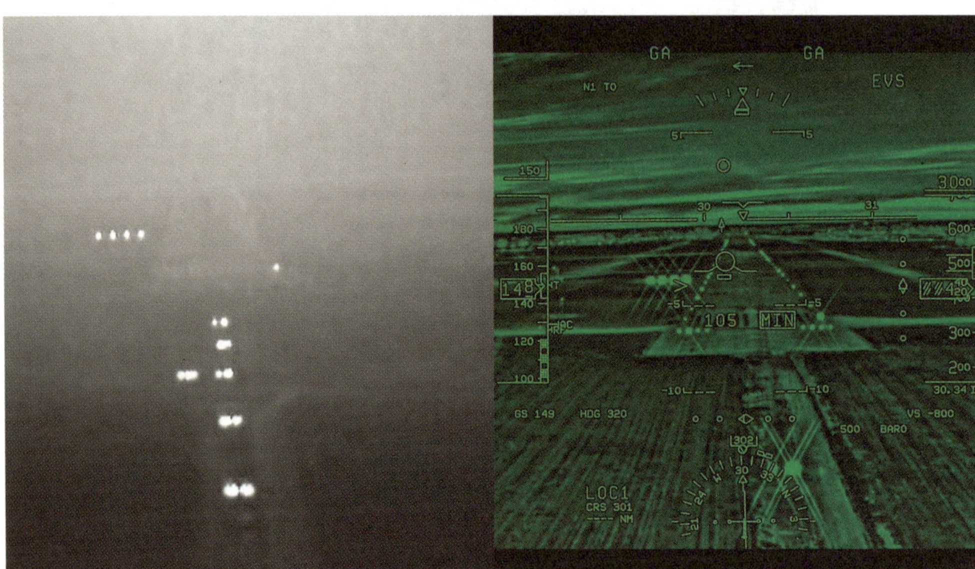

【그림4-15】 자연시각과 증강비행시각 사이의 차이

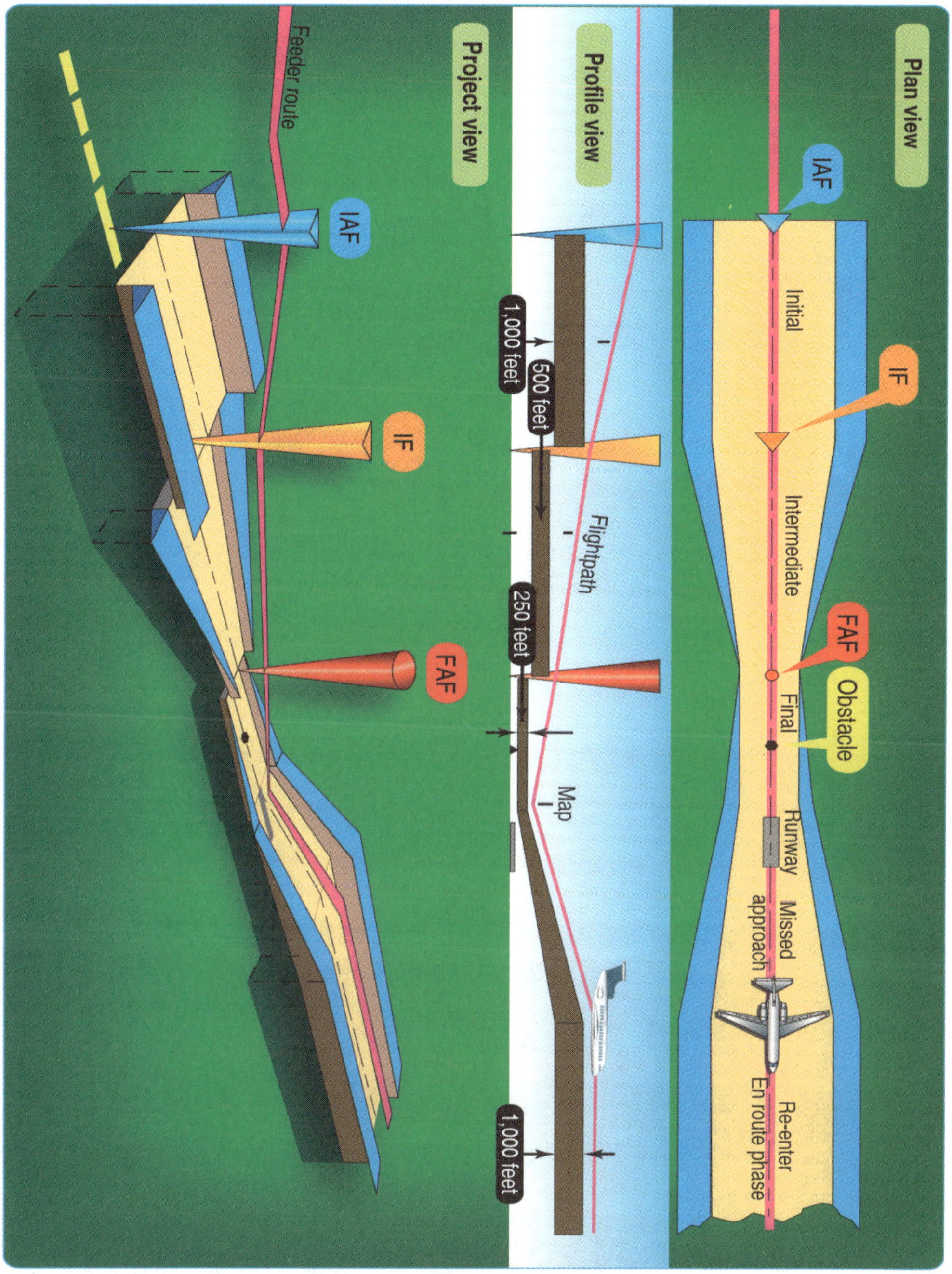

【그림4-43】 전형적인 계기접근구간과 장애물 통과높이를 관찰할 수 있다. 착륙은 필연적으로 고도가 점점 낮아지는 비행단계이기 때문에 그 어느 단계보다 인공 및 자연 장애물을 안전하게 통과할 수 있도록 적절한 통과높이가 제공되어야 한다. 계기접근의 최초접근구간에서부터 실패접근구간까지 수평 및 수직 구간의 설계를 관찰할 수 있다.

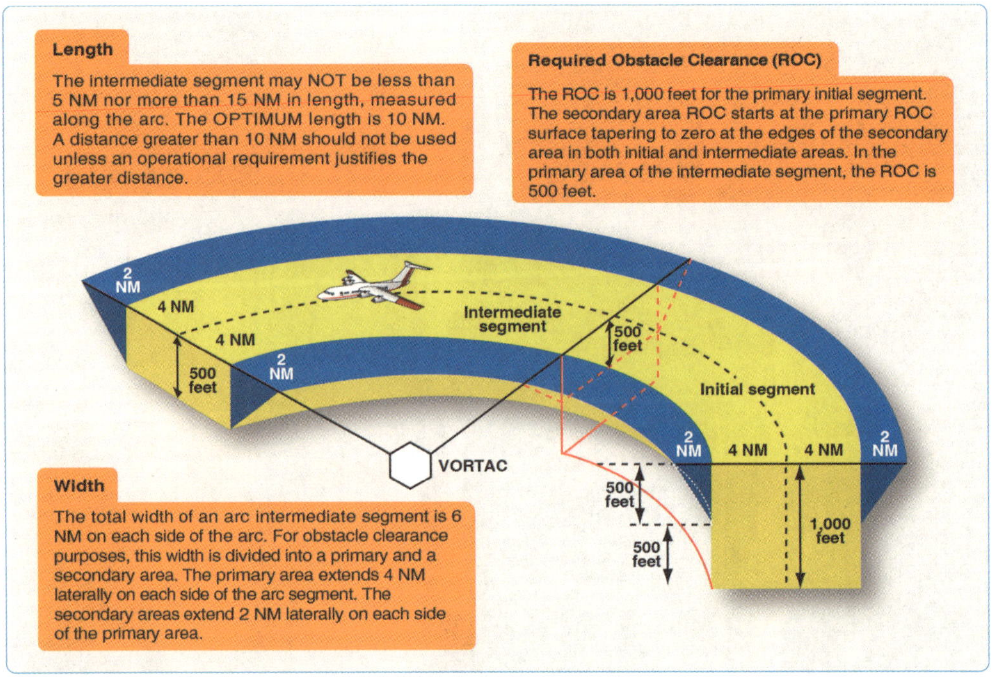
Length
The intermediate segment may NOT be less than 5 NM nor more than 15 NM in length, measured along the arc. The OPTIMUM length is 10 NM. A distance greater than 10 NM should not be used unless an operational requirement justifies the greater distance.
Required Obstacle Clearance (ROC)
The ROC is 1,000 feet for the primary initial segment. The secondary area ROC starts at the primary ROC surface tapering to zero at the edges of the secondary area in both initial and intermediate areas. In the primary area of the intermediate segment, the ROC is 500 feet.
2 NM
4 NM
4 NM
500 feet
2 NM
Intermediate segment
500 feet
Initial segment
VORTAC
2 NM
4 NM
4 NM
2 NM
500 feet
500 feet
1,000 feet
Width
The total width of an arc intermediate segment is 6 NM on each side of the arc. For obstacle clearance purposes, this width is divided into a primary and a secondary area. The primary area extends 4 NM laterally on each side of the arc segment. The secondary areas extend 2 NM laterally on each side of the primary area.

【그림4-46】

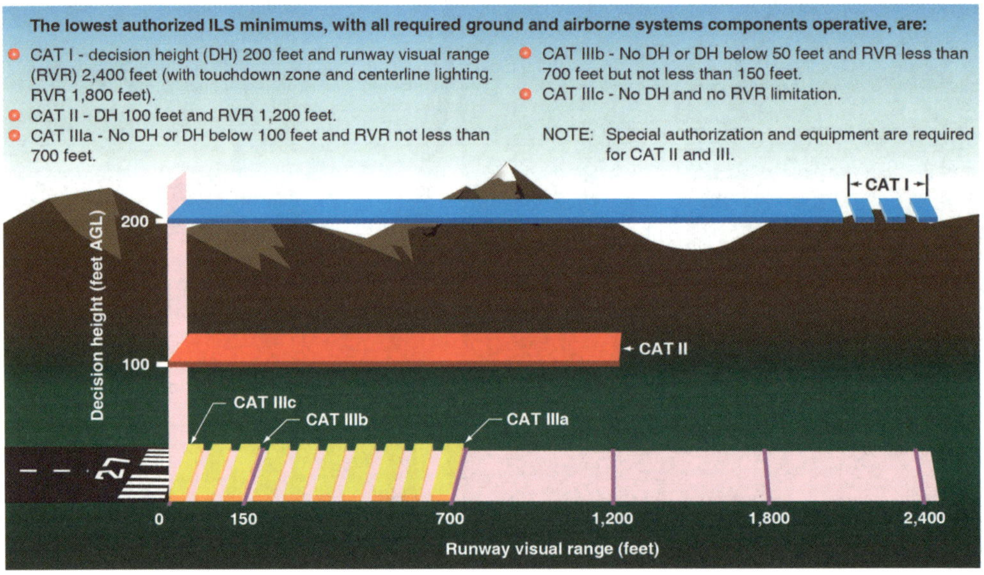
The lowest authorized ILS minimums, with all required ground and airborne systems components operative, are:
CAT I - decision height (DH) 200 feet and runway visual range (RVR) 2,400 feet (with touchdown zone and centerline lighting. RVR 1,800 feet).
CAT II - DH 100 feet and RVR 1,200 feet.
CAT IIIa - No DH or DH below 100 feet and RVR not less than 700 feet.
CAT IIIb - No DH or DH below 50 feet and RVR less than 700 feet but not less than 150 feet.
CAT IIIc - No DH and no RVR limitation.
NOTE: Special authorization and equipment are required for CAT II and III.
CAT I
200
CAT II
100
Decision height (feet AGL)
CAT IIIc
CAT IIIb
CAT IIIa
27
0
150
700
1,200
1,800
2,400
Runway visual range (feet)

【그림4-56】

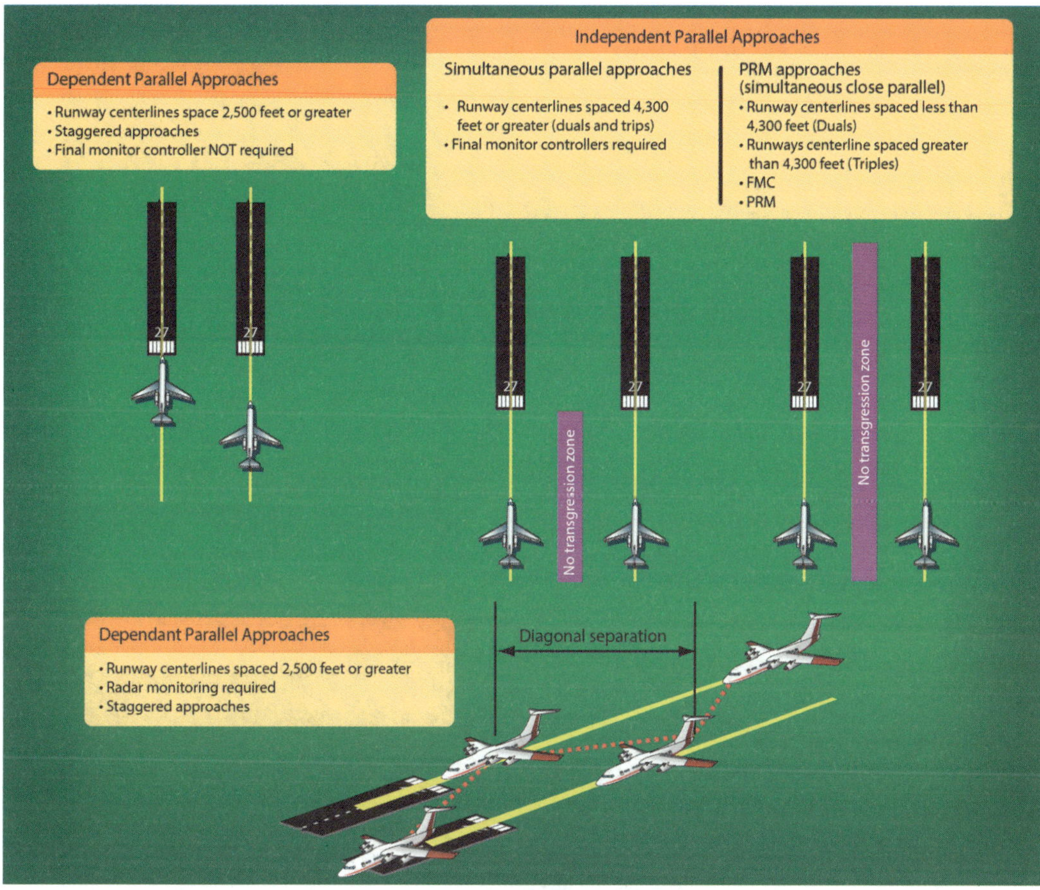

Dependent Parallel Approaches
• Runway centerlines space 2,500 feet or greater
• Staggered approaches
• Final monitor controller NOT required
Independent Parallel Approaches
Simultaneous parallel approaches
• Runway centerlines spaced 4,300 feet or greater (duals and trips)
• Final monitor controllers required
PRM approaches (simultaneous close parallel)
• Runway centerlines spaced less than 4,300 feet (Duals)
• Runways centerline spaced greater than 4,300 feet (Triples)
• FMC
• PRM
27
No transgression zone
Dependant Parallel Approaches
• Runway centerlines spaced 2,500 feet or greater
• Radar monitoring required
• Staggered approaches
Diagonal separation

【그림4-58】

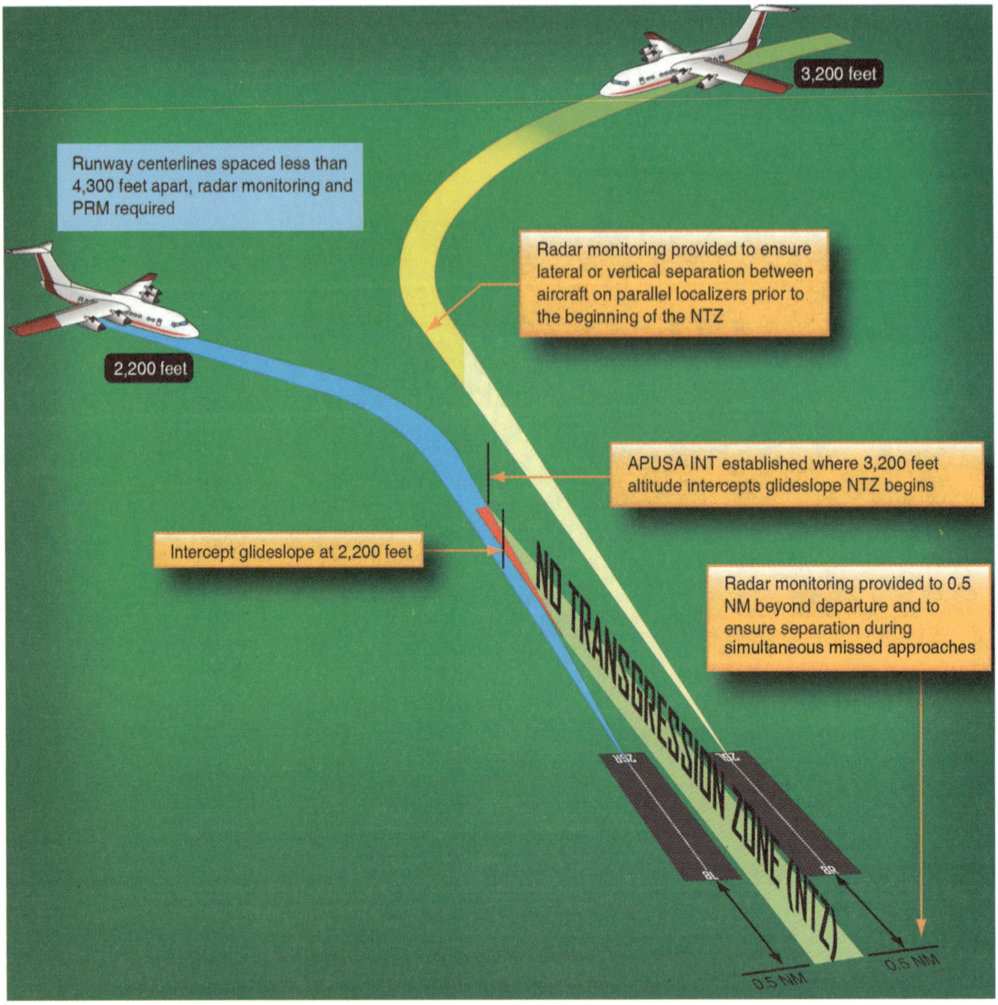
3,200 feet
Runway centerlines spaced less than 4,300 feet apart, radar monitoring and PRM required
Radar monitoring provided to ensure lateral or vertical separation between aircraft on parallel localizers prior to the beginning of the NTZ
2,200 feet
APUSA INT established where 3,200 feet altitude intercepts glideslope NTZ begins
Intercept glideslope at 2,200 feet
NO TRANSGRESSION ZONE (NTZ)
Radar monitoring provided to 0.5 NM beyond departure and to ensure separation during simultaneous missed approaches
0.5 NM
0.5 NM

【그림4-61】

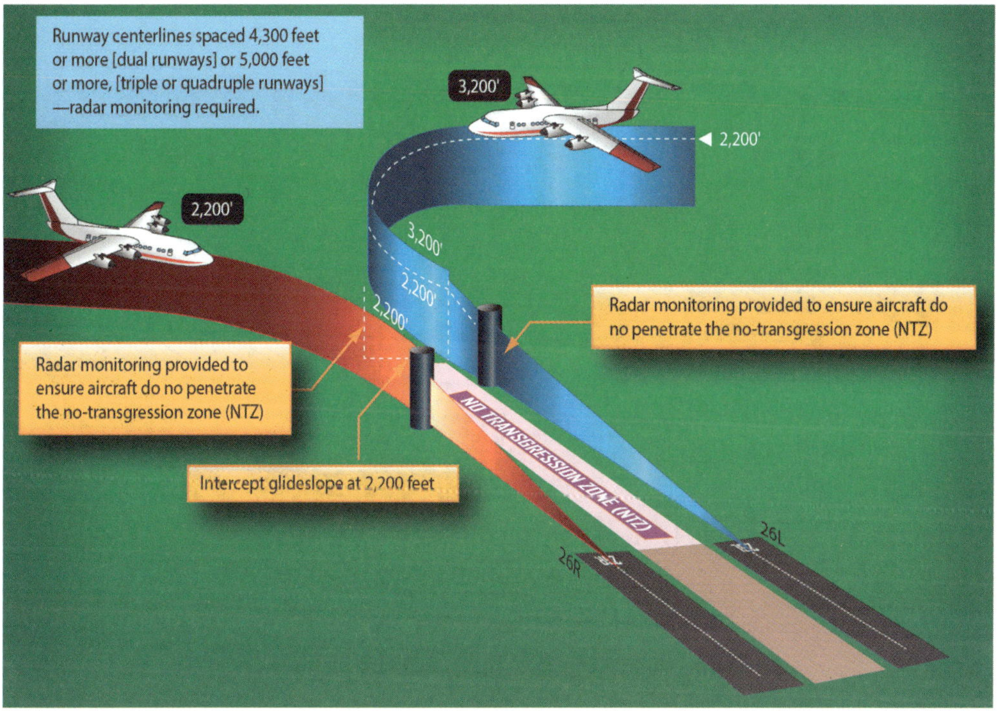

【그림4-62】

【그림6-1a】 Glass Cockpit-Airliner

【그림6-1b】 Glass Cockpit-General aviation

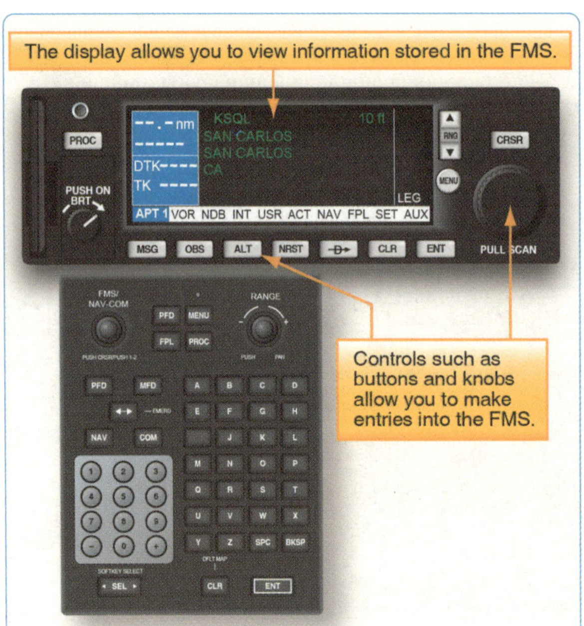

【그림6-2】 FMS에 저장된 정보를 디스플레이에서 볼 수 있다. 디스플레이 주변에 있는 각종 버튼과 손잡이는 FMS에 원하는 데이터를 입력하는 데 사용된다.

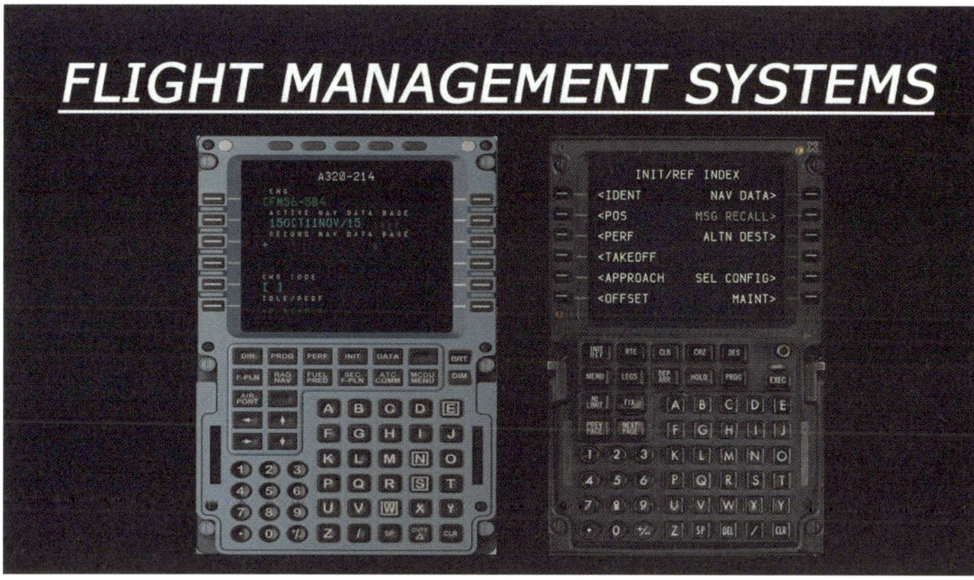

【그림6-2a】 FMS

【그림6-2b】 FMS

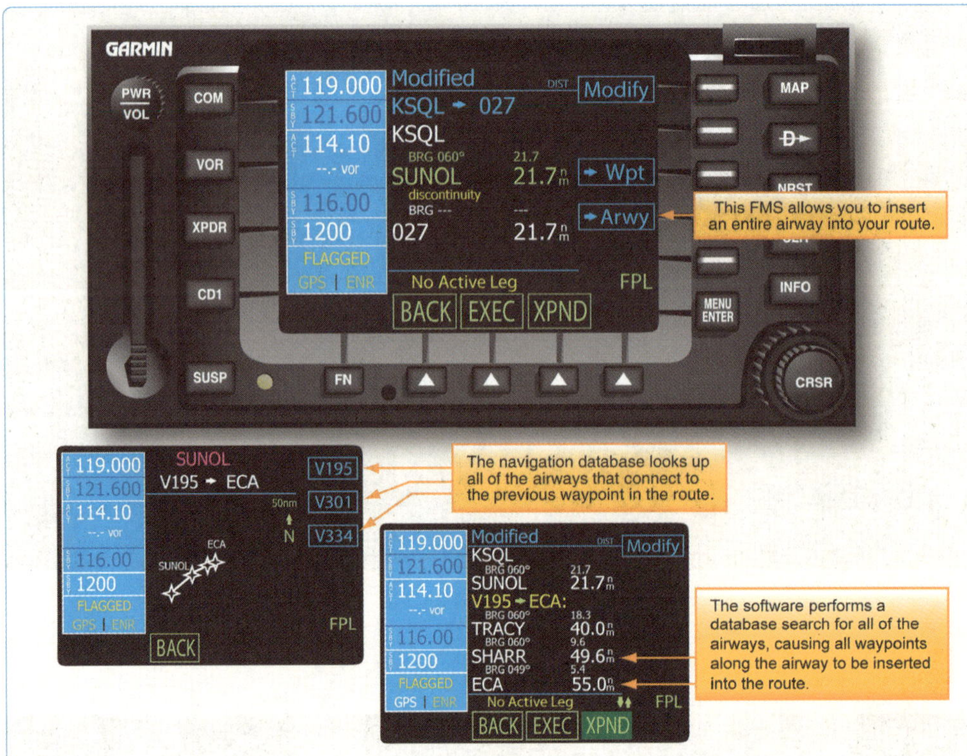

【그림6-3】

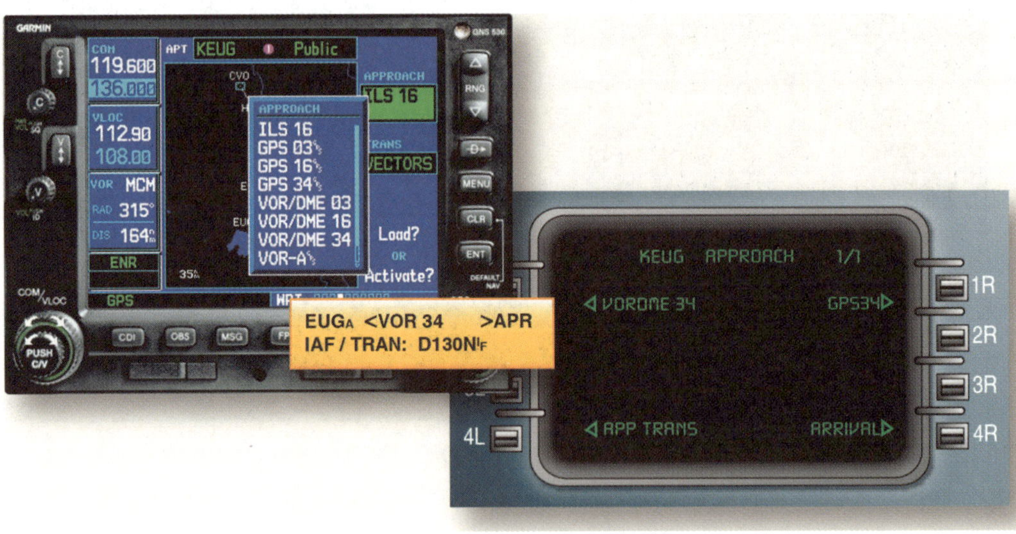

【그림6-9】 VOR 34 APPROACH를 위한 3개의 다른 시스템에서 명명규칙을 관찰할 수 있다.